四川省防灾减灾教育馆"减灾兴川"系列丛书

四川灾害史纪年

（下册）

吴厚荣　主编

四川省防灾减灾教育馆　出品

四川大学出版社
SICHUAN UNIVERSITY PRESS

目　　录

清

1878 年

（光绪四年）

四川连续大旱：春夏，荥经、雅安、洪雅、夹江、井研、绵阳、中江、盐亭、射洪、万源等州县连续大旱，荥经、雅安 70 余日无雨，洪雅春旱，夹江、井研大旱不雨。绵阳、中江、盐亭、射洪再旱，灾情严重。各地野有遗骨，途有弃子，饥民成群结队四方求食。（《四川省志·大事纪述·上册》68 页）

都江堰水毁，丁宝桢受罚：五月，连日大雨，岷江洪水暴发，都江堰渠首各工程遭到冲击破坏，金刚堤多处决口，人字堤、飞沙堰长一百三十丈的堤埂"仅存石工三段：一段计长五丈五尺，一段只剩石条二层计长十四丈，一段计长十一丈五尺"，灌县城外护城底石也大半被冲去。由于内江水流由决口直注外江，内江灌区下游缺水灌溉，"以致农民怨咨，纷纷来城求水"。因上年川督丁宝桢主持大修都江堰用银十二万九千多两，竣工后翌年即被冲损，一时舆论大哗。十二月，朝廷遣军机大臣恩承、童华抵川调查，最后朝廷以"堰功败于垂成，复蹈明之覆辙"为由，将丁宝桢降三级革职留用；二名主事道员、知县革职留用、罚赔工银，继办次年堰工。随后，丁等三员"自备经费，仍将所砌石堤全部拆尽，照旧改为笼石堆砌"。（据成都将军恒训光绪六年正月二十七日奏折；军机大臣恩承、童华光绪五年正月十七日奏折；《丁文诚公奏稿》）

丁宝桢奏稿中的相关陈述：

△"自五月十七、十八日，连日大雨，至十九日辰刻，江水陡涨一丈九尺有奇，满江浊流，水黑气腥，离堆以下声如牛吼，而恶波掀腾，漩涡喷起，上流连抱大木及长可丈余之巨石随波直下。至午刻，水力益猛，内外两江高过堤岸将及尺余。二十一日巳刻，水复增涨，洪涛澎湃，查看水则，全行淹没。但闻内外江声如雷震，顿将新建立人字堤第三道湃缺所筑之金刚墙冲塌数丈，幸所筑之新工鱼嘴及人字堤以下各堰分水嘴尚无损折。"

△"光绪四年五月，连日大雨，洪水突然暴发，势不可挡，淹没全部水则，水位陡涨一丈九尺余。'上流连抱大木及长可丈余之巨石随波直下'，内、外二江，声如雷震，'顿将新建之人字堤第三道湃缺所筑之金刚墙冲塌。'沿河两岸，碎石砌成之江堤，虽无

较大损害，但也'间有刷动。事后丈量，方知此次洪水冲刷人字堤之金刚墙及各段身共三十七丈有零'。灌县城外护城底石也大半被冲去。"（《都江堰讲义》引《丁文诚公奏稿》）

灌县：五月，连日大雨，数十年不遇的特大洪水暴发，洪水陡涨一丈九尺，宝瓶口水则被全部淹没，大木巨石随水而下，人字堤、金刚堤等工程皆被破坏。秋，都江堰泛涨异常，水势高过堤身，浊流汹涌，历时将及一月。（《清德宗实录》）

蓬溪：二月初八日。大雨雪，压竹木多折。秋雨雹。（光绪《蓬溪县续志·机祥》）

潼南：二月初八日大雨雪，竹木多折。（民国《潼南县志传·祥异》）

中江：再旱，春大饥，道有弃孩。（民国《中江县志·丛残·祥异》）

射洪：春复旱，岁饥，民心惶惶。（光绪《射洪县志·祥异》）

洪雅：五月旱。（光绪《洪雅县续志·艺文志》）

雅安：五月大旱，七十日不雨。（民国《雅安县志·灾祥志》）

绵阳：夏旱益甚，贫民乏食。（民国《绵阳县志·食货志·荒政》）

荥经：旱。（民国《荥经县志·五行志》）

万源：亢旱成灾。（光绪《万源县志·食货门·蠲赈》）

盐亭：饥，宫保丁发银两千两赈之。（光绪《盐亭县志续编·政事部·杂记》）

井研：旱饥。（光绪《井研志·纪年》）

夹江：大旱。（民国《夹江县志·外纪志·祥异》）

黔江：四月大水，城中水深二三尺，堤岸益啮而东。冬十一月大雪寒沍。（光绪《黔江县志·祥异》）

酆都：六月初五日，天初暝黄去四塞，大风雨冰雹。（民国《重修酆都县志·杂异志·祥异》）六月十八日，水将入城，居民竟日迁避，及至是日晚水浸三堂，酆都全城已空。（《中国历史大洪水资料汇编·军仓奏折》）

奉节：六月十三日大雷雨。县东北七十五里崖湾走蛟，里人胡胜彩所居地倏下陷，屋宇将倾，仓皇迁去，地遂陷深数丈。（光绪《奉节县志·灾祥》）

綦江：六月六大雨，田崩塌，十八日大水。（光绪《綦江续县志·祥异》）

巫溪：六月盐场大水，冲没灶户十余家，漂流薪炭、衣物无数，商民流离，道路坍塌。（光绪《大宁县志·食货·灾异》）

彭山：六月雨雹。（民国《重修彭山县志·通纪》）

云阳：七月，雷雨，大水。（民国《云阳县志·祥异》）

秀山：秋雨雹。（光绪《秀山县志·官师志》）

安岳：虫食禾苗，谷穗皆白。秋七月十七日大雨雹，谷尽落。冬干。（光绪《续修安岳县志·祥异》）

巫山：光绪二年岁大熟，嘉禾连颖，三年四年皆丰。（光绪《巫山县志·祥异》）

忠县：光绪四年，陕西大旱，忠州奉宪札印发捐册募捐助赈，致米价腾贵，每斗约一千五六百文。（民国《忠县志》引《颜氏日记》）

筠连：为陕甘赈款，川督发"塔形捐册"至县。（民国《筠连县志·纪要》）

泸县：三月，大小河街火燔数百家。（民国《泸县志·杂志·祥异》）

汉源：三月，富林场大火，延烧中街民房八十余家。（民国《汉源县志·杂志·祥异》）

南溪：复饥。（民国《南溪县志·杂纪·纪异》）

[附] 朝廷谕令川督，追询都江堰灾情：八月十二日（9月8日）上谕云："前据（四川总督）丁宝桢奏，都江堰频年泛滥，冲毁民田，现设法筹款修理。旋闻该处江流盛涨，民间已被水灾，正以新筑工程，能否可靠，地方被灾是否深重，廑念方殷。兹览该督所奏情形，是都江堰泛滥异常，与朝廷所闻无异。惟水势高过堤身，浊流汹涌，历时将及一月，沿江田庐，必多淹没。且从前盛涨，下游已成泽国，此次水大于前，所称沿江民田，均无冲损，殊难凭信。至堤身既有缺动，能否抢护平稳，不至大损，所筑新工，有无损折，能否一律结实，恐有不实不尽之处。丁宝桢当严饬丁士彬认真履勘，据实禀报，再行详细奏闻。"（《清德宗实录》）

1879 年

（光绪五年）

川省地震频仍：6月末7月初，全川各地相继发生地震。

6月29日，巫溪、绵阳、中江、通江发生地震，时止时作，有连续达五日以上者；大震之际，城郭动摇，屋宇倒塌，木拔禾伤。6月30日起，蓬安、遂宁发生地震。7月1日起，成都、华阳、崇庆、江油、彰明、荣县、兴文、江安、峨眉、广元、酉阳、梓潼、梁山、阆中、富顺、隆昌、资中、西昌、绵竹、苍溪、乐山、剑阁、雅安、昭化、罗江、万源、巫山、奉节、简阳、广安、泸县、合川、永川、蓬溪、潼南、荣昌、三台、平武、彭县续发地震。7月9日，渠县、巴中亦震。巴县于10月地震。

此年地震，区域甚广，但多数地方尚无灾情。惟南坪灾情严重，南路土崩压塞道路，从连山塘15里至汤祖河以下之柴门关，塌毁民房2699间，计855户，死居民280人，伤重33人，压坏土地籽种94石；营城震裂110丈，城厢附近及东北二路黑河一带，毁房屋1354间，计601户，死居民30人，重伤16人；汤祖河及柴门关一带道路桥梁多坍塌，南坪城垣裂百余丈。（《四川省志·大事纪述·上册》69—70页）

1879年6月29日、30日，7月1日（清光绪五年五月十日、十一日、十二日）地震，南坪城署房屋倒塌甚多，营城坍裂110丈。南路壅塞道路六七成，东北两路壅塞道路一至三成不等。南路自月连山塘十五里起至汤珠河以下交甘肃文县柴门关等处止，及城厢附近和东北两路之黑河一带，共坍塌藏房4053间，计1456户，伤毙藏民258人，重伤49人，压没土地籽种113.2石，计应完粮三十五两另八分九毫。汤珠河沟山岩坠落、河道壅塞，后复冲开，将河北街民房尽行淹坏，伤人甚多，顺河以下哈沙沟、青龙场等亦同被灾。广元民房坍塌10余处、压伤2人。昭化城外贾家河墙塌，压伤1人。绵阳，轰然声从东北来，城郭动摇，城垛口坍塌8个，屋宇倒塌，木拔禾偃。平武距城百二十里的茨湾岩石滚落，压坏草屋，伤2人。漳腊（属松潘县）、罗江城墙垛口有墙裂、坍塌；巴中山崖坍陷，坏民田庐；松潘、中江、通江屋脊多倒，房瓦震落；阆中花垣、青龙两场墙壁破坏；青川薅溪、真溪寺庙摇斜；彰明文庙崇圣祠震圮；成都、彭县、江油、石泉、安县、绵竹、梓潼、剑阁、苍溪、盐亭、三台、射洪、遂宁、雅安、泸州、合江、宜宾、南溪、兴文、乐山、夹江、峨眉、荣县、富顺、隆昌、资中、简阳、南充、安岳、蓬安、蓬溪、达县、宣汉、大竹、万源、渠县、广安、重庆、綦江、合川、潼南、永川、南川、垫江、万县、开县、忠县、梁平、奉节、巫山、酉阳等亦震。延至7月4日（十五日）、5日（十六日）至10日（二十一日）微震即止，或连动始息。①（《四川省志·地震志》67页）

四月，大宁（巫溪）地震五日。彭县地震。五月十二日，四川西北、东南各府州县均同时地震，房屋坍塌，人畜压坏，西北情形尤重，保宁府绵州广元县城垣且有倾颓者，此外更有地裂者，延至十五、十六、二十三等日，或微动即止，或运动始息。简州（简阳）地震。永川地震，屋瓦皆动。五月，荣昌地震甚微，顷刻即止。合州（合川）卯时地震。五月十三日，广元大地震。五月，巴州（巴中）平明地大震，山崖坍陷，河水簸溢，坏民田庐无算。县西三峰山有仙女石地震石奔。五月十一日，蓬州（蓬安）地震，日中复震。广安州寅刻地震，屋宇动摇，鸟雀乱飞。奉节卯刻地大震，移时始止。次日复震。同日而震者五省。潼川府地震。盐亭卯初地震如簸，前后数日屡震，此后至庚辰（六年）春，地震率以为常，但不为灾。五月初十日未刻，中江地震，十二日寅刻复大震，时止时作，屋宇有摧塌者。五月十一日，遂宁地震。五月，蓬溪地微震。大竹寅时地震。太平（万源）寅时地震。五月初十日午后，绵州（绵阳）地微震者连日，至十三日黎明大震，轰然声从东北来，约四十分钟之久。城郭动摇，屋宇倒塌，木拔禾偃。泸州地震，屋瓦有声。松潘地震有声，屋瓦皆落。（《巴蜀灾情实录》352页）

永川：五月十二日地震，屋瓦皆动。（光绪《永川县志·灾异》）

盐亭：二月朔，大雪盈尺。（光绪《盐亭县志续编·政事部·杂记》）

营山、仪陇、蓬安：二月初七日夜，大雨雪。四月二十八日大雨雹。（光绪《蓬州志·瑞异篇》）

中江：二月十八日夜大雪，坚冰数日不解，雀鼠多冻死。是岁大熟。（民国《中江县志·丛残·祥异》）

巫山：三月冰雹，南岸朝洞岩处尤甚。（光绪《巫山县志·祥异》）

三台：春雪连日，竹木半折。（民国《三台县志·杂志·祥异》）

黔江：四月大雨雹。（光绪《黔江县志·祥异》）

云阳：五月五日下午，风、雹袭击，禾尽毁。（民国《云阳县志·祥异》）

奉节：五月初五日酉刻大风雨雹，禾尽毁。（光绪《奉节县志·灾祥》）

灌县：五月初五日雨雹，大风拔木。（光绪《增修灌县志·杂记志·祥异》）

綦江：大旱。（光绪《綦江续县志·祥异》）

南川：大旱綦、南两县。（民国《南川县志·吉礼》）

秀山：大水。（光绪《秀山县志·建置志》）

彭山：大水。（民国《重修彭山县志·通纪》）

---

① 此次地震为甘肃武都、文县8级地震对四川境内的破坏和波及影响。

会理：水灾。(《四川省近五百年旱涝史料》140 页)

茂汶：水灾。(《阿坝州志·自然灾害》)

峨边：秋淫雨，所获霉烂，庾廪为之一虚。(民国《峨边县志·祥异》)

巫溪：冬十一月大雷。(光绪《大宁县志·灾异》)

峨眉：夏四月黑虫，害苗。几遍全境。邑侯黄公建醮格天，患息。(宣统《峨眉续志·祥异志》)

松潘：岁大稔。(民国《松潘县志·祥异》)

井研：有年。(光绪《井研志·纪年》)

雅安：大有年。斗米值钱五百。(民国《雅安县志·灾祥志》)

长寿：五谷丰登，人民安乐。(民国《长寿县志·拾遗》)

五月初十日午后地微震者连日，至十三日黎明大震，轰然声从东北来，约四十分钟久，城郭动摇，屋宇倒塌，木拔禾偃。(民国《绵阳县志·杂异·祥异》)

五月十二日寅刻，广安地震，"屋宇动摇，鸟雀乱飞"。(宣统《广安州新志·祥异志》)

五月十二日卯时，合川地震，"盥洗盂为之倾"。(民国《新修合川县志·余编·祥异》)

五月十二日卯时，地大震（甘肃武都大地震波及奉节）。次日复震，同日而震者五省。(《奉节县志·灾祥》)

五月十二日，(泸州)地震，屋瓦有声。(民国《泸县志·杂志·祥异》)

五月，松潘地震有声，屋瓦皆落。(民国《松潘县志·祥异》)

十二月，酆都地震。(《四川省志·地震志》67 页)

[附] **都江堰灌区涸复旧淹田八万余亩**：《清史稿·河渠志》："（光绪）五年，修都江堰堤，灌县、温江、崇庆旧淹田地涸复八万二千余亩。"

[备览]
喜雨吟寿平远少保①
唐炯

我从泸州来，千里日正赤，高田生黄埃，下田间龟坼，
丛祠钲鼓喧，所在祈请迫。震雷何处行，旱魃肆为贼。
得非狱久淹，将毋吏失职。游民满都会，了无一年积。
年前况地动，念之辄心惕。皇皇少保公，寝处不安席。
焚香告清夜，引咎时自责。益州本天府，回翔地在昔。
缅怀道咸间，纲纪已先斁，仕以苟得贵，官为贿赂择。
适会属军兴，津贴借民力。士气乃嚣然，讦讼无时息。
洎乎同治初，利涂又日辟，捐输及夫马，膏血恣掊克。
盐策有常经，害已去其籍。官绅吏胥商，交相作奸慝。
闾阎不逞徒，探丸起四塞。尔来二十年，风俗遂邪僻，
夜火虫蛾张，秽场蝇蚋植。祸患既已迷，廉耻了不识。

① 注：平远少保，乃时任四川总督丁宝桢。

瘤蔽中人心，吁嗟何以国。宜若天疾威，膏泽不下尺。

我公山左来，抚此长太息。乃多设方略，整齐而荡涤。

下以恤民艰，上以培国脉。张弛未及半，遽尔挂弹劾。

朝廷眷西顾，发使为疏析。不尔塞谗口，胡以暴公绩。

事乃有大谬，风波苦撼击。群小聚含沙，是非乱情实。

权位真祸枢，宠辱信难测。亲旧为公危，公愈益畅适。

圣明烛万里，公心果大白。以兹姜桂性，到老坚金石。

苍苍鉴精诚，一雨连朝夕。乌雀多喜声，草木有佳色。

父老走相告，今岁得饱吃。一念之敬肆，群生判休戚。

天步方艰难，世势日孔棘。吾侪苟求活，不进退亦得。

如公人伦表，天生为社稷。宣仁倚昇隆，今古所罕觌。

何忍便乞身，超然谢羁勒。独立诚良难，所贵终不易。

公论付后人，忍辱规前则。窃愿嗇精神，抱一以为式。

我歌喜雨吟，慷慨多感激。持以侑公酒，公寿无其极。

（《成山庐稿》）

1880 年

（光绪六年）

九月己丑，赈资阳、清溪灾。（《清史稿·德宗纪一》）

四川资阳、清溪等县有水雹灾害，茂州有轻微地震，但全省收成颇好：四川总督丁宝桢奏称："臣先后接据资阳县知县李学献、署清溪县知县罗度禀称，本年六月二十九日，资阳县之东乡大雨如注，风雹交作，自距城七十里之应碧沟起，至桂花桩等处，被雹地方长约数里，宽里余，倒塌土墙、草房三十余间，压毙幼孩一人，压伤六人，损坏稻田三百余亩。又七月初四、初七等日，清溪县属大兴场等处连朝大雨，山水涨发。该场冲塌民房十六家。上游山冲沟一带同日冲塌草房九间，淹毙男女大小共二十六丁口，附近山地禾稼，苞谷亦多冲损。"后又奏："川省各属本年自春徂夏，旸雨应时，春粮先庆有收，秋成亦颇丰稔。虽五、六、七等月资阳县之东乡被雹，清溪县及松潘厅属之南坪等处被水，有毁坏房屋田亩、损伤人口之事，已经委员分路查勘，由省局酌拨银钱，委员分别抚恤。旋据禀报，灾民均各复业，并无流离失所。此外，开县、巫山、云阳、大宁等县灶民因小河水发被水，情形均不为重，亦经由该县抽收票厘项下酌拨钱文量为接济。现在居民安业如常。其茂州一州地觉微动，亦系旋动旋止，内间有压伤丁口。……惟松潘厅属南坪等处上年地震成灾，压没地土、籽种。……本年该处复被水灾，淹没田地、籽种十四石一斗八升，冲失汉、番民房一百六十余间，民情异常困苦。"（《近代中国灾荒纪年》420—421 页）

中江：二月初八日大雪。（民国《中江县志·丛残·祥异》）

盐亭：大有年。（光绪《盐亭县志续编·政事部·杂记》）

雅安：五月大水，圮观音堡。水津关覆舟，溺毙百人。（民国《雅安县志·灾祥志》）六月初五，铜、雅二江并发，水涨三丈有余。（《青衣江志》132 页）

新津：大水入城。（民国《新津县志·祥异》）

汉源：六月大水，富林全场被淹。通水堰山崩，自此年年崩裂，深窅莫测，堰道屡修屡坏，稻田有栽无获，即汲水亦多艰难，居民罹其灾者二十年。（民国《汉源县志·杂志·祥异》）

乐山：六月初五大雨，铜、雅二江并发，水涨三丈有奇，沿河村镇尽付冯夷。（民国《乐山县志·艺文志·物异》）

黔江：六月庚戌大雨雹，雷电并至。（光绪《续黔江县志·祥异》）

江津：綦江、笋溪河水灾，赈济三万余金。（《江津县志·自然灾害》）

合江：秋，大雨。（民国《合江县志·杂纪篇》）

巫溪：秋大水，冲去民居二十余户，坍塌民房九十余家，县属被灾甚广。……是年冬大雪，四乡压毙房屋民命甚多。（光绪《大宁县志·灾异》）

资阳：六月二十九日，东乡大雨如注，风雹交作，自距城七十里之应碧沟起至桂花桩等处，被雹地方长约数里、宽里余，倒塌土墙草房三十余间，压毙幼孩一人，压伤六人，损坏稻田三百余亩。（《巴蜀灾情实录》370−371 页）

丹棱：雷震县城南城楼，震死门役妇。（光绪《丹棱县志·杂事·灾祥》）

泸县：十二月二十五日初昏，雷电。（民国《泸县志·杂志·祥异》）

绵阳：十月十一日大风四日，寒极，林木皆摧，秀苗俱萎，鸟兽饥死无算；沸水顷刻成冰，石缸瓦坛冰冻皆裂。（民国《绵阳县志·杂异·祥异》）

正月十二日，成都、西昌、剑阁、阆中、石泉、盐亭地微震。正月十五日，中江地震。二月十二日，酆都地大震。

十月，大竹地震。（《四川省志·地震志》67 页）

［附］丁宝桢颁行《义仓积谷章程》：光绪六年，川督丁宝桢在《筹办积谷札》中称："省义社各仓，向来积谷甚多，只因不肖官绅变卖肥己，遂致荡然无存。"决心重振"荒政"，他曾制定《义仓积谷章程》，规定"每粮户收谷百石，出谷一石，以次递推，百分捐一，不许颗粒苛派"。（《四川省志·民政志》274 页）

［链接］光绪六年，川督丁宝桢通饬全省州县，仿社仓法创办积谷。限民间收谷一石者出谷三升。即于本地场镇庙宇修仓存储，举公正殷实者管理。每年春间卖谷，秋后买谷归仓，县官随时稽查，亏则罚赔，遇歉岁即贱价粜出，无须远方乞籴，法至善也。民国十年，由县署派员查验各乡积谷，存储尚多，间有不实者，立即追赔。其初本谷，一乡不过三二十石，历年生息，有增至二三百石者。果能加意存储，纵有偏灾，可恃无恐。（民国《三台县志·仓储》）

清代仓储交代制度

前清重视仓政，于州县交代之际严加考成，所有霉烂鼠耗，于风□后，以前三后七照数赔补，永为定例。民国初建，仓政废弛，知事于交代之际，皆不盘仓，意存推卸，上峰亦无责成保管方法，久之俨成无主之物，官绅俱不过问。（《三台县志·仓储》）

［链接］乡贤胡培森承办积谷秉公而得法：光绪五六年间，总督丁宝桢创办积谷，

按亩加派，多致失平，怨咨大起。培森挨户调查，无苛无滥，匝月而办，官异其敏，民服其公，建仓所余，悉归公有，不以一毫自为私利，时尤贤之。各里诸仓，讼争不已。知州华国英，为下培森仓规以为法，讼乃衰止。其后历管津捐、三费诸要局，力除积弊，涓滴归公，同人或有法外苛求，辄面斥之不少徇，州局为之一清。（民国《新修合川县志》卷48）

1881 年

（光绪七年）

三月（4月），四川盐源县遭雷、雹之灾，伤人毁屋。成都等地有水火灾害。五月二十八日（6月24日）上谕称："（四川总督）丁宝桢奏，盐源县属地方被水成灾，现饬查勘，筹款赈济等语。本年三月间，四川盐源县属河西地方，雷雨冰雹，水势陡涨，冲坏民房七八百户，伤毙男女千余口，殊堪矜悯。"此外，是年该省"省城及犍为各属暨雅安县被火，茂州等处被水"。蒲江亦与茂州同时遭水灾。（《近代中国灾荒纪年》423—424页）

屏山：二月初八，金江水竭，万涡三堆石现，玲珑可爱，城外观者如堵。（光绪《屏山县续志·杂志》）

盐源：三月二十八日，邑河西街雨雹，大如卵，积深二三尺，河水横溢，冲坍街房百余间，淹毙男妇千余人。（光绪《盐源县志·人物志·异事》）

五月，赈盐源水灾。闰七月，赈四川水灾。（《清史稿·德宗本纪》）

荣昌：四月大风拔木，屋瓦皆震。（光绪《荣昌县志·祥异》）

灌县：五月五日大风雨，白沙江溢，溺死甚众。（《成都水旱灾害志》228页）

黔江：夏旱，民大饥。自六月杪至七月，仅四十日不雨而禾菽焦枯，不成颗粒，谷价翔贵，民掘草根及树皮食之，饿死颇众。……四月内，有虫五色，伤稼食荞殆尽；县南大风雹如益，压损民舍牲畜甚多。……十、冬、腊三月，皆雪。（光绪《续黔江县志·祥异》）

泸州：七月大风拔木，屋瓦有声。（民国《泸县志·杂志·祥异》）

懋功（小金）：秋水陡发，冲毁衙署，淹毙人口。（《阿坝州志·自然灾害》）

巫溪：十二月大雪，县城深三四尺，四乡更甚。（光绪《大宁县志·灾异》）

茂州：被水成灾。（《阿坝州志·自然灾害》）

新津：大水成灾。（《成都水旱灾害志》228页）

潼南：旱，螟，饥。玉溪镇火。（民国《潼南县志·祥异》）

蓬溪：旱，螟，饥。（光绪《蓬溪县续志·礼祥》）

江津：夏旱连秋干，自六月二日起，四个月未下大雨，庄稼基本无收。（民国《江津县志·祥异》）

盐亭：旱，饥毙累累。（《绵阳地区近五百年旱涝史》）

涪陵：大有年。（民国《涪陵县志·杂编》）

乐山：八月初十日，河街失火，烧二百余家。（民国《乐山县志·艺文志·物异》）

雅安：正月望，兴贤街火，至十六日巳时止，延烧五百余家。（民国《雅安县志·灾祥志》）

峨眉：七月十二日，双福场铁索桥断，溺死男妇四十余人。（宣统《峨眉续志·祥异志》）

犍为：五月十三日夜中，北街火灾，延烧玉津街小十字而止。翌年五月初二夜，下北街又火灾。（民国《犍为县志·杂志·事纪》）

[德碑] 知县孙秉璋甫上任，即遇北街黄家火灾，延烧数百家，孙知县即捐廉抚恤，渐次修复民居。明年五月，北街何家又失火，延烧数百家，孙知县闻讯即赶赴灾场，与民痛哭；自咎不德，仍捐廉资助。孙去任时，百姓遮道送行，悲声载道。（民国《犍为县志·官师》）

正月，中江地震。五月，越西地震，砖石有迸裂处。六月二十五日夜，成都地忽微动，人感惊觉，城中沙土纷飞，漫天烟雾，硫黄气蒸腾扑鼻。是夜，广安、射洪地震有声。（此为甘肃武都一带 6.5 级地震的波及影响。）（《四川省志·地震志》67－68 页）

六月二十五日戌刻，广安地震。（《宣统广安州新志·祥异志》）

[附] **丁宝桢劝办积谷**：

△光绪七年 10 月（农历八九月），四川总督丁宝桢在《劝办积谷》奏折中说，咸同以来，川省仓谷调运殆尽。充实常平仓是安定民生的要务，全省 110 余处官仓已收仓谷 55 万石（约 2970 万公斤）。12 月 25 日（冬月初五日），丁宝桢又奏报清廷，已饬各盐厘局拨银 28950 两，在绵州、三台、中江、射洪、阆中、南部、西充、蓬溪、乐至、盐亭、遂宁等 11 州县购储稻谷备荒。

△光绪八年壬午（1882），公（丁宝桢）以四川地广人庶，山多田少，不逞之徒，所在多有。往年山陕大祲，百姓流离，死亡过半，朝廷费帑千百万，无能挽救。（按：指光绪三、四年山西、陕西"丁戊奇荒"。）幸其民朴厚，未至他变。假如川民偶罹此灾，局势何堪设想！今虽连年顺成，而天时不可长恃。急宜图匮于丰，有备无患。于是条定章程，檄行州县，劝谕富民百石积一，民间自为存储，官吏但司稽查。起六年（1880），止是年（1882），一百一十州县共积谷一百七十三万石有奇；又以川北产米少，拨盐厘采买谷二万七千六百余石，分储各州县。（唐炯《丁文诚公年谱》，载《成山庐稿》）

1883 年 7 月 2 日（光绪九年五月二十八日），丁宝桢在《办理积谷上仓数目折》中称：据各厅、州、县陆续禀报，两次共收仓斗谷 291771.7 石零（约 1576 万公斤）；三次共收仓斗谷 166436.9 石零（约 899 万公斤）。原仓斗、市斗不一，现在一律折合仓斗。（《四川省志·大事纪述·上册》74 页）

△光绪七年，四川总督丁宝桢劝办积谷，"按租量取，租一石者出谷一升，租十石者出谷一斗……"全川报存 173 万余石（1.04 亿公斤）。"惟自民国以来，暴军游勇扰攘不宁，各乡所有仓谷，有重兵压境自由取食者，有勒垫军饷克期出粜者，有严团御匪借购械弹者，有民工筑路借充食粮者，败坏之由比比皆是。最近调查，所遗留者不过百分之二十。"此外，管理不善，虫蚀鼠耗，官绅拖欠，或借常平之名低价购囤以牟私利者，亦非少数。（《四川省志·粮食志》142 页）

积仓：始光绪六年庚辰，由川督丁宝桢饬建，抽士民岁收市斗谷石百分之一，三年而止。每年春夏贷与农民，秋获加一以偿。（民国《富顺县志·仓储》）

积谷：光绪六年，督宪丁公饬办积谷，简州城仓积八千余石，乡仓积九千余石。（民国《简阳县志·编年篇·纪事》）

光绪七年，屏山知县张继曾奉文劝办，在全县四十五个乡、场、寺建仓储存，共积斗谷一万三千零七十四石三斗五升。（光绪《屏山县续志·艺文·附杂录》）

[**善榜**] 光绪七年，巴县新任知县国璋"教民积谷，以备凶荒"。"捐廉收贫儿之弃于道者，设粥厂以赈民之不能举火者"；"又建住宿所，以栖贫民"。（民国《巴县志·卷九下》）

丁宝桢定官买民物一律市价：光绪六年，总督丁宝桢定官买民物一律市价。（旧习，官署买物雇夫，均以贱价，不问民力如何，至是始示禁革，勒石碑立瑯珉宫。然官署买办仍蹈常辙，不过稍敛迹耳。及至共和改造，官署固少其弊，而军队需夫则肆行拉捉，长官虽给钱，每为下人中饱，买物则用赊，一去便了，不免有扰民之叹。）（民国《犍为县志·杂志·事纪》）

官民合力开堰：光绪六年夏大旱，端午节时，牛特堰中无杯水（因埋淤失修），田亩尽旷，民皆愁叹。生员帅宣泽受堰长吕正顺等推举，挺身承担开修牛特堰工程重责，得到知县张明毅在施工指导、民众动员、收费标准规定等方面的大力支持，顺利竣工。工时仅两月，费用仅千余，亩田仅摊三百文，而堰皆石壁，穿凿成渠，坚固如铜墙，皆出人们之所料。（张明毅《重开牛特堰序》，录自《四川历代水利名著汇释》426页）

[备览]

光绪辛巳端午大风
徐昱

我家锦城西，相望一百里。地饶天气和，万物荟繁祉。昭代威德及边陲，五风十雨无愆期。辛巳（1881）端午日将没，万山阴霾云四合。狂风披猖自北来，林木如麻被摧拉。婆娑大树数十围，拔根掷地何崔嵬，小树拱把乃无数，披靡塞路屋瓦飞。茅舍顷刻卷之去，砖墙石坊为颠仆。存者飘摇人惊疑，况复冰雹雨如注。陡然平地起波澜，漂泊居民水势驶，白沙江上数百家，招魂何处奠芳醴。或见空中有人马，旌旗剑戟纷纷下，或见岷江走蛟龙，惊涛急湍气朦胧。我闻峨眉夜初更，风声撼地杂雨声，三更已到渝城下，客船震荡皆颓倾。是孰吹嘘狂且速，三千里外如转轴。吁嗟乎，寻常风雹不过十里五里间，毋乃彼苍有意惊当局，阶文地震陷且深，去年今年相接续。

（民国《新津县志·艺文上·诗》）

1882年
（光绪八年）

春夏之交，四川部分地区大雨冰雹成灾，资州所属地方火灾：《清史纪事本末》载，"四川叙、永、涪等属大雨冰雹，河涨，淹毙人口甚众，并资州所属火灾"。此事四川总督丁宝桢有专折奏报："本年夏间，四川叙永、涪州、彭水、奉节、巫山、綦江等处，大雨冰雹，河水陡涨，冲没田庐，淹毙人口，并资州所属地方，不戒于火，延烧民房二百余户。"后又奏："查川省各属本年春夏之交，叙永、涪州、彭水、奉节、巫山、綦江、酆都、黔江、大宁、岳池、秀山、茂州、邻水、江北、酉阳、合州等厅州县，或山水陡发，或雨雹交作，有冲毁田禾、房屋、桥梁，伤毙人口之事。……又资州、犍为、云阳、万县等处被火延烧民房，或数十家，或百余家，情形不等。"（《近代中国灾荒纪年》440—441页）清廷谕令丁宝桢查勘受灾轻重情形，分别筹款赈济。（《四川省志·大事纪述·上册》75页）

　　巫溪：春冰雹，害禾稼。……冬十月大雨雷。（光绪《大宁县志·灾异》）

　　雷波：三月马湖江水涸。（光绪《叙州府志·祥异》）

　　奉节：四月十一日县东北雨雹，沟渠深积尺余，大者若鸡子，坏屋宇树木，损伤禾稼无算。（光绪《奉节县志·记事门》）

　　秀山：五月大水，坏民田漂没庐舍。（光绪《秀山县志·官师志》）

　　巫山：本年夏间……大雨冰雹，河水陡涨，冲没田庐，淹毙人口，……筹款赈济。（光绪朝《东华续录》）

　　黔江：全境皆饥，野多饿莩。（光绪《续黔江县志·祥异》）

　　綦江：五月，淫霖，江大涨，金塘堤崩。（光绪《綦江续县志·祥异》）

　　井研：大旱饥，粜赈。连续五年旱。（光绪《井研志·纪年》）

　　忠县：大旱。知州侯若源命永济会设厂售粥，以赈饥民。（民国《忠县志·事纪志》）

　　叙永、涪陵、彭水：大雨冰雹，河水陡涨，冲没田庐，淹毙人口。（《东华续录》卷49）

　　酆都：酆都等十三厅州县被水灾。（《清史稿·德宗纪一》）

　　夹江：痢疾流行，死者甚众，传染者难免，几有抬葬无人之象。（民国《夹江县志·外纪志·祥异》）

　　合川：柏树街火，延烧数百家。时知州为耿士伟。定例，因一两家失火而延烧多户者，地方官从重严议，以其平日不预备救火之具也。（《皇朝琐屑录》）爱思预备之法，饬各街首倡两益局（救火、救水），筹集经费，制救火器具，组救火队伍，订各项制度。（民国《新修合川县志》卷29）

　　六月十五日，重庆地震，有浓雾和硫黄气味；是月，秀山亦震。是年，苍溪亦地震。（《四川省志·地震志》68页）

　　〔附〕**川省广积仓谷**：光绪八年，川督丁宝桢在川推行积谷备荒，图匮于丰，已见成效。

　　自清初开始，四川奉谕令开办常平监仓、社仓、义济仓各项仓谷，常年储谷综计不下数百万石。湖南等省清军大批入川围剿李蓝义军①，仓谷大量消耗，储量锐减。丁宝

---

　　①　指李永和、蓝朝鼎领导的农民起义军，于1859年10月至1862年11月间横扫四川50多州县，部队最多时曾有50余万人，沉重打击了清王朝的封建统治和豪绅恶霸。清廷调湖南巡抚骆秉章为四川总督，并调湘、贵、陕等省兵入川围剿，最后李永和、蓝朝鼎牺牲，起义被镇压。

桢总督把积谷作为安定川民的要务，拟定积谷章程，规定粮户亩收谷百石，必须积谷一石，以次递推，百分捐一，不许颗粒苛派抑勒，官吏只司稽查，不得挪用分毫。

据光绪七年调查，全省各州县积谷大显成效，多者捐至一万数千石，或及数万石，少者亦达数百石。已经办理积谷的州县共计 110 余处，共收仓谷计 553200 余石。

据光绪八年调查，已办积谷州县 110 处，共积谷 1730000 石。又因川北产米少，拨盐厘采买谷 27600 余石，分储各县，以备凶年赈济之用。（《四川省志·大事纪述·上册》75 页）

名山：川督饬办积谷仓，连捐三年，县中储谷八千余石。（民国《名山县新志·事纪》）

1883 年

（光绪九年）

四川部分州县有水、旱、雹灾，绵州等地被火：11 月 2 日（十月初三）上谕云："四川新津等处被水被雹被火。"四川总督丁宝桢奏折叙述较详："遵查川省各属，本年春夏之间，酉阳、绵州、泸州、涪州、汉州、新津、大邑、彭山、西昌、万县、犍为、纳溪、德阳、云阳等州县先后被水被雹，间有冲毁田禾民房，伤毙人口之事。又绵州、万县、盐源、乐山、华阳、巴县及云阳县属之云安厂等处被火，延烧民房，或数十家，或百余家不等。……核计本年通省收成实在六分有余。"但以上均只提及水、雹、火灾，实际有些地区亦有被旱之处。如《巫山县志》载，是年该县"旱荒，民饥，食树皮草根殆尽"。（《近代中国灾荒纪年》459—460 页）

秀山：春二月雨至于夏五月，大饥，斗米钱四千有奇。（光绪《秀山县志·官师志》）

黔江：六月癸卯大水，是夜大风雷雨，次早水没南门一二尺，冲坏堤垣无数。（光绪《续黔江县志·祥异》）

小金：六月被水。（《阿坝州志》）诏免四川懋功所属庆宁营被水地方科粮。（《四川两千年洪水史料汇编》）

犍为：上年受旱，本年夏又大旱。六月大雨水。（民国《犍为县志·杂志·事纪》）

荥经、汉源：七月雨雹，香林寺、尖子山等处，田谷被损十之七八。（民国《汉源县志·杂志·祥异》）

潼南：夏大水。（民国《潼南县志·祥异》）

蓬溪：春旱，夏大水，秋雨雹。（光绪《蓬溪县续志·机祥》）

筠连：秋，大水，城隍庙门没于水。……两岸泥土淘尽。（民国《筠连县志·纪要》）

井研：大旱。（光绪井研志·纪年）

巫溪、巫山：旱荒，民饥，食树皮草根殆尽。（光绪《巫山县志·祥异》）

新津：水灾。（民国《新津县志·祥异》）

松潘：溪水河水同时泛涨，冲塌城西北隅。同知周济亮、总兵夏毓秀会禀，于厘税

项下拨款，至十八年修补完固。（民国《松潘县志·祥异》）

雷波：岁大熟。（光绪《雷波厅志·祥异志》）

崇庆：西山大饥。知州孙开嘉募民集资赈之，遴士绅之贤者襄理其事，民蒙其惠。（民国《崇庆县志·事纪》）

酆都：城中时疫流行，日倒毙数十人，医治弗及。（民国《重修酆都县志·杂异门》）

十一月，蓬溪、犍为、彭山地震。（《巴蜀灾情实录》353页）

是年，重庆成立水会公所，以蓄水防火，由八省绅商轮流管理。（《重庆市志·大事记》）

[善榜]永宁道沈守廉赈饥：光绪九年，蜀大旱，泸属尤甚，民艰食，道殣相望，鬻妻卖子女者所在多有。永宁道（泸州属之）沈守廉悯之，设粥厂五于泸城，以食饿者，而病者药之，遏籴者禁之，全活甚众。……由是地方安定。……其他善政多有，虽皆司牧者之职，特他人多不如守廉之尽心也。光绪十二年（1886）去任，士民竞送诗文、衣盖，且有换其靴置诸道辕以志遗爱而励后任者，至今歌颂之声犹不绝。（民国《泸县志·职官志·治绩》）

[善榜]巴县文国恩办济仓：光绪年间，巴县乡贤文国恩被举为济仓董理，"其主管济仓历时最久，十年之间增谷至四千余石。后又别于本乡倡捐积谷，亦几至千石。岁饥，赖以全活者甚众。"（民国《巴县志》卷10）

1884 年

（光绪十年）

四川省部分州县被旱被水被雹被火：据四川总督丁宝桢奏，8月（六月）间，"正值收成在即，不意川东一带雨泽愆期，秋收歉薄。自冬至春，粮价日渐增昂，贫民买食维艰"。因天时亢旱，故多处发生火灾。丁宝桢于另折奏称："查川省本年川东一带，六月以后，雨泽愆期，天气亢阳。迭据各属禀报被火情形，经臣汇案奏报在案。兹续据调署忠州知州毛隆恩、酆都县知县何贻孙先后禀报，八月初八夜，酆都大西门外不戒于火，因风猛火烈，延烧入城，扑救不及。共烧民房一千五百家，汛弁衙署一座，烧毙男女三十四丁口。……又据署涪州知州阮全龄禀报，八月初九日夜，该州南门较场坝失火。时值狂风大作，火星四落，自南门外起，延至西北。烧毁沿城房屋、盐号、庙宇三千余家，烧毙居民男女约有百余丁口。……又据官运局总办盐务候补道夏昌详称，八月初三日夜，彭水县属郁山镇地方不戒于火，延烧民房百余家。"此外，尚有被水被雹之处，故8月23日（七月初三）上谕对简州、石泉、雅安、合州、犍为、定远、新津、酆都、广安九州县水灾、火灾地区加以抚恤，11月22日（十月初五）上谕又宣布"抚恤四川江北、巫山、射洪、广元、蓬、雅安、天全、彭、邻水、达、广安、资阳、南溪、万、酆都、涪、彭水十七厅州县被水被雹被火灾民"。（《近代中国灾荒纪年》473－474页）

川南一带旱灾、饥荒：1884至1885年（光绪十年至十一年）川南宜宾、富顺、资州、内江、井研等州县连续十月无雨，赤地千里，颗粒无收，各属人民饥寒交迫，流散四方。官府和各处普济院设法救济，仅宜宾粥厂日领粥者多达5000余人。（《四川省志·大事纪述·上册》页77）

永川：二月大雨雹。夏秋连月皆旱，百谷无收，米价腾贵，饥民多殍亡者。（光绪《永川县志·灾异》）

奉节：三月，有虫食麦叶尽，将食穗，旋生黑甲虫，偏寻食麦虫，以尾钳钳之，虫尽死。（《奉节县志·大事记述》）

资中：春夏大旱。（民国《资中县续修资州志·杂编·祥异》）

綦江：旱，秧老，秋无获，民间至剥树皮，挖草根。（光绪《綦江续县志·祥异》）

宜宾：大旱，金沙江、岷江沿岸野草枯萎，引起山火延烧，牲畜多死。（《宜宾县志·自然灾害》）

井研：大旱。（光绪《井研志·纪年》）

犍为：大饥。东升门外有抢糟子而食者。（民国《犍为县志·杂志·事纪》）

[善榜]李朝玺，犍为公和场人。家小康，好施济。光绪甲申（1884），年荒米贵，玺捐谷百石以拯饥贫。每岁暮，必捐钱米以济乡人之不能度岁者。（民国《犍为县志·杂志·事纪》）

泸县：夏旱，逾月不雨，岁大饥，饿殍载途。（民国《泸县志·杂志·祥异》）

叙永：夏旱，禾不熟，至秋，田无获者十居五六。（民国《叙永县志·杂记·灾异》）

古宋：大旱，禾不熟。（民国《古宋县志·祥异》）

内江：大旱，自六月不雨至次年五月大雨始降。斗米千六百钱。（光绪《内江县志·杂事志·祥异》）

筠连：大旱，六月大饥，斗米涨至一千二百文，人多食草根木皮，死者甚众。（民国《筠连县志·纪要》）

南溪：天旱。（民国《南溪县志·杂纪·纪异》）

富顺：大旱，七月十五日后不雨至次年五月十五日始大雨（旱期长达300天）。斗米钱一千四百文。（民国《富顺县志·杂异》）

自贡：七月十五日后不雨，到次年五月始雨，11个月滴雨未下，稻田龟裂，庄稼无收。（《自贡市志·自然灾害》）

兴文：严重旱灾。（民国《兴文县志·祥异》）

江津、安岳：旱。（光绪《续修安岳县志·祥异》）

广安：秋不雨至明年四月。（光绪《广安州新志·祥异志》）

旺苍：七月暴雨，宋江大水，沿岸淹没民舍以千计。（《旺苍县志·自然灾害》）

苍溪：七月雨溢，东河大水，淹没沿江两岸民舍以千计。（《苍溪县志·自然灾异》）

荥经：七月荥河大水，沿岸淹没民舍以千计。（《青衣江志》）

万源：秋雨雹。（民国《万源县志·史事门·祥异》）

彭县：雨雹大水。（《成都水旱灾害志》228页）

江北：冬十月被水、被雹。（《重庆市江北区志·自然灾害》）

资阳：夏秋被水被雹。（民国《资阳县志·祥异》）

越嶲：东路大饥，百里无烟。（《凉山州志·自然灾害》）

蓬安、广安：雹。（光绪《广安州新志·祥异志》）

雅安、天全：雨雹。（民国《雅安县志·灾祥志》）

合江：亢旱。邑人王国俊举存谷八百余石平粜。（民国《合江县志·人物》）

雅安：五月，东正街火，延烧一千余家，东半城为之一空。（民国《雅安县志·灾祥志》）

本年，抚恤射洪、广元、江北、巫山、彭县等十七厅州县被水被雹被火灾民。（《清德宗实录》）

十一月，蓬溪民见有星孛于东南，光如昼，渐升，声如鸟拂羽，入西北而殒，声訇然，俄顷地震（疑为陨石下坠），潼南亦震。是年，犍为、彭山地震。（《四川省志·地震志》68页）

［链接］光绪年间宜宾施粥赈饥记："光绪甲申、乙酉（1884、1885）岁旱，穷民苦饥。知府王麟祥就普济院推广施粥，首捐廉为倡，以斗米煮粥给百人食。时领粥者多至五千余人。一厂不足，分设城北育婴堂。由正月至三月，复由五月至七月止，每次用米三百余石。全活甚众。遇岁歉，可照章仿办。"时宜宾城人口不足四万，领粥者达五千余人，可见灾民众多。（光绪《叙州府志·矜恤下》）

［附］　　　　　　　　　　　**西山赈饥记**

[清] 李沛元

距州城西六十里而遥，曰怀远镇，益西逾清风岭，达万家坪，又上至苟家坪，抵老棚子，纵横绵亘，皆西山也。光绪癸未夏，山中多阴雨，玉蜀黍歉收。翌岁甲申（1884）春，山民苦饥。知州孙公驰勘，捐给子种，以发赈上请，报许平粜。孙公廑念山民瘠贫，艰具粜价，非赈莫济，乃捐廉倡率。州人士乐善者闻饥耗，先已义集钱三百余缗，至是输官助赈。公既嘉许之，又下教各倡捐士绅转告亲族交游，共襄善举。旬日稽籍，得钱以缗计凡二千二百七十有奇，得谷以石计凡三百八十有奇；别借社仓谷千五十石，石率碾米四斗四升，为米四百六十二石。五六月中，相次散赈，每次计口发米足一月粮。先期厘户造册，届发时官绅监督，团甲给与，无滥无遗。所发以米数为程，计赈饥民一千六百二十七户、五千三百五十一口。运杂各费用钱四百五十五缗有奇。官绅劳苦，数往返舆马薪资，均自供给。其秋，市谷还仓，尚赢钱二百八十余缗，创建文昌庙实始基此。赈事毕，申覆大府，在事官绅俱获奖。时主赈政者，崇庆州知州孙公开嘉。赞赈政者，怀远镇州同全公锡爵。州绅总襄赈务者，江西宜春县知县杨焜。劝捐者，候选教谕王策勋，职员罗仁福、柯益埙诸人。碾米发运者，廪生戴仕恒诸人。怀远镇收米转运者，候选训导谢洪宾、职员萧肇培诸人。万家坪收米佐官散赈者，试用训导王楚英诸人。苟家坪收米佐官散赈者，职员辛允明诸人。会计账籍者，彭汝钿。其乐捐姓名收发细数，另版列载。西山赈饥之三年，川东南北均连岁旱歉告菜，成属五月中米价骤昂，斗米八九百或千余钱。孙公复集绅士议，出社济仓谷六千六百石，得米二千九

15

百四十石。令城乡保甲分运平粜，每升粜价六十六钱，预估还仓谷价石二千七百钱，以粜款所入分赋富绅量力承售，至秋输纳。众咸乐从。七月之杪，粜务既毕，总司令者会粜款糠秕之入，为钱一万九千六百八十五缗，计除运费谷价，赢钱一千一百三十余缗。重修圣庙经费即权舆于此。平粜视捐赈虽情事微异，而救荒则同。故因记西山事而类记之，后之览者当不仅以为会计钱谷、表彰劳勋也。

（民国《崇庆县志·江原文征》）

清朝政治腐败，官吏借赈舞弊：清政府政治腐败，地方官吏在实施赈济中，借机贪污舞弊、置灾民死活于不顾者，层出不穷，且愈演愈烈。

道光二年（1822），御史宋其沅在给清廷的奏折中称：报灾之初，吏役借端敛费；查灾之时，村庄每有遗漏户，则以多报少给；赈则玩延不发，甚至村民守候，吏役乘急勒价要票（赈票）；报销时，增造诡姓假名。种种弊窦，皆所不免，总由官吏勾结舞弊。该管上司虽有所闻，往往以调停了事。

光绪十年户部奏折称：地方有灾，实官吏之不幸。乃近日州县不以为戚，转以为利。东乡有灾或报以西乡；南乡有灾或洒入北乡。唯利所在，择肥而噬。劣绅藉以把持，奸胥因而染指，上行其惠，下屯其膏。

四川地方官吏自不例外。据《清代四川财政史料》载："川督奎俊以成都知县阿麟为鹰犬，多行不义，阴济其贪，迨至光绪二十八年（1902）开缺回京，贪食赈银五千两。"

赈款既微，更有官吏贪污舞弊，以致灾民多于食尽草根树皮后四处流亡，老弱成为饿殍，青壮未死者，每多被迫群起吃大户或铤而走险，被政府镇压，激为民变，造成更大的灾难。（《四川省志·民政志》285页）

［链接］十月戊寅，赈江北厅等处水灾雹灾。（《清史稿·德宗纪一》）

1885 年

（光绪十一年）

四川东部地区春旱，部分州县有水、火等灾：四川总督丁宝桢奏称："川省川东一带上年雨泽愆期，秋收歉薄。本年入春以来，仍未得有透雨，粮价日渐增昂。民情拮据，无力买食。"至岁末，丁宝桢又奏："巴县、彭水、什邡、万县、汉州、金堂、云阳、开县、奉节、黔江、大宁等州县被水，冲毁田禾民房，淹毙人口。"同折并谓："查川省各属本年越嶲、峨眉、忠州、温江等厅州县被火，延烧民房，并有烧毙人口之事。"此外，10月10日（九月初三日）上谕中有"四川总督丁宝桢奏，綦江等县灾歉"之语，至"灾歉"之原因及受灾之确切范围不详。（《近代中国灾荒纪年》479—480页）

巫溪：五月大雨倾盆，水漫入城，四乡冲毁民房人畜无算。（光绪《大宁县志·灾异》）

乐山：六月初二，铜、雅、符、临水俱涨，平地水深丈余，禾苗六畜多淹没。（民国《乐山县志·艺文志·物异》）

中江：夏，邑北老石桥水溢桥圮，漂没甚众。（民国《中江县志·丛残·祥异》）

资中：春夏又大旱。（民国《资中县续修资州志·杂编·祥异》）

秀山：夏旱。（光绪《秀山县志·祥异》）

井研：夏大旱，斗米银一两。（光绪《井研志·纪年》）

荣县：饥，自十年六月至五月不雨。稻田不耕，斗米值钱千余，而市有弃儿。（民国《荣县志·事纪》）

南溪：夏复大旱。斗米值钱一千四百文，城乡开仓赈济。（民国《南溪县志·杂纪·纪异》）

松潘：秋，大熟未获，为螣（飞蛾）所害。（民国《松潘县志·祥异》）

奉节：旱，自秋徂冬不雨，民饥，食树皮及芭蕉根。县署开仓赈恤。（《奉节县志·大事记述》）

南川：十二月全县大雪三日，次年大熟。（民国《南川县志·大事记》）

犍为：夏大旱，六月大水，岁大饥。（民国《犍为县志·杂志·事纪》）

万县：被水灾，筹款赈抚。（《万县志·祥异》）"赈救万县受水灾民。"（《清德宗实录》卷221）

乐山：察院街炮铺失火，烧毙炮匠一名，并毁数十家。（民国《乐山县志·艺文志·物异》）

［善榜］**兴文**：光绪十一年发生荒象，米价每升由四十文制钱陡涨至百文。县绅石渭川、石子城、萧雨帆、吴效朋合捐谷二十石，成立太平会，并劝募附近粮户捐助，合计四十余石，呈报县署短价折售，不半月，米价仍落至四十文。后存谷二十余石，由石子城保管。（民国《兴文县志·慈善》）

［善榜］**合川**：光绪十一年，太平场火灾。孀妇但占雄妻吴氏，施米二十余石做赈济；灾民不能复业者，另量给钱文，俾更营小贸。由是资以全济者，数十百家，场人至今犹称道焉。（民国《新修合川县志》卷50）

五月，叙永石垣坪地动，纵横数百里，房屋、庐墓均各易处。（《四川省志·地震志》68页）

六月，井研县北乌抛湾地裂，压毙民人王天伦等八家。（光绪《井研志·纪年》）

［附］　　　　　　　　　　荒政篇·并序

　　　　　　　　　　　　　［清］李荨

乙酉（光绪十一年，1885）春，吾邑岁旱，斗米千钱，民心惶惑。邑令罗实斋先生多方赈济，而奸民黠吏因缘为奸，实惠不至，怨谤繁兴，奉行者之过欤？然仁人君子之用心，不可没也。因为四诗以纪之。

劝捐请富户，邑宰书名尉为主，纷纷县帖下乡村，昨日无名今日补。公堂开，富者来，富来半不来，闭门高筑黄金台。官符急如箭，明日重开宴，毕竟钱有神，胥吏为除名，其余勉强趋公庭，按册查名心各惊。乡愚不知官长贵，一升一斗当面争。彼富者谷是馈是粥，柴薪之费夫役资，令以清俸补不足。吾闻天之道亏盈，帝之德好生，救灾恤邻仁者之心，如毛斯拔吝勿与，不知九原何处用黄金。

设粥赈贫民，男厂西门女东门，一家同至中路分，妇人携子翁抱孙，门外领签如考试，门内点人查姓字。昨日人少今日多，近者先来远后至。两厂开，声如雷，盛以瓦缶掬以指，计口一盂各欢喜。续命兮沧海粟陈，照影兮沧浪水清，延残喘于将绝兮，嗟而民人。厨人走报粥完矣，众意调停继以米，米如金勿浪与，横陈几处饥民死。治其事者邑绅衿，析薪数米如妇人，指挥群丐多意气，提防夫役诚苦辛。悬牌限辰已过午，山门闭，可怜后至防风氏，含悲忍饿空归去。

施米开济仓，欲发不发难猜详，里保沿门查户口，绅士抱簿升公堂。公堂日三四，户口册不至，自春及夏五阅月，过尽凶年议不决。荒政聚民，济仓以名，胡为利薮视？胥吏乃与绅士争，胥吏不敢争，阻抑使不行，聚米为山朽蠹生，积骸遍野饿殍盈。一朝牌示期定矣，先发城中后乡里，极贫次贫仍不分，计口授粮一升米，人浮于米胡不知？索米不得疑其私，况兼里正入私囊，侏儒自饱朔自饥。弊生于利，明允乃济，缮策不施奸黠吏，我民安矣贤侯去。

减价粜常平，常平减价市价增，应减而反增。常平之米不济贫，奸民日领三百斛，须史粗粝成精凿，公物居然奇货居，获三倍利一斗粟。出票而入签，多得米兮胡能然？左右而望贾之贪，上下其手吏之奸，或升或斗官为限，别有调停君不见，已恣吞噬入私囊，更假赢余作情面。贫民持数钱，瑟缩不敢前。徘徊至日暮，为报仓场米已完。明朝来更早，费尽经营钱较少，六千粜尽官仓粟，乌雀长饥虎狼饱。人心险陂祸之胎，戾气感召天为灾，溺不能援反下石，弱肉强食真可哀。官之仁政民之福，狐兔纵横肆其毒。君不见秋风阴雨古墙深，夜夜烦冤新鬼哭。

（载光绪《潼川府志·仓储·附》）

1886 年

（光绪十二年）

崇庆：五月饥。知州孙开嘉发仓平粜。（民国《崇庆县志·事纪》）

崇庆：光绪十二年，崇庆岁凶，县发平粜米多腐败不可食，西乡善人雷春煦，出其藏粟易之，以济贫民，蒙其惠者数百家。（民国《崇庆县志·士女八之二》）

郫都：大旱。五月夜大雨。（民国《重修郫都县志·杂异门》）

丹棱：夏秋大旱，斗米千钱。（民国《丹棱县志·杂事志·灾祥》）

万源：七月十四日，太平（今万源）大风雨，二十日始止。（《清史稿·灾异三》）

彭山：大旱。（民国《重修彭山县志·通纪》）

江津：旱饥。嘉升乡蚱蜢为害，田禾被食殆尽。（民国《江津县志·祥异》）

涪陵：旱大饥，米贵。（民国《涪陵县志·杂编》）

秀山：夏大水。（光绪《秀山县志·祥异》）

夹江：被水，淹没民居、河岸、桥梁，水入城内。（民国《夹江县志·外纪志·祥异》）

西昌：水毁上鱼市街、河江街西段。（《凉山州志·自然灾害》）

南川：大熟。（民国《南川县志·大事记》）

泸县：大熟，禾多两歧。（民国《泸县志·杂志·祥异》）

筠连：大有。（民国《筠连县志·纪要》）

富顺：岁大熟，收成十余分。（民国《富顺县志·杂异·祥异》）

南溪：岁大熟，斗米价值四百文。（民国《南溪县志·杂纪·纪异》）

松潘：七月麦出两穗。（民国《松潘县志·祥异》）

忠县：是年收获歉薄，米价昂贵，每斗一千四百文，治署派员赴乡发放积谷赈饥，饥民载道，较乙卯年尤多。（民国《忠县志·事纪志》）

1887 年

（光绪十三年）

入夏后，四川省连降大雨，安县等九县被水：四川总督刘秉璋奏报："本年入夏以后，川省各属每遇大雨时行，地处低洼者，辄罹水灾。据安县知县具报，五月二十五日，近城一带雨水过多，禾苗被淹。幸水退极速，尚未成灾。又云阳县知县具报，五月初四及二十等日，沙沱市一带大雨后山水陡发，淹毙男女九丁口，淹没田房九百余户。……又大足县知县具报，五月十四日大雨水涨，城乡各户被淹共一百五十余家，淹毙人民大小五丁口。……又大宁县知县具报，五月初四日，近城一带河水陡涨，淹没八十八户。……又平武县知县具报，五月二十七日大雨如注，冲毁田房五十余户，淹毙男女十二丁口。……又雅安县知县具报，该县沙坪场出蛟水涨，淹毙人口十余名，冲毁民房七十余家。……又石泉县知县具报，五月二十四及六月初四等日，大雨雷电，山水暴发，冲毁田房共一百八十户，淹毙大小人口十名。……又汶川县知县具报，七月十一日夜三更时，草坡地方大雨出蛟，居民五十一家，约计男女大小共六百余丁口全行漂没无存，各处桥梁亦皆冲塌。……又灌县知县具报，七月十一日，该县都江堰口陡发大水，冲毁鱼嘴并各处堤堰，兼没农田三千余亩，冲毁民房百有余间，淹毙男女四十余丁口，被灾较重。"（《近代中国灾荒纪年》504 页）

灌县：岷江大水，坏安澜桥。朱锡莹《重修安澜桥碑》："丁亥（光绪十三年）初秋，霖潦大涨，向之长虹亘空者，荡然无存。"岷江大水，都江堰首安澜索桥冲毁无存，据徐慕菊调查洪痕推算，岷江洪峰流量 6130 立方米/秒。（《成都水旱灾害志》228 页）

黔江：五月大水，城中水深数尺。坏民田舍无数，溺死城乡民数十人。（光绪《续黔江县志·祥异》）

雅安：六月十八日大水坏沙坪场。（民国《雅安县志·灾祥志》）

［链接］青衣江历史特大洪水：青衣江历史特大洪水之一发生在清光绪十三年六月十八日。周公河与花溪河同时发生大洪水。其时，雅安各地正在举办"川主会"的传统庆祝活动，周公河畔的沙坪场在上演《水漫金山寺》，突遇洪水袭来，整个戏班子仅一人幸存，共计淹死居民人等三百余，财物被洗劫一空。同时，花溪河源区的高庙古镇也被冲走了半边街。（《青衣江志》133 页）

井研：夏，拥思茫水涨溢，逆流高丈余，漂没民房数十家。（光绪《井研志·纪年》）

犍为：夏，四望溪大水。（民国《犍为县志·杂志·事纪》）

汶川：七月十一日夜三更时，汶川草坡地方大雨，居民五十一家，约计男女大小共六百余丁口，全行漂没无存，各处桥梁亦皆冲塌。（《巴蜀灾情实录》325 页）

崇庆：七月大水。羊马江中有皮篓冲至江滨，人得之，中藏梵文陀罗尼经无数。（民国《崇庆县志·事纪》）

遂宁：八月初三日大雨一昼夜，初四日街上水深三尺。（民国《遂宁县志·杂记》）

云阳、巫溪：秋水灾。农作物损失甚巨。（民国《云阳县志·祥异》）

秀山：秋，大有年。大水漂没石堤、官舍。（光绪《秀山县志·祥异》）

安县、北川：水灾。（民国《绵阳县志·杂异·祥异》）

大足：水灾。（民国《大足县志·杂记》）

［链接］汶川草坡水灾雨情、水情：光绪十三年七月十一日（1887 年 8 月 29 日）汶川至灌县区间产生大暴雨，中心在草坡一带并向下游发展，因而使岷江干流洪峰流量向下游逐渐加大。由于灌县以下雨量不大，故洪水进入成都平原后，量级逐渐减少。洪峰流量推算值，太平驿为 3090 立方米每秒、白花滩为 4350 立方米每秒、紫坪铺为 5200 立方米每秒、二王庙为 300 立方米每秒。（《岷江志》133 页）

［链接］见证汶川草坡水灾：（1）草坡两河口路碑石刻："光绪丁亥（1887）七月一日，因……雨，至于山崩地裂，溪水泛滥。"（2）民谣："水打草坡好凶险，刚过三年打桃关①。桃关七月十一晚，雨打强梳像竹竿，洪水滚滚上阶沿，大街打得稀巴烂，小街像个水泥潭。"（《四川城市水灾史》50 页）

汉源：春大疫，尚礼乡尤甚。讹言"瘟神欲度岁，方走乡间"一时遍传，乡人苦疫，果于三月一日起照例办年事、燃天灯，希冀瘟神早日离去。至是，疫遂潜消。（民国《汉源县志·杂志·祥异》）

万源：大旱。（民国《万源县志·祥异》）

南溪：江水落，较常年低二三丈，江边居民多拾得旧时金钱器具。（民国《南溪县志·杂纪·纪异》）

松潘：六月旱，虫食青稞。（民国《松潘县志·祥异》）

雅安：三月东正街火烧数十家。（民国《雅安县志·灾祥志》）

二月，松潘地震，三月、十月又震。十一月七日，绥靖屯（今金川县）地忽震，约有一刻之久。（《四川省志·地震志》68 页）

1888 年

（光绪十四年）

四川部分地方遭水、风、雹、火灾害。

---

① 指后三年 1890 年 5 月 11 日桃关山洪大暴发。

四川总督刘秉璋十一月二十七日（12月29日）奏称："遵查川省各属本年以来，巴县、万县禀报被风，永宁县被雹，江北、忠州、大邑、乐山、富顺、合江、简州、资州、江安、泸州、资阳、威远、内江、西昌、乐至、乐寿、安岳、江津、洪雅等厅州县，或因山水陡发，或因出蛟水涨，各有冲毁田禾、民房、城垣、庙宇、桥梁，伤毙人口之事。……旋据巴州、威远、石泉、松潘、郫县、理番、剑州、西昌、绵州、双流、忠州、万县具报，居民不戒于火，烧毁民房多寡不等，并有烧毙男女丁口。……合计通省秋禾收成实在六分有余，尚属中稔。"（《近代中国灾荒纪年》521页）

合川：正月朔大雨雪。（民国《新修合川县志·余编·祥异》）

汉源：四月八日，大田、丰厚、尚礼等乡雨雹，有大如鸡子者，深沟中越日未化。（民国《汉源县志·杂志·祥异》）

眉山：三月大雨雹，巨如鸡卵，农民损失甚巨。五月岷江大水，沿河田房淹没。（民国《眉山县志·杂记》）洪水冲毁（成都嘉定驿路大桥）张公桥。（民国《眉山县志·建置志》）

内江：六月十七日大雨，桂湖溢高一丈，漂没田庐，灾民二千余户。（光绪《内江县志·杂事志·祥异》）邑令罗捐俸并筹款请帑共万余缗散赈。乡绅邓廷正变卖家产得谷百石，首倡输赈，赖全活者甚众。（光绪《资州直隶州志·人物志·行谊》）

简阳：六月十八日大雨大水，二十六日涨甚。（民国《简阳县志·灾异篇·祥异》）

崇庆：六月，崇庆、邛崃一线大雨大水，金马河河西冲决新河，旧河埋塞。（民国《崇庆县志·事纪》）

邛崃：六月，南河大桥（号称"川南第一桥"）毁于洪水。（民国《邛崃县志·祥异》）

西昌、德昌：六月南河水溢，冲毁城垣。知县许振祥请款修复。（民国《西昌县志·政制志》）

安岳：六月大水，桥多折断，城垣坍数十丈。（光绪《续修安岳县志·祥异》）

资中：夏，暴雨五昼夜，河水泛涨，漂没房宇禾粮无算，沿河居民俱被灾。（民国《资中县续修资州志·杂编·祥异》）

富顺：大水，较同治癸酉（同治十二年，1873年）年高三尺。狮市街陈庆华、陈崇善父子（相继任里正三十余年），水旱灾饥，办赈购粮，无风雨之避，涓滴核实；并出家资按丁散粥，存活甚众。经管积谷仓，比原额增倍。（民国《富顺县志·杂异·乡贤》）

自贡：大水较公元1873年高三尺。（《自贡市志·自然灾害》）

遂宁：大旱，县属西北路稻田无水，斗米值钱二十余千文。（民国《遂宁县志·杂记》）

西充：1888年至1903年（光绪二十四年至二十九年），连续六年分别发生春旱、夏旱和伏旱。特别是1903年，旱情更重，"斗米值钱一千四百文，树皮、草根、青冈果、观音土也难寻觅，饿莩载道，瘟疫流行，饿死病死者，相望于道路和街渠"。其时，官绅合办赈济，募款购回大米一万公斤，每月按各场人口发赈两次，杯水车薪，无济于事。（《西充县志·灾害性天气》）

酆都：腊月晦日大雪，城中雪花如掌，乡中压折古木竹树尤多。（民国《重修酆都县志·杂异门》）

绵阳：二月十八日，城隍庙火灾。三月三十日，行台火灾。（民国《绵阳县志·杂异·祥异》）

峨边：杨村场火，连烧五十余家。（民国《峨边县志·祥异》）

六月，松潘地震二次。（《四川省志·地震志》68页）

[**链接**] 十二月，赈威远厅水灾。（《清史稿·德宗纪一》）

[**备览**]

黑石江大水吟

[清] 邢梦麟

无端灌口妖龙怒，喷沫迷空走妖雾。

惊涛骇浪响如雷，划然劈破沧江路。

唐安黑石小支流，片时千丈洪波注。

鼍梁巨石经百年，浪卷有如摧枯树。

可怜一带美田畴，嘉禾尽掩沙石布。

沿江民屋没鲛宫，更有漂流洲上住。

老亲稚子啼屋梁，四面波狂无炊处。

哭声震野鬼神愁，安得阳侯来守护。

我亦倚杖望江滨，搔首问天究何故。

吁嗟世事本茫然，沧海桑田或有数。

（民国《崇庆县志·江原文征》）

1889 年

（光绪十五年）

夏秋间，四川水患，灾区较广：本年，长江流域各省均遭水患，掌广东道监察御史恩焘十一月初九日（12月1日）奏谓："本年水灾西极长江上游，东尽浙之瓯越，凡昔产米之地几于尽作灾区，失业贫民难以数计。"其中，位于长江上游之四川省，夏秋间被水灾区共有三十八厅州县之多。四川总督刘秉璋奏报该省水灾情形云："川省地势本高，每年入夏后大雨时行，水势宣泄不及，沿河居民间亦被水，岁以为常，而本年夏涨则更异于往岁者。三月二十九日，据石泉县、蓬州禀报发蛟涨水，石泉县又于六月十六、七日两次大水，蓬州加以冰雹。又据南江县、巴州禀报，五月二十九日大水。綦江县禀报，六月初二、三日大水。名山县禀报，六月十二日大水。酆都县禀报，六月十四、五日大水。平武县、江油县、彰明县、剑州、绵州、安县、三台县、遂宁县、射洪县太和镇通判，铜梁县、邛州、蒲江县、井研县、夹江县、洪雅县、乐山县、犍为县四望关通判陆续禀报，六月十六、七、八等日大水。江油县、彰明县、剑州、绵州、三台县、射洪县太和镇通判，邛州复于七月初一、二、三、四等日两次被水。合州禀报，七月初四日大水。……此被灾各处堤堰、城垣、桥梁、道路、房屋浸灌冲决甚多，田禾、人民、牲畜、财产、货物漂流淹没亦众。众水势来极悍，所幸退亦迅速。惟沙泥淤塞之田地、盐井，挑挖为难，坍塌毁坏之堤堰、城垣，工程甚巨，灾黎待赈孔殷。"后又奏："嗣据灌县、黔江、越嶲、中江、南充、蓬溪、垫江、奉节、岳池、广安、广元、太平、合江等厅州县陆续具报，六、七、八、九等月先后被水，虽情形不一，而近河田禾、房屋、人民、财产之沙淤漂没，与堤堰、城垣、桥梁、道路之冲决坍塌，则与前报之石泉等处大略相同。"并奏称："此次……水势虽大，所幸仅止滨江一带受害，且退亦迅速，补救较易。故综计灾民五万三千八百四十户，二十六万二千余丁口。"（《近代中国灾荒纪年》523—524页）

涪江、岷江大水：夏秋，涪江、岷江大水，两江沿岸受灾。

7月15日（六月十八日），涪江第一次洪峰，绵阳、三台、遂宁、蓬溪、潼南等州县遭洪灾，洪水淹没沿江田庐。7月29日（七月初二日）、7月30日（七月初三日），连降大雨，涪江洪水再次泛滥，大水入绵阳城，西北街巷行船；遂宁洪峰较前次高6米（二丈），南北二坝都成泽国，人畜、田庐损失无算。下游潼南平地被水，秋禾无收。

同年夏秋，青衣江、岷江大水。名山、夹江、井研、乐山受灾。7月（六月），洪水冲毁名山县云桥，县城东垣崩塌数丈。井研县漂没民房三百七十余家，大水漫出乐山五通桥四望溪。9月（九月），夹江大水，良田庐舍多遭淹没。（《四川省志·大事纪述·上册》82—83页）

酆都：元月三十日，大雪，城中雪花如掌。（《巴蜀灾情实录》371页）

泸县：三月十三夜大风。（民国《泸县志·杂志·祥异》）

巴中：三月晦日，热气蒸烈，倏忽大雷电大风雨雹，巨如鸡卵，苗坏木摧，河水骤涨，漂没居民田庐无数。（《渠江志》57页）

江油：四月初五日大雨雹，形如卵，黎雅场禾稼伤坏甚多。（光绪《江油县志·祥异志》）

万源：夏雨成灾，洋芋枯萎腐败，四乡饿殍甚众。（民国《万源县志·史事门·祥异》）

名山：夏大水，青云桥圮，东城崩塌数丈，田亩多毁，灾情甚重。川督奏发赈银六千两。（《青衣江志》133页）

城口：夏雨成灾。（光绪《城口厅志·杂类》）

大足：六月初七大水，城内西街可划船，小南门城墙上可洗脚，大南门城墙被冲垮二十余丈。（《大足县志·灾异》）

中江：六月十七至二十日水大涨，七月初二、三日涨尤高，滨河地皆遭损失。是年，川中报水灾者十余县。（民国《中江县志·丛残·祥异》）

绵阳：六月十八日、七月初三日两次连日大雨，水灾异常。沿河低处田产倾没。城之西北街巷行舟。（民国《绵阳县志·杂异》）

遂宁：涪江泛涨，六月十九日水上河岸，七月初二日较十九日高二丈，南北二坝俱成泽国，沿河多受损失。（民国《遂宁县志·杂记》）

[德碑] **潼川**：**知府魏邦翰捍灾御患，劳瘁殉职**：六月大水。（《潼川府志》）知府魏邦翰捍灾御患，坐是劳瘁得病，殁于官。士民送挽联，有"苍茫风雨立中流"之句，纪实也。"有功德于民，民则于今尚啧啧称其救水一事。"（光绪《新修潼川府志·宦绩》）

广元：六月大水。（民国《重修广元县志稿·杂志·天灾》）

犍为：六月，县河及四望溪大水，城内水至分司街土地脚。（民国《犍为县志·杂志·事纪》）

雅安：七月，大水。（《四川两千年洪水史料汇编》）

蓬溪：七月涪江、郪江水溢，田庐多损。（光绪《蓬溪县续志·祇祥》）

合川：七月秋收未半，霖雨为灾，至十月止，谷在田者生芽，未入仓者霉烂。谷草无之。（民国《新修合川县志·余编·祥异》）

潼南：秋七月涪水溢，田庐多损。（民国《潼南县志·祥异》）本县涪江岸边大佛寺右侧岩壁上留有题刻："光绪十五年七月初四日水到此。"测定洪水高程249.66米。（《巴蜀灾情实录》65页）

渠县：八月三十日，大水入城至火神庙侧。（民国《渠县志·别录·祥异志》）

夹江：九月大水，田亩庐舍多遭淹没，官府动用积谷赈济。（民国《夹江县志·外纪志·祥异》）

北川：秋被水成灾。（《清德宗实录》）

巫山：秋，阴雨连旬，谷粮霉烂，次年奇荒。（光绪《巫山县志·祥异》）

奉节：秋，淫雨损屋伤稼。（光绪《奉节县志·记事门》）

三台：潼川大水，人坐城垛可以濯足，鱼飞入城。（民国《三台县志·杂志·祥异》）

旺苍：水。（民国《旺苍县志·祥异》）

营山、仪陇、蓬安：雨雹水潦为灾。北境大风雨，雹如鹅子杀稼。（光绪《蓬州志·瑞异篇》）

广安：大水入城。（光绪《广安州志·拾遗志·祥异》）

綦江：大雨水。知县赵履瀛以水灾请赈。（光绪《綦江续县志·祥异》）

越嶲：大水冲毁海棠桥。（《凉山州志·自然灾害》）

井研：二月南城火灾，延烧至土弯桥。知县叶桂年置备铜水枪十杆以御火。六月大水，漂没民房三百七十余家。布政使松蕃发库银四百余金，特旨加赈银一千。（光绪《井研志·纪年》）

泸县：三月十三日夜，东门失火，延烧半城民居数千家。（民国《泸县志·杂志·祥异》）

峨边：永安场火烧上街民户四十余家。（民国《峨边县志·祥异》）

［链接］清廷拨赈银五万两：（光绪十五年）夏秋间，涪江、雅江暴涨，近水诸县均成泽国，清廷于川省捐输项下拨银五万两，令川督刘秉璋饬属核实赈放。（《四川省志·民政志》284页）八月壬辰，以四川水灾，捐款五万赈灾民。（《清史稿·德宗纪一》）（光绪十六年）二月，除东川被水官田税粮。（《清史稿·德宗纪一》）

［备览］　　　　　　　　　　大火行
　　　　　　　　　　　　　　邹宣律

烛笼夜半凌江起，喷薄赤燎天地紫，东风助势入城来，十万间阊顿倾靡。己丑暮春三月时，奉比偕拥北城祠。送客出门漏初转，忽惊天色如胭脂，须臾街市人声沸，吹到漫空烟霭气。不觉生徒匿影逃，渐生旅客焦头畏，登高望火火愈明，拉杂声兼呼啸声。提筐挈篓沿途拥，堕珥遗簪满地横。此时欲住愁同烬，此时欲去仍难进。尽抛书卷束衣装，携儿去听城西信。城西原有旧蜗庐，入户家具满院铺。西市亲朋堆簏橐，东家故旧寄妻孥，相逢握手皆嘘唏，共道奇灾曾有几。唤母呼儿哭复啼，蓬头垢面人如鬼。城西高处望城东，烈焰连天照眼红。才闻烧过行台署，又报焚残武圣宫。朝阳已升火不止，彻夜风狂火尤驶。官吏徒抛巷口冠，兵丁空汲江边水。黑烟忽倒大观楼，蜗庐莫保我心忧。凄凉手锁空房出，且向宝山高处游。行到西关皆裹足，高堆木器如山岳。别寻间道小西门，惨状沿途不忍瞩。徘徊东岳庙门前，火光熄候日光圆。忽遇故人向我贺，宗祠无恙犹巍然。我闻此语不暇顾，急入火城寻故步。钟□无惊庙貌存，栋梁未改英灵护。隣曲相逢庆再生，尘埃洒扫茗杯倾。街衢不识三叉路，瓦砾俄堆半段城。同是无家竞相请，一枝暂息鹪鹩影。伤心宝藏变飞灰，转眼束脩成画饼。明朝周历重迟回，严城弥望劫灰堆。呼道忽传观察至，旌旗满路勘灾来。路旁父老低声语，勘灾犹自陈豪举，倘教昨夜折谯楼，安教今朝成败堵。

（民国《泸县志·艺文志》）

志灾谣

李瑞熙

纪岁在己丑，三月二十九，天灾之异常，亘古所未有。午前日气烈如蒸，午后雨怒挟风吼，累累冰雹乱洒空，烨烨震电横穿牖。空中擎盖着屐行，昆阳大战龙蛇走。倾墙倒壁屋瓦飞，拔折大树若摧朽。禾苗偃地天无功，书籍淋漓谁之咎。牵萝补筑恨未消，突如惨祸又遭。排山涨河巴水阔，翻堤卷屋骇浪滔。沉舟已破穷檐釜，强弩莫射海门潮。四壁空空家尽洗，百室嗷嗷泪长抛。蓬揣淤窟悲妇守，尸掘沉沙抱儿号。吁嗟呼！两劫仅隔六十天，其日甲戌期不愆，可知灾厄关气数，智巧愚拙两茫然。莫谓宝筏能渡海，大佛广厦也牵连。欲挽沉溺嗟无术，惟仗帝力一转旋，令我低徊长吟十月篇。

（录自民国《巴中县志·述异》）

火灾行

吴 锦

己卯（1879）之夏游帝阍，淀河泛溢南星门。丙戌（1886）之秋居锦里，三日阻隔浣溪水。生平与水惯有缘，侨居处处波滔天。插脚中流吾岂敢，归来息静乐安便。阳侯怪我不能奋，河干河侧无人问。特遣水仙驾浪来，推波助澜大力运。秋间岂必雨翻盆，夜半岂有云雷奔。蓦地黄沙迷皓月，喧阗澎湃赴吾门。涛头千丈落来陡，排墙一声霹雳吼。鱼虾浮上阶前游，蛟龙滚入堂中走。扶母下床床头平，背儿出户户檐倾。一家男妇老幼二十有余口，半身衣湿拖泥行，行上楼高高处立，水亦步步相追及。涌进一波又一波，几次撼摇人拱揖。忽报天明曙色开，水平四面泛无涯。白马西河成一片，何人疏瀹与决排。我疑此地龙为盅，数里鱼腥相吞吐。飞书城内唤儿回，城门已被水拦阻。始知此水横流洪，多少人葬鱼腹中。郡守遣人亲吊问，怕予去伴三闾翁。予笑水亦平平耳，洗我寒酸当如此。安得望洋学大方，细读南华问蒙庄。

（民国《崇庆县志·江原文征》）

火灾六首
胡麟

四面洪涛一望同，混茫不辨亩南东。奇灾泽洞怀襄后，大雨昆阳战关中。沈陆难回龙汉劫，安流应念鼍灵功。田禾漂没知多少，共卜明年米价丰。

万壑千溪注一川，惊湍横击石俱穿。岂今元会将消地，从古梁州是漏天。未雨防疏财是惜，其鱼祸大蔓谁延。不知内外堤全坏，几许金钱始得填。

军声十万夜汹汹，难遣钱王弩卒攻。近岸人家张破败，掀天水势李横冲。荒寒泽畔无嗷雁，零落江边有断虹。最是临流栖绝处，纷纷白骨浪花中。

才免兵荒又水荒，斯民何罪竟难偿。虫沙再劫归流落，锋镝余生堕渺茫。饥溺关心谁禹稷，变迁弹指几沧桑。捍灾固是河堤吏，尤望闾阎积善禳。

昔凿离堆溉数州，斗鸡台下判鸿沟。源通一勺穿羊膊，派衍双渠出虎头。蛇笼岁常糜帑费，鹑居今半没河流。大江东去知何似，地势兹犹近上游。

薄有先畴早荡然，数椽何惜付沦涟。名如邹湛沈千古，身学张融寄一船。聊为墙颓编棘护，且随屋漏徙床眠。独愁江上松楸近，魂断涛声落枕边。

（民国《崇庆县志·江原文征》）

1890 年
（光绪十六年）

四川部分地区遭水、火、雹灾：四川总督刘秉璋奏报："据南川、江津两县三月内具报，烈风雹雨为灾，倒塌房屋一百余间，压毙丁口九人。入夏后，又据邻水、黔江、资州、打箭炉、广元、酉阳、资阳、安县、筠连、绵州、仁寿等厅州县先后具报河水泛涨，沿河居民房屋、田土、庙宇、衙署、城堤、道路、桥梁有被冲刷倒塌者，有被浸灌膨裂者。惟五月十一日夜，汶川县挑（桃）关山顶起蛟水发，被灾最重。淹毙人民四百九十二丁口暨分驻典史鲁凤章之妻周氏并其子女、仆妇各一丁口，衙署冲刷，仅存被淹灾黎三百一十八口。其余各厅州县被灾者，或二三百户，或数十户，冲毁田土一二百亩或数十亩不等。又据郫县具报，北门外不戒于火，延烧铺户三十三家。又据靖远营具报，该营城失火，延烧二百余户。又据石泉县具报，小坝场失火，延烧五十九家。又据资州具报，马鞍山场失火，烧毁民房四十七间，烧毙幼孩二名。又据射洪县知县、太和镇通判先后具报，各失火，延烧各四十余家。"1891年2月4日（十二月二十六日）又奏："旋据开县、东乡、峨眉、中江、彭县、灌县具报被水冲毁田禾、桥梁。又据太和镇、天全、石泉、安岳、简州、汉州、华阳等州县具报，民间不戒于火，延烧房屋多寡不等。"同折谓："合计通省秋禾收成实在六分有余，尚属中稔。"《黔江县志》卷五记：是年该县"春淫雨，夏大水。三屯及五里起蛟，漂没田庐无算。民荐饥（原按：先是连岁歉收，因雨多，春蔬霉烂，至是夏苗亦复无望。谷价腾贵，斗米钱千六七百文，杂粮仿是。民多食木草根，流亡入贵州者甚多）。邻境咸丰、利川民尤甚……黎水、大木诸乡往往掘地罗汉食之"。（《近代中国灾荒纪年》545—546页）

岷江上游山洪暴发，桃关沟全村遇难：汶川岷江支流桃关沟山中立有墓碑："大不幸，光绪庚寅岁，五月十二寅卯刻（1890年6月8日5时），天降洪水，孽龙出，五六百尺之山峰源头走，数千余年之墓尽赴江中。"直隶理番厅廪贡生董湘琴《松游小唱》："年逢庚寅，平地起波涛，雷轰电扫，江翻海倒，鱼鳖登床蛙上灶，哭声号啕把足足的一千人，断送与蛟龙腹饱。"（民国《汶川县志·艺文》）

据历史洪痕推算，岷江在灌一段洪峰流量5770立方米/秒。（《成都水旱灾害志》228页）

桃关沟山洪暴发，顷刻全镇被淹，人们全都爬上禹王殿的屋脊，不料随后洪水竟把禹王殿整座连人一齐冲走，三百多户人皆淹死，只有一名税官于头天赴映秀湾收税未归，幸免于难。从此，桃关沟被称为"逃官沟"。（《成都水旱灾害志》86页）

[链接]桃关洪水雨情、水情：光绪十六年五月十一日（1890年6月27日），汶川至灌县区间产生大暴雨，中心在桃关一带，并向下游衰减，故桃关沟洪水特大，使一千多人居住的桃关街为洪流所冲击，荡然无存，并使桃关海口以上岷江的水位抬高，形成局部回水，沟口以下洪水陡涨，至彻底关以下才逐渐减小，进入平原后量级就更为减退。洪峰流量推算值：彻底关为3870立方米/秒，太平驿为3690立方米/秒，中滩铺为3660立方米/秒。（《岷江志》133页）

汶川、灌县：五月十二日岷江支流山洪暴发，桃关沟全村遇难。（《都江堰文献志》）

垫江：三月初一日大雨雹。（光绪《垫江县志·志余》）

酆都：三月晦日，堡兴场一带大雨雹，损坏豆麦无收。（民国《重修酆都县志·杂异门》）

黔江：四月初三晨起，雷雨大作。河高于堤，漫溢腹背，受决新筑，半被溢平。据民绅云：此次水患，实为数百年来所未有。（光绪《续黔江县志·堤堰》）春淫雨。夏大水，三屯及五里乡漂没田庐无算，民屡饥。（光绪《续黔江县志·祥异》）

井研、犍为：四月大雨雹，大风拔木坏屋。（光绪《井研志·纪年》）

汉源：四月二日大雨水，龙洞营冲没民房三十余家，水田十八石五斗，知县唐枝中勘而未赈。五月初九夜尚礼乡山水大涨，将大海子限淤，鱼飞四山成堆，通水堰山大崩。（民国《汉源县志·杂志·祥异》）

中江：五月二十七日连三昼夜大雨，江水涨高一丈五六尺；秋九月十三日复昼夜大雨，涨高丈余。（民国《中江县志·丛残·祥异》）

巴中：五月河水大涨入城，由城堞系船；后河石堤决，水穿中坝，啮坝土殆尽，不可复塞，历年水灾以此为巨。（民国《巴中县志·第四编·志余·述异》）

丹棱：夏大水，秋收歉。（民国《丹棱县志·杂事志·灾祥》）

蓬溪：七月初二日大水。（光绪《蓬溪县续志·礼祥》）

潼南：七月初二日大水。（民国《潼南县志·祥异》）

简阳：大雨水。（民国《简阳县志·灾异篇·祥异》）

合川：百年一遇大雪，十二月大雪，连降三日夜。大山雪积盈丈，外山平地亦厚尺许，城内厚者三寸，数日融未尽。百年榕树，亦憔悴死，足证百年来无此大雪。或曰此为黑凝毒寒之气，不惟伤物，且伤人，可谓非常之变。（民国《新修合川县志·余编·祥异》）

雅安：冬大雪，平地深数尺，檐溜成冰。（民国《雅安县志·灾祥志》）

北川：旱，农无收获，至十七年大荒，沿途饿死饥民甚多。（民国《北川县志·杂异》）

南川：天干歉收，米价一百钱一小升，平价米也要四十文一升。富绅豪商，高抬市价，趁机剥削，平民只有吃草根树皮，挨饥受饿，死人无数。（韦稚吕遗稿、肖一进整理《南川近百年来自然灾害录》，载《南川文史资料选辑·3》）

涪陵：光绪十六至十七年，两年旱，岁大饥，外逃者甚众。（民国《涪陵县志·杂编》）

峨眉：一月二十四日临江河大水，冲坏田舍，淹死五十余人。夏秋之交又连雨一月，山水暴涨。（《四川两千年洪水史料汇编》）旱，五月大饥。邑侯宋公办粜救济。（宣统《峨眉县续志·祥异志》）

峨眉山金顶华藏寺失火。（《峨眉山志》）

彭山：夏旱。（民国《重修彭山县志·通纪》）

丹棱：夏大水，秋歉收。（光绪《丹棱县志·杂事·灾祥》）

江津：旱。（民国《江津县志·祥异》）

名山：岁饥。七月初六日，名山地震，及于成都。（光绪《名山县志·祥异》）

苍溪：八月，虎入西门外河坝街彭姓茶肆食人。（民国《苍溪县志·杂异志·灾异祸乱》）

[善榜] 冯应荣义举：光绪庚寅（1890）、辛卯（1891）岁馑，雅安严桥人冯应荣出谷赈济；壬寅、癸卯、甲辰连年荒旱，督办平粜，活人甚众。（民国《雅安县志·乡贤》）

[附] 奉节地方推行种痘防疫简史：清光绪十六年，夔州知府觟德模创牛痘局，管理民间种痘事宜。光绪二十四年（1898），知府刘心源派中医王经益赴汉口学习牛痘接种技术，回县后，在牛痘局内为民种痘20余年。之后，县内多改"放水痘"为牛痘接种。民国三十年（1941），奉节县临时防疫委员会成立，推广注射霍乱、伤寒疫苗。是年，霍乱疫苗注射4337人，牛痘接种1797人。民国三十七年（1948），种痘1052人，注射霍乱疫苗158人、伤寒疫苗17人，霍乱伤寒混合疫苗3316人。……1989年6月，本县代表万县地区接受省儿童计划免疫工作的审评验收。18月龄内，卡介苗、脊灰、

百日咳、麻疹疫苗接种率分别为 99.05％、95.23％、99.33％、99.05％，实现了省对本县计划免疫工作规定的目标。受到省、地的表彰和奖励。（《奉节县志·疫病防治》）

［链接］**崇庆知州凤全借赈贪污**：光绪十六年，崇庆州西山大饥。官府发仓谷平粜，设粥厂救饥。赈务结束，有余钱千六百余缗，全被知州凤全吞没（以"修葺会府"名义报销，其实未支是款）；又，仓谷出陈易新四千石，亦巧取四千余缗入己私囊（售价三千五百六十文，以两千九百文上报，两千五百文买新谷还仓；每石干没钱千零六十文）。（民国《崇庆县志·丛谈》）

［附］　　　　　　　　**黔邑赈灾记**

张九章（黔江知县）

光绪十六年庚寅春，阴雨连绵，弥月不开，蔬芋霉烂，人渐乏食。乡里之董事者走相告予，即急筹款百余千，救济尤窘迫者，白土、金溪等乡。先是，各乡均以客岁雨多歉收，谷用不足，民有菜色，然犹忍饥扶病种耨，咸戚然冀夏秋之有成，转歉为丰也。忽首夏初三晨起，雷雨大作，蛟水涨发，环八面山左右附近田土，冲决漂没，尽付洪流。予急登陴拜祷，妖氛立靖，雨亦旋止，而一望城外，沙墟平漫，莫辨塍陇，叠据三屯、栅山、后坝、酸枣、洞口等乡先后报灾，旬日间米价陡昂，奸民煽惑，富户闭仓不粜，市无宿舂，斗米增价至千五六百不止。持升斗往市者，稍后则告罄，空具而反。饥民惶惶，朝不保夕。良懦者，取草根树皮以充饥；桀暴之徒，相与倡为吃大户之说，到处扰骚。廿一乡富户，均岌岌不自保，而乡里遂重困矣。予一面详禀大宪请恤，一面即日开仓平粜，并谕各乡社首仿照办理，严定章程，每户五口以上，每场发米二升，三四口发米升半，一二口发米一升或半升，每升取价七十八文，毋滥冒亦毋向隅。又虑民间乏食，复饬城乡团绅，上紧设局，按日出售，每升取价八十文，给票取携，听由民便。循环籴粜，源渊（源）不竭，城厢三屯资给以生者几千余家。然各乡之延颈举踵，呼吁以望赈者，毋虑千万户，皆克日以待。当是时，予五中焦灼，夜不成寐，欲捐廉则倾囊莫济，欲重派则富户无多。适义士周生呈请，愿缴京斗谷四百石以作赈需。予韪然曰：有以哉，上苍好生，固无绝人之路，而予得此即可资给，以为众倡。即以其谷留备三屯、洞口碾运，急折价垫款五百余千，散之四乡，以被灾之轻重，酌赈给之多寡。不数日，而各乡溥遍。因谕各乡团绅，一律劝谕粮户落捐协办，有捐谷者，有捐钱者，有施米者，有自运贱售者，有入局平粜者，有一乡共办者，有分排各办者，有放谷秋还者，有煮粥日给者，办法不一而大率每升取价八十上下，间或随市减价二三成不等。予复不时延客，有以公事见者，立即传询，谆谆谕以急公好义，共济时艰，并救贫即以保富之说。有劳曰惟我任，有怨曰亦惟我任。于是，城乡绅粮各勉力踊跃输将，而嗷鸿安集，咸庆复生矣。黔处万山之中，水陆不通，既无舟车运载，又乏大商巨贾可以筹垫缓急，复遭邻境水荒倍甚于我，接济之源绝，徒以哓音瘏口寓激劝于零涕，而凑集巨款，克渡大难。旋幸秋成丰稔，民皆安堵，此实皇上盛德所感召，大宪恩意所泽沛，与夫乡风之犹古，团绅士民之共勉于义，岂非予之厚幸也哉。斯举也，城内平粜官绅协办卖米至二百六十余石，折钱千有余串，办理为最善；绅粮捐数至七百余千，亦为最多。而白鹤陶姓，除平粜外，放谷四百京石；金溪王姓，施谷一百京石；后坝董姓，平粜一百二十京石。学署陈公、绅衿李生，各施粥一月有余，日给二三百人。合共自五月下旬起至七月二十日止，城乡设局辍局，先后不同，约计办理两月有余，饥民共九千一百七十余户，平粜市斗米一千一百九十六石五斗二升二合，施粥与各乡社谷分借者在外。谨分别志之，以示不忘天戒云。

（光绪《黔江县志·艺文门》）

1891 年

（光绪十七年）

四川省部分厅县遭水、旱、雹灾：四川总督刘秉璋 1892 年 1 月 6 日（十二月初七日）奏称："川省各属本年以来，巴县、南江、南川、綦江、岳池、梓潼等县，或因山水陡发，或因出蛟水涨，多有冲毁田禾、房屋、桥梁、道路，伤、毙人口之事。……旋据郫县、打箭炉、盐源、石泉、成都等厅县具报，居民不戒于火，烧毁民房多寡不等。"另据《巫山县志》卷 10 记，该县"夏大旱无禾"。《黔江县志》卷 5 记，该县"夏旱，民大饥。自六月杪至七月，仅四十日不雨，而禾菽焦枯不成颗粒。谷价翔贵，民掘草根及树皮食之，饿死颇众，卖子女者相属。先是，四月内有虫五色伤稼，食荞殆尽。县南大风雹如盎，压损民舍牲畜甚多"。（《近代中国灾荒纪年》553 页）

崇庆：三月江水暴至，田被淹浸，津梁多没。（民国《崇庆县志·事纪》）

名山：四月初七日大雨雹，雷风折木。大饥，贫民采食木皮蕉根，蒙山一带多饿毙者。秋大熟。（民国《名山县新志·事纪》）

丹棱：四月北路大雨雹，新秧尽没。岁大旱，栽种未半，米价昂贵。秋大疫。（民国《丹棱县志·杂事志·灾祥》）

德昌：五月二十九日水。（《四川省近五百年旱涝史料》140 页）

西昌：五月山洪暴发，淹没庐舍田禾甚广，大通桥及桥头铺面冲毁。七月五日，西昌县东河特大泥石流，冲毁 5 条街，淹田 133 公顷，死伤 1000 人左右。（《巴蜀灾情实录》325 页）由府、县两署因案拨款及商号酌捐，修复桥堤。（民国《西昌县志·政制志·东西河工》）

8 月初，西昌连续淫雨旬日，山洪暴发，水猛非常，城区不少街道被淹，良田 2000 余亩被毁。暴雨中心西昌、冕宁附近及河源一带，死亡过千人。（《凉山州志·自然灾害》）

[链接]《邛嶲野录》对西昌水灾的描述："五月二十九日起，连续淫雨，旬日，山洪暴发。一股由中右所河（今西河）浸入，白衣庵、大石板、段家街等处多被水淹；一股由龙王巷入东街，上下户千余家屋内水深七八尺。又分作两股，一由天枢巷出，通海巷、洗鱼沟两处受害；一由青龙街出，冲至魁星楼、半边街、灯杆坝、后街口，毁铺房数十家，始入正河；一股顺城根下至南门外，小股灌入城内，大股直冲西街，自合盛行、后篾市、打铁巷、姚家巷、臭河桥、盛家口下截，毁民房数百家，淹毙人六百余，庙宇，惠民宫前五显庙、禹王宫均无片瓦。水既汇合，其势

更大，如较场坝、福国寺上下，磁山桥左右以及张、吴、祁三屯田禾尽淤，倒流入（邛）海，新淹良田二千余顷。"

［附］　　　　　　**辛卯年甲午月壬辰日建城水难记**

倪星朗

（光绪十七年五月二十九日）

芦林贻害一元奇，似此从来说未有。

连宵淫雨已逾旬，水势如常静不吼。

夜半奔腾陡出山，尽扫田庐迅过帚。

电雷风雨达天明，大难独惊唐太守。

踏遍泥涂亲省灾，膏腴万顷人千口。

急捐鹤俸督捞尸，绎络扛回集空薮。

但见演武厅前东南隅，满地残躯黑欲朽。

几人父携儿？几人女抱母？

几人总角童？几人白发叟？

练勇持戈不暂离，夜驱豺豹昼驱狗。

施棺一一岁窀归，射利愚夫殊搜抖。

我闻含泪隔河望，沙堆石聚高于阜。

茫茫何处是乡村，隐约倾楼依赤柳①。

吁嗟哉！浩劫如斯孰厉阶，传言都说蛟龙走。

昔言吕望令灌坛，有德曾闻沮神妇②。

胡为乎！朝廷命吏欲盈城，毒物横行不畏咎。

伤心特记遇灾时，辛卯五月二十九。

是日水猛非常，出山后，一股由中右所河漫入，白衣庵、大石板、段家街等处多被淹淤；一股由龙王巷入，东街上下户口千余家，屋内水深七八尺有奇。又作两股，一由天枢巷出，通海巷、洗鱼沟两处受害；一由青龙街出，冲去魁星楼、半边街、灯杆坝、后街口铺户数十家，始入正河。一股顺城根下至南门外，小股泄入城内，大股直冲西街，自合盛行后篾市、打铁巷、姚家巷、臭河桥、谌家巷、大巷口下，截民房数百家、人六百余。庙宇，惠珉宫前面，五显庙、禹帝宫，均无寸泥片瓦。水既汇合，其势更大，如较场坝、福国寺上下、磁山桥左右，以及张、吴、祁三屯，田禾淤尽，倒流入海。新淹粮田二千余顷。

（民国《西昌县志·艺文志》）

汉源：六月大雨，大海子口决，富林顺河边冲塌田房不少，是年禾谷秀而不实者大

---

①　树被洪水，故其色赤。

②　望为令时，梦有妇泣，询之，曰："吾泰山之神女也，行时必有风雨，君有德，不敢犯，故泣。"

半，翌年饥，人民有饿死者。(《四川省近五百年旱涝史料》)

永川：六月大雨，邑西龙洞礌水从消穴倒涌，淹田谷八百挑（四川习俗，产谷五挑之地为一亩）有奇，越四十余日始退。(民国《永川县志·祥异》)

沐川：夏水。(民国《乐山县志·杂记》)

屏山：夏大水淹至县署头门。冬大雨雪，城中积至数寸，越日始消。(光绪《屏山县续志·杂志》)

大足：六月二十八日中午大降冰雹，形若鸡卵，打坏无数稻谷，苕藤打入泥土，下半县尤重。(民国《大足县志·杂记》)

黔江：六月疫，民多死，病疹紫色者尤不治。秋有年。(光绪《续黔江县志·祥异》)

彭山：春大雪。夏旱。秋霖雨五十日。(民国《重修彭山县志·通纪》)

奉节、巫山：夏大旱，无禾。(光绪《奉节县志·记事门》、光绪《巫山县志·祥异》)

巴中：旱。(民国《巴中县志·第四编·志余·述异》)

犍为：夏大旱。邑令杨鼎昌于南门外设坛，烈日中祈雨，得雨乃止。秋，淫雨五十日。(民国《犍为县志·杂志·事纪》)

丹棱：春大旱，栽种未半；夏四月北路大雨雹，莜麦无收，新秧尽没，米价昂贵，县令集仓谷救济。秋，大疫。冬大雷。(民国《丹棱县志·杂事志·灾祥》)

中江：夏秋皆旱。(民国《中江县志·丛残·祥异》)

南坪：光绪十七至十九年连续三年大旱，双河、郭元两乡之青龙、回龙、水沟三村死人最多。(《阿坝州志·自然灾害》)

峨边：天旱，谷米腾贵。民有食石柘弓者。(民国《峨边县志·祥异》)

荥经：大饥。(民国《荥经县志·祥异》)

什邡：冬大雪三日，凝结之冰条、冰块异常坚巨，家中油坛菜坛俨如胶漆封闭，开启时须借火力融化之。沟渠流水状若桐油，俗呼为桐油凌。(民国《重修什邡县志·杂纪》)

南溪：冬大雪厚尺余。(民国《南溪县志·杂纪·纪异》)

雅安：大稔。(民国《雅安县志·灾祥志》)

秀山：秋大有年。(光绪《秀山县志·祥异》)

峨眉：四月县署火，延烧大堂宜门卡禁等处，兵、刑、工、承发等房卷宗灰烬。(宣统《峨眉续志·祥异志》)

广安：腊月，城外火，由东门延至南门。(光绪《广安州新志·祥异志》)

是年，名山、彭山、犍为地震。(《四川省志·地震志》68页)

［附］重庆设立测候所：5月，重庆海关在南岸设立测候所。这是四川最早使用水尺和气象仪器进行水文和气象观测的科研机构。当年观测的总雨量为987.6毫米，次年起始有全年的水位资料正式刊布。

3月，重庆海关成立。同年5月，海关即附设测候所开展水文、气象观测活动。测候所最初开设于南岸王家沱，不久即迁入南岸玄坛庙（今海狮路70号）海关新址。该所观测业务一直延续到1952年，以后由重庆沙坪坝气象站继续进行这一工作。这个观测所留下60年逐日记载的连续气象、水文观测资料。（《四川省志·大事纪述·上册》92页）

1892 年

（光绪十八年）

川西瘟疫流行：夏秋，四川大水之后，霍乱（俗称"麻脚瘟"）流行，主要疫区为崇庆、大邑、邛崃、蒲江、彭山、双流、温江、成都等20多个府、州、县。病势猛烈，患者发病后，急者三四小时、缓者一昼夜即死亡，成都府派官员坐守城门统计出丧具数，每日出丧最多时达五六百具；5-9月，全城合计死亡万余人。邛崃、蒲江、大邑死亡惨重，路断人稀。遂宁等地死人棺木无着，只好用箓席、草帘裹尸埋葬。官府对此束手无策，竟以迷信方法教民。华阳县布告全县，令百姓焚烧纸船以送"瘟神"。大邑县设坛作祭，求神"祈阻"瘟疫。（《四川省志·大事纪述·上》93-94页）

四川夏秋间瘟疫流行，死亡惨重；雷波等二十余厅州县被水、被火：旅居四川之唐才常于7月（六月）间所作家书中谓，"蜀都近来晴雨不时，寒暑异令，不正之气，积为瘟疫，有所谓麻脚症者，脚有微麻，立时即毙。省城及各府县得此病死者，不计其数。"后又称："蜀中自七月中旬以来，……热燥异常，为蜀中向来所无，故瘟疫之惨，以数十万计。"四川总督刘秉璋1893年1月29日（十二月十二日）奏谓："川省各属本年如雷波、峨边、泸州、巴县等二十余厅州县，或因山水陡发，沿河水涨，冲毁田禾、民房、桥梁、道路，或因居民不戒于火，延烧民房。"（《近代中国灾荒纪年》568-569页）

眉山：前六月瘟疫流行。病初起，心腹绞痛，手足抽搐，或下泄一两次即瘦削，稍缓不能救。名"麻脚瘟"。用针刺手指颠或大指甲旁，出黑血，十可活一二。城乡死者累累，秋凉始减。事后调查，人烟凑杂、秽浊堆积之处，死者独多云。（民国《眉山县志·杂记》）

夹江：前六月瘟疫流行，患者甚多，药难救治。（民国《夹江县志·外纪志·祥异》）

达县：霍乱流行，死亡甚多。（民国《达县志·杂录》）

井研：夏六月大疫。冬十月大雪三日，所在榕树皆死。（光绪《井研志·纪年》）

崇庆：大疫，民间庆岁以禳如同治时。闰六月，大水江决。七月大有，斗米钱三百八十。冬十一月，怀远镇大火。（民国《崇庆县志·事纪》）

新繁：大疫，死者近万人，市肆棺木为空。（《新繁县乡土志》）

犍为：六月、闰六月，麻脚瘟流行，得者手足麻木，急以磁锋刺手足，出黑血立愈，否则须臾毙矣。（民国《犍为县志·杂志·事纪》）

简阳：夏大疫，患者手足皆麻，顷刻即毙；刺血出，亦有愈者。知县张寿荣令熨脐以药以疗之。（民国《简阳县志·灾异篇·祥异》）

蓬溪：夏大疫。（光绪《蓬溪县续志·机祥》）

安岳：夏大疫。十二月大雪厚二尺许。（光绪《续修安岳县志·祥异》）

温江：霍乱流行，死亡甚众。（民国《温江县志·事纪》）

内江：流行"麻脚疫"，死者数千人。（光绪《内江县志·杂事志·祥异》）

什邡：秋大疫，患者脚筋麻转，死亡甚速。俗呼为麻脚瘟，医家谓之吊脚痧。（民国《重修什邡县志·杂纪》）

江油：旱灾，米价大涨。（光绪《江油县志·祥异志》）

东川：春苦旱，收成极形歉薄，贫民有掘草根为食者。（《巴蜀灾情实录》290页）

中江：夏旱，毗连各县多同。又，是年秋初，虫食柏叶殆尽，有枯死者。十一月下大雨雪，连四昼夜，冰条旬余乃解。（民国《中江县志·丛残·祥异》）

黔江：夏旱，弥月不雨。正月初一大风雨，冬大寒雪，鸟兽草木多冻死。（光绪《续黔江县志·祥异》）

彭山、犍为：夏，大风拔木。大疫。十一月二十六日大雪三日。（民国《犍为县志·杂志·事纪》）

峨眉、沐川：六月初一临江河大水。沿河冲坏田庐无算，九里场溺死五十余人。夏秋之交连雨一月，西南大山带山洪暴发，苞谷杂粮冲毁十分之八。（宣统《峨眉续志·祥异志》）

［德碑］县令宋家蒸赈饥：壬辰岁夏秋之交，淫雨匝月，早稻、晚禾尚可截长补短，惟西南大山一带，苞谷杂粮不及三成收获。次年（1893）春，苞谷陡缺，价值倍涨，哀鸿遍野，道殣相望。县令宋家蒸捐廉四百金，倡首劝绅粮量力乐输，集成巨款，交妥绅赍往龙池、龙门、大围、鸡芹河等处，查明分别散赈，全活尤众。（宣统《峨眉续志·官师志·政绩》）

宜宾：滇河水发，安边场、柏树溪等处民房、田禾杂粮及附城西南房屋，悉被淹没，共计被灾之房四百四十六家。（光绪《叙州府志·记事门》）

屏山：六月江水大涨，冲坏东西南城垣七十三丈，北门坍塌城垣十五丈有余。知县谭西庆禀请修理完固。十月大雨雪。明年岁则大熟。（光绪《屏山县续志》卷下）

乐山：秋，轸溪水灾。（民国《乐山县志·杂记》）

筠连：冬大雪，结冰厚数尺。（民国《筠连县志·纪要》）

秀山：冬大寒雪，鸟兽草木多冻死。（《巴蜀灾情实录》371页）

峨眉：七月，九里场火，延烧五十余户。十一月十二至十四日连期冻冰，厨灶缸碗转瞬冻结，冻杀竹木无数。（宣统《峨眉续志·祥异志》）

南川：十一月下旬大雪数日，白昼纷纷如砖下坠，继以冰冻十余日，白鹭尽死，几至绝种。（民国《南川县志·大事记》）

合川：十二月朔大雪，至初五。大地皆白，檐端冰倒垂，巨于儿臂，大小榕树皆冻死。七十老人言"此雪从未目睹"[1]。（民国《新修合川县志·祥异》）

广安：冬月大雪，州境榕树尽枯。（光绪《广安州新志·祥异志》）

大竹：冬月初五日大雪坚冰，草木冻死。（民国《续修大竹县志·祥异志》）

旺苍：冬大冻，河结坚冰，几日不化。（民国《旺苍县志·祥异》）

---

[1]　编者注：据气象史料，光绪十八年是全国大寒潮年份之一。

绵阳：季冬坚冰数日，严寒异常，其灾与（光绪）六年冬同。……十二月二十三日戌时，地动，屋宇皆摇动有声。（民国《绵阳县志·杂异·祥异》）

绵竹：腊月二十五日至二十七日三天结冰甚厚，冬田内可行车，花瓶、菜坛均结冰，损坏者不少，冰有六寸厚。（民国《绵竹县志·祥异》）

广元：大冻，河水冰坚，鱼凫毙。（民国《重修广元县志稿·杂志·天灾》）

万源：秋大有年。（光绪《太平县志·杂类·祥异》）

双流：夏，时疫亦似麻脚瘟，两腿转筋，痛不可忍，俗呼为蛇儿症，医皆束手。嗣又变为吐泻，邑中死者无数，贫苦为多。是年夏暑酷热异常，华氏寒暑表达百度以上；冬复大寒，冰厚至尺余，皆川省所罕见。（民国《双流县志·祥异》）

壬辰六七月内虫食桤叶，自上而下，缘江两岸，桤叶俱食尽如火烧。（民国《双流县志·祥异》）

壬辰（1892）、癸巳（1893）连年大熟，民食充盈。（民国《双流县志·祥异》）

雅安：三月，东正街火烧数十家。（民国《雅安县志·灾祥志》）

南溪：正月初二日申时，南溪地震，田水斗，居人大恐。云台山寺楼倾圮。（民国《南溪县志·杂记》）

大足：十月初二下午，大足地震"忽然地板动摇，势若筛糠，田水摆簸，人在平地站立不稳"。（民国《大足县志·杂记》）

［附一］**中医李东海研制治霍乱验方**：温江流行"麻脚症"（霍乱），中医世家李东海研制出一种验方，全活甚众，从此名声大噪。（《温江县志·人物编·李东海传》）

［附二］**华阳知县令民烧纸船送瘟神**：夏秋间，川西盆地淫雨成灾，灾后疫起，死亡惨重，路断行人，村少炊烟，地方官吏束手无策。华阳知县出示布告，饬令组织灾民烧纸船送瘟神，以求缓解。（《四川省志·民政志》275 页）

［附三］**饥民铤而走险，官府残酷镇压**：建昌地方先旱后涝，洋芋荞麦全坏。西河彝民迫于饥困得不到赈救，"时出骚扰"。建昌道总兵刘士奇，宁远府知府唐承烈派兵镇压，将头人何甫沈及其兄弟戚族 12 人斩杀。

同年六月二十九日，川北一带发生灾荒，饥民得不到赈济，集体至南江县禹门场吃大户。把总陈仲溶率兵镇压，被激怒的饥民打死。川督刘秉璋诬为匪乱，派兵围剿，惨杀饥民 60 余人，逮捕 90 余人。

光绪二十二年（1896），仪陇、云阳两县连续两年干旱，秋遇洪水，数千饥民群起吃大户，清政府派重兵镇压，激为民变。

光绪二十三年（1897），川西崇庆州及下川东各县，因灾荒得不到救济，激为民变，饥民数千人劫夺官米，清军四处围剿。

光绪二十八年（1902），遂宁、荣县、德阳、灌县、温江、郫县、射洪、三台、盐亭等 9 县天旱，饥民数千人响应义和团运动，清政府重兵镇压，死者枕藉。

据日人西川正夫著《四川保路运动前夜的社会状况》一文中的不完全统计，仅光绪朝 34 年间，因灾荒直接间接影响而激起的民变就有 148 次，平均每年在 4 次以上。其中光绪二十二年至三十四年（1896—1908）间，因灾民吃大户被残酷镇压而激起的几次民变，曾席卷仪陇、巴中、云阳、宣汉、广安、乐山、宜宾、庆符、高县、雅安、崇庆、遂宁、三台、射洪、石砫、奉节、酉阳、秀山、南川、大竹、开江、打箭炉等数十厅、县，使清廷大震，川吏惶惶，政权处于风雨飘摇之中。（《四川省志·民政志》285—286 页）

[善榜] 合川善士邓新铭：（邓新铭）本年奉委经办城内官仓平粜，又自请添养孤贫十名，并劝其嫂蒋氏，捐资添食嫠妇五名。（民国《新修合川县志》）

1893 年

（光绪十九年）

夏季，合州等地有水、雹灾害，8 月 29 日（七月十八日），打箭炉一带发生地震，伤亡惨重：四川总督刘秉璋 1894 年 2 月 2 日（光绪十九年十二月二十七日）奏报，"本年入夏以后，川省各属禀报雹、水偏灾。据合州禀报，四月初八日，州属老阴崖等处起蛟，山溪水发，雹雨交作，由木龙洞直趋而下，冲毁小桥三座，民房四十余间，田土三百余亩。又据巫山县具报，是月二十六日风雨大作，兼杂冰雹。县属之大山顶、沙落坪一带同时被灾，共计打坏田禾七百余亩，被灾者三百五十一户。又据石砫厅、酆都县禀报，四月初八日，厅县毗连之五龙溪起蛟，山水骤发，雹雨交作，厅属沿溪约三十里田地悉被冲毁，淹毙男妇一十二丁口，县属冲毁武庙一座，围房八间，……冲毁民房二十六间，大小桥梁一十八座，淹毙男妇二人，被灾一百八十五户。又据筠连县禀报，五月十三日积雨为灾，沿河水涨，冲去妇女二口，县属之古楼坝、白岩槽等处冲刷田地约宽二十里。又据蒲江县禀报，五月底、六月初连宵大雨，山水陡发，被灾田五百余亩，灾户一百零四家，淹毙男妇一十一丁口，冲刷民房七十余间。又据綦江县禀，六月初二日大雨如注，上游山水陡发，冲毁沿河民房二百余家，所种杂粮悉被冲刷。又据安乐县禀报，六月二十四日冰雹为灾，打伤之田约共一万八千余亩。又据华阳县具报，六月二十六日风雷冰雹兼作，将新华桥等处田地毁伤约数十亩。又据梓潼县禀报，六月二十五日夜，烈风迅雷，冰雹骤至，被灾之田计四十亩，受灾之户八十余家。又据成都县具报，六月二十六日，县属严家坡等处同时冰雹大作，打毁高粱芋麦地亩宽长约七八里不等。又据三台县禀报，六月二十五日夜，迅雷骤雨，冰雹大作，将葫芦溪等处田禾打毁约五十余里。又据中江县具报，泉水湾济田于六月二十五日二更后被雹打毁约有一二分之谱。又据新都县禀报，六月二十六日未刻，烈风暴雨，冰雹杂下，打毁田禾约万亩，或四五成，或七八成不等。又据永川县具报，六月二十八日，太平乡等处雨雹兼作，伤毁田禾长约二十余里，宽约一二里许。"8 月 29 日（七月十八日），打箭炉厅属噶达汛（今道孚县协德乡）、角浴汛地方发生强烈地震，"通计震倒惠远庙一座，上喇嘛等七座，汉夷民房八百零四户，压毙惠远寺及各小寺喇嘛共七十四名，压毙汉夷兵民男女共一百三十七丁口，其喇嘛及兵民之受伤者共七十名。"此外，乐至、大足、雷波、涪州、彭县、盐源、芦山、井研、崇宁、雅安、新津、巴县等厅州县先后失火，延烧民房多寡不等。（《近代中国灾荒纪年》581—582 页）

道孚地震：8 月 29 日（七月十八日），川边道孚、乾宁 7.25 级地震，震中烈度 9

度。是日卯、辰刻，道孚噶达、乾宁、角洛寺一带地震。噶达汛署衙门倒塌，惠远庙毁楼上楼下房间 1400 间，中谷、八美、恰坝石、角洛寺倒喇嘛寺庙 7 座。噶达汛一带并明正土司所属及道孚、革什咱等东西 300 里共倒塌汉藏民房 804 户，压毙喇嘛、汉藏兵民 237 人，伤 114 人，压死牲畜无数。康定城堡、兵营及官民住宅的部分墙壁、院墙倒塌。惠远庙附近及阿依列波梁子至松林口等地出现大小不等的地裂缝。（《四川省志·大事纪述·上册》96 页）

〔附〕地震放赈情况：噶达汛地震发生后，"该地同知赵土贡等到灾区视察，散放赈款，掩埋死者。据次月初五日川督刘秉璋向清廷奏报：倒房户每户发谷 2 石，共发谷 1608 石；发死者家属每户银 5 两，共发银 1397 两。"（《四川省志·民政志》284 页）

中江：五月二十五夜大风雷雨，雹大如卵，伤县境西北禾稼四五十里。（民国《中江县志·丛残·祥异》）

什邡：六月大雨，洪水泛滥，冲坏彭家高埂，白鱼河两岸粮田数百亩概被漂没。（民国《重修什邡县志·杂纪》）

安岳：六月大雨雹，田禾尽仆。（光绪《安岳县志·祥异》）

大竹：六月大雨水。（民国《续修大竹县志·祥异志》）

綦江：六月久雨，大水成灾。知县沈璘庆募赈。（光绪《綦江续县志·祥异》）

云阳：夏，大旱无禾。（民国《云阳县志·祥异》）

峨眉：旱大饥，哀鸿遍野。（宣统《峨眉县新志·祥异志》）

遂宁：七八月之间大瘟病，病者麻脚、吐泻交作，五六小时即毙，死者甚多。此症过热传染甚迅，秋凉则病菌失其传力故也。（民国《遂宁县志·杂记》）

广安：谷贱伤农，斗米钱四百。（光绪《广安州新志·祥异志》）

屏山：岁大熟。（光绪《屏山县续志·艺文·附杂录》）

黔江：秋有年。（光绪《续黔江县志·祥异》）

潼南：秋大熟。（民国《潼南县志·祥异》）

万源：冬，河冰可渡。大有年。（民国《万源县志·史事门·祥异》）

双流：连年大熟，民食充盈。（民国《双流县志·杂识》）

邛崃：十一月间大寒，河水皆冻，田水亦冰，二三日不解，檐间悬溜悉成冰柱，前后百余年间无此异寒。（民国《邛崃县志·祥异》）

雷波：二月，黄螂火灾，焚街房五十余所。（光绪《雷波厅志·祥异志》）

内江：三月，城内南街火，毁房舍百余间。（光绪《内江县志·杂事志·祥异》）

雅安：三月，南街火烧十余家。（民国《雅安县志·灾祥志》）

井研：南关外火灾，延烧街民百有七家。知县捐廉以赈，布政使拨银二百两加赈。（光绪《井研志·纪年》）

乐山：冬桃李花开，繁盛与春间无异。（民国《乐山县志·杂记》）

双流：雷灾。四月初八午后，大土桥侧近，暴雷震死佣工三人。人有自四五十里路来观者，诚非常异事也。（光绪《双流县志·祥异》）

犍为：奉文为前年晋省大旱赈捐，以官职功名劝（如捐监、捐贡、捐官职之类）。（民国《犍为县志·杂志·事纪》）

重庆：贵州省饥荒，大批灾民涌入重庆。(《重庆市志·大事记》)

1894 年
(光绪二十年)

三台：三月十一日午刻，迅雷疾雨，冰雹大作，县属之新场等处同时被灾，约计打伤田地长四五里、宽二三里许。(《巴蜀灾情实录》371 页)秋，雨雹大如鸡卵，县南景福院坏禾苗极多，至梦龙庙伤人破瓦，大如砖块。(民国《三台县志·杂志·祥异》)

越嶲：四月十四日南乡李子兰等处雹灾，水涨，官拨银一百五十两赈济。(光绪《越嶲厅全志·祥异》)

南川：1894 年至 1897 年(清光绪二十年至二十三年)，岁在甲午、乙未、丙申、丁酉，连续四年闹灾荒。甲午年干谷花水，米价陡涨十倍，一般贫苦农民，只得卖猪牛来买米吃，或吃草根树皮过活。(韦稚吕遗稿、肖一进整理《南川近百年来自然灾害录》，载《南川文史资料选辑·3》)

北川：四月雨雹，大如鸡卵。有系耕牛于空坝者，皆为之击毙。(民国《北川县志·杂异》)

崇庆：五月大水决堰，烈风折木。(民国《崇庆县志·事纪》)

雅安：五月望，大雨雹，自蒙顶迄于蔡山，损稼。(民国《雅安县志·灾祥志》)

汉源：七月，富林等处降冰雹，连日大雨，葫芦溪冲塌粮田 1480 亩、民房 38 家、淹毙 7 人；黑石河冲毁粮田 1640 亩、民房 46 间、淹毙 9 人。知县章宪曾勘报，先提紫打地山租 168 吊 600 文培修各处，又由总督刘拨成都四门土厘银 1000 两，委员到县，分极贫、次贫，按名赈济。(民国《汉源县志·杂志·祥异》)

筠连：大水，大洞湾受灾尤重。(民国《筠连县志·纪要》)

万源：大旱，自七月至十月不雨。(民国《万源县志·祥异》)

夹江：大饥，死者甚多。棺木施尽，改用篾笆填葬。(民国《夹江县志·外纪志·祥异》)

广安：柏树虫害，树枝皆枯。(光绪《广安州新志·祥异志》)

温江：霍乱再度流行，死亡亦多。(民国《温江县志·事纪》)

中江：十月二十三日，铜山附近二十里黑雨，越数日，雨如乳。(民国《中江县志·丛残·祥异》)

酆都：大疫。(民国《重修酆都县志·杂异门》)

大足：冬月初七下午起，连下大雪七昼夜，冰条凝成耙齿。(民国《大足县志》引《汪茂修笔记》)

重庆特大火灾：七月二十五日，重庆城内东南发生特大火灾。大火燃烧 15 小时，烧毁道门口、状元桥、陕西街、打铜街、打铁街、长安寺、木匠街、千厮门正街房屋 1082 幢，包括一些最富有的商号，至少有 1 万人无家可归，全部损失约白银 100 万两。因系煤油灯打翻所致，故政府禁止使用煤油。(《重庆市志·大事记》)

1895 年

（光绪二十一年）

部分厅州县遭水、旱、火灾：四川总督鹿传霖1896年1月1日（十一月十七日）奏报："遵查川省各属本年据峨边厅、马边厅、崇庆州、资州、简州、汉州、天全州、德阳、中江、新津、三台、成都、资阳、珙县、新都、东乡、开县、仪陇、彭县等厅州县先后具报，居民不戒于火，延烧民房、庙宇、铁索桥，烧毙男妇丁口。又据懋功厅、城口厅、松潘厅、蓬州、茂州、彭水、秀山、大宁、东乡、营山、达县、太平、彭县等厅州县具报，被水冲毁田地、禾苗、民房、庙宇、城垣，以及桥梁、道路，间有淹毙人口，并冰雹打毁田禾、杂粮，多寡不等。又据越巂厅、酉阳州、永川、射洪、安岳、安县等厅州县具报，春夏天旱。……合计秋禾收成实在五分有余，尚称中稔。"（《近代中国灾荒纪年》601页）

1895年，固家河特大洪水。（《四川省志·水利志》57页）

中江：自正月至闰五月五日始雨，人心乃靖。（民国《中江县志·丛残·祥异》）

蓬安：三月二十五日雨雹。五月二十八夜，大雨，杜家场侧寨垣崩塌，死六人；兰溪溢，白杨桥陈姓死五人。（光绪《蓬州志·瑞异篇》）

合川：二月二十日夜大雪。菽麦皆断折。物价腾涌倍于常。（民国《新修合川县志·余编·祥异》）

井研：二月二十日，大雪盈尺。自春不雨至夏五月。（光绪《井研志·纪年》）

犍为：二月二十日大雪盈尺。旱，自春不雨至五月乃雨。（民国《犍为县志·杂志·事纪》）

营山：秋霖雨，熟不获谷，或腐，或芽，冬饥，川东尤甚。（光绪《蓬州志·瑞异篇》）

崇庆：二月江源镇大火。（民国《崇庆县志·事纪》）

芦山：五月十五日夜冰雹，通宵不绝，积厚七八寸，至全邑禾苗尽毁，人畜成灾。冰雹化后而生蝗，是岁大荒。（民国《芦山县志·祥异》）

广安：（闰）五月渠江大水入城。七月大水，人民溺死甚多，城半皆水。淫雨至十月，城圮，无收成，大饥馑。（光绪《广安州新志·祥异志》）

万源：五月二十九日大雨。泉溪坝岩岸崩坠，巨石三横塞河流。七月二十三日大雨雹伤稼。关庙后殿大柏树二株被风拔置庙外。九月二十一日，竹市大水，街民房屋多被淹没。（民国《万源县志·祥异》）

广元：岁饥，知县张璟详请开仓赈济一次。（民国《重修广元县志稿·杂志·天灾》）

渠县：五月渠江大水，淹至城内火神庙前，连涨三次。（《巴蜀灾情实录》）

酆都：五月，江水溢城，舟行街市。（民国《重修酆都县志·杂异门》）

宣汉：七月水，淫雨经月。（民国《宣汉县志·祥异》）

彭水：淫雨为灾。（光绪《彭水县志·祥异》）

安岳：二月大雪。夏大旱。（光绪《续修安岳县志·祥异》）

筠连：大旱。（民国《筠连县志·纪要》）

乐山：夏大旱。（民国《乐山县志·杂记》）

三台：大旱，河流几涸，香积寺上流礁巴滩水中之铜钟现出纽及顶盖，大约数围，好事者以百余人挽之，不能动。冬，大霜雪。岁饥，庠生张肇文以千金分赈族人。（民国《三台县志·杂志·祥异》）

邛崃：冰雹伤稼，大风折木，民房被风者多有损坏。（民国《邛崃县志·祥异》）

雅安：八月一日，平羌渡覆舟溺百人。（民国《雅安县志·灾祥志》）

酉阳：二月初四，州城大火，烧毁二百余家。（《赵藩纪念文集》108页）

犍为：南门外火灾，火神祠祠门及两廊俱毁。（民国《犍为县志·杂志·事纪》）

重庆：闰五月初三，重庆太平门一带发生重大火灾，毁民房400余间。（《重庆市志·大事记》）

汉源：狼灾。狼群下山噬人，各乡被噬者数十人，受伤者亦数十人。于是各处建醮禳祷，道士出村焚楮亦须以刀矛拥护。乡间常见狼类三五成群，傍晚即路断人稀。后由县令出告示招雇猎人擒捕，狼始敛迹。（民国《汉源县志·杂志·祥异》）

邛崃：虎患。西南山中多虎豹食羊猪之患，久之害及于人，男女老幼被啮而死者甚多，或不死而残其躯者，不下百余人。（民国《邛崃县志》）

剑阁：七月，地震。（《四川省志·地震志》69页）

遂宁：正月初二日，地震，有声如雷，自西南而来，田水皆簸荡。荣县地震，自正月至二月动70余次。（《巴蜀灾情实录》353页）

合川：正月二日午后，合川地震，水皆荡漾，木尽摇曳，行人立皆不稳，逾时乃止。（民国《新修合川县志·余编·祥异》）

彭山：十一月十五日，地震。（《四川省志·地震志》69页）

忠县：光绪二十一年二月，议发积谷，贫民难受实惠。

按：川督丁宝桢创积谷防饥，本属善政。惜各场镇仓董视为利薮，朦禀州署借名粜谷，实则私卖。只允族戚挑取，不使保正知悉。众口沸腾，有司亦莫可如何也。（民国《忠县志》引《颜氏日记》）

[德碑] 仓董高国臣，数年增谷逾倍：合江县"自创办积谷以来，当事辄借以生财，甚或侵没，廉洁者亦只谨守筦钥，保存原额而已。唯上汇支团总高国臣于区内积仓，每年夏贷秋收，人不过二石，利视市谷价值议定，佃借主保，本息均无亏欠，颗粒均归公仓，不数年增谷逾倍。"（民国《合江县志·人物》）

[附录] 赵藩①赈灾：1895年，酉阳"州东雹灾，州城火灾，损伤至巨。（时任酉阳直隶州知州）赵藩皆捐廉数百金，复请帑勤募，亲为赈恤，民无失所"。翌年"去任，西阳士民攀送，自州城至龚滩，凡三日程，香花载路，老稚依依，赵藩亦眷眷如去乡里

―――――――――

① 赵藩（1851～1927），近代文化名人。曾为成都武侯祠撰名联："能攻心则反侧自消，从古知兵非好战；不审势即宽严皆误，后来治蜀要深思。"

也"。(《赵藩纪念文集•赵藩年谱》420、421 页)

1896 年

(光绪二十二年)

2 月中、下旬(正月上、中旬),四川南部富顺一带地震,川东绥定、夔州、酉阳等府州属自春徂秋淫雨连绵,水淹山崩,灾情严重:《清代地震档案史料》载,"富顺县禀报,正月初二及初四、五、六暨初九、初十、十二、十四等日,大风地动,屋宇动摇。县属之沿滩镇、黄镇铺、自流井等处县丞衙署、官运局照墙间有倒塌,震毁民房共九十余间,压毙男女幼孩二十丁口,受伤者十二人。又据南溪县禀报,正月初六日突然地动,势极簸荡,县属云台寺殿宇房屋多被震倒,压毙、受伤僧俗六人。"此外,周围州县亦被波及。除震灾外,川东又有较重之水灾。12 月 22 日(十一月十八日)上谕云:"(四川总督)鹿传霖奏,……四川绥定、夔州、酉阳三府州属本年自春徂秋,阴雨过久,山多塌裂,倾压民房,各河河水,陡涨漫溢,被灾情形甚重。"《翁同龢日记》12月记:"四川折奏,绥定、夔州、酉阳山崩壅江,江溢流数千家,覆船无数,奇灾也。"川籍京官刘光第之书札亦记:"今年川南地震特久。然川东乃山崩地陷,石出滩拥,数百年罕见之灾发于一旦。""川东为水冲去者,为地陷者,殆不下数千家(原注:夔、西二属所在地陷尤多,伤田地,伤人口不少,重庆属亦地陷)。"《清代地震档案史料》载:据江津县禀报,七月二十日雷电交作,蛟水暴涨,山岩崩塌。县属各都田房、什物、桥梁、庙宇多被冲毁,淹毙男女六丁口,压毙受伤男女四丁口,被灾共一百九十九户。又据大宁县禀报,七月二十日大雨如注,河水陡涨数丈,东北城垣臌裂,共量长一十五丈。县属盐厂、羊场等处田禾、铺户、灶房、桥梁、庙宇冲塌甚多,淹没民房三十家,冲毁共二百四十九户。又据綦江县禀报,七月二十二、二十五等日,淫雨为灾,河水大发。县属沱湾、石角镇等处地裂山坌,淹坏田亩甚多,被灾贫民共一百一十五户。""据万县禀报,八月十八、二十二、二十四、二十五、二十六等日,连朝大雨,雷电交作,县属黑龙沟、龙井湾等处地方,山岩先后坍塌共十五处,损坏田地四百余亩,房屋四十余间,被灾者共计九十余户。又据东乡县禀报,八月二十六、二十七、二十八等日久雨不止,地土湿透。县属中坪山等处山土崩裂,田园庐墓概被陷没,稻谷房屋荡然无存,压毙人口九名,受灾居民三百余户,男女共二千余丁口。"重庆关署理税务司花荪在 1901 年 12 月 31 日(光绪二十七年十一月二十一日)的报告中说:"1896 年 9 月 29 日的夜间,距云阳县城以上 15 英里扬子江的大场,发生剧烈的山崩。在这个地点的河床原阔约 1200 公尺,被坠下的泥土和巨石塞至只约阔 250 英尺,造成强大陡险的一道激流,以致货运停顿,几百只民船被阻在下面,……频繁出险,丧失许多生命。"鹿传霖12 月 25 日(十一月二十一日)之奏折于四川本年受灾范围报告较详:"遵查川省各属本年据城口厅、东乡县、平武县、彭水县、云阳县、开县、綦江县、江津县等处先后具报,水涨山崩,塌毁民房、田禾,压毙男女丁口。又据南川县、璧山县、邻水县、酉阳州、永川县、万县、大宁县、广安州等处具报,被水冲毁田地、禾苗、民房、庙宇、城垣，以及桥梁、道路，间有淹毙人口。又据合州、大竹县、新宁县、梁山县、酆都县、垫江县、万县、云阳县、奉节县、巫山县、巴州、茂州、涪州、邻水县、岳池县、荥经县等处具报，七、八两月阴雨连绵，收成歉薄。又据忠州、彭山县、酉阳县、蓬溪县、资阳县、西昌县、郫县、盐源县、华阳县、青神县、金堂县等处具报，居民不戒于火，延烧民房、庙宇、仓谷并烧毙人口。又据南部县、阆中县、井研县、仪陇县、三台县、简州、昭化县、懋功屯、绥靖屯、崇化屯等处具报，均被雨雹打毁田禾、民房，多寡不等。又据富顺县、南溪县、隆昌县、兴文县、珙县、雷波厅、长宁县、宜宾县等处具报地震。"又称："合计秋禾收成五分有余，尚属中稔。"实际灾情相当严重，鹿传霖在次年的一个奏折中云："川省夔、绥、忠等属，上年夏旱秋淫，灾情甚重。……每一州县造报贫民丁口至三十余万之多，赈粜兼施，办到新陈相接，计已需款在百万两以上。库储奇绌，应付无方。"刘光第于次年春的信中写道："川东忠、夔、绥数属，见在有人吃人之惨（原注：全家饿死者甚多）。"《云阳县志》卷16载："二十二年秋，涝，岁大无（饥），人至刮树皮掘白垩为食。"（《近代中国灾荒纪年》608—610页）

富顺地震： 2月14日（正月二日），富顺县发生5.75级地震，烈度7度。是日申时，富顺沿滩场、黄镇铺、自流井等处地震，县城衙署、官运局照墙间有倒塌，毁民房90余间，压毙20人，伤12人。该县自2月14日至7月30日共震30余次。南溪县2月18日（正月初六日）突然地震，人畜簸荡，县属云台寺殿宇房屋震倒，压毙、打伤僧俗6人。遂宁田水皆激起波涛，崩坏房屋甚多。潼川、合川、内江、荣县、三台、资中、潼南、安岳、简阳、中江、蓬安、蓬溪、广安、渠县、合江及贵州赤水、仁怀一带有感。余震30余次，至10月（九月）乃止。同时，川东各县也发生山崩地陷，石出滩涌，"数百年罕见之灾发于一旦"，居民为水冲去者，为地陷者，大约数千家。（《四川省志·大事纪述·上册》109页）

石渠地震： 1896年3月14日至4月12日间（光绪二十二年二月），石渠洛须7级地震，震中烈度9度。是日，洛须西原春科土司衙门倒塌，全境碉楼、寺庙倾圮殆尽，土司全家压死。曲科寺经堂、住房倒塌，佛像及僧俗人等尽陷地下。鲁码塘白度母殿毁坏。洛须西北川、青、藏交界地区的金沙江西岸大规模山崩滑坡，金沙江一时壅塞。（《四川省志·大事纪述·上册》109页）

多处地震： 十二月辛丑，彭山地震。正月初二日，简州酉刻地震。合州午后地震，水皆荡漾，木尽摇曳，行人皆立不稳，逾时乃止。蓬州、广安州地震。富顺地大震，轰然有声，二月二十七日、三月初三日俱大震，至六月二十日，计震30余次。犍为地震有声。潼川府、三台地震。遂宁地震，崩坏房屋甚多。中江酉刻地震。蓬溪日晡时地微震，二月初二日，人定复震。安岳地震。内江地震，自是数月微震，九月后乃止。井研地震，有声如雷。合江午后地动。（《巴蜀灾情实录》353页）

犍为： 正月初二日辰时地震有声。（民国《犍为县志·杂志·事纪》）

安岳： 正月初二日地震。（光绪《续修安岳县志·祥异》）

绵竹： 清光绪二十二年正月初（1896年2月），"绵竹地震很凶，瓦棱、蚊帐挂钩响，挂的东西摇摆，个别的'中花'表面上的瓦落"。（《绵竹县志·自然灾害》）

各地旱、雹、水、火灾： 春夏时节，兴文、绵阳、安岳大旱，垫江夏旱秋霖。6月

（五月），井研、雅安、犍为雨雹如注，雹大如卵，田禾损失惨重。富顺、南川久雨伤谷。

同年8月（七月），川北南充、武胜淫雨50余日，稻谷大半生芽。渠县自夏至开始，阴雨绵绵，直至中秋。8月（七月），广安水淹天池，城内汪洋一片，人皆自北门登舟至东门，田禾委地无收。涪陵自8月中旬起阴雨连月，稻谷已收者霉烂，未收者生秧。

同年秋，川东夔州、绥定（今达县）、重庆、忠州等府州淫雨连绵成灾，其中以夔州府属各县受灾最重。次年春，饥荒严重，"灾民遍地，情形惨切"。大宁（今巫溪）县"深山南北境，周围约二百里，距城窎远，三里两家，不成村落。少壮者流亡觅食，老弱辗转沟壑，死亡枕藉，炊烟久断。……又相传有易子而食之事。"米价在1896年冬已上涨一倍。

同年6月25日（闰五月初三日），重庆太平门失火，烧毁民房400余间。8月（七月），重庆又发生大火。火灾起于城内东南角，共烧毁房屋1083间，许多最富的商行被焚，大量洋布和洋纱付之一炬，损失估计在百万两白银以上。灾后，重庆向英国订购十架手摇救火机，作为消防设施。（《四川省志·大事纪述·上册》111页）

川江航道发生重大岩崩滑坡事故：秋，川江云阳大帐发生重大岩崩滑坡事故，形成一巨滩，名曰"兴隆滩"，阻断商船航运，成为川江最为汹涌的险滩。是年9月30日（八月二十四日）夜，该处山石崩陷，土石夹壅而下阻塞江心，使江面从365米缩减为90米，水势湍急，难以通航。渝、万两地商帮深以为患，决定共同集资，招工千名，开凿险滩，云阳县知县汪赉之亲自督工，凿宽河面，航道稍通。次年，经四川总督电请总理衙门拨款数万，并转饬总税务司，由上海海关派遣比利时籍工程师泰勒和多那尔得来川勘修。泰勒等采用新式爆破方法，先于北岸开掘大穴数处，以杀水势，所有暗礁，尽量炸毁，沿南岸阻碍水路之大石，亦用炸药炸碎，更于濒滩处造一平坦纤道以作拉滩之用。这项工程共耗银八九万两。平滩后，航运较前顺畅。（《四川省志·大事纪述·上册》112页）

广安：二月初七（春分）雪，后三日霜，瓦皆白。五六月间瘟疫大作，死七八千人。（《巴蜀灾情实录》372页、380页）七月大水，淹至天池村店，漂毙桂花场人民，知州白椿往抚恤之。城中皆水，入者自北门登舟到东门。七月四境禾将登，忽淫雨至十月，黄云委地尽成白芽、绿秧数寸，稻稿腐，牛食辄病毙。大饥馑。（宣统《广安州县志·祥异志》）

崇庆：二月大雪竹木折，五月大水。（民国《崇庆县志·事纪》）

彭水：春荒大饥，人民掘树皮草根为食，死者十有二三。（《彭水县志·祥异》）

蓬安：二月初七日雨雪。夏旱，秋霖雨，坏稼，民乏食。（光绪《蓬州志·瑞异篇》）

资中：春冰雹。（民国《资阳县志·祥异》）

南川：四月十八日场境大水，山崩地裂，至七月初五久雨伤谷。（民国《南川县志·大事记》）

屏山：五月二十七日水大涨，入城，与明嘉靖间涨痕镌字适齐。（光绪《屏山县续志·杂录》）

犍为：五月雨雹，大如卵。（民国《犍为县志·杂志·事纪》）

井研：五月，北乡周家山等六地（径十五里）雨雹大如鸡卵，灾户七百家，人畜有死者。知县出仓谷以赈。（光绪《井研志·纪年》）

雅安：五月，上坝、水东、慕义三乡大雨雹，状如砖块，伤稼。（民国《雅安县志·灾祥志》）

乐山：五月，五通桥水。（民国《乐山县志·杂记》）

酆都：六月淫雨，经秋无半日晴，稻粱糜黑生耳，等于无获，实未见之奇灾也。（民国《重修酆都县志·灾异门》）

四川东部洪灾：据夔州府属万县、云阳、开县先后禀报，万县城外芦溪河，合流大江，为往来船只停泊之所。自七月初，阴雨连绵。至八月二十日黎明，大雨如注，狂风怒霆，一时交作，芦溪上游与大江同时并涨，溪口泊船移缆不及，沉覆数十只。……又，开县地方，八月初五日及十二、十三等日，江里之黄家山，浦里之懒板凳、吴家坪等处，亦因久雨岩倾，压坏民房田地，复于二十五、二十六、二十七日大雨倾盆，雷电交加……又，云阳县盘沱镇地方，阴雨过久，八月二十二、二十三、二十四等日大雨连朝……又，酉阳直隶州，于七月二十三日起至八月初三止，连旬阴雨，细沙河一带，河水陡涨，冲塌两岸。（《历史洪水资料汇编·军仓奏折》）

万县：大旱，死者万人。大吏发赈银1.5万两，赈谷3万石。（民国《万县志·祥异》）

奉节：六月起淫雨约150天，农作物颗粒无收。次年，官府从湖南购米运夔赈荒。（光绪《奉节县志·记事门》）

开县：六月起淫雨一百五十日。（《开县志·祥异》）

垫江：夏旱秋淫，次年大荒。（光绪《垫江县志·志余》）

绵阳：夏大旱，斗米千文，饥。（《绵阳市志·自然灾害》）

安岳：夏大旱。秋霖雨成灾，石羊场地陷里许。（光绪《续修安岳县志·祥异》）

渠县：夏至下雨至中秋，空前涝灾，岁大饥。饥民四处倒毙。（《巴蜀灾情实录》308页）七月阴雨连绵，凡阅三月始霁，早稻收获无几，晚稻悉生芽。是岁大饥，饿殍载途，至掘大窖掩埋之。（民国《渠县志·别录·祥异志》）

汉源：七月初四夜，富林桃子坪涨水，李姓房外地陷一坑，深约两丈，宽二亩，洞穿曲折半里许入流沙河，冲没田房甚多。（民国《汉源县志·杂志·祥异》）

武隆：七月淫雨五十日，田禾大半生芽。（《武隆县志·祥异》）

武胜：秋，七月连雨五十日，禾稻大半生芽，朽腐不可食。（民国《武胜县志·官师》）

[链接]　　　　　　　　　　　　**段千之传**

王锡钻

段千之，世居德清里，性刚直。清光绪时为里人所公推，历任保正、团长，公是公非，人不敢干以私，有冤诬必力为申雪，馈以金钱丝毫不受，且曰："职务所在。而不肖者辄视为敛财地，何以团保为？"清光绪丙申（光绪二十二年）秋，淫雨弥月，谷尽霉，每石仅有米二三斗。翌年，知县罗锡璜欲换济仓谷为新谷，乘谷价昂甚，美其名曰平粜，札饬各团夏发而秋收之。千之愀然曰：发霉谷而责偿完谷，是剥私而肥公也，贫民何以堪此！但霉谷不出，嗷嗷者又无以哺之。无已，遂改粜为赈，尽出济仓谷以赈民，而别立募捐簿，募其族及所属六场之富家，或十石，或数十石，秋收后就近填仓。尚余二十余石，仍交仓正存储存案，备荒岁。是举也，仓谷固易陈为新，而贫民亦不受亏折，且获补助。千之急公好义，大都类此。

（民国《武胜县新志·士女》）

涪陵：七月七日夜起，淫雨连月不止，小河一带山崩不少；稻谷已收者霉烂，未收者生芽，以致次年春发生严重饥荒和疫病流行。（《涪陵市志·自然灾害》）

叙永：秋霖过久，晚稻腐朽，次年春夏缺食。（《巴蜀灾情实录》308页）

富顺：秋淫雨为患，田谷霉烂甚多。（民国《富顺县志·杂异·祥异》）

大竹：秋雨数月，烂谷，大饥，民食草根树皮神泥。九月十五日大雪。知县玉启筹捐办赈有方。庠生林毓璠协助办赈得力，冷贤烈协办不遗余力。（民国《续修大竹县志·卓行》）

[链接]　　　　**大竹知县玉启办赈纪略**

玉启，满洲正蓝旗人，世袭云骑尉，庚辰（光绪六年）进士。光绪十四年（1888）署。治竹先后近十年，政平、讼理，百废具修。其最系人思者，尤莫如办赈一事。光绪二十二年（1896），值岁大无，仅动支一半仓储，殊苦无济。于是吁请赈款于上，而力为劝募劝捐于下，仁言利溥，慨捐千金者，不一其人。以弹丸小县，集款至二十余万，泛舟挽粟，越数百里。于极、次贫，分别赈粜外，并办农粜，购籽种、防疾疫，筹备之早、计虑之周、储款之厚、始终督历之勤，其详见二十三年办赈纪略。是岁也，饥不为害，民庆再生。至今竹民谈荒政者，莫不啧啧称玉侯不置。

（民国《大竹县志·职官志·政绩》）

光绪二十三年办赈纪略

先是二十二年春粮歉收，入夏亢旱，至七月收获开始，积雨五十余日，田谷生芽，遍地糜烂。时银价低落，斗米几值银一两。知县玉启，以灾民嗷嗷待哺，吁请年前开办赈粜。十二月城乡一律开局，次贫三日粜米半升，减市价四成，极贫五日赈米一升；小口均各减半。严稽户口，计城乡极贫小口折大共一万四千九百人；次贫小口折大共九万六千八百人。流民乞丐，三日给米半升，共二千八百人。贫农无力耕耨，于次年四月开办农粜两月，十日给米半升，价同平粜，共三万八千人。慎选绅董以资督率。募捐绅富，庙会开办赈捐，以集巨款，购嘉谷以作籽种，制方药以拯疾疫。凡所以为灾民计者，无乎不至。除动用社、积、义谷一半，并请领帑金五千两，拨南充、广安积、社谷仓斗六千五百石，道宪拨银四千两、市斗米四百八十石外，地方捐集之款共十余万两。至次年七月底撤局，款不虚糜，民无失所。川督鹿，以玉令筹赈最早、散赈最周、捐集巨款虽繁富之区不逮，而又始终如一，民沾实惠，甚嘉许之。

（民国《大竹县志·职官志·政绩》）

达州：七月至八月，绥定府（达州）各县淫雨 48 天，沿河田毁谷烂，民大饥，饿殍载途，至挖大窖掩埋。（《达州市志·大事记》）

［链接］**宣汉**：丙申、丁酉年之间（1896—1897），水旱频仍，米价腾贵，死者无算，甚至有人相食者，知县邢锡晋设法募捐，开平粜、粥厂以拯救之。不然，则饥民将乘之以为乱。（民国《宣汉县志·官师志》）

达县：秋雨数月，田谷皆烂，大饥。十一月大雪坚冰，草木冻死。（民国《达县志·灾异》）

广安：秋淫雨害稼，岁大饥。次年州办捐赈，遍请绅耆筹款，无出，监生金万枢独捐千金倡之，由是萃集众资，拯济四境饥民无算。（宣统《广安州新志·卓行志》）

南充：春夏，雨旸时若，禾稼畅茂，农民均以丰年目之；立秋后阴雨月余，稻茎就腐，谷亦霉烂。农民勤力，竟鲜有秋，米价日见腾贵，因而冬大饥。（民国《南充县志·灾异》）

南川：丙申年（1896）又遭水灾，从农历七月落到十月二十三才转晴，经过三个月的淫雨，溪河暴涨，山崩地塌，冲毁的田土禾苗无算，连许多房屋树木都被冲毁倒塌，甚至沉陷到溪谷底下去了（据父老传说，挨近涪州大寨南山坪一带的瓦屋基、大火炉、大屋基等处，房屋全部倒塌沉没）。稻谷在田未收的生了秧，收回家去的都霉烂了，霉得结成饼饼，勉强烘干，磨成粉来吃，苦涩难以下咽，甚至连狗都不吃。米价涨到一百九十五文钱一升，而佣力工价却下降到二十文、十八文一天，还没有人请。贫民给地主富农薅秧，光吃饭不要钱都没人要。水江石郭家坝一带更为严重，饿死的人，沟旁路边到处都是。当时一般迷信的人们流传下来如下的歌谣：

"天有眼，地有眼。叹人世，遭天谴。乙未年，不算干，丙申年，断火烟。富者一万留一千，贫者一万留二三。"灾情严重，可以想见。（韦稚吕遗稿、肖一进整理《南川近百年来自然灾害录》，载《南川文史资料选辑·3》）

云阳：七月起，雨连下四十余日，洪灾。淫雨、暴雨过程中，大帐地方（今双江镇兴隆村）发生岩崩，从而形成长江中一大险滩——兴隆滩，为云阳大滑坡的最早记录。雨涝山崩，淤塞成险，方舟大艑至即吸没，沉灭无算。岁大饥。（民国《云阳县志·祥异》）

岳池：夏秋苦潦。（《清德宗实录》）

长寿：秋淫雨成灾，谷多霉烂。（民国《长寿县志·灾异》）

兴文：旱，饥民四起，收获平均不及四分。（民国《兴文县志·祥异》）

巫山：六月大水入城，顺城街市多半倾圮。（光绪《巫山县志·祥异》）

巫溪：崔坝为大水淹没，损失无算。灾区人民食树皮草根殆尽。（光绪《大宁县志·灾异》）

筠连：秋，豹狼为患，各村镇儿童被害者以百计，县人陈光沅、曾肇焜等募资猎捕，狼患以平。（民国《筠连县志·纪要》）

犍为：奉文征解肉税，摊筹甲午中日之战赔款。（民国《犍为县志·杂志·事纪》）

万源：大饥，城厢居民黄玉成捐谷七十石，兼办粥厂，悉心经理。事毕，县令请奖不受。（民国《万源县志·史事门·祥异》）

合江：丙申潦，戊戌旱，米贵民饥，总管大漕支团务汪登奎，减粜积谷五百石、募赈六百余缗，殚心以赴，以苏民困。乡人为立纪念碑。（民国《合江县志·人物》）

清廷拨银赈灾烦琐迟滞：川东秋霖为灾，在灾民急待赈济的情况下，经过烦琐的公文周转，朝廷迟至次年才分两次拨银20万两，令川督鹿传霖核实赈放。（《四川省志·民政志》284页）

合川秋霖成灾：

①丙申（光绪二十二年，1896）孟秋初，百谷成熟，黄云覆野，人庆年丰，争筑场以待。无何初八，猛雨倾盆，又明日，霾雨溟蒙，昼夜连绵，湿烟浓露，罩罦昼晦。至十月下旬，始稍稍霁。道路泥泞，行者没膝，田中熟稻，针秧怒生，郁青涵绿，不可以刈。沿亩稻草败烂，牛马乏食。稼之登场者，霉黑腐湿，米入釜炊，汤如墨，不堪食。谷一石，得米二三斗不等，升米至值钱一百六七十文。人畜交病，疫病大作，非常异灾也。（民国《新修合川县志·祥异》）

②七月，阴雨连旬，湿谷不燥。知州张熙谷，教民修炕焙谷，绘图通衢，俾众周知。又于署后山，向天燃炮，以驱阴气。严禁屠宰，关闭北门，并谕各街，皆书《汀洲汀阳县长耳定光佛》，黄纸朱书牌位供之。每日亲诣祈晴，坛顶礼诚，所谓靡神不·祥异举，靡爱斯牲者矣。洎至九月，天始开霁，民得以安。（民国《新修合川县志·祥异》）

忠县：五月十一日起，各市通用大钱，物价复原，斗米一千一百八十文。惟是秋连日苦雨，谷半生秧，农民多用地窖烘炽，所获仅十分之一粒耳。十月各地大饥，时风又变。（民国《忠县志》引《颜氏日记》）

渠县：正月初二日地震。（民国《渠县志·别录·祥异志》）

［善榜］**达县**：秋，田谷垂成而淫雨累月，至霉烂无颗粒收，成巨灾。邑中贺家张氏、徐氏（已故善人贺钦之之儿媳、孙媳）承续先志，以慈爱为怀，乃就宅后山顶修筑寨堞，行以工代赈之法，远近饥民皆相率来助，并取值以养其家，每日常三四百人，历时年余，费用达三千金。工竣，名寨曰"乐鸽"，谓饥民鸽立而乐其成也。其他修桥补路，施药饵、棺木诸善事，无不勇为，虽倾囊不吝。（民国《达县志·烈女》）

［善榜］**达县**：秋淫雨为灾，谷败垂成。市人邱鉴、郑廷上倡办平粜。廷上慨然捐谷一百石以助赈；邱鉴捐敢家山田产年收谷二十一石，作为常款。（民国《达县志·慈善》）

［善榜］**宣汉**：光绪丙申，前河河决，南市以上各场街房多被淹没，樊唅殿、土黄坝、铧尖坝三场尤甚。绅贤余正心首出银三百两赈之；又尝于隆冬岁暮，施棉衣百件以恤贫乏者十余年。（民国《宣汉县志·人物志·公善》）

［链接］ 川东赈荒善后策

刘行道

光绪丙申，川东一道，秋霖损稼。被灾剧者，夔州、酉阳为最，绥定次之，忠、石柱又次之，重庆又次焉。差其轻重之率，殆不过一与三之比例。自是历冬春多雾，百谷用不成，义用昏不明。越明年，春时则青黄不接，乃大饥，复大疫。省之大僚，京之乡官诉于朝，郡邑之群吏号于野，乡里之搢绅先生，招要其友朋，于是赈荒之政遍川东矣。举赈之道，区别为四：宫廷之轸恤，国帑之颁布曰恩赈；大府之筹拨及各厅、州、县之社仓曰官赈；各省官绅之任救，两川士夫之捐集曰义赈；各城乡绅富，自就其地募输成款，官督民办曰民赈。散赈之法，亦区分为四：有以钱、有以米、有以粥，或半取值或不取值，讫于新谷之升而止。或曰：嘻，川东之民幸矣！遭逢圣主，深仁厚泽。省之大吏，若邻之大吏，与百执事，与乡先生，又奋臂四呼，如麋之集，如蛾之附，量沙聚米。俄焉，起沟壑之转死、成康衢之鼓哺，何幸而为川东之民也。虽然，尧有九载之洪水，汤有七年之大旱，其相安无事，非待补苴于其后也。一夫不耕，或受之饥；一女不织，或受之寒。其驯至于是者，非无警省于其先也。临渴之掘，不如未雨之迨；补牢之计，不如覆辙之鉴。痛定思痛，有识者所以亟谋善后之策也。

中国十八行省，亲民者为州县之官。一州县属地，仅数十里或数百里，非耳目所难周，钩摭所难悉也。其民之若死、若生、若衣食，宜皆无不与知，而竟若弗知，非数十里内，皆秦越也。必著为令，而使之与知，若非敷衍，即病驿骚微，特有名无实，抑亦变本加厉。若今奉行之保甲门牌是也。泰西各国，编户之政，必比较其生死之数，以重民命，为强弱之原。足民之政，必筹画其衣食所出，以殖民业，为盈亏之本。中国民生日用恒业，多一吏胥经手之事，即多一忧民之事。蜀中自丁丑（1877）大饥，丁文诚公倡行积谷之法，每一里或一聚，于丰岁所收，取百分之一共建一仓储之，公举一人掌之，岁上其籍于官。出纳之数，民自理之，官不过问。法非不善也，乃亟急而议调发其中，乃有无斗粟斛麦应者。而频年所苦，委员之沓察，胥役之吹求，里甲保长之额外需索，吾民已无所告矣！何则？名曰民自为之，民仍不得自为之。此官惠不能下究，民隐无以上通之明效也。

甚矣，民之愚也。昨岁淫霖之积，场稼败于垂成，阡陌之间，弥望皆糜烂之谷也。有进农者谓曰：吾蜀故号漏天，火米实其旧俗。陈师道《后山丛谈》：蜀稻先蒸而后炒，蒸用大木、空中为甑，盛数石；炒用石板为釜，盛数十石。盖仿其制而试行之，乃或惮其劳而议其更张也。又闻有慧黠者，雨笠烟蓑，刈于其陇，归于其室，尽除其草，而总数颖为一束，架于晾衣之竿而倒竖之，历数日则水气干。一石之谷，用竹三竿，中人之家，伐竹数十竿而已。此自以为之，卒以获济，惰者视之，则犹病其烦且琐也。民智不开，唯愚且惰。一蒸一炒，一伐竹之劳，犹且难之。即语以钾养之利农田、电气之宜园圃，更不知作何状也。无惑乎官吏之驱迫则甘之，里胥之鱼肉则甘之，而西人之诋为蛮、犷、夷，为奴鸷，至谓黄种之支那，为人世虚生无用之物，其说且日出而未有已也。

西国民人私有土地，与私有其买卖、耕作之权，与中国同。而中国有土地之人，不必皆自耕作之人，豪民兼并，坐食租赋，所入委成佃户。蠲免之条，佃户不与沾；丰穰之利，佃户不与美。川东一道，壤土千余里，赋于国者，苏、浙一大县。佃户与主户之分，率有岁获而始议股分者，有预估而改折钱租者。主户之赋，于国者轻；佃户之纳，于主者亦轻。惟轻也，故主佃不加督而屡丰，不过取给。主户之待佃也，若寄，佃户之视主也，亦若寄。惟寄也，故主佃不相恤，而一歉已多流亡。龚自珍著《农宗》：一父子之为大宗、小宗、群宗，以次受田，余子为闲民、为佃，佃同姓不足，取诸异姓。虽其议未可遽行于今，主之待佃，宜父兄之若子弟，审矣。蜀中自流寇之乱、教匪之乱，占籍者率多江楚客民，源源而来，在今日已患人满，川东尤甚焉。然闻之欧美各洲之地，或每亩产岁值四十两，或十方里可养二百人。陆献著《种树》书谓：有土十亩，即无贫法。以例吾川东，地非不足，而人非有余，其大较已。

今欲立足食富民之政策，饥馑不为害，水旱不成灾，莫如就其地利之显著者，节其流、开其源二者而已。英属印度，种烟草之地，皆不甚宜五谷之地，川东"洋药"出产，岁甲通省，无高下湿皆种之，而种豆麦杂粮益稀也。昔之日不过幸烟草之利，愈于杂谷。今则粮食日益贵，而种烟之人工、粪溉益加，所获实与相垺，吾民不知计也。昔之山陕，今之川东，其荐饥，皆以此也。种杂粮者既稀，又日耗之，不可究诘，莫如民间卖酒一事。西人凡两国之际，商船运载货物粮米，亦在违禁之条。日本近年进口货，米为大宗，其贵谷重食也如此。中国在昔，酒酤有榷，无故群饮有罚，以赐民大酺若干日为恩例，非好为此烦苛也，亦以糜谷耗食为一大端。西人于民间生业，虽日用之物，必豁免其租税以便民。而凡业某行者，皆按籍可稽。今纵不必申前代榷酒之法，曷弗参以西人籍民之政。查其户籍，予以限制，定以期会，岁酿制不过旬日。如此养人之需，不致虚糜于无用之地，而其流清矣。西人之游于蜀者，靡不啧啧称叹，以谓最富饶之国也。以今策之，人患其满，地患其瘦，一遇水旱，流亡载路，僵仆相望，乌睹所谓富饶者乎！虽然，地利不辟不兴，民智不凿不开。大同之世，货恶其弃于地也。地广大荒而不治，亦士之辱。西人言富国学者，莫不以开矿为先务。川东壤地千里，境内山与平地之分率，殆至一与十之比例。夔州属之巫山、大宁，绥定属之城口、太平，皆川陕老林分界之处。其余各属，冈峦绵亘，动逾百里，煤铁土产，蕴于地中，民间开采，千不逮一。近江西萍乡绅士，筹办本地矿务，亦谓荒歉赈济，筹款至十万两之多。若不大开利源，难以复其元气。川省矿务，近惟上南荒徼，开办始著。川东据长江上游，湘鄂邻省，一苇可航，行销不患不畅。西国每以工代赈。昨岁达县西南乡多盗，亦由山峡煤厂，因米贵歇业，一时穷黎无聊生之地，铤而走险，如能招集股本，联为公司，近仿上南之成法，运采各省之新章，国用民艰，两有裨益。至于山林之政，近今日本尤为讲求。川陕老林，年来戕伐，几于童矗。去年春，城口山崩；秋，云阳山崩。漂没人户，淤塞川流良田。斧伐不时，山秃土薄，积渐而致。汉志巴郡，厥有橘官，种植之饶，夙称天府。今则桑柘麻苎，不及嘉、叙；谷蔬果蓏，不及成都；养蜡逊于川北，而收蓄之法未精；贩牛逮于川西，而畜牧之区不广。亲民之吏，深居厅署；走险之徒，惰游城市。利源未开，民生日匮，莫此为甚矣！

社仓积谷，非经久之善政乎？事关仓库，吏议极严。中国报灾，例有勘检。情实轻重，动干驳难，和籴归仓，又需时日。所司奉行之不力，里甲经收之贻害。为储积之闲款觊幸，必多有盘查之具文，徭役斯起。王制耕三余九，通三十年制国用。西国皆有预算、国计簿。以一州县之内，仅一积谷之事，其成数不难汇稽。可参用中西公会之法，一乡之区，积若干石，分若干股，多寡一，贫富均。无形迹之嫌，无势分之逼。凡在会者，人人有稽核之权，经管之责。不急之时不粜，生利之说毋庸，而公理平矣。不委查于例差，不兼摄于保甲，侵蚀之罚必重，挪移之弊必绝，其出纳有定期，其成色有定分，董事则一年一更换，州县则岁取切结，而保护密矣。如善堂公局，所至莘莘；会馆神祠，积赀累累。论缓急之兼顾，宜抯注之相需。此又无数赈款，散在民间。若导其本源，地力既尽，生业日富，则并不必谋及此数已。

（民国《达县志·卷末·文存》）

1897 年

（光绪二十三年）

年初，上年被灾之川东灾荒更趋严重，4、5 月（三、四月）间，酉阳州暨所属彭水等三县雹灾甚重；本年，川省又有约三十厅州县发生水、雹、火灾：川东地区上年秋季淫雨为灾，灾荒奇重。进入本年后又转潦为旱，《翁同龢日记》3 月（二月）间记："闻川东被旱，斗米二两余金。"六月初十日，四川总督鹿传霖奏报：至 4、5 月（三、四月）间，酉阳州暨所属之彭水、黔江、秀山三县"暴雨连旬，继以冰雹，压毁田庐，麦之将刈者，秧之甫生者，无不淹坏，甚至山地冲成石田，收成失望，时日方长。该州去岁本已歉收，值此存粮适尽，顿致掘草根树皮，而地处万山之中，水陆险远，购运倍难，所需之款尤巨"。至岁末，成都将军兼署四川总督恭寿综述本省灾情时称："遵查川省各属本年据江北厅、奉节县、隆昌县、秀山县、江津县等厅县先后具报，水涨山倾，冲塌民房田禾，淹毙男女丁口。又据通江县、长寿县、涪州、万县、开县、酆都县、垫江县、富顺县、巫山县、盐源县等处具报，被水冲毁田地、禾粮、民房、庙宇、桥梁、道路，并淹毙男女丁口。又据达县、石砫厅、酉阳州、广安州、岳池县、懋功厅等处具报，大雨巨雹打毁田禾杂粮，倾倒民房，压毙人口。又二十二年十一、十二两月及本年先后据江津县、忠州、东乡县、奉节县、华阳县、郫县、青神县、冕宁县、蓬溪县、乐山县具报，居民不戒于火，延烧民房，并烧毙人口。……合计秋禾收成实在六分有余，尚属中稔。"由于连续遭灾，使本年的饥荒异常严重，重庆关署理税务司花荪于 1901 年 12 月 31 日（光绪二十七年十一月二十一日）曾作如下报告："1897 年这一年将被志为川东饥荒最严重之年，其受灾的严重，虽四川省年龄最老的人亦未曾见过。嘉陵江沿江上溯到保宁府为灾区西界，大宁县、夔府、万县和梁山县颗粒无收——后二县是人口稠密之区。更西一带，收成因发霉损失一半，而北部完全无灾。……饿死的人成千累万，凶年传染疫病，死者更多。农民抛弃内地家乡，来到沿江一带，希图得到公家赈济。政府向全国各地及海外华侨募捐赈灾。太后捐银一万两，地方官开仓施粥。……据说各善堂单在巴县已施放棺木八千具，乞丐阶层完全绝灭了。"（《近代中国灾荒纪年》629－630 页）

由于上年水灾造成粮食歉收，米价上涨 50%～100%，重庆及川东地区发生数十年未遇的饥荒，仅巴县就饿死上万人。（《重庆市志·大事记》）

川东大饥荒，清廷仍催逼捐输解额：继去岁川东遭受秋霖、瘟疫，难民数万逃荒湖北之后，本年川东又遭大旱，大宁、奉节、万县、梁山（梁平）诸县"颗粒无收"，沿嘉陵江上溯到保宁（阆中）府亦因收成霉烂损失一半。夏季，通往成都的西大路上饿殍遍野。加之瘟疫流行，死者更多。饥民抛弃家园，流落沿江一带觅食。在川东忠县、夔州、绥定（达县）数府，人相食，全家饿毙者甚多。即使在灾情较轻的巴县一带，饿死、病死者即达八千人。灾荒严重地破坏农业生产，造成"牲畜已尽，所有耕作农事，均以人代"，"杼轴皆空，十室而九"的悲惨后果。

川省灾情虽如此严重，但清廷仍催逼捐输解额。1897年9月2日（光绪二十三年八月初六日），四川总督鹿传霖报告清廷，四川额征丁粮课税，向不敷年例供支。历年虽有厘金、津贴、捐输加派，"而出款日见加增，司库综计出入，每年总短银二十余万两。……近年又加拨川省认还洋债，出款日增，更属无米之炊"。而清廷仍谕令四川除本年被灾的奉节、云阳、万县、开县、东乡（宣汉）、新宁（开江）、太平（万源）、大竹、忠州、酆都、垫江、梁山（梁平）、涪州（涪陵）、彭水、黔江、秀山等州县，本年地丁、津捐均应于秋后征完清解，来年捐输待来年再征外，全川各州县"似可酌量照案加派"，仍循旧章，于年内先完一半，余归明年完缴。（《四川省志·大事纪述·上册》117－118页）

［链接］三月甲辰，懿旨发内帑十万赈四川、五万赈湖北，并以库帑十万加赈四川夔、绥、忠三属。（《清史稿·德宗纪二》）六月，四川总督鹿传霖奏：夔、绥灾广赈繁，酉阳又被雹伤，需款至巨，请照案推广赈捐，以资拯救。允之。（《渠江志》58页）

崇庆：二月，饥民劫商米于南河。五月，发仓米四百石、商米二百石东下，饥民阻之，牛皮场罢市，伤兵。六月，西河民劫东下官米三十余石。以运米事，派营兵驻州。五月初十，雨雹如卵，害禾稼。（民国《崇庆县志·事纪》）

酉阳、彭水、黔江、秀山：暴雨连旬，继以冰雹，压毁田庐。麦之将刈者，秧之甫生者，无不淹坏；甚至山地冲成石田，收成失望，时日方长。（《巴蜀灾情实录》327页）

广安：四月不雨至五月，岁收十得五。四五月风，广安瘟疫大作，传染甚速，乡镇道路僵仆枕藉，市无棺卖，死者七八千人。（光绪《广安州新志·祥异志》）

松潘：五月初五日暴雨，平地水深数尺。（民国《松潘县志·祥异》）

理县：五月大雨。（《阿坝州志·自然灾害》）

南坪：五月初五暴雨，平地水深数尺。（《阿坝州志·自然灾害》）

灌县：五月初十日雨雹如卵，害禾稼。六月大雨，玉屏山水溢，坏学署。（民国《灌县志·事纪》）

垫江：六月久雨成灾。（光绪《垫江县志·志余》）

达州：旱涝相间，民大饥，人相食，路尸枕藉。（《达州市志·大事记》）

宣汉：丁酉（光绪二十三年）大饥，人相食。（民国《宣汉县志·人物四·公善》）

［善榜］宣汉：大饥，人相食。善人党海田捐银二百两作平粜；又捐谷数十石赈济之；又因水灾后路尽崩没，捐钱辟修自铧市至上市之大道。另有谭利生出米赈救流亡，不稍吝；对乡邻族戚之困惫者，视其能力出资助营业。蒙其惠者，至今犹称道。（民国《宣汉县志·人物志·公善》）

大竹：六月大雨水，清溪铺淹民房数间。（民国《续修大竹县志·祥异志》）饥。邑人陈圃之捐金二百两作赈济。邑令奖六品封典。（民国《续修大竹县志·人物·卓行》）

奉节、忠县：水灾。（光绪《奉节县志·记事门》）

绵竹：岁饥，绵远河口秋涨，漂荡数百家。（民国《绵竹县志·杂异》）

云阳：秋，"淫雨为侵，人争刮树皮、掘白泥相食。"（《云阳县志·祥异》）

西充：大旱，"气候异常炎热，禾尽干死，大春颗粒无收，夏秋无蚊蛆。"（《嘉陵江志》146页）

蓬溪：夏旱秋霖，歉收，川东大饥。（光绪《蓬溪县续志·祀祥》）

富顺：旱。斗米钱一千六百文。（民国《富顺县志·杂异·祥异》）

彭山：旱。（民国《重修彭山县志·通纪》）

井研：夏大饥，斗米银一两余。是年，夔、忠属水灾，塔捐以赈。（光绪《井研志·纪年》）

[链接]　　　　　　　　　　　　　　塔捐

清末，各省水旱天灾，叠次办捐赈济，征于各属。其捐法之善者，有塔捐，其法：画一塔作七层，以次递加于下（如第一层捐钱五百，第二层捐钱一千，第三层捐钱一千五百，第四层捐钱二千之类）。视善之大小为捐之多寡。如每塔共计钱一四千文，则百塔即知捐数为一千四百钏云。邑中山多田少，旱灾叠见，时或仿而行之。

（民国《苍溪县志》）

犍为：夏大饥，斗米银一两有奇。建栖流所于北关外，以容流民。（民国《犍为县志·杂志·事纪》）

通江：秋大风，东南一带大木拔折无数。（《巴蜀灾情实录》372页）

南川：春大饥，去年久雨伤谷，秋大足。（民国《南川县志·大事记》）

丁酉年（1897）五、六月，栽秧过后，接连天干四十八天，俗称"洗手干"。四乡农民背起怀胎草（干坏了的刚在含苞的水稻），到县衙门报灾，把大堂都挤满了。苞谷未出天花就干坏了。贫民吃草根树皮，饿死的、逃荒的人多得很。加上地主、奸商乘机剥削，惨苦情况，从流传的民谣，可见一斑。"甲午乙未容易过，难逃丙申丁酉年。来个土皇帝，造些毛钱字不现，一石谷子几十串。……这个世道真凶险，人吃人来犬吃犬。"

绥阳行

[清] 徐大昌（南川诗人）

天阴阴，云墨墨，背上小儿无人色。

小姑牵弟妇扶娘，空村千里逃绥阳。

蜀中自古称天府，两载瓯窭多干土。

中户凋零小户空，富人如虎贫如鼠，

鼠未盗谷，虎忍啖肉。

输租不足倾家偿，搜括那容留斗斛。

叱之如奴驱如牛，穷年腰断东西畴，

一朝尽入富人室，暮归破屋风飕飕。

中夜彷徨丧魂魄，传闻绥阳贱谷食，

明知徒手去何能，勉强欲留留不得。

（《南川近百年来自然灾害录》，载《南川文史资料选辑·3》）

蓬安：夏熟。（光绪《蓬州志·瑞异篇》）

涪陵：大荒，草头木根掘食殆尽，道殣相望。（民国《涪陵县志·杂编》）

荥经：八月，小溪坝山崩，有黄水流出，弥月不止。（《青衣江志》151页）

夹江：西北山中多猛豹，白昼伤人，行者必众乃可避免。知县出示驱逐，并焚香饬山神制止，豹始匿迹。（民国《夹江县志·外纪志·祥异》）

乐山：端午夜，喊当街火，烧较场坝、板厂街、后河街、上中下河街及迎春门外，至次日方止，烧居民一千七百余家。（民国《乐山县志·祥异》）

[备考]南充接种疫苗防病小史：清光绪二十三年，南充县衙设牛痘局，由义务值班的中医吹种鼻苗，后改为接种牛痘苗。民国时期，种牛痘者逐渐增多，先后由市医院、戒烟医院、民众教育馆卫生事务所、卫生院兼施牛痘、霍乱、霍乱伤寒混合菌苗的接种。1950~1985年，先后预防接种牛痘、伤寒、副伤寒、霍乱、流感、流脑、乙脑、白喉、破伤风、钩体、脊髓灰质炎、卡介苗等十九种疫苗、菌苗、类毒素，计4643931人（份）。（《南充市志·疾病防治》）

兴文：连年大旱，收获平均不及四分。知县唐选皋设粥厂，派粮户轮次输米入市，每升定价制钱六十文；饬将太平会（县绅慈善会）存谷二十余石，由石子城、谢懋堂、萧焕文、马海帆等发放饥民，全活甚众。（民国《兴文县志·慈善》）

[链接]

兴文唐公赈荒记
[清]何肇勋

光绪二十三年，我唐公由知荣县调兴文，审知两岁不登矣，问仓储几何，少之。则杯酒召富民于厅事，分其美；又以时于其小过赦之，罚其金。此昧突薪，哗然谤屏袅矣。三月，谷踊贵市且缺，民皇然朝不谋夕，有余者方且居奇货自肥。公不许，与上户约市期，鬻粟若干于市，平其价。初甲则次乙，周而复始。余日不足，则上次户。轮值之不足则中户，挨助之，又不足，则兴发补之；又不足，则采于滇粜之。其前所募粟，则于城市乡野为给粟之所，凡二十有七。向之皇皇然朝不谋夕者，相忘于凶岁，皆公力也。公曰：未已也。终岁勤动食土之毛，僻壤则商利绝矣，忽群焉于市乎仰食，腰杖几何矣。于是有粥厂之设，而出所罚金以为之倡，县人稍稍谅公诚矣。节公费，则唯城隍会、义渡，公视会太平公楚馆，其分润者，募富民则唯或一日或二日输粟于粥所。其好行其德者，命乡老，则唯周岁贡之翰（岁贡生周之翰）、彭国学永图（国学生彭永图），其助理者乡邑。第其例不诚不善也，其民之扶老携幼辗转沟壑，黠者啸聚蚁集起而威劫掳掠者，皆是也。兴文特安静宁谧如故。贫者曰："公活我，不然亦盗窃耳，不然则道殣耳。"富者曰："公全我，不然则困于流民，不然则夺于盗贼耳。"珙、长、江、九之民，有愿为公氓而不得者。呜呼，足以风矣！饥自四月，至七月山梁熟矣，山谷之老民，相与各携其土所自出来献者，相属也，曰："报吾公，能自食矣，毋久恩（忧患，扰乱）公为也。"公以迫于瓜代视事浅，不获为吾民永其利自歉而自憾，而民亦惜公难借留也。既竖碑为去后思，又为公衣，而络缀蚩蚩者姓名其上，拜舞以陈于庭；巳率而送诸歧，依依之情如孺子之不离其亲，畏其却去然者。公益不忍，为且住，筹捐得百二十金，仍以周、彭二君主计善其后。嗟夫！士当习诗书谈仁义谓斯民托命也，一行作吏，率自顾其身家，于民之身家，则秦人视越人也，反刺刺焉咎斯民之不情者，视此可以知所反矣。公爱人，本于学道政教，皆可法也，遇灾弭患，尤能诚求民隐，息祸未然。肇勋方有志学为吏，他日一官一邑，苟有及于民，皆公教也。公名选皋，字直夫，丙子进士，由工部改官吾蜀。贵州贵筑人。记之者，邑人何肇勋也。

（民国《兴文县志·慈善》）

忠县：是年六月，皇太后发银拯饥，忠州得银数千两。是年十月，上颁缓征粮税之令，凡忠、夔、绥、酉二十余州县均免上纳。明年七月，再设局收解。（民国《忠县志·事纪志》引《颜氏日记》）

[善榜] 桂天培捐俸助赈：忠州岁大荒，知州桂天培捐俸助赈。春正月十二日米价陡涨，每斗一千九百八十文，全州贫民恐慌，流离载道。时田间石缝出白泥名曰"白仙米"，饥者多采食之。天培募谷设粥厂，并捐资运米，设赈济局平粜，又发仓谷减价出售以平市价。拔山仓谷不三旬而罄。全活甚众。（民国《忠县志·事纪志》引《颜氏日记》）

1898 年

（光绪二十四年）

光绪戊戌沱江特大洪水的形成："六月十三日，资阳大雨如注"，"十四日，资中暴雨四昼夜"，"内江大雨，涨水三天三夜"。随后，雨区向上移动，"十六日，资阳雨复不止，午后雨益盛"，"十八日，简阳大雨，绛溪沿岸市镇居民庐舍被淹没"，简阳上游"石桥老街淹完，损失无算"。沱江中下游资阳、资中、内江先后连续大雨，沱江河水猛涨之后，暴雨又扩展到简阳以上，在中下游的干流和支流洪峰碰头时，再加上游洪水，形成 240 年来所未见的特大洪水。沿江河段洪水位为：简阳公园米帮码头周中夫屋后 391.544 米；资阳东街 79 号附 24 号陈淑芬家 359.963 米；资中沱江大桥附近 325.748 米；内江市赵家祠（今胜利街 63 号）309.152 米。（《内江地区水利电力志》）

嘉陵江洪水：六月中旬（1898 年 8 月上旬），嘉陵江上游发生大暴雨，暴雨中心在阳平关以上，雨区波及阳平关、碧口至昭化之间。形成了六月十六日至十七日（8 月 5 日－6 日）嘉陵江上游的一次大洪水。在略阳、阳平关两个河段均为首大洪水，至新店子降为二大洪水，至昭化降为三大洪水，至亭子口就降为较大洪水。据调查：新店子"光绪二十四年涨大水，沙河的房子全部被淹完。房子上都能行船，水上了戏台的二道坎"。广元"……光绪二十四年洪水，打走朝天驿"。"……最高洪水位出现时间，略阳是半夜，朝天驿是鸡叫，广元是中午。"昭化"……水进东门城门洞"。广元县志"戊戌六月十六，嘉陵涨，冲刷田舍"。相应洪水位核算洪峰流量：阳平关 10400 立方米/秒，

昭化 23800 立方米/秒。(《嘉陵江志》94 页)

夏季,四川阴雨,山水暴发,江河泛溢,三十余州县被淹:护理四川总督、按察使文光 9 月 13 日 (七月二十八日) 奏称:"窃川省本年六月内雨水过多,致成灾祲。"据报被水之处有资州、资阳、内江、简州、射洪、广元、秀山、开县、岳池、江津、灌县、江北厅、富顺、遂宁、犍为、巴县、华阳、中江、仁寿、南部、泸州、涪州、蓬溪、蓬州、合州、昭化、彭县、三台等厅州县。其中,"据资州禀报,沱水涨发,州署大堂、仓廒、监狱皆浸于水,城垣倒塌膨裂数十丈,田土淹没甚多,淹毙丁口无数。又据资阳县禀报,金雁江水涨,县城东门陷塌,仓廒、监狱悉被淹没,淹毙丁口甚众。又据内江县禀报,附城地方及沿河街道、场市、田禾、民宅咸被水淹。又据简州禀报,河水泛涨,东、南、北三门水淹民房甚多,乡场被淹十余处,田土冲淤,桥梁毁断。又据射洪县禀报,山水陡发,沿河民房田土及洋溪镇盐场井灶、太和镇田禾均被淹塞。又据广元县禀报,河水陡涨,沿河民房、道路、田禾均被水淹。又据富顺县禀报,雒水大涨,冲刷城垣数十丈,城外东、南、西三面街房及乡场十余处民房均被淹没。又据遂宁县禀报,涪江水涨,沿河各乡场袤延百数十里民房田土均被水淹。又据犍为县禀报,河水暴涨,金山寺、五通桥、王村场、马踏井等处濒河房屋,田土、井灶、水枧多被水淹,丁口淹毙甚多。又准川东道移报,巴县江水大涨,沿江民房田地均被浸灌,江北厅同时被灾,大致相同。其余华阳县等属,或附城居民,或乡村市镇,或低洼田土,或近河地面,间被水淹,灾情较轻。"至岁末,新任川督奎俊专折奏报川省灾情,较上引文光折为全面,摘录如下:"遵查川省各属本年据垫江县、铜梁县、合江县、南部县、富顺县、广元县、泸州、资州、资阳县、射洪县、彭县、灌县、清溪县、遂宁县等州县具报,被水冲毁田禾、房屋、城垣、桥路,并有淹毙男女丁口之处。又据江北厅、酆都县、昭化县、涪州、合州、奉节县、内江县、犍为县、简州、仁寿县、华阳县、绵州、蓬州、岳池县、荣县、威远县、蓬溪县、三台县、中江县、越嶲厅、峨边厅、泸州等厅州县禀报,被水冲毁田地、房屋、禾苗。又据泸州、眉州、酉阳州、崇宁县、郫县、茂州、南充县、平武县、洪雅县等州县禀报,被火延烧民房。又据江津县、宁远府、巴中县、邻水县、江北厅、达县、巴县、屏山县、璧山县、开县、秀山县等府厅州县禀报,雨雹打毁田禾民房等情。"又称"合计秋禾收成实在六分有余,尚属中稔"。(《近代中国灾荒纪年》648—649 页)

忠县:二月二十八日,雨雹。(民国《忠县志·事纪志》)

合江:四月十八日午后,飓风昧目,卷起沙尘,吹折少岷山上仙人石、县署大堂前牌坊。(民国《合江县志·杂纪篇》)

江津:四月十八日午后大风雹,城乡损坏民房无算。(民国《江津县志·祥异》)

绵竹:四月二十八日大雨雹。(民国《绵竹县志·祥异》)

资中:六月十四日起,暴雨四昼夜,河水猛涨,沱江登瀛岩水位高达 340.48 米 (吴淞高程),较 1888 年水高三四尺,县城鼓楼坝可行船,损失惨重,灾情浩大,为百年所未见。(《内江地区水利电力志》)

旺苍、广元:六月十六、十七日嘉陵江涨,洪水冲刷沿河农田房舍。(民国《重修广元县志稿·杂志·天灾》)

内江：六月十六日，大水入城，桂湖溢高一丈三尺，漂没田庐甚多，灾民三千余户。邑令杨捐俸请帑提款募资，集万数千缗散赈之。（光绪《内江县志·杂事志·祥异》）

简阳：六月十八日大雨，水高数丈，绛溪沿岸市镇居民庐舍悉被淹没。（民国《简阳县志·灾异篇·祥异》）

［链接］ **灾民谣**

徐嗣昌

戊戌六月十二日，雨接连至十六日。大雨如注，州属沱江及绛溪水暴涨，灾异为近年所罕见，因感而赋此。

大水来，大水来，奔涛十丈吼如雷。梦中惊起苍黄走，水声人声争喧豗。雨骤风狂直到晓，江河大兮天地小。可怜露立江干人，自恨不如双飞鸟。汹汹突过万安桥，桥柱为摧梁为摇。指顾城根淹数尺，满城官吏已魂销。一出绛溪势更猛，河伯痛鞭蛟龙骋。雁江骇浪接珠江，两岸无复桑麻影。桑田变作沧海样，苍苍蒸民哭相向。存者无米炊，亡者鱼腹葬，葬鱼腹，登鬼录，安得千万救生船，普济群生得并育。城东遗老为予说，道光庚子亦横决，屈指五十八年间，今年灾比昔年烈。昔年坏吾蔬，今年坏吾庐，幸傍城阃迁徙便，不然老夫亦其鱼。我闻此语为长吁，下民昏垫果何辜，催科已苦脂膏竭，那堪洗劫又沦胥。谁借孝侯剑，谁乞李冰符，谁觅钱塘弩，谁上监门图，倘非竭力挽狂澜，四境陆沉不忍看。童号妇叹，越摧心肝。吾侪惟吁贤刺史，念民困此盈盈水，议赈议蠲须及时，免使流亡去乡里。

（民国《简阳县志·诗文存》）

荣县：六月二十六日，拥思茫水溢，街衢行舟。（民国《荣县志·事纪》）

中江：六月淫雨弥月，东西河水汇成一片，北门涨高丈余，余家河水势尤甚。人、畜、屋、材、器物浮沉漂荡，圮城堤，坏田稼。秋雨亦多，城中倒塌墙屋，时有所闻。（民国《中江县志·丛残·祥异》）

灌县：大水。（民国《灌县志·事记》）

资阳：大水入城。（民国《资阳县志·祥异》）

［链接］ **戊戌水灾记（摘录）**

光绪二十四年，胡令薇元令资。六月二日，胡令以古学试士，以斗牛戏命题诗作七古，即是大水之兆也。中旬十二日以前，火云彤彤，不堪暑。十三日大雨如注，倾盆愈急。胡令于城楼设鼓、河岸刻符，殆欲以让水患止。十六日雨复不止，后逆（递）午刻，水由南门入，须臾即满注泮池。行道者，始著履可行，旋即背负而过，十余分钟遂淹及卧龙桥一半。居民仓促出走，墙垣随即倒塌。午后雨益盛，南门后街已被水矣。日将暮，水势漫延至城隍祠戏台之下，并及东门城内镇江庙。当东河之水冲戏台耳楼，两厢倏忽漂去。河船泊城之东，夜半闻呼号声、唤船声、哭泣声、房屋倒塌声、墙壁倾复（覆）声，汹汹聒耳，至旦不绝。十七日黎明，登高远望，只见全城皆水，与大江合而为一。有逃避不及坐屋脊而候人拯救者，有夜半出城衣履不完而泥泞遍体者，有数日不得食而接屋溜而饮者，有僵卧于各地匾额及各庙宇之高处者，有匍匐至莲台寺岳庙，桡民间玉麦不论生熟而聊为充饥者。综计全城东街受水将及一丈，南街受水丈余，而西街受水与东街等，北街稍高，受水约五六尺。其未被水者，县公署之三堂，土地庙之后殿、天上宫之正殿，仅唯此三处。勘灾委员会张继文之"树梢系船，城头过浪"，洵不虚也。十八日水势渐消，十九日水大去，全城泥淖，商贾货物为之一空，居民室庐多覆。胡令肩舆出视，市面泥深尺余，而学师及士绅上堂莫不跣足去来。洵清时以来未见之灾也。吁惨矣！唯幸溺毙尚无多人。

（民国《资阳县志·戊戌水灾记》）

［德碑］**资州知州汪景星赈济灾民**：汪景星，光绪二十四年署资州知州。是年夏大水泛城，井灶俱湮，灾民千余家嗷嗷待哺。景星躬出抚恤，劝富绅煮粥赈济，各绅感其诚，争先认赈；并捐资按灾户给发，所全活甚众。（民国《资中县续修资州志·官师》）

龙泉驿、新都大雨，西江河、毗河大水：七月，龙泉、新都一线大雨，西江河暴涨，水淹及石板滩镇老戏台，沿河冲淹田园庐舍不计其数，波及毗河下游两岸。（《成都水旱灾害志》229 页）

富顺：大水较 1888 年高九尺，城中通舟楫，自小北门至水西门岸堤塌数十丈，城垣毁缺三处，灾情浩大，为县数百年所未见，可能是沱江流域的千年一遇洪水。（《四川城市水灾史》146 页、《巴蜀灾情实录》308 页）

旺苍：洪灾，冲走沿河房舍农田。（《旺苍县志·祥异》）

三台：七月潼川大水。（民国《三台县志·杂志·祥异》）

潼南：八月淫雨弥月。（民国《潼南县志·祥异》）

忠县：秋收期淫雨为灾，两月不晴，粮食全部霉烂无收。（民国《忠县志·事纪志》）

大竹：秋霖害稼，民饥。石河场人唐五泮慨捐银一千两作全县赈济。（民国《续修大竹县志·人物志·卓行》）

射洪：射洪等县被水成灾，赈济。（《清德宗实录》）

八月，赈射洪等县水灾。（《清史稿·德宗纪二》）

井研：千佛寺水涨，漂没民舍。知县出谷以赈。（光绪《井研志·纪年》）

犍为：四望溪大水。夔、忠属水灾，承办塔捐赈济。（民国《犍为县志·杂志·事纪》）

乐山：五通桥四望溪大水。（民国《乐山县志·祥异》）

酉阳：三月至五月无雨，粮无收。（《酉阳县志·大事记》）

大足：三四月间久不下雨，无水下种，各处农民打窝点谷。（《大足县志》引《汪茂修笔记》）

万县：戊戌大旱。（《万县志·大事记》）

泸县：岁旱，谷歉收。（民国《泸县志·杂志·祥异》）

［附］**内江知县焚香拜水，祈求天神管束蛟龙**：光绪二十四年六月，沱江暴涨，内江知县杨增辉认为是"蛟龙涌水"，率全城官绅至北门城垣拜水，焚香祈求天神约束蛟龙，勿再兴风作浪。（《四川省志·民政志》275 页）

［链接］资阳沱江洪水涨落过程：资阳县城正东街 17 号（刘天宗）楼上的板壁上，留有记录 1898 年沱江洪水入城漫楼时辰的墨书，全文为："光绪戊戌廿四年。六月十六大雨一天。涨洪水进城。至（自）申时涨至丑时定水。格（隔）楼三尺五寸上此楼。街上风（封）言（檐）口水。店面水平楼欠（笕）。十七日酉时，水消出街上。十八日寅时人下楼。主人字白。"（注：当时居民为郭春）（《沱江志》114 页）

1899 年

（光绪二十五年）

四川六十州县遭水、旱、火灾：四川总督奎俊奏："川省本年先后据报被火延烧者，计温江、德阳、崇宁、眉州、资阳、华阳、绵州、中江、郫县、洪雅、乐山、名山、安岳、江北厅等共十四厅州县。又先后据报被雨水冲毁田禾房屋者，计巴州、巴县、江津、中江、酉阳、秀山、宁远、西昌、威远、荣县、天全等十一府州县。又先后据报夏旱秋潦收成歉薄者，计荥经、名山、安岳、忠州、酆都、奉节、万县、渠县、茂州、西昌、冕宁、会理、梓潼、江津、荣昌、垫江、安县、达县、涪州、南充、射洪、梁山、广元、岳池、永宁、石柱、叙永、宜宾、阆中、威远、纳溪、兴文、眉州、彭山、青神等三十五厅州县。"另据《合江县志》卷 61 载，是年该县"秋雨大作，……谷多腐败……斗米升至钱一千六七十文，人畜交病，疾疫大作"。（《近代中国灾荒纪年》656－657 页）

南江：三月大雨雹。（民国《南江县志·灾祲志》）

合川、铜梁：入春少雨，水田干坼，迨四月二十四日始大雨，歉收，夏旱。三月五日大雹。七月十二日秋雨大作，至九月初始晴，谷多腐败。（民国《新修合川县志·余编·祥异》）

［链接］
光绪己亥合川旱灾
秦宗汉

光绪二十五年，入春少雨，水田干坼，迨四月二十四日，始大雨。而遗秧怀新，为期过迟，已形歉收。乃夏至后大旱匝月，高下稻田，山粮枯槁过半。而余适馆化澄沱观音寺，逼临涪江滨。沱之上游，有滩曰布袋口，在余馆门外。旱干既久，水落滩浅，商船坌阻，上下两滩，三伏之日，较冬令犹苦，百年来殆所罕见。讵伏未得雨，早稻将获，而淫雨为灾者，几及三月。虽较丙申（1896）秋稍可，然而民困甚矣。

（《龙多山志》，录自民国《新修合川县志·祥异》）

绵竹：五月十九日邑西大雨雹，坏田禾数千亩。（民国《绵竹县志·祥异》）

资阳：六月十三日大雨倾盆，三日不止，大水入城，东、南门各街深丈许，北街稍高，受水五六尺，全城商货一空，居民房屋多覆。水势较 1840 年为甚。（民国《资阳县志·祥异》）

金堂：六月水。（民国《金堂县续志·事纪》）

筠连：六月水，苦雨至翌年正月二十一日始大晴。五谷多糜烂。（民国《筠连县志·纪要》）

三台：七月初五，涪、凯两江泛涨，船行南关城下，被水灾者一千余户。（民国《三台县志·杂志·祥异》）

大足：七月初起，绵雨，四十余日未见太阳，满田稻谷生芽，形若葱根，撮谷不用畚箕，用手抱入箩筐。担回火烤锅焙，一蒿即碎，一舂成粉。（《大足县志》引《汪茂修笔记》）

古蔺：秋雨连绵二月余，将熟稻谷尽坏。（《凉山州志·自然灾害》）

广元：大水，汉寿水没大石场，嘉陵江涨，没西关。（民国《重修广元县志稿·杂志·天灾》）

旺苍：水。（民国《旺苍县志·祥异》）

万源、巴中：大旱。（民国《万源县志·史事门·祥异》）

庆符（今高县）：秋七月廿日起大旱……时谷子多坏。（光绪《庆符县志·祥异》）

井研：大有年。（光绪《井研志·纪年》）

雅安：大熟。（民国《雅安县志·灾祥志》）

乐山：五月初二夜，县街火烧数十家。（民国《乐山县志·祥异》）

崇庆：三月羊马场大火。（民国《崇庆县志·事纪》）

犍为：因陕西旱灾，奉办塔捐赈济，勒捐富户给予贡监职衔。（民国《犍为县志·杂志·事纪》）

自贡：秋，贡井地动数十次。（《四川省志·地震志》69页）

[附]　　　　　　　　　　**三农叹**
曾国才

七月采黄棉，八月芋如拳，九月鸿雁过，催议捐输钱。三农入城市，相逢问陌阡。一农前致词，言耕山之巅，薯叶苦虫啮，薯根遭兔穿，草宿夜守望，鳏眼常不眠。一农忽摇首，我田不如山。凶年无谷卖，豚酒祝丰年。丰年有谷卖，卖谷不值钱。一农独皱眉，谓君皆不然。君田郊野地，我田江湖边。去年六月一江水，蔗苗已被白沙填；今年六月水复涨，白沙打尽奔成川，奔成川，粮犹完，黄土江边虽卷浪，户科籍上总为田。

（民国《简阳县志·诗文存》）

1900 年

（光绪二十六年）

1900 年，长江上游干流和岷、涪、嘉陵江及乌江大水，二十余州县水灾较重。

1900—1902 连续三年旱灾，全蜀共受灾七十余州县。称"庚子辛丑壬寅连天旱"。（《四川省近五百年旱涝史料》8 页）

四川旱荒，灾区颇广：四川总督兼署四川将军奎俊12月11日（十月二十日）奏报："窃查四川重庆、夔州、奉节、云阳、万县、涪州、綦江、酉阳、忠州、酆都、南川、东乡、阆中、苍溪、广元、昭化、仪陇、茂州、汶川、理蕃、叙永、永宁、宁远、西昌、冕宁、越嶲各府厅州县因去岁夏旱秋潦，收成歉薄，本年春雨愆期，粮价昂贵。……旋据江北、巴县、南部、南充、蓬州、清溪、雷波各厅州县禀称，被旱成灾。……又据垫江、梁山、秀山、通江、会理、荥经、峨边、青神、珙县、筠连各厅州县续报歉收。"资州直隶州知州沈秉堃致朝中大臣荣禄函称："本年近省州县多遭旱荒，以资阳、简州为最。……所幸六月以后连得甘露，杂粮遍栽。"（《近代中国灾荒纪年》674页）

四川旱、雹灾：入春以来，四川旱灾、雹灾频仍。广安州春耕时无雨，秋播时大旱，水井枯竭，渠江断流可涉。剑州连年大旱，越嶲大旱。4月5日（三月初六日），半夜，涪江西北部南北两岸毗连八九十里，雷雨交作，风雹骤至，大者如砖，小者如卵，摧折树木，打毁房屋十分之八九；胡豆、小麦颗粒无收，轻者仅收一二成。

本年全省大小麦因灾歉收共达五府、三州、一县。宁远府（西昌）仅三分有余，汶川县仅四分，重庆、保宁（阆中）、顺庆（南充）、绥定（达县）和资州、西阳二州仅四分有余，忠州与叙永厅只有五分收成。（《四川省志·大事纪述·上册》132页）

四月丙申，赈重庆等处水旱灾。八月乙未，赈四川各属灾。（《清史稿·德宗纪二》）

蓬溪、遂宁：1900—1902年连旱，民间积贮早空，徙死道途者难胜计，其不能去者僵于牖下，百年来之奇灾也。（《涪江志》104页）

剑阁、梓潼：1900—1903连岁大旱。（民国《剑阁县续志·事纪》）

广安：春耕旱，四月晦始得雨插秧。秋大旱，井汲绝，渠河可徒涉。（光绪《广安州新志·祥异志》）

越嶲：春旱，大饥。洪灾。署同知周凤藻禀请发款办赈。（民国《越嶲厅全志·祥异》）

井研：五月旱。（光绪《井研志·纪年》）

涪陵、武隆：三月初六夜大雨雹，雹大如拳，有豆麦禾苗俱尽者。（民国《涪陵县志·杂编》）

涪陵：三月初六午夜，冰雹大雨交作，雹大如拳，州境各地豆麦多损毁。州西北角南北两岸雹大如砖，小如鹅卵，摧折林木，房屋毁坏十之八九，其灾为百年罕见。旱，岁饥。（《涪陵县志·自然灾害》）

江津：旱。（民国《江津县志·祥异》）

万源：秋大旱。秋大雨雹。（民国《万源县志·杂志·祥异》）

绵阳：六月二十三日，大水入城，淫潦为灾。（民国《绵阳县志·杂异·祥异》）

武胜：七至十一月夏秋旱120天。（《嘉陵江志》151页）

三台：川北旱灾，慈禧太后发库银五十万两，三台县分拨七千两，由知县邹宪章承领散发，造册报销。七月初五，涪、凯两江泛涨，灾户一千余，东南角城上可洗脚，沿河人畜损失无数。（民国《三台县志·赈务》）

筠连：五月初八大风雨，岁饥，升米陡涨至百余。（民国《筠连县志·纪要》）

安县：六月特大洪水，平坝及沿江几乎全淹。（民国《安县志·祥异》）

金堂：沱江秋洪。三皇峡口历史洪痕调查：1900 年 7 月洪水位 444.91 米，洪峰流量 6980 立方米/秒。（《成都水旱灾害志》229 页）

犍为：清溪河大水。（民国《犍为县志·杂志·事纪》）

广元：庚子（1900）、辛丑（1901）多疫，乡间儒医权宇熙（号圭山）以"利人济物"为志，"医活甚众，且以其术示人使预防"。（民国《重修广元县志稿·杂志·天灾》）

峨边：李面店沟水暴涨，冲去居民数家。（民国《峨边县志·祥异》）

苍溪：是岁饥。（民国《苍溪县志·杂异志·灾异祸乱》）

酉阳：旱灾，寸草不生，俗称"庚子大灾年"。（《酉阳县志·大事记》）

冕宁、西昌：洪灾。（《四川省近五百年旱涝史料》141 页）

汶川、理县、茂汶：洪灾。（《阿坝州志·大事记》）

忠县：八月初四日，精华山大火。是日，远自金鸡场近至大垭仄窑，野火连宵不绝，延烧精华山数十里，山居尽烬（民国《忠县志·事纪志》引《颜氏日记》）。

夹江：五月，东街火焚数家，火飞对面，将讯厅与左右铺房延烧十余家。（民国《夹江县志·外纪志·祥异》）

崇庆：万家坪大火，以钱三十万恤之。（民国《崇庆县志·事纪》）

荥经、犍为：四月地震。七月又震。（民国《犍为县志·杂志·事纪》）

邛崃：是年地震，响动甚凶，民房有被震倒者。（《四川省志·地震志》69 页）

1901 年

（光绪二十七年）

四川冬春大旱：1901 年冬至 1902 年春（光绪二十七年冬至二十八年春），四川久旱无雨，以川东北广安州、巴县最严重，冬春连续大旱，葫麦菜蔬，枯槁委地，清明时节，田土龟裂；到栽秧时因缺水栽插不到十分之三。春荒加剧，"米价陡贵，石米涨至十金以外"。到六七月，"省城穷民食大户者，每处聚集二三千人。拉人勒赎之事，省内亦复时有所见。川西、川南移家入城者，纷纷在道。"在"米价奇昂、饥民载道"的情况下，川省"上下官吏不议赈恤，而盗贼之患日甚一日"。（《四川省志·大事纪述·上册》142 页）

旺苍：川北旱，三四个月无雨，斗米二千钱。（《旺苍县志·自然灾害》）

渠县：入春即旱，夏始得雨。（民国《渠县志·别录·祥异志》）

蓬溪：旱，县民无食，惨填壑，卖妻及儿以图一饱。（光绪《蓬溪县续志·礼祥》）

犍为、乐山：夏大旱。（民国《犍为县志·杂志·事纪》）

彭县：再旱。自光绪二十五夏起连旱三年，农作歉收，粮价飞涨，民饥；免征田赋。（《成都水旱灾害志》229 页）

广安：自初春旱至夏始雨。岁凶。（宣统《广安州新志·祥异志》）

南江：大旱。（民国《南江县志·第 2 编·灾祲志》）

巴中：旱。文庠余炳焕捐谷作粜。（民国《巴中县志·灾异》）

内江：秋旱至明年夏无大雨。斗米千五百钱。（光绪《内江县志·杂事志·祥异》）

遂宁：秋，稻田无水。高升乡大雹，禾麦打坏殆尽。（民国《遂宁县志·杂记》）

江津：旱。（民国《江津县志·祥异》）

越巂：五月初七、八、九日雨水，厅城附近被淹，冲坏平东桥，溺毙汉民十七丁口。署同知袁启琨禀请赈款施济。（光绪《越巂厅志·祥异》）

酆都：六月初二夜大雷雨，十乡溪涧同时走蛟，洪流遍山野，傍溪场市民、畜多淹没。（民国《重修酆都县志·杂异门》）

温江：七月岷江大水，金马河石堤溃，冲没田万余亩。（民国《温江县志·事纪》）

灌县：七月大雨水，岷江水发。（民国《灌县志·事纪》）

平昌：八月初，秋洪暴发，沿河民宅农作物受损，兰草渡水位上升八丈五尺。（《平昌县志·自然地理·特殊天气》）

三台：翼火乡潘家沟山崩，有泉自顶流出。（民国《三台县志·杂志·祥异》）

喜德：东沟暴发大型泥石流。（《巴蜀灾情实录》325页）

乐山：夏，紫云街皇华台火。（民国《乐山县志·祥异》）

松潘：十二月十七日，县城内火灾，由北城门至古松桥止。（民国《松潘县志·祥异》）

峨边：十二月二十一日，沙坪下街火烧百余家，次年四月修造未竣复烧，并烧上街数十家。（民国《峨边县志·祥异》）

彭山：岁大饥，斗米二千。督院奏蠲免本年新捐半数，并奉发帑银五千两为赈。（民国《重修彭山县志·通纪》）

犍为：奉文加契税银五百两，作庚子赔款。（民国《犍为县志·杂志·事纪》）

［**德榜**］**眉州知州尹寿衡主修蟆颐堰**：光绪二十七年至翌年，眉州知州尹寿衡主持修复蟆颐堰，"俾五十余载就湮之水利，一旦改观"，"得田五万二千九百余亩"。（尹寿衡《蟆颐堰记》，载道光《补辑石硅厅新志·祥异》）

1902 年

（光绪二十八年）

四川大旱（民间称"壬寅大天干"），**间有被风、被雹、被水之处，灾区"遍九十余州县，灾民数千万"**：本年四川发生历史上罕见之大旱，并间有被风、被雹、被水之处。四川总督兼署四川将军奎俊9月4日（八月初三）奏报："川省本年春旱，杂粮失收。入夏，雨泽愆期，秧苗未能普插。"前后报灾者有南充、简州等六十一厅州县，"春粮受伤，以致米价腾贵，三倍平日，或斗米一千五百文、二千文不等。"此外，复有风雹为灾者计南充、蓬州、岳池、广安、营山、巴州、南部七州县，蛟水为患者马边、射洪、江油、彰明、平武、三台、屏山、石泉、绵州、温江、崇庆十一厅州县。其中"损伤人口、牲畜、冲毁田庐禾稼，多寡轻重不一"。后于11月27日（十月二十八日）又奏：

"查今年州县夏田被旱者，先是眉州等十一府州所属，既而龙安、马安等府厅又遭水灾、雹灾，先后据报灾区多至九十余处。及至秋获时确勘分数，则蓬州、南充等二十三州县为最歉，荥经、资州等五十一州县为次歉，人烟稠密，贫民众多。"（三年后，时任四川总督之锡良奏报"壬寅赈案"时谓："窃查川北等属前已岁祲屡告，光绪二十八年壬寅旱地弥广，更值拳教煽布，饥乱相乘，蔓延日炽。……川省每邑极、次贫丁口多者二十余万，少亦十数万。……前次丁酉浸灾仅廿余厅州县，今则不只倍加，前次自春徂夏而止，今则首尾年余之久，水、旱、冰雹灾患洊臻，故用款视前为巨。"此次"壬寅赈务"共动用仓谷一万二千四百四十五石余，银四百五十二万五千三百六十五两余。受灾范围，除省城外，计有新津、金堂等一百十五厅州县。此次"壬寅灾祲"给四川农业生产造成极大破坏，人民困苦，社会动荡。）掌山东道监察御史高枏于（光绪二十八年）7月27日（六月二十三日）奏："四川去冬今春皆缺雨，栽插不及十分之二。至四五月虽有小雨，不能补栽。米价陡贵，石米涨至十两以外。该督（奎俊）在川乃谓雨水调匀，粮价平易。且六七月间，省城外穷民食大户者，每处聚集二三千人。省内拉人勒赎之事，亦复时有所见。川西、川南移家入城者，纷纷在道。该督乃谓人心大定。""川省旱灾已不下七八十州县，每处饥民至少以五千计之，已有数十万之多。"同日，福建道监察御史王乃征亦劾川督溺职，"川中全省旱灾，至今半年，不闻赈恤之法，何怪匪乱日炽。尤可异者，本年三月十五日，离顺庆府城三十里一带地方，突起风灾、冰雹，扫及南充、西充、岳池三县之境，死伤三百余人，树木房屋之倒拔，禾麦畜产之伤害，不可胜计，闻府县均即时通禀。如此奇灾，而奎俊既不奏闻，亦不议恤。"四川方志亦于此次大灾多有记载，如（民国）《蓬溪近志》记："县中天灾，在前清则光绪二十八年壬寅为最。……自光绪二十六七等年，频遭旱灾，民间积贮早空。迨壬寅遭奇荒，受创尤巨。辛丑、壬寅冬春之交，县民无所得食，扶老襁幼，迁徙他乡，转死道途者，已难胜计。其不能去者，或男女相守，僵于牖下，或骨肉并命，惨填沟壑；或将尽之喘，卖及妻儿，以图一饱；或一家之长，先杀其属，后乃自裁。市廛寥落，闾巷无烟。徙死之余，孑遗无几。"（《近代中国灾荒纪年》689-690页）

田赋苛重，粮价大涨，饥民载道：自咸丰以后，四川省的田赋附加已经负担很重，至光绪二十八年起，又分担"庚子赔款"，再加上推行"新政"，练新兵，办警察，铸钱币，改土归流，开支递加，赋税猛增，人民"未见农功之利，先受苛取之害"。与此同时，四川发生了历史上称之为"壬寅大旱"（1902）和"甲辰大旱"（1904）的两次特大自然灾害，保宁、潼川、顺庆、绥定、重庆、夔州六府及资州、泸州所属共六十余州县"衍阳连月，田畴荒涸"。不少州县粮价"三倍平日"，"饥民载道"。（《四川省志·粮食志》137页）

晚清、民国时期，灾害频繁。一般"插花灾"，民间尚可自济，大范围的严重灾害，政府无粮可调，富有者囤积居奇，临灾各地为自保而阻止商人贩运，灾民难以维生。光绪二十八年（1902），四川发生震动朝野的"壬寅大旱"，南充、蓬溪、简阳等六十余州县灾情奇重，地方政府在灾区施赈，"每日大丁一合五勺，按时价减二成出粜"。一个大汉，一天不过半斤粮，何以维生？民国四年（1915）全川大旱，万县知事呈请四川巡按使制止沿江上游阻拦商米运输，略谓：江安、泸县、纳溪各地，设置关卡，阻止商贩在当地采购米粮运出，对川东一带历来靠上游接济的地区影响极大。四川盐运使亦报告：犍为等地盐场，历来由产米区贩运接济，现天旱粮价上涨，上游眉山、彭山、青神、乐山各地，阻止米粮下运，盐场一片荒象。四川巡按使除张贴"禁止拦阻米粮运输"告示外，别无他法。1935年1月国民政府军事委员会行营参谋团进驻重庆控制四川以后，对四川发生的灾情，曾责成地方政府强制大户开仓售粮，由粮商采购限价贩售于灾区，但"官价不能左右市价涨落，愈求购，愈不易购；愈不易购，价格愈高昂"。（《四川省志·粮食志》185页）

四川发生特大旱灾：春夏，四川发生特大旱灾，史称"壬寅大旱"。全川大部分地区从4月（三月）到7月（六月）未下过雨。受灾范围遍及全川，主要灾区集中于川中、川西人口稠密的产粮地区。南充等处二十四州县，简州等三十七州县春雨愆期，夏收无着，雅安先旱后涝，严重歉收；龙安（平武）、马边等府遭受水灾、雹灾，大小春告歉。各地灾区米价暴涨三倍，或斗米一千五百文、二千文不等。全川遭受旱灾地区达七八十个州县，每处饥民离乡乞讨者至少以五千计之，共有数十万之多。饥民载道，死者枕藉。

清廷为了稳住四川政局，谕令度支部拨银三十万两，予以赈济。稍后，川督岑春煊又奏请广开捐纳封典荣衔，按二成四上兑，得银三十余万两，从省外购进小麦办理平粜，灾情稍有缓解。

春旱以后，水灾、夏旱、雹灾交相侵袭，受灾面积达到九十余个州县，饥民数千万人，难以存活。少数的赈款和远道购运的赈粮，又受到地方官吏局绅多方侵吞，"卖签窃粮，官中有盗"，杯水车薪，无法缓解饥民的困境。因此，各地人口死亡数量剧增。（《四川省志·大事纪述·上册》145页）

六月癸丑，赈四川南充、简阳等属灾。秋，发库帑三十万。续拨义赈十二万，并于四川备赈。（《清史稿·德宗本纪》）

遂宁伤寒流行：遂宁城乡伤寒流行，死亡逾千人。（《四川省志·大事纪述·上册》150页）

简阳：大旱，自二月不雨，至五月五日始大雨风雹，风拔大木，雹所伤禾稼约数里。斗米一千五百文。饥民满道，其势汹汹。禾丰场团总周代明与总保吴道兴开甲仓、筹巨款，分极贫、次贫轮流放赈，饥民有济，未致流离。（民国《简阳县志·士女篇·善行》）里正周国兴商诸绅士，力筹赈济，一方得以安靖。时饥死者多，镇子场人巫学铨约友各捐重金购买棺木，施济掩埋，本年起每年计施棺三四百具不等，名"施匣会"。（民国《简阳县志·士女篇·孝友》）

雅安：大旱。三月初至五月底乃雨。壬寅、癸卯、甲辰连年荒旱，本县严桥人冯应荣出谷赈济、督办平粜，活人甚众。（民国《雅安县志·灾祥志》）

丹棱：大旱，自上年十月不雨至次年四月始雨，小春无收，饥民遍野，掘草根、剥树皮为食，城内捐设粥厂，远近就食者指不胜屈。（民国《丹棱县志·灾祥》）

广安：正月至五月旱，田禾栽刈者十之四。三月十五日夜，花桥大风折屋拔木，雹大者如鸡蛋，墙塌压死三人，蒲莲砦屋五间全吹去。知州董绍勋提公款银百两，又拨积谷仓谷三成，抚恤灾民。秋七月岁歉上闻，奉拨银二千九百五十两，赈济极贫、次贫民

户。（民国《广安县志·祥异》）

峨眉： 春初旱，六月方雨，秋无半收。秋霖。（宣统《峨眉续志·祥异志》）

中江： 夏大旱，下村尤甚，人食糟糠草木，饥民流徙如织，多道殣。有给鬻其妇、逼妻裔煮饿毙小儿相食者，有及笄女羞于行乞自溺死者。诏发帑以赈，邑中筹济尤多。（民国《中江县志·丛残·祥异》）

绵竹： 大旱，河堰断流，深井尽涸。（民国《绵竹县志·祥异》）

泸县： 岁旱，谷歉收。（民国《泸县志·杂志·祥异》）

筠连： 旱。增征油、酒两税。（民国《筠连县志·纪要》）

德阳： 光绪二十八九年，德阳荒旱，米粟翔贵，灾民嗷嗷。知县陈洪材具牍上宪，开仓分别赈粜，编审户口，俾廉正绅衿董其役，全活甚众。（光绪《德阳县志续编·职官志》）

峨边： 蝗、旱并见。筹赈乏谷，运峨眉县青龙场之米济。（民国《峨边县志·祥异》）

遂宁： 大旱甚广，斗米一千五六百文，四乡贫瘠，百里无烟，迁黔者甚众。（民国《遂宁县志·杂记》）

蓬溪： 大旱。饥民载道。邑人张广济以玉米百石捐赠隆盛、玉隆、圆通三场，全活无算。秀才陈兴让倡绅士筹赈，自备膳食任事数月，井井有条，无遗无滥。（民国《蓬溪近志·人物·行谊》）

广元： 知县李龙章赈济一次。（民国《重修广元县志稿·杂志·天灾》）

南充： 光绪壬寅（1902）二月风雹之灾，溪头场全行塌毁。由渝城善士措款数百金赈济。（民国《新修南充县志·掌故志·赈务》）三月十五夜大风掀墙倒壁，坏民庐舍，雹大如鸡卵，庙宇、乐楼悉被折毁，寺钟为之远飏，瓦片插入榕树。（民国《新修南充县志·掌故志·祥异》）

崇庆： 四月大旱，知州柴作舟请发常平仓设平粜局。继而大水，诸堰决，冲塌文井江近岸田。七月又大水。次年，蠲被水灾地捐输银千两。（民国《崇庆县志·事纪》）

马边河洪水： 六月初六至十二日（1902年7月10—16日），马边河上游连续降雨，其中11—12日雨特大，暴雨中心在马边、烟家沟、鱼龙沟一带，主雨区在舟坝以上，舟坝以下雨量较小。在马边访问到："六月十二日晚上二更过后涨的大水。六月初六至十日连下大雨，十二日下午最大，平地起水，通城进水，东门打跑大半。""雨点子像竹筒那样粗，不一会山水奔流。""马边城成了海洋，人爬在房子上喊救命。"这次洪水暴涨暴落，峰形尖瘦。峰流量推算值：马边3790立方米/秒、烟家沟（50平方公里）392立方米/秒、鱼龙沟（34.9平方公里）399立方米/秒。同期上游杂谷脑河也涨大水，在克枯访问得知：六月二十二日晚起涨，次日早晨洪水最高，以后渐退，马边河洪水四五天才退完。推算克枯洪峰流量为1190立方米/秒。（《岷江志》134页）

江油： 六月大水陡发，涪江麦地弯洪峰流量8680立方米/秒，溃决县城北堤一百七十余丈，居民之付巨波者不知凡几；东堤及中坝蒲花堤多次溃决，县城房屋冲毁，中坝太平场被淹没，九岭、青莲平地水深4尺，人民、庐舍淹没无算。（民国《绵阳县志·杂异·祥异》）

三台：岁大旱。六月下旬涪水盛涨，坏民田庐；大河堤、县南中坝、猪市堤、县北潘公堤被冲决。（民国《三台县志·杂志·祥异》）

越嶲：七月初二（8月5日）大水，西路刮老鸦山崩，水淹新街子，溺死汉民六七百人。（光绪《越嶲厅志·祥异》）是日，越嶲西路河道山洪暴发，松林地番族土司驻地紫打地街市荡然无存，清廷拨库银2000两在紫打地以东约两公里处重新建场，名"安顺场"。（蒋蓝《踪迹史·下卷》280页）

绵阳：八月连降大雨，涪江洪水暴涨，龙安府（平武）遭特大洪水袭击，涪江两岸人畜、房屋、田地损失惨重，死人万余。（《绵阳市志·大事记》）

北川：六月天降大雨，河水陡涨数十丈，水淹至城脚，桥首街概被水淹，登云桥、旋坪索桥尽行冲毁，自曲山场至下渡口，沿河漂没无踪，山川为之一变，人民房屋被水漂没者不可胜计，真莫大之灾异也。（民国《北川县志·杂异》）

乐山：六月十七至十九日，罗洪场一带大水，冲去田土房屋甚多。（民国《乐山县志·祥异》）

平昌：六月洪水，伴有冰雹。（《平昌县志·自然地理·特殊天气》）

平武：六七月间，河水大涨，在城墙上手可汲水。（《四川两千年洪水史料汇编》）

达县：河水大涨，城墙上靠船洗脚，严重洪灾，损失很大。（《巴蜀灾情实录》309页）

犍为：岁饥。马边河暴涨，沿途受灾。知县高士鹏莅政清廉，凡事躬亲，清厘积仓，调查极次贫民，举办平粜，禀办明年春赈，饥民赖以不荒。（民国《犍为县志·政绩》）

奉文办新捐，作庚子赔款。（民国《犍为县志·杂志·事纪》）

宣汉：华江坝河水大涨，损失很大。（《巴蜀灾情实录》309页）

荥经：岁大饥。邑人刘树勋、树棠兄弟施米数十石开粥厂，复捐钱百缗倡购义冢田以葬饿殍。好善人乡人咸敬礼焉。（民国《荥经县志·赈济》）

温江：洪水决玉石堤，东岸民田竟成巨浸。饥民群起"吃大户"。（民国《温江县志·事纪》）

巴中：洪水、冰雹为灾。（民国《巴中县志·第4编·志余·述异》）

夹江：青衣江水涨数丈，沙地禾苗多被冲没，岁饥，后办平粜以救民困。（民国《夹江县志·外纪志·祥异》）

名山：饥。国库赈银两千两不足，就地募捐，视其多寡奖以相当职衔，富民乐输者众，博得贡、监、杂职执照者亦夥。（民国《名山县新志·事纪》）

荣县：余家场饥民聚食，把总骆富桢前往弹压，被瓦砾击伤其首。知县杨锡澍办赈，四乡立开粥厂，饥民散。（民国《荣县志·职官》）

丹棱：三月石桥场火灾，延烧殆尽。（民国《丹棱县志·杂事志·灾祥》）

乐山：五月初十日夜，平江门、油榨街、拱辰门火灾。（民国《乐山县志·祥异》）

眉山：境内虫食柏叶几尽。（民国《眉山县志·杂记》）

金堂：春，地震。（《四川省志·地震志》69页）

[附] **川督设立筹赈总局**：光绪二十八年，因灾歉，四川总督岑春煊在成都延庆寺

内设立四川筹赈总局，"办理赈务，核实灾情，调拨赈灾米谷，稽察散放册报，附收因赈济而特开的'虚衔、封典、翎枝'捐款。总局以布政使充总办，聘罗济川为会办。三十四年灾歉稍平，是局遂撤。"（《四川省志·民政志》261页）

朝廷拨赈，杯水车薪：光绪二十八年，南充、简州等七十三厅州县遭受旱灾，其中南充、蓬州、岳池、广安等七州县还遭受严重风雹，马边、射洪、江油、三台、屏山、石泉（今北川）、绵州等十一州县还遭受水灾，损伤人畜、冲毁田庐禾稼无数，因灾严重减产者达七十余州县。清廷拨三十万两急赈款，但仅能赈济部分贫无立锥、鳏寡孤独者，广大灾民仍嗷嗷待哺。川督岑春煊迫于灾区州县纷请再拨赈款，乃再奏清廷，仅获准拨银十二万两令办冬赈。据岑估算，举办冬赈需银三四百万两，即以小口折半、次贫不赈计，亦需银一二百万两，称此区区十二万两，"实不啻杯水车薪，无济于事"。（《四川省志·民政志》284-285页）

简阳县"壬寅大天干"纪实：近百年来的旱灾，以壬寅年（1902）为最，并以其受灾时间长，灾情重，影响面宽，广大农民受苦深，故流传也久。这次旱灾，县志记载甚略，但1962年县政协编排油印的《自然灾害专辑》记载较详。

一、旱情灾情　壬寅年大旱是从头年（1901）后开始的，头年夏秋降雨极少，秋收时可穿草鞋下田打谷，并在田中晾晒谷草。其后又冬干，壬寅年春、夏连旱，直至旧历五月五日始下大雨，干旱时间长达八九个月，约有二三百天未下透雨。冬水田和塘堰普遍干裂，绛溪、环溪小河基本断流，其它小河普遍干涸，沱江浅滩可涉水而过，井泉枯竭，人畜用水困难，有的要到几里或十几里外去挑水。那年大小春收成极少；小春都收不足种。红沙乡丘德隆家种豌豆六亩多，收成仅够全家一餐之米粮。农民李玉兴家种麦八亩多，收获一斗八升（每斗约合18公斤）。杨家乡戢春延家种土七亩，仅收豆麦三斗。大春干旱更严重，水稻大多栽插不下，栽了亦因无水后继，禾苗仍然枯死，只有少数近河靠沟的低湿田、烂泥田，又经朝日车水灌溉，稻谷才有部分收成。玉米多数干坏，光长杆不结苞。棉花四月才下种，幸遇五六月大雨有收成，但亩产不过五六斤。五指乡雷道五家，种田五六十亩，往年收谷百多石，壬寅年雇工天天车水抗旱，才收谷四十余石。宏缘乡杨李氏家，栽秧三亩，才收谷一石多。有的改种旱作物，但仍无水抗救获收。那年春播夏令时节，连晴高温，骄阳似火，滴雨未霖，焦土如灰，已种者变为枯萎之草，未种者概成荒废之墟。旱情之重，灾害之深，实为罕见。

二、灾民苦难　在旧社会水利不兴，干旱频繁，农业收成本来甚低，加上官府、地主盘剥，农民生活原本困苦，虽在丰年也难一饱，一般年辰，度春荒也有困难。壬寅年旱灾，小春收获无几，大春栽种不下，旧粮告罄，秋收无望，人民生活濒临绝境，入夏后绝粮断炊者甚多。地主奸商伺机囤粮，物价飞涨，米贵如珠。粮价从正月到五月由四百文涨到二千文。天灾人祸，人心惶惶。饥民寻野菜、刨草根树皮和挖观音土充饥。有民谣云："皇帝高居在九重，哪管人间病与穷。生死何须来过问，只需春色满琼宫。千呼万唤悲声切，只是吹来过耳风。"反映了当时民众痛苦和对旧社会的泣诉。高明乡刘文兴一家四口，干猪草吃完，吃白善泥，儿子活活胀死。宏缘乡杨李氏家，交了地租，剩点粮食留给老人吃，都吃苔藤、谷壳，以后实在没有吃的，只好吃白善泥。附近饥民都在他家附近坡上挖白善泥充饥。刘吉安的姑父何龙章，一家五口，以柏树枝磨粉掺少许豆粉做丸为食。为了度荒活命，壬寅年逃荒要饭，卖妻弃子的不在少数。草池烂田沟李水先将子卖到成都，得钱十三吊。武庙曾五秀才将女卖给高明场陈家，得钱四十七吊。英明汤大娘，儿子逃荒他乡，家无生计，将媳卖钱十多吊。有泣诉卖儿弃女的民歌曰："爹娘难养儿和女，远抛路旁割心肝，丢掉万一有人捡，却胜死在眼面前。"闻之使人泫然。壬寅年草根树皮食尽，饥民呼天不应，求救无门，饿死和自杀者不知凡几。草池农民余春香，母吃树皮哽死，父负债自杀，春香被地主强奸，夫亦自杀。杨家乡某农民一家八口，因饥饿难挨，偷吃地主谷草，全家被逼自杀。武庙乡李海海，到龙泉驿逃荒，李也于四月饿死。草池乡饿殍载道，一里多路长，横尸七十多具。

三、"吃大户，划口袋"　在严重的灾荒面前，民众乏食，挣扎在饥饿线上，朝不保夕，有的饿死沟壑，然而地主奸商却趁机囤粮抬价，放高利贷，廉价雇工，逼债催租，更残酷的剥削压迫人民。饥民为了活命，被逼"划口袋、吃大户"，向地主奸商作斗争。"划口袋"是饥民凭借人多的力量，查到地主奸商囤积、贩运的粮食，便划烂粮袋夺粮的斗争办法；"吃大户"是饥民聚众强逼有钱有粮的大户当场煮饭、发钱粮赈饥，进行斗争的又一形式。"划口袋、吃大户"都是在灾荒很严重时才发生，但壬寅年全县各地都有，可见是年灾情之重和民众饥馑之甚。海螺地主陈东文，壬寅年饥民数百去吃大户，后增为一二千人包围不散。饥民高喊"饿得慌"，要求陈家赈饥，遭陈拒绝，并派团勇镇压和在宅内打炮威胁，将饥民激怒，冲进宅内开仓煮饭，每日两餐，二三日后，陈才被迫赈济散发一些钱米。但事后又勾结官府，诬良为盗，捕捉领头人雷松全，雷被逼外逃躲避，四十年后才回乡。石板乡保正大地主鄢焕如，有田土一千多亩，饥民一千多人去吃大户，鄢家闭门抗拒，饥民冲入，见到吃的东西就拿来吃，鄢后来还是散发了钱粮，饥民才散。县志载："光绪壬寅年大旱，米贵如珠，饥民群就富户乞食，几于喧嚣酿变"；"光绪壬寅年旱，饥民当道，其势汹汹，国兴商诸绅士，力筹赈济"；"王映宗……清光绪壬寅年旱荒，饥民闻名集万余估吃不去，映宗发钱谷值万金"。

四、开义仓，发平粜米　在人民生活濒于绝境，饥民无以为计，为了生存，铤而走险，"划口袋，吃大户"，甚至流为盗贼时，统治阶级为了缓和社会矛盾，安抚民众，维护治安，也不得不谋赈济。开义仓，施稀饭，发平粜米就是当时官府和地方绅士用以麻痹群众的手段。"义仓"又名积谷，是常年随公粮加征入库，土地购置者按规定缴存或由乡绅、地主捐赠集存，用以防灾的谷米。这种储备粮谷，名义上由保甲经管，实际支配权大都掌握在地主豪绅之手。并规定借仓谷者须以田契或觅大户作保，故灾荒年真正的灾民是难以借到的。"施稀饭"又名开粥厂，由地主筹集钱米在集镇上煮稀饭开粥厂，廉价（或不要钱）供应饥民。"发开粜米"是将义仓存粮按赤贫、极贫、次贫等级以不同的低价卖给穷人和饥民。壬寅年，地主傅保之用仓米开粥厂，几天煮一次，去就食的饥民仍须付钱。禾丰开甲仓借出粮谷，利息每石二斗，发济贫米，每人可领一升。地主鄢凤仪带头捐银二百两，集资购买粮食赈饥，十几天发一次，赤贫每人半升，次贫一筒（四分之一升），共发三次，简州官饬令各乡仿效。县志："光绪二十八年大旱成灾，开仓平粜，斗米千钱有奇。"平时米价才五六百文一斗，仓米售价要高一倍。所以开义仓，发平粜米名为公益善事，实则仍是盘剥贫民。（录自《成都水旱灾害志》，原载《简阳水利电力志》）

清光绪二十八年，四川"壬寅大旱"，"清廷度支部拨银三十万两予以赈济。但各州县赈济委员、局绅贪污中饱，饥民受惠者甚少"。（《绵阳市志·赈灾》）

[附]　　　**沥陈四川乱象请更换川督折（节录）**

[清] 高枬（山东道监察御史）

四川去冬今春皆缺雨，栽插不及十分之二。至四五月虽有小雨，不能补栽。米价陡贵，石米涨至十两以外。该督（奎俊）在川乃谓雨水调匀，粮价平易，且六七月间，省城外穷民食大户者，每处聚集二三千人，省内拉人勒赎之事，亦复时有所见。川西川南移家入城者纷纷在道。该督乃曰人心大定。此皆阿麟（成都知府）等巧为蒙蔽所至。

（录自民国《泸县志·艺文志》）

[备览] **江油、彰明两县合作筑堤**[①]：1902 年六月，江油、彰明两县交界处的老河口堤（彰属）、蒲花堤（江属）被洪水冲溃 240 余丈，堤下拱桥基址，冲刷殆尽，中坝（江属）、太平（彰属）一带悉成泽国，人民庐舍冲没无算。（按：两堤其实就是一堤，仅分段为二名，同灌中坝、太平二场农田。）

水退，议修筑水毁堤、桥。"两邑绅民，请分界各办。询其故，则以老河口筹费，向归彰明；蒲花堤筹费，向归江油也。"

两县的上司龙安府知府潘炳年表态："分界各办，费之丰啬不一，堤之良枯必不均。咫尺窳败，全堤瓦解。欲顾大局，非通力合作不可。至合作之费：江筹什之六，彰筹什之四，乃为持平。"

潘知府所言，得到两县赞同。于光绪二十八年十一月动工，至翌年五月竣工。"事蒇，访之舆论，金以为此堤若分畛域，功必不成；虽成，亦不固。于是，议去老河口、蒲花堤旧名，以此次所修之二百四十余丈，名为'公堤'，其桥即为'公桥'。此后公堤、公桥倘需修葺，仍照江六彰四之例，永作定章。金曰：如议。"（据署龙安府事、夔州府知府潘炳年撰《江彰公堤碑记》，见《四川历代水利名著汇释》）

1903 年

（光绪二十九年）

四川十七厅州县局部水患（时称"癸卯大水"）：光绪二十九年夏间，四川十七厅州县发生水患。

据清宫档案记载，署四川总督锡良 1904 年 1 月 2 日（二十九年十一月十五日）奏称："本年五六月间，绥定府属之东乡、城口、太平、达县，重庆府属之江北、巴县、合州、铜梁、定远，顺庆府属之南充、蓬州、岳池，保宁府属之南部、阆中、广元，嘉

---

① 此为封建时代跨行政区治水的一个范例。

定府属之乐山、峨眉等厅州县先后并罹水患。……其中又以合州被灾较重，而州城尤重于乡间。南充情亦相同，南部又为其次。其余则泛滥于滨江田庐，而城市幸犹无恙。"该折并称，"南充坍塌城垣率至四百余丈"。（《巴蜀灾情实录》67页）

嘉陵江复峰大洪水：清光绪二十九年五月三十至六月初七（1903年7月23日至31日），嘉陵江四川境内普降暴雨，雨区扩展到渠江干流和州河一带，形成了嘉陵江广元以下的一次复峰大洪水。据调查：亭子口"癸卯（1903）年大水，涨了三天才涨起来，淹至亭子口乡公所"。苍溪"……六月涨大水，……差一点淹西门水井，城门洞内的石梯淹完"。阆中"……水涨到华光楼内十字街口，南门的上新街，下新街有一半行船，水将要进南门。西门涨到护城濠口石堤顶下，差两尺就要漫堤了。下了六七天大雨，……水涨了又涨，四五天才涨到最高，五天后才落下去"。金银台"……六月初三开始涨，初五水封大门，初六开始退，初九才开渡，十一、十二才退还槽"。"……雨大如指头，下了很久。"南部"全城淹完了，衙门口淹了三步石梯"。北碚"……癸卯年大水比老庚午年大水小五尺"。《广元县志》："癸卯年大水，自西城入，南城出，人民受灾者十之三四。"《阆中县志》："……北门外已淹于护城桥，西门已入西匮阁，南门则冲进雍城至东北隅观音寺。"《南充县志》："六月初七、初八大水，西北城垣皆冲塌，城内西北隅水深三四尺，东南一二尺，漂没人畜、庐舍。"《合川县志》："六月初七日大水入城，六月初八日又大水，淹至州署大堂之侧门，至初十日方退，城街市倾倒，船横屋脊，泥腥四溢。"由于这次洪水的雨区大，除嘉陵江干流外，在白龙江、东河、西河、长滩寺河、酉溪河、三庙河、桥楼河、李子溪、太平河、安福河……支流以及渠江水系的一些支流上，都调查到1903年洪水。洪峰流量：亭子口24400立方米/秒，金银台27200立方米/秒，南充30400立方米/秒，李渡31400立方米/秒，烈面溪34800立方米/秒，武胜35400立方米/秒，北碚53300立方米/秒。（《嘉陵江志》94页）

川省水灾、火灾、时疫：夏秋暴雨，嘉陵江、岷江、沱江猛涨，成都、绥定（达县）、重庆、嘉定（乐山）等五府十八州县先后发生水灾。成都平原大水，城内水深一米，庄稼全毁；嘉陵江泛滥，合州（合川）城被淹，城内水深二米多，顺庆（南充）城墙部分倒塌；重庆大江上涨三十余米，许多地方被淹，溺死千人以上。

[备览] 1903年春，川省多地饥荒，成都亦然。候任官赵藩时寓居省城，作诗《雨中杂兴》，有句："锦城米价如潮涨，默念穷檐一饱难。"（《赵藩纪念文集》424页）

同年，泸州城内大火成灾，延烧竟夜，焚毁逾千户。

同年秋初，遂宁地区时疫大作，道路死尸横陈，有全家染疾不治者，死者数以百计，城乡谈疫色变，纷纷外迁。（《四川省志·大事纪述·上册》157页）

频年大旱，川西南各县及川北各地冬干夏旱，连续成灾。（民国《中江县志·丛残·祥异》）

长寿：三月八日正午，飞龙乡暴雨成灾，河水猛涨，老场大部被淹，水涨至禹王宫的菩萨脚下，菊家桥茶馆被冲毁。（民国《长寿县志·灾异》）

遂宁：大旱，去冬种豆麦未生，七月底栽苕无收。连年干旱面宽，春夏之间时疫大作，道僵相望，死亡枕藉。城内男女迁黔。灾民吃大户，从四面八方聚集遂城，四处觅食。城中大户惊惧，乃于东岳庙和镇江寺施粥，灾民久饥骤饱，死亡甚多。掩埋所先以板材掩埋，板材尽，以黄篾席裹，初一席一尸，后一席两尸，惨不忍睹。这就是有名的"壬寅癸卯大天干"。（《遂宁县志·自然灾害》）

洪雅：去年、今年连续特大干旱，种植面积不到全县耕地十分之一，民食树皮草根，逃荒者众。（《青衣江志》147页）

西充：连年大旱，"草根树皮，挖殆尽，流亡满目，饥殍载道，时达一年之久"。（《嘉陵江志》146页）官绅合办赈济，募款购米二万斤，按各场人口每月发赈两次，杯水车薪，无济于事。（《西充县志·救济》）

峨眉：五月大饥。六月大水。夏旱秋霖，收成歉薄。（宣统《峨眉续志·祥异志》）

[链接] **知县崔嘉勋赈灾**（1903年）

崔嘉勋，浙江嘉兴平湖人。癸卯春，捧檄来峨。适上年夏旱秋淋，收成歉薄，本年米价腾贵，每斗卖制钱至一千四百文，饿殍流离在道。公悯其状，传谕绅粮设法赈济，见久无成效，禀宪注发积谷二千石，设局平粜，续发一千三百石，开厂施粥。见民间抛弃子女，禀请赈捐局宪发给实收数百张，劝捐米麦杂粮，就地赈济。泪和墨滴，笔舌互用，局宪悯恻，准填二千金，拨入赈款，全活者何只百千万众。至五六月之交，大雨连朝，溪壑皆盈，山水暴涨，冲坏田园庐墓，溺毙牲畜人民，合属皆有，而青龙九里等场尤甚，淹没男妇老幼至二百数十名之多。公闻信，急先筹款数百钏，交绅前往分别赈抚、掩埋。随痛哭陈词，为民请命，督宪感其诚，准于嘉郡蝥金项下拨款二千两，同新任萧公，查明分别散赈。其他实心实政，遗爱在民，犹未一二更仆数。三峨士民，何幸而得此良有司矣！

（宣统《峨眉续志·官师·政绩》）

万源：五月初五夜大水从东门入，深数尺，淹死人畜甚众，冲毁房屋无数。（民国《万源县志·史事门·祥异》）

武胜：五月嘉陵江水涨十余丈，田禾尽淹，民房漂没。（《巴蜀灾情实录》309页）大水淹至"天地君亲师"神位的"地"字，推算其高程为236.67米。（《四川城市水灾史》221页）

乐山：六月初一二日，临江河水涨二三丈，漂没一百余家。（民国《乐山县志·祥异》）

合川：六月七日大水入城，至州署大堂后之侧门，街市倾倒，船横屋脊，三日乃退，田土房屋均被冲塌，并淹毙人口千余。（民国《新修合川县志·余编·祥异》）推算水位224.3米，洪水高度38.3米。（《合川县志·自然灾害》）

[链接] **合州举人易显珩等赴京师都察院呈文详报合州水灾情形**：1903年，四川合州举人易显珩等人赴京师都察院递交呈文，详述合州水灾情形："六月初六、七两日，嘉陵江上游突发蛟水，沿河两岸冲刷田土及稻粱菽藜无算。初八日正午，泛涨入城，湍波悍流，势如倒峡翻江。城外居民数千余户漂没净尽，冲去人民不可胜计。水入城后，涨尤迅速，淹至州署。查州署系在山腰，仅余仓廒一角未淹，余皆一片汪洋，顿成泽国，凡绅商财产货物俱抢护不及，淹失约值数百万金。至于当时房屋倒塌人民呼号之

声，尤属悲惨不可名状。……其有救援不及人力难施者，约溺毙数千余丁口。至于沿河被冲灭者，亦数千余人。迨初十日夜，水方退出城外，城中三日熄灭烟火，饿毙亦复不少。诚数百年未有之奇灾也。……窃合州为众流所汇，遇此大水，顿成巨灾，至合州上游，如顺庆之南充，应亦不堪设想。"（《巴蜀灾情实录》67—68页）

南充：六月初七日大水，西北城垣皆冲塌，城内西北隅水深三四尺（最高水位约227.14米），东南一二尺，漂毁人物庐舍，城中街衢半为泽国，淹死人口200余，沿河稻谷、玉米被水冲坏，城内仓储、居民家中粮食也被一扫而光，此次水灾较前壬寅（1902）之水尤为巨也。邑人李承之在重庆募巨款，运回赈恤。（民国《新修南充县志·掌故志·祥异》）水退后，饥饿、瘟疫继之，霍乱、痢疾、疟疾流行，死者达2000人以上。（张恢先、林干成《南充癸卯大水与丙子、丁丑旱灾纪实》，载《四川文史资料集粹·第6辑》）

光绪癸卯（1903）大水，渝城善士筹金赈济。（民国《南充县志·赈务》）

南充李渡姑娘侯君华出嫁，突遇嘉陵江洪水，致运于途中的嫁妆全被冲走，喜事遂失喜气。（《四川水旱灾害》83页）

［链接］**南充洪水、疟病，知县革职**：7月30日，嘉陵江洪水暴涨。洪峰流量达30400立方米/秒，最高水位227.14米。"城中街巷半为泽国"，"城内西北隅水深三四尺，东南一二尺"，县城居民淹死200余人。洪水退后，疟病流行，死2000余人。次年春旱接伏旱，农作物颗粒无收，南充县令叶桂年以"道殣相望，漠不关心"罪名被革职。邑人李承之到重庆向社会各界募得巨款，赈济灾民。（民国《南充县志·民政·灾害救济》）

武胜：六月上旬，嘉陵江水涨高十余丈，县城水位净涨25.19米，为历史上第二大洪水。（《嘉陵江志》118页）

蓬安：水灾。县属斜溪镇泉沱岩观音庙石壁上刻字："（光绪）二十九年癸卯夏六月初六日夜，洪水大灾，水进王爷庙，各省洪水淹死人民无数。"（《四川城市水灾史》230页）

苍溪：大水入城。亭子口水文站记载：洪枯差为24米。（《嘉陵江志》105页）

重庆：嘉陵江大水。据受访老人（居北碚嘉陵江右岸）言：癸卯年（1903）大水比庚午年（1870）水低五尺。水涨两天一夜，上涨立水十丈，定了三天，落了五天。据其所示水痕位置，洪水高程为211.48米。（《四川城市水灾史》288页）

阆中：六月初五日，水灾，保宁镇水位为361.63米，洪枯水位差12.6米。（《嘉陵江志》111页）北门淹至护城桥，西门入石匮阁，南门冲瓮城。五、八区之荀溪河、石滩口各场，水与住房檐齐。咸丰、同治以后以此为巨。（民国《阆中县志·事纪》）

荥经：七月朔大水。秋霖。（民国《荥经县志·祥异》）

峨边：大水，野牛河冲去铁索桥一道。拨赈济余银修造，未竣又被水冲。（民国《峨边县志·祥异》）

马边：秋，马边河水暴涨，沿岸受灾。（《川灾年表》）

达县：州河大水，河边街房淹没，城西关圣庙前水溢，城堞石上系船。（民国《达县志》）府城南门口水位达海拔285.75米。（《达州市志·大事记》）

夹江：大水自西城入南城出，人民受灾者十之三四。城乡士绅领积谷办理平粜，又设施粥厂。（民国《夹江县志·外纪志·祥异》）

灌县：岁饥，县令杨锡澍设粥厂赈济，多所全活。民为之建遗爱坊。（民国《灌县志·事纪》）

涪陵：秋，长江大水，涨至小东门城墙脚，较庚午水位低丈余。（《涪陵市志》）

广元：大水。（民国《重修广元县志稿·杂志·天灾》）

旺苍：大水。（《旺苍县志·大事记》）

三台：**邹知县救大荒，八阅月见大效**：连年旱荒，涪江复盛涨，坏民田庐，大批饥民被匪裹挟。三台知县邹耿光在肃清匪患同时，向上司陈报"饥实萌乱，赈宜急"。于是稽审灾户，赈粜并行。合太后颁帑、大府拨款及劝募之金，共用银七万余两，而赈事告竣。同时，应县情民意，采取以工代赈，修复已废百余年之永城堰，饥民七八千人踊跃上工地，"妇孺皆助运负。用钱一万一千缗，共五十日毕工。埝成凡六十五里，溉田越三万四千亩。自是田稻恣肥，不忧旱涝，田价比昔增数倍。自公（邹）任事八阅月，匪乱初平，赈务堰工并时而举。众请立生祠于堰侧，公立止之。"（民国《三台县志·官师·治绩》）

［链接］

募赈三台县疏

［清］邹耿光（县令）

自古水旱灾沴，国无盛衰皆有之。《春秋》书无麦禾，纪其事，以见当时君若相之所以补救，故有灾巨民不创者。去古近先王救荒之政，与先民相周相保之谊，持守未替，民生其时之大幸也。逮秦汉后，始有某郡县旱民至相食之事。为之上者虽恻然于心，卒不能稍慰其呼吁，运会陵夷，阜康斯民无其术，而又不早为之所，世变之所以深也。蜀故山国，潼处蜀之北隅，万山盘互，附郭三台山尤峻，稻之所产无平原广陆，土人堤溪浚深，潴水灌溉所谓沟田者，占地不过二十分之一。民齿日增，虽丰岁尚有饥者。今既仍岁大旱，涪水复盛涨，坏民田庐，而红巾蹂躏于夏秋之交，民生蹙矣。忆秋初，道出武都，见扶老褓幼流离道左，询之，多系县民就食汉南间，出资周恤；闻由他道徙滇黔者，较此尤众。嘻，不有以救之，县将无民矣！皇太后轸念灾区，发白金三十万两以赈蜀民，县应领七千五百两。适某以九月承任是邑，前所怆然于心者，令则吾之民矣。特倡捐俸金五百两以辅恩款。而计冬春两赈，配口匀发，其所济尚微，不得不求之仁人君子以匡不逮。一行作吏，凡我同好，苍生道济，期勉于凤昔，耿耿素心，斯言不远，承泛舟之惠，使菲材得广皇仁，以稍塞民牧之责，实窃寐所铭镂者也。至县中裕绅华族，往日山左右、湖南北水旱诸赈，稽之旧册，动捐巨资，以隆恤邻之义，夫葡萄以救乡邻，则同室可知也。今之颠连无告者，非宗亲属戚，即枌榆谊分。聚财者祸之媒，而富者贫之母，橐金裹粮，远适异地，不如厚乡间以守庐墓之安也；移资据险，闭粜自阜，终不免于焚掠。与有无相通，欢然道故旧，而人人为之保者，得与失，非可以道里计也。某待罪斯土，与县人士关休戚、共忧乐，亮此区区，翼余以成此美，是犹所深望者。凡出若干册，将以仲冬始事，慷慨相助以速为请，虽救荒无善策，行吾力之所能为。丁兹世难，告无罪于斯民，以奉扬国家子惠元元之德，而播诸君子之惠，则微志所成耳。

（民国《三台县志·艺文》）

筠连：旱。（民国《筠连县志·纪要》）

中江：频年大旱。（民国《中江县志·祥异》）

北川：六月，天降大雨，河水陡涨数十丈，水淹至城脚，桥首街概被水淹，登云桥、漩坪索桥尽行冲毁，山川为之一变，人民、房屋、牲畜被水漂没者不可胜计。（民国《北川县志·杂异》）

内江：七月六日，火毁谯楼，邑令毛筹款重修。（光绪《内江县志·杂事志·祥异》）

峨边：金口河火烧上街民户数十家。（民国《峨边县志·祥异》）

绵阳：麦谷歉收。岁大饥，善士吴朝聘奉委为筹赈局总办，请发仓谷若干石，并募赈款三万七千余缗，分别散发州中灾黎；富绅吴开运捐银一千两助赈，城乡绅户亦合助款三万金赈粜，历数月之久，存活无算。（民国《绵阳县志·人物·行谊》）

［善榜］**内江**：春夏饥，斗米千五百钱，邑令毛筹款募资，集万余缗，遍境择赈。（光绪《内江县志·杂事志·祥异》）

［善榜］**眉山高知县赈饥**：大饥。知县高增爵劝募富绅出资散赈，得巨款，分配各市镇设粜局、兴粥厂；不足，又捐廉资助。西山地瘠薄，被灾尤甚，增爵亲赴调查户口，分等赈粜；躬御粗粝，示民同苦，阅两月不稍懈，所活无算。（民国《眉山县志·职官》）

［善榜］**忠州任国铨管仓谷救灾，颗粒归公**：清末孝廉任国铨"居乡村，三遇旱荒，皆请开仓平粜，分设赈局，全活以万计。新谷熟，民踊跃还仓，余存供其他善举，无颗粒不在于公"。（民国《忠县志·金石志·清孝廉任国铨墓表》）

［善榜］**达县义妇捐赈**：1903年北方五省旱灾，达县义妇张氏、孙氏率儿孙捐银七百两，以助赈灾。（民国《达县志·列女》）

1904 年

（光绪三十年）

1904年，四川洪水地跨雅砻江、大渡河、白龙江及黄河水系。（《四川省志·水利志》57页）

四川发生"甲辰大旱"：夏，四川全省遭受严重大旱，史称"甲辰大旱"。保宁（今阆中）、潼川（今三台）、顺庆（今南充）、绥定（今达县）、重庆、夔州（今奉节）六府，资州（今资中）、泸州二州共六十余州县持续大旱。（《四川省志·大事纪述·上册》165-166页）

署四川总督锡良8月5日（六月二十四日）奏："本年春间各属雨水不甚调匀，豆麦已多歉薄。迨四月起正播谷种苕之际，川东北之夔州、绥定、重庆、顺庆、保宁、潼川六府，资、泸二州所属，愆阳连月，郊原坼裂，草木焦卷。已种者，谷则萎败不实，苕则藤蔓不生，田畴荒涸过多，几有赤地千里之状。乡民奔走十数里以求勺水，往往蔬蔌悉绝，阖门待毙。初犹望雨至尚能挽救，今则夔属有降膏泽者，下游收获较早，补种亦无及矣。

丁（西）、壬（寅）被灾仅二三十州县……此次八府州所属计六十一州县，其中虽有城口厅、剑州等处较轻，又有与之毗连如忠州及所属之梁山、垫江，叙州府属之富顺、隆昌等县并罹旱暵。尤难者，前次偏灾，蕃阜之区不过一二，此次乃全蜀菁华之地如重庆，如资、泸均自顾弗遑，何能劝其分惠川北。各属纷环迫诉，更以前灾元气未复，竟欲全恃官赈。凡此皆在前两次所未有。访询川省，盖又数十年所未见也。"文中丁西为1897年，壬寅为1902年，此两年旱灾虽重，但本年灾情则更有过之，不仅灾区甚广，且多系"菁华之地"。据称，此次特大干旱，受灾面积"五十九州县，灾民二百万"，清廷筹拨赈款"二百九十二万七千七百九十两"。（《近代中国灾荒纪年》705-706页）

川西北发生罕见洪水：1904年7月中旬，在青藏高原东侧青海东部、甘肃南部、四川西北部等地区，降了一场持续5~7天的大雨或暴雨，雨区范围很广，包括西宁、兰州一线以南，天水、成都以西，澜沧江以北地区约54.4万平方公里。使黄河上游、渭河上游、嘉陵江支流西汉水和白龙江、大渡河及其支流青衣江以及雅砻江上游等河流，发生一场近百年来罕见的大洪水。这是一场由大面积、长历时暴雨形成的跨流域的大洪水，黄河上游以及长江上游的大渡河、雅砻江发生了百年或超过百年一遇的特大洪水。（《巴蜀灾情实录》68页）

岷江大水，都江堰灌区水旱。大邑邛江大水：六月岷江大水，灌县、郫县、温江、双流、崇庆堤堰冲决，田亩受淹减产。外江黑石、龙安、白马诸河堰口冲淤断流，灌区田禾受旱成灾。

《清宫档案·锡良遗稿》："光绪三十年夏，岷、沱来源会发，上涨浸溢，内江九州县田亩几遭淹没。旋因水力迅猛，由人字堤冲裂数十丈，湃入外江。于是崇庆、温江、双流等县全罹水灾，冲刷田庐无算。"

大邑邛江虎跳河段洪水石刻"甲辰五月二十七日涨大水"。甲辰，光绪三十年五月二十七日，合公元1904年7月10日。（《成都水旱灾害志》230页）

道孚地震：1904年8月30日9时42分（光绪三十年七月二十日酉时），道孚7级地震，震中烈度9度。道孚角洛汛一带，上至将军梁子，下至松林口约二百里地带，居民房屋多被震倒。道孚街场倾坍八十余家，死三十余人；灵雀寺大殿倒塌，中殿偏斜，僧屋六百余间倾坍五百余间，压毙喇嘛一百余人。孔色土司官寨倾倒，压死头人、差民十四人。麻孜土司居寨倒焚，死一人。角洛汛署倒塌，所管四乡压毙二百余人。炉霍土司朽旧寨址侧裂。康定、丹巴、甘孜等地同时受震。（《四川省志·大事纪述·上册》166页）

渠县流行大疫，十万人众丧生：四月大旱，延至六月十九日始得雨一次。稻黍悉槁萎，六畜渴毙者众。民采树皮及草根以救饥，道殍相望。（民国《渠县志》）渠县霍乱痢疾流行，约十万人死亡。由于来不及做棺材，只得挖"万人坑"安埋。（《达州市志·大事记》）

忠县：仲春，江暴涨，赶复兴场集市的男女七十余人，船翻被溺死。（民国《忠县乡土志》）大旱，秋收仅二成。（《忠县志·自然灾害》）

长寿：三月八日午时，狂风所过，瓦桷飞扬，房屋倒塌。（民国《长寿县志·灾异》）

广安：三月十五，雨雹，如鹅卵。秋收歉。大旱，五月不雨至立秋，谷收三成。秋又淫雨，大饥。（民国《广安州新志·祥异志》）

达县：夏旱严重。（民国《达县志·杂录》）夏大旱至 6 月 19 日，四十八天无雨，田土龟裂，禾苗枯萎；人畜渴毙者众。后四十八天多阵雨，禾苗复苏，收成较好。（《达州市志·大事记》）

开江：三十年（1904）夏，四十八天无雨，田土龟裂，禾苗枯焦，有的焚苗改种。后连降雷阵雨四十八次，未被烧的禾苑复苏，收成较好。（《开江县志·大事记》）

渠县：四月大旱，延六月十九日始得雨一次，稻黍悉槁萎，六畜渴毙者众，民至采树皮、草根以救饥，道殍相望。及秋八月，淫雨为灾，延绵月余。（民国《渠县志·别录·祥异志》）

大竹：夏旱六十日。（民国《续修大竹县志·祥异志》）

[善榜] 善士蒋全泰：光绪丙申（1896）、甲辰（1904），大竹岁凶。蒋全泰受赈局委托，往来渠江贩米，经营粥厂，懋著勤劳。事后，坚辞优奖不受，复约同志，各出五十金，成立乐善会，购置田业，作年荒济贫之用。（民国《大竹县志·人物志·卓行》）

梁平：夏旱四十日。（《梁平县志·大事记》）

巴中：夏大旱。（民国《巴中县志·第 4 编·志余·述异》）

蓬溪：夏旱，谷不登，野有饿殍。邑人黄茂桂发仓储粜村市，全活甚众。（民国《蓬安县志·人物列传》）

峨眉：旱，米价腾贵，斗米一千四百文，饿殍载道。（宣统《峨眉新志·祥异志》）

南充：夏大旱，禾稼枯焦，秋得雨始苏，雨后复旱以致颗粒无收，道路死亡枕藉。六月初五嘉陵江上游山洪暴发，再加一天两夜大雨，全城被淹，最深街道达五公尺。大饥。（民国《新修南充县志·掌故志·祥异》）

三台：田畴干涸，赤地千里，灾民离乡背井。邑人侯玉金乐善重义，遇大旱多次皆先自捐而后劝人捐；赈灾伙食用费不立公账，或谓用款后报销，侯慨然曰："乌有用人性命钱，为我口食费耶！"（民国《三台县志·忠义》）

旺苍：大旱，少壮者流出觅食，老弱者死于沟壑。（《旺苍县志·大事记》）

万县：县大旱，千里尽赤，人相食，大吏发赈银从湖南转运赈灾谷 5200 袋至万县。（《万县志·大事记》）

平昌：五月初至六月中旬滴雨不降，田禾半枯，米价较常年高数倍。（《平昌县志·自然地理·特殊天气》）

开县：大旱四十八天。清江河水断流。民食神仙米（观音泥）。（《开县志·自然灾害》）

涪陵：旱灾严重，田禾歉收。（《涪陵市志·大事记》）

西充：天旱，知县刘鸿烈忤民意，擅开屠宰，乡民集于县衙责刘。刘知县令皂隶杖击驱赶，打死踏毙男女老幼十七人。西充士绅联名向顺庆府状告，朝廷将刘鸿烈革职，遣戍新疆。（《四川省志·人物志·罗纶传》）

叙永：六月十五日墩子场大水，全场庐舍漂没殆尽，人民淹毙二百余。为叙永未有之奇灾。（光绪《续修叙永、永宁厅县合志·杂类·祥异》）

崇庆申知县捐金修坚堤：六月大水，外江盛涨，黑石、羊马两河均被水患，崇、灌等处堰堤多被冲决。知县申辚捐俸八百金并募资修坚堤，平复"九角笼"决口，使羊马、金马河诸水畅流。民称之为"申公堤"。十一月，以水灾，蠲东北境三十一年（1905）捐输；灾民三百零二户，以积谷一百四十石恤之。（民国《崇庆县志·蠲政》）

[链接]　　　　　　　　　　　　　　　申公堤记

申辚，字声之，山西高平优贡生。清光绪癸卯（1903），由温令调权崇。为政不务赫赫名，惟求事之有益民生者，实心行之，民隐被其惠而不知。在官翌年夏，黑石河决，水涸，近河农田岌岌，势将不获播种。辚冒盛暑督工疏浚上流，岁以有秋。逮冬，益谋度要害、固堤防，为经久计。盖江自灌南流而下，势甚骏驶，川督丁文诚昔尝作堤以障之，年久冲啮，土人名其决口曰九角笼，凡数里，宜捍以坚堤，俾导水而东，入新开河，不更南为黑石患，则羊马、金马诸水一剂于平。辚综厥所费，取诸公不能给，捐清俸八百金以足之，绩用底成。民称之为申公堤云。

（民国《崇庆县志·秩官》）

乐山：六月铜河（大渡河）一带大水，上下数十沙洲俱遭淹没，人民于高处架木为巢，幸逃性命，然断绝烟火者七日。地方绅首详请派员查勘属实，由知县事马养斋略加抚恤。（民国《乐山县志·祥异》）

宝兴：七月，全县各沟皆涨水，西河变宽变深，冲走沿河大部民宅，淹死数人。（《青衣江志》133页）

温江：洪水为患，农田房屋多有冲毁。（民国《温江县志·事纪》）

犍为：夏，铜河大水进城。（民国《犍为县志·杂志·事纪》）

云阳：七月，连降暴雨，河岸崩溃，毁房屋、田地无数。澎溪河猫爪子右侧大滑坡。（《云阳县志·大事记》）

威远：秋，河水泛滥，损民房，伤禾稼。（民国《内江县志·祥异》）

峨边：铜江（大渡河）水涨，沙坪八日不开渡，两岸房屋均被水冲毁，禾稼尽伤。（民国《峨边县志·祥异》）

金口河下街火烧数十户。五月，附城火，延烧入城，被灾十多户。（民国《峨边县志·祥异》）

奉节：天灾饥荒，知县侯昌镇开仓赈济，民赖以安。邑名士毛子献赞他"汲黯开仓重爱民"，"虽苦年荒犹见春"。（《奉节县志·人物》）

[附]**川督锡良派官整修都江堰**：夏，岷沱来源会发盛涨，都江堰外江水漫溢内江，九州县田亩几遭淹没。旋因水力迅猛，由人字堤冲裂数十丈，湃入外江，崇庆、温江、双流等县，全罹水灾，冲刷田庐无算。川督锡良查都江堰年久失修、坏损处较多，恐来年江水骤发，滋生大患，遂饬藩司许函度妥筹办法，并札成绵道沈秉堃督同署成都知府事增爵等，驰往各处，逐段勘查。查明内中外三江堰口堤埂，损坏淤塞三四十处。锡良即饬各州县劝集捐款，分段承修。（《四川省志·大事纪述·上册》165页）

[链接]七月戊子，发内帑十万赈四川水旱灾。（《清史稿·卷24·德宗本纪》）

[附]

水灾八首

佚名

其一

四面洪涛一望同，混茫不辨亩南东。
奇灾泽洞怀襄后，大雨昆阳战关中。
沉陆难回龙汉劫，安流应念鳖灵功。
田禾漂没知多少，共卜明年米价丰。

其二

万壑千溪注一川，惊湍横击石俱穿。
岂今元会将消地，从古梁州是漏天。
未雨防疏财是惜，其鱼祸大蔓谁延。
不知内外堤全坏，几许金钱始得填。

其三

军声十万夜汹汹，难遣钱王弩卒攻。
近岸人家张破败，掀天水势李横冲。
荒寒泽畔无嗷雁，零落江边有断虹。
最是临流凄绝处，纷纷白骨浪花中。

其四

才免兵荒又水荒，斯民何罪竟难偿。
虫沙再劫归流落，锋镝余生堕渺茫。
饥溺关心谁禹稷，变迁弹指几沧桑。
捍灾固是河堤吏，尤望闾阎积善禳。

其五

一河开作几条河，历历烟村付逝波。
市远鱼儿随涨入，宵深龙伯列灯过。
人骑破屋饥号断，鬼积哀邱裸葬多。
纵获余生无着处，此番应得免催科。

其六

昔凿离堆溉数州，关鸡台下判鸿沟。
源通一勺穿羊膊，派衍双渠出虎头。
蛇笼岁常縻帑费，鹈居今半没河流。
大江东去知何似，地势兹犹近上游。

其七

建瓴而下势难平，太息中流柱已倾。
功柱镕金成二丑，祸将灭火正三更。
鱼兔国险常忧水，蛟蜃涛腥渐薄城。
愧我望洋徒一叹，回澜无计拯苍生。

其八

薄有先畴早荡然，数椽何惜付沦涟。

名如邹湛沉千古，身学张融寄一船。

聊为墙颓编棘护，且随屋漏徙床眠。

独愁江上松楸近，魂断涛声落枕边。

（光绪《增修崇庆州志·艺文》）

[备览] **峨眉知县祈雨驱黑虫**

黄毓奎，湖北松滋县人，由拔贡朝考知县，分发四川，补授峨眉。到任数年，时若雨旸，绥丰履庆，地方亦安堵无事。惟北路黑虫伤稼。初仅一二处，次年蔓延浸广，渐至大西南坝，所在多有。士民骇异，禀请县主查勘。其虫即生秧内，状如葵子，壳坚色黑，有翅能飞，尾脊上现三毫，捉之刺手。日出，则游行叶上，十百为群。日入，则仍聚秧心。凡虫所蚀处，必有黑点，苗程即由黑点折断。《诗》所云蟊贼之贼，即此虫矣。公默察良久，以薅兹丑类，虽为民物害，而诛不胜诛，实非人力所能除。遂择吉建醮，竭诚祈祷，旦晚拈香，为民请命。值祀天之际，风雨雷霆大作，势若倾盆，田间沟浍皆盈，波涌澜翻，黑虫随水尽去，三乡士民额手称庆。非公一诚有感，曷克至此哉！吁天人相应，理固不爽矣。

（宣统《峨眉续志·官师志·政绩》）

1905 年

（光绪三十一年）

1905 **年，是长江干流特大洪水年。**

这次暴雨历时长，雨区主要在金沙江中游、下游及宜宾至重庆长江干流区间。岷江、沱江、涪江流域也有较大降雨。

洪水灾害主要在四川境内沿河城镇。宜宾、南溪、江安、纳溪、泸州、合江、江津、重庆等城镇水灾较严重，"田禾庐舍漂没无算"。泸州城被淹，"城内水深丈余，漂没商民之财物不可胜计"。（《巴蜀灾情实录》69 页）

川东洪水：七月以来，迭接叙州、泸州、重庆、夔州、南溪、江安、合江、江津、江北、长寿、酆都、万县、云阳等府、厅、州、县电称：八、九、十一、十二等日，均因上游雨泽过甚，大江暴涨，滨河城市、田庐多遭漫溢冲毁无算，叙州、泸州之金、沱两江，同时并发，故其水尤大，顷刻涨至十余丈，城市内亦深丈余，幸在白昼，……淹毙人口尚少，而漂没商民之财货、畜物不可胜计。泸人以其灾为道光丁未以来所未见。该县对河小市，历建裕济仓，滇、黔官运局购存富厂盐斤，以备转运，历次水未淹及，今则全仓被淹。

金、嘉、岷、沱诸河……自道光二十七年（1847），咸丰二年（1852）、同治九年（1870）三次水灾而后，迄今数十余年，此患实所罕见。忽今年初秋，大雨、山溜暴发，诸川并涨，潮头高二十丈，自嘉定下至夔府，沿江数十州、县，城内水深数丈，滨江场镇、田地、房屋，洪波荡洗，半付东流，淹没人口，可查者数逾万，被灾之户十余万，损坏商民座业千余户。外江如此，内河尚不可知……大江暴涨，冲刷城市、田庐无算，淹没商民财、畜、货物不可胜计，实为道光丁未（1847）后所未有等语。……均云：此次大灾极广。……四川自光绪二十二、二十八、三十等年遭大旱，……三次旱灾又以近二年为最，赤地千里，颗粒无收……民命未苏，兹复茫茫，浩劫巨浸为灾。（《历史洪水资料汇编·军仓奏折》）

部分地区雹灾、水灾：春夏，四川部分地区发生雹灾、水灾。4月19日（三月十五日），广安州发生雹灾，冰雹大如鹅卵，击伤人畜，井溪和戴市尤甚，秋收大歉。8月（七月），南溪县发生水灾，大水几乎淹没市区二分之一，田禾庐舍漂没无数。长江上游连日大雨，江水猛涨，重庆水位上升36米，沿江许多地方被淹，居民淹死千人以上。洪水以后，物价暴涨，商界出现倒闭之风。

当年全省夏熟歉收共92厅州县，最严重的歉收地区：城口厅仅二分有余，越西等8厅州县仅三分，广元等3县仅三分有余。稍轻的歉收地区：华阳等30厅州县仅四分，大足等13厅州县仅四分有余，郫县等37厅州县仅五分收成。

全省秋禾有长寿、荣昌、綦江、新津等51厅州县歉收。（《四川省志·大事纪述·上册》175页）

8月（七月），四川东北部滨江州县遭水灾；打箭炉等处继上年地震之后又震，并有雹灾：四川总督锡良于翌年7月24日（六月初四）追叙川东北滨江州县灾情时称："光绪三十年甲辰，川东北各属夏旱告灾，秋淫继虐。次年七月，滨江州县复被洪流漫溢，荡析室庐。而打箭炉厅等处复有地震、雹伤等事。……其应办赈粜者五十九厅州县之多，复之被水患等三十五厅州县犹不在内。"（《中国灾荒纪年》714页）

崇庆：正月大雨雹。十二月江源镇大火。（民国《崇庆县志·事纪》）

遂宁：春，安居镇大雨雹，形如鸡卵，所过山粮迅扫而空，横铺十余里，行客趋避不及间至击毙。七月高升乡亦大雹，并大疫，有一家死数人者。（民国《遂宁县志·杂记》）

广安：三月十五日大雨雹，大如鸡卵，伤人、牛，秋收大歉，州停科考。复旱。（民国《广安州新志·灾异志》）

北川：三月二十五日大雨雹。（民国《绵阳县志·杂异·祥异》）

宜宾：农历七月七日夜，岷江、金沙江同时大涨，市区一片汪洋，冲毁民居，溺死居民客商无数，商货损失至巨。至1959年冬，长江水利委员会水文站算出此次大水合江门洪峰水位为284.99米。（王圣民《宜宾三次大水记》，载《四川文史资料集粹·第6辑》）洪水淹至县城西门文星街口、东门合江街口，北门洞子口被水封洞。柏溪场水淹至火神楼墙基。（《宜宾县志·自然灾害》）

三台：七月连日大雨，山洪暴发，山崩，压死冷姓全家。（《清代二百五十年洪灾资料》）

永川：七月九日洪水。根据菜园坝酒厂墙上题字"乙巳年七月初九夜水涨至此"测算，洪水高程当在217.69米至218.16米之间。（《四川城市水灾史》283页）

合江：七月九日江水陡涨，县城北门没水者五尺，南门城上游人可濯足，越三日始平，民房禾稼损失无数。（民国《合江县志·杂纪篇·纪异》）

南溪：七月九日，大水没城几半，居民涉逃高阜，田禾庐舍漂没无算。（民国《南溪县志·杂纪·纪异》）

江津：七月十一日长江涨水，洪水由北固门入县城，板桥街架木行人，其水直达菱角塘、杨嗣桥，民房多倾圮。（《江津县志·自然灾害》）

泸县：秋七月八日夜，大水入城，至三牌坊街，为清代水之最大者。（民国《泸县志·杂志·祥异》）

重庆、巴县：七月十日大水。死亡上千人，致物价上涨，商界倒闭。（《重庆市志·大事记》）巴大饥，张九章奉命南来督办赈务。（《南部乡土志稿》，《嘉陵江志》140页）

涪陵、武隆：秋大水，江水涨至小东门城脚，较1870年小丈余。（民国《涪陵县志·杂编》）

江安：秋七月，大水成灾。（民国《江安县志·灾异》）

纳溪：七月十日，大水涨至浦灏王爷庙，有记。（民国《纳溪县志·祥异》）

忠县：七月十一日，大水涨至老街口水府宫神座前。（《忠县志·大事记》）

酆都：秋，长江特大洪水，据县城郊洪痕测定，洪水位为155.07米。（《酆都县志·自然灾害》）

长寿：长江特大洪水，长寿段水位180.31米，历史罕见。（《长寿县志·自然灾害》）

眉山：大水，冲毁李善桥。（民国《眉山县志·杂记》）

万源：大旱，知县朱远绶祈雨颇诚，幸未成灾。刘缘庆聚饥民数百在较场齐集，欲掳富户，朱痛惩之，乱萌戢息。（民国《万源县志·史事门·大事》）

南充：复旱，春大饥。民众食草，死亡甚众。（民国《新修南充县志·掌故志·祥异》）乙巳春大饥，人多殍，邑东金城山一带，人食草者十家而八。知县未以灾上闻。次年正月，同人乃举邑绅李金铿赴省筹赈局，请得赈银六万两赈救。由筹赈总局交教谕骆腾焕督办。邑民稍苏。渝中善士送来救饥药五十担、银子数千两，易为钱，同药托西充王搢按灾户散之，人赖以苏，药亦有效，其方即古休粮方也。（民国《新修南充县志·掌故志·要录》）

初夏，以南充公款买牛八十头，贷于金城山麓居民，因灾重时牛被食且被盗也。渝中义赈购买黄豆、绿豆、苞谷种至，并给与之贷本，作三次偿官，丙午秋季毕。（民国《南充县志·灾赈》）

苍溪：旱，民饥荒。（民国《苍溪县志·杂异志》）

巴中：巴中县饥，知县武乃愚总核城乡仓谷，追侵蚀，半存半秏，并请大府准拨捐输赈之。（民国《巴中县志·蠲赈》）

绵阳：光绪、宣统之际，虫蚀柏叶，为先年所无。（民国《绵阳县志·杂异·祥异》）

雅安：五月，抄癫巴石覆舟，溺死九十余人。（民国《雅安县志·灾祥志》）

丹棱：县北唐坡有一宅居于坡上，六月某日傍晚，滂沱大作，宅忽崩裂，随土塌陷。（民国《丹棱县志·杂事志·灾祥》）

内江：正月十二日，火毁谯楼。（光绪《内江县志·杂事志·祥异》）

峨边：永安场火，沿街尽毁。通判谢鹄显捐廉赈济。（民国《峨边县志·祥异》）

自贡地震：11月8日至27日间，自流井周围约300里地区地震十多次。贡井地区大多数房屋瓦片、墙壁倾落，少数人受伤。距自流井110里的陈家沟一座小山受震坍塌，压毙13人。（《四川省志·地震志》70页）

[善榜] **大竹曹、段县令办赈**：光绪三十年夏旱成灾，秋收歉薄，贫民日食维艰。知县曹钟彝禀准开办赈粜。十二月城乡一律开局，十日发极贫赈米一次，每口一升四合；五日发次贫粜米一次，每口一升，小口均各减半，粜价由六十八减至六十。计发赈十一次，去赈米市斗二千八百六十余石；发粜十七次，去粜米一万三千五百余石。次年四月撤局。除提社、积、义仓银谷及前二十三年（1897）办赈余款外，计领帑金八百两，本府及丁委拨款五千两，截留赈捐、塔捐三千余两，动用盐款及劝募绅富共三万余两。赈粜办竣，所剩谷米及粜入银钱，随即填还前动各仓，并新建仓二十余廒，添贮谷三千五百余石。奉川督锡（良）批，有"非官绅实事求是不克有此，深用嘉慰"等语。又，赈粜开办以前，遗弃婴孩往往而有，育婴堂岁有常额，不能多养。时绅耆曾措款设一恤婴会，在城禹庙开办，不立堂，不收养，不雇乳媪，查有婴孩实难自养者，准报名觅保，由会月给米四升。十月开办，次年五月停止，共赈八次，婴孩多赖全活。（民国《大竹县志·职官志·政绩》）

段荣嘉，云南昆明举人。光绪三十二年由盐局劳资委署，清慎勤明器局开展。时前任曹钟彝办赈未竟，因病解职，公为清理报销，并筹办善后。以仓储散在各乡，亏耗堪虞，议提全县积、社并归城局，名曰济余局。督绅以赈粜余款，买填京斗积、社、济谷数千石；复以填仓余款，买市斗谷一千余石，名曰济余仓。荣嘉并准以向归官管之社、义各谷京斗二千余石，一并归局掌管。时局仓贮谷万余石，足为凶年饥黎养命之源。（民国《大竹县志·职官志·政绩》）

[附]   **捐谷赈济碑记**

[清] 吴骙（大竹知县）

晁令曰：人情一日不再食，则饥。食者民之天，固司牧所宜留意者。竹邑三山两嶂，地沃民殷，素称乐土。自戊戌（1898）元旱，己亥（1899）米贵，而民始有鲜食之患。前令张公设厂施粥，存活虽众而死者辄道路相望，闻之恻然。余自壬寅（1902）下车，雨旸时若，屡获丰收，幸与吾民相安于无事。乙巳（1905），旱魃复见，粒米如珠，市价日贵，几与戊戌、己亥等。窃以为忧，谋之县尉蔡君，爰召绅民而告之曰：邑中社仓本以接济贫民，每年出借必问粮之有无，转似为富民而设，今详请各宪，将收每年出借谷石借给尔等，陆续施赈。俟明秋丰收还仓，如何？佥曰：唯唯。由是，首捐廉俸，克期举行。而各乡闻风兴起，踊跃争先，不崇朝而输谷万余石。因思奄奄待毙之民，仆仆往来冒寒露宿，日食一飧，能免于死者亦几希矣！于是略为变通，以米易粥，每按半月给发。又四门设粥厂，复于六乡通衢各设厂一处，与署分县刘君并蔡君，分路散给，省穷民奔走之烦、跋涉之苦。自乙巳腊月起，至今年七月止，源源而来，各欣欣而去，民无菜色，野无饿殍。固非诸绅士之力不及此。至若稽户口，严锁钥，谨出纳，晦明风雨，穷乡僻壤，无不亲历，不使贫民一夫向隅，不许胥吏丝毫染指，则蔡君与诸首士之功居多。呜呼盛矣！且夫天人无二理也，人力所至，天即随之。今年入夏以来，大雨时降，田水充溢，山巅水涯均庆全收，较倍往昔。一似造物者默鉴其诚，而厚偿其报，使之从容还补，益知捐输之乐。东平云：为善最乐，绅士有焉。而各首事捐输之外，随同经理不辞劳瘁，非所称乐善不倦者乎。余悲世俗之衰，而乡里任恤之不概见也，因举为善最乐两语，分给匾额，并撮序其事，兼勒诸善士姓名于石，使知竹民之好义有如此，且以为后来者劝焉。

（民国《大竹县志·艺文志》）

[链接] **重庆发现"布病"患者**：1905—1906 年，英国学者波文氏在重庆市牛奶场发现"布鲁氏杆菌病"患者 5 例。1956 年，省州卫生防疫站在 9 个地市州的 45 个县，对 263638 只（头）各种家畜进行检疫，发现血清呈"布病"阳性反应的有 22391 只（头）；人群中共报病 384 例。（《四川省志·医药卫生志》）

1906 年
（光绪三十二年）

川省连年遭灾，奏准展办常赈两捐二年：1906 年 9 月 21 日（光绪三十二年八月初四日）四川总督锡良报告清廷，四川连年遭受天灾，弥旧支新，全赖筹捐应付，壬寅（1902）、甲辰（1904）两年赈济，报销后还超支银一万余两。各省垫解未扣者尚有二十四万有奇，综计不敷银二十五万余两。本年全川三十余州县被雹、被水成灾，此次所收赈捐五十余万两，不敷赈需。因此，奏准清廷将川省展办常、赈两捐"再予展限二年"，以济需要。（《四川省志·大事纪述·上册》185 页）

叙州等地水灾，涪州等地雹灾：叙州、忠州、夔州、重庆府所属厅、州、县及蒲江、屏山等县，洪水成灾。

同年，涪州、剑州、简州、西充等五州一厅十一县大雹灾。云阳、綦江、南川、里塘等县发生大水灾。

本年全省小麦共有十二府厅州歉收。资州仅收二成，顺庆、绥定二府与西阳州仅收三分，重庆、保宁、潼川三府与眉州、石砫厅收四成，忠州、叙永厅和理番厅收五成。（《四川省志·大事纪述·上册》188 页）

春夏间，顺庆等府属三十余州县，遭受冰雹袭击，大雨成灾：据四川总督锡良奏："川省本年春夏间，顺庆府属之南充、邻水、西充、岳池、蓬州，潼川府属之中江、射洪、蓬溪、遂宁，保宁府属之广元、南部、剑州、巴州，重庆府属之江北厅、巴县、永川、涪州、南川、綦江，成都府属之简州，绥定府属之新宁、渠县，茂州府属之汶川，并理番、叙永、酉阳等各厅州县，或猝遭冰雹，或蛟水、山水暴发，损伤禾稼，冲毁田庐。"（《近代中国灾荒纪年》725 页）

崇庆：三月十五日、二十五日两次大雨雹。（民国《崇庆县志·事纪》）

北川：三月十五日大雨雹，大如鸡卵，毁坏房舍极多。（民国《北川县志·杂异》）

汉源：五月，黄木厂一带，雨雹大如鸡子，禾苗被损大半。知县钟寿康亲往勘察，请款赈济。（民国《汉源县志·杂志·祥异》）

筠连：四月十二日大风折树木极多。（民国《筠连县志·纪要》）

蓬溪：六月二十三日郪水盛涨，西乡石板滩、蓬莱镇、隆盛场均被灾。（《巴蜀灾情实录》310 页）

蓬溪等：又，大雨三日夜不止，水高至两岸山脚，全场没于水，漂没民房数十家。余皆坏折。避水二三千人不得食。蓬莱镇、隆盛场街市濒郪江者概为洪水卷走。锦塍绣壤，淤高于丘，低陷中湖。人民或全家淹没，或遗一二人，或人存而所有一空。（民国《蓬溪近志·灾匪》）

犍为：清溪河大水。（民国《犍为县志·杂志·事纪》）

广元：大水泛滥高坑大石场，逼城东南隅，冲刷田舍无算。（民国《重修广元县志稿·杂志·天灾》）

旺苍：大水冲刷田舍无算。（《旺苍县志·自然灾害》）

三台：豁免积年欠粮。（民国《三台县志·杂志·祥异》）

绵竹：射水河上金安桥被洪水冲垮。（民国《绵阳县志·杂异·祥异》）

万县：县洪水成灾。（《万县志·大事记》）

峨边：冬月，梭沙坡、黑林子崩，至翌年三月，大崩，将野牛河扎断成池，周围五六里。（民国《峨边县志·祥异》）

云阳：全县发生大型滑坡多处。（《云阳县志·大事记》）

荥经：八月，小溪坝山崩，有黄水流出，弥月不止。（民国《荥经县志·五行志》）

遂宁：桂花镇上游五里小河大水，葫芦坝及河口对岸之郭家洞、孔雀石、三坝均被冲刷，房屋人畜多漂没，而葫芦坝尤甚。（民国《遂宁县志·杂记》）

广安：岁丰。（民国《广安州新志·祥异志》）

甘孜：清光绪三十二年前后，康定孔玉一带群众多数患伤寒病死亡，木雅患伤寒死亡者约占当地人口半数。（《甘孜州志·医药卫生篇·疫病防治》）

乐山：四月二十四日夜，鼓楼街火，延烧府街大什字。（民国《乐山县志·祥异》）

［附］**四川鸦片泛滥百年，灾害烟毒交酿大患**：光绪三十二年，重庆海关调查报告记载，川土（产于四川的鸦片烟土）年产 17.5 万担，占用耕地 700 余万亩，外销 5.5 万担，省内消费 12 万担。

1907 年

（光绪三十三年）

四川先旱后涝，兼有雹灾。成都平地水深数尺，人畜田禾多有伤损：川滇边务大臣兼护理四川总督赵尔丰奏称："查川省自壬寅（1902）、甲辰（1904）荒旱之后，民间元气未复，盖藏尤虚。偶有偏灾，即须赈抚。本年初夏，即据川东、川北、永宁、建昌各道所属各厅州县以久晴不雨，禾苗枯槁，粮价踊贵，民食维艰，纷纷禀报。并据川南一带先后具报，被雹成灾。……嗣据各属续报得雨，虽早稻间有黄萎，而晚禾犹期秀实。讵六月以来，阴雨连绵，月鲜晴霁。迨至七月中旬，又大雨如绳，彻宵达旦，省会亦平地水深数尺，城垣坍塌，民屋淹复，附郭地方人畜田禾，亦多伤损。……嗣据成都、保宁、绵州、眉州各府州所属州县禀报，七月中旬先后雨暴风烈，或江河泛涨，或山水陡发，宣泄不及，以致田园、庐舍、城郭、桥梁多被冲毁。……幸为日不久，省城及各属水即消涸，被灾之民及时赈抚，暂可存活。惟此次淫雨为灾，为近数十年所未见，各属虽被灾轻重不等，然初苦于旱，继困于水，以致稻多白穗，收获甚稀。其收成歉薄者已属艰难，而水灾较重者尤为困苦。"（《中国近代灾荒纪年》734—735 页）

省内旱灾、水灾：春夏，四川旱灾、水灾相继。5~6月（四至五月），广安州两月无雨，收成减半。夏秋之际，川西地区霖雨连旬，成都一带发生水灾，各州县地势低城垣、庐舍、田地均被淹没，成都城内街道水深 1 米，秋禾荡然。绵竹河水暴涨，冲毁田庐无数，大量人畜淹毙。当地人称，实百年未有的奇灾。（《四川省志·大事纪述·上册》191 页）

广安：四月至五月不雨，田中收成一半。（民国《广安州新志·祥异志》）

古蔺、叙永：四月二十五日大雨雹，自大坝至两河口、麻线堡经古蔺之麻园、镇龙山，无不被害。（光绪《续修叙永、永宁厅县合志·杂类·祥异》）

苍溪：五月护溪大水，淹民舍，坏桥梁。（民国《苍溪县志·杂异志》）

峨边：六月七日大雨，山水暴发，野牛河池溃决，冲毁铺面百余家。（民国《峨边县志·祥异》）

长寿：七月十日下午，突降暴雨，山洪暴发，河水陡涨，淹没稻田，冲走房屋，灾情极重。（民国《长寿县志·灾异》）

绵竹：七月十七日夜大雨，绵江马尾灌耳河暴发，冲毁人畜田地无算，实百余年未有之奇灾。（民国《绵竹县志·祥异》）此次水灾绵竹等县淹死千余人。（《巴蜀灾情实录》310 页）

成都：七月十九日大水，平地积水没胫，九月中旬连遭淫雨，积潦成灾，民居多被淹没并房屋倾倒。（《巴蜀灾情实录》310 页）

崇庆：七月文井江大水，西河沿堤毁、堰决，冲没田禾无算。东城崩。（民国《崇庆县志·事纪》）

温江：七月十五日，洪水成灾，稻田普遍受涝，损失甚重。（民国《温江县志·事纪》）

西充：七月大水，四贵坊、油店街水齐檐口。（《西充县志·大事记》）

泸县：八月大河水涨，先后捞获浮尸千余具，尚有随波逐流未捞起者，为数十年未有之奇灾。（《四川官报》光绪三十三年第 23 册）

遂宁：秋水暴涨，争渡淹毙数十人。（民国《遂宁县志·杂记》）

酉阳：入秋雨水过多，贼螽害稼。九月中旬大雨如注，山水暴发，续种谷粮均冲毁淹没。（《四川官报》光绪三十三年第 30 册）

涪陵：七月，涪陵水灾严重。（《涪陵市志·自然灾害》）

什邡：江盛涨泛滥，沿河田地被淹一千余亩。（民国《重修什邡县志·杂纪》）

广元：东山堡等处因山水暴发，冲毁禾稼，被灾二百余家。（《巴蜀灾情实录》310页）

南部：夏秋久雨，河水暴涨，几成泽国，沿江田庐禾稼多淹没。（《巴蜀灾情实录》310页）

［链接］十二月，赈四川水灾。（《清史稿·德宗本纪》）

［备阅］光绪三十三年，法国天主教会在天主教堂内进行成都气象观测。（《成都市志·地理志·旱涝变化规律》）

1908 年

（光绪三十四年）

部分地方旱灾、雹灾、水灾：夏，雨水稀少，旱情严重；7月（六月）以后雨水过多，秋禾糜烂；间有大风、冰雹摧毁田禾房屋。成都府、绵州（绵阳）、建昌（西昌）、永宁（叙永），以及川北和川东各地都有不同程度的旱灾、水灾、风灾和雹灾。（《四川省志·大事纪述·上册》201页）

合江：三月十五日午后，长江中风急异常，损船无数，岸上行人皆伏地不敢动。（民国《合江县志·杂纪篇·纪异》）

大竹：三月二十四日，柏坝子属大雹十余里，春粮尽绝，飞鸟多毙。（民国《续修大竹县志·祥异志》）

什邡：七月初五夜大风自东南来，拔木折屋，偃禾甚多。（民国《重修什邡县志·杂纪》）

宝兴：灵关磨刀溪水涨，冲走两岸部分民宅。（《青衣江志》133页）

崇庆：大旱。七月东北冰雹损稼。八月大水。（民国《崇庆县志·事纪》）

三台：新升场大雨，檐溜初滴而水已高数尺，淹毙十余人，漂没器物草屋，桥亦断折。俗称"出蛟"。（民国《三台县志·杂志·祥异》）

兴文：大疫，国学生石游宏施药，活人甚众。（光绪《兴文县志·行谊》）

筠连：设牛痘局于陈氏祠。（民国《筠连县志·纪要》）

绵竹：四月地震，人晕，水浪出，挂的东西摇摆，搭得不好的台子倾斜，鸟惊叫乱飞。（《绵竹县志·自然灾害》）

1908 年，邛崃地震数次。（《四川省志·地震志》70页）

［备览］四川首次查出钩虫病：1908 年，外人 Cox 始用显微镜于仁寿县病人粪便中发现钩虫卵，且于病人体内驱下虫体。1909 年，外人 Elliot 证实，阆中农民所患之严重的"粑黄病"，即为钩虫感染。1940 年 Welliams 报告：峨眉山农民钩虫感染者占26.8%。（沈卫志《解放前四川疫情》引王正仪著《钩虫病》，见《四川文史资料集粹·第6辑》）

1909 年

（宣统元年）

全省遭受严重自然灾害：春夏，四川全省各地相继遭受严重风、雹、水、火灾。4、5月（三、四月），资州、绵州、茂州、梓潼、德阳、井研、广元、巴州、开县、江油、罗江和洪雅等州县久旱无雨，栽种失时；忠州、屏山、西昌、酆都和昭化等州县风雹成灾，春粮被毁。6月（五月）以后，酉阳、秀山、彭水、营山、广安、岳池、蓬州、南部、隆昌、乐山、犍为、夹江、大邑、巴县、长寿、涪州、南川、大足、江津、永川和璧山等州县，阴雨连绵，河水暴涨，田庐禾稼多被冲毁，人畜淹毙，生计断绝。涪州水灾之后，又继之以大火，城内街房烧掉数间。广安州6月（五月）连旬大雨，渠江水陡涨5米，冲毁人畜、房屋、船只无数，大水灌城。境内山洪齐发，田禾被淹，木石桥梁均遭冲毁。巴县梁滩坝中下之区，霖雨连旬，沿岸稻禾悉遭淹没，几无收成。7月31日至8月1日（六月十五、十六日），境内接龙场、彭家场和界石场突发狂风暴雨，夹杂鸡蛋状冰雹，摧毁房屋庄稼，损失惨重。

全省大小春收成仅四成有余。（《四川省志·大事纪述·上册》209页）

崇庆：春夏旱。农民拜香祈雨，闭南门，禁屠，设坛。七月，东北冰雹伤稼。八月大水。（民国《崇庆县志·事纪》）

双流：五月初四日，黄甲场至坛罐窑沿牧马山一带，大雷电伴以大风，雨雹大如鹅卵，损坏田禾不少。（民国《双流县志·祥异》）

荥经：三月二十八日大风。同年，秋风尤甚。（民国《荥经县志·祥异》）

合川：三月三十日中午，利泽、古楼等乡突起大风，多数草房房顶被揭，竹树被吹断。五月大旱，至七月下旬雨。（《合川县志·大事记》）

武隆：五月十八日（7月5日）乌江洪水猛涨，城区许多地方被淹浸。有老人回忆："宣统元年水至梓桐宫背后平坝。当时庙里菩萨都搬出来了，只有王爷菩萨搬不动，而经问卦未搬。"（《四川城市水灾史》254页）

渠县：五月渠江大水淹入城中火神庙门前。（民国《渠县志·别录·祥异志》）

彭水：天雨兼旬，乌、郁二江水涨，沿岸田禾尽被冲没，民房漂毁尤多。（民国《彭水县志·祥异》）

仁寿：民饥。（民国《仁寿县志·祥异》）

梓潼：大旱，民饥。（民国《绵阳县志·杂异》）

大足：冬月，大雪四昼夜，冰条长尺余。（民国《大足县志·杂记》）

乐山：夏，涵春街火，烧延城楼；越一日，烧察院街。（民国《乐山县志·祥异》）

名山、雅安：10月15日地震。（《四川省志·地震志》70页）

［善榜］刘大章发仓救饥破产以偿：刘大章，三台𬭸水乡人，举充柳池井里约，以公正廉明称。先本乡积有社仓，以备不虞，清季连岁凶荒，人民嗷嗷待哺，请赈官不

许。乃慨然发仓济之，后官府从严追究，大章破产以偿，不忍株累贫民。卒后，人思其德，于场上关帝庙内塑像祀之。（《三台县志》）

绵阳：光绪、宣统之际数年中，乡民俱骇称：虫蚀柏叶，为先年所无。（民国《绵阳县志·杂异·祥异》）

1910 年
（宣统二年）

广安：五月连旬大雨，渠江水涨十五丈，井溪街房被淹一半，龙台街房被冲走二分之一，冲去人畜仓房船只无算，大水入城，田禾被淹，桥皆冲毁无完。鲤鱼濠渡船翻没，溺三十二人。（《广安县志·大事记》）

岳池：西溪河上游洪水猛涨，下游西板场猝遭水灾，洪水高出街面约六市尺，淹没民房 150 户，损失严重。（《岳池县志·大事记》）

金堂：夏秋淫雨，大水冲刷庐田人畜。（民国《金堂县续志·事纪》）

筠连：五月大风雨，老虎沱山崩。（民国《筠连县志·纪要》）

三台：五月十三日申刻，天日晴明，星陨为石，作霹雳声。（民国《三台县志·杂志·祥异》）

西昌、德昌：六月连旬大水至七月，先冲毁护城堤，后城垣又被冲毁数十丈，水距城仅八尺许。（《凉山州志·大事记》）

乐山：六月十八日午后大风，扬石风沙，多年老树连根拔起。（民国《乐山县志·祥异》）

简阳：夏间风雹最烈，至秋淫雨为灾，田禾歉收。（民国《简阳县志·灾异篇·祥异》）

荥经：八月淫雨伤禾，有豹夜入城。（民国《荥经县志·祥异》）

宝兴：永兴乡罗家沟发大水，冲毁很多耕地及部分民宅。（《青衣江志》133 页）

成都：自十月以来，霖雨绵缀，禾头生耳，不得收获。（《灌县志》引《蜀报》第一年第三期）

绵竹：水灾。（民国《绵竹县志·祥异》）

［**链接**］九月，赈四川绵竹等厅县水灾。（《清史稿·宣统皇帝本纪》）

绵阳：洪水。（民国《绵阳县志·杂异·祥异》）

仪陇：雹大如斗碗，下了方圆四十余里，苕厢打平，瓦屋打烂。（《巴蜀灾情实录》373 页）

北川：二月初五日，坝底堡嘉姓民失火，延烧二百余家。次日，县知事夏柏华闻警亲勘，睹及惨状，为之泪下，捐俸金四百钏抚恤灾黎。（民国《北川县志·杂异》）

乐山：三月初三，丁东街火。（民国《乐山县志·祥异》）

汉源：七月彗星现，长丈余，十余夜乃没。十一月，地震数次，皆由西而东。（民国《汉源县志·杂志·祥异》）

广元：知县李道河赈济一次。（民国《重修广元县志稿·救济》）

炉霍：宣统二年，康定一带"怪病"（疑似鼠疫）流行，死亡100余人。炉霍泥巴沟乡刀家寨同病流行，全村死亡过半。后来才知，此为"肺鼠疫"，皆因捕食旱獭而致病和流行。牧区称这种病为"哈拉病"（即旱獭病之意）。1985～1986年，从色达、石渠两县犬血清检测中，首次从血清学上证实甘孜州存在动物间鼠疫病流行。（《甘孜州志·医药卫生篇·疫病防治》）

［备览］1911年，伍连德在中国东北发现鼠疫病源，防控成功

1910年，哈尔滨出现一种传染病，症状为：发高烧，打寒战，胸闷，咳嗽，出血，不久便窒息死亡。死亡率奇高，传染扩展迅猛，从西伯利亚传入后，经哈尔滨、沈阳，一路直入山东，逼近中原，6万余人因此丧生。当时东北已成日、俄势力范围，日、俄趁机向清政府施压，称中国无能力平息瘟疫，要派兵进驻东北。清政府意识到，如无法处理疫情，东北主权就有可能丧失殆尽。1910年12月，朝廷选派马来西亚归国华侨、热带病专家、时任天津陆军医学校副监督（副校长）的伍连德（字星联），紧急趋哈尔滨处理疫情。

伍连德在最简陋的临时实验室里，在极端秘密气氛中，做了"东北乃至全中国境内第一次尸体解剖"（当时民情、法律皆不允许尸体解剖），在显微镜下发现了鼠疫杆菌，经分析，判定东北暴发的是"肺鼠疫"，其传染途径不仅是老鼠、跳蚤等动物疫源，人与人的飞沫传播才是最致命的传播方式。伍连德设计了"伍氏口罩"，又果断提议对患者尸体实行火葬（这为当时国人的伦理观念所不许，伍连德辗转求人上报、申明如不火化后果不堪设想，几经周折，最终得朝廷允准）。通过强化自我防护、隔离、消毒等一系列有效举措，1911年3月初，哈尔滨肺鼠疫死亡人数降至0。伍连德的成功，很快震动了全世界。1911年4月3日，"奉天万国鼠疫研究会"召开，这是有史以来第一次在中国举办、由中国人担任会议主席的国际学术会议。伍连德在会上宣读的论文《旱獭（蒙古土拨鼠）与鼠疫关系的调查》，后在著名的英国医学期刊《柳叶刀》上发表。作为抗击此次鼠疫的总指挥，伍连德被誉为"鼠疫斗士"。以伍连德成功遏制疫情为契机，东三省总督设置了奉天防疫总局，从俄国和日本手中收回了部分检疫权，这对日后恢复中国对东北行使主权有着重要的政治意义。

1923年6月，伍连德率队到中俄边境考察，捕获到了染疫的旱獭以及病死的旱獭，随后进行"旱獭疫苗吸入性实验"，证明：旱獭之间可以不经过中间媒介跳蚤而通过空气传播鼠疫杆菌；反之也证明：人与人之间也可以直接传播病菌。由于伍连德在这方面的重大贡献，1935年他被提名为诺贝尔生理学或医学奖候选人。

（王潭《解剖尸体找病源　实行火葬成创举——1911年，伍连德东北防疫轰动世界》，《环球时报》2019年11月19日）

［附一］钱茂编纂《都江堰功小传》：清人钱茂根据《华阳国志》《水经注》《新唐书》《宋史》《元史》《明史》及地方志等史料，编纂成《都江堰功小传》一书，共收录历代修治都江堰有功人物100人。（《都江堰志》35页）

　　[附二] 赵式铭撰《灌县堰工利病书》：赵式铭于宣统二年奉委修河，至灌县考察都江堰后撰写了《灌县堰工利病书》，书内所记岁修工程，外江分为六段：分水鱼嘴杩槎、右金刚堤、右岸沙沟河口、黑石河口、羊马河口、左岸江安河口；内江分七段：河口拦水杩槎、平水槽堤、凤栖窝河段清淤、南桥河、蒲阳河、柏条河、走马河砌笼淘淤。文末附革新事宜七条，以试办水泥为改良堰工之本。（《都江堰志》36 页）

　　[附三] 1910 年，全国耕地面积约 145523.6 万亩，人口约 36814.7 万，人均耕地面积约 3.95 亩；而同期四川耕地面积约为 9102.1 万亩，人口 5021.7 万，人均耕地仅 1.81 亩，仅及全国平均数的 1/2。人多地少成为四川农村社会面临的严重问题。（《四川省志·卷首》285 页）

　　[善榜] 贤母嘱儿省寿礼以助赈：合川东里黄村坝李德厚寡妻周氏，一向操作勤劳、教子明理。庚戌（1910），周氏年五十，儿将制锦为寿。周氏谕曰："小子意大佳，第未能扩充之耳。迩者岁比不登，乡贫民苦甚，倘为我散羡余之储，以拯斯民者，讵不愈于称觞之虚文乎？"儿唯诺，岁中出藏银助赈，腊月又出平粜米若干。今被泽之家，犹时祝周氏百岁。（民国《新修合川县志·列女一》）

1911 年

（宣统三年）

　　剑阁：四、五、六月无透雨，春播时骄阳似火、草木皆枯，仅少数槽田栽秧。（民国《剑阁县续志·事纪》）

　　邛崃：大风，飞沙走石，六月尤重。（民国《邛崃县志·祥异》）

　　峨边：六月大雨，山水暴发，冲毁玉麟桥，冲刷禾稼，纵横数里。旱，小春歉收。（民国《峨边县志·祥异》）

　　眉山：八月中旬，王家场南半里许，午后地鸣声如牛。（民国《眉山县志》）

　　万源：九月七日大风。（民国《万源县志·祥异》）

　　双流：十月桃李尽花。（民国《双流县志·杂识》）

　　绵竹：桃李再华。（民国《绵竹县志·祥异》）

　　汉源：九月初一日午前，日食。（民国《汉源县志·杂记·祥异》）

　　荥经：1911 年 3 月 30 日至 4 月 28 日，荥经、犍为地震；9 月 5 日，又震。（《四川省志·地震志》70 页）

　　叙永：白马崖忽裂为二，小西门城垣崩。（民国《叙永县志·杂记篇·灾异》）

中华民国

1911 年 10 月 10 日，武昌起义爆发，11 月，重庆、成都先后宣告独立，清王朝在四川的统治土崩瓦解。1912 年 1 月 1 日，孙中山在南京就任临时大总统，中华民国成立；3 月，中华民国四川都督府成立，自此，四川即为中华民国的一个省。

民国时期，四川长期处于军阀割据混战的分裂局面。迷恋武力的各军阀划分防区，任命地方官吏，征收苛捐杂税，因而又不断爆发争权夺利之战。自 1912 年"成都兵变"起，至 1932 年"二刘大战"止，四川共发生大小战争 470 多次，先后成为北洋军阀、滇黔军阀和川中各派军阀争夺角斗的中心。军阀祸害之惨重，为全国之最，把天府之国摧残成人间地狱。1933 年后，四川分裂局面暂告结束。

1935 年，"国民政府军委会委员长南昌行营参谋团"入川，四川被纳入南京国民政府的统治范围，川政统一。

1937 年七七事变，全面抗日战争爆发，国民政府迁都重庆（陪都），至 1945 年抗战胜利，整个抗战时期，四川人民为支援抗战作出了巨大的贡献。此期间，日本侵略军对四川各地（66 个市县）特别是重庆、成都实施了历时七年的大轰炸，四川损失惨重，22519 人死亡，26010 人受伤。

民国时期，灾害连绵，战争触发、加剧灾害，灾害隐伏、激发战争，百姓处于水深火热之中，挣扎着苦熬惨黯岁月。

民国二十八年（1939），国民政府划出四川省西南部，设西康省，以雅安市为省会。（1955 年，撤西康省，其地重归四川省。）

1912 年

（民国元年）

夏秋之际，岷江、沱江、嘉陵江、涪江流域先后发生洪涝灾害。（《四川省志·大事纪述·中册》9 页）

7 月 8 日（五月二十四日），四川石砫忽遭洪水淹灌，溺毙千余人：8 月 14 日《申报》载："四川石砫厅议事会报告都督文云：7 月 8 日黎明时，倏然洪水撼城，波涛滚滚，平地水深数丈，蟒起蛟腾，穿城而过，由棉花坝至上中下老柴市坝、七星桥并锦云街、南门口、财神庙、文庙、衙门口各街，扯去民房千余间，淹毙男女千余人，损失财产无算。街巷变为沟渠，市井变为沙漠。……此下邑历来未有之奇灾。"（《近代中国灾

荒纪年》807 页）

重庆：7 月 31 日，大火，全城五分之一房屋被毁，损失计银圆 100 万元左右。（《重庆市志·大事记》）

丹棱：税敛从薄，物价适中，时和年丰，民受其福。（民国《丹棱县志·杂事志·灾祥》）

合川：嘉陵江暴涨水泛。三月十五日大风，大木斯拔，当风之宅尽偃。正月不雨至五月，是岁大歉。（民国《新修合川县志·余编·祥异》）

酉阳：四月初旬大雨冰雹，亘一昼夜，四乡人畜淹没，房屋倒塌，麦禾冲坏，沙石堆积。（1912 年 7 月 24 日《国民公报》）

遂宁：四月份水乡大风折木，摧倒房屋无算。（民国《遂宁县志·杂记》）

苍溪：五月二、三日，大雨如注，俄顷洪水涨至七丈有余，沿河田庐街房被水冲没十之六七，人畜淹没无算。（民国《苍溪县志·杂异志》）

灌县：五月二十三日夜，岷沱二江洪水泛涨，所坏田园甚多。五里坡八月上旬洪水，居民逃避不遑，所有田地房屋被漂没，金马桥山洼处停聚淹没死尸 60 余具。（民国《灌县志·事纪》）

大竹：五月二十三日大水，双巩桥倾圮，并没店房 7 间。（民国《续修大竹县志·祥异志》）

安县：夏大雨浃旬，河流横溢，决安东堤以西，崩刷田地，排墙倒屋，自盐井场至界碑，几成泽国。（民国《安县志·祥异》）

南江：五月大水。（民国《南江县志·灾祲》）

芦山：夏，北门铁索桥为洪水冲毁。（民国《芦山县志·祥异》）

自贡：七月十四、十五两日河水暴涨数丈，自流井正街淹没，打毁店铺千余家；下街詹家井沿滩一带，全成泽国，人民死亡无算，财产损失不可胜计。戊子年（光绪十四年，1888）大水始可与此衡较。（《自贡市志·灾异》）

广元：七月，洪水冲没人、畜无算。（1912 年 7 月 23 日《国民公报》）

彭县：七月山区大雨，湔江盛涨，楠木场漂没一半，罗家场（今罗万乡）漂没四分之一。（1912 年 7 月 23 日《国民公报》）

温江：七月山水暴发，河水陡涨丈许，淹没民田百数十亩，漂没庐舍 50 余间，人口、牲畜淹毙以百数计。（民国《温江县志·事纪》）

旺苍：七月暴雨，属旺苍坝、庙二湾等处洪灾，田庐冲没十之六七，人畜死亡无算。（《巴蜀灾情实录》311 页）民众扶老携幼，争相逃走。（《旺苍县志·自然灾害》）

巴中：七月巴河暴涨，淹入城中。（1912 年 8 月 1 日《国民公报》）

资中：八月江水泛涨，城垣倒塌 10 余丈，四乡新谷、甘蔗损失甚巨。（1912 年 8 月 23 日《国民公报》）

南充：七月大暴雨，10 米以外不见物，持续 12 小时，受灾面积 5230 亩，毁房无数，交通受阻。（《南充市志·历年自然灾害纪实》）

渠县：七月八日渠河大水泛涨，沿岸粮物均被淹坏。（民国《渠县志·别录·祥异志》）

雅安：冬至翌年五月大旱，继之以大水。平羌渡覆舟，溺死五六十人。（民国《雅安县志·灾祥志》）

南部：二月以来降雨稀少，至夏无雨，溪流尽涸，小麦收成薄，大麦无法种。（《南部县志·大事记》）

会理：1912年，天久大旱，雨雪毫无，人民朝不谋夕，十室九空，夏灾已成，秋收寡望。（《凉山州志·自然灾害》）

剑阁：秋夏旱，灾情严重，禾苗枯槁，西河断流，金仙、元山、开封一带秋禾无收，土地荒废，人心惶恐，饥馑为甚。（《剑阁县近六十年旱灾分年概述》）

威远：旱，米价陡涨至1300余文。（《巴蜀灾情实录》291页）

西充：冬少雨，干燥异常，川北一带旱象已成，西充开始办赈。（《嘉陵江志》146页）

汉源：是年，宁属冕宁种烟（鸦片），各县效尤，影响于本县社会生计者甚巨，受毒之重于今为烈。（民国《汉源县志·民国三十年来大事记》）

汶川：大水，塘房索桥被水冲坏。三口江火灾，烧毁民房440间，受灾110户。（《阿坝州志·大事记述》）

潼南：九月三日，塘坝场火灾，烧毁街房过半。（《潼南县志·大事记》）

峨边：九东门城外火，延烧50余家。县知事赵吉人捐廉赈济。（民国《峨边县志·祥异》）

丹棱：五月，邑西袁大地有邱、袁二人同息枫树下，忽雷电大作，邱震死，袁被雷掷数丈外田中，无恙。（民国《丹棱县志·杂事志·灾祥》）

大足：民国元年，各地政府首次对8种传染病进行统计。大足县府内务统计：全县发生霍乱、天花、伤寒、赤痢、黑死病（黑热病）、猩红热、白喉、麻疹8种传染病，共病7081人，死1734人。其中麻疹患者872例，死亡177例。（《大足县志·疫病防治》）

忠县：十月，各乡寒证流行，死者甚众。（民国《忠县志·事纪志》）

荣县：民国元年，社、积、义三仓，由地方自治经费局接管。发放积谷由地方绅士、社会贤达掌管。民国二十七年，三仓合并为县仓。仓库分别设于各乡场。民国三十年，县、乡两级成立临时赈灾组织，专办赈灾事务。（《荣县志·蠲政》）

松潘：民国元年，因上年辛亥事变，人民外逃，先后回来，田土荒芜，饥馑荐臻，知事田兆文具详四川巡按使批准，在罪粮项下拨款平粜，并饬北川、茂、灌三县拨粮各二百石以资赈粜，全活甚众。（民国《松潘县志·蠲政》）

［事录］　　　　　　　（泸州）滇军救火记

陈銮

民国元年二月壬申夜，泸城外后河街火，人火之也，上抵城堞，下讫江滨，左距会津门，右距东门，相去数百步。一炬焦土，赤燎绛天，声闻远近。余既居城中，去火所尚远，未惧也。明日，客有造门告余曰：昨宵火警，变出非常，护救者咸能尽力；尤为泸人所倚重，则滇军也。余因请道其详，客曰：火之始生，由河街居民失慎，固未尝有他故也。然是时川南总司令署，方获巨寇，研审甫毕。火起，咸疑其党羽所为；又值裁汰巡防各军之后，时势汹汹，亦疑游勇勾结，故成列后出城，门迟之始启，惟其慎也。地方司令陈君道循、胡君易，督饬营勇弹压指挥，五区巡警弁兵水枪水龙涛翻雨注，职务所在，其尽力也固宜。滇军本居客地，乃能与主同忧，街衢栅栏分兵屯守，传令戒严，如临大敌，遇有攘夺财物者，即以军法随后，诛仅二人，而事竣，莫不震肃。盖泸人注重救灾，滇军注重防乱，设非滇军镇摄之力，泸人恐未能宁帖也。余曰：信哉！然诚如客言，余转知惧矣。客既去，遂书其所言以为记。

（民国《泸县志·艺文志》）

[备览]**农村土地兼并严重**：据"中央农业实验所"1912年对四川全省的调查，四川农民中，佃户占51%，半自耕农占19%，自耕农占30%；无地和少地的农户高达70%。佃农占比为全国第二位（仅次于广东）。（《四川省志·卷首》303页）

1913年

（民国二年）

7至9月（六至八月）间，四川境内四次地震：据《中国地震目录》载：7月19日（六月十六日），乐山地震，"瓦屋倾坠，田水翻腾。高县亦有感"。8月18日（七月十七日），江油地震，"房子有倒塌。北川屋瓦震落。绵阳、绵竹亦震（注：同年绵阳地震，朽墙震倒，白云庵宝顶震倒）"。8月，冕宁地震，"城圮，石桥震塌，城南观音塔上部震倒一半，房屋墙壁倒塌甚多。冕山东山山崩，地多裂，泸沽土山有崩垮，树木震倒。死数十人"。9月24日（八月二十四日）夜半（注：《四川省志·地震志》记为"1913年11月24日午后9时"），"成都地震"，次日"夜半复地震，天明时复微震"。（《近代中国灾荒纪年》815-816页）

冕宁地震：据现代科学推测，地震震中位置在北纬28°4′、东经102°3′，烈度8度，震级6级。（《四川省志·大事纪述·中册》14-15页）

川西地震：1913年9月1-29日间，川西发生地震。地震声自东南来，如雷霆状，天崩地裂，城郭为之倾陷，楼阁倒塌。川西七八百里同时发生程度不同的地震。同时松潘有大风自北而南，折木拔屋。（《四川省志·大事纪述·中册》17页）

多地地震：遂宁（2月6日），巴安（5月2日），双流（11月23日、26日）。其中巴安地震灾状："忽有击折帛裂声自东北来，瓦屋震动，如驾扁舟出入波涛，如命吊车上下陵谷。夜半复震，势稍杀。翌日夕大震，更胜昨日。须臾又微震，人情惶骇。慎者胥谓楼居而覆压是患，争移罍幕于野田露宿；惶者悲号涕泣，如父兄妻子不得生见者。"（《四川省志·地震志》71页）

双流：冬十月二十六日戌刻地震；二十九日申刻又震。（民国《双流县志·祥异》）

筠连：二月水雨雹，干河沟受灾最甚。（民国《筠连县志·纪要》）

开县：春间暴雨、冰雹，冲压房屋八千余家。(《开县志·自然灾害》)

资中：四月二十六日夜大风雨，折毁竹木、房屋、禾稼无算。东蔡家乡、太平场、孟塘乡，西球溪镇、发轮乡、配龙乡遭灾尤烈，河水泛涨，沿江一带俱被水灾。(《巴蜀灾情实录》311 页、《内江地区水利电力志》)

忠县：五月九日晚，大风雨雹，苏家庄二甲罹灾较重。二十九日，大雨，境内各大溪流走蛟，田禾多被损害。六月十四日，大雨，西岩大道崩塌 10 余里，坏桥 17 座。(民国《忠县志·事纪志》)

大竹：六月六日大水，较 1840 年高一尺。(民国《续修大竹县志·祥异志》)

合川：水，雪，雹。(民国新修合川县志·祥异)

石砫：大雨为灾，山洪暴发，冲毁大路。(《四川省近五百年旱涝史料》137 页)

西昌、德昌：大水，水溢淹街。县署拨银 40 两，另由街绅募捐，疏河修堤。(民国《西昌县志·政制志·东西河工》)

芦山：夏大水，西门铁索桥为山洪冲折。(民国《芦山县志·祥异》)

潼南：七月大水。(民国《潼南县志·祥异》)

峨边：入秋淫雨，届冬方止，所损略同光绪五年 (1879)。(民国《峨边县志卷·祥异》)

旺苍：洪旱并作，粮食歉收，人畜疫病流行，死亡甚多。(《旺苍县志·大事记》)

广元：大水。(民国《重修广元县志稿·杂志·天灾》)

苍溪：大水。亭子口水文站记载：洪枯差为 23.86 米。(《嘉陵江志》105 页)

綦江：大水。(民国《綦江县志·祥异》)

渠县：四、五月，渠县连晴不雨，缺水栽秧。(《达州市志·灾害》)

雅安：春夏大旱，自去岁冬至本年五月不雨，斗米始值钱 2600 文。六月大水，淹严桥乡。(民国《雅安县志·灾祥志》)

康定：春夏大旱，六月大水。(《甘孜州志·大事记》)

理塘：春夏大旱，秋收歉薄。(《甘孜州志·大事记》)

荥经：大旱，自去岁冬至本年五月不雨。十月望，大风雨。(民国《荥经县志·祥异》)

宣汉：旱灾，农民生活困难，宣汉县议、参两会协商，发放社谷 8000 石，以作平粜。(《达州市志·灾害》)

蓬溪：大旱。(民国《蓬溪近志·灾匪篇》)

绵竹：久旱无雨，地方豪绅怂恿乡民向县知事黄舒云"要水"，蜂拥聚哄县衙。黄知事派人婉言劝告，并顺从民意设坛求雨。(《绵竹县志·黄干青传》)

松潘：六月，大雪损麦。(民国《松潘县志·祥异》)

长寿：云台、石堰、兴隆、葛兰、城区等地流行麻疹，患者 2100 名，死亡多人。(《长寿县志·大事记》)

奉节：天花流行，安平一乡 41 户有 64 人染病，死亡 52 人。(《奉节县志·大事记》)

乐山：六月十三日辰刻，乐山地震，由西而东往返数次，瓦屋倾坠，田水翻腾。(民国《乐山县志·祥异》)

冕宁：八月地震，城墙倒塌。（《凉山州志·大事记》）

丹棱：四月，西关外，有无数小蛙，沿城脚自西而南跳入城中。未几，西关外发生火灾。（民国《丹棱县志·杂事志·灾祥》）

峨边：四月，沙坪冷街火烧数十户，复延烧楚蜀宫及戏台。（民国《峨边县志·祥异》）

筠连：莲花坝大火灾。（民国《筠连县志·纪要》）

绵阳：七月十七日地震有顷，大风拔屋。（民国《绵阳县志·杂异·祥异》）

[链接]　　　　　　　　**绵阳县仓储简史**

常平仓　设立最早，参考《江津县志》，由康熙二十二年起，额系仿宋朱文公成法办理，各州县皆然。旧志，仓在公署西垣十间，至嘉庆时增修至四十五间，额贮常监仓谷一万二千一百一十石，嗣贮七千八百九十石，共成二万石。自道光、咸丰间迭次粜卖仓谷一万六千三百石，实贮仓谷三千二百石。

社仓　在四乡分管，共贮谷一万五千八十八石五升。除咸丰十一年知州唐炯奉札粜卖仓谷支发勇丁口粮，动用京斗仓谷四千五百七十四石九斗六升七勺外，实贮仓谷一万一千二百九十五石九斗一升四合三勺。

济仓　自嘉庆二十二年知州范绍泗任内新置济田四百四十六亩五分四厘。自嘉庆至同治四十九年间，迭次粜卖仓谷一万七千八百零三斗六升，实贮仓谷四千零五十四石五斗六升。

积谷仓　自光绪三年川督丁宝桢饬通省劝办积谷，分贮各里，共积贮京斗谷，据司事者云，现已无案可稽。

（案：以上各仓廒，惟常平仓在县署者归地方官保管，遇官交替，凤携盘交，如有短少，以前七后三填足原额。社济积仓，或在城在乡，由县署委绅首保管，如有霉溢亏短，责令经手赔偿，其大略也。原仓谷为民生大计，积数既巨，原不应概委官管。但自清以来，其仓谷属官管者，粟虽陈红，尚可存贮无恙，因历任有交案之故。其归绅管者，翻云覆雨，几至十仓九空。在前清，州牧文启欲加请釐未果。至州牧刘南，亦经力加查究。时举人邓昶，奋然倡议集中办法，指定中区城隍庙古槐楼侧隙地暨娘娘殿内，新建仓廒三十四间，以天地玄黄字编号，将社、济、积三仓之谷通贮城内。每年夏粜秋粜，息谷仍储仓内，积多再置田亩。三仓始行就绪，昉行未竟。民国二年，复经知事冯藻切实查案，始将社、济、积三仓查清、编记，载明各仓田亩租石，载粮柱若干，列表刊册印发四乡，用垂久远，法至善也。后更设立仓储事务所，置经理员一人，由众推请委，担任仓田出纳事项，并稽核仓首历年存欠，亦监理民管之一法。今附仓储事务所填造详表并冯知事藻序言。

[附]　　　　　　　　**绵阳县社济积三仓清册序**

冯藻（县知事）

仓廒之设，所以广积贮、备凶荒、裕民食也。倡办之初，民咸称便，然积久弊生，往往以荒政之最善者转而病民，岂立法有未尽欤？抑任事之非其人耳？军兴以来，民穷财困。乡邑仓庚所积，实小民血汗之余。贤有司董劝而衰益之，乡人士经理而散敛，几经岁月，始获成此便民之政，其实官何力以便民，民自便而已。虽然，斯民易与图始，难与图终，古今通弊。设地方官意徒省事，委之仓首，漫无稽查，则胥吏营私，串通一气，侵蚀亏挪，弊端百出，仓储则有名无实矣。民以食为天，有牧民之责者顾可忽视乎哉？予奉民国政府委任，承乏是邦，首以整理仓储为急务，检阅前清州牧刘午庄济社档案与所订契据册籍，始叹其用心之苦，用力之勤，立法之公且平也。既有此成规可循，又得李绅辅廷素娴仓政，乃于壬子孟冬设所，整理考核，务求其详，别弊不嫌于苛，凡七阅月而就绪。是役也，李绅虽萃怨于一身，而桑梓实蒙其福，并以慰前牧慎重民食之盛心。有治法赖有治人，不信然欤！予恐此册散佚，爰属李绅排印多本，分布四乡，俾知良法美意上下相维，庶可持久不弊。姑志数语于册端，并冀后来者永保此荒政，勿以便民者病民，是为区区之所厚望也夫。

（录自民国《绵阳县志·仓储》）

［备览］　**重修安东堤纪念碑序（记安县知事彭光普）**

吴锡珍

壬子（1912）夏，六月大雨浃旬。河流横溢，决安东堤而西，于时怒涛卷地，崩刷田壤，排墙倒壁，穿屋沉灶，浑浑浩浩者自盐井街而下，界牌以上几成泽国。

水既落，安县知事彭光普先生，亲临履勘赈灾，黎恤贫民，田沦没者，蠲其丁粮。复进父老而谕之曰：斯堤也，所以保障西昌乡者也。今堤坏弗治，民其奂乎。乃集众协议，量田出资，委绅董其役，庀材鸠工，衰沙石，舂舂者络绎于道，淘治趋时，丁役赴工。彭先生辄三五日一至，以奖勤补惰；董役者竞食宿河干，以督促之。以民国二年（1913）十一月兴工，迄三年（1914）五月工竣，计堤长一百一十三丈，高一丈四尺，广称之。拦堤九十余丈，高一丈六尺。凡用石灰一百二十万斤，雇民夫二万二千工，集六千缗。自是商忻于途，农狎于野。金曰：非常之功，必待非常之人，彭先生莅安诛锄枭桀，扶植善良，振兴工艺，筹设团练，推广各学堂，均于人民大有裨益，今又成此巨堤，既明且勤，是不可以不记，爰勒石沙墈以纪其劳，俾永惠于后云。

（《四川历代水利名著汇释》）

1914 年

（民国三年）

自春至夏，成都及其南部地区亢旱严重；灌县及川东重庆一带淫雨成灾；初秋，成都在久旱之后，连降暴雨，锦江水位猛涨，淹灌城区，溺毙人口，造成巨灾：7月20日（闰五月二十八日）《申报》载：成都"自旧历三月起，求雨禁屠者四次。……大邑县距省仅百余里，现旱象成灾。……川南富顺连年受旱，去岁春田无水栽插，收获仅四五成，……今春未得大雨，秧虽栽而无水，田已坼如龟纹矣，食米将尽。……雅安因天久不雨，故至今尚有未栽秧者。……天全旱象亦与雅安相同。丹棱属内接近眉山等处，已有旱象，附城一带则栽插完全，禾亦未槁，惟眉山所属各处亢旱殊甚，田禾多焦枯。珙县今岁栽秧甫毕，即苦亢旱，现时田土深厚者尚能发荣，而瘠薄者已渐就枯槁矣。广汉由于天久不雨，禾苗尽赤"。7月24日（六月初二日）《申报》续载："南川县本为产米区域，因上年水灾甚重，收成仅十分之六，本年（1914）又因旱灾米价陡涨。……兴文县近因旱象，米价腾贵，一般人民大起恐慌。……安岳县米价昂贵，人心惶惧。……资阳属内某姓一家六口，贫苦殊甚，现值亢旱，米价陡涨，借贷不能，告诉无地，因市毒药置稀粥中，合家饮之，次第毙命。"与上述地区被旱之同时，灌县及重庆一带却被水成灾，同日《申报》又载："灌县地方日前大雨如注，县属柏条河一带江水暴发，堰工决口，漂没室庐秧田，淹毙人畜无算。……六月二十五日□九钟后，渝埠大雷电风雨，参天大木尽为吹折，道公署有大黄褐桷二株、大柘树二株，均百年前物，亦被吹倒。是夜朝天门外所泊之客船十余只，亦被吹断竹缆，人货一切均经沉溺，无一得救者，洵巨劫也。川东一带近日雨水过多，重庆以下每隔一二日辄大雨如注，昼夜连绵，故河流盛涨。"省城成都夏季大旱之后，不意在夏末秋初，却连降大雨，锦江暴涨，城区被淹，一片汪洋。9月14日（七月二十五日）《申报》载："省城自8月22日夜起，倾盆大雨，檐溜如注。23日一日未息，夜亦如之。24日午前雨犹大，午后稍息，然犹纷纷未止也。是夜淋漓终宵，及旦稍休。25日九时，仍沛然而下。三日来各街长流如河，深者至膝至腰，浅者没胫没踝。最深之地，厥惟西门少城，其次则北门文庙等街，再则南门二三等巷，其他各街有全淹者，有淹大半者，有淹数段者，非赤足芒鞋不能越而过也。若东南城根，则不堪问矣。公寓铺户入室登堂，一片汪洋，望之兴叹。有灶下生波不能举火者，有床头作浪不能卧息者，妇女用凳支板而蜷伏焉，孩童设几于桌而箕踞焉，少壮者非褰裳至臀不能足踏实地也。24日记者赤足从众踏水而行，调查各街近状，故其详如此。惟少城情形尤为可怜，祠堂街一带无有一家不进水，无有进水不深没腿膝者，旧将军署顺利及通顺各街，有淹至胸腹以上者，诚数十年来未有之巨灾也。……闻少城穷民为最可悯，连日扶老携幼，纷出外城逃生，聚于西御街川东公所者千余人，当由附近之慈善家赈以锅□等物，以延残喘矣。续函云：8月22日夜起，成都省城大雨倾盆，一连五日未止。锦江暴涨，水溢于岸，东南环城一带，一碧万顷，汇志其情形如下：22日水涨约一丈二三尺，自十时至二时，水未涨亦未退，自二时至七时，水退一尺三四寸，安顺桥之封洞者亦与桥平矣。23日夜，大码头所靠船只，先后索断，打散者十余只，呼救之声惨不忍闻，至将曙时尚打散一只，船上共有九人（救起者所言），至九眼桥一人被浪卷上鱼嘴，因而得活，至天明始有人将其救起，其余同见河伯者不知凡几。24日晨至夕，由九眼桥冲过之死尸，约三十人之谱，此外有已死者，有未死者。……外东各街，有七八尺深者，有五六尺深者，均不能过，往来必经各街有用渡船者，然不敢稍近河岸，恐被水卷去故也。沿岸各街居民纷纷迁避，壮者负父母子女而涉，而弱者及妇女争雇轿乘，轿乘之价十余倍于前，一条多街有给钱二三百文者，盖水没腰际，难涉故也。"成都此次大水，至9月14日（七月二十五日），"水已渐退，虽未恢复原状，然较之日前则判有天渊。惟因各处沟渠不通，尚多积水于庭，各处沿河贫民被灾后嗷嗷待哺，殊为可怜。……据闻外东分署一区，被水户口，约有八百余家，勉强敷衍、能谋一餐者，仅百余家。"（《近代中国灾荒纪年》826—829 页）

川西、川南水灾：8 月 22 至 25 日，川西暴雨成灾。成都大街成河，深者过膝，四门内外均成泽国，农田淹没无数。金县、崇庆河水暴涨，道路、桥梁冲毁甚多。温江大雨之后，外江水涨横决，近河田亩悉遭冲刷。

同年 8 月，宜宾、屏山均遭连日大雨，江水暴涨，沿江田地、房屋冲塌甚多，为 10 余年来水势最大者。（《四川省志·大事纪述·中册》20 页）

平武：5 月 23 日，涪江水暴涨，县城西门渡船翻沉，死 164 人。（《绵阳市志·杂异》）

酆都：4 月，西北见墨云如泼墨，矗立十数丈，午后大风雨雹。秋大旱。（民国《重修酆都县志·杂异门》）

大竹：5 月 12 日，大竹县清河、杨家和渠县文崇、中滩等乡镇降冰雹，禾苗损失，房屋坍塌。（《达州市志·灾害》）

宜宾：8 月连日大雨，河水大涨，各门河坎有淹尽者，有没其一半者。老火神庙茶馆倾圮。（《宜宾县志·大事记》）

江津：旱。伏旱、冬干严重，中稻无收。赈荒 10 万余金。（民国《江津县志·祥异》）

夹江：旱，饥民取关帝庙侧白泥和米或苞谷推磨成粉食之，后因之病死者亦众。（民国《夹江县志·外纪志·祥异》）

雅安：旱。（民国《雅安县志·灾祥志》）

南坪：6 月洪水大发，浪高七八尺，将安定桥冲毁，两岸码头无幸存者。（《阿坝州志·气象灾害》）

汉源：5 月 29 日夜，赵侯庙、三湾沟等处大雨，山洪由轿顶山发起，冲坏田地 500 余亩、民房 10 余间，被灾 150 余户。知事宋绍平勘报，奉巡按使批，以已裁右营移交县署银 181 两 7 钱 8 分、已故陈满清存案银 50 两及骆富林存案银 40 两，一并发赈。（民国《汉源县志·杂志·祥异》）

峨边：6 月大雨，冲刷三豆岩庄稼，纵横数里。旱，小春歉收，米到 5 月大贵。（民国《峨边县志·祥异》）

宝兴：灵关乡大鱼沟发洪水，冲毁部分民宅及耕地。（《青衣江志》133 页）

温江：7 月大雨，外江水涨横决，近河流之田亩冲刷甚多。（民国《温江县志·事纪》）

成都：8 月 22 日至 25 日大雨连宵，各街长流成河，深者至膝及腰，四门内外均成泽国，溺毙人口，造成巨灾，数十年来所罕见。（《成都水旱灾害》231 页）

金堂：8 月中江、后江泛涨，坏田苗无算。（民国《金堂县续志·事纪》）

灌县、崇庆：8 月淫雨为灾，河水暴涨冲毁桥梁。（民国《灌县志·事纪》）

屏山：8、9 月之交，大雨 20 余日，城外金河水涨至八九丈，沿河附近田地房屋冲塌甚多，为近十余年来水势最大者。（《巴蜀灾情实录》311 页）

云阳：暴雨。汤溪河流域遭历史最大洪水灾害，洪峰流量达 3290 立方米/秒。（《云阳县志·自然灾害》）

三台：中央特任曾鉴为四川赈务督办。时川北春旱，委员各处查勘。县发来塔册 1 万，令知事汇集捐款听候分拨。除解总局千元外，尚余 6000 钏，呈准买谷还仓。次年县水灾，由总局令嘉陵道拨 3000 元发赈。（民国《三台县志·赈务》）

合川：旱。4 月大风拔木，桐树尽折。（民国《新修合川县志·余编·祥异》）

南川：6、7 两月大旱无苗，秋至冬不雨，全县田禾十分之七颗粒无获。（民国《南川县志·大事记》）

1914 年至 1915 年，岁在甲寅、乙卯，连年遭春干，夏又大旱，栽秧没有水，改种苞谷、红苕，也干坏了，没有收成。贫民争吃白粘泥，称为"观音粉"。由于旧社会民智不开，溺于迷信，只有做会祈神求雨，何济于事。城隍庙、南门桥、北街节孝祠等处，饿死的人很多（因为在那些地方发救济稀饭，饥民都集中在那里）。然而有钱的人，都在餐馆、酒店大吃大喝，吃醉了呕吐出来，饿极了的人都去抓些来吃。县人任吉晖（老教师）曾作有《荒年叹》长诗一首描述这一惨状。节录如次：

乙卯岁奇荒，国民嗟仰屋。阴历四月初，田干无叱犊。
途间遇老农，絮絮话衷曲，为语去年干，禾黍只半熟，
家家折半收，辜负操豚祝。只冀雨如膏，春耕好播谷，
庶几去年荒，今年补不足。何意交春来，望雨望穿目，
几回云油然，虽雨终霡霂。一干已为甚，四境多枵腹，
今又旱继之，何以供馆粥？食价日益增，民生日益蹙，
半升百二三，米贵胜珠玉。酒斤二百一，肉斤一百六，
寻常说年饥，犹堪饱半菽，如此奇荒年，未闻宁我独。
昨冬豆麦苗，民饥赖之育，今春苦无资，饭土如饭粟。
骨瘦支若柴，形枯立似鹄，道旁殣相望，城隅僵且续。
十室九家空，比户粮无宿，斯时耕且难，后事安终局！
老农言及此，双眸泪簌簌，我亦恻以怆，不禁吞声哭。

……

（《南川近百年来自然灾害录》，载《南川文史资料选辑·3》）

简阳：夏旱，较常年少收三分之二，米价由每斗 800 文涨到 1004 文。（民国《简阳县志·灾异篇·祥异》）

叙永：7 月苦旱。闰五月某日大雨骤至，溪水暴涨，沿溪岸堤冲损者不少，该地人民受损甚多。（《巴蜀灾情实录》311 页）

邛崃：春夏连旱少雨，县境大部分冬水田干裂。7 月暴雨，南河突发洪水。永丰场有莲花坝沙洲，洲上有农田 1000 余亩，被南河水冲刷无存，河亦改道。（民国《邛崃县志·祥异》）

渠县：夏旱连伏旱，高炕田稻谷颗粒无收。（《达州市志·大事记》）

潼南：秋冬无雨至次年 3 月微雨，4 月始大雨。（民国《潼南县志·祥异》）

涪陵：春旱。秋收期雨多，谷生芽数寸，米价大涨，次年春荒，草根树皮掘剥殆尽。（民国《涪陵县志·杂编·民国记事》）

忠县：大旱，米贵民荒，刮麻头、树皮充饥者众。县署筹赈甚忙。县人王耀堂捐施米及寒衣，并变卖机神庙对门住宅助赈。（民国《忠县志·事纪志》）

青川：6 月中旬，乔庄及其周围地区冰雹，伤民居，损禾稼。（《青川县志》）

峨边：3 月 27 日，冷碛泛烧毁民房 50 余户，泛署亦毁。冬月，北路蓝家沟火烧 10 余家。（民国《峨边县志·卷 4·祥异》）

灌县：1914 年 11 月 17 日至 12 月 16 日，灌县地震。（《四川省志·地震志》72 页）

［善榜］义商魏元钦：民国甲寅，崇庆大旱，米价翔涌，市无售者。名重遐迩之义商魏元钦，慨然捐金五百，复募交游共得金三千，赴四乡买米减粜，多所全活。邑人柯益埧等创设慈善公社施医药，元钦闻之，怀金襄助，且日诣社中检点药物，或有谓其无须辛劳者，元钦则曰："此救人事也，若有误，不转而杀人乎！"（民国《崇庆县志·士女八之三》）

义妇曹氏：甲寅五月，合州大火，斗米值二千八百。文华街孀妇曹氏虑民饥匪炽，或酿变且不测，遽出历年所余针工银五十两，付其表侄邓成之，于大南下街正顺米店为粜济，而隐其名。邓成之以杯水无济，转与本街宏昌正吴瑞符推广募施，设局平粜，费达两千余两，全活甚众，自曹发起也。（民国《新修合川县志》）

1915 年

（民国四年）

四川大旱，民间称"乙卯大天干"。

四川春旱，灾情甚重：《东方杂志》载：川省"自上年（1914）亢旱，粮价腾昂，至今春分已过，雨泽未沾，山粮尽枯，小春失望，田水枯竭，播种无从。东南西北各道，几于无县不荒。贫民采食草根树皮充饥，被灾之重，为数十年所未有"。《申报》对此事记述较详，4 月 10 日（二月二十六日）该报载："迩来春日放晴，雨师却步，田畴又呈旱象，米价银值亦相率提高矣。……四川筹赈总局调查员罗震炘君上总局函云：……三月五日夜泊长寿，询悉该县自去岁十月至今，亢旱甚久，田水枯竭，小春已无可望。……次日抵涪陵，灾象尤甚。民多菜色，斗米三十六斤价至二千五六，倚山一带恐慌万状，贫民恒以树皮、草根、麻头充食。……日前县属尖山子居民秦姓，因饥寒交迫为富绅冉某所知，赠钱一铡，意在拯诸穷途，不图秦姓受赠潜买砒霜割肉和食，毒毙全家八口，至今谈者犹为凄然泪下。……七号小住郫都，访问灾情，较涪尤烈。……并亲见名山天子殿树皮，已被饥民剥食殆尽，实为历来未有惨剧。""昨有自温江、崇庆来者云：该两县小春出产以菜子为大宗。……入春以来，雨泽稀少，菜苗颇见槁象。……资中、内江……两县境内及邻近各县，约千余里，近日均少雨泽，故米价有加无已。遂宁县属近日米价逐渐增涨，每斗已售钱二千文左右，境内饥民相率向富家有谷者坐食，不取其他货物，即所谓吃大户也。嘉陵道属内旧保宁府所管川县，人民多种麦为食，现闻该处久无雨泽，麦苗不茂，麦秋恐将失望。近日天久不雨，米价腾贵，犍为、乐山一带如竹根滩、牛华溪为盐厂重地，甚形恐慌。……铜梁向以煤纸为大宗，设厂营业者无地无之，而一般贫民及劳动家恒以为生活之地。讵自去冬至今，数月不雨，米价腾涨，……农事维艰，纸铁炭厂，因日食昂贵，销路逼仄，多有歇业待时者。如果天久不雨，各帮停贸，恐饥民工匠乘间崛起，传食之患在所不免，不知知事用何法以维持之也。昨有友人自南川来言：该县近日干旱异常，米价每斗已增至二千三四百文之谱。离城十余里有李姓者，行为正直，贫无立锥，仅夫妻二人及三岁之幼子，丰年亦不过仅得一饱，今遭此天灾，夫妻一子聚饿数日，实属无法，不得已商议杀子充饥，议毕夫遂杀其子，其妻伤子之死亦自缢死，其夫悔之无及亦自杀，邻人见者靡不洒泪。"4月14日（三月初一日）《申报》又载："安岳县内旱象较他处尤为恐慌。……彰明县一带去岁收成歉薄，民食困乏，……极贫之户因度日维艰，有卖妻鬻子苟延旦夕者，亦有仰药自杀或投河而死者，凄惨之状，笔难尽述。……梁山县贫民已将各处芭蕉挖食殆尽，流亡载道。……简阳县知事张少廷，近以灾象颇重，特力筹捐款分饬各团购米煮粥，令邑内贫民就食，每碗薄取三文，并饬简阳饥民不准乞食他处，而他处饥民亦不准入该县境内乞食云。"此外，"忠县自去年大旱，……本年一春缺雨，旱灾重罹，饥民鬻妻弃子，掘剥蕨根树皮以食者，所在皆是。……灾区遍全县，极、次贫民有四万余户十五万余口之多。……垫江自去冬无雨，水田既涸，豆麦无望。……而本年烈烈骄阳，高张火徽，凡长龙寨、杠家桥、中兴场、矾石场、五洞桥、福安场、龙凤场、沙坪关、曲尾铺、高滩场、会聚场、复兴场、大沙河、赵家寺、栗树场等处，虽距县七八十里不等，而东南北横斜百余里皆成灾区，极、次贫民约八千余户二万九千余口。"（《近代中国灾荒纪年》835-836页）

水旱灾害致严重饥荒：1915年，四川自上年亢旱、粮价腾贵之后，年初至春分无雨，小春无望，大春播种无期，东南西北各道几乎无县不荒。贫苦人家采食草根树皮充饥，饥民成群，饿殍塞途，全家自尽或易子而食者时有所闻。

同年夏秋，重庆水灾频仍，米价暴涨。稻秧最初因非常干旱而枯萎，以后又因雨水过多而大受损伤。米价涨到从来未有的高度，每斗（40斤）达2000-2500文。（《四川省志·大事纪述·中册》26页）政府任命施纪云会办川东筹赈事宜。不久，袁世凯改任重庆富商李湛阳当此职。（《重庆市志·大事记》）

巴县：民国初，连续四年大旱，是著名的"乙卯年大天干"，"向所未见"。永盛乡出现"十室九空"现象，龙岗乡收获大减后，灾民"寻觅草根、树皮、麦叶、蕉头以果腹者，更有掘白泥致压毙或服死者，种种惨状，不一而足"。当年巴县各地"夏熟无收，栽种失时，民生疲敝"，"饥民多至四十万有奇"。省政务厅察灾员贺蔚甲在调查川东三十六个县的灾情报告中称"最重唯巴县"等四个县，惠民场稻谷产量"仅及十分之二"，"米贵如珠，每升需钱三百"。国民政府为此拨救灾款一万银圆，巴县竟得七千元。（《巴县志·自然灾害》）

合川：正月至五月不雨。是岁大歉。十二月十七日夜大雪雨雹。（民国《新修合川县志·余编·祥异》）

[**善榜**] **合川赈饥，公办、私办并举**：民国三年，米每升竟三百文，知州卢兆丹提济仓谷三千石办理平粜，由房推碾，每升粜价一百二十文，粜毕存钱，俟秋收籴，秋后仍贵。四年米价每石值银七两余钱（是时银价每两合二千五百），后卖九两余钱，知事宗彝因仓谷不及十分之二，首捐廉俸，饬劝各绅凑捐，共募五千余金，仍前平粜。两年中，由官开仓捐款平粜，为公办；由各善堂善款好善乐施，为私办。额限城郭内外，西北城丁口赈民一万二百名，单日发米，计四十八石有奇；东南城丁口赈民一万五百名，双日发米，计五十石有奇。先后六十日，除应折本、折升合外，募款存银一千零数十两。凭众议决，买置义冢。又西城附郭之凉亭子会善堂，平粜米二千九百二十九石六斗。（民国《新修合川县志》1443 页）

江津：春旱严重，小春歉收。至五月始下大雨，千担栽秧，媷秧用锄，谷子有收。璧南河断流。（《江津县志·大事记》）

长寿：春干，缺水播种，直至夏至多未栽秧，民间改种番薯、荞子。（民国《长寿县志·大事记》）

涪陵：去年春旱荒，秋歉收，民以芭蕉头、桐麻皮和杂粮为食。（民国《涪陵县志·杂编·民国记事》）本年春旱米荒，县政府向中国银行借银 2 万两，购米赈济。（《涪陵市志·大事记》）

双流：四月久旱成灾，小春无收，粮价腾贵。贫民采食草根树皮。（《机投镇志》引民国《双流县志》）

丹棱：四月大旱，鱼疫，遍游水面。八月不雨至下年六月，斗米两千余，野有饿殍，盗风日炽。（民国《丹棱县志·杂事志·灾祥》）

奉节：春荒。县知事遵四川巡按使令，不准富户囤积居奇，一律开仓平价出售，不准粮食出夔关。（《奉节县志·大事记》）

蒲江、大邑：旱。（民国《大邑县志·祥异》）

南川：春夏大旱饥。（民国《南川县志·大事记》）

武胜：春夏大旱 100 天，自去年冬至今年春无大雨，四月小雨，削木使锐，插田分秧，禾终不盛，秋收仅得四五成。（《嘉陵江志》151 页）

邛崃：连旱，乡民有至二三里外水井排队挑水者。（民国《邛崃县志·祥异》）

雅安：旱。（民国《雅安县志·灾祥志》）

彭山：春夏皆旱。（民国《重修彭山县志·通纪》）

潼南：春夏旱。斗米（约 25 公斤）两千四百文。（《潼南县志·大事记》）

大足：五月，大旱，沿河车水抗旱。（民国《大足县志·祥异》）

资中：旱。（民国《资中县志·祥异》）

三台：水灾，由省赈务总局令嘉陵道拨三千元发赈。（民国《三台县志·杂志·祥异》）

璧山：六月后阴雨两月，晚稻多烂。（《璧山县志·大事记》）

越嶲：六月二十六雷雨交作，江水暴涨，淹没本县膏腴之处田地不少，并倒塌房屋百余间，损伤人口数十，牲畜、桥梁、碾磨不计其数，为从来未见之奇灾。（《巴蜀灾情实录》311 页）

峨边：旱，斗米价一千八九百文，玉黍斗价八九百文。七月十五日大雷雨，山顶起

水，冲刷雪山庙、葛将营地面数里。（民国《峨边县志·祥异》）

　　温江：七月大雨连日，县内河道沿岸田园被洪水冲毁甚多。（民国《温江县志·事纪》）

　　富顺：秋收未半而连日大雨如注，谷已打者生芽，在田者脱落。（《巴蜀灾情实录》311页）

　　重庆：八月三十一日夜，雨大异常，街衢成河，其后多雨少晴，田禾霉坏。（《巴县志·自然灾害》）

　　剑阁：大水。（民国《剑阁县续志·事纪》）

　　西昌：秋雨水太多，几乎无有晴日，东西两河水大涨。（《四川省近五百年旱涝史料》141页）

　　荥经：六月雨雹。（民国《荥经县志》）

　　云阳：二月二十六日、二十九日及三月二日，全县连降冰雹，小春作物损失严重。尤以南溪、高阳、红鹿三乡最重。（《云阳县志·大事记》）

　　阆中：某夜大风雨（雹）。风速17米/秒以上。翌晨，十区香炉山李姓竹林间发现坠死之麻雀无数，拾之得十余筐。（民国《阆中县志·杂类志·纪异》）

　　[**德碑**] **合江**：旱，米昂。县知事董慕舒（1914年9月任，1915年4月免），首捐银二百元，倡办平粜。去任后，士民集资建遗爱亭，历陈其任职仅七个月，却办利民事十件，首倡平粜为其一。（民国《合江县志·治制》）

　　农历腊月初六晚，泸定铁索桥被焚，次年修复。（《甘孜州志·大事记》）

　　汉源：六月二十六日夜三更，汉源地震，房屋皆动，居民异常震恐。（《四川省志·地震志》72页）

　　[**附一**] **民国四川巡按使署成立省筹赈总局**：民国建立后，四川兵连祸结，灾害频繁，群众逃荒日众。四川巡按使公署乃于民国四年一月六日成立四川省筹赈总局，以曾鉴为督办，办理灾赈。（《四川省志·民政志》261页）

　　[**附二**] **四川巡按使陈廷杰请款大修都江堰**：清光绪末年以来，都江堰渠首及灌区河堰多年失修壅淤。民国四年二月八日，四川巡按使陈廷杰报请大修都江堰，四月二十日奉内政部全国水利局批复同意动支国库银30万两大修，并饬委代理西川道尹王章祜兼任都江堰临时工程局局长，督率技师于灌区温江等县分道施工，至民国五年四月一日，外江、内江工程先后淘修完成放水。（《成都水旱灾害志》231页）国民政府拨库银30万两，分年进行大修，前后修淘4年。经过大修，都江堰对保证农田灌溉，减少水灾发生，收到了很好的效果。但此后政府再也没有拨款大修，仅仅维持每年的岁修。1933~1934年间，岷江暴发百年未遇的特大洪灾，都江堰工程被摧毁十之八九。（《巴蜀灾情实录》99页）

　　[**链接**]　　　　　　　　　**观翔符寺粜饼**

　　　　　　　　　　　　黄尚毅（民国《绵竹县志》主编）

　　　　　　昧爽闻呼声，隔墙相告语，买饼惟恐后，同行结邻侣。

　　　　　　尽室阖门去，路人如线蚁。晓凉衣败絮，赤足泥粘趾。

　　　　　　诃儿行不速，跌地复拔起。今日翔符寺，五门随转徙，入寺闭门内，望饼千头举。豁然开一门，争出门几毁。

鸠形鹄面人，饥色如白纸。或为瞽目翁，或为跛脚子，

或为橐驼背，或为聩聋耳。侏儒蹒跚行，老弱惟杖倚。

媪妪少妇随，襁褓嗁不止。泪汗满面流，更怜小儿女，

掀拥不得出，几为践踏死。十钱给一饼，得之笑不已。

后来不得入，泣诉无路取。谁忍哂贫羸，获饼藏襟底。

亦有含铺歌，称诵大善士，灾旱并时疫，流行不到此。

化为吉祥云，拥护兴仁里，和气酿丰年，天人大欢喜。

争夺杀人者，观此当汗沚。

（民国《绵竹县志·慈善》）

［备览］**北川刘家坪怪症**：民国初年，北川县劝学所奉公令调查学龄儿童，预备行强迫教育。有大鱼口沟地名刘家坪者，两山一溪共计七十余户，仅有学龄儿童三名。调查员魏君利堂深以为异。复严密挨户清查，有子之家不过十户，余皆无嗣。询之地方耆老，云：该溪之水，妇女饮之不善生育。但至今查之未明。闻该处膏腴之土荒弃者十分之八，流离死亡不计其数。近仅十余户矣！窃望有科学知识者，一查其究竟，而补救之，则幸甚矣！（民国《北川县志·杂异志》）

<h1 align="center">1916 年</h1>

<h2 align="center">（民国五年）</h2>

四川为护国战争主战场，滇、黔军入川：1916 年 1 月、2 月，蔡锷率护国军在四川泸州、纳溪间，与袁世凯派遣的北洋军曹锟、张敬尧、李长泰三个师激战，击败袁军；3 月中旬，护国军大举发起反攻，北洋军及袁氏任命的四川督军陈宧所率附袁川军全线溃败。3 月 22 日，袁世凯被迫公布取消帝制命令，83 天皇帝梦幻灭。7 月 6 日，黎元洪任蔡锷为四川督军兼省长；时蔡因病赴日本就医并于 11 月逝世，由滇军参谋长罗佩金任护理四川督军兼省长。由是，四川军政大权落入罗佩金与黔军总司令戴戡之手。罗、戴为谋私利，擅变财政制度和军饷分发制度，其 3 万兵所驻之区则成独立王国，川军各部亦相效尤。1916、1917 年，经刘存厚川军先后与罗、戴交战，虽然赶走了滇、黔军，却开启了后来防区割据制形成的祸端。（据《四川通史·民国》）

全省多种传染病严重流行：1916 年，据《四川省内务统计报告书》载：全省痢疾病患者 332758 人，死亡 151406 人，死亡率高达 45%，居当年各种传染病死亡率首位。同年，全省伤寒病患者 590790 人，死亡 218522 人，病死率 38.7%，居当年各种传染病死亡率第二位。（《四川省志·大事纪述·中册》32 页）

1916 年，四川省政府统计：天花发病人数为 253983 人，死亡 67719 人，病死率 27%。麻疹患者 155840 人，死亡 57726 人，病死率 37.04%。（《解放前四川疫情》引陈邦贤《中国医学史》）

疫病流行，死亡惨重：据1916年《四川省内务统计报告书》中记载（是当年极不完全的统计）：霍乱、伤寒、麻疹、白喉、赤痢、天花、猩红热、黑死病等8种传染病患者1672067人，死亡640656人，占当年全省已明死因人数的70.9%。（《巴蜀灾情实录》213页）

彭山：春旱。（民国《重修彭山县志·通纪》）

双流：二月初四日天降红雨，染草木生色如胭脂。（民国《双流县志·祥异》）

犍为：五月大旱。观音场大雨雹。（民国《犍为县志·杂志·事纪》）

汉源：春夏亢旱，禾苗枯萎，六月八日始得透雨。知事张庆苹报省公署，委荣经知事梁到县履勘，请款赈济。（民国《汉源县志·杂志·祥异》）

雅安：一月，严桥火灾，全场灰烬。五月大水，坏观音堡上街。九月至十一月昼夜俱雨。（民国《雅安县志·灾祥志》）

大竹：五月十二日午后大风雹，北李市一带木拔禾偃。（民国《续修大竹县志·祥异志》）

梁平：五月十七日雷雨大作，城河陡涨，岸上水深二丈余，全城淹没。（1916年5月24日《国民公报》）

长寿：夏，天旱72天，稻禾着火即燃，多数农田颗粒无收。民食草根、树皮度日。（民国《长寿县志·灾异》）

铜梁：五月十七日雷雨交作，城外河水陡涨，平地高二丈余，越北门城垛而入，城内一片汪洋，被难之家千户以外。（《铜梁县志·大事记》）

九龙：五月溪木林大水，同时三垭雹灾。（《甘孜州志·大事记》）

绵阳：六月十七日以来淫雨，城北河水暴涨数尺，淹毙甚众，附郭田亩已成汪洋。（《巴蜀灾情实录》311页）冬旱，春米翔贵，县知事万庆和即痛呈大府，得开仓赈粜，一月三次，米价渐平；又劝谕城乡绅户募集三万余金，散粜兼施，全活甚众。（民国《绵阳县志·蠲政》）

三台：七月二十四日大雨倾盆，河水暴涨二丈有余，房屋被冲，已成泽国，葫芦溪水高三丈。（民国《三台县志·杂志·祥异》）

成都、双流：七月下旬淫雨不止，各处水涨，公园门口可以行船，成、郫两县多有田亩被冲刷。（《成都水旱灾害志》231页）

江油：七月涪江暴涨，淹没城内街道。（1916年8月3日《国民公报》）

温江：七月大雨滂沱，河水陡涨，杨柳河德胜桥岸堤冲塌，附近数十户房屋被淹没。（民国《温江县志·事纪》）

简阳、内江、资中：九月连日大雨，沱江水涨，流域内各县城下均被水淹，沿河街道，均成泽国，沿江封渡三日。（《内江地区水利电力志》）

西昌：七月东河大水，冲毁大通桥及两岸街巷。（《凉山州志·大事记》）

越嶲：入秋阴雨过多，粮价大涨。（《凉山州志·自然灾害》）

德阳：秋涝。（《德阳市志》）

梁平：淫雨成灾，谷多霉烂，收获仅十之二三。（《梁平县志·大事记》）

冕宁：十月十一日阴雨绵绵，至二十四日河水暴涨，冲刷良田一千余亩。（《四川省近五百年旱涝史料》141页）

达县：淫雨 48 天，谷生秧，稻草霉烂，民大饥。（民国《达县志•杂录》）

富顺：初冬霖雨近月，田水横溢，小春不能下种，旱种者多溃坏，灾情为数十年所未见。（1916 年 11 月 27 日《国民公报》）

新都：大水，县北高桥渡被水冲塌。（民国《新都县志•外纪》）

合川：有年。（民国《新修合川县志•余编•祥异》）

筠连：本县为护国之役战场之一，以仓谷充军食，各乡积谷皆空，仅第一区存少许。（民国《筠连县志•纪要》）

［附一］1916 年四川省疫病流行状况：

（1）**通江**：四川省嘉陵道通江县 1916 年 8 种传染病及死亡人数统计：霍乱患者 811 人，死亡 507 人；赤痢患者 12757 人，死亡 10300 人；伤寒患者 16703 人，死亡 11216 人；痘疮患者 1798 人，死亡 513 人；疹热症患者 777 人，死亡 476 人；猩红热患者 480 人，死亡 387 人；白喉症患者 230 人，死亡 136 人；黑死病（可能为恶性疟疾）患者 366 人，死亡 204 人；8 项合计患者 33922 人，死亡 23739 人。当时，通江县人口为 237620 人，即 8 种疾病人口总死亡率为 9.99％，8 种疾病总病死率为 69.98％。

（2）**涪陵**：1916 年涪陵县患病及死亡人数：据民国五年统计，涪陵县患各种传染疾病的人数达 44406 人，占总人口的 4.1％，因患病而死亡的达 29628 人，平均死亡率为 66.7％，其中患霍乱、赤痢、伤寒、天花、麻疹、猩红热、白喉、黑热病等疾病的达 37228 人，死亡率 68.5％。

涪陵县 1916 年 8 种传染病患病及死亡人数统计：霍乱患病 6725 人，死亡 4973 人，病死率 73.9％；痢疾患病 7618 人，死亡 5960 人，病死率 78.2％；伤寒患病 6072 人，死亡 4416 人，病死率 72.7％；天花患病 3542 人，死亡 1886 人，病死率 53.2％；麻疹患病 4562 人，死亡 2906 人，病死率 63.7％；猩红热患病 3042 人，死亡 1386 人，病死率 45.6％；白喉患病 5598 人，死亡 3942 人，病死率 70.4％；黑热病患病 69 人，死亡 50 人，病死率 72.5％；其他患病 7178 人，死亡 4109 人，病死率 57.2％。（《涪陵市志•卫生篇•防病治病》1262 页）

（3）**奉节**：奉节霍乱、赤痢、伤寒、痘疮、疹热症、白喉症流行，患者 4998 人，死亡 2918 人，死亡率达 58.2％。省卫生厅资料记有本县"兴隆、山字乡瘟疫流行，纵横五十余里，患者 400 余人，死亡 200 余人。疫病流行期间，家家关门，路无行人"。（《奉节县志•防疫》）

（4）**富顺**：赤痢、伤寒、痘疮（天花）、霍乱流行，患者达 43876 人，死亡 18457 人。（《富顺县志•大事记》）

（5）**云阳**：霍乱男 123 例，女 39 例，死亡 49 人。（《云阳县志•疫病防治》）

（6）**安县**：霍乱、天花等传染病流行，发病 6004 人，死亡 2053 人。（《绵阳县志•杂异》）

［附二］**民国五年后都江堰连年失修**：驰名中外的都江堰工程，在民国时期由于军阀割据，政局混乱，贪官污吏当道，地主豪绅称霸。他们狼狈为奸，侵吞岁修经费，使工程严重破坏，一遇大水便酿成洪灾。曾担任过灌县县长的吴鸿仁在他编著的《蜀西都江堰工志》中记述：民国五年（1916）以后，都江堰"连年失修，致河床淤高，横流泛

滥"，造成了多次水灾；"驻军预征，括尽契税"，都江堰岁修没有经费来源；"财政紊乱，库贫如洗，取给无从，任斯职者，卒皆视为传舍，循例敷衍，水灾迭见，置若罔闻。"（《四川城市水灾史》338 页）

［附三］民国初期，在崇善里木古甲和万县大舟甲等长江沿线一带（今巴阳镇、莲花乡等地）发生伤寒、副伤寒流行，两次患者均上千人，死亡数以百计。

茂县、汶川、松潘、懋功等地报告霍乱患者 631 例，死亡 238 例。

茂县、汶川、松潘、理番、懋功 5 县伤寒患者 1365 例，死亡 478 例。（《阿坝州志·疫病防治》）

西昌县霍乱患者 2008 人，死亡 1444 人。（《凉山州志·疫病防治》）

彭水县霍乱患者 279 人，死亡 86 人。赤痢疾患者 242 人，死亡 107 人。（《彭水县志·大事记》）

［备览］麻疹迭次流行情况：据近现代史料零星记载，麻疹在四川流行广泛，为幼儿、少年必过之"痘麻关"。1916 年，《四川省内务统计报告书》所列的 8 种传染病报告，全省麻疹患者 155840 人，死亡 57726 例，病死率 37.04％。递后，有较大流行记载的：1931 年云阳县流行，患者 1800 余人，死 800 余人；1932 年涪陵县流行，城关、劳市两镇小儿罹病近半；1936 年，巴塘县流行，病死 4000 多人，古蔺县流行，病死 1400 余人；1939 年，邛崃县流行，4 个乡统计即死上千人。（《四川省志·医药卫生志》155 页）

1917 年

（民国六年）

罗佩金、戴戡"就地划饷"，军阀防区制之祸端开启：2 月 27 日，暂署四川省省长戴戡，应暂署四川督军罗佩金之请，公布《驻防外县军队就近拨领薪饷办法》，第一次用政府公文形式把"就地划饷"制度化，这是民国四川划拨防区、截留税收成为定制的开端。（《四川通史·民国》）

岷江洪水，百年一遇：1917 年岷江洪水，重现期约 100 年。彭山至宜宾沿线城镇、农田，皆遭灭顶之灾。据统计，6 座城市的 42 处场镇全部受淹，水深 2 米，河心洲坝尽皆无存。仅乐山、宜宾两地区，就约有 36.4 万人受灾，倒房 30.2 万间，淹没农田 26.7 万亩。（《四川水旱灾害》70 页）

全省洪水泛滥，灾情严重：1917 年 7 月下旬，岷江流域暴发近百年来最大的一场洪水，干流高场洪峰流量达 51000 立方米/秒。沿江城市成都、乐山、夹江、理县、汶川、灌县、郫县、双流、温江、邛崃、新津、彭山、眉山、青神、雅安、宜宾、泸州、合江、江津、重庆、广汉、什邡、资中、内江，灾害异常严重。（《巴蜀灾情实录》71—72 页）

7 月岷江流域雨情水情：7 月 19—22 日，在岷江和青衣江中下游发生 3—4 天的暴雨过程，其中 20、21 两日雨强最大，暴雨中心位于彭山、夹江、乐山、犍为一带，此外，汶川至犍为区间及沱江、涪江、青衣江上游皆为这次暴雨所笼罩，以致岷江、青衣江下游产生特大洪水。崇庆、温江、成都、双流、新津、邛崃、彭山、眉山、青神、乐山、犍为、宜宾等地皆有此次洪水的文献记载。据实地调查，下游乐山、五通桥一带为7月19日起涨，22日达到峰顶，持续约1日，25日开始退水，洪峰历时约6天，为复式洪峰，具有峰高量大的特点。洪峰流量值向下游增大，当青衣江洪水注入后，洪量达到最大值。但因五通桥以下区间洪水加入不多，特别是马边河洪水不大，故洪峰略有削减。洪峰流量推算值：彭山15100立方米每秒、平羌峡19600立方米每秒、五通桥54000立方米每秒、犍为51800立方米每秒、高场51000立方米每秒。（《岷江志》133页）

四川夏季雨水过多，河水大涨，数十县被水并有震灾：7月（五、六月）间，成都"大雨数日"。据8月21日（七月初四日）《申报》载："连日据成都、新津、嘉定、叙府、五通桥、泸州、重庆等局报告，河水大涨，沿河电杆多被淹没，且有被水冲去者，而成辖向阳场及新津城外过河高杆均被漂各等情。查此次川河暴涨，沿河漂没房屋，溺毙人畜无算，为近数十年未有之灾。"又据《四川军阀史料》载：是年"泸州、犍为、松潘、汉源、嘉定、眉山、合江、北川、西昌、绵阳、夹江、丹棱、雅安、双流、灌县、彭山、荣县、大竹、通江等数十县发生大水、震灾"。（《近代中国灾荒纪年》868页）

沿江城镇遭灾情状：1917年7月下旬至8月上旬，岷江大洪水，沿江城镇无一幸免，乐山损失尤为惨重。7月，乐山连续3日淫雨不止，河水陡涨，三江汇合，府河尤甚。城中进水深五六尺，西门及县署前，城东南的一些街道皆被洪水淹没。沿河居民只有坐在屋顶上，处处呼救。沿江各乡镇损失田土房屋生命财产不可计数。水未退，地大震，山崩多处，压毙数家。是年冬月，天降黑雨，山原渍水处处为墨。

7月，名山、雅安、丹棱、眉山大雨数日不止，水暴涨，沿河房舍农田多被漂没，财产损失无数。夹江县城洪灾严重。先是连降3日大雨，河水陡涨，田禾尽没，损害房屋人畜不计其数，城中水高五六尺，被害者十居八九。县北杜山岩地崩裂，民房毁坏，牲畜死亡无算。

7、8月，犍为县遭受洪水，洪水穿城，城垣冲塌258丈，城内建筑损失惨重，毁坏旧城、县佐署、看守所、书院、清紫云宫、清三元宫等处。田土人畜被水漂没不计其数。8月，泸县几经大水灾。江水暴涨，大小河街、兰田坝等处汪洋一片。

8月，双流、绵阳、北川、合江等城镇亦遭洪灾，房舍、农田、人畜均受严重损失。

时值军阀混战，土匪横行，人祸天灾，民众生活苦不堪言。（《四川省志·大事纪述·中册》37—38页）

青衣江历史特大洪水之二发生在民国六年六月初一至初四。重灾区分布在中下游，下游尤甚。雅安大霖雨历时四昼夜，诸河皆涨，城北被淹三四尺，坏田、宅；城外各处民房多被水冲坏，观音铺被洪水冲击，曹场陷水中。洪雅罗坝场被淹。夹江县田禾尽没，冲毁房屋及溺死人畜不计其数；城中水高五六尺，县知事取门作筏，撑游各街查勘水情；被害者十居八九，城乡居民难以举火者，不下千余家；县北山崖又在大水中崩塌，毁房损畜，人幸逃离石面渡者，仅乘筏数只。七月，夹江县干支流又发洪水，冲毁民房不知几万间，淹死者已难计数，夹江城内水深较城外略浅，往来行船，这实为"此城数百年未有之奇灾"（《夹江县志》）。中游支流名山河亦发大水，从六月初四至初八，大雨不止，房舍多漂没。（《青衣江志》133页）

成都东山旱，平原大雨大水：龙泉驿及新都县南丘陵地区夏旱。7月，平原连旬阴雨，21日又大雨，灌县岷江上涨，羊马河口冲决，崇庆县农田被淹田四千余亩，灾民七千余人，发仓谷千石赈济；金马河玉石堤溃决，十余日水势不减，温江、双流、新津一线农田受淹亩以万计；成都城区水入民房，近城乡镇多沦为泽国。

邛崃、蒲江7月21日（六月初三）起，大雨连三昼夜，南河、蒲江河并涨，回龙场水淹及老戏台，永丰场上进水，永丰至蔡渡一段冲毁农田一千余亩。

郫县8月初旬大雨连日，县北竹瓦一带河水泛涨，冲毁桥梁房舍，淹没农田一万余亩。（《成都水旱灾害志》231页）

［链接］**崇庆水灾呈报赈济过程**："民国六年七月大水，羊马河口冲决，金马河淤塞，人民室庐、田亩被灾甚众。知事方潮珍以闻省长，令温江知事会勘。灾民男女实七千余人、田被淹伤四千余亩，发仓谷千石赈之。里人杨清远上请官帑，役夫数百，深浚金马，复旧分杀水怒，其患乃平。十二月县绅罗元黼等呈四川筹赈局，请发币赡恤穷匮。省长令县征收局发银券二千元以赈。"（民国《崇庆县志·蠲政》）

温江：三月中旬大风雨雹，平地三寸许，刘坪一带击毁禾苗无数。七月初绵雨十余日，至二十一日夜降倾盆大雨，山洪暴发，玉石堤决口，水漫城厢民房，众多人家断炊。（《温江县志·大事记》）

内江：五月连日雨水，大河泛涨。七月二十三日河水突涨十丈余。附城河街被淹没，沿河房屋禾稼多被冲去。（1917年8月6日《国民公报》）水涨十丈，为三十年来所未有，损失巨大。（民国《内江县志·祥异》）

松潘：四月大雪雹，自申至酉，积深盈寸。（民国《松潘县志·祥异》）

汉源：四月十九日大雨如注，富林乡上下数十里中，冲毁房屋数十家，淹毙四十余人，损禾苗万余石。四月二十八日夜，鸦鹊口水桶沟一带雨如倾盆，人畜被淹没者甚多，灾区收成不及十分之一。五月初一，百家岩、马烈一带降大雹如碗，乡民死伤遍野。春夏亢旱。四月水灾，知事张庆苹详报省公署，月余始来委员勘验，八月始发款赈济。五月间常雨，禾苗皆细弱，入伏后连受骄阳十三日，禾多受伤，虫多，顺河八谷山遍地起蝗，有赤黄黑白等五种，初蚀禾叶，继蚀茎，入土化为蚕蚀豆菽根，秋后入人家蚀杂粮，人触之浮肿恶痛。（民国《汉源县志·杂志·祥异》）

汶川：夏溪水暴涨，田亩多被冲刷。（《四川经济月刊》）

资中：六月球溪镇、发轮乡一带俱被水灾。（《内江地区水利电力志》）

眉山：五月崇礼乡大雨雹，雹块如鸭蛋大，沿东南下达青神，纵横十余里，田禾尽损，烟无全叶。六月初二大雨至初四日，水高数丈，浸入城东街，三日始退，被水冲者数千家。本年秋收不及十分之二。六月十二日辰初，地大震，由南而北，屋瓦为倾。（民国《眉山县志·杂记》）

六月二日，沿岷江连续三日大雨，最大洪峰流量15300立方米/秒，最高水位高程429.44米。洪水进入县城东街，三日始退，沿岷江田地房屋多被冲毁。（《眉山县志·自然灾害》）

青神：五月大雨雹。六月大水淹没禾稼无算。八月初三大雨，山洪暴发，城内水深八九尺。（民国《眉山县志·杂记》）

渠县：六月三日大雨，坏通文门城垣。（民国《渠县志·别录·祥异志》）

犍为：农历六月初三日，骤雨如注，大小河水暴涨数丈，田土人畜被灾甚巨。洪水穿城而过，深及屋檐，冲走房舍213间，淹死1600余人，为数百年来未有之奇灾。秋获之时，颗粒无收。五通桥朝峨岩洞上有明末"洪化某年洪水至此"石刻，此次洪水较高八尺，想见为空前之涨。（《四川省解放前洪水灾害资料汇编》）

［链接］犍为丁巳六月水灾，水退后即有私人减粜米粮济食，并乐捐赈济，城中亦集款一千八百二十余钏，散给内外附近受灾人民。（民国《犍为县志·义举》）

南江：境内渠江上游三教祠打米厂留有石刻："中华民国六年丁巳六月初四，河水涨至榕树半坎。"（《巴蜀灾情实录》71页）

合江：四月七日雨雹。六月五日大水，较1905年之水低五尺八寸。六月初六日，暴风雨洪水。观音岩上关于此次洪水的题字："红□绕□实堪愁，六六时间水倒流。雨洒连朝天降□，波横遍野田为洲。符江浪涌毛溪泛，杰门沉沦□□□。……"（《四川城市水灾史》279页）

雅安：六月初大霖雨历四昼夜，诸水皆涨，北城淹没三四尺，坏田宅。群山崩裂，上坝乡余继贤家陷死。（民国《雅安县志·灾祥志》）

北川：六月初九日大水为灾，坝底堡下场冲没民舍20余户。（民国《北川县志·杂异》）

乐山：六月朔雨，三日不止，河水大涨，城内水深五六尺。八月十六日至二十日又降大雨，城内复淹，淹毙颇多。（民国《乐山县志·杂记》）邑人郭道枢将己存米施馨，复捐数百金购粜，乡人至今颂德。（民国《乐山县志·人物志》）

［链接］乐山灾情详记：民国六年丁巳六月朔淫雨，三日不止。初三日，河水陡涨，三江汇合，府河尤甚。城中进水之地深至五六尺，其未进水者，土桥、鼓楼、府街而已。西门将及县署前，城东南穿过小十字，灌玉堂街、育贤街、道门口皆成巨浸。初四晨，稍退尺许。早饭后，雨仍不止，水复涨，较前又高尺余。北门外水亦及城脚。高幖山崩，坏城根数十丈。大西门侧城亦崩陷。沿河居民破瓦登屋脊，处处呼救，有两日不得食者。张公桥阑干（栏杆）石每条约重千余斤，皆为水冲去。楠木堰坏良田四百余亩。沿江各乡镇损失田土、房屋、生命、财产不可计数。滇军进城无所得食，旋引去。至十三日辰刻，地大震，瓦屋几倾倒，人心惊惶，闻有山崩者数处。夹邑、石棉渡一山崩下，压毙数家，山顶一户连房与人并崩于山下，……十日之内地复连动七八次。从此百物顿涨，物价昂贵，茄、瓜、萝卜每斤需钱七八十文，真非常灾异也。是年冬月十七夜，天降黑雨，山原渍水处如墨。又是年六月，沫东坝、曾氏祠附近冲毁田地数百亩，一夕成泽国，辟江一道，居民损失颇巨。（民国《乐山县志·物异》）这次大水，竹根滩死了一千七八百人，水退后患病的人也不少，没医药也死了一些人。（《四川两千年洪水史料汇编》）

夹江：六月大雨三日，陡涨大水，田禾尽没，损害房屋人畜不计其数。七月阴雨连绵，河水大涨，城内可行舟。八月又大雨三日，城中水高五六尺，田禾多没。（民国《夹江县续志·祥异》）

[链接] **夹江六月大水情状**：民国丁巳年（1917）六月，大雨三日夜，陡涨大水，田禾尽没，损害房屋人畜不计其数，城中水高五六尺。县知事陈伦取头门作筏，撑游各街，查勘水灾：被害者十居八九，城乡居民难于举火者不下千余家。县北杜家山岩地崩裂，毁民房牲畜，人幸逃出。时近黄昏，雨大如注，水暴涨，陡高二三丈……此诚数百年未有之奇灾也。崩裂情形，今犹存在，见者心为之惧。（民国《夹江县志·祥异》）

江津：6月23日，龙门、刁家、贾嗣、黄泥、双龙等地暴雨成灾，田坎、房屋垮塌无数，毁桥3座。（《江津县志·大事记》）

绵阳：四月以后无日不雨，县东北濒涪西南夹安昌河洪涛汹涌，雨水相蹙，南关外冲刷膏腴数十顷，闻清义、永兴两乡冲坏田地堤岸更多。（民国《绵阳县志·杂异·祥异》）六月二十五日连日大雨，大水入城。八月初又连日大雨，十二日大水进城，毁田、堤甚多。九月十六日风雨大作至二十日止，南河两岸已成泽国。（《绵阳市志·自然灾害》）

[链接] **万知事平米价**：春，因上年冬旱，绵阳米价大涨，县知事万庆和，呈准动用全县官仓存粮"开仓赈粜"，又在城乡募集三万余银圆"散粜兼施"，米价渐平。（《绵阳市志·大事记》）

安县：沿安昌河农田及民居受损严重。（民国《绵阳县志·杂异·祥异》）

名山：六月初四日大雨，凡四日不止，水大涨，沿河房舍多漂没。（民国《名山县新志·事纪》）

双流：六月邑西金马河暴涨，没沿边民居、田禾无算。秋，南关小塔子坝秧苗被虫尽吃其心。（《双流县志·大事记》）

九龙：六月热枯大水，冲去麦田三分之一。（《甘孜州志·大事记》）

丹棱：五月，西路峡子口山忽崩裂，居民杨某举家陆沉。六月，大水，淹没沿河禾稼。邑西顺龙乡朱山，符辑瑞家，晨忽地裂水涌，半日后山林房屋俱沉。（民国《丹棱县志·杂事志·灾祥》）

彭山：七月大水，冲坏田土万亩以上，被灾者数千家。（民国《重修彭山县志·通纪》）

宣汉：遭旱、水、雹灾，县公署发赈灾银2000元。（民国《宣汉县志·蠲政》）

宜宾：6月5日，长江水涨，洪水位海拔264.6米。7月19至20日，宜宾县大雨，金沙江、岷江江水大涨，合江门水位达海拔283.89米，沿江两岸耕地房屋淹没无数。（《宜宾市志·大事记》）7月19至20日，金沙江、岷江水大涨，合江门洪水位达283.89米；高场岷江洪水位达294.85米，洪峰流量49800立方米/秒。沿江被淹耕田15800多亩，受灾6372户。蕨溪镇六月初三洪水泛滥。一日一夜间水高二丈，涨至半边街，团防局、小学、公质局等概被冲没。河东之马鞭场、肖家坝均属一片汪洋，男女老幼淹没无余，房屋财产完全冲尽，退水后沙土堆积六尺。市区沿河人家大多搬避不及，惨遭淹没。（《宜宾县志·自然灾害》）

泸州、泸县：7月22日至24日大水淹入城内大十字口，大小河街及小市、兰田坝等处，均成泽国，漂没人畜无数。（民国《泸县志·杂志·祥异》）

泸县：1917年，泸县白喉流行，"八月，时疫大起，患者高烧，咽喉红肿疼痛，头痛甚剧，传染极快，中医呼为'飞蛾症'，病者达七八千人。"（《四川省志·医药卫生志》157页）

巴县：7月底河江水陡涨，淹上千斯门、镇江寺、朝天门，城外民房被水打去不少。（民国《巴县志·事纪》）

成都：夏，玉石堤堰发流，堤埂冲决，河水暴涨，十余日水势不减，断炊者颇多。7月初连日阴雨，21日又大雨，城内水入民房。本年以淫雨为灾，近数十县无不被巨浪浸没，沦为泽国。（《四川省近五百年旱涝史料》10页）

什邡、郫县、邛崃、灌县：同成都，淫雨为灾。（《四川省近五百年旱涝史料》10页）

广汉：七月连日大雨，四乡稻田冲坏不少，金鱼场一带为最。（《广汉县志·大事记》）

新津：连日大雨，大河三条合流。七月二十一日午，城内水深丈余。庐田多被冲坏。（民国《新津县志·祥异》）

西昌、德昌：六月二十四日（8月11日）大水，大通桥中洞忽坍，溺死十余人。（《凉山州志·自然灾害》）

灌县：七月雨，九月迭雨，河水暴涨。居民淹死甚多，沿河房屋多被冲坏。中兴乡永安村遭洪灾，毁良田37亩，损民房7户共31间。（《中兴乡志》）

崇宁：八月初，县属竹瓦铺附近，河水大涨，毁桥梁民舍，并良田万亩，灾况甚重。（1917年8月3日《国民公报》）

奉节：八月洪水暴涨，沿河居民数千家纷纷迁徙入城，房屋被水淹没。（1917年9月13日《国民公报》）

南充：八月初连雨，北津街水深数尺，秋田亦多被刷冲。（《南充市志·大事记》）

蒲江：八月中久雨，河水暴涨，木滩一带冲坏房屋家具甚多，淹死多人，毁田百余亩。（《蒲江县志·大事记》）

理县：夏淫雨十余日，南沟小沟河水暴涨，沿河田房冲刷颇多，城内起水甚深。（《阿坝州志·气象灾害》）

江油：九月中旬洪水暴涨，淹没县城街道。（民国《绵阳县志·杂异·祥异》）

理塘：雹灾，灾户共150户。（《甘孜州志·大事记》）

忠县：久旱不雨，匪风日重。自六月中旬至八月十六日无雨，田裂禾槁，人心惶惶。（民国《忠县志·事纪志》）

重庆：1月25日，因居民焚纸钱引发特大火灾，毁民房千余家，大批灾民失所。经层层向上请赈，北洋政府拨银圆3000赈济灾民。（《重庆市志·大事记》）

长寿：县城河街消防队失火，经县署批准，提拨河街米市斗息40%作消防经费，添制水龙2架、水枪20余支。（《长寿县志·大事记》）

1月28日夜，雅安地震。

7月31日，受云南大关6.75级地震波及，宁南、雷波有房塌桥裂，夹江石棉渡山崩压毙农户数家，乐山、犍为、成都、高县、宜宾等十数县亦震。震前，自流井火井忽大啸，声如雷，次日震后方止。

8月18日－13日，彭山地震。9月24日，汉源又震。（《四川省志·地震志》72页）

六月十三日，合川辰时地微震，数刻而止；汉源卯正二刻地震。八月初九日午正二刻，汉源又震。乐山、夹江辰刻地大震，屋瓦几倾倒，人心惊惶。闻有山崩者数处，夹邑石棉渡一山崩下，压毙数家；山顶一户连房与人并崩于山下刘姓地址内，人口什物完全无损。十日之内地复连动七八次，真非常灾异也。秋，荣县地震。大竹高滩场大哑口山崩，裂痕如削，乱石压地约半里。十二日辰初，眉山地大震，由南而北，屋瓦为倾。（《巴蜀灾情实录》354 页）

［附一］**军阀混战，兵祸惨烈**：1917 年，成都爆发两次军阀混战。

4 月 18 日晚，爆发川军刘存厚与滇军罗佩金的争夺战。6 天激烈巷战之后，经多方调停，于 4 月 25 日停火撤军。市内六七条繁华大街被乱兵焚掠一空，人民"冤死者数以千计，财产损失数百万元"。

7 月 5 日，刘存厚川军与戴戡黔军发生大战。多日巷战后，戴军被围，弹尽粮绝，要求停火，7 月 17 日黔军残部撤走。成都被焚街道 75 条，民房数万家，无辜死难百姓数千人，财产损失不计其数。

这两次兵燹之灾，是明末战乱以来成都遭受的最惨重的破坏。天灾加上兵祸，四川人民陷入水深火热之中。（《成都市志·大事记》）

［附二］**筠连兵匪之祸**：六、八、九月，数股巨匪先后盘踞县城，日索大饷，富绅数十人被劫。十二月，滇军陷城，退叙（府），纵兵征发，抢杀奸淫，无所不至。是岁，盗匪林立，全县成为匪区，自夏徂冬，三陷县城，十换知事（有由匪拟立者）。（民国《筠连县志·纪要》）

［附三］**绵竹赈务新趋势——同人集成善举**：近年，如儒教分会、哲学会、十全会、赈济瞽目公社、立善堂、济公会、慈善公社、医药社、施棺会、义冢会，皆由同人集成，不假官力，不仗巨富之力，发愿宏大，实施救济，诚心感人，众擎易举，一年之费，约计巨万。是以慈善事业之发达，为前此所未有，而盗贼、兵燹、灾旱之惨劫，亦前此所未有。乃相携相持，相爱相恤，颇有卫国忘亡、鲁饥不害之美。今录其热心赈恤者：团保则有南内之章成、刘万昌，南外之黄金海，东外之赵龙光、黄尚材、王国慎，西外之陶光荣、李续涛，东内之陈祥徵、刘继福，西内之罗运铠、戴清海，北内之刘述经；法团则有农会之张骏、商会之陈朝周；士民则有张明新、彭庆亨、邱焕章、张映垣，南乡则有刘秀柏、林逢春、支清泰、李良智、李本椿，西乡则有杨登高、侯国治，东乡则有李正有、胡绪海，北乡则有李霠、阳本汉、罗光昌。书之以见，丁此厄运，惟为善乃可解救耳。后之君子，当亦闻风兴起矣。（民国《绵竹县志·慈善》）

绵竹赈恤成常例：频年岁旱，米粮价增三倍，地方官绅商民于呈请赈粜之外，倡捐助赈。于是，五城内外开办粥厂，减价日售米麦及小麦、芋麦、面饼，乡场亦多捐助米麦，于本场减价出售，每年十二月底捐发钱米度岁。又逢时疫，施济医药，全活甚众。（民国《绵竹县志·慈善》）

1918 年

（民国七年）

渠县等十六州县发生水、旱、地震灾害。古宋县瘟疫流行：据《四川军阀史料》载，川省"渠县、广安、大竹、合川、嘉定、犍为、叙府、泸州、金堂、绵阳、中江、古宋、万源、彭山、铜梁、长宁等县发生大水、大旱、震灾"。又据《古宋县志》记载：是年该县"瘟疫流行，死亡三千余人。军政当局视而不见，置若罔闻"。（《近代中国灾荒纪年》876—877页）

川江沿岸大洪灾，泸县大火：1918年7月21日，川中连降大雨，沿江各县遭受洪灾。长宁遭受江水冲荡，漂没1000余家；铜梁遭山洪袭击，漂没800余家。9月上旬，广安、大竹、合川均遭水灾，合川县漂没数千家。渠河猛涨，沿河农田、庐舍被灾。9月中旬，南部亦受洪灾洗劫，秋禾荡尽。

7月21日，泸县城突发大火，焚毁店铺、民居1000余家。（《四川省志·大事纪述·中册》43—44页）

涪陵：三月，新庙场雹大如卵，打死人畜、雀鸟，小春无收，大春重播。（《涪陵市志·大事记》）

合川：三月十五夜大风雨雹，桑叶损尤多，蚕饥。九月九日至十二日，渠、保（嘉陵江）、遂（涪江）三河大水陡至，漂没附郭居民房舍万家，灾民数万，食舍皆无，受灾之烈，虽咸、同时代及光绪壬寅癸卯两年大水未能计其十一。（推算水位215米，洪水高度29米）（《合川县志·大事记》）

九月九日，渠、保、遂三河大水陡至，水涌至县知事公堂之下，全城街道沦为泽国。财产损失100万元以上。沿江农田淹没20万亩，粮产锐减，饥民载道。（《嘉陵江志》122页）

重庆：五月二十九日，天雨甚大，渝埠下街致成泽国。七月中旬，瘟疫大流行，市面几乎停止营业。（《重庆市志·大事记》）

眉山：饥，五月斗米值三千余钱，贫民取白土充饥。（民国《眉山县志·杂记》）

长宁：六月十四日夜雨，水涨数丈，上下五街尽成泽国，冲毁房屋千家余。（《巴蜀灾情实录》312页）洪水，高程271.5米（假定基面）。（《四川城市水灾史》274页）

铜梁：六月二十日，大雨滂沱，倾陷南北两门城垣四五十丈，城中水深五六尺，民房毁坏不计其数。（1918年7月9日《国民公报》）

双流：六月大雨连宵，邑西金马河暴涨，冲没沿边民居田禾无数。（民国《双流县志·祥异》）

邛崃：天台山（南山）暴雨，火井河、夹关河涨，冲淹田土1800余亩、房舍40余家，冲垮有百年历史的元丰桥。（民国《邛崃县志·祥异》）

绵阳：夏大雨拔屋。（民国《绵阳县志·杂异·祥异》）

越嶲：七月至十月，绵绵阴雨，谷不能收，粮价高涨。（《凉山州志·自然灾害》）

温江：杨柳河泛涨，七月十七日夜雨河水暴涨，温江、郫县、双流、崇庆受损失不小。（民国《温江县志·事纪》）

宜宾：七月二十一日，江安县大雨倾盆，损坏房屋40余间，县城亦崩塌数处。同日夜，长宁县洪水猛涨数丈，相邻场镇水位海拔297.1米，安宁镇以下古家河等处水深丈余。同月，兴文县连日大雨，河水猛涨，毁城垣30丈，古宋、大坝沿河田被淹，多处桥被冲垮。（《宜宾市志·大事记》）

江安：七月二十一日大雨倾盆，损坏房屋40余间，城亦崩塌48丈。九月洪，大水

入城，浃旬始消。(民国《江安县志·灾异》)

兴文：七月二十一日忽降大雨，冲毁城垣 30 余丈，顺河一带五谷被水淹没，尽成沙垒。(1918 年 8 月 18 日《国民公报》)

青川：七月因暴雨大水成灾，清水河及其支流农田损失甚巨，灾民失所，分县署指令各地富户赈济，吃大富之事常有发生。乔庄河两岸损失亦大，白水街上洪水深六尺。(《青川县志》)

叙永：七月大水，上下桥均封洞，北门城垣崩，沿河冲没房屋、人畜极多。(民国《叙永县志·杂记篇·灾异》)

达县：七月杪下雨数日，八月初一日晚雨益倾盆，水涨不已，东南西三面河街俱被水淹没，房屋人畜漂流不绝，此次水灾虽 1902、1903 两年大水未能计其十一。(1918 年 9 月 29 日《国民公报》)

宣汉：七月杪下雨数日，渠、州、西三河之水俱发，水几没城。(1918 年 9 月 29 日《国民公报》)

资中：八月初二日夜大雨如注，河水暴涨，淹没房屋无算。(《内江地区水利电力志》)

南部：八月初旬连降大雨三日，溪水陡涨，冲坏桥，城垣崩裂，冲倒民房，淹没人畜，此次水灾为近百年未有之奇灾。(1918 年 9 月 29 日《国民公报》)

大竹：八月初二日大水，较癸丑年(1913)高三尺，南庙坝全场没水中，圮店房过半，北二郎桥亦然。是时，横街屋梁上有四十余人蹲着躲水，危急呼救，恰有一渔舟追逐老鸹至此，被水围困之四十余人才获救无恙。(民国《续修大竹县志·事纪》)

渠县：八月初三大水灌城至狮子坡下。入秋淫雨绵延，平地水深数尺。九月五日起大雨倾盆，州河、巴河、渠江河水暴涨，沿江低地成泽国，屋宇漂泊，墙垣倾塌，溺死者三百人以上。(民国《渠县志·别录·祥异志》)据测高程为 250.12 米至 250.41 米。(《四川城市水灾史》238 页)

九龙：八月十五日大水。(《甘孜州志·大事记》)

雅安：八月大雨四五日，青衣江河水泛涨，淹没禾苗甚多，冲坏河堤亦广。(民国《雅安县志·灾祥志》)

合江：八月下旬忽降淫雨，立成泽国，沿河房屋、粮食、禾苗尽行冲击，淹没人畜无数，此次水灾为百余年来未有之奇祸。(《巴蜀灾情实录》312 页)

南部：1918 年，秋雨绵延 10 余日，九月五日前连降大雨 3 昼夜，大堰坝民房冲倒数十家，洪水横流，堵塞县城石桥。西、南、东各门石桥被冲垮，城墙倒塌数处。城内民居折毁 20 余家。嘉陵江水上涨，淹死老幼 5 人。(《嘉陵江志》113 页)

巴中：久旱不雨，忽于九月五日倾盆暴雨，平地水涨尺余，城墙垮二三十丈。(民国《巴中县志·事纪》)

平昌：九月五日大雨如注，平地水深尺余。(《平昌县志·自然地理·特殊天气》)

广安：九月渠河水发，沿江被灾，水及城下。(《广安县志·大事记》)

西昌：秋雨半月，田稻未能收获。(《四川省近五百年旱涝史料》141 页)

金堂：沱江大水，坏民田禾苗。(民国《金堂县续志·事纪》)

广元：神宣驿及文安堡等处先后雨水为灾，民畜秋苗均遭冲溺。督军刘存厚、省长张

澜退驻广元，四阅月，师旅山积，县仓食尽。（民国《重修广元县志稿·杂志·天灾》）

夹江：上年水灾之后，民不聊生。（民国《夹江县志·外纪志·祥异》）

犍为：玉米花期，淫雨不实。大饥。省筹赈局委员办赈。（民国《犍为县志·杂志·事纪》）

会理：干旱220天，自春入秋未下透雨。富者仓谷无存，贫者迫于饥饿，食草木树皮者有，食白泥充饥者有，死亡不可计数。九月秋涝甚盛，雨兼数旬，田谷受损。（《凉山州志·自然灾害》）

什邡：夏秋大旱。（民国《重修什邡县志·杂纪》）

中江：民国七八两年，邑境多金碧色虫食薯苗。（民国《中江县志·丛残·祥异》）

江津：朱沱、石门等地暴发霍乱，死亡者多。朱沱乡人以为触犯鬼神遭大难，于每年农历五月初一请道士做"皇会"。（民国《江津县志·祥异》）

古宋：疹疫。死亡30000余人。（民国《古宋县志·祥异》）

大小金川地区：瘟疫大流行，死者甚多，仅绥靖屯就死亡300余人。（《阿坝州志·大事记述》）

雅安：三月，五甲口火灾，全场灰烬。（民国《雅安县志·灾祥志》）

乐山：冬月十九日，玉堂街火烧百四十家。（民国《乐山县志·祥异》）

［链接］**筠连百姓山洞避难**：民国七年，匪风甚炽，穷富均不得安居，小康以上，均凭山洞避难。天分堰山后，有斑竹洞者，能容百余人，附近富民均避其中。（民国《筠连县志·外记》）

［备览］
刘湘、白驹劫掠荣县仓谷
叶之

据1928年版《荣县志》"食货篇"载，荣有常平仓、济仓、社仓和积仓。常平仓储谷京斗一千四百石，济仓储谷京斗七千四百三十六石二斗八升五合二勺，社仓储谷京斗六万一千四百六十二石，仓廒二十四所，积仓京斗一万七千零十三石四斗五升，分储各保。"民国七年（1918），军人以饷糈不继，斥卖大半。"此后，社仓还存谷二万九千四百零九石六斗五升，积仓还存谷七千余石。"民国十四年（1925），军人又移用九千一百二十六石七斗五升七合。"

这些仓廒由清乾隆三年（1738）即开始分别兴建。因为集聚的黄谷数字大，除在城区飞仙铺和贡井（当时贡井属荣县）的盐厅两处建仓外，计龙潭、河口、董家、长山、观山、二台子共建了六所仓。各仓廒大小多少不一定。对仓谷的管理收放，都订有章程。仓谷的来源，有许多好听的花样，但主要的是取之于农民，就是其中的所谓"捐募""捐廉"，归根到底，还是从荣县全县几十万农民的血汗压榨出来的。

1918年，刘湘在"靖国之役"中，打得丢盔弃甲，败退到荣、威两县时，口称饥军就食，不择手段。荣、威两县人民迫于兵威，沥尽膏血，尽快尽量地供应他的一切需索，他还以缓不济急，满足不了他的欲壑。于是明目张胆地要掠取荣县的仓谷。他指使他的参谋长蓝用九出来唱大花脸，召集一次所谓机关法团士绅会议，硬性地提出要拍卖荣县的仓谷若干石。声言，他们是饥军，是出于迫不得已；敢有故意反对的，坚决要按军法从事。当时荣县的所谓士绅，一方面见他来势凶猛，不敢出来硬碰；一方面这些士绅谁不是较大的地主，联系到个人利害，就感到不卖仓谷就会影响自己的租谷和囤谷，卖仓谷可以给自己解围；还有许多士绅，认为卖仓谷还可以从中得些油水，大有好处。于是大家通过，立即拍卖。《荣县志》曾载各仓存储黄谷计八万七千三百多石，刘湘"斥卖大半"。按这个记载，刘湘拍卖的数字就不少于四万三千六百多石。京斗约合当时量具三升多点，约重十一斤。这样换算，他就劫掠黄谷旧量一万多石。又据笔者调查，我县年在七十岁上下的老人，多亲见刘湘走黄谷的，他们都说："刘湘拍卖荣县的仓谷至少是旧量二万石以上。"

刘湘败退荣、威时，是三多队伍——官比兵多，兵比枪多，枪比子弹多——七零八落，估计不足一旅人，分驻荣、威两县，给养毫无问题，不能瞎说是"饥军"。只因他这时已升师长，积极大招队伍，想成军阀，就不管荣县老百姓的死活，因为仓谷是老百姓的备荒粮。

1925 年 2 月杨森发动"统一之战"。4 月初旬，杨部白驹师以胜利者的姿态进驻荣城后，又强迫卖仓谷，这就是《荣县志》所载十四年"军人驻荣，移用谷九千一百二十六石七斗五升七合"的事实。这次白驹只是下了一道命令，就马上执行，连刘湘所要的征求意见的把戏也没有做，四川军阀的强盗行径，一天比一天更表现得赤裸裸的。

（《四川文史资料选辑》）

《荣县志》是 1928 年脱稿，第二年开雕的木版。该志的总纂赵熙（清代翰林、御史），对刘、白劫掠仓谷，竟不敢秉笔直书。仅称"军人斥卖"或"移用"，并还为他们涂脂抹粉，加上"以饷糈不继"作为理由，旧史料的无价值，竟至于此。但这正说明大军阀大官僚是地主阶级在政治上的代表，旧志书只是为反动地主阶级服务的。

更恶毒的是，白驹纵容他的队伍，把荣县中学全部理化仪器、生物标本、图书也掳掠、破坏、烧毁净尽，只有一只白金杯他们不认识，得幸免于难，至今还保存在荣县中学。

（政协四川省荣县委员会供稿）

［备览］　　　　　　　**五师军官题荒村行**[①]

　　广元北行百余里，家家门前生荆杞。
　　扣门鸡犬寂无闻，老弱妇孺悉迁徙。
　　剩有破屋三两家，蛛网牵丝屋角斜。
　　野鸟巢梁豺狼伏，田园宁复足桑麻。
　　转入深山疑无路，山鬼啾啾烟迷树。

---

　　① 查《四川通史·民国卷》《民国重修广元县志稿·武备志·兵事》，此诗写作时间当在民国七年下半年或次年，作者"五师军官"系川军第五师熊克武师长部下。时代背景为：民国七年年初，拥护孙中山护法军政府（广州）的川军第五师师长、四川靖国各军总司令熊克武，率军讨伐由北洋军阀政府任命的四川督军刘存厚。2 月，刘军从成都败退，盘踞广元，敲诈勒索，抓丁拉夫，民不聊生。同年 6 月，熊军攻克广元，将刘存厚驱逐至陕南，第五师进驻广元。五师一位军官行经广元深山，目睹兵祸、旱荒交织下的百姓困苦，心酸泪落，写下了这首记录历史真相的诗篇。

细寻苔藓辨行踪，知有避秦人来住。

闻声皆避如惊猱，独有老翁病未逃。

伛偻前行诉衷曲，语不成声声悲号。

自从去年刘军过，夏麦秋禾两未作。

毁尽人家壁户窗，风穿雨滴床难卧。

前门抽捐去，后门拉夫至。

拉夫一去不复回，抽捐典尽衣和被。

春复春分冬复冬，心惊鼓角胆惊烽。

任是深山最深处，也应无计避行踪。

老翁言既迎入室，室大如斗难容膝。

半边瓦甑杂灰烬，一锅野菜稀荞麋。

老妇蓬鬓坐短床，裙衫露肉惊且惶。

老翁斫柴妇炊爨，共作羹汤留我尝。

主人情深何款款，酸涩无盐皆盈碗。

胜食人民脂与膏，心酸泪落如雨散。

落日苍茫归路斜，令人感叹发怨嗟。

如此凄凉听不得，愿将幽悲付琵琶。

（民国《重修广元县志稿·艺文》）

1919 年

（民国八年）

四川军阀防区割据局面形成：1919 年 4 月，四川督军熊克武明令公布"四川靖国各军驻防区域表"，将原来的"卫戍区域"改称"驻防区域"；其后各军在本防区内，改"就地划饷"为"就地筹饷"；"举凡官吏之任用，制度之废置，行政之设施，赋税之征收，皆以部队长官发布命令行之，无论省府或中央政府之法令，不得此部队长官许可，皆不得有效通行于区内"。防区驻军首领，实际上成了独霸一方的土皇帝。（据《四川通史》）

炉霍、甘孜先后发生地震，部分地区遭受旱灾、水灾、雹灾：据《中国地震目录》载："5 月 29 日（五月初一日），炉霍一带地震（注：6.25 级）。8 月 26 日（闰七月初二日），甘孜一带地震（注：6.25 级）。"又据《四川军阀史料》载：是年"蓬安、广元、仪陇、南江、江安、嘉定、筠连、邛崃、夹江、雅安、会理、绥定、涪陵、安县遭受旱灾。重庆、云阳、彭山、酉阳、黔江、汉源遭受水灾。剑阁、绵阳、酆都、荣县、铜梁、合川遭受雹灾。水灾以开江、叙永、秀山等县为重，开江淹没田地一千余亩，损失新谷五千石以上。叙永沿河居民淹没百余人，冲毁房屋五百余间，漂浮于江者百余户。秀山一年两遭洪水后又遭大雹，大水冲没田地两千余亩，许多田地变成沙洲。屏山雹大如杯，豆麦捣碎如泥。南江旱灾，纵横二百余里，地皆变赤，豆麦焦枯，饿殍载

道"。(《近代中国灾荒纪年》882 页)

道孚、炉霍一带地震：1919 年 5 月 28—29 日，道孚、炉霍一带发生地震。当地喇嘛寺所受损失极大，寺院周围地区的多数房屋受损，藏民 20 余人被压死。余震连续数日。据现代科学推测，地震震中的位置在北纬 31°30′、东经 100°30′，震级 6.2 级。(《四川省志·大事纪述·中册》46—47 页)

双流：元旦，大雪三日，平地深尺余。(民国《双流县志·祥异》)

高县：四月忽涨大水，沿溪及下坝秧苗冲淹无存。后复种，洪水又起复冲刷。九月，洪水起，冲坏田谷一百数十石。(1919 年 10 月 4 日《国民公报》)

秀山：五月初四日，大雨倾盆，河水暴涨，冲毁田土无数。民食无靠。九月中旬暴雨狂风两昼夜，漂没牲畜房屋，冲毁桥梁。(1919 年 7 月 23 日《国民公报》)

叙永：6 月 30 日夜至次日大雨，永宁河骤然发水，高至数丈，冲毁人行大道五六里，冲毁民房，田土崩毁无算，为数十年未有之水灾。(1919 年 7 月 16 日《国民公报》)

重庆：5 月 30 日夜大雨倾盆（日降水 207.5 毫米），各街水深几尺，河水高涨丈余，淹没庐舍人畜。涪江流域淹毙 1000 余人。(《重庆市志·大事记》)

梁平：淫雨连绵数日，突于 6 月 20 日洪水陡涨，附近田地被水冲毁三百余亩，损失甚巨。(《梁平县志·大事记》)

黔江：6 月 21 日夜，大雨倾盆，洪水为灾，冲刷田土数百亩，桥梁无算。(1919 年 8 月 13 日《国民公报》)

崇庆：六月廖乡小河水灾，冲刷田亩。被灾者百数十家，事闻，随顷亩免当年正副二税。(民国《崇庆县志·事纪》)

汉源：六月十七日，尚礼村一带大雨倾盆，河水暴涨，泥石流冲坍民房十余家、被淹三四十家，冲坏田地六七百石，渠道、碾磨、桥路损坏无算。二十六日及七月初十日大雨，水盛涨，颇多损失。(民国《汉源县志·杂志·祥异》)

松潘：大水，因上年加固城堤，幸未成灾。"通元桥、阳古渡上游桐梓坝，接连北寺，旧有河堤一道，原以修筑保障东北城垣一带沿河居民，日久废弛。民国七年，知事张典委、孙惠春等拨款培修桥道、城堤，俾江水不至泛溢为患。经县议会开会征求意见，共同议决，以大桥铺租拨为堤工、桥工两项之岁修款，按年由知县、知事派绅商经营，收有成数，再由议会公举数人将桥工、堤工接修坚固，沿河多种柳木，开润菜园。县公署立案书示，永远遵守。八年大水，幸未成灾，居民感之。"(民国《松潘县志·祥异》)

温江：7 月 10 日夜暴雨倾盆，积水成灾。(民国《温江县志·事纪》)

开江：7 月 24 日夜大雨倾盆，山洪暴发，县城附近田庐悉被冲毁，城内水深数尺，沙积土崩，漂没良田千余亩。(《开江县志·大事记》)

璧山：7 月复淫雨连绵数昼夜，突于 16 日大水暴至，山田禾苗多被冲刷。(《璧山县志·大事记》)

彭山：七月以来，阴雨绵绵，农事多误。(民国《重修彭山县志·通纪》)

蓬安：7 月雨水过多，山洪陡涨，田亩冲毁，桥亦冲塌，城墙塌 7 处。(1919 年 8 月 11 日《国民公报》)

广元：7月东路滨河各地迭遭大雨，河水泛溢，农田房屋概被冲毁，城仓冲坏。（1919年7月24日《国民公报》）

简阳：八月，柏合寺场东北大风，伤谷拔树。（民国《简阳县志·灾异篇·祥异》）

巴县：八月遭暴雨，平地成渠，灾情甚巨。（民国《巴县志·事纪》）

宝兴：东河发大水，硗碛街房被冲毁一部分，沿河耕地无收。（《青衣江志》134页）

云阳：秋，高阳坝等处河水泛溢，沿岸稻粱悉被淹没，田塍并多崩圮。（《云阳县志·大事记》）

涪陵：十二月十九日夜大雨，乡田水尽黑如墨。（民国《涪陵县志·杂编》）

名山：春旱，民饥。省署檄办粜务。以胡存琮领其事，建议粮户捐资，直接散给贫民，署只司支配、劝导，不染钱谷，饥民称获实惠。（《名山县志·事纪》）

乐山：春夏旱，大小春俱歉收。（民国《乐山县志·杂记》）

筠连：大旱，五月全县几成赤地。八月大水。九月饥民纠众捣糟房。十月禁酿酒，拨发赈款，平粜仓谷。（民国《筠连县志·纪要》）

达县：春干旱数月，五月始降滂沱，虽播种，收成不过十之二三。（《达州市志·大事记》）

渠县：夏秋大旱，稻谷基本无收。（《达州市志·大事记》）

万源：万源旱灾，知事胡旭九募捐1000元赈灾。（达州市志·大事记）

安县：近二十年惟旱灾占十之六七。（民国《安县志·灾异》）

大竹：十二月十二日大雪，次年春又大雪。（民国《续修大竹县志·祥异志》）

绵阳：夏，大雷电雨雹，拔木偃禾，民有被树倒毙者。（民国《绵阳县志·杂异·祥异》）

合江：四月七日午后大风雨雹。南关河畔所堆竹木被水冲去者值万余金，四乡草屋多被吹坏，县署大堂前牌坊复倒。（民国《合江县志·杂纪篇·纪异》）

彭水：天降冰雹，小者如指如箸，大者如盎如爪。（民国《彭水县志·祥异》）

酉阳：夏来复患淫雨，继以冰雹为灾，低洼禾苗多被冲毁，甚至桥梁屋宇亦被冲塌。（《酉阳县志·大事记》）

涪陵：4月以来，涪陵县流行霍乱，患者四五千人，死亡三四百人。5月28日中医集办药王会，次日晨死医生6人。（《涪陵市志·大事记》）

资中：夏，霍乱流行。（《资中县志·大事记》）

旺苍：大旱，瘟疫流行。（《旺苍县志·大事记》）

眉山：立夏后沿江有黑虫，大若蚕豆，群飞蔽天，下集多至数斗，桑叶被食几尽。六月，五圣场溪水骤涨丈余，全场淹没，素所未见。立冬后一日，雷声大作，雨如注，约二分钟霁。（民国《眉山县志·杂记》）

泸定：6月，县城遭风灾，铁索桥链被吹断6根。（《甘孜州志·大事记》）

雅安：二月，高家井火烧20余家。四月，东关新桥火烧数十家。（民国《雅安县志·灾祥志》）

灌县：大兴场火灾，受灾18户，县署、红十字会、保卫团联合事务所和警团收支所捐款，赈钱68钏，户钱4000文。（《灌县志·大事记》）

5月29日，中江地震。12月28日，中江又震良久，人多欲呕者。（《四川省志·地震志》72—73页）

[附] 川省义仓积谷被军阀搜刮殆尽：民国建立后，四川军阀割据，连年兵燹，各县晚清时期积下的仓粟被军政当局提作军饷，或"取仓廒以代薪"，而搜刮殆尽。华阳县原有积谷118248.24石，至民国八年以后，悉被驻军移作军粮，颗粒无存。重庆府仓，民初尚有仓粟1.9万余石，亦因军队提取，此挪彼借，吞食盗卖而告罄。（《四川省志·民政志》274页）

民国八年，驻南充军石清阳部，将清代民间义仓积谷42000石（2268吨），估提出售。民间贫困无力生活者，多流落街头乞讨。（《南充市志·民政》）

1920 年

（民国九年）

酉阳等县被旱；重庆市2月（十二月）大火，夏霍乱猖獗：据孙中山《命财政部拨款救灾令》，民国九年川省酉（阳）、秀（山）、黔（江）、彭（水）四县大旱荒，十室九空，民食草根树皮。又据1920年2月15日（己未，十二月二十六日）《晨报》载："重庆埠之校场地面，于本月11日夜突遭火警，延烧5000余家。又一消息云，死者15000人，伤者3800人，焚烧5700家，损失在500万以上。"至6月，重庆又流行霍乱，据《晨报》载："现在四川重庆地方虎疫（注：霍乱又称'虎列拉'，故曰'虎疫'）非常猖獗，刻已侵入万县，一日传染者八九十名。"（《近代中国灾荒纪年续编》28页）重庆城区因霍乱共死亡6934人，其中：5月份2421人，6月份1173人，7月份1048人。（《重庆市志·大事记》）

重庆火灾：1920年2月10日，重庆市区校场口一带发生大火灾。傍晚大火从荒货街烧起，延及百子巷、走马街、黄土坡、十八梯、木货街、演武厅、瓷器街等处，直到次日凌晨大火才熄灭，烧毁民房数千家，财产损失甚巨。（《四川省志·大事纪述·中册》49页）

霍乱、伤寒流行：1920年初夏，重庆、巴县等地发生霍乱时疫。到7月，传染江北、永川、成都、雅安、乐山、达县、宣汉等45市县。病势猛烈，有朝发夕死者，流传地区路断人稀，家家闭户。成都的苦力身挂"腰牌"，上写姓名、住址，以便路毙后家人认尸。由于政府未采取有效防御措施，霍乱肆虐百日以上，死亡人数难以确记。

同年，天全、阆中、万县流行伤寒。天全始阳至圈子岗500余家无一幸免。（《四川省志·大事纪述·中册》51页）

1920年初夏，重庆、巴县等地发生霍乱时疫。重庆因患霍乱不治身亡者达到万余人。延至7月中旬，传染川康地区45市县。其中蓬溪、梁山、德阳、广汉、隆昌、成都、重庆、金堂、宣汉、郫县、武胜、罗江、华阳、新都、荣昌、彭县、天全、永川、资中、峨眉、泸县、绵竹、什邡、中江、江北、潼南、射洪、简阳、阆中、雅安、灌县、绥定、乐山、富顺、三台等 36 县为重灾区。富顺、自流井死亡人数 6000－7000 人，郫县死亡人数 2000 余人，成都死亡 4000 余人。(《四川通史·卷七》516 页)

成都、重庆、绵阳等地发生地震：1920 年 12 月 16 日，绵阳、苍溪、什邡、成都、中江、重庆、长寿、广元、巴中、万源、大竹、合江、简阳、遂宁、乐山等地发生地震。什邡七区观音堂一带，地震时起火，顷刻延烧数家。成都地震由南而北，其势颇烈，约 6 分钟停息。中江地震人不能立，房屋多有倒塌。乐山地震，人如在舟上摇摆。绵阳地震，雷电交作。

据现代科学推测，此次地震为宁夏海原 8.5 级大地震波及范围。(《四川省志·大事纪述·中册》54 页)

10 月 31 日夜，大竹柑子铺一带地震。12 月 11 日，乐山地震。秋，荣县地动。十一月初七日，什邡夜地大震。长寿午后五时半地动五秒钟。苍溪酉时地震。广元初七夕地震。巴中夜地震。乐山初二三时地震，至十时后复大震，初七夜六时后地复震，人如在舟动摇状。中江申、酉之交地震，息片刻复大震，房屋有被摧塌者。遂宁地震。大竹冬月初七夜，月华场一带地震。万源夜地震。绵阳夜地大震。合江午后地动，约 10 分钟许。(《巴蜀灾情实录》354 页)。

蒲江、新津：夏旱成灾，灾民有逃荒者。(民国《新津县志·祥异》)

资中：夏旱灾，秋水灾。(《资中县志·大事记》)

青川：大旱，烈日如火，禾苗树叶焦枯死。大饥，人食树皮、草根、白泥巴，少壮者逃荒抢食亡命，老弱者饥饿丧生。(《嘉陵江志》129 页)

乐山：五月，怀苏乡水灾。(民国《乐山县志·祥异》)

冬月初二，三钟地震，至十钟复大震。初七夜六钟后，地复震，人如在舟动摇状。(民国《乐山县志·祥异》)

夹江：六月二十四日大雨，洪水泛涨，禾苗、树木、房舍冲没颇多。(《青衣江志》134 页)

灌县：六月大雨连旬，城内行舟，岷沱江涨，坏田亩，死牲畜。(《灌县志·大事记》)

靖川军与屯殖军争防，在县城交火。县红十字会掩埋尸体 28 具，医伤 37 人。(《灌县志·灾害赈济》)

蓬溪：夏，涪江大水，滨涪诸县城皆没于水，蓬溪县城距涪江远，虽无恙，而水灾遍及中、东、西三乡。(民国《蓬溪县志·灾匪》)

阆中：7 月初阴雨半月，稻谷大半生芽，收仅二成。(民国《阆中县志·事纪》)

成都：7 月中旬连日大雨，府南河水暴涨七八尺，沿河房路被淹。(《成都市志·大事记》)

简阳：七月风雹为灾，谷实尽脱，大木亦拔。立秋以来，雨水较多，棉花受灾颇重。(民国《简阳县志·灾异篇·祥异》)

珙县：6 月，珙县暴雨如注，整日未停，河水陡涨，青山坝水淹 28 天，田禾颗粒无收；8 月，王场等处水灾，损失甚巨。(《宜宾县志·大事记》)

兴文：7 月，兴文县连日大雨，河水猛涨，古宋水洞阁桥上水深 4 尺，居民以门代

船。(《宜宾县志·大事记》)

泸县：7月24日河水大涨3丈，城门亦淹，比1905年较重。立冬后二日夜，雷电交作，大风雨。(民国《泸县志·杂志·祥异》)

江北：7月水涨，淹至玉桂园、泰石坎。(1920年7月29日《国民公报》)

宜宾：7月河水大涨3丈，城门被淹。(1920年8月9日《国民公报》)

名山：夏，淫雨。(《名山县志·事纪》)

自贡：八月以来，百余里内久雨不止，黄谷生芽，米价大涨。霍乱流行，朝发夕死，(有时)每日出丧300余具，自流井一带死亡六七千人。(《自贡市志·大事记》)

叙永、古宋：7月河水大涨3丈。(《宜宾县志·大事记》)

遂宁：7月淫雨，河水涨数丈，民多溺死，捞起死尸4000余具。(1920年7月17日《国民公报》)

奉节：江水在八月初旬和九月初旬猛涨，高达10余丈，粮食蔬菜及城外居民均被淹没，损失甚大。(《奉节县志·大事记》)

梓潼：阴雨连绵，7月18日大河水涨至10余丈。(1920年8月7日《国民公报》)

江油：8月，三星桥等处大雨为灾，冲刷田地490余亩，被灾290余户。(民国《绵阳县志·杂异·祥异》)

盐亭：特大洪水。(民国《绵阳县志·杂异·祥异》)

金堂：山溪水涨，没乡镇庐舍，毙600余。(《金堂县志·大事记》)

射洪：8月青岗坝小河一带天雨连旬，溪流喷涨，漂没人畜、禾稼、房屋无算。(1920年8月18日《国民公报》)

潼南：8月雨水甚多，涪江、琼江暴涨，淹毙千余人，房屋冲毁无数。(民国《潼南县志·祥异》)

合江：十月一日立冬，大雷电，继以暴雨。(民国《合江县志·杂纪篇·纪异》)

涪陵：9月江水泛滥，沿岸居民离宅无依，滩水凶猛，行旅尤苦。大熟。天花流行，仅李渡镇农村就有1000多人到镇上就医，死亡率达20％—30％。(《涪陵市志·大事记》)

丹棱：七月瘟疫盛行。染者不可救药，有在街市突然倒毙者，有晨餐无恙午后已卒者，有自外方归入门便死者，乡人名曰"断肠痧"，城乡各处点灯如元宵，九月始灭。(民国《丹棱县志·杂事志·灾祥》)

南坪：斑疹伤寒大流行，死者甚众。良医徐采臣为民治病，减少死亡，众人赠以"仁者爱人"匾额。(《阿坝州志·大事记述》)

潼南：瘟疫流行，每日死人逾百。(《潼南县志·大事记》)

绵竹：秋，霍乱大流行，蔓延城乡月余，死400多人。(《绵竹县志·大事记》)

彭山：夏旱，又人疫。(民国《重修彭山县志·通纪》)

什邡：秋初，大疫，患者或吐泻腹痛，或手足抽搐，昏迷不省人事，顷刻肌肉消瘦，死亡甚速。(民国《重修什邡县志·杂纪》)

达县、宣汉县：霍乱流行，朝发夕死，路断行人，延绵百日以上。达县死于霍乱者1.58万人。(《达州市志·大事记》)

达县：达县天花流行，发病 4255 人，死亡 2487 人。（民国《达县志·杂录》）流行痢疾，发病 2.07 万例，死 1.67 万例。流行伤寒，发病 3.28 万例，死 2.53 万例。夏秋，流行伤寒、霍乱、痢疾，病 9.86 万人，死 7.67 万人。（《达县市志·大事记》《达县市志·疫病防治》）

邻县大旱，灾民云集达县城乞食，地方人士发起劝募，赈济灾民，募银 1700 余元，购置明月乡田租 142 石（大石，每石约 200 公斤），备赈荒开支。（《达州市志·灾害救济》）

达城周家失火，兴隆街、黄龙寺、会仙桥、凉水井街段 600 余家房屋被焚毁。（《达州市志·大事记》）

万县：7 月 8 日，万县霍乱流行，死亡最多一天达 70 余人。（《万县志·大事记》）

绵阳、梓潼、三台：夏秋霍乱流行，死亡 1 万余人。（《绵阳市志·卫生篇》）

彭水：玉蜀黍初生时，阴雨连绵，苗即浸坏十分之四五。夏复大水，大旱，最后将成熟时又遭冰雹大风，将禾稼折损，仅得十分之一二。有的又遭蝗虫，收成更少。（《彭水县志·大事记》）

民国九、十两年，水旱灾害相间迭至，秋收仅及十之一二，全县人民多食草根、树皮，死者甚众。上海红十字会先后载大批赈米来县城施赈，每天给灾民施粥，灾民赖以生存。（《彭水县志·灾赈》）

中江：民国九、十两年，邑大蝗，西北被灾尤甚。（民国《中江县志·丛残·祥异》）

荣县：秋，地动。（民国《荣县志·祥异》）

绵阳：冬月十七日夜，地大震。（民国《绵阳县志·卷 10·杂异·祥异》）

广元：民国九年至十四年，边防军王鸿恩驻广元，勒派军款杂需，富者贫，贫者死，卖儿鬻女，佃农逃。（民国《重修广元县志稿·杂志·天灾》）

广元、苍溪：冬月初七日酉时，地震。（民国《苍溪县志·杂异志·灾异祸乱》）

[附] **苍溪："以粜代赈"制的兴亡**

清制折中前代，由省会以及州县俱建常平仓，乡村设社仓，市镇设义仓。盖常平之法，取其酌盈剂虚，使谷价常得其平。故岁丰增价粜入，以便农；岁歉，减价粜出，以便民。社仓、义仓则相辅而行。邑中旧例，每当大荒之年，县城举办平粜，如市价每米一升值钱二百文，则平粜每米一升价百文。其办法：先将邑中贫户丁口开明册内，每日共计丁口若干名，共计平粜若干日，然后由富绅担保出结，共借出常平仓谷若干石，由绅富派妥人经纪其事，仍将所卖之款一并存富绅之手，一俟年谷稍丰，即由担保之绅，一律还仓。举办多次，有利无弊。再，邑城中西、南、东、北四保，共存义仓积谷均市斗三百余石，亦屡经义绅粮拨作平粜之用。

按旧志，常平仓储仓斗谷六千一百石外，奏报仓等事案内仓斗谷一千三百七十六石零，分贮四乡。旧例，社仓、义仓谷出陈易新，以防霉烂。每当年荒谷涨，或二三月小春未熟，贫民无食，则由保甲首人将该处仓谷取出发放花户，秋收后加二成还仓，以作经手耗用之费，有赢无绌，本属美举。迨后，多由保长亏挪，虽屡经官府追缴，鲜有存储者。民国九年，斯由督军先将常平提尽以支军饷；各乡社仓，又被选派委员按乡搜刮，近则仅存其名矣。

（民国《苍溪县志 10 卷》）

1921 年
（民国十年）

1921 年 9 月 20 日（八月十九日），孙中山又一次发布《命财政部拨款赈灾令》，文称："四川国会议员王安福等及旅沪四川酉（阳）秀（山）黔（江）彭（水）四县急赈会先后呈电称：川省酉秀黔彭四县向称贫瘠，频年地方扰攘，十室九空，去岁雨泽愆期，秋收歉薄，斗米值钱二十余缗，草根树皮，挖食殆尽。"着财政部拨款赈济。（《秀山县志》《黔江县志》）

春夏两季，部分县乡遭雹旱水灾：1921 年 11 月 18 日至 19 日（十月十九日至二十日），《晨报》连续报道四川省被灾情形云："（一）酉阳（县属东西各乡），据报该县地瘠山多，去岁旱涝成灾，全境收成，只有十之一二，入春以来，米粮腾贵，贩卖已绝，壮者四散，老转沟壑，卖妻鬻女，全户饿死，或因饥自尽者，种种惨状，日有所闻。（二）秀山（县属各区），该县于本年 4 月 16 日（三月初九日）半夜时，忽遭烈风疾雨，冰雹横飞，倒塌民房数十所，平地水深数尺，禾苗夭折畦畴崩。人多食树皮度日，且有因不能谋生自尽者。（三）黔江，据报该县去夏旱魃为灾，早稻歉收。（四）彭水，该县本年 3 月，冰雹流行，势若鸡卵……一切出产，毁坏无余，兼之收成歉薄，米贵如珠，有饥殍盈野死于沟壑者。（五）酆都，据报该县冰雹洪水为灾，打毁民房。（六）涪陵，该县三月初八风雹交作，大如鸡卵，拔树折屋，为数十年未有之奇灾，有田禾豆麦被雹打毁者，有老妪幼孩被击毙者。（七）忠县，该县去岁歉收，米价昂贵，讵今年收成更薄。（八）长寿，该县于本年三月初八，冰雹洪水为灾，豆麦秧苗悉化泥土，所有民房，或全摧折，或损失瓦壁，忍饥露宿。（九）南川，本年四月又被冰雹肆虐，打毁豆麦不计其数，入夏以后，米贵如珠，升米售钱八九百文。（十）璧山，该县于本年 6 月 26 日，大雨倾盆，至四更，溪水陡溢，大小东门一带，竟成泽国，淹没民房千余户。（十一）合川，该县本年 7 月 12 日，潼保两河同时涨水，于会江门下，河岸狭窄，势不能消，以致大小南门、朝阳门一带，淹没人民房屋无算，13 日水势愈大，全城淹没。（十二）石砫 7 月间两次发蛟。"该报在报道中提及之被灾县份，尚有奉节、云阳、城口、梁山、铜梁、巫山、巫溪、开县、巴县、江北等。（《近代中国灾荒纪年续编》51—52 页）

本年四川遭遇水旱雹灾共 70 县，其中最重者 27 县，次重者 43 县。（《近代中国灾荒纪年续编》51—52 页）

大竹：正月二十六日，大雪压折竹木无数。（民国《续修大竹县志·祥异志》）

巫山：春间雨太多，高山洋芋尽坏。（《四川两千年洪水史料汇编》）

酆都：三月初七薄暮大风由东南而西北，城东奎星阁倒塌，摧折大木无算，风声之

恶，从来未有。(民国《重修酆都县志·杂异门》)七月洪水高涨，低处多淹。(《四川两千年洪水史料汇编》)

长寿：夏历四月八日上午，下大雨 3 小时，龙溪河水陡涨，邻封场下油房进水，江家桥的石板被冲跑，沿河西岸禾苗淹没甚多。四月十五日夜，华中乡遭大风成灾。米市堡黄桷树被吹倒，万胜村一带多数茅房盖被抬走，约 7 公顷小麦倒伏在地。(民国《长寿县志·灾异》)

四月十五日，长寿县部分地区降暴雨，伴冰雹，死 12 人，死猪牛 324 头，毁房 48 间。(《长寿县志·大事记》)

奉节：五月十三日起三次大雨，平地水深丈余。北乡陈家湾五月二十一日水发，财产人畜化为乌有，沿河一带有半成石滩不能耕种。竹娃乡七月二十三日，洪水大发，灾区横广数十里，半成泽国。(《奉节县志·大事记》)

峨眉：五月起即淫雨不止。(《峨眉县志·自然灾害》)

彭水：夏大水，河流泛涨。(1920 年 6 月 29 日《国民公报》)

叙永：五月大雨，大水上桥，城垣倾圮。大饥，斗米售钱十千余文，食树皮草根及死人肉者甚多。(民国《叙永县志·杂记篇·灾异》)

盐亭：五月末至六月初连日大雨如注，沿河被淹。七月初又大雨倾盆，冲刷田禾 8000 余亩，庐舍数百余。(《盐亭县志·大事记》)

北川：三至六月淫雨为灾，秋粮无收，次年大荒。(《北川县文史资料选辑》)

中江：五月下旬至七月中旬淫雨 40 余日，河水涨高八九尺，圮城败堤，漂没田庐、禾稼、人畜甚多，稿事大坏。数十年未有之浩劫。大蝗，西北被灾尤甚。(民国《中江县志·丛残·祥异》)

绵阳：夏，城垣因久雨倾塌，涪江水涨浸入民居，道途受阻。县府提仓谷 1114 石散赈。(《绵阳市志·大事记》)

〔附〕**绵阳县积谷真能救荒**：民国十年，绵阳县水灾，县府提仓谷 1114 石散赈；民国十四年，提仓谷 1430 石散赈；民国十七年，提仓谷 1827 石散赈。(《绵阳市志》)

射洪：六月七日大雨如注，沿江一带已成泽国，荡坏禾稼牲畜无算，太和镇尤重，镇东堤决，淹没民房千余，属稀有水灾。(1921 年 7 月 14 日《国民公报》)

旺苍：淫雨 50 余日，檬子、金溪、鹿渡尤重。(《旺苍县志·大事记》)

遂宁：六月初连日大雨，十一日河水大涨丈余，十年未见，由遂属长江坝至柳家坝沿河百里居民、牲畜、房屋漂没无算，仅合川渭沱就捞起死尸 4000 多具，其中不少是遂宁人。光绪十五年洪水，只淹了王爷庙中王爷塑像的脚，已为害不小，这次把王爷像的腮都淹了。(《遂宁县志·自然灾害》)

〔备览〕　**遂宁三庆堤简史——历代知县前赴后继修一堤**

(原题《三庆堤记》，未署名)

三庆堤在(遂宁)城外，自北而东，中分二段，下段径里余，濒邑涪江，为城时有冲突。宋许奕作堤数百丈，魏了翁作堤数十丈，以捍水势。赵士碑、唐文若居此，皆尝筑堤，年远无稽。旧志载：水从大木山经城而南，其后徙而西流。正德以后，屡为城郭患。席文襄建三策云：

上策：塞杨渡口，疏干河子，使江仍流大木山下，端本塞源。中策：塞老虎岭口，浚江东流，使文家江岸不受冲决。下策：运河东土石，专塞文家江口，使江流不能冲突。时用其中策。

嘉靖中，知县萧禹臣笼石帮堤一百五丈，帮旧堤九十三丈。后干河口冲决渐大，夏秋则两江并行。河患虽深，记载多缺。

清道光间，知县徐钧，议修筑，既成颇固。咸丰癸丑水大喷溢，旧堤皆在水中，盖自石溪浩崩腾而下，有直势而无曲形也。

光绪元年，知县吴羹梅合议一筑永固，以职员张知铨、乐升平董其事，甫兴工，已受代。接署县事童沛霖复继为之，其役甚巨，仅获蒇事，而上堤稍短，当水之冲者力弱，反无以制。

光绪二年四月，知县田秀粟又续前工，引而长之，托基于水底。既成，名之曰三庆堤。

光绪初，上流之水，每对城区冲刷，年复一年，地土倾塌日甚，竟至河水可灌城濠矣。每涨大水，小十字口与永宁街俱停船。

光绪十三年，知县牟思敬为保城计，特于上渡犀牛地，建筑一堤，令委邑绅王翊宗、刘人莫、唐斯盛、杨玉麟董其事，厥功甚巨，需费甚大，众议先伐灵泉寺枯树数十株出售，以为开办费；其余则由士绅募捐，阅八月而功成焉。近三十余年，城郭外地土未崩坏者，斯堤之效也。

光绪丁酉年，邑令唐公我圻，以河身西徙，虽有旧堤，恐不足恃，乃集绅粮议筑子堤于旧堤之下，因款支绌，堤身长不及旧堤十分之一，今虽崩圮，其基犹存。

民国十年，徐辅元、刘茂林、杨玉林、刘辅臣、刘源长、詹子明等补修，另接堤身于亚细亚洋油行之后。刊"遂州保障"四字，知事曾国宾题名以志之。

（载民国《遂宁县志》）

乐山：六月二十日雅河水涨，倒灌入城，沿河禾稼一扫而空。七月淫雨成灾，谷生芽，棉落蕾，苕、菜无收。（民国《乐山县志·杂记》）

铜梁：六月七日大雨，南城成泽国，百姓扎筏运食物，城内积水数尺，淹毙人畜甚多。（《重庆市志·大事记》）

潼南：六月七日大雨倾盆，河水暴涨多丈，漫进县城，沿河房屋漂泊荡然无存，溺死者数百人，被沙石淹埋二千家以上。（《重庆市志·大事记》）

璧山：六月二十六日大雨如注，河水大涨，淹至城垣，南北大小东门一带均成泽国，因房屋崩塌遭灭门之祸者不少，数十年未曾见之大灾。（《重庆市志·大事记》）

忠县：六月，霖雨月余，秧田幼苗全坏。（《四川两千年洪水史料汇编》）

［附］**忠县积谷被兵匪劫尽**：民国十年，忠县各仓存谷先后为兵匪劫尽。城内常平仓、社仓、济仓累存数百年之黄谷，被驻军杨春芳劫食罄净。其分存拔山之各种仓谷，亦早被土匪王兴仁卖空。（《民国忠县志·事纪志》）

秀山：六月忽遭大雨，禾苗冲坏很多，人民吃树皮、草根、蕉头、观音土等，有卖

儿女买米吃者。（《四川省近五百年旱涝史料》137 页）

彭水：六月二十八日大雨，河流泛涨，乌江成为万顷之湖。（《川灾年表》）

云阳：六月三十日，江口暴雨，毁农田 50 公顷。双江倾盆暴雨达半日，洪水冲毁房屋、田地。（民国《云阳县志·祥异》）

万县：七月十六日，万县遭受特大洪灾，长江水位高达 141.41 米。（《万县志·大事记》）

南江：夏霖雨，次春大饥。是年山地失收，贫民乏食，采取蕨根俱尽。（民国《南江县志·灾祲志》）

眉山、彭山：七月淫雨成灾。（民国《眉山县志·杂记》）

夹江：七月淫雨多日，山洪暴发，青衣江泛涨特大，甘江铺禾苗被淹者很多。（《青衣江志》）

绵竹：七月淫雨连朝，田禾被淹，螟虫繁殖，西北一带十乡九荒，米价高涨。（民国《绵竹县志·祥异》）

成都、双流：入夏雨水最多，七月初天雨十余日，卑下处水盈数尺，斗米日涨。（《成都市志·大事记》）

灌县：七月大雨成灾，禾苗淹坏很多，灾重地区在傍河地带。（《灌县志·自然灾害》）

温江：七月淫雨近一月，因涝成洪，河水涨一丈以上，田禾尽淹，玉石大堤毁 78 丈、内堤毁 116 丈，县境长 20 里、宽 2 至 3 里的范围一片汪洋，杨柳河上 7 座桥被毁，没田万余亩，米价上扬，为百年来未有之灾。（《温江县志·自然灾害》）

梓潼：七月连日大雨，沿河水涨路阻，城墙淹倒 40 余丈。是年，北洋军占魁部入川，途经梓潼驻七曲大庙，其部兵卒霍乱流行，旋即染及毛家沟、县城及临近乡镇，数日内死者上千。（《绵阳市志·大事记》）

三台：夏淫霖不止，七月初大雨倾盆，倒塌房屋，淹毙人畜，城内洼下处及池中水忽激射高丈余，数十日方平。飞蝗损禾。是年，上海慈善家创办华洋义赈会，各省灾区皆有挹注，四川拨来 30 万，系张表方承领；三台县拨有 2000 元，由绅领散。（民国《三台县志·杂志·祥异》）

[**附**] **三台县查验积谷**：民国十年，三台县署派员查验各乡积谷，存储尚多；间有不实者，立即追赔。其初，光绪八年川督丁宝桢创办积谷仓时，本谷一乡不过二三十石，历年生息有增至二三百石者。果能加意存储，纵有偏灾，可恃无恐。（民国《三台县志·杂志·祥异》）

营山：七月久雨，溪河水涨，坏田房，粮贵难买。（1921 年 7 月 19 日《国民公报》）

简阳：七月十二日洪水暴涨，沉船五艘，溺毙 30 余人，施家坝全场淹成泽国，毁街房 30 余。（1921 年 7 月 26 日《国民公报》）

合川：7 月 10 日渠、遂两河水忽大涨，水浸入城，全城淹没五分之一。12 日夜再涨，淹至屋顶，沿江禾苗完全被毁。（1921 年 7 月 19 日《国民公报》）推算水位 217 米，洪水高度 31 米。（《合川县志》）

六月初八日，洪水暴涨，水淹到县府大堂外，城内损失民房，货币在百万元以上。

淹坏田谷数百万斤，灾民扶老携幼，有争先倾踏毙命者，有露宿不能蔽风雨者……惨状万端，目不忍睹。（《嘉陵江志》122 页）

梁平：七月洪水为灾，损失甚大。（《梁平县志·大事记》）

重庆、巴县：6—8 月每月降雨量均在 230 毫米以上。其中 7 月 11 日降雨 128.3 毫米，扬子、嘉陵两江陡涨，北碚嘉陵江水位 207.9 米，峰顶流量 46800 立方米/秒，河水浸入重庆城门，大水比去年矮数尺（寸滩长江水位 189.10 米，玄坛庙长江水位 191.06 米），二江沿岸苗稼漂泊无算，江中冲人畜器具甚多，朝天门封渡。蔡家场洪水泛滥，颗粒无收。（《重庆市志·大事记》）

永川：8 月 1 日晚大雨如注，河水泛涨大小南门外，街房半没于水，牲畜多被淹毙，二十多年来未有的洪灾。（1921 年 8 月 9 日《国民公报》）

威远：夏雨过多成灾，北门双炮台李公祠一带，城垣浸塌十三丈一尺五寸。八月二十五日夜，雷雨大作，城垣复塌，桥梁、房屋、稻粱、财产损失严重，田埂大部冲倒，塘堰倒垮无数，砂堆积土有的达三四尺厚，河坎崩裂，石积良田，农作物受损不计其数。威远河铺子湾以下炭船损毁数百只，船夫淹毙百余人，羊被冲走数十只；麻柳坝王姓家雨久房倒，幼孩二人死亡。（《内江地区水利电力志》）

雅安：9 月 3 日起，雨七八日，田禾萎黄，米价倍涨。（民国《雅安县志·灾祥志》）

邛崃：连日大雨昼夜不止。（民国《邛崃县志·祥异》）

广元：淫雨五十余日。（民国《重修广元县志稿·杂志·天灾》）

洪雅：七月淫雨十日，溪涧水盈，花溪、柳江、止戈、三宝等乡沿河庄稼无存，稻、粱、黍霉。（《青衣江志》134 页）

丹棱：自春及秋，雨多晴少，淫雨为灾，秋岁歉。斗米三千零。（民国《丹棱县志·杂事志·灾祥》）

南溪：大旱。（民国《南溪县志·杂纪·纪异》）

邻水：水灾，田禾粮食损失不下数十万元，民房冲刷漂没，溺死 24 人。（《四川省近五百年旱涝史料》111 页）

达县：五月十八日大雨，河水暴涨十余丈。县议会商定，设筹赈局，先后置田租 888 石。（《达州市志·灾害救济》）

［附］**达县成立民间公善团体"十全会"**：民国十年，达县各界人士集议："金以时当乱世，灾害频仍，非立十大公善，不能挽此浩劫。"（民国《达县志·纪事》）

酉阳：当年遍种罂粟，粮食减产，普闹饥荒。（《酉阳县志·大事记》）

1922 年

（民国十一年）

自春至夏，经久不雨，禾苗枯萎，米价腾贵，饥民甚至以土为食：1922 年 7 月 7 日（闰五月十三日），《申报》载文叙述四川灾情云："川中现在祸变频仍，人祸之后，继以天变。川西附省各县，天久不雨，灾象已成。日来虽获甘霖，但仅经一日夜即停，多处地方，尚未沾透，即放晴光，殊难救济，以故米价仍未跌落，目下每斗米价，值制钱五千余文，实为从来所未有。……川东南北各道各县，入夏以来，亦久不雨。……绵阳以雨泽愆期，亢旱成灾。……广汉县因农田无水，禾苗萎黄。德阳、什邡两县，入夏以来，微雨俱无，以致所种高粱玉麦，尽行枯槁。……简阳、中江、仁寿各县，近亦天气亢阳，禾苗枯槁，塘堰已涸，无水救济，人民异常恐慌，新都亦旱，惟较他县稍轻云。"7月20日（闰五月二十六日），《晨报》亦刊登重庆来函云："成属邛（崃）、蒲（江）、彭（山）、崇（庆）等县，因去岁歉收，今春已演成重大荒象。月余以来，成（都）、华（阳）、温（江）、郫（县）、新（津）、汉（源）、什（邡）等县，均因乏雨，复罹旱灾，以致米价腾贵。……闻灌县饥民，多以泥代食。"（《近代中国灾荒纪年续编》67—68页）

雅安：三月大风，拔木毁舍伤稼。夏大饥，斗米值钱七千文。（民国《雅安县志·灾祥志》）

合川：三月，泥溪、金子、会龙等乡吹大风约两小时，竹树被折断，房屋掀顶甚多。金子街上关帝庙垮塌，庙旁一棵大黄桷树被连根拔起。（《合川县志·大事记》）

眉山：三月，多悦乡雨雹。（《眉山县志·大事记》）

南川：四月望日大雨雹，德隆乡打死水牛、黄牛十数头。（民国《南川县志·大事记》）

南江：春大饥。（民国《南江县志·灾祲志》）

汉源：夏，富庄数日大雨，山水暴涨，冲出树木无算，沿河损失甚巨，并漂没人口，西河乡赵老四一家五口溺死。（民国《汉源县志·杂志·祥异》）

中江：五月初三、初四日烈风，毁屋舍拔木，损黍稷，稻粱不实。六月，大风雨连绵十余日，溪河水涨高丈余，圮城数处，房屋倒塌，田稼漂没。山崩地裂有长至数里、深数尺者。十月初八日严霜三夜，液冰沍寒，麦苗顿枯。食物异常增价。（民国《中江县志·丛残·祥异》）

筠连：六月大水。（民国《筠连县志·纪要》）

简阳：六月晦日洪水泛滥，冲毁桥梁二十余道。沿河死者百余人，为历年未有之浩劫。（《内江地区水利电力志》）

温江：七月米价暴涨，民众生计艰难，县绅组织临时赈济筹办处，向贫民廉价出售麦面。（《温江县志·大事记》）

灌县：七月十三日夏汛暴发，猛烈异常，宝瓶口水涨至十八划以上。（民国《灌县志·事纪》）

万源：秋小有年。（民国《万源县志·史事门·祥异》）

彭县：夏，九尺铺全部冲毁，居民仅五人得幸免，蒙阳场被冲毁数百家。（《彭县志·大事记》）

金堂：夏秋久雨害稼。（民国《金堂县续志·事纪》）

松潘：立秋前后十余日，白天大雨寒凝冰雹，夜晚天晴露积为霜，禾苗受冰雹则籽散满地而包壳亦空，经霜雪则籽尽枯槁，此二害实农民之大害。（民国《松潘县志·祥异》）

大竹：十月初七夜，大雪后加严霜，草木多萎。冬月初七日大风，安吉场一带草木枯折。（民国《续修大竹县志·祥异志》）

古蔺：椒坪河骤涨，冲毁城区桥梁，人畜受灾者多。（民国《筠连县志·纪要》）

什邡：饥甚。（民国《重修什邡县志·杂纪》）

北川：本地农民食米者十之七，食树皮、草根、石面者十之三，又遭土匪拉劫，人民流离死亡者甚众。（民国《北川县志·杂异》）

崇庆：西山旱饥，县知事余承萱募资以赈：军长刘成勋赈钱 2600 缗，华洋义赈 2000 圆，余知事钱 100 缗，县士民银 100 圆有奇、钱 2500 缗有奇，仓谷出易羡余 3000 余缗。事竣，余银 188 圆有奇，付在事绅董柯益埧保存备后用。五月街子场火灾，以钱 200 缗赈之。（民国《崇庆县志·蠲赈》）

邛崃、蒲江：春夏连旱，山溪断流，冬水田干裂，灾民有逃荒者。（《成都水旱灾害志》232 页）

南部：秋，县西、北两路皆旱，粮食收成仅十分之二三。（《南部县志》）

三台：亢旱，井泉皆涸，人食糟糠。乡人每夜沿山纵火，谓之"烧龙背"求雨。（民国《三台县志·杂志·祥异》）

丹棱：谷价昂贵，斗米四千零。（民国《丹棱县志·杂事志·灾祥》）

资中：春旱，大小春歉收。（民国《资中县志·祥异》）

名山：大旱，设平粜局。（民国《名山县新志·事纪》）

松潘：七月初六日夜半，县城火灾，上自陕西馆，下至清真寺。八月，漳腊火灾，粮架被焚。（民国《松潘县志·祥异》）

开江：十二月，县城发生大火灾，衙门口至新街口的房屋烧毁无遗。（《开江县志·大事记》）

大足：观音、沙沟等地流行痢疾。沙沟街上居民仅 300 余人，有 200 余人被传染，死亡约三分之一。（《大足县志·疫病防治》）

美姑：打洛马河暴发泥石流，死 29 人。（《巴蜀灾情实录》326 页）

［附］**省政府令各县凿塘**：民国十一年，四川省政府建四字 7795 号训令称："查各县凿塘蓄水，关系高原灌溉，预防旱灾至为重要。……关于凿塘工程，应由各县政府遵照前颁各县凿塘标准办法规定，工料、口食由主（业主）佃（佃户）分担合作，择要举办，并列为该县本年冬季及明年春季中心工作。"（《成都水旱灾害史》121 页）

［链接］　　　　　　　　　　**重修穿山堰碑记**

宇宙废行之理，虽曰天道使然，亦视乎人力之何如耳。人若勤劳不懈，奋勇前行，则百废可兴；急惰自安，因循苟且，则一事难成。吾邑城南水东乡，地名任家坝，良田多顷，土质肥美，莫加其上。惜数十年来，穿山堰水路阻塞，无论丰歉，岁有荒废。溯其原由，畎浍早为人开作田，无能力争，是以溉灌缺乏。壬戌岁（1922 年），知事徐公文杰，来守是邦，念切水利；实业所长扬君为敏，克尽厥职，任事不遗余力，博咨老农，述古堰而力争，而淘汰，而修理，水道即通，插田益广。向之赤而叹者，今则禾且茂矣；向为牧人游荡之域者，今为农民稼穑之场矣。及至收获，较前加倍，民欣而善。金曰：虽天道使然，实赖人力；知事、所长，其德不可忘也。继此以往，刻碑然流传。每岁修赈，庶后辈有所依据。不然，前辙可释，如山径之蹊，为间不用而茅塞之矣。

（《青衣江志》107 页）

1923 年

（民国十二年）

本年，川省双重巨灾：炉霍大地震、"癸亥大洪水"。

1923 年 3 月 24 日（二月初八日），**四川省炉霍、道孚两县发生强烈地震，火山爆发，两县城乡为墟，伤毙 3500 余人**：据《中国地震目录》，3 月 24 日炉霍、道孚之地震，震中位于北纬 31°31′、东经 100°8′，震级 7.25 级，烈度 10 度。地震发生后，川边镇守使陈遐龄致北洋政府请赈电云："昨据炉霍县知事崔山呈报，3 月 24 日午后七时，县治城内以及所属之江达沟、斯（木）、宜木、雅德、宜拜等处同时地震，火山爆裂成灾，延及五百余里，官署民房，概行倾陷，人民牲畜，伤毙无算。维时崔山同道孚县知事薛孔经，均带团练驻扎太宁办理土匪，闻信当各回地履勘属实，恳请速筹赈济。又据道孚县知事薛孔经报称，县城同所属之孔色、麻孜两乡，与炉霍毗连各境，同时地震，人民损失甚巨各等情。据此遐龄随即派员星夜前往，会同两县详晰查勘，议办赈抚。旋据该印委等会呈，此次道、炉两属地震，火山崩裂，五六分钟之久，变起非常，为历来所未有。道孚县城，官署民房虽遭摧圮，幸未伤人，惟孔色、麻孜两乡，人民屋宇粮食牲畜荡然无存，压毙男妇老幼五百余人，并有被房屋倒压现未挖出，暨被压伤者，尚不计其数，二百里之内，炊烟断绝，成为邱墟。霍城一带，以及仁达沟税局，受灾尤为惨酷，县署眷属员司丁役，以及附城商民教士教民，税局委员梁士诚同时伤毙，鲜有存者，该处驻防陆军一排官佐士兵亦同被压伤。该县辖境，以斯木、宜木两乡被灾为最要，雅德、宜拜两乡稍轻，约计全县伤人口三千名以上，至有压塌全家，尚不知其人口若干，更待详查。现在殁者无人棺殓，生者露处，啼饥号寒，无以度日，哀鸿遍野，目击心伤。"这次强震，尚波及邓柯、德格、江达、乾宁、甘孜、康定、新龙、理塘等地，造成破坏，其中以邓柯、德格（均在道、霍之西北方向）等地为重。"邓柯：大喇嘛庙坍倒，压死喇嘛甚众，人民死伤 1000－2000 人。德格：小村庄坍塌很多，山倾地塌，屋破人亡。"又，是年 8 月（六月下旬至七月中旬），以及 10 月 20 日（九月十一日），冕宁大桥和巴塘附近，亦分别发生 6 级与 6.5 级强震。

（《近代中国灾荒纪年续编》89－90 页）

炉霍、道孚间发生强烈地震：1923 年 3 月 24 日 20 时，炉霍、道孚间发生强烈地震。炉霍县城及虾拉沱、仁达沟一带的城墙、教堂、庙宇、官民房屋几乎全成丘墟，城乡 200 里内炊烟断绝。城内将军桥及河坝地裂宽 1－2 米，全县人畜死伤甚多，死人在 3000 以上，财产损失 200 万－300 万元。虾拉沱天主教堂倒塌，压死法教士及其妻、子共 6 人。炉霍农村经此剧变，约废十分之一。

道孚的孔色、麻孜二乡房屋荡然无存，压死 500 余人。城内官民房屋约半数受损。道孚西北 30 公里的恰叫，房屋全部倒平。震中呷拉宗被毁灭，有三分之二的人死亡。类似的大破坏遍布整个区域。在震中，强大的裂缝带在地面上形成鼓包，土层发生不规则的翻转。

据现代科学推测，地震震中位置在北纬 31.5°、东经 101°，烈度 10 度，震级 7.25。（《四川省志·大事纪述·中册》73 页）

1923 年 3 月 24 日，打箭炉、邓柯地震甚剧。各地地陷屋塌，人命财产损失甚巨。川边炉霍、道孚两县因发生地震，受灾极巨。炉霍城乡 200 里炊烟断绝，成为丘墟，约计死伤 3000 人。德格灾区德郎古山倾地塌，屋破人亡，惨不忍言。大抵每一村中皆死数人，最多至 40 人。统全灾区计之，至少当有 1500 人。五月初一日，打箭炉昨晚九时川边复发生猛烈地震，人民死亡之数约有 1300 人，在此间汉、藏人民均为震骇。（《巴蜀灾情实录》354 页）

民国十二年 3 月 24 日 20 时 40 分 6 秒，北纬 39°2′、东经 100°9′的炉霍、道孚间发生 7.25 级强烈地震，死伤 3500 余人。川边镇守使陈遐龄派员深夜前往，会同两县查勘赈抚。（《甘孜州志·大事记》）

民国十二年 3 月 24 日，炉霍县仁达、虾拉沱和道孚县孔色、麻孜发生 7.25 级强烈地震，倒塌房屋近万间、死亡群众近 5000 人，灾后又疫病流行，"百里之内炊烟断绝，殁者无人棺殓，生者露处啼饥呼寒，哀鸿遍野"。（《甘孜州志·民政篇·严重自然灾害赈济》）

成都平原"癸亥年大水"，百年特大洪灾：1923 年 7 月上旬（农历五月下旬），成都北部龙门山前崇宁、彭县、新繁、新都、什邡一带，连日淫雨经旬，其中 3 日至 6 日连 3 日暴雨，使彭县湔江、土溪河，灌县蒲阳河，什邡石亭江河水暴涨，发生近百年来特大洪水。民间称"癸亥年大水"。

据湔江上关口水文站洪水调查推算，1923 年 7 月上旬最大洪峰流量为 5060 立方米/秒（《彭县水利电力志》估算洪峰流量为 6250 立方米/秒）。较 50 年代关口水文站实测最大洪峰流量 4490 立方米/秒（1978 年 9 月 1 日）更大。湔江洪水出关口后，由当时主排洪河马牧河下泄，至集贤庵冲决，洪水入濛阳河，冲毁沿岸九尺铺及濛阳镇，九尺铺正街水深 0.6 米，铺面百余间、200 余人被洪水席卷而去；濛阳镇全场进水，水深齐胸，冲走房屋 200 余间，溺毙 170 余人。马牧河口被洪水挟带的砂石所淤塞，湔江排洪河道自此向北转入小石河。

彭县土溪河系蒲阳河支流，其上游山区为此次暴雨中心，山洪突发，沿岸桂花场街道冲没大半，洪水入蒲阳河（青白江）后，水位猛涨，青白江左岸太平场街心十字路口水深 1 米以上。右岸火烧堰口冲决后，堰下新繁县王家船全场冲没，200 余户居民仅 3 人生还。王家船水毁后重建更名为高宁场，即今新都县西北高宁乡。洪水从火烧堰决口后入锦水河，沿流至新繁（镇）再横决蟆水河，直下龙桥入毗河。青白江、锦水河、毗河下游均暴溢，普遍泛滥成灾、开濠成河，田园、村落、道路、桥梁、坟墓均遭冲淹，人畜伤亡无数。

据民国《灌县志》记载，癸亥夏五月，大雨连旬，灌县城内积水，街市可以荡舟。山洪暴发后入蒲阳河，沿河泛涨，淹没、冲毙 800 余人。河水入彭县后，汇土溪河山洪，流量达 2340 立方米/秒，横决入柏条河，再决入徐堰河。造成沿河原崇宁县一带的严重灾情。（《成都水旱灾害志》28—29 页）

川西特大洪灾：五月二十五日，成都、崇庆、彭县、什邡各县连日大雨，雷电交加，村落、田舍、道路、桥梁均被洪水淹没。灌县城暴雨连旬，城内积水，街市可以荡舟，房屋毁坏，人畜淹毙。新都南西乡一带淹没良田 20 余万亩，死亡人数在 500 人以上。损失柳叶烟值银 30 万－40 万元。广汉城内半边街、金坪街及上下河坝民房、商铺、烟堆栈、木料棚等均被水淹，损失 40 万－50 万元。河坝街内全县谷米集散市场，水灾损失谷米价值约达数万元。

同年七月，金堂城乡遭受巨大洪水。由于连续几天大雨，江水暴涨 2 丈余，赵家渡淹没，淮州河街大半被淹，冲毁民房数百家，沿江多数良田变为沙洲。境内 3 条大河同时猛涨，沿岸尽成泽国，溺死 1000 余人，毁民房数千家，淹没田地数 10 万亩。（《四川省志·大事纪述·中册》73－74 页）

1923 年，湔江特大洪水。（《四川省志·水利志》57 页）

岷江大洪水：成都、崇庆、彭州、什邡，五月下旬连日淫雨，岷沱江涨，淹没田庐，淹毙人口无数。广汉、金堂为众水尾闾，灾情更重。灌县城内行舟。此为数百年所未见之水灾。（《都江堰志》38 页）

成都"连日大雨骤涨，东、北、南三门外，民房木料冲毁甚多，南门大桥已涨上鱼嘴，鱼嘴破裂二个。"（1923 年 7 月 10 日《新四川报》）

查此次洪水，灌县主要发生在河东地区，尤以蒲阳河上游山溪——龙安河、干河子、土溪河洪水最大。据《蒲阳乡志》载：五月初十至十三日，连下暴雨三天三夜，五月十三日洪水暴涨。蟠龙、龙安、拱峨、兴隆、善庆等桥同时被毁，蒲阳场水深二三尺。《驾虹乡志》载：洪水冲走 8 人。《胥家乡志》载：柏条河上的桥梁全毁，黄璟堰溃决。《天马乡志》载：柏条河两岸田土水深 3 尺。（《灌县志·自然灾害》）

入夏以后，川省淫雨为灾，西路尤重：漂没田禾庐舍，淹毙人口数以万计。

新都——"此次洪水为灾，数新都受害最烈。7 月 7 日（五月二十四日）晨至 9 号（二十六日）止，一连三日，大雨如注，洪水横流。深者则势欲滔天，浅者亦汹成灭顶。粮田骤变沧海，秀苗没无根茎，淹毙人民，多属尸身无觅，冲圮房屋，竟至木屑不存。……今（合）计县属淹毙老幼男女共四五百人。西区之督河桥天缘桥，为著名烟叶产地，与成都毗连，毗条河一带，桥梁多半冲坏，……督桥河一带之烟叶，农人正收获，于烟棚晒晾，多被洪水冲去，损失数万元之巨。

广汉——该县之河流，从彭县深山发源，经鸭子河至县城，五月内水灾，三水关冲去半场，太平场仅存 10 余家，北门外金平街冲去街三道，其余如三星场、中兴场、金鱼场、金轮场等田土房屋，被冲去约数在 3 万户，人口死亡在 5000 以上。损失数十万金，城外一般淹溢之男女，均登在房上呐喊救命。……据有人调查确数，由太平场、三星场一带起，至县城下河坝止，冲刷良田旱地有数万余亩。……附大江大沟两旁水田，已栽之秧苗，竟被水冲塌如平毡，似石磙碾过。此次毗连广汉各县，水灾均大，闻赵家渡方面，捞起葬身的 7000 余具，尚有继续发现者。

新繁——三益场、河吞场均被水淹，该县水源，系都江堰发源而来，水势更烈。所有沿青白江一带大堰之瘦田秧苗，半被沙泥压坏，乡村农宅，亦多被冲毁，王家场房屋，冲去者颇多，男女死于波心者，亦有其人。

彭县——海窝子、青岗林、关口场、楠木场、罗家场、九尺铺各场，街心中有水淹数尺者，有将房屋冲坍者，淹毙人口亦多。傍鸭子河两岸田地，冲者约数万亩，即以三眼桥一场而言，受灾者已千余家，淹死百余人。

什邡——高桥场、关口、向家场、马脚井各场，皆被水淹，有场头横街被冲刷者，亦有街心可以行船者，各场淹毙人民，亦时有所闻。附河一带及乡间，农民所收烟叶，正在烟棚晒晾，半被水冲去，自高景关起，至汉州金轮场止，沿河南岸之田地，冲刷亦有万余亩。

金堂——7月6、7日（五月二十三、二十四日）大雨后，赵家渡河水暴涨至二丈余，为数十年来所仅见。该镇几完全淹没，河街一带，冲去民房五六百家，此外如药材烟糖菇油米粮，以及各货物人民家具被淹坏冲去者，约值数十万金。该镇三月甫遭大火，今又遭水，真所谓祸不单行也。又金堂属之淮州河街，亦淹没大半，民房被冲去者，亦二百余家。最可惨者，沿河呼喊救命之声，不绝于耳。附近水田冲坏者不下数千亩，时有已成熟之玉米，亦多淹坏，花生红苕并归乌有，秧苗甘蔗，亦大受损失。（《近代中国灾荒纪年续编》90—92页）

渠江流域大旱：南江从冬至春久旱不雨，田土龟裂，饿莩遍野。四川省赈委会公布各县灾况称："巴中从去秋至今，大旱不雨，粮食绝乏，盗食死尸。"县中有"五多""四无"流行语。"五多"：捐税多，吃草根树皮多，匪多，饿死人多，娼妓多。"四无"：灾荒无人管，木匠裁缝无人请，米贵无钱买，家具无处卖。宣汉："旱灾奇重。"万源县："人口减三分之一，是年春，境内久旱重灾发生大饥，人食草根树皮，市场出现卖人肉汤锅。"达县："入夏，久旱土裂，禾苗渐成枯草，收成不到十之三四；入秋旱况尤甚，四至九月无雨，田土裂缝尺余，苕芋菽粱菜无收，种子难见。……十年来未见之奇灾。"（《渠江志》72页）

伤寒、赤痢流行：1923年，江油方水、永平等地流行伤寒，收禾无人，田园荒芜。1923年春夏，马边县伤寒、赤痢流行，3月份伤寒病例412人，死亡314人；5月伤寒病例575人，死亡35人；6月份伤寒病例560人，死亡310人；6月赤痢病例310人，死亡39人。剑阁疫区最广，沿川陕公路之城关、汉阳、武连、金仙、白龙、江口等，占全县面积7/10，先后患者30000余人。（《巴蜀灾情实录》227页）

宜宾：阴历五月初九日大风雨，江水暴涨。是日，川军九师营长王仍玉，率队乘舟成沙河，行经离宜宾二里许铁罐滩江面，被暴风惊涛掀翻，淹毙官兵16名。（民国《遂宁县志·乡官》）

成都、崇庆、新都、彭县、什邡：五月二十五日连日淫雨，雷雨大作，村落田庐、坟墓、道路、桥梁均被洪水重灾，尽成泽国，淹毙人口无算，此次水灾为数百年所未有，损失人口田土房屋财产则不可胜计。损失人口万数、田房数十万。（1923年7月23日《川报》）广汉、金堂二县为众水尾闾，灾情较上述四县尤重，郫、灌等县亦受灾非轻。灌县城内行舟，岷沱江涨，田庐坏，死人畜。（《四川省近五百年旱涝史料》10—11页）

郫县："自五月二十日起，大雨。二十三日夜，河水暴涨，（崇宁）桂花场街市冲没大半，河水直下新繁、彭县、郫县界，沿途冲坏田土、禾稼，溺死人畜，漂去房屋、器具、粮食无算。又横流泛滥，清水河冲开新河一道，全县（原郫县）冲没官工所修之汀沙堤百余丈，良田数千亩，房屋数千家，著名桥梁十余道，淹坏田禾无收者万亩，减收者数千亩，冲毁水碾百余座，所积米谷、麦糠尽被淹没。"（1923 年 7 月 12 日《川报》）

[链接]《郫县水利电力志》关于"癸亥年大水"的记述：1923 年大水，即所谓癸亥年大水。那一次暴雨范围较广，但主要是平坝区及灌县至彭县一带浅山区，故岷江洪水威胁不大，而土溪河山洪则造成土溪河及蒲阳河两河沿岸惨重的灾情。当时蒲阳河流量达 2340 立方米/秒。据目睹者言，石坝子一带院落，水淹到腰枋（一米以上），低处房屋则随水漂走。水退后，禾稻为沙石掩埋，收成大歉。蒲阳河的支渠蟆水河沿岸院落被淹，房屋漂走。住在毛草堰口的杨世举一家，老小七口，死者六人；杨世举年幼，爬上房顶，随水漂流，后被树林挡住，才得以幸存。洪水溃入锦水河，新繁县沿河地区皆遭灾害。据《彭县志》载，位居锦水河边的乡场王家船（今新都高宁乡），住户二百余户全部冲没，"幸存者三人"。该年涨水是 7 月 6 日，农历五月二十三日。

崇宁县水利会 1957 年追述说："1923 年五月二十三日，夜大水，蒲阳河两岸半华里内，院宅一扫而光，死八百余人。可惜无水文记载，只是长虹桥右岸桥头，尚有三间遗留的瓦屋，穿枋上还有水痕；平地上水淹至梁家湾（长虹桥、梁家湾都在君平公社，今属彭县）。"并说："癸亥年涨大水有个特征是：接连七八天大雨，内有三天暴雨，连续不停。"

在蒲阳河涨水的同时，徐堰河永宁桥下，南岸冲开缺口，毁田数十亩，造成近一公里长的新河。洪水后曾将缺口封住，到 1945 年又被打开，冲刷更甚，水退后竟将南岸三十余亩农田隔在北岸，今仍属南岸的安德公社管辖，用铁索桥相通。（《郫县水利电力志》）

安县：五月二十二、二十三日大雨如注，河水暴涨，冲毁良田 4000 余亩，沿岸庐舍人畜死亡无算。（《绵阳市志·大事记》）

渠县：春大旱无雨，不能播种。6 月大雨，江水陡涨，两岸禾苗淹没，大树倾倒，淹死人畜无数。（民国《渠县志·别录·祥异志》）

北川：六月大水，灾民四处流徙。（民国《北川县志·杂记》）

新繁：7 月 7 日（五月二十四日）大水，沿河居民淹毙者数百人，庐舍漂没无算。（民国《新繁县志·事纪》）王家船 200 余户全被淹没，居民仅 3 人得免。（1923 年 7 月 13 日《川报》）

什邡：夏，沿石亭江、鸭子河一带百余里地方，田园、房屋、禾稼、粮食概被淹没冲走，崩决横流，全县毁损田土在 10 万亩左右。（1923 年 7 月 13 日《川报》）

彭县：大水，县属九尺铺全部冲毁，蒙阳场被冲毁数百家，冲毁良田 10 万余亩人口淹死在万人以上。（1923 年 7 月 23 日《川报》）

崇宁：大水，自五月二十日起，大雨。二十三日夜，河水暴涨，桂花场冲没大半，直下新繁、郫县、彭县界。沿途冲毁田土、禾稼，溺毙人畜，漂去房屋无算。（1923 年 7 月 15 日《川报》）

新都：七月大水，七日至九日大雨三昼夜，洪水横流，淹死四五百人，冲毁房屋田禾等约值数十万元。（1923 年 7 月 13 日《川报》）

广汉：城北冲去街道 3 条，三星、中兴、金鱼、金轮等场镇田土、房屋被冲去，总数在 3 万户以上，人口死亡在 5000 人以上。从三合辗至金堂清水镇，冲开一大缺口，达数十里之远，禾稼淹坏者数千亩。（1923 年 7 月 13 日《川报》）

金堂：连日大雨，江水暴涨 2 丈余，赵家渡淹没，淮州河街亦淹大半，冲毁民房数百家，沿江多数良田变沙洲，公、私财物毁坏无算。至县境内，中、北三水同时陡涨，沿岸尽成泽国，溺死千数百人，毁民房数千家，淹没田地在百万亩以上。此实金邑近数十年未有之奇灾。（1923 年 7 月 13 日《川报》）

苍溪：中秋前连雨 20 日，中秋夜，东河漓江场址及前后左右纵横 3 里许，地忽下陷至 2 丈余。（民国《苍溪县志·杂异志》）

简阳：五月二十七日（7 月 10 日）县西滚柴坡、关门石、麻石桥、八角楼、儒林寺等处，雨雹打损田禾甚多，雹大如卵，风亦极烈，拔木毁舍。水灾亦重，沿江一带生命财产庄稼均受极大损失。（民国《简阳县志·灾异篇·祥异》）

南部：春夏皆旱，夏旱为甚。（《南部县志·大事记》）

大竹：春旱，正月至四月少雨，不能播种插秧。（民国《续修大竹县志·祥异志》）

西充：1923 年，春旱继夏旱，灾情严重。西充县在灾情报告中说："无泉不竭，汲水在十里之外，有草皆枯，牧牛无一束之刍，斗米值银四两余。"（《西充县志·大事记》）

达县：自秋即未雨，冬粮入地被霜冻死，入春无获，旱象已成，现在夏至无法栽插，收成只有十之二三。（民国《达县志·杂录》）

荣县：入夏后，久旱成灾，秋收绝望。（《荣县志·大事记》）

长寿：农历三月初八大风，刮翻邻封乡数十根黄桷树、若干间房屋。（民国《长寿县志·灾异》）

彭山：三月雨雹。（民国《重修彭山县志·通纪》）

中江：五月初五大风，毁屋拔大木。六月二十五日大风雨雹，大木被拔。（民国《中江县志·丛残·祥异》）

雅安：五月端午，李坝大雨雹，形如砖块，由西南到东南亘 20 余里，偃禾毁舍。秋令淫雨一月。冬大雨雷电。（民国《雅安县志·灾祥志》）

三台：因灾由重庆慈善团拨来种子银 2000 元赈恤贫农，由乡保分颁散发。（民国《三台县志·赈务》）

江油：方水、水平等地伤寒剧烈流行，收禾无人，田园荒芜。（《四川省志·医药卫生志》146 页）

汉源：本年始种鸦片。（案：驻军征收烟苗捐，由两万元以至七八万元，不种者仍课以税，谓之"懒捐"。）（民国《汉源县志·大事记》）

万县：积谷局存粮，被刘湘调走 1621 石充军粮。（《万县志·大事记》）

乐山：正月初三夜较场口失火，延烧四五百家。是月二十四夜，苏稽烧数十家。（民国《乐山县志·祥异》）

冬，峨眉山金顶祖师殿失火。（《峨眉山志》）

汶川：三江口大火灾，毁屋百多间。（《阿坝州志·大事记》）

西昌：美姑瓦侯树窝森林火灾，毁林 13 万多亩。（《凉山州志·大事记》）

1924 年

（民国十三年）

全川水旱灾、兵匪祸交织：春夏，四川遭受持续大旱，74 县灾情严重。夏秋时节，川西什邡、金堂以及金沙江流域各县发生特大洪灾，灾区损失甚重。与此同时，熊克武、杨森互争雄长，频起战端，兵匪祸蔓延全川，川民惨况空前。

春夏大旱、灾区遍布全川，其中以通江、剑阁、乐山、彭山、资中、三台、巴县、奉节、汉源、西昌等县尤重。这些地方入春少雨，炎夏亢旱，禾苗、苕、麦并枯。三台井泉皆涸。巴县等县连旱 3 年，草根树皮食尽，流离者载道，死亡枕藉。

7 月，什邡县发生水灾，大雨连续两昼夜，洪水横溢，高景关铁索桥被洪水冲断，白鱼河、石亭江及县西鸭子河沿岸粮田庐舍漂没甚多。

本年为金沙江特大洪水年，8 月开始，沿江市县连降大雨 30 多天。9 月 18 日开始，水位陡升，连续 10 余日暴涨。宜宾、屏山、珙县、叙永、高县春夏大旱，秋后水灾，沿岸稻田荡然无存，村舍人畜漂没数以千计。屏山城内可行船，街房坍塌无数。长江洪水高程为 309.09 米，洪峰流量达每秒 36900 立方米。

本年，杨森、刘湘与熊克武、但懋辛互相兼并攻战，祸及全川。成都龙泉驿之役、重庆浮图关之役、梁（平）垫（江）反攻、潼川（三台）决战，师行所至，闾阎为墟；勒款筹饷，敲骨吸髓，兵匪交侵，生民涂炭。成渝两商会各筹款 10 余次，共达 200 万元。成都发行官银号兑换券，共约 200 万元，重庆所发官银号及四川银行所发兑换券，共约 400 万元。这 600 万元兑换券榨取了商民的血本。此外，又借支成渝两地房租约 60 万元，预征粮税约 60 万元，重庆派垫公债约 80 万元。成渝两地总计筹垫各款近千万元。其余各县，无不承担预征、强派各款。一县所出，多的达数十万元。供款不足，又增设特别捐税，江河、陆路遍设关卡，抽收捐税。自流井盐船，由邓井关到重庆，历卡 14 处，每船一支，累计抽收 1000 余元。江津至重庆，百里之遥，共 13 卡。商旅纳款输捐，超过清末 10 倍，而各军仍缺军饷，或截商米，或封仓谷，或强令团保供应，商民存储已尽，饥馑随之而来。

民初以来，四川多匪，各军争战，匪势日益猖獗。忠县、永川全城被匪洗劫，哭声震野。成渝两地驻军云集，匪风最盛。城中劫杀大案不断，城郊白昼抢人。兵匪勾结，狼狈为奸。兵以匪为羽翼，匪倚兵为护符，使川民陷入水深火热之中。（《四川省志·大事纪述·中册》80—81 页）

自春徂夏，半年不雨，省北、西、南各属苦旱，40 余县尽成赤地，灾民有以野草充饥者，甚至发生人食人之惨剧。8 月（七月），川西之宁远、宜宾等属又遭大雨，田舍荡然：1924 年 7 月 21 日《大公报》载："川南各属，自去冬以至今夏，久旱不雨，农民所种春粮，颗粒无收。……贫民以松花面、麻花面、金藤树面等野草充饥，甚至夫妇相弃，父子离散，或则易子而食，或竟有食儿女，其不忍以骨肉相食者，则相率自尽，以致尸横遍野。……东川则又因雨水过多，稻根多被淹烂，殆亦不免歉收。"至8月初，部分被旱地区又遇大雨，致使"川省已成半灾（水）半旱之局"。8月6日《大公报》载四川省省长邓锡侯报告川灾情形文："据嘉陵西川各道尹飞电报告，该各属等，因三月不雨，亢阳为虐，40余县尽成赤地。而东日（1日）大雨以后，宁远各属，复山洪暴发，飘荡民居，全川几成泽国。""又：自8月28日（七月二十八日）以来，雨势滂沱，江流骤涨，叙南沿江一带，稻田荡尽，村舍为墟，人畜之淹毙者数千。"9月10日《大公报》又载："川省半年不雨，各属均苦旱荒，禾苗枯槁。……川北道属灾情最重，灾区至20县之多。"该报同一消息并列出川西被灾之39县：华阳、绵阳、彭县、罗江、广汉、安县、简阳、彰明、长寿、万源、达县、渠县、开县、宣汉、南充、南江、西充、剑阁、仪陇、三台、阆中、射洪、苍溪、盐亭、南部、安岳、广元、中江、昭化、巴中、通江、营山、蓬安、宜宾、江安、南溪、资阳、富顺、泸县。（《近代中国灾荒纪年续编》121－122页）

自7月（六月）初起，金沙江中下游及澜沧江流域降雨40天左右，金沙江之云南龙街至四川屏山段出现百年未有的大洪水，四川宜宾、西昌以南各属"稻田荡尽，村舍为墟"。（《中国近代十大灾荒》337－338页）

旱灾面积广、灾情重，计有通江、剑阁、乐山、巴县、奉节、汉源、西昌等81县。入夏以来久苦亢阳，因旱成灾，禾苗未插，苕麦并枯，秋成绝望，民不聊生。（《四川省近五百年旱涝史料》11页）

数十县大旱，饿殍70余万：省内数十县大旱，尤以川北为重。因无赈济措施，据不完全统计，饿死的灾民达70余万人。（《四川省志·民政志》286页）

蒲江、邛崃大旱，新津连旱：蒲江冬干继以春连旱，田土龟裂。邛崃回龙乡冬水田裂口有宽一至二寸（3～6厘米），蒲江河断流，直至农历五月底（7月1日）始降透雨，水稻栽插无几，粮食歉收，饥民四起，逃荒途毙者，时有所闻。新津自1922年起连续三年春旱，粮食歉收，米价猛涨十倍，由每斗八吊钱涨至八十吊钱，当年民谣："青蛙干死枯泉边，秧苗焦枯似火燃。县官绅粮都不管，农民望雨苦连天。"（《成都水旱灾害志》232页）

温江：春夏奇旱，小春作物枯萎，大春无水插秧，疾病流行。5月，县商会呈请县署严禁奸商偷运大米出境。（《温江县志·大事记》）

苍溪：夏旱，是岁大饥，东河尤甚，民有剥树舂葛而食者，饿殍载道。（民国《苍溪县志·杂异志》）

旺苍：夏旱歉收，白水、汶水、五权、木门等地尤重，木门等地饿殍塞道，瘟疫流行，死之者众。（《旺苍县志·大事记》）

渠县：春大旱，农田半不及种。四月，渠县大义、有庆等地降雹，打坏全部秧苗。（民国《渠县志·别录·祥异志》）

新龙：五月，洞须、日隆两村受洪。陈镇守使（川边镇守使陈遐龄）已呈请豁免水灾地亩粮额。（1924年12月29日《国民公报》）

大足：六月大水，冲垮西桥栏杆石。（《大足县志·大事记》）

什邡：六月大雷雨两昼夜，洪水横流，冲断高景关索桥，白鱼河、石亭江及县西鸭子河沿岸粮田庐舍漂没甚多。（民国《重修什邡县志·杂纪》）

南溪：水盛涨，城西校武场箭道下沙堤冲塌，水落后，沙上露石牛一、石柱一段，柱上镌有"北水安澜"四字（据耆老言，此系柱上联语"牛眠江北水安澜"之下半截）。（民国《南溪县志·杂纪·纪异》）

珙县、叙永、高县：春夏旱。入秋江水陡涨，沿岸稻田荡尽，村舍为墟，人畜淹死数千，灾区延长叙南二百余里，较光绪三十年（1904）水高数丈。（民国《叙永县志·杂记篇·灾异》）

汉源：七月初四夜，城郊富林下场口，山洪暴发，崩堤 50 余丈，洪水泥石流淹没街道房院 18 座，11 人丧生（其中步哨兵 3 人）。十月，大湾头降雪雹。孟冬，安乐村降冰雹（是年冬由羊仁安倡捐洋 500 元，翌年春刘济柔等募捐监工修复水毁渠道）。（民国《汉源县志·杂志·祥异》）

蓬溪：夏秋之交，涪水泛涨，天福镇、回马场、康家渡沿河，被水淹洗约千家。（民国《蓬溪近志·灾匪》）

屏山：自 9 月 18 起，大雨滂沱，江水骤涨，沿江一带稻田荡尽，村舍人畜被灾者数千，损失甚巨。9 月，上游金河（金沙江）水涨，淹没县城。（1924 年 10 月 26 日《国民公报》）

宜宾：9 月金沙江水位达 334.6 米。近郊安边场，大水浩劫，整个场镇几全被淹，民房及学校、庙宇等大半被冲刷洗荡，为数百年未有之奇灾。（《宜宾县志·大事记》）

金堂：三江溢，坏田舍。（民国《金堂县续志·事纪》）

西昌、德昌：大水冲毁房屋，淹毙数人。（《四川近五百年旱涝史料》141 页）

三台：旱，井泉皆涸，饥。五月大水，石谷溪水奔射县城西门。（民国《三台县志·杂志·祥异》）

双流：5 月，天旱，无水栽秧。县知事派人逼粮，激起民愤。彭镇、桐梓、擦耳、红石 4 乡农民聚众提秧头至县署大堂索水，后经县人川军师长彭光烈派兵至都江堰砍去杩槎放来大水，民愤始平息。（双流《机投镇志》）

南部：1924 年，据南部小元山民团办事处呈报旱情记载："千亩水田尽干，万家井泉已涸，老少难活性命，千里觅水惨苦呼天。"县署批示："呈悉，旱荒因已早成，且非独该地为然也。"（《南部县志》）

资中：五月大旱，七月始雨，庄稼仅收四五成。（《资中县志·大事记》）

西充：春天无雨，田皆龟裂；继又夏旱，溪河断流。斗米值十四五千文，树根、草皮和观音土掘食殆尽，人心惶惶，千家野哭。（民国《西充县志》）次年一月一日《国民公报》载嘉陵道署勘察西充灾情报告说："春季少雨，继以连月亢旱，复遭暴风，豆麦枯萎，只有少数丰收。田水涸坏，不能插秧；夏季仅得小雨，稻含苞不实，薯仅栽十之二三，瓜菜及杂豆谷黍均枯死殆尽；秋季皆被虫食……县属鸣龙场、保关场一带，月前复遭冰雹，十家有二三并日而食。"

巴中：夏大旱，秋无收。八月阴雨绵绵。大旱三年，草根、树皮掘食殆尽，流亡载道，尸相枕藉。（民国《巴中县志·志余·述异》）

彭山：冬旱。（民国《重修彭山县志·通纪》）

南川：1924 年至 1925 年，岁在甲子、乙丑，连续天干。米价昂贵，稻谷卖 13 元 1

石，米卖 12 元 1 挑。城隍庙米市没有米卖，县城居民到乌龟石甚至下新桥去拦路抢购，因之，粮价愈亦高涨，稻谷卖到 16 元 1 石，穷民只有吃草根、树皮和白粘泥充饥，饿死病死（吃了不消化）的人到处都是。乙丑年因头年天干，米价节节上涨，市价一天变三道，地主更居奇不卖，甚至先交了钱的都不作数，估倒（坚持）退钱（如城内杨春和）。借谷要照现时谷价折合成钱，秋收后又要照当时市价折合成谷还他们的粮，这样翻一个滚，起码是借一石还两石，有的甚至高达二石五斗或三石。如德隆场地主童叔文、梁屏之等放高利贷，老百姓至今还痛骂不已。驻军陕军团长孙国栋公然造假洋钱来买谷子，并借办赈济、发稀饭为名，大开赌场。天灾加上种种人为恶果，使饥荒愈加严重。花坟山的贫民下山来找饭吃，走不回去，就饿死在山脚路上。更为骇人听闻的是真正出现了人吃人的惨痛事实。据《南川县志》民国版卷十四《丛谈》载：半河乡金山二瞪，贫民夏焕章妻杨氏，生二女，长九岁，次五岁。家贫夫死，饿不能忍，逐缚其次女，烧而食之。长女骇逃，向人哭诉。乡僻土户闻之，付之一叹而已。后长女亦不知所往。（《南川近百年来自然灾害录》，载《南川文史资料选辑·3》）

自贡：入夏后，久旱成灾，秋收绝望。（《自贡市志·灾异》）

涪陵：夏大旱，五月至七月约七十日乃雨，收成平均不过四分。淫雨久灾及大风雹。（民国《涪陵县志·杂编·民国记事》）

西昌：旱。（《四川省近五百年旱涝史料》141 页）

剑阁：大旱，冬设局筹赈。（民国《剑阁县续志·事纪》）

达县：春夏连旱，水稻减产五成以上。（民国《达县志·杂录》）

渠县：大旱，农田半不及种。（民国《渠县志·别录·祥异志》）

通江：2 月至 7 月大旱。草木枯死，农禾无收。（《通江县志·大事记》）

广元：秋歉，知事谢开来筹赈设会，救济一次。（民国《重修广元县志稿·杂志·天灾》）

开县：旱涝成灾。（《开县志·大事记》）

奉节：旱。（《奉节县志·大事记》）

巴县：旱，受旱面积广，灾情重。（《巴县志·大事记》）

阆中：秋，谷歉收，斗米价涨至 7000。（民国《阆中县志·事纪》）

合川：九塘乡刮大风，许家祠堂上瓦片乱飞，祠堂旁的大树被大风折断。（《合川县志·大事记》）

长寿：焦家场禾苗遭蝗灾。（《长寿县志·大事记》）

泸县：分水岭时疫流行，染至 18 个乡，死数千人。（民国《泸县志·杂志·祥异》）

平武：古城区疟疾流行，持续半年多，患病率 50％，病死率 15％。（《绵阳市志·疫病防治》）

灌县：县城天乙街、鄸都庙、报恩寺、玉带桥和聚源、玉堂、胥家等乡火灾，受灾 179 户，县赈米 156 石，钱 260 钏。（《灌县志·赈恤》）

乐山：1 月 1 日（民国十二年阴历十一月二十五日），地大震有声。（《四川省志·地震志 74 页》）

石渠洛须西：1 月 27 日，发生 5 级地震。（《四川省志·地震志》74 页）

乐山、泸县、彭山：10 月 21 日，地震。(《四川省志·地震志》74 页)

重庆发生特大火灾：8 月 26 日，重庆市区突发特大火灾，由于汲水困难，扑救无力，自 26 日起火，延烧 4 昼夜，到 29 日方熄灭。此次大火，焚毁商店民宅 2000 余家，经济损失 1000 万元以上。(《四川省志·大事纪述·中册》81 页)

川省军阀鼓动鸦片产销：1924 年，四川军阀扶植鸦片产销。1923 年黔军袁祖铭驻重庆，为了搜刮军费，设立"禁烟查缉处"，在"寓禁于征"的幌子下开始征收烟税。1924 年刘湘占领重庆和万县，设"四川全省禁烟总局"，烟土上税之后即凭贴上的"税花"公开行销，其他军阀相继效法，并强迫农民种烟。川西某县规定，每 10 亩土地必须有 3 亩种罂粟。凡是拒绝不种的则估收"懒捐"。另一种鼓励种鸦片的办法，是规定种烟只上一年的税，若种粮食则上三年的税，次年再种粮食则上五年的税。在军阀扶植下，鸦片越种越多。于是，一度绝迹的罂粟花又在大巴山麓、长江沿岸、邛崃山地遍地开放。到 30 年代初，川东涪陵 3/4 以上的耕地种植罂粟，每年产鸦片 23153 担。全省 140 余县，大部分都种鸦片，种植面积占耕地 1/30。据四川禁烟善后督办公署文件记载：四川全省在防区制时期，每年鸦片烟的产量达 120 万－140 万担，成为当时全国产烟最多的省份之一。(《四川省志·大事纪述·中册》83 页)

首次证实四川有血吸虫病人：1924 年，Faust 在四川调查，发现邛崃、仁寿有血吸虫病人，并认为是轻流行区。这是现代医学对血吸虫病在四川流行的首次证实。(《巴蜀灾情实录》248 页)

1925 年

（民国十四年）

"蜀省饥歉，被灾达八十余县，饿死者三千万人[①]，流离失所者不可胜计。""蜀省疫疠流行，罹者二十万人。"(邓拓《中国救荒史》第 34 页)

川东北旱灾，盐源流行伤寒：1925 年 2 月，川东北继上年干旱之后，又遭旱灾，旱灾区域达 70 余县之多，绥定、巴中、通江、南江、营山、城口、万源等县均为重灾区。绥定尤以去年为最甚，秋收无望，小春也无收。通江斗米涨至 12 元，概由下游岳、广运来，沿河防军设卡抽税，有钱也难买到米。一般贫民采根食蕨，或挖白土充饥，路途倒毙者比比皆是。巴中饥民吃尽树皮草根，无以为继，饿死 3/10，无食之家达 8/10。因城内外死尸太多，在郊外连掘两个万人坑均已填满，又继续挖新坑。巴县春夏亢旱，大小春告歉，饿死 70000 余人，易子而食者 21 家，自食子女者 10 余家。

同年，盐源县伤寒大流行，死亡 7000 余人，尸横村野。(《四川省志·大事纪述·中册》85 页)

---

① "饿死者三千万人"，应属笔误，疑为"三十万人"。此条多被引用，特在此注明，庶免以讹传讹。

川省连续数年以旱为主，至是形成大荒，全省被旱80余县，川北、川东尤重，易子而食，饿殍遍地，葬于万人坑者累累，死亡达百万人以上。部分灾民聚众向官府索食，或"吃大户"：1925年8月（六月），《东方杂志》发表颂皋《五省的大灾荒》一文："按最近报载，川省灾荒已达八十余县，就中以保宁、重庆、夔州、雅安等府属最为酷烈。"5月16日《晨报》载："三年来均遭荒旱者实居多数。川东以达县、宣汉、渠县、城口、太平（系清朝县名，时为万源县）、酆都、璧山、綦江一带为最苦。川北以通江、南江、巴中、西充、盐亭各县为尤甚，其余西南各属，间有荒旱成灾者，为数尚少。川中民食除秋收外，全赖冬粮，不意自冬入春，迄无一雨，不特被灾各县室如悬磬，即素称肥沃地方，亦野无青草。"6月20日《申报》报道：据全川筹赈会派员调查，"综计全川饿死者达三十万人，死于疫疠者约二十万人，至于转徙流离，委填沟壑者，在六七十万人以上。灾情极重者，亦达三十六七县。有争掘草根杀伤人命者，有攫食白泥，名观音粉，腹塞而死者，有饿逼自缢或投河者，有先杀儿女再行自尽者，有全家服毒同死者，有聚众向官索食，求予枪毙者，有相率逃亡，估吃大户，死亡载道者。各地具体情形如下：

"川西北隅20余县自去年10月以来，直至最近（4月）未落一点雨泽。田内所种之大麦小麦豆类等，干旱过久，完全枯死，……更因缺乏雨水之故，禾稻无从下种。"川北灾地"已饿死者七万余口，因饥而病死者五万余人，易子而食者一千余家，自食其子者二十六家"。巴中"城内自去年腊月起，因死人过众，特在龙王庙官山掘一万人坑，至今（3月）第一、第二大坑已堆满，又在继续抬埋第三坑矣"。

"川东达县处地偏僻，……自民国十一年以来，即遭干旱，去岁（民国十三年）更甚。赤地千里，颗粒无收，人民赖以延残喘者，惟靠草根树皮及数千里外运来极有限之谷米、杂粮而已。此种粮食运至该地时，价值至昂，计每斗米须大洋6元左右，每斗杂粮需5元左右。因之该地近8、9月间饿死者竟达数千之众，而近来甚至每日必死数十人。各家长无法维持一家生活，每有置毒食中，令全家服，同归于尽。尤可异者，该地饥民之尸身，因无人收埋，亦多为未死饥民将其肉割去烹食云。"（《近代中国灾荒纪年续编》126−127页）

四川大饥荒，系由天灾人祸相逼而成：对于四川等省旱荒的成因，社会舆论纷纷指出系由天灾人祸相逼而成。如6月30日（五月初十日）《申报》载："此次川省灾象，并不尽由天祸，强半出自人为。……川当局固不能不负几分相当之责任也。何以言之，四川全省为一百四十六县，人口总数为七千余万人，此系光绪二十年前所调查，目前或尚不止此数。以地大物博，出产富饶如四川，而忽酿成如此灾象，必不为人所深信，而事实上却以至于如此者，综其原因，厥有数端：（一）防区各军，勒令民间种烟，致民间秋种杂粮益少。四川一省，无异为成割据数十小国，各军师旅团营长，都于其扎防区内，勒令农民种烟，按亩抽收烟捐，大县二三十万，极小贫瘠之县，亦六七万十余万不等，否则必抽懒捐。川民迫于无奈，遂群起种烟，而民食遂不敷矣。（二）川省连年内乱，几于各属皆成打仗区域，两军交绥，多妨害民农耕作。（三）军队抽收丁粮，苛敛无厌，现为民国十四年，各属多预征至二十五六年，至征至二十七八年者，固习见不怪也。往往军队驻县，预征一年或二年，改调乙队，复不承认甲队预征之数，川民无可如何，大多数挈家远逃，致田地荒芜者多数。（四）军队抢夺民食，致民间一无储蓄。援川一役，援川军及川军，凡经过地方，无不闾里成墟，所有乡镇城市，积谷仓常平仓各种仓储，一律起封搬食以尽，致此次民食艰虞。（五）川中土匪之多，甲于天下，河南之宝鲁郾，浙江之温台处，江苏之淮徐海，均未足以比其万一。川民素蒙匪祸，而里党胥鲜盖存，此次天灾流行，竟毫无补救之术。以上皆川省本年荒旱之种种原因也。"前引颂皋一文分析，黔、滇、湘、赣4省情形亦与此相似。（《近代中国灾荒纪年续编》127—128页）

军阀敲诈军饷，筠连人民苦痛万状：民国十四年，"4月，九师师长刘文辉在县筹军饷1万元"；"6月，三军军长李越森接防叙府，委知事雷纶来县，筹款3万元，人民苦痛万状。年荒，斗米值钱12钏"；"8月，团长祝庆龙驻防时筹火饷，加派各名目捐款，人民不堪其苦"；"9月，吕超令知事李克俊筹饷1万元"。（民国《筠连县志·纪要》）

成都东山、邛崃、蒲江旱：华阳东山、简阳龙泉驿一带自1923年冬干，1924年春夏连旱，1925年春夏再旱，无水栽秧，吃水也在河堰挖凼挑水，有的堰塘变成大路，水田都改旱作。

邛崃、蒲江继上年冬干，春夏连旱缺雨，回龙乡各村有冬水田全部干裂，颗粒无收，全乡饿死90余人，有3户全家饿毙者。（《成都水旱灾害志》232页）

涪陵：春大旱数月，斗米价由4元涨至7元。（《涪陵市志·大事记》）入洪后（一般系端午节后），又淫雨为灾，逃荒者众，流亡枕藉，各区皆是。岁大饥。（民国《涪陵县志·杂编·民国记事》）

会理：入春后连降大雪，小麦无收。（《凉山州志·自然灾害》）

苍溪：三月饥。（民国《苍溪县志·杂异志》）

简阳：大旱，田中无水插禾十之八九，或掘井致不涸者复被虫蚀，秋收无几。斗米值钱二十千文。有一家数口饥饿难忍至服毒自尽、以守"饿死不为盗"之语者，足征县境尚存古风也。五月二十一日大雨，山水暴涨，黄家埂场大水。（民国《简阳县志·祥异》）

华阳：大旱。是年5月，东山无雨，无水栽秧，人畜饮水皆在鹿溪河挖凼取水，水田改种旱地作物。（民国《华阳县志·事纪》）

云阳：春旱。全省80余被灾县中，云阳属重灾县，小春作物大部无收，饥民遍野。（民国《云阳县志·事纪》）

万县：9月，发生粮荒，防军司令唐式遵与知事张瑶共倡荒政，呈请刘湘通电各海关运米赈川。（《万县志·大事记》）

江津：夏旱连伏旱，自7月起，七十八日连晴高温，诸田裂口，作物无收。（《江津县志·大事记》）

剑阁：春夏大旱。六月水灾。大饥，道殣相望。疫大作。四川省长公署、嘉陵道赈务统筹处、川西北屯殖军总司令部各拨银1000元；川康边务督办函四川赈务公会，拨银800元；重庆同善社发种子银3000元；南充中学赈务会拨银100元；上海义赈协会汇银10000元；上海济生会发寒衣1500件，赈剑阁。（民国《剑阁县志·事记》）

阆中：夏旱两月之久。斗米须钱十七八千。"米价涨八九倍，而人情独觉安帖者，一由入伍人多，工作欠缺而身价十倍于前，足以自给；一由丧乱叠经之后，遂达观世事，不似前此之固塞悭吝，斯亦可以征世道人心之变矣。"（民国《阆中县志·纪异》）

合川：6—9月大旱50天，禾田龟裂，人心恐慌。会龙乡刮大风约1小时，房屋损坏，竹树折断，一农户住房垮塌，死3人。（《合川县志·大事记》）

垫江：夏旱数月，秋收又阴雨不晴。（民国《垫江县志·志余》）

乐至：夏大旱。六月十五日大风雷电雨倾盆，溪水涨丈余，平地一片汪洋。（民国《乐至县志又续·杂志》）

芦山：春，疠疫流行，自思延坝、周村坝，遍及全县，死亡枕藉，兼值旱灾、匪患频仍，丁口因而大减。（《青衣江志》115页）

宝兴：灵关乡各沟涨水，沿河耕地被毁，死数人。（《青衣江志》134页）

中江：自去年八月至是年闰四月中旬始雨，岁无禾，大饥。斗米十余钏。（民国《中江县志·丛残·祥异》）

旺苍：夏大旱，延及川西北数十县。（《旺苍县志·大事记》）

蓬溪：旱，数百里良田龟坼，溪塘已涸，灌溉无资，贫人多携家往他县就食。（民国《蓬溪近志·灾匪篇》）

西充：近两月甘霖未降，栽插不过十分之一、二、三，加之亢阳、厉风时起，即勉强栽插者也现龟裂。（《西充县志·大事记》）

资阳：大旱。（民国《资阳县志·祥异》）

达县：垂虹、宝芝、清风乡旱灾，赈灾支出2万余元。（《达州市志·灾害救济》）

叙永：又大饥，斗米售钱2万文，有食白泥者，死亡尤众。（民国《叙永县志·杂记篇·灾异》）

广元：民国十四年至二十一年，田颂尧军驻县，勒派尤剧，民不聊生。（民国《广元县志稿·杂志》）

巴中：连岁皆旱，人民无食，春，荐饥冠全蜀，草根树皮挖尽。加以瘟疫大作，死亡人数在10万以上。（民国《巴中县志·第4编·志余·述异》）

宣汉：连年皆旱，今年尤甚。天干三年，死亡2万。（《渠江志》72页）

忠县：淫雨为灾，谷田尽被淹没，毁屋。（民国《忠县志·事纪志》）

夏大旱，秋无获，饿殍载道，饥民嗷嗷。县知事吴金相亲赴各乡，募款筹赈，存活百姓众，功德甚宏。（民国《忠县志·金石表·忠县知事吴金相去思碑》）设立临时筹赈会。调查全县极贫39188人，次贫81622人。极贫者每月按名发洋一元，次贫者半元，连发三月，共洋24万元。（《忠县志·灾害救济》）陆军第二师师长李雅材拨款500元急赈，又筹赈处处长黄寿星、艾赞廷向全县官绅募捐6000元助赈。（《忠县志》）

［善榜］忠县人王耀堂，经商宜宾，积资为富。清末回籍，置宅第数院，租田百余亩，于地方公益慈善无不慨然捐助，建学校、宗祠，设纺织厂以养济贫儿，培修城内街道，为商会购水龙救火，等等。至民国十四年，忠县大旱，赈灾会募捐时，耀堂已无余积，乃以城内一处宅院变价作赈款。（民国《忠县志·谈献》）

西充：七月大水，学街毁，死5人。（《西充县志·大事记》）

南充：沿江一带，惨遭水灾。（1925年9月17日《国民公报》）

酉阳：五月，城郊洪灾，泉孔河以下到钟南何家坝，房屋田土均被淹没。(《酉阳县志·大事记》)

灌县：三月初七，水雨为灾，古溪沟水卷如筒，高数丈，移时始散。(民国《灌县志·事纪》)

威远：上西区（今镇西区）遭受水灾，被灾面积纵四五里，横约20里，受灾户7000。(《内江地区水利电力志》)

金川：惨遭冰雹，复遭洪灾。(《阿坝州志·大事记》)

合江：十一月二十三日黄昏，大风雨雹。(民国《合江县志·杂纪篇·纪异》)

酆都：十一月大雷电。(《酆都县志·大事记》)

雷波：大雨雹，雹大如拳，小如弹，达7小时之久，毁城2处，本年收获仅有半数。(《巴蜀灾情实录》373页)

温江：四川旱灾奇重，本县既苦春干，又苦夏旱，小春枯槁，无水插秧。粮食奇缺，粮价飞涨，县知事公署要求各区成立临时赈济筹办处，就地募捐赈济。县临时赈济筹办处和平粜经理处，在"安贫保富、筹赈救饥"的口号下，邀集城区绅、商捐款，募银1205元，钱132千文，购小麦485石，定期折价出售，缓解了城区1717户贫民的饥馑。同时，县知事训令各区仿效城区办法，按大、小口平价出售麦面。(《温江县志·灾赈》)

綦江：1月23日（农历腊月廿九），东溪牛王庙设厂施粥赈饥，因饥民太多，拥挤践踏而死者36人。(《重庆市志·大事记》)

铜梁：大旱饥荒，谷价猛涨两倍，饥民聚集县署门前求食，官府出动巡警，当场打死饥民1人。(《重庆市志·大事记》)

大竹：饥民麇集，动辄数百成群，乃至一二千之众，皆系本乡耕作良民。食粮告罄，无以为计。此种惨况，无地无之，大多以豆叶、菜根暂时果腹。食取既尽，则继之以树皮野草，苟延生命。殆至草根树皮剥食罄尽，于是争掘白泥充饥，以续残喘……其觅食不得而饿死者，仅就古蔺一县计之，亦三千人。(《四川农村崩溃实录》)

潼南大饥荒惨象：在潼南等县，"常有人引抱幼孩沿街求卖，其价每一小孩至多不过5~6元，少者2~3元不等；晚间路上均有女孩遗弃，任人拾取"。由于饥饿难挨，一些人甚至将"枵腹之际、哭号终朝"的幼女"上下唇用线紧缝"。饥饿迫使全家服毒自尽或跳岩自杀者屡见不鲜。在松潘等地，还出现了"沿途数百里内，人血及白骨与饿死者，填满沟壑，令人目不忍睹"的惨象。在川北等地，"盗食死尸之事，时有所闻"，"杀人卖肉，殆已成风"。在万源县更出现了大规模吃人惨剧，"纵横三十里内，人头星罗，尸骨狼藉……被发之墓，数十百堆"。(黄淑君《军阀割据混战与四川农民》)

绵阳：县府提仓谷1430石散赈。(《绵阳市志·灾赈》)

懋功（今小金）：连旱四年（1922—1925），尤以今年为甚，野无青草，民食白泥，死者甚众。(《阿坝州志·大事记》)

乐山：米价昂贵，每斗60斤需生洋7元，穷民无从饱食。铜河、绥山一带地面，突有竹实成米，捣之成粉如麦面，食尽复生，自初夏及秋，全活饥民无算。(民国《乐山县志·艺文志》)

什邡：县西北山内，竹有结实者，色青，形略似米，附近贫民多采而食之。（民国《重修什邡县志·杂纪》）

灌县：3月19日，都江堰二王庙火灾，烧毁大殿、后殿、祖堂、戏楼、堰功祠、斋宿处、中山门等。3月20日，毛狗洞失火，延烧民房300余间。（《灌县志·大事记》）

三台：四月二十六日午后，城南门外大火延烧400余家，忽飞火越过凯江，焚对岸民房3座。（民国《三台县志·杂志·祥异》）

汶川：绵虒火灾，毁民房40余户。（《阿坝州志·大事记》）

广安：9月，广安三溪河场火灾，烧毁房屋130余间。（《广安县志·大事记》）

汉源：十月，汉源宜东桥楼失火，延烧街房30余间。（民国《汉源县志·杂志·祥异》）

夹江：县北歇马场火灾，民房烧尽。（民国《夹江县志·外纪志·祥异》）

江津县发生大滑坡：1925年5月23日，江津县四面山林区二台山处横向断裂约700米，发生大滑坡，房屋毁坏，河流堵塞，形成头道河湖涌（今龙潭湖），湖长2000余米，宽65—100余米。（《四川省志·大事纪述·中册》86—87页）

军阀混战致农田荒芜：素以农业发达著称的四川，到处出现大面积荒芜的田地。如川西广汉，荒田十分之九，完全无人耕种。金堂、绵竹、什邡、德阳等县，荒田十之六七，黔江、忠县、酆都、峨眉荒田十之三四，雷、马、屏、峨荒田十分之七。军阀岷江之战，毗河之战，各使当地农民荒田一季。川南40余县，因天灾及战后荒歉，玉米未能播种。"天府之国"竟落到如此残破的景象。（《四川通史·民国卷》509页）

[附一] **四川兵额和军费开支总额**：1925年，北京政府财政整理委员会编制的《四川省民国十四年度收支预算》一书，公布了四川省当年的兵额和全年的收入支出数额。该书说：自1916年以后，四川省内大小凡470余战，陆军由5师增至29师、37混成旅；各县民团亦较前增加5—6倍。估计全川军队与民团共达100余万人之多。1925年全川收入共1250余万元，而支出则达3029万元以上，其中军事费支出占2650万元；不敷额达1779万元之巨。弥补赤字的方法为预征田赋，兴办苛杂，滥铸劣币，借款弥补等。（《四川省志·大事纪述·中册》91页）

[附二] **官兴文建太平桥鱼嘴**：1925年，水利知事官兴文，于干戈频兴，国穷民竭，凡百政务，诸归停滞之时，受命于经费奇窘之际、洪水泛滥之余，毅然任职，挪借撑持，罅漏补苴，"悉心规画，切实施工"，支撑都江堰水毁工程大修，尤其是在1924年冬至翌年春，精心设计，改良结构，复建"岷江自离堆东注之第一关键"——太平堰鱼嘴，成绩卓著，迭经洪水考验，安全无损。（全泽《太平桥石鱼嘴记》）

[备览] **禁私售米谷以济赈枭示（中华民国十四年七月）**
黄体则（崇庆县知事）

为剀切布告事。照得现值青黄不接、市米短缺、贫民蹀躞街衢、终日不逢颗粒，恐慌之状，触目堪怜。查县中绅商，宅心慈善、志希博济者固多，而溺于私利、不顾公益者，亦复恒有。今为体恤穷黎，防止米谷外溢计，凡城乡各绅商所储米谷，统限五日内，自向筹赈分会报名注册，由分会分期按照某出次资米价，折合收买，仍酌留该户食米，不予尽折。毋得薰心高价，私卖谷贩斗户，以致外溢。各绅商生斯长斯，宅尔田尔，谅皆深明大义，赞同此举。本知事甫临斯土，即悉县中人士素以乐善好施为怀，故民国十数年来兵祸匪患，变故迭乘，均销灭于至危极险之际，此天之厚崇民，亦所以警崇民也。尚望各绅商上体天心，下悯穷黎，勿稍存自私自利之心，有小己而忘大群，上干天怒。本知事所切冀者在此，所丁宁者亦在此。若仍有惟利是视，深藏若虚，不到分会报明，即属昧于事体，蔑视公益。本知事迫于拯救，一经查觉，惟有立予充罚；至于谷贩斗户，暗运出城，除已令警队严查盘获后，以一成提奖，以四成赈粜，照五成折价发还。合行布告城乡存储谷米各绅商，一体知照，速于限内到会报名注册，慎勿溺私废公，贪小失大。切切此告！

（民国《崇庆县志·江原文征》）

1926 年

（民国十五年）

垫江等县春荒，饥民群起抢谷；入夏后雨水过多，长江勃涨；川边西康特区巴安等10 余县多灾迸发，民生维艰：四川省上年大旱，川东极重，本年1月（乙丑十二月），"垫江饥民纠众劫谷，附城一带，日亦数起，并发现鄞（都）、长（寿）、垫（江）、涪（陵）四县饥民大会文告，情词哀痛，大事连络"。入夏之后，荒情未见缓解。重庆"钱价大跌，银元价七千六七百文，百物涨价，民生日艰。雨泽过多，江水泛涨，比往年高约两丈，渝朝天门已半没，人心甚恐慌"。（1926 年 8 月 30 日《申报》）

又据5月16日（四月初五日）《晨报》称："川边西康特区巴安等10 余县，年来频遭荒歉，灾异迭降，人民宛转流离，惨不忍睹。上月有该区各县联电政府乞赈。康区气候干燥，汉夷杂处，去今两年，关外被灾更重，如理化因淫雨成灾，盐井因洪水成灾，巴安被冰雹成灾，定乡被淫雨成灾，炉霍、道孚、甘孜等县，同被天灾。稻城洪水未已，复有虫灾，雅江、瞻化两县因邻近，灾民流离，情同匪扰。康定属鱼通一带，因接济邻境，粮食顿荒。"（《近代中国灾荒纪年续编》158—159 页）

万源：二月十五日雨雹。五月大雨不止，洪水泛涨，冲毁近城房田甚多。七月初九又大雨，两小时平地成泽国，淹死百余人，冲折市镇、田地、庐舍无算。（《达州市志·大事记》）

威远：霖雨其濛，田土一曝十寒，米珠薪桂，哀鸿遍野；阴历四月上旬，天复淫雨缠绵，竟达一月，沃土荒芜。至五月十四、十五日，大雨倾盆，威远河水陡涨，县内自新智区兴隆场起，至下南区高洞止，距离120 里之遥，居民庐舍被扫荡百余家，田土谷粮，被淹者不计其数。（《内江地区水利电力志》）

彭水：春淫雨50 余日，禾苗被灾殆尽，待毙饥民，街为之塞。（《彭水县志·大事记》）

铜梁：小满节后淫雨连绵，田禾大半生虫，叶多黄萎。（《铜梁县志·自然灾害》）

三台：春数月不雨已成旱灾。五月，涪江上游水涨，沿江农田房舍被淹。（《绵阳市志·大事记》）川北赈务促进会拨来银 3000 元，除赈水灾、火灾外，存银 2100 元。（民

国《三台县志·赈务》）七月，石火乡仁寿寨山崩，长六七十丈、宽数尺，深不可测。（民国《三台县志·杂志·祥异》）

灌县：六月，金马河水涨，外江张家湾决堤，洪水窜入江安河，损失很大。（民国《灌县志·事纪》）

巴中：五月三十日夜河水淹没城根，四门外街房园户尽为泽国，沿河田宅被冲。（民国《巴中县志·第四编·志余·述异》）中坝全部淹完，仅有红庙地略高，居民皆逃庙避水，而红庙天井亦进水，将浸正殿。有院坝进水一人多深，淹齐门枋，人只得屈蹲在屋架上。（《四川城市水灾史》243页）

通江：五月三十日至六月二十九日复两次洪水，沿江居民半皆淹没。（《川灾年表》）

城口：五月大雨不止，洪水泛涨。（《凉山州志·大事记》）

平昌：五月三十日先夜雨，丑寅之交巴河骤涨，兰草渡水位上升5.8丈，江口水位上升7.3丈。（《平昌县志·自然地理·特殊天气》）

内江：五月三十日至六月初一江水泛涨，西城、北城外尽成泽国。县洛阳桥一带，禾苗房舍久被淹毁，人畜被溺毙者不可胜计。（1926年7月21日重庆《新新日报》）

叙永：五月，大水上桥，税关巷城垣倾圮。（民国《叙永县志·灾异》）

合川：6月淫雨近月，田中禾苗发育不易，7、8月又连日阴雨，大小两河之水，退而复涨者一周内已达两次，洛阳桥、李家渡、北城外等滨河一带房屋人畜田土被冲刷不计其数。（《合川县志·大事记》）

剑阁：春，四川省长公署发银1000元赈剑阁水灾；北京赈务督办公署拨赈剑阁银4500元。（民国《剑阁县续志·事纪》）

南川：六月两次大水。（民国《南川县志·大事纪》）

广安：七月渠江水涨，沿河一带肖家溪、石笋河、三溪河、大山乡、蒙溪河等场附岸居民损失甚巨，人畜淹毙甚多。（1926年7月22日《新民日报》）

西昌、德昌：七月大水，冲毁东、西城垣外层砖石雉堞20余丈。冲毁房屋并淹没数人。（《四川省近五百年旱涝史料》141页）

巴县：淫雨为灾，秧苗多被虫蚀。7月14日夜大风雨。大河水涨。8月上旬扬子、嘉陵两江特涨，城门封洞，沿岸房屋、禾苗均被冲洗一空。（《巴县志·大事记》）

岳池：7月20日，酉溪河洪水猛涨，西板场街道进水高出街面约6市尺，冲走民房12间，淹死5人。（《岳池县志·大事记》）

万县：7月连日江水泛涨，土桥子一带已成泽国，沿河田舍被冲刷。（1926年7月20日《新新日报》）

重庆：春夏之交，河水泛涨，上游漂来被冲之庐室、家具、畜类甚多。八月，两江水大涨，水入朝天门。（1926年8月13日《新新日报》）

巫溪、巫山：8月大雨倾盆，连日不息，沟渠满流，禾稼被倾，房屋损坏不可胜计。（民国《巫山县志·祥异》）

忠县：全县淫雨为灾。花桥富绅萧宇涵家存谷50余石，拔山黄晰久家存谷20余石均被饥民运去。上海济生会发米500袋。省长赖心辉饬拨2000元急赈。（民国《忠县志·事纪志》）

大邑：沙渠镇春夏旱成灾，减免田赋。（民国《大邑县志·事纪》）

宜宾：夏，久雨不晴，稻多黄萎。（《宜宾市志·大事记》）

邛崃：回龙乡一片连旱三年，河堰断流，5000多亩水田无水栽秧，收成大歉，场镇时有饿殍。（民国《邛崃县志·祥异》）

彭水：全县大旱，秋收不足三成，县政府呈请国民革命军二十一军军部救济无效。城乡富户即设粥施赈，得救者数千人。（《彭水县志·灾害救济》）

苍溪：五月，县城河西等处大风雷雨，伤人畜。（民国《苍溪县志·杂异志》）

旺苍：大旱，百丈关分县佐幹端生，亲同巫师去龙洞祈雨，劳民伤财，无济于事。（《旺苍县志·大事记》）

綦江：4月11日，因两年连旱粮食奇缺，而军阀与地主奸商勾结，贩米外运，更加重了粮荒。是日，中共綦江特支在东溪发动农民反对盗运大米出境，遭军阀镇压，杀死3人，逮捕20余人，酿成"綦江米案"。12日，重庆学联、妇联与后援会共同组织了浩大的示威游行。（《重庆市志·大事记》）8月连朝暴雨，綦河猛涨20余丈，沿河200余里数千家，一并淹没。田土崩坏，庐舍倾覆，家具什物，一洗而净。（1926年8月16日重庆《新新日报》）

兴文：3月28日，兴文县金鹅、小关、水沟头一带狂风夹冰雹连降几分钟，大雹重达四五千克，打烂房数百间，龙泉寺片瓦无存，树木成桩。（《宜宾市志》）

酉阳：4月9日大雨倾盆，冰雹交加，洵属浩劫奇灾。（《酉阳县志·大事记》）

涪陵：七月大风（西黑龙洞一带合抱树木摧折拔起者无数）大雹，毁粮稼、房屋甚多。大溪河大暴涨，冲坏桥及田庐。（民国《涪陵县志·杂编·民国记事》）

长寿：十一月雷声大作，冰雹随之。（民国《长寿县志·灾异》）

阆中：夏，乡间树皮草根掘食殆尽。十区李某夫妇，有幼小子女三人，饿已两日矣。夫无奈，出外觅食。嘱妇看护子女，待之既久，子女绕妇号啼，妇无可为计，以泥和石灰作三饼状煨之炉中，诳曰：儿勿哭，但围炉待饼熟，我困倦思睡。遂闭门自缢。薄暮李归，问故，乃出其饼，则泥丸也。辟门见妇缢死，李悲愤交集，扑杀三儿，亦自悬梁缢死。（民国《阆中县志·杂类·纪异》）

巴安：巴安流行"瘟疫"遍及城乡。（《甘孜州志·大事记》）

广汉：夏虫灾。（《广汉县志·自然灾害》）

理塘：被霜灾。（《甘孜州志·大事记》）

南充：秦杜兵变，在邑城焚烧大掠，损失甚巨。十一师师长罗泽洲发钱10万串为赈济。同时渝城善士集义款3万余元，立灾民贷本处，商务赖以复振。（民国《南充县志·灾害救济》）

北川：县属崇山峻岭，凡人烟稀少之区，野兽极多，其中最为农业之害者，惟野猪为最甚。当芋麦下种之后，拱土地而食其种子；成熟之时，择其硕大者而食之。每夜，各户守望相助，鸣梆呐喊，沿山度岭，通宵达旦不寐。微雨之夜，尤为野猪大举蹂躏之候，高山农民，当此之际苦不堪言。故地方俗谚有"头猪、二熊、三老虎"之说，足见其为害之烈。当民国十五年秋，知事魏伯衡深恨野猪之害，通令各乡团以治匪之法联团搜索，大举猎围。殊此物多产于森林丛箐之区，悬崖陡壑皆能藏身，联团围猎，人力有限，成效显著。闻有一种野兽，似犬而小，熊爪狼口，体极便捷，纵跃如飞，农民呼曰豺狗。此物出必五六成群，出则野猪绝迹矣。乡农目为神物，有祷之不来之叹。嗟呼！豺狼亦乱世之功狗欤。（民国《北川县志·杂异》）

夹江：南城宫墙外火，焚民居百数十家，文庙、关岳庙得以幸存。（民国《夹江县志·外纪志·祥异》）

灌县：4月19日，地震，房撼有声。（《四川省志·地震志》74页）

康定：8月11日，南西发生5.5级地震。（《四川省志·地震志》74页）

金川：7月（夏至日），绥靖屯（金川）八步里沟暴发大规模泥石流。席卷沿沟磨房7座、民房13户（死亡17人）、耕地数十亩及下游老街等处。洪桥沟屋塌压死13人。民国二十年7月，泥石流再次暴发。（《阿坝州志·自然灾害》、金川《人物史话》136页）

甘洛：秀山沟发生泥石流，毁一小镇，死230人。（《巴蜀灾情实录》326页）

［附］1926年，Faust氏报告，四川中部岷江流域，疟疾流行甚盛。（《巴蜀灾情实录》240页）

［备览］　　　　　　　　　　**卖儿行**

张鲤庭

一餐无食儿女饥，两餐无食儿女泣，三餐无食卖了儿女衣。无衣儿身寒，无食女肚饥。若要不寒又不饥，除非儿女各东西。卖儿作人奴，卖女作人婢。卖儿钱多少？不及爹娘泪。卖女价如何？不若柴米贵。柴米有时尽，儿女无还期。爹娘倚门望，望望日已西。儿女何尝不想娘，主人鞭扑不敢忘。

（《达州市志·附录》）

1927 年

（民国十六年）

重庆火灾：1927年5月18日夜，重庆城区金紫门外竹林街发生火灾，延烧358家，损失6100余万元，死亡6人。（《四川省志·大事纪述·中册》102—103页）

遂宁：春，雨水过多，田禾大受影响，小春亦得减成。（《遂宁县志·大事记》）

宜宾：入夏连雨两月，六月中又连日大雨不休，秧苗多损。（《宜宾市志·大事记》）

灌县：夏，淫雨江涨，平原大水，城东北之蒲阳河堤决，报恩寺旧址成泽国，圮沿岸地200余亩，漂庐宅40余家，居民早徙，幸免于难。六月十九日雨雹。（民国《灌县志·掇余记》）

绵阳、遂宁、江油：五月初二日小江、涪江两河同时暴涨数丈，一时人、畜逃避无路，被灾者众，沿河水稻旱粮冲刷一空，居民房屋荡然无存，堤决界漫，秋颗粒无收，民食困难。（《巴蜀灾情实录》314页）

酉阳：5月洪水入县城，街心水深2米，为时达7昼夜，惨不忍睹。（《酉阳县志·大事记》）

金川：6月15、17、18、20等日冰雹迭降，庄稼摧残，地亩冲没。23日夜雷电交作，山溪洪水暴涨，市面水深数尺，几成泽国，夏季将熟之麦又为鸟啄虫伤，全无收成。（《阿坝州志·大事记》）

筠连：六月，大水淹至城隍庙，沿河损失甚巨；预征十八、十九两年粮税；月派印花税200元，凡草鞋1双、鸡蛋数枚，皆在纳税之列，市面萧条。（民国《筠连县志·纪要》）

苍溪：六月，东河一带烈风拔木摧屋。（民国《苍溪县志·杂异志》）

岳池：山洪暴发，白庙、踏水乡受灾严重，白庙乡公所进水，高达4市尺左右，持续1天始退。（《岳池县志·大事记》）

彭水：6月20日至22日，洪水袭击郁山镇，淹至邮电所厨房，低处房屋尽被卷走。（《彭水县志·大事记》）

广元：六月十四日前后，天雨三四日，将沿河一带苞谷淹没净尽。（民国《重修广元县志稿·杂志·天灾》）

仁寿：7月10日雹灾，石嘴、大石地区水稻受损。（《仁寿县志·自然环境·灾害性天气》）

隆昌：七月三日夜大雨至次日午前，河水增涨，高过南门桥洞，沿河附近田亩均淹没水中，损失颇大。（《内江地区水利电力志》）

泸县：七月小河水涨丈余，两岸居民受灾颇巨。（民国《泸县志·杂志》）

新都：九月二十八日山水暴发，冲坏青白江木桥，致新都彭县间交通中断。（民国《新都县志·外纪》）

温江：十月秋霖绵延，河水暴涨，决堤百丈业已成灾，损失颇巨。（《温江县志·大事记》）

荥经：秋，小河场水灾。（民国《荥经县志·祥异》）

邛崃：西山暴雨，火井河山洪暴发，银杏乡一带农田淹水有深至五六尺者。（民国《邛崃县志·祥异》）

绵阳：春夏连续5年（1927年至1931年）皆干旱，大荒，山川数十里地无麦青，塘堰裂口，河水干涸，民至十里内外争觅吃水（有用秤均分者），流离转死，更何胜数，真四五十年未有之奇灾。（民国《绵阳县志·杂异·祥异》）

绵竹：1927年至1930年，春夏连续4年，大旱大荒。农田收获不足五成。贫苦农民生计艰难。全县20乡、镇，除汉旺、兴隆、广济3乡堰水稍足，其余17乡、镇大多泉井枯竭，无水插秧，旱地成焦土，水田龟裂。尤以什地、五福、富新、绵远、玉泉、清道、土门等乡为最。（民国《绵竹县志·自然灾害》）

懋功：连年天旱，今年春夏以来雨降愆期，禾苗完全枯槁。6月16日夜大雨如注，历两日夜不止，高山积雪融化，美诺沟水涨数尺，沟内贺家菜园一带化为泽国，波及十余里，淹死200余人、牲畜无数。（《阿坝州志·气象灾害》）

理塘、巴塘、义敦、乡城：去冬至今春不见雨雪，狂风怒吼。（《甘孜州志·大事记》）

奉节：春旱之后，继以蝗灾，收成大歉。（《奉节县志·大事记》）

资中：旱，收成四五分。六月连日河水大涨，浮桥被冲断，沿河两岸农作物损失颇

多。(《内江地区水利电力志》)

兴文：四月至八月初遭亢旱，继受淫雨两个月，饥殍荐臻，市无售米，每升价至200余文。知事聂炳诺召集邑绅成立太平博济会，拨罚金千元交萧焕文、陈克三于邻县购买米粮，平价每升150文，并劝富户捐资补助，救济饥民。仿照光绪二十三年唐令办法，派售轮米，至九月新谷登场撤销。(民国《兴文县志·慈善》)

三台：四月大风，摧屋拔木，两昼夜始息。六月二日东南两门外河水突然大涨，冲毁房舍无算，为近十年所仅见。(民国《三台县志·杂志·祥异》)

简阳：大风。(民国《简阳县志·灾异篇·祥异》)

巴中：春，时疫流行，传染甚速，全家死亡者不少，药房人满为患。(《巴中县志·大事记》)

达县：春，达县城南古佛寺悬岩巨石崩垮，滚入州河，砸烂木船1只，死3人。(《达州市志·大事记》)

夹江：县南甘江镇火灾，焚毁数百家，逾百日又复烧，毁损房舍。(民国《夹江县志·外纪志·祥异》)

西昌：泥石流冲毁福国寺，东南城垣外层砖被毁。(《凉山州志·自然灾害》)

5月9日，雅安地震。5月22日，自贡地大动，瓦片多有坠地。7月3日，雅江南发生5.5级地震，建筑物辘辘有声。(《四川省志·地震志》74页)

1928 年

（民国十七年）

全川大旱，屏山、绥江大水：1928年四川省春间严重缺雨，夏旱尤重，受灾者七八十县，尤以川西、川东北地区灾情严重。绵阳、剑阁、三台等12县，连年皆大荒旱，收成甚歉，本年自春至夏又大旱无雨，比户稠人，皆成饿殍。12县食口在600万左右，能自给者十之三四，待救者十之六七。

同年夏秋，屏山、绥江（云南境内县）水灾。绥江在屏山上游50公里，金沙江水陡涨数十丈，全城居民铺户，淹没三分之二，漂毁房屋200余间，财产损失严重。屏山的水灾灾情虽无资料记载，但城内有洪水的刻痕，洪水位为305.20—305.60米，洪峰流量为29400立方米/秒。(《四川省志·大事纪述·中册》110页)

50余县亢旱成灾，尤以川北、川西北为重，不雨经年，禾秧未播，杂粮无获，河道断流，灾民多达800万，草根、树皮剥挖殆尽。7月20日（六月初四日）小金北地震，人畜均有伤亡：四川为本年（1928年）重灾区之一。《各省灾情概况》述其被灾情形云："川北一带东自巴中，西迄江油，南至成都，北至平武等凡十余县，地当秦陇之交，山势交错，土地硗薄，雨泽甚稀，农民朝夕力作，往往不能一饱。自十六年连岁亢旱，十七年一春无雨，稻谷均未栽种，即有种者亦未结实，入夏骄阳尤烈，川泽尽枯，及秋始得微雨，然为时已晚，……灾民约六百万人，能自活（者）不及十分之四。川西之金幡、简川等县，虽有栽种，然入秋以后或被风雹，或遭淫雨，秋收无望，杼轴皆空。川南灾情虽不如川北、川西之重，然幅员广袤，田少山多，所产之粮不敷民食，胥赖上河之接济，一经亢旱，匪惟栽插不易，即居民饮水均感困难，浣衣饲畜多在数里以外，甚有牵牛饮水在中途渴毙者，驯至百里断炊，全村坐毙，以仁寿、井研等十余县为尤重。川东如秀山、南阳等三十余县，自十六年冬至十七年秋迄未获雨，烈日炎风历十月之久，小春麦豆歉收，生机已绝，大春种子未播，来日尤难，其灾象为十余年来所罕见。东南嘉陵江流域，西河贯于其间，地较肥沃，乃栽种以后又有白穗虫之灾，禾苗皆损，因天旱除去秋苗，改种苞谷、红薯、绿豆者，乃6、7月（五、六月）无雨，补种者仍皆枯萎，入秋忽遭风雨，间以冰雹，未至中秋，已有断炊者。""统计四川全省一百四十六县，被灾者五十一县，以川东北、西北为最重，川南次之，川东南又次之。"

对于川北、川西北之重灾情形，其他材料亦有叙述。《中国华洋义赈救灾总会四川分会十七年度赈务报告书》称："四川西北，现有二十九县灾情，本会先后接潼川公谊会、保宁内地会、成都天主堂以及中外各方可靠消息，均属奇重。其在川北者，有昭化、广元、剑阁、苍溪、南部、阆中、顺庆、仪陇、营山、西充十县；其在川北近陕西边界者，有通江、南江、巴中三县；其在川西者，有德阳、安县、绵竹、梓潼、罗江、平武、江油、石泉、彰明九县；其在川西北者，有潼川、三台、射洪、盐亭、中江五县；其在川西成都以下者，有资中、资阳两县。内有十余县区域山多田少，自一九二七年六月得雨后，至一九二八年八月无雨，人民有行数十里觅水者，或因夺取饮料酿成命案者，人畜死亡之统计不下数十百万。从广元至阆中之河流中间长数百里，经日光热透河底，江水混浊如同泥粥，死鱼上浮，臭不可闻，舟亦难行。各灾区之收成约百分之二三，粗麦稍好，荅大如指，黄豆无获，种子缺乏，寻常富户，概无储蓄，灾民有全家缢死者，有日食一餐者，有终日无食或数日断炊者，有抛弃儿女外逃者，有食草根、树皮、残叶、白泥者，情状不齐，类多惨象。……其被灾户数约二百万，被灾人数约八百万。"

又，7月20日，川康边境之小金北发生5.5级地震，烈度7度。抚边、墨龙沟一带之楼房、磨坊、藏式房屋倒塌及局部倒塌者占20%以上，山脊地裂，坡地塌方，井泉干枯。死6人，伤10余人，牲畜亦有伤亡。小金、两河口一带均遭破坏。（《近代中国灾荒纪年续编》226-227页）

资中：春旱，大小春歉收，县西尤甚。迭次呈报灾情，仅批文慰藉，实不拨赈。（《资中县志》）

达县、渠县：春夏，无雨，仅三汇镇就流离200余人、饿死200余人。（《达州市志·大事记》）

邛崃：入春稀雨，至7月中旬始透雨，田土干裂，油榨乡有三分之一稻田无法栽秧，乡民多采野菜充饥。（《成都水旱灾害志》223页）

温江：夏，旱情严重，公平保农民到县知事公署要水插秧，知事官维贤被迫亲自下堰闸水。（民国《温江县志·事纪》）

汉源：夏大旱。秋，县属盐中洪水为灾，河堤溃决，淹毁民房数百间。东门口冲去尚未打谷之田6000余亩，民房40余间。（1928年10月6日《国民公报》）。

什邡：夏秋大旱，受旱54县。（民国《重修什邡县志·杂纪》）

西充：夏大旱，县商会发起"向外募捐赈灾"，何金鳌捐款2万元，王缵绪、鲜英

等也有捐助。(《西充县志·灾害救济》)

三台："多渠道筹款赈饥。四、五月大旱,赤地千里。粮谷颗粒无收,斗米由十三四钏骤涨至二十七八钏,四野哀鸿,嗷嗷待哺。田颂尧军长特设川西北赈灾委员会募集捐款,旋拨银四千二百元交三台赈务分会散发。时嘉陵道赈务分会拨来银一千五百元,绅商募来银三千余元,加收契厘银一千余元,上年赈务存款二千一百元,一并散发至各乡各保,所存积谷与就地劝募之款亦次第散发,饥民始得稍安。十二月下旬连日大雪,邑东北积雪深三尺许。"(民国《三台县志·杂志·祥异》)

南坪:大旱,适逢甘军、西北军溃逃境内,民以树皮草根为食,饿病而死者四处皆是。(《阿坝州志·自然灾害》)

绵竹:荒旱。(民国《绵竹县志·祥异》)

[链接] **好个戊辰年** (1928 年)

好个戊辰年,水田未栽完。六月才栽秧,稻谷没得浆。

大米场场涨,租谷缴大洋。穷人无法想,嫁妻卖儿郎。

(《绵竹县志·艺文》)

广元:大饥。(民国《重修广元县志稿·杂志·天灾》)

重庆:5 月 25 日 1 时许,江水忽暴涨 2 丈余。沿河一带居民多有迁避不及,以致牲畜器用被水冲走。(1928 年 6 月 20 日《民视日报》)

巴县:5 月 26 日晚,江水盛涨。(《巴县志·大事记》)

蒲江:入夏连雨,河水猛涨,淹浸沿河田庐,县城进水 3 昼夜。(《蒲江县志·大事记》)

灌县:7 月 17 日龙溪乡暴雨,山洪冲没民房 30 余家,淹毙居民数人。秋雨连绵近两旬,新谷不易晒干,乡农苦之。(《灌县志·自然灾害》)

筠连:四月雨雹,又大水,古楼、水茨两坝受灾最重,菜麦无收。(民国《筠连县志》·纪要》)

万源:十月二十一日大雨雹,积二三日始化。十区尤甚。(《达州市志·大事记》)

旺苍:普子岭、远景、麻英等地雹灾。(《旺苍县志·自然灾害》)

理塘:冰雹,共有灾户 158 户。(《甘孜州志·大事记》)

合川:大风,临渡乡毁房 100 余间。(《合川县志·大事记》)

达县:伤寒病人数占总人口的 30%,死亡人数占发病人数的 10%。(《达州市志·卫生·疫病防治》)

三台:三月下旬南关外河街夜大火,焚 70 余家,烧毙 1 人。(民国《三台县志·杂志·祥异》)

灌县:5 月 20 日夜,朱紫街大火,延及猪市街,焚 700 余家,死 10 余人,投河溺毙者数十人,损财产 40 余万金。红十字会倡募赈之。县城东、西、北外和柳街场等地先后火灾,受灾 51 户,共赈款 236 钏。1929 年,县城区、韩家坝和聚源乡火灾,受灾 187 户,赈钱 2618 钏。(《灌县志·灾害救济》)

重庆大火：4月19日，重庆发生大火。自15时起至次日凌晨3时止。火起自千厮门洪崖洞，由东川书院街入城，延烧香水桥、石坡街一带；上至临江门入城，延烧横街、七星坎、省立女子师范。城外则上至官山、下至鱼溪。受灾7000余家。（《重庆市志·大事记》）

4月，泸县地震，伴大风雨，城乡房屋损坏甚多。纳溪同时地动。（《四川省志·地震志》74页）

7月20日，懋功（今小金县）北发生5.75级地震。县城及两河口等地屋墙有垮塌，山脊山坡多地裂。死6人，伤10余人。（《四川省志·地震志》74页）

[附] 1928年，成都市区四川大学内首设现代化气象站。即开始观测天气、雨量。1950年该站迁望江楼。（《成都水旱灾害志》）

[链接] 绵阳大旱饥民惨状：民国十六、十七、十八年，县境连遭荒旱，山行数十里，赤地无青。日间吃水，有行数里始觅得泉流，汲归供饮。常数十人环守一泉塘，不敷分给，佥议以称量均取之。时袁知事钧甫莅任，即巡视四乡，至东区玉合场，闻有述称：近场某姓，一家数口，无升斗之储，且向人借贷多次，难再走告。一日晨炊已过，见某家尚未开门，呼之无应者，从隙窥之，则皆缢死矣。知事即对众宣谕曰：此后遇有人家之无以为生者，当由保甲邻右合力营救。若再有坐视其家口全数轻死者，得报，即当惩治团甲不贷。由此一言之救济，阖门饿死者少矣。又，北区章家坪，地多硗确，只宜蓄水种稻，他种即少收获。值连年天旱，给养无出，粮税又一年六七征，多伐树木、典衣被以活家口，仍未足应追呼。有龙某者，产业犹数十亩，求售无应者，而欠粮无着，即以妻出嫁，计得财礼一百余钏，议成钱方入，与妻泣别，团甲闻风，猝持票坐索不去。龙无可推谢，以所获财礼尽数与之，犹不足偿积欠。团甲去，龙痛念人财两空，又无口食，哭寻自经，邻人觉而救之，始得免死。又有农民赖科义者，入春粮薯食尽，掘菜根充饥，闻以某日发赈，持袋领赈粮数升，归途中饥甚，力惫不能行，以米袋作枕卧道旁，久不起，探之死矣。此皆确有其事者，就访册略识数端，藉稔绵境灾况。（录自民国《绵阳县志·杂异·杂识》）

1929 年

（民国十八年）

连年荒旱，灾区广大，尤以川北28县情形酷烈，五谷绝收，河井枯竭，仅阆中等数县，灾民即达800万人，有以死人为食者：20年代四川连年亢旱，如1921年至1922年、1924年、1925年、1927年至1928年皆形大荒。本年"仍遭旱魃为虐，灾区愈以扩大"，其川北诸属连旱三年，荒情最重，"赤地千里，粒米未收"。据华洋义赈会1929年报告书称："本年度本省灾情最重者为川北二十九县，据该分会报告，其中有秋收全无者，有略获薄收者，更有籽粮尚无着落者。受灾人民约有八百万之众。"另一报告亦谓，该省受灾最重者为保宁（阆中）、南部、剑州（剑阁）三县，灾民约共八百万人，均陷于饥馑。另据《大公报》《民国日报》消息："去岁川北奇旱，收获仅十之三四，今年复全省苦旱，仍以川北、川西为最厉害"，川北诸属"毗连于陕甘的南部，尽是童山重叠、硗确不毛地方，去年今年都和陕甘一样亢旱，五谷种绝，鸡犬不闻"，"春间颗粒无收，夏季栽插全无"，"桶水越地十里外汲饮皆空"。如"阆（中）、苍（溪）、南（江）、通（江）、南（部）、巴（中）、广（元）、昭（化）、剑（阁）等九县人民，主要的食品，就是芭蕉头、梧桐皮面、葛藤、软石子（俗呼观音粉），补充品就是草根和野油菜、马齿苋等东西。有些连草根树皮都吃尽了的地方，没有法子，就只有吃死人"。

绝粮断炊的灾民盲目地流向城市县镇，而等待他们的仍是饥馑与死亡。如绵阳、梓潼等县，"每到黄昏，城厢附近各街道的廊下或柜台上，都满布着成群成队的难民，有哭者，有笑者（原注：无知的小孩），有呻吟者，有呼爷呼娘者，有倚壁柱而立者，有据石地而卧者，形形色色，不忍卒睹。可是一到旭日东升的时候，昨晚所见的许多活着的人，现在都大半已变成了死的尸，那种惨状，真是不堪回忆。"（《近代中国灾荒纪年续编》261—262 页）

春夏大旱，受灾 51 县，米价昂贵。（《四川省近五百年旱涝史料》11 页）

川省流行传染病：据民国政府卫生部统计司《民国十八年四月各省疫病月报》记载：1929 年 4 月，四川省有霍乱、天花、白喉、赤痢、伤寒、斑疹伤寒、猩红热等传染病发生，其中天花、赤痢、伤寒流行，仅甘孜县死于天花的儿童即达 3000 人。（《巴蜀灾情实录》213 页）

万源：正月十四夜，雨雪米，次日始止，十区一带平地积四五寸，坡、坎难分，致跌毙六七行路人。夏秋之交旱。（《达州市志·大事记》）

成都：龙泉驿区、金堂春夏连旱，歉收，米价上涨。6 月 23 日成都彻夜暴雨，南河突涨泥水三尺，武侯祠一带稻田一片汪洋。（《成都水旱灾害志》233 页、1929 年 6 月 25 日《四川日报》）

松潘、茂汶、理县：春夏大旱。（《阿坝州志·自然灾害》）

夹江：春夏大旱，田谷歉收。6 月 10 日飙风暴雨，河水涨丈余，城门被水淹没一半，低处成泽国。沿河大春作物毁尽，米价昂贵。（民国《夹江县志·外纪志·祥异》）

荣县：春夏大旱，米价昂贵。（民国《荣县志·事纪》）

[链接]　　**四川社仓典范——荣县仓政史纪事本末**

荣县有常平、济仓、社仓、积仓。常平以平谷价，济仓以备凶灾，社仓积仓以司岁贷，仓政具举矣。常平京斗一千四百石，济仓京斗七千四百三十六石二斗八升五合二勺。军兴耗矣。郝家坝岁租八十余石，已入平民厂。社仓京斗六万一千四百六十二石，廒二十四所。积仓京斗一万七千七十三石四斗五升，分储各保。国变七年，军人以饷糈不继，斥卖大半。其存者，社仓二万九千四百九石六斗五升，积仓七千余石。十四年，军人驻荣，又移用谷九千一百二十六石七斗五升七合。十六年，汇册表报：社仓京斗二万二千二百一石八斗九升三合；积仓市斗二千五百十四石四升八合五勺云。积仓始光绪六年，督宪丁宝桢檄办。时事甚暂息，余各归所在，数亦无多。以故众所矜护、县所倚为大命者，厥惟社仓。社仓以官不得与为义，然积畜之始，资导于官，官必汇册，汇册必呈报，呈报必交代，交代则为官仓。盈则官用之，虚则无偿，交代之日率扣抵亏空，以文书相塞责。而荣则贤有司辈出：黄大本营始于前，洪瞻陛规建于后，唐选皋完一于终。以故荣之社仓，屹然为四川最。社仓自南宋为诸路法，其后莫详。乾隆三年，谕令四川建社仓，以粜卖常平仓谷余银买粮作本，倡导捐募。今之社仓，或始于其时也。初贮县与贡井，谷共三百石。十九年，黄大本知县事，捐廉相助，兼募绅民，共谷五千七百七十石九斗二升。于是分乡设仓，自城飞仙铺、贡井盐厅外，计龙潭场、河口、董家场、长山桥、观山场、二台子，凡六所，盖周礼"野积"之意。二十年，募谷四百九十六石六斗八升八合。二十六年，募与息又七千六百二十三石五升九合一勺，共万三千八百八十五石六斗六升七合一勺，大数具矣。大本去后，凡新旧县令，必概量以清交代，与常平、济仓等。而管钥，则书吏司之，盈耗美恶、信口造端、倒廪倾仓、耗财费事，出贷之际，或匿名冒借，有负无偿，非遂其求，不肯给钥。时吏胥例免徭役，殷富之家有寄籍公门以规辟者。道光二十九年，洪瞻陛恫于其弊，乃以仓吏管钥给社首，社仓名义符矣。时藩宪颁社仓章程，瞻陛又与士绅议其不协者，附定数条于后：

（一）社首固宜粮多殷实之户，按年轮充。唯荣素贫瘠，粮十六两以上者无多，其一两二两之户不尽殷实；或先代止一粮名，而子孙递次分析，每人所得田业无几；或家已中落，产已质尽，而粮名尚在，难以查实，且十年之内兴替难知。今拟每社仓公举粮多殷实者六人，造册二，注社仓实谷若干于首，呈印过朱，一给直年社首，一存署内。（二）社首宜递年举报也。今拟每社仓年以一人为正，一人副之。如甲乙丙丁戊己六人，第一年甲乙共事，即公举二人以为次年引退之地；二年丙丁共事；三年戊己共事，均如之。则所举共六人，以先后轮充，庶责有攸归，事资熟习，便通商办理。（三）借户固宜有粮者，然有产未质尽而取稳过多、租谷不足完粮者，若概予假贷，非独难以催收，且恐谷将不继。今拟开仓之时，责直年社首，取具保人字据，并借户姓名登册。如保人不可信者，虽有粮不给。（四）报更社首，宜有定期也。若无定期则先后不齐，未免烦琐。且恐有觊觎取利，久不更替者。今拟每年十月十日，各社首赴县同绅耆公举二人，翌年二月初开仓量谷，于十日新旧首赴县，各具移交接收若干结状。（五）所举应充社首之人，借谷时莅之，盖直年仅二人，而借户甚众，恐有争多寡、恃强逼借者，或谷价昂贵，难保直年无私卖侵吞之弊，故未直年之四人先期要集，互相监视。若托故不至，谷有亏短，则直年与四人各负其半。（六）息谷宜积贮也。前社首用多，息谷未尽归仓。今既听民自理，则所费有限，拟年除耗谷及饭食一切外，实余息谷若干，注之册内。报更之日，同宪发章程并交新社首收执。后积贮数多，因公事变卖，务同城乡各绅士公议，不得私自动用。如丰年未发，亦不加息。（七）绅士不得出名借谷也。既曰绅士，当全体面。有借而不还者，禀官究追，难于处置。今拟绅士借谷，子弟出名，仍保人负责，不得逼借。（八）官给木章，社首非公事不得冒用，以免滋累。报更时，以木章及章程当众移交，免有遗匿。

是数条者，今悉遵之。俗所称为小本者也。瞻陛去后，县人为木主，祀之东门外谷神祠，盖配食之义云。

自社仓归民后，虽岁歉移粜，必如数补偿，故仓无损。久之，而蓝、李之乱作，四乡社仓，有焚掠于贼者，有移给练糈者，绅耆忧之。初，完善之仓议卖谷存钱，取什一之息，而贷与烦扰，时有遗负，且年久难继。于是移钱买业，以所入租谷徐图其渐以复之。时仓廒已广为十二所。署左飞仙铺、程家场、贡井、乐德镇、龙潭场、五宝镇、河口、董家场、二台子、长山桥、观山场；其买业者，贡井、乐德镇、龙潭场、五宝镇、河口、董家场、长山桥、观音场，凡八所。社仓有租，自此始也。蓝李乱后，法令废弛。仓既由民经理，则官不复问；谷既变为租入，则民等其私。朋比鲸吞，空文具案。仓庑故宇，雨漏风穿。有欲发其事者，或碍于情，或唆于贿，卒含默而止。光绪十年，唐选皋莅荣。值甲申、乙酉之荒，以仓储为首政。钩稽文卷，推核取足于其人，使仓有实谷。又，城立社仓局，慎选局士以统理之。初仓廒各不相属，洪瞻陛时，议城中公举总管绅士六名，岁以二月十日集城乡社首于龙王庙，出其簿书，算注谷数，从众取据，无临辖之权也。而岁用多少，局士不得过问，其费难节。又人心日变，事故滋多。为社首者，情隐难达于公门，文书多缓于时日，势甚不便。至是城有局，近于官，乡之社首承于局，消息之灵，捷于呼吸。岁以十月十日集局，曰仓会，议租谷息谷存仓若干；自修仓与口食外，概折银入局，社首不得握用。局士以各仓租息之入，或置产业，或应不时之需，盖公府也。

清末，新政繁兴，率取于息，故仓不洋溢。而常年册报藩署，不实则有隐匿之咎，欲实则有提解之忧。故谷报其全，而贷报其半，使岁无余息，以绝大吏觊觎，盖亦苦矣。

辛亥国变，社仓无恙。二年，农庆有秋，仓谷不能尽发，入利短少。时曰经费局，遣人量验制，此后逐岁扫仓，不得沿例。立为案。三年，谷价过昂，奸商多盗窃名姓，借谷图售。恶绅土豪，或妄指多人为佃户，咸借逾量。知事示禁之。而借谷之户，多延至来年换票，致仓储不实。四年，知事饬各仓填给如数。七年，军人借国税抵卖，其表册所注仓斗，即京斗以三石合一石者，而各仓均以市斗为辞，报有数斗折斗耗费，核与京斗不符。八年，经费局乃遣人量仓，以仓斗定仓储正额，其亏移入私、借口民欠、虚悬先额者，无处不有。乃呈请知事，严令饬填，克限守催，仓乃复。先是仓利充裕，购置产业，局买者由局收租，以作公用；各仓买者，即由各仓收租，折价纳局。是以产业佃取之权，不属于局；而收租合价，升降多少，其弊遂滋。同一产业而有城局、各场之别。至是，乃以贡井八所产业改由局直辖云。自七年军人卖谷后，荣区隶嘉定。县人请师长陈鸿范以国赋抵偿，而军饷无余，其事未果。十四年，联军之役，筹措军米。团商设军粮交易所，借用社谷，由团商归还。事过不能如议。社仓例以十月十日封闭，而无谷填偿者，迟之岁暮，以钱银如谷折价，谓之上乾仓，其仅纳利息，改书借票者曰转票，来年如故。故仓首已易，借额犹悬。仓储之虚，此亦其一也。

（录自民国《荣县志·食货》）

自贡：春、夏大旱，米价昂贵。（《自贡市志·灾异》）

名山：大旱，夏至后始得雨，米价骤涨。（民国《名山县新志·事纪》）

资中：六、七月亢阳无雨，禾苗枯槁。大小春有颗粒无收者，最多不及五成。八、九月有雨不大，冬水仍歉。饥民待哺，已成荒象。十月全县会议议决组织旱灾筹赈委员会，而征收局则预征民国三十三年粮税。（《资中县志·大事记》）

涪陵：白涛一带连续两月干旱，竹木枯死，一些地方颗粒无收。（民国《涪陵县志杂编·民国记事》）

南部：1929年，旱灾，县以西北五区为甚，受灾75700户，498000人，普失收获，十室九空，灾民流离转徙。（《南部县志·大事记》）

南川：1929年，天干。稻谷每石由70—80吊涨到100吊，95吊的现钱还买不过手。石墙乡苍头坝白鹤嘴的大地主徐歪嘴巴死了，远近农民争往他家坐夜（丧家埋人，招待客人吃饭叫坐夜），因太饿而吃得过饱，有被胀死了的。（《南川近百年来自然灾害录》，载《南川文史资料选辑·3》）

旺苍：久旱不雨，禾苗枯死，群众赶旱魃祈雨。7月，东藩等处风雨夹雹，大如卵、小如弹，河鱼被打死。腊月上旬（1930年元月上旬），冷冻，河结坚冰。（《旺苍县志·大事记》）

绵阳：旱。（《绵阳市志·自然灾害》）

西充：复遭旱灾，粮食缺，人民恐慌。灾情严重，不但粮食吃光，草根树皮亦尽，惨不忍睹。（《嘉陵江志》146页）

阆中：7月，妙高起大风，持续4小时，毁坏禾稼无数。（《南充市志·历年自然灾害纪实》）

剑阁：继续大旱，小麦歉收。入夏，骄阳似火，深井枯竭，河水断流，仅槽田栽秧少许。（民国《剑阁县续志·事纪》）

大竹：大旱，大竹县人唐玉峰、夏同春、何元坤、郑凤德、伍云会、王秉钧等人四处募化，筹集大米，每天在竹阳公园施稀粥救济难民。（《达州市志·灾害救济》）

广元：大饥。花重开，果重实。十二月初七日河水结坚冰，凫鱼冻毙。民国八年成立慈善会，民国十八、十九两年天旱，办理赈务，善会之力为多。会费由乐施者自行捐充。（民国《重修广元县志稿·杂志》）

[附] **昭广灾民急迫之痛呼（节录）**

噫吁嘻！我昭（化）广（元）灾民眼前，饥急不可终日。春粮歉薄，夏日亢旱，秋收仓内无储粟。自去年八月不雨至今年六月，多半风和日，大麦小麦豌豆蚕豆十成仅有一。四五六月天天祈雨问神，挖泉取水诵经撼旱将，方法用尽无灵验，于今田干秧苗皆枯毙，水田冰（逆）裂深至八九尺。高山冰雹，可怜可怜打死多少牲和畜，大者如盘如钵周径有尺许，小者如珠如弹长趋数百里，直过苍溪、阆中河鱼亦打死。雹将过又秋干，直将红豆、芸豆、黄豆叶尽虫蚀，豆角荚亦少米。（下文漫漶不可识）

（民国《重修广元县志稿·赈济》）

重庆：6月18日，嘉陵江水陡涨丈余，沿河民房多被冲没。（1929年6月26日《新四川日报》）

盐亭：六月淫雨，沿河田地多被冲刷，庄稼无收。（《盐亭县志·大事记》）

汶川：7月17日大雨倾盆，连落不止，顷刻之间，街市成河。被水冲走、淹没、冲坏人畜、房屋、家具什物甚众。（1929年7月24日《新四川日报》）

三江口火灾，毁屋数十户。（《阿坝州志·大事记述》）

崇庆：7月17日西河突涨洪水，冲刷沿河田园庐舍，淹毙数十人。（《成都水旱灾害志》233页）

彭县：夏，久雨洪发，桥梁道路房屋冲坏不少。（《彭县志·大事记》）

西昌、德昌：七月二十九日洪水坏堤，泛滥为灾，田亩尽成泽国。（《四川省近五百年旱涝史料》141页）

灌县：7月20日夏汛暴发，宝瓶口水涨，将去冬今春所修之都江堰分水鱼嘴冲毁。（1929年7月23日《新四川日刊》）走马桥被洪水冲毁，同年改建为石拱桥，不久垮塌3洞，数十人溺没。（《灌县志·城乡建设》）冬大旱，大观乡境内冬水田干裂，普照寺山沟田40亩无收。（《大观乡志》）

渠县：5月，有庆、大义等地降雹，一耕牛被打死。（《达州市志·灾害》）

叙永：禾稼为虫所伤，收获仅得数成。（本年，四川等11省168县遭飞蝗危害，面积达245万公顷，造成损失1000万银圆以上。）（《巴蜀灾情实录》373页）

甘孜县：天花流行，死亡儿童3000余人。（《四川省志·卫生志》140页）

乐山：4月20日为马禄山会集之期，午刻，因庙内焚纸钱者甚多，火焰上冲庙檐，突起大火，人群拥挤奔避，跌死于山下70余人。（民国《乐山县志·祥异》）

雅安：7月29日夜，地震。（《四川省志·地震志》75页）

兴文：民国十八年，邑绅庞光志、陈家麟、何粹琼、王道本、庞式德、陈后从、张万钧、萧存仁、覃焕章、龙巨卿等成立乐善堂，施棺木、药料。（民国《兴文县志·慈善》）

忠县：大旱。设立赈灾委员会，吁请国民革命军第二十军军部拨洋1万元，并呈准开售彩票助赈。（民国《忠县志·事纪志》）

[**善榜**] **宣汉**：1929年，南市新街失火，善士瞿显耀、谭子义见火势凶猛，急自出钱雇众人担水灭火，经紧张抢救，火头仅延烧街房数间而熄。时人称道："瞿、谭二君居街中，离新街火发处甚远，使二君不速救，又岂仅延烧数间而已。一时仁人之念，诚为不可及矣！"（民国《宣汉县志·人物志·公善》）

[**备览**] **县长不求雨，惹恼众怒**：1929年5月，大邑县安仁地区大旱。以妇女为主的农民三五成群，抬着秧苗，有的抬着狗，沿途烧香磕头，前往高堂寺朝拜菩萨。沿途人群不断扩大。由于时任县长杨廷椿不求雨，不关南门（传说南方属丙丁火），不断屠（不杀猪卖肉），不到雾中山打泉（取回雾中山明月池水供天打醮），激起求雨农民的愤怒，掀翻公桌，把秧苗扔满大堂，县长惊慌失措，不敢露面。（《安仁镇志·风俗》）

1930 年

（民国十九年）

从1930年到1937年，是四川近代历史上天灾人祸频繁、民不聊生的年代。旱灾、水灾、雹灾、虫灾、匪灾……连年不断。据当时报纸和四川省赈济会公布的资料，1932年全省有16县受灾，1933年增至53县，1934年为101县，1935年为108县，1936

年、1937 年几乎无县不灾。而人祸更可怕，军阀割据，连年混战，苛捐杂税多如牛毛。富民乘势囤积居奇，米价疯涨。（《巴蜀灾情实录》23 页）

亢旱遍及各境，失种者达百余县，尤以川西北为甚，连旱 4 载，赤地千里。饥民不堪其苦，有铤而走险者。入秋后又淫雨连绵，沿江之重庆、成都各市县复遭水患：自 1920 年起，四川几无年无灾，且无灾不重，其中又以亢旱最为酷烈。如 1921 至 1922 年，1924 至 1925 年，1927 至 1929 年，皆干燥不雨，罹灾者少则数县、十数县，多则数十县。至本年旱荒仍在继续，春夏两季，"失种者达百余县"。据各报消息，春天，"川东南旱灾米荒，掘食草根树皮，甚至挖墓烹尸"。饥民生计既绝，被逼"啸众焚掠，匪焰顿炽"。川西北各属，"自十六年起，干旱三载，赤地千里，颗粒无收，人民不堪其苦。本年夏，仍复弥月不雨，禾苗大半枯槁"。川中各地，入夏以来"雨量稀少，农田大都干旱，而尤以成、渝两地附近为甚"。"川南一带，如眉山、彭山、青神、丹棱等县，因春间未得透雨，夏初又遭大旱，行走岷江一带之米商，乃向川西各县购米"，以致"米价飞涨"。入秋后，久旱之地，又骤转为潦。据 11 月（九月中旬至十月上旬）之《时事月报》载：其时"川省淫雨连绵，河水暴涨，沿河居民，生命房屋受汹涌波涛之漂流以去者，不可胜计"。其损失重大者，有重庆、成都、泸县、嘉、叙、崇庆、资中、威远、新津等市县。（《近代中国灾荒纪年续编》288－289 页）

夏大旱，受灾 67 县。（《四川省近五百年旱涝史料》11 页）

川省夏旱秋潦：1930 年夏，四川东部、南部大旱，受灾 67 县，尤以秀山、彭水、奉节、巫溪、万县、梁山、綦江、巴县、永川、荣县、威远、隆昌、荣昌、江安、南溪、合江、西充、南部等县灾情严重。上述地区，入夏以来，骄阳肆虐，田禾枯萎，池堰井田涸竭，饮水俱无，秋收无望。綦江群众曾组织祈雨大会，不料在游行途中，守城军队竟用刺刀乱戳，当场刺死数人，构成祈雨惨案。梁山数月无雨，田禾枯槁，补栽无水。居民无以度日，纷纷自尽，有为债务所逼，悬梁自缢。大批饥民逃往万县乞食。

同年 7 月，灌县大雨，岷江暴涨漂去白沙积木，冲毁崇德庙门。索桥损坏，数日不通。毁民房庐舍，坏田以万计。外江流域荡析离居者 1000 余家，毁桥 40 余座。

同年 9 月川西、川中 60 余县霖雨为灾，秋禾无收。涪江暴涨，沿河城乡被淹，冲坏桥梁河堤甚多，洗荡流离者千余家。德阳城郊遭洪水冲击，淹没良田万顷，外东大桥也被洪水淹没。（《四川省志·大事纪述·中册》123－124 页）

"夏六月，大雨江溢，白沙积木漂去，崇德庙（即今二王庙）山崩，阻索桥不通者数日，毁民房十余家，西关与离堆墙亦圮。外江张家湾、林巷子皆决，没田庐，马家渡索桥不通。""秋七月中旬，淫雨数日，龙溪河溢涨两丈多，所至成灾，沿河桥梁除庆升桥外均被冲毁，城中多泛为泽国。"（民国《灌县志·摭余记》）

此次洪水，"坏田以万计"，灌县外江流域"荡析离居者多至一千余户，毁桥四十余座。柏条河黄金堰上下十里也饱受沉溺之苦"，"下游诸县亦多泛滥"。其原因在于省府主管都江堰的部门"拮据如故，函电交驰，亦犹曩日，几有无米难炊之慨"。（民国吴鸿仁《蜀西都江堰工志》）

成都平原大雨水灾：民国十九年夏秋，成都平原各县连续大雨大水，所至成灾。

灌县 6 月大雨江溢，白沙积木漂去，崇德庙（二王庙）山崩，毁民房数十家，阻索桥不通者数日，外江之张家湾、林巷子皆决，水入江安河，冲没田庐。7月中又连降大雨，江溢涨，所至成灾。温江玉石堤决80余丈，淹宽4里，下入杨柳河。

崇庆、邛崃8月初大雨倾盆，怀远镇文井江山水暴发，邛崃南河陡涨2丈。新津8月23日大雨如注，三江并涨，白浪滔天，24日新津县城进水，水深及膝，间日始渐退。

8月下旬，新繁大雨水，冲刷田园房屋，稻谷受损，新繁城垣崩塌20余丈。9月，郫县、成都淫雨逾月，农田大部分受淹浸，成都城中低洼地段，积水成湖。（《成都水旱灾害志》233—234页）

灌县：七月十六日至十八日连下暴雨三天。龙溪河水涨两丈多，沿河桥梁除庆升桥外全部冲毁，为近百年来龙溪河的特大水灾，按洪痕推算流量约865立方米/秒。（《龙溪乡志》）

成都：9月淫雨逾月，低洼街道多被水淹，菜园、果园俨然湖泽，沿河田亩稻谷损失不少。（1930年9月9日《新四川日报》）

重庆：5月18日，重庆市临江门外、嘉陵江上游各地，连日大雨，河水大涨，海关码头实增一丈二尺（英尺），由于洪水夹沙而下，船只冲烂甚多，人命死伤亦大。（1930年5月20日《国民公报》）7月，嘉陵江、长江洪水暴发，屡演翻船惨剧：7月12日，千厮门纸码头庆宁汽船被沙浪打翻，淹毙20余人。临江门外豆腐石打烂船3只，淹七八十人。嘉陵江打翻船数十，为数年来未有之惨剧。（1930年7月12日《巴蜀日报》）

江津：1月29日，贾嗣区龙登山降雪4天，平地积雪20—23厘米。屋檐吊冰棒1米长，河沟冰棒有水桶粗，竹木多压弯压断。（《江津县志·大事记》）伏旱，7—8月连晴高温48天，塝田无收，粮食减产五成。（《江津县志·大事记》）

万源：夏大旱。（民国《万源县志·史事门·祥异》）

名山：春旱，农历六月六日尚在插秧，各区办粮粜，贫民外逃。（《名山县志·大事记》）

巴县：自五月淫雨后，田禾大受虫灾。春涝夏旱，秋收仅半。（《巴县志·大事记》）

涪陵：六月初连日大雨，河水暴涨。（1930年6月10日《巴蜀日报》）

开县：6月淫雨兼旬，平地涨水数尺，6月20日风雨更大，凶猛异常，平地储水盈尺。此次大水，沿岸房屋器具以及牲畜，多被漂没。（《开县志·大事记》）

南充：7月8日，嘉陵江水上涨丈余。（1930年7月19日《国民公报》）

巴中：7月7、8日，小河高涨数丈，沿河粮食多被淹。（1930年7月12日《巴蜀日报》）

西充：秋后淫雨为患。（《西充县志·大事记》）

昭化：连日大雨如注，河水暴涨。（1930年7月21日《巴蜀日报》）

金川：七月初九半夜，暴雨大作，山水骤发，（绥靖）屯上房屋、耕地、人畜冲刷殆尽。（《阿坝州志·大事记》）九月中旬淫雨为灾，河水大涨，人畜、禾稼、房屋均遭漂没。（《川灾年表》《四川两千年洪水史料汇编》）

仁寿：七月十五、十六日大雨，田禾冲没；八月十六日又大雨成灾。（《仁寿县志·大事记》）

青神：八月洪水泛滥，不弥月而三次汹涌，田畴尽属汪洋。（《青神县志·大事记》）

威远：无小雨润泽，全县田无储水，尽成龟裂，河几断流。（《巴蜀灾情实录》293页）八月十日起大雨倾盆，河水暴涨数丈，堤岸俱遭溃坏，人民逃迁不及，牲畜物资损失极大。城内水深数尺，城墙上洗脚。新场成泽国，全场人民洗家漂宅，百年来未有之浩劫。（1930年8月28日《国民公报》）

眉山：八月十七日大雨，水涨丈余，沿河田房被淹。（《眉山县志·大事记》）

三台：涪江暴涨，江面木船纤绳皆挣断，淹死船夫数人。（1930年8月22日《国民公报》）

遂宁：涪江大水，沿江居民受灾。（《川灾年表》）

新津：八月二十三日大雨如注，河水骤涨，二十四日已涨丈余，城内进水深及膝际。城外十数里良田、桥梁尽行淹没，为十余年所未有。（《新津县志·大事记》）

蓬溪：八月二十五至二十七日涪江泛涨数尺，沿河一带被水淹，冲坏桥梁河堤甚多，洗约千家，为近十年所罕见。（民国《蓬溪近志·灾匪》）

平昌：八月下旬连日淫雨，谷物受损。（《平昌县志·自然地理·特殊天气》）

奉节：夏大旱，塘堰枯竭，沟涧断流，饮水紧张，全县25万人受灾，受灾面积25万亩，饥民以草根、树皮、观音土充饥，妇幼老弱饿死沟壑，壮者乞食道旁。（《奉节县志·大事记》）八月大雨，江水暴涨数丈。（1930年9月11日《国民公报》）

资中：九月大雨，河水大涨。（《内江地区水利电力志》）入秋后，田地亢阳，未获时雨，土成焦形，田尽龟裂，番薯、豆、蔬几无生气。（《资中县志·大事记》）

彭水：8月大雨洪，冲没田禾人畜甚多。全县灾民几乎触目皆是。（《彭水县志·大事记》）

松潘：9月14日飓风暴雨，屋顶瓦片飞卷殆尽。古松桥等处，河水暴涨，堤岸崩溃，田舍冲没。此次洪灾，损失之大谓空前未有之巨灾也。（民国《松潘县志·祥异》）

新繁：9月大水，稻谷多受损失，民房、田土冲毁甚多，城墙冲塌二三十丈。（1930年9月24日《国民公报》）

潼南：春夏旱。9月连日大雨，涪江较前月水高丈余，大码头街冲去三分之一，水势之大为数十年所仅见。旱灾之后益以洪患。（《潼南县志·大事记》）

南江：9月中洪水涨4丈，县城淹没三分之二。（1930年10月3日《国民公报》）

乐山：9月连日大雨，铜河水势大涨，各处交通均断绝。后河街、板门街水深数尺。（民国《乐山县志·大事记》）

犍为：秋，大水。（1930年9月17日《国民公报》）

崇庆：9月连日大雨，河水泛溢，全县半成泽国，损失甚巨。（民国《崇庆县志·事纪》）

温江：5月，第四、五区部分地方遭受冰雹、大风袭击。冰雹大者如鹅蛋，打烂瓦房、烟囱，大麻、油菜、小麦等农作物亦损失严重。（《温江县志·自然灾害》）

9月9日，山洪毁玉石堤80丈，泛滥八九里，毁街房20间、寺庙1座、桥梁13座。（《温江县志·大事记》）

邛崃：八月初旬，大雨倾盆，河水高涨2丈余，庐舍田园尽遭淹没。（1930年9月1日《国民公报》）

彭县、什邡、金堂：九月连日淫雨大水，山洪暴发，稻谷大受损失。(《四川省近五百年旱涝史料》11 页)

双流：九月大水，稻谷损失不少。(《双流县志·大事记》)

广汉：九月中旬风雨大作，河水涨丈余，人畜损失不少。(《广汉县志·大事记》)

中江：九月天雨过久，山水暴涨，城墙沿街深数尺，西南两门几成泽国，五区淹没田土万亩，水势之大历年罕见。(《巴蜀灾情实录》315 页)

彭山：夏秋大水，冲没人畜、田庐甚多。(1930 年 9 月 26 日《国民公报》)

新都：入秋以后连旬阴雨，延至九月七日，河水泛滥，沿河房屋、牲畜多被冲走；秋收失望。(民国《新都县志·外纪》)

郫县：秋淫雨成灾，沿河成熟稻谷被水冲刷甚多；收成大歉。(《郫县水利电力志》)

平武、江油、北川、安县：洪水。(民国《绵阳县志·杂异·祥异》)

德阳：淫雨为灾，外东大桥洪水平桥洞，作物受损失。(《四川城市水灾史》315 页)

宜宾、大足、铜梁：洪。(民国《大足县志·杂记》)

洪雅、蒲江、井研：水灾。(民国《井研志·纪年》)

云阳：春，绵雨 40 余日，春耕春种无法进行。第七区(今盘石、九龙、龙角等乡)洪水成灾。夏，大旱，"两月无雨"，"不能耕种三万余亩"，饥民"食木皮草根且尽，道殣相属"。出现人吃人现象。(《云阳县志·自然灾害》)大旱，饥民采食草根树皮和观音米(一种白色黏土)，部分老弱妇幼饿死路旁沟壑，众多饥民逃荒他乡，县政府没有赈济措施。(《云阳县志·大事记》)

万源：大旱。(《渠江志》72 页)

达县：夏，达县大旱，米价陡涨，饥民上街抢夺食物。(《达州市志·灾害》)

开江：伏旱欠收，谷价每石银圆 7 元涨至 22 元。(《开江县志·大事记》)

筠连：一月二日雨雹，至九日始止。三月大旱。七月雨雹，三四五区受灾尤甚。八月大水，十月又大水，海瀛受灾最烈。一月二日雨雹至九日始止。(民国《筠连县志·纪要》)

自贡：荒旱尤甚，收成短缺，盖藏空虚，哀鸿遍野，饿殍载道。(《自贡市志·自然地理·灾异》)

剑阁：去年秋天大旱，仅少数地方担水浸土而种。秋后旱，豆麦未生，田地大片荒芜。本年入春至夏雨泽稀少，塘堰干枯，骄阳似火，田龟裂，沟田水稻仅三成，旱粮不及半收，米价倍涨，饥馑特甚。(民国《剑阁县续志·事纪》)

荣县：荒旱尤甚，收成短缺，盖藏空虚，哀鸿遍野，饿殍载道。(《荣县志·大事记》)

夹江：6 月 10 日夜暴雨，城郊水陡涨丈余，次晨城门河水几及半，沿河大春作物尽毁于飙风暴雨。一二日始定。夏，亢旱，播种失时，民苦饥馑。(民国《夹江县志·大事记》)

绵竹：1927—1930 年连续四年春夏大旱。9 月大雨，涨水甚大，冲塌田苗房屋不计其数。(《绵竹县志·大事记》)

忠县：春雹夏旱，灾民结团，索证乞食，号曰"乞大富"。县绅杨少斋、秦月浦等议设赈灾会。呈准全县筹 3 万元，商会捐 4000 元，并提各场积谷半数，以作放赈平粜之用。复设灾民收容所 3 处及粥厂于河坝。国民革命军第二十一军部拨赈款 3 万元，派员分赴各乡发赈。(民国《忠县志·事纪志》)

泸州、泸县：三月十三日夜，中兴场、瓦窑滩一带大风雨雹，折木，杀豆菽如泥，坏庐舍，毙人畜。(民国《泸县志·杂志·祥异》)

开江：瘟疫大流行，永兴乡廖家玉家 29 人，死亡 25 人。(《开江县志·卫生防疫》)

富顺：霍乱流行，(有时)每日四道城门出丧七八十具，棺材销售一空。(民国《富顺县志·杂异·祥异》)

甘孜：流行天花，死亡 3000 余人。(《甘孜州志·医药卫生篇·疫病防治》)

阿坝：绥、崇二屯流行痢疾，数百人死亡。(《阿坝州志·大事纪述》)

重庆特大火灾：1930 年 3 月 14 日，重庆市区东门发生大火，延烧铺店 1000 余家，死伤 10 余人，损失在 1000 万元以上，灾况凄惨。

1930 年 8 月 25 日，重庆市区储奇门河街一带发生大火灾，从早上 9 点过烧到半夜，前后延烧 8 个多小时。火起于储奇门外，延烧入城，遍及仁和湾、双巷子、金紫门、镇守使署、玉带街，上至三圣殿、大梁子、磁器街，灾区广袤三四里，受灾商民逾万户，仅登船逃离被淹死者就达 40 余人，财产损失数千万元，是重庆前所未有的特大火灾。(《四川省志·大事纪述·中册》121 页)

川滇交界地震：1930 年 5 月 15 日，川滇交界发生地震。云南巧家县为滇东繁盛区域，又与川地毗连，颇为热闹。所属金塔湾在金沙江边上，上离蒙姑、下距巧城均 25—30 公里。地震之时，该处受灾尤甚，地陷甚多，村落房屋全部倒塌，树木多从根拔起。受灾最重者有 100 多户，均系全家死亡。附近村落被山岩压坏者甚多。县南新塘湾石砌田埂大部震垮，房屋几乎全部倒塌。山坡裂缝宽 10 厘米、长数十至百余米者有 10 余条。死伤数十人。

会泽、昭通亦有感。一月之内小震不断。

据现代科学推测，这次地震震中位置在北纬 26°6′，东经 102°6′，烈度 7—8 度，震级 5.75 级。(《四川省志·大事纪述·中册》122—123 页)

筠连：双河场、丰乐场地震。(民国《筠连县志·卷 6·纪要》)

理塘附近地震：1930 年 8 月 24 日，理塘附近发生地震。下坝区房屋大多倒塌，死伤数百人，牲畜死伤更多。据现代科学推测，这次地震震中位置在北纬 30°、东经 100°，烈度 7 度，震级 5.5 级。(《四川省志·大事纪述·中册》124 页)

3 月 14 日，灌县地震。由东北而西南，波动力颇强，越 50 秒即息。(成都《国民公报》)春，筠连双河、丰乐场地震。4 月 28 日，甘孜北 6 级地震。11 月 7 日夜广元地震，有人颠翻下床，有跌破头、伤腿骨的，梁门呀呀作响，城乡人民大恐。6 月 23 日，万县二区孙家沟大山崩颓，淹没民房、田土，压死 10 余人。(《四川省志·地震志》75 页)

汉源西河东半乡巨家山洪岩山石崖忽崩塌 200 余丈，损失玉麦百余石，自是年起，时有崩塌。(民国《汉源县志·杂志·祥异》)

[附一] **国民政府颁发《传染病预防条例》**：1930 年，国民政府颁发《传染病预防条例》，规定霍乱、鼠疫、天花、伤寒、斑疹伤寒、赤痢、白喉、流行性脑脊髓膜炎、猩红热 9 种急性传染病为法定传染病；1944 年增加回归热，这样法定报告的传染病有

10 种。（《巴蜀灾情实录》213 页）

[附二]**森林被滥伐，农区受灾害**：邓锡侯《屯政纪要》说：茂、理两县因滥砍滥伐，"竟成焦土，不但以后林木萌发不了，驯至水源亦失于含蓄，酿成十年九旱"。大渡河流域也是"荒山日多，水源无从涵养，下游农区受害之程度与日俱增"。（《巴蜀灾情实录》90 页）

[链接] 绵阳荒政史述略

天灾流行，国家代有。周官遗人掌乡关之委积，以恤艰厄、养孤老；大司徒以荒政十二聚万民，散财、薄征、缓刑、弛役、舍禁、去讥、省礼、杀哀、蕃乐、多昏、索鬼神、除盗贼等，以治荒。后代遇荒岁，或平粜，或贷种食，或直赈给，或转漕于他路，或募富民出粟，或出内藏，或宽租赋追呼，有妨农者罢之，有可与民者共之，又或变服、减膳、修省、恐惧，盖无所不至矣。清代历朝亦重荒政，迭令各州县筹办常平仓及社、济、积各仓，以备荒岁。地方有司遇荒歉，多能设法赈济。在绵阳，山多田少，常稔水田不及十分之一，其余山麓田地概多硗瘠，如雨泽愆期，则旱灾成矣。

宋乾道中，李蘩莅绵，岁旱，出义仓粟贱粜之，而以钱贷下户，又听民以茅秸易米、作粥及楮衣，亲衣食之，活数万人。宋嘉泰间，毛嘉会任绵，发粟赈饥。明弘治中，江洪任绵，留心抚字，捐俸赈饥。清嘉庆五年，刘印全任绵，时州移治罗江，士民请回旧治，军烽压境，令民乏食者筑城，以工代赈。道光四年，李绍祖任绵三载，岁祲，捐俸赈饥，富绅捐者络绎，四乡镇市设立粥厂，每黎明即巡视城厂取粥以尝，各乡并按日亲巡；城内开仓平粜，次年麦秋始停。二十五年，杨玉堂任绵，岁旱鬵俸余赈饥。光绪四年戊寅，二麦歉收，夏旱益甚，贫民乏食，贩饼者执棒以防夺食，州牧曹绍樾禀提仓谷发赈，存活极众。光绪十五年，夏秋大水，沿河民居漂没无数，州牧刘南募捐，槽死粟生，民各得所。二十二年夏大旱，斗米千余，州牧王绍铨集绅筹款赈饥，极贫发米、次贫发粜，半月得雨，米价骤减。二十九年癸卯，牛瑗署绵，以麦谷歉收缕呈督署，准拨仓谷，即委州判李环裕、州绅吴朝聘设局办赈，分别极次、贫户散发。富绅吴开运亦慨捐银一千两助赈，后为请旌准予建坊；城乡绅富亦合助款三万余金，赈粜历数月之久，全活约数万人。民国五年，万庆和任绵，兵荒迭乘，恳呈大府准提各仓谷石尽数办赈，委绅陈津、曾西屏、吴朝杰、颜三益办理。除谷石碾米外，城乡募集有三万余金，散粜兼施，粜款收入责由富绅保管，秋后买谷归仓。民国十年，县知事张瑶准县会议长辛子国等议，以东北两乡历受荒旱，兵灾又重，提仓谷一千一百一十四石散放。十三年，逊清隆裕太后以川省连年兵旱发款来川，绵阳应领一千元；复经县会议长辛子国等，以岁祲请提仓谷二千八百九十石，请知事李楫委各乡绅首办理。民国十四年，陈建华知事莅县，经县议会议长辛子国等以岁旱请赈，发印簿募捐银若干，并提用仓谷一千四百三十石散赈。民国十七年荒旱特甚，二十九军第一路司令部，委孙廷锷、黄尚毅为龙、绵、剑、什筹赈总局正副局长，委崔映堂、廖洪义为绵阳县筹赈局正、副局长，准提仓谷一千八百二十七石外，由总局拨款、省方发款及远近募款，合有银圆八万余圆，按口散放。民国十八年，驻区事务部继续设立筹赈分会，县长袁钧为正会长、廖洪义为副会长，就发来赈款及存有公款、罚款、捐款，共凑集银八千八百七十余圆散放春赈；以余三百余圆作韩国捐款及临时粥厂之用。十九年，历经水旱，米价翔贵，蒲县长殿钦莅绵以来，筹款倡兴徭役，百废俱举，灾黎四集食力，多所全活，与古人工赈救荒适合，诚一时之善政也。

（民国《绵阳县志·食货·荒政》）

1931 年
（民国二十年）

长江流域洪水年。（《四川省志·水利志》59 页）

全川发生严重水旱灾害：1931 年全川水旱灾害迭至。春夏大旱，赤地千里，成都、简阳、资阳、内江、隆昌、富顺、井研等 39 县，去秋至冬少雨，今春夏又旱，小春豆麦已焦，大春难望栽插，饥民以秕糠、野菜、蕉头、草根、白泥（观音土）充饥，灾荒甚重；入秋又遭大水，区域几及全川。

全川受灾县有灌县、彭县、郫县、崇宁、邛崃、大邑、蒲江、隆昌、荣昌、内江、彭山、安县、新津、永川、名山、纳溪、什邡、南川、三台、岳池、广安、合川、涪陵、巴县、泸县、古蔺、南充、西充、蓬安、宣汉、梓潼、南溪、营山、万县、梁山、开江、城口、达县等，灾荒区域，遍布全川。被灾人口高达 200 余万。

成都粮食缺乏，米价奇涨至每石 47 元。饥民日益增多，市面抢夺食物的人比比皆是，外南青羊宫大批饥民约 400 人，估吃大户，并将场外的南瓜、芋、麦数十亩争夺一空。井研县因饥自杀者甚多。宜宾县属白花场，贫民在凉风垭山脚下挖取黏土充饥，每日争先恐后，常起纠纷，后挖成一洞，深约 2 丈，有 14 人进洞躲雨，岩石被水冲垮崩塌，无一生还。内江县属高梁镇附近岩壁有白泥沙，乡民用以充饥，一日正值人多拥挤之时，岩壁崩塌，将取泥沙男女约 20 人活埋土中，似此情况，屡有发生。

1931 年 8 月，合江发生水灾。长江和赤水河涨水，合江县城再遭洪灾，农村损失惨重，尤以西南两乡受害最甚，田土谷粮被水摧损十分之七。县城南北门外，漂没民房 570 余家，受灾者 4430 余家。

同年 8 月，屏山发生大水灾。连天大雨，县城水深五六尺，一片汪洋。马边之夏溪、屏山所属之云丁、黄丹、舟坝 4 个场均遭大水淹没，黄丹、舟坝各场的街道被大水冲去半截，云丁、夏溪冲去房屋各数十间，水中呼救之声惨不忍闻，4 场合计淹死民众 700 余人，牲畜货物损失无算。

同年秋，泸州大雨大水成灾，城区灾民 1900 余户，淹没大小河街及小市等处。1933 年，泸州近城地区及各码头又被洪水淹没。水灾赈委会核定为一等受灾县者有射洪、威远、资中、泸县、江安、隆昌、江津、开县、云阳、彭水、南川等 12 县；核定为二等受灾县者有绵阳、江油、潼南等 31 县；核定为三等受灾县者有郫县、乐山、犍为、成都等 42 县。[①]

[①] 本年所列各县水灾的一二三等次，皆出于《四川近五百年旱涝史料》，并非各县志所载。

据海关统计：当年湘米上运入川数量为 101512 担（约 508 万公斤）。（《四川省志·大事纪述·中册》131—132 页）

2 月 3 日，川西、川南各地控制粮食下运，川东荒象已成。刘湘在重庆组织民食救济委员会，自任会长，准备向外省采购粮食以济粮荒。（《重庆市志·大事记》）

岷江流域水灾，灌县、成都、夹江、乐山、犍为等城灾情较重。（《四川城市水灾史》）

1931 年 5 月（三月中旬至四月中旬）至 8 月（六月中旬至七月中旬），四川大雨时行，山洪迸发，被灾者数十县，尤以长江干支各流经川东南一带灾情最重，江河四溢，城乡陆沉。因米价飞腾，民不聊生，部分饥民铤而走险，出现"吃大户"风潮：四川省自 1927 年以来，亢旱 4 载，荒歉连结，人民不堪其苦。上年入秋后，川东、川南一带，又淫雨不止，已显潦情，本年则水灾更为扩大，为扬子江上游之重灾区域。据 9 月 22 日（八月十一日）内政部民政司官员在南京广播电台称："四川居长江上游，地势高下不一。本年 5 月上旬山洪暴发，猝不及防，以致滨江一带，如资阳、内江、隆昌、富顺等十余县，受灾甚重。从 5 月至 8 月，该省大雨时行，灾情蔓延达数十县，尤以川东南被灾最重。""凡为长江支干各流经过者，大都田崩禾偃，家破人亡。"据 9 月 3 日、6 日（七月二十一日、二十四日）《大公报》载，川北被灾者，有三台、遂宁、营山等县，"人畜田房多被水淹没"，遂宁"街市亦被淹没水中"。川西被灾者，有北川、安县、绵阳、懋功、成都、金堂、简阳等县市，"均为江水或溪水所淹没，水势之凶狂，为近百年来所罕见"。川东被灾者，有荣昌、重庆、江北、合川、江津、开县、万县、涪陵、秀山、彭水等属，"长江洪水，曾高至十二丈数尺"。川南各属被灾者最广，如隆昌、洪雅、雅安、名山、眉山、泸县、荥经、威远、乐山、古蔺、筠连、资阳、资中、内江、富顺、合江、宜宾等，"以山洪弥漫"，"房屋田地，大都被水扫去"，"沿岸之谷子、玉米、花生等田，冲刷尽净"。资阳、资中、内江、宜宾一带，"淹毙人口一万余"。9 月之《时事月报》亦称：川东南灾情"就中特甚者，如川南之合江，全县三分之二淹没水中；筠连、古蔺二县，更属全城陆沉；川东之秀山、彭水，则均水高九丈，平地成河，溺毙老幼千余，田地崩毁二千余亩"。

由于灾荒连年，收获奇歉，政局腐败，米商囤积，至阖境米荒严重。7 月 21 日（六月初七日），重庆《商务日报》载灌县通讯云："此次米荒情形愈趋愈紧，价遂时涨不已。每斤售钱 7000 文犹难买食。贫民谋生无术，各乡抢夺米袋之事更多。闻县属崇义乡地方，昨竟有自然集合之贫民男妇老幼共二百余人之多，用麻布制有旗帜二面，上写'饥民团'三字，就其群众中推出执旗，领导为劫夺米车、奔食大户等事。"该报又载 7 月 4 日（五月十九日）岳池通讯云："连年天旱税重，战祸频仍，四乡饥民群集为匪，刻盘踞于萧家场、广兴场、罗渡溪、赛龙场附近，四出劫掠粮谷物。刘杨森已派一旅二、三团，并保安队二、三两大队三千众往剿。铤而走险之饥民，必又遭戮杀矣！"（《近代中国灾荒纪年续编》336—338 页）

四川遇大水之灾，除川北一小部较轻外，全川灾区达 90 余县，灾民 100 余万人。《四川省近五百年旱涝史料》11 页）

1931 年 7、8 月大雨，山洪暴发，江水猛涨，持续五六日，沿江农田多被冲毁，乐山县冲毁耕地 5 万多亩，叙永县溺毙 500 多人，宜宾县灾民多达 4000 多人。（《四川省志·农业志·上册》33 页）

成都东山、金堂丘陵春夏连旱，入秋平原淫雨大水：民国二十年，成都东山地区连旱，新都、金堂南及双流牧马山山丘地区连三年旱，塘堰干涸，水田仅栽插十分之三四，余均改种旱作，收成大减。

7 月 30 日起至 8 月上旬，成都平原连降暴雨，成都、新津、金堂低洼之处，尽成泽国。灌县 2 月补筑马家渡、张家湾多处决口，夏秋复多溃决；金马河水溢，温江玉石堤溃毁 135 丈，水入杨柳河，温江、双流、新津淹浸水田 1 万余亩，其中冲毁 200 余亩。崇庆冲毁桥梁近百座，四乡交通受阻，大邑干溪河沿河房舍全部被淹，斜江河多处冲决改道。（《成都水旱灾害史》234 页）

绵阳：正月十七日辛子店一带天雨雹；次日，杨家店附近雨雹。（民国《绵阳县志·杂异·祥异》）

南川：农历四月二十八日涨大水。小河坝的街房被冲毁了半截，县城南门外、西门外的铺房被冲毁很多，其他沿河地区的房屋、庄稼、牲畜被淹没毁损的也不可计数。大水之后，五、六月又遭天干，塝田完全无收。稻谷卖 24 元 1 大石，六二土布卖 2 元钱 1 件。地主们以 1 石稻谷的钱买 12 件布来囤积居奇，使穷人们吃不到口，穿不上身，冬来饥寒交迫，走投无路。而反动政府、防区驻军不但对民众疾苦漠不关心，不予救济，反而征派苛捐杂税，虽在灾区，亦不能免。县人韦圣祥（老教师、民国版《南川县志》主编）曾作《闻大水毁小河坝场有感》古风一首，描述水灾惨状，节录如次：山溪小市沿溪岸，两山夹行天作堑。平日山泉微乎微，流入堑中拖一线。居人侥幸天无灾，鸠聚习忘处堂燕。去年夏旱达今春，一线山泉久中断。三农望泽不望旸，备灾何曾虞水患。讵知天道本循环，节过清明空气变。蓄极必泄泄必汹，叠次滂沱滋浸灌。……四山颓洞卷筒来，推陵簸谷带奔窜。区区小市何足当，微波一喝扫大半。……良田大半壅泥沙，禾黍千畦积沉淀。津梁道路齐阻绝，跬步崩阤遏秦栈。……邑黎觏瘝约三端，盗劫兵扰兼暵旱。此乡三外更加一，家家漂没陷昏垫。有司勘报亦何补，军饷仍须按户敛。籴价奇昂古未闻，旧钱一斗四十万。（《南川近百年来自然灾害录》，载《南川文史资料选辑·3》）

南充：4 月嘉陵江水陡涨 3 丈，浮桥绳断。（《南充市志·大事记》）

夹江：5 月大旱，无水溉田。6 月 20 日水涨入城关，俱成泽国，较 1917 年大水仅少尺余。8 月上旬淫雨为灾，江水暴涨，低处成泽国，漂没田房财物，淹毙人畜，不可计数，水灾赈委会核定为二等水灾县。多区呈报灾情，县令转请发赈无多。（民国《夹江县志·大事记》）

云阳：6 月 10 日夜，暴雨，至次日上午止。县城雨量 255 毫米，为历史之最。（《云阳县志·大事记》）

乐山：六月府、雅、铜三河同时上涨，冲坏土地 1000 多亩。五通桥涨水情况与 1889 年相似；水灾严重。8 月 19 日大雨泛滥，北门、东门城内外一带皆被淹没，成为民国六年以后之第二次浩劫。（民国《乐山县志·大事记》）

犍为：六月二十日大水，与光绪己丑（1889）相似。（民国《犍为县志·杂志·事纪》）

万源：连日滂沱大雨，城中房屋倾倒无数，炎炎六月，便如初冬。(《达州市志·大事记》)

小金：7月12、13日突降暴雨，连宵不止，山溪水暴发，大河水骤涨，河堤冲毁数处，淹没房舍田地甚多。(《阿坝州志·大事记》)

筠连：二月大雪，为数十年所未有。七月大水，田禾多淹没。九月歉收。(民国《筠连县志·纪要》)

庆符：秋，巨大水灾。(《川灾年表》)

温江：8月3日，玉石堤毁135丈，冲毁农田200余亩，淹没农田1万余亩，冲走民房56间，杨柳河县内桥全毁，温、双、新三县受灾。(《温江县志·自然灾害》)

合江：7、8两月长江、赤水河水皆涨，沿河一带淹没稻田约千亩之多，民房被漂没者570余家，受灾者4430余家，损失极巨。水灾赈委会核定为二等受灾县。(《四川省近五百年旱涝史料》91页)

成都：秋，淫雨大水为灾，地势较低各街及中城、少城公园悉被水灾。城垣塌坏，房屋倒毁，打伤压死之事随处皆有。(1931年8月2日《国民公报》)

简阳：秋，大雨，大水成巨灾。(《川灾年表》)青黑虫食罂粟后，再食玉蜀黍、草棉等。(《内江地区水利电力志》)

资阳：秋，河水大涨，漂没人、畜无算。(1931年8月23日《国民公报》)

峨边、丹棱、洪雅、马边、眉山、彭山：水灾赈委会核定为二等受灾县。(《四川省近五百年旱涝史料》48页)

荣昌：7月22日夜暴雨倾盆，城西小河洪水暴涨二三丈，矮店子一带淹倒房屋多间，冲走20多人。(1931年7月23日《国民公报》)

营山：7月夜忽急风暴雨，城外溪水骤发二三丈，房屋仅露头顶。(1931年7月16日《国民公报》)

郫县、新津：八月淫雨为灾，江水暴涨，低洼之处尽成泽国，漂没田房财物，核定为三等受灾县。(《郫县水利电力志》)

江油、绵阳、三台、平武：8月潼绵一带淫雨为巨灾。(民国《绵阳县志·杂异·祥异》)

万县：入夏，雨水过多，8月中旬大小河洪水齐发，县城内外已成泽国，万安大桥几至灭顶。此次水灾为空前浩劫，水灾赈委会核定为二等受灾县。(《四川省近五百年旱涝史料》119页)受灾户除河边棚户外，共计1895户，而每户有一家者、有数家者，合计5600余家。受灾人民，连棚户共约3万，其中有富者、贫者、极贫者。(1931年8月23日《四川民报》)8月9日，长江水猛涨至海拔156米，新桥一带被淹，船可从桥上驶过直达沙河子回龙庙，沿江两岸5600多户3万多人受灾。(《万县志·大事记》)

1931年3月13日，县城南门河坝发生火灾，烧毁民房200多间。4月3日，驷马桥又起大火，烧毁民房400多间，烧死10余人，上千人无家可归。(《万县志·大事记》)

重庆大水：八月三日夜，两江暴涨，……朝天、金紫、储奇、太平、南纪、东水各门共受灾2467户，人口8565五，死亡14人，倒塌及冲没房屋94间，并冲走两家木

厂……太平门外平安段受灾严重。(《四川省解放前洪水资料汇编》)

8月1日起,长江、嘉陵江水势暴涨,两日后更甚,水位逼近江北各城门,沿江居住的贫民、小商贩流离失所,诚为十年来空前之水灾。(《重庆市志·大事记》)两江大水,东门、储奇门、南纪门、太平门一带,被灾共约1300户,沿河居民被水淹没者甚众。(1931年8月23日《国民公报》)

巴县、江北:8月上旬淫雨为灾,江水暴涨数丈,漂没田房财物,淹毙人畜,难以计数。(《巴县志·大事记》)

威远:8月2日晚大雨,3日黎明河水骤涨数丈,东、南、北三门俱没,立于城堞可以浴手,全城尽成泽国,沿城房屋冲塌殆尽,物资损失极大,为1898年(光绪二十四年)以来所仅见。水灾赈委会核定为一等受灾县之一。(1931年8月23日《国民公报》)

隆昌:江水暴涨,漂没田房财产、淹毙人畜无数,水灾赈委员会核定为一等受灾县。(《四川省近五百年旱涝史料》91页)

射洪:水灾赈委会核定为一等受灾县。(《四川省近五百年旱涝史料》32页)

资中:大雨五日后,8月2日起,江水逐渐高涨,8日水势凶猛,城区各街全成泽国,沱江上下游沿岸房舍、牲畜、禾稼洗荡无算。某村10丁口全被淹死。经水灾赈委员会核定为一等受灾县。仅甘露寺、麻柳湾、银山镇等地就被冲走300余人。(1931年8月13日《国民公报》)

宜宾:8月3日(六月二十日)大雨,江水大涨,城区东、北、西、南各角连外南各街皆成泽国,毁房屋千余间,重灾居民1900余户,灾民坐屋顶呼救。沿江漂没田禾什物人畜不计其数,上游冲来浮尸特多。水灾严重,水灾赈委会核定为本年一等受灾县。后经宜宾水文站查勘,算出是年合江门洪水位为281.19米,高场水位294.84米,横江水位304.16米。(《宜宾县志·大事记》)

叙永:夏旱。农谷歉收。国府颁款赈济。8月初旬大水,溺毙男女500余人,灾情甚重。10月7-9日雷雨交作,打毁桥梁房屋无算,溺毙人畜甚多。水灾赈委会核定为二等受灾县。(《四川省近五百年旱涝史料》91页、民国《叙永县志·卷8·杂记篇·灾异》)

潼南:8月上旬淫雨为灾,江水暴涨,水灾赈委会核定为二等受灾县。(《四川省近五百年旱涝史料》103页)

高县:8月上旬,淫雨为灾,江水暴涨,漂没田房财物、淹毙人畜均不可计数。水灾赈委会核定为二等受灾县。(《四川省近五百年旱涝史料》91页)

荥经:八月上旬淫雨为灾,江水涨,水高数丈,漂没田房财物,淹毙人畜,均不可计数。(1931年8月23日《国民公报》)

资阳:8月上旬,淫雨为灾,漂没人畜无算,沿江农作物损失至巨,水灾赈委会核为一等受灾县。(《四川省近五百年旱涝史料》75页)

绵阳、江油、蓬溪、安岳:8月上旬淫雨为灾,水灾赈委会核定为二等受灾县。(《四川省近五百年旱涝史料》32页)

遂宁:8月上旬淫雨为灾,城市及对岸仁里场市街悉被水淹,漂没田房财物,淹毙

人畜，水灾赈委会核定为二等受灾县。（《四川省近五百年旱涝史料》32 页）

三台：8 月 2 日两江水陡涨 7 丈，沿江房屋冲刷殆尽。（1931 年 8 月 8 日《国民公报》）

内江：8 月巨大水灾，水灾赈委会核定为二等受灾县。（《四川省近五百年旱涝史料》75 页）

泸县：8 月两江水势暴涨，附城一带尽成泽国。1905 年之水尚不及此之巨，水灾赈委会核定为一等受灾县之一。（《四川省近五百年旱涝史料》91 页）大水成灾，城区灾民 1900 余户，轻灾 300 余户，灾民 1000 余人，淹没大小河街、宝庆街、顺成街、南门外小市等处。（1931 年 9 月 1 日《国民公报》）

西昌：8 月 11 日暴雨、冰雹成灾。水毁大通桥、九皇宫，海河洪水倒灌邛海，高涨丈余，淹田 4000 亩。（《凉山州志·自然灾害》）

綦江：8 月遭受严重水灾，难民 2000 余，溺死百余人。水灾赈委会核定为二等受灾县。（1931 年 6 月 20 日《新民报》）

永川：8 月水灾，水灾赈委会核定为三等受灾县。（《四川省近五百年旱涝史料》103 页）

江津：8 月水灾严重，水灾赈委会核定为一等受灾县。（《四川省近五百年旱涝史料》103 页）

灌县：二月补筑马家渡、张家湾等处决口；夏秋淫雨水涨，金马河堤复多溃决，民被其灾。（《灌县志·大事记》）

崇庆、金堂、广汉：水灾赈委会核定为三等受灾县。（《四川省近五百年旱涝史料》12 页）

汉源：水灾赈委会核定为二等受灾县。（《四川省近五百年旱涝史料》57 页）

井研、青神：水灾，水灾赈委会核定为三等受灾县。（《四川省近五百年旱涝史料》48 页）

广安：水灾赈委会核定为二等受灾县。（《四川省近五百年旱涝史料》66 页）

夹江：六月二十日水涨入城，较民国六年大水仅低尺余，城乡俱成泽国（千佛岩洪峰流量达 15700 秒立方米）。八月上旬淫雨成灾，江水暴涨，低洼之处尽成泽国，漂没田产房屋，淹毙人畜，均不可以数计。水灾赈委会核定为二等水灾县。（《青衣江志》134 页）

名山：水灾赈委会核定为三等受灾县。（《四川省近五百年旱涝史料》57 页）

平武、绵竹：水灾赈委会核定为三等受灾县。（《四川省近五百年旱涝史料》32 页）

安岳：水赈委会核定为二等受灾县。（《四川省近五百年旱涝史料》75 页）

大邑：水灾赈委会核定为二等受灾县。（《四川省近五百年旱涝史料》12 页）

中江：秋水灾至重。（《中江县志·大事记》）

铜梁：水灾赈委会核定为二等受灾县。（《四川省近五百年旱涝史料》103 页）

奉节：夏，大雨连绵成灾，饥民四起，剥树皮、挖草根、薇蕨、观音土充饥，死者甚众。（《奉节县志·大事记述》）水灾赈委会核定为二等受灾县。（《四川省近五百年旱涝史料》119 页）

［链接］1931 年大荒。奉节北岸首富、开明士绅萧和中，以所收租谷 200 石赈济桑坪乡、回昙乡饥民，并派人到巫溪买回苞谷 70 多石，以市价卖给饥民，对赤贫户，三五升不收钱。又倡议积谷备荒，在谷神祠等 6 处囤粮。（《奉节县志·人物》）

开县、巫溪： 水灾赈委会核定为一等受灾县。（《四川省近五百年旱涝史料》119 页）

云阳： 入夏以来大水为灾，毁田庐、伤人畜，灾情甚重。（《四川两千年洪水史料汇编》）

巫山： 水灾赈委会核定为三等受灾县。（《四川省近五百年旱涝史料》119 页）

秀山： 9 月 18 日，梅江、茶水因大雨暴涨 10 余丈。（1931 年 9 月 25 日《国民公报》）

秀山、酉阳、酆都、黔江： 水灾赈委会核定为二等受灾县。（《四川省近五百年旱涝史料》138 页）

荣县： 淫雨为灾，江水暴涨，低洼之处尽成泽国，漂没田房财物，淹毙人畜均不可计数。水赈委员会核定为二等受灾县之一。（《四川省近五百年旱涝史料》76 页）

彭水： 入夏以来大雨连绵，洪水为灾，毁田庐、伤人畜。（《川灾年表》）10 月 6 日，郁山镇涨水，后灶盐井及民房数十家被淹。（《彭水县志·大事记》）

彭水、南川： 水灾赈委会核定为一等受灾县。（《四川省近五百年旱涝史料》138 页）

松潘： 水灾赈委会核定为三等受灾县。（《四川省近五百年旱涝史料》145 页）

懋功： 7 月 12－13 日，突降暴雨，遭洪灾，毁房屋、耕地、桥梁多处。（《阿坝州志·气象灾害》）

理县： 水灾赈委会核定为三等受灾县。（《四川省近五百年旱涝史料》145 页）

雷波： 水灾赈委会核定为二等受灾县。（《四川省近五百年旱涝史料》148 页）

大竹： 水灾赈委会核定为三等受灾县。（四川省近五百年旱涝史料 112 页）

古蔺： 遭受严重水灾。（《四川省近五百年旱涝史料》91 页）

马边： 秋，巨大水灾。（《川灾年表》）

南溪、长宁： 水灾，水灾赈委会核定二等受灾县。（《四川省近五百年旱涝史料》91 页）

江安： 水灾，水灾赈委会核定为一等受灾县。（《四川省近五百年旱涝史料》91 页）

纳溪： 水灾，水灾赈委会核定为二等受灾县。（《四川省近五百年旱涝史料》91 页）

屏山： 秋，巨大水灾，全市水深五六尺。（1931 年 8 月 29 日《新新新闻》）屏山县暴雨成灾，毁房 2000 多间，淹死 100 余人。（《屏山县志·大事记》）

隆昌、富顺： 淫雨为灾，江水暴涨，漂没田房财物，淹毙人畜均不可计数，灾情奇重，水灾赈委会核定为一等受灾县。（《四川省近五百年旱涝史料》91 页）

绵阳等县： 连续 5 年大旱，农村人畜饮水困难，山田坡地少见春苗，为四五十年所未见。（《绵阳市志·自然灾害》）

涪陵： 全县大旱。（《涪陵市志·大事记》）

酉阳： 3 月 7 日，县长张瑞征上报省府："酉阳匪、旱两灾，计灾民 17335 户，

33029 人，死亡 3232 人，被烧毁房屋 1694 幢。"3 月 16 日，4、8、9 区狂风冰雹，历经 3 时，田豆陇麦，不留一茎一叶，全年收成，难敷三个月。（《酉阳县志·大事记》）

合川：4 月 19 日，方溪、渭沱、五尊等 7 乡降雹，最大似酒杯，多数瓦房被打烂，雀鸟死伤无数，一捉黄鳝农民因躲避不及被击中死亡。8 月大雨，江水泛涨，涪渠两河北岸居民尽被水灾。（《合川县志·大事记》）

[附一] **四川人口大减**：1931 年，全川人口仅有 47992282 人，比 1928 年（人口 72635380 人）减少了 24643098 人，4 年间人口减少 1/3。（吕登平《四川农村经济》）

[附二] **忠县赈委会努力救饥**：民国二十年（1931），忠县大饥。去秋大旱，收成歉薄，今春久不见雨，豆麦颗粒无收，各乡饥民纷纷入城乞食。县赈委会指定附城各庙住宿。又于河街设粥厂，减价售粥。虽全活甚众，而供不应求，饿死者亦复不少。赈委会乃派员驰赴成渝两地请赈，领得巨款回县散发各乡。乡人至今犹歌颂不止。（民国《忠县志·事纪志》）

[附三] **万源人民苛捐杂税负担之重累**：万源民历来以国课为重，开征后无不踊跃输将，在昔未有过八月不完粮者，故有"完了钱粮不怕官"之谚。民国初年犹复如是。至九年以后，饷款重叠。初则全县四万元，年年逐渐增加，以至八万、十万、十六万、二十万，现则全县担款二十四万元矣。外附加一切经费二万四千元及本县团学费、各区团办事经费，以及一切振兴事业无不取办民间（如清剿兵差等），全年合计五十余万元。加以团保之浮滥、差委之苛虐，又不下二十万元。连此国课正供、地方附加、各种税率计算，全县人民负担年在百万以外。盗匪横行，年谷不登，民间措办不及，故对于平昔视为最重要之国课，不能如期扫解，非故为抗玩也。（民国《万源县志·教育门·礼俗》）

1932 年

（民国二十一年）

"二刘"大战，刘文辉溃败，刘湘基本统一全川：10 月 1 日，二十一军军长、四川善后督办刘湘（驻重庆），与二十四军军长、川康边防总指挥刘文辉（驻成都），为争夺四川统治权爆发战争（"二刘"大战）。至 1933 年 8 月，刘文辉战败。刘湘基本统一全川。（据《四川通史·民国卷》）

入夏以后，亢阳不雨，川东、川北部分县乡旱灾甚重；重庆市流行霍乱：据 7 月 3 日（五月三十日）《申报》载："长江一带咸以大水为患，而川省则苦亢旱，已两月未雨，现已断屠祈雨。"7 月 5 日（六月初二日）《大公报》亦称："本年来雨水失调，田中秧苗，未全栽插。下东各县，更加冰雹为灾，所有豆麦禾苗，概受打击。""入夏以来，正值禾苗畅茂之时，天忽亢阳，蓬勃生苗，奄奄枯槁。""受灾之区，以上东内（江）、隆（昌）、荣（昌）、永（川），下东巴（中）、綦（江）、涪（陵）、南（川）、丰（都）、石（硅）、梁（山）、垫（江）各县，川北以西充、南充、遂（宁）、潼（川，即三台）为甚。"又 6、7 月（五、六月）间，重庆市天气酷热，立秋日起，每日气温在华

氏 100 度（37.8℃）以上，流行霍乱。（《近代中国灾荒纪年续编》373—374 页）

军阀预征田赋竟越三四十年：面对严重的亢旱，四川军阀除装模作样地"禁屠祈雨"外，对荒政漠不关心，反而变本加厉地对人民巧取豪夺。川省捐税之重，名目之繁，闻于全国。据《抗战前十年之中国》一书揭露："四川各地的田赋，据 1932 年的统计，一般已征至三十年以上，每年预征的次数，普遍由三四次增至八九次。""在四川刘湘防区以内，每年竟征至四次，而每次每两竟须缴纳五十元。""在二十九军田颂尧的防区内，一年之内竟征收了十四年的田赋。以致四川预征的田赋，竟有超越民国六十八年（按：1979 年）以上者。中国农民处在如此惨重敲剥之下，他们的生活当然更加穷困和惨苦。"（《近代中国灾荒纪年续编》374 页）

川省自夏骄阳肆虐，数月不雨，小春失收，大春又将绝望。（《四川省近五百年旱涝史料》12 页）

绵阳：正月十七日辛店子一带雨雹，十八日杨家店附近又见雹。（民国《绵阳县志·杂异·祥异》）

夹江：三月二十八日夜降大冰雹，兼起暴风，损伤房屋竹木豆麦桑叶无算。南安乡有六团人民受灾尤巨，屋瓦皆穿，阮土扁栖宿之乌鸦被击毙千数、击伤亦千数。冰雹形如柿大，甚有如碗大，亦空前未有之奇灾也。（民国《夹江县志·外纪志·祥异》）

奉节：5 月 2 日暴雨，黄村乡发生泥石流，严其祥、胡明满两户被卷走，死 9 人。（《奉节县志·大事记》）5 月 6 日夜，城区附近的草堂、平皋、公平、朱衣、新民等地恶风暴雨，冰雹大如鸡卵，横飞空际，密如雨点，禾稼被损，人畜伤亡惨重，哀痛号啼之声相属于道。（《奉节县志·自然灾害》）是年大饥，树皮草根食尽，有食白泥者，死人无数，灾民四出逃荒。夏，桂字乡饥民拥乡绅陈子谦之子陈元志为首吃大户，众至县花寺，方丈常露用武装弹压，串通陈子谦杀其子陈元志，饥民散，全县震动。（《奉节县志·大事记》）

灌县：六月江涨，再旬始退。七月县城大风拔木，雨雹，关岳庙墙圮，石狮坠地损坏，西门外行人有被木压死者，民宅亦颇摧折。（民国《灌县志·摭余记》）

合川：官渡乡遭大风袭击，约 10% 的房屋被毁，农作物受灾近万亩。（《合川县志·大事记》）

双流：金马河沿岸的擦耳乡、红石、杨公三处，河水陡涨，擦耳岩水位达 20 划（1 划≈10 厘米）。（《双流县志·大事记》）

奉节：村字乡 4 月 24 日大雨，山洪暴发，淹毙人畜，损失器物无算。（《四川省近五百年旱涝史料》119 页）

康定：入夏，天雨兼旬，为近三四年所未见。（1932 年 6 月 20 日《国民公报》）

名山：六月二十一日，名山河大水，鸡公滩山崩截河，毁禾稼房屋，河水翻越大板桥，冲走桥上房廊和观音神像。（《青衣江志》135 页）

巴县：6 月 27 日起彻夜大雨，南岸一带成泽国。（《巴县志·大事记》）

理县：夏大雨，山洪发，田亩损失甚巨。（《阿坝州志·大事记》）

涪陵：6 月，淫雨为灾，第五、六、七区最重，禾苗不能结实，田土多被冲毁，沿河两岸田土尽淹。（《涪陵市志·大事记》）

白涛、李渡两镇伤寒流行，仅李渡镇农村患病人数即达1000余人，死亡近200人；二十五年4月又发生流行。(《涪陵市志·疫病防治》)涪陵县流行麻疹，城关、劳市两镇小孩罹病近半。(《四川省志·医药卫生志》155页)秋，涪陵县平安乡疟疾暴发，患者遍及每户，致稻谷黄熟无人收割。(《涪陵市志·大事记》)

安县：7月12日夜，狂风暴雨，南河水涨，淹禾苗。(1932年7月18日《国民公报》)

大足：八月大雨连日，山洪暴发。(民国《大足县志·杂记》)

自贡：9月河水陡涨3丈余，盐船停驶，打去民房不少。(《自贡市志·大事记》)

乐至：大水，桥梁被淹，禾苗损失尤大。(《内江地区水利电力志》)

仁寿：8月28日至9月24日阴雨连绵，棉花淹死，稻谷难收。(《仁寿县志·大事记》)

潼南：秋淫雨，谷多生芽，谷草霉坏。(《潼南县志·大事记》)

荥经：入秋雨多，并有风灾，谷烂粮价大涨。(民国《荥经县志·大事记》)

泸县：大雨不息，岷沱两江暴涨，两岸码头被水淹没。(民国《泸县志·杂志·祥异》)

长寿：5月天旱，早稻为烈日曝干，晚稻又遭淫雨朽湿，人民多以草根树皮为生。(民国《长寿县志·灾异》)

邛崃：山丘地区水田干裂，90%以上农田无水栽秧，乡民糠菜度荒，间有饿毙者。(民国《邛崃县志·祥异》)

叙永：六月旱，大饥。斗米3万文。(《宜宾市志·大事记》)

筠连：六月夏旱，河水绝流，入秋遭虫害。歉收。(民国《筠连县志·纪要》)

黑水：干旱严重，水泉干涸；小黑水(即二木林)干涸。老人们告诫：200年前的大地震亦是如此，看来又要大地震了。第二年(1933)他们的话果然应验。(《岷江流域历史地震、洪水调查简报》)

蒲江：春夏连旱。(民国《蒲江县志·祥异》)

阆中：半年无雨，旱灾奇重。(民国《阆中县志·纪异》)

剑阁：流行伤寒。剑阁疫区最广，沿川陕公路之城关、汉阳、武连、开封、金仙、白龙、江口等，占全县面积十分之七，先后患者3万余人，死3000多人。(沈卫志《解放前四川疫情》)

宣汉：宣汉县伤寒流行，柏树乡发病人数约占总人口的1/3，尸骨遍野。夏、秋，宣汉县再度流行霍乱，城区日死数人。(《达州市志·大事记》)

马边：春夏流行伤寒、赤痢，3-6月报告病例1857人，死亡698人。

万县：1932年7月中旬，万县霍乱(俗称虎疫)流行，政府设立防疫委员会，采取紧急防疫措施。(《万县志·大事记》)

温江：霍乱流行。(《温江县志·大事记》)

彭水：普子沙地坪等地麻疹大流行，发病1000余人，死亡700余人。(《彭水县志·大事记》)

△3月7日，康定地震，屋倒甚多，死伤数百人。

△4 月 21 日，江津城南门外雷电大雨，地面忽震，屋摇不已，一地忽陷落数丈，漆黑不见底，居民大惊。

△4 月 24 日，雅安地震，人被摇晃神昏头晕，四壁桌椅格格作响。

△8 月，万县北雄砦岩地震，崩裂数十丈。

△10 月 23 日，灌县地震。

△10 月 29 日，夜，成都地动。

△是年，马尔康一带地震，上八寨、甘岩墙壁裂缝宽达 1 尺，碉楼顶垮，人畜有伤亡。（以上七条均见《四川省志·地震志》75 页）

1932 年四川兵灾：9 月 29 日，二刘（刘湘、刘文辉）兼并之战拉开序幕，战场在嘉陵江东岸李渡一线。10 月 19 日至 12 月下旬，二刘两军全面开战，战火遍燃 10 余县。10 月 21 日晚至 11 月 25 日，刘文辉、田颂尧两部在成都巷战。12 月 4 日至 21 日，二刘两军 10 余万人在荣县、威远县一带全面激战，其中江家场一战双方死伤 2000 余人；争夺老君台 5 天鏖战，官兵战死达 3000 余人。

1932 年 11 月刘文辉、田颂尧成都巷战，使 27200 余人成为难民。荣、威大战的 1 个月左右，荣县境内被拉夫未归农民即达二三千人，为怕兵灾而逃亡失踪的也有数千人。川北地区为躲避军阀拉夫，经常有数万人不能参加劳动生产。大批农民被拉夫或被迫逃走，大片农田无人耕种。仅宣汉县附城一带，因驻军太多，人民畏拉夫逃跑，荒废田土达 400 余里。（《巴蜀灾情实录》282—283 页）

［链接］**川中 94 将领联名通电**：1932 年 10 月 12 日，川军唐式遵、王缵绪等 94 名旅长以上将领联名通电，痛斥防区制祸国殃民，提出《治川纲要》16 条，呼吁扫除祸根，统一全川，共御外侮，拯川民于水火，挽国运于垂危。（除刘文辉部属无一人列名外，其余各军旅长以上一体加入。）（据《四川省志·附录》192—194 页）

1933 年

（民国二十二年）

川陕革命根据地建立，刘湘"六路围攻"惨败：1 月，红四方面军解放川北通（江）、南（江）、巴（中）大部分地区。2 月中旬，川陕省苏维埃政府（工农民主政府）在通江县城成立，标志着川陕革命根据地正式建立。

11 月初，刘湘纠集四川大小军阀 110 个团（最多时增至 140 个团）共 20 多万人，对川陕苏区发动"六路围攻"。红四方面军由徐向前任总指挥，于 1934 年 9 月彻底粉碎了"六路围攻"，共歼敌 6 万余人、俘敌 2 万余人。川陕革命根据地鼎盛时期，其领域东起城口近郊，西到嘉陵江东岸，北至陕南的宁强、镇巴，南抵营山、渠县，总面积 4.2 万平方公里，人口约 600 万，共建立 23 个县和 1 个市的苏维埃政权。1935 年 4 月，红四方面军主动撤出川陕根据地，并于 6 月与长征中的红一方面军在懋功会师。（据《四川通史·民国卷》）

叠溪大地震，多灾并发：1933 年 8 月 25 日（七月初五日）15 时 50 分 30 秒，茂县叠溪发生 7.5 级地震，震中位于北纬 31°54′、东经 103°24′，震中烈度 10 度。叠溪城两山下崩，覆盖全镇（本有房屋 278 幢，人口 500 余人，地震中全镇埋没，无迹可寻）；叠溪西岸龙池，山崩壅江，全村覆没，龙池干涸。整个震区群山崩颓，尘雾遮日，山河改易，城郭庐舍荡然无存。地震死亡 6865 人，受伤和受灾难民 8277 人，牲畜死亡 8978 头（只），倒塌房屋 5100 余所，农田、粮食损失 80% 以上。岷江河谷两岸，滚石横江，干流、支沟堵塞，河道截为数段，河道不通，在银屏崖、大桥、叠溪以及松坪沟、鱼儿寨等处积水成大、小海子 10 余处。银屏崖处堵江堰塞，积水倒灌至沙湾等地，13 公里以内变成一片泽国，农田淹没，村寨涤荡罄尽。

茂县、黑水、松潘、理县、汶川、绵竹等县受灾。灌县、德阳、成都也有破坏。泸县、隆昌间一煤炭洞崩裂，压死工人 10 余人。三台、射洪、天全、乐山有强烈震感。荣昌、资中、内江、井研、富顺、江安、合川、重庆、广安、万县也有震感。

10 月 9 日（八月二十日）19 时，叠溪海子暴溃，积水倾湖涌出，浪头高达 20 余丈、壁立而下，以每小时 30 公里的速度急涌茂县、汶川。10 日凌晨，洪峰仍以极高的水头涌进灌县。都江堰内外江口冲成卵石一片，渠首工程、防洪堤坝扫荡无存，石桥、木桥、索桥全被吞没，冲毁韩家坝、安澜桥、新工鱼嘴、金刚堤、平水槽、飞沙堰、人字堤等，沿河民居财产漂没。崇宁（治今唐昌镇）、郫县、温江、双流、崇庆、新津等县均受巨灾。茂县、理县、汶川、灌县等被洪水吞没 2150 余人、牲畜 4485 头（只），冲毁房屋 6800 多处、农田 7700 余亩，损毁粮食 200 多万斤。（《四川省志·大事纪述·中册》143—144 页）

据当时不完全统计，洪灾死亡 6135 人，灾民 1.28 万人。灌县淹毙数千人，逃出者五六千人。（《四川水旱灾害》71 页）

叠溪地震波及各地：8 月 25 日午后，全川地震，各县波动，松潘、茂县间之叠溪、松坪沟、大宛、沙溪等处震动尤烈，山崩地陷，河流壅塞。松潘有沉没之虞，灾情之重，为数十年来所未有。川西茂县叠溪镇全部沉没，该镇纵横 30 余里，南北 10 余里，人民七八千无一幸免。松潘损失尤重。（《巴蜀灾情实录》355 页）

茂县：（于）8 月 25 日下午 2 时 40 分突发空前未有之大地震，历时约七八分钟之久，山川震撼，尘霾障天，砖石飞倾，墙垣倾折；县城并东南两路，幸仅微灾。其最烈者，唯北区叠溪镇（及）其对岸松坪沟上下广袤百里之崇山峻岭并村堡同时倾陷。是日地吼如震雷，山崩土裂，峰峦纷飞于空际，楼台变幻于须臾，人畜伤亡，数以万计。（《巴蜀灾情实录》355 页）

松潘：自 8 月 25 日发生地震后至今未息，每日仍有震动，有时昼夜发生数次，如浪中行舟状，全县房屋倒 3/10，人畜死伤甚多。山崩路断，电杆震倒，交通断绝，消息梗阻。松潘震灾，由渭关自太平房及松坪长 130 余里，广 80 余里，伤亡 6000 人以上，岷江河水淹没 40 余里。（《巴蜀灾情实录》355 页）

北川：8 月 25 日午后 2 时，茂县叠溪地震波及，县境西北部地震烈度 8 度，倒房压死 2 人。安县、江油亦受震灾。（《绵阳市志》）

绵竹：茂县 8 月 25 日午后 2 时许地震，震中烈度 10 度，影响烈度 5—6 度，绵竹强烈有感。"绵竹昨日午后未正，突起剧烈之地震，系由西向东籁动，动势甚为剧烈。事后探悉，外南洗墨池附近某姓，因地震将屋墙倒塌，压毙大人小儿各一；县府保晋口之房屋亦崩塌。同时全县各乡区，皆同时地震。""湖广会馆宝顶尖摇倒，陕西会馆字库尖顶摇斜，屋瓦震落，间有屋架脱榫。"（《绵竹市志》）

宜宾：8月25日午后2时左右，发生地震，房屋动摇，窗户震动，吱嘎有声。县城（今宜宾市区）民众，群相惊骇。（《宜宾县志·大事记》）

双流：8月25日，叠溪发生7.5级地震，双流、华阳地区出现人立不稳，少数质量差的房屋倒塌，田水翻滚，烈度为6度。籍田一带仅房屋落灰等，其烈度为5度。（《双流县志·大事记》）

成都：8月25日午后2时，成都地震。由东南来，约2分钟之久。人觉昏晕，房屋振振有声，瓦片坠落，墙垣多有震倒者，为空前仅见之现象。因墙垣倒坍，压死及负伤者百余人。（《成都市志·大事记》）

乐山：8月25日未刻地大震，如舟在波中荡漾，数秒钟始止。汶川、茂州、松潘、理番等处地陷五六十里，且山口亦被水冲决。（民国《乐山县志·杂记》）

叠溪地震对岷江西岸黑水流域造成的灾害：地震受灾剧烈者，除叠溪外，当以岷江西岸黑水流域之范围为最：茂县西区内外五寨及三沟里各寨地震，山陵崩溃，地形变迁，沿河各村田土被冲，基址无存，死亡138人，塌房338所。茂县北区沙坝及三齐河东西24寨山岩崩坠，村落覆没数处，后被水冲基址无存，死亡83人，塌房260所。里不罗寨山崩地陷，满目荒丘，死亡85人，塌房73所。芦花黑水各寨，山岳崩溃，地多沉陷，死亡1345人，塌房2325所。叠溪镇山下崩，覆盖全镇，死亡577人，塌房278所。叠属小娃六寨，山崩地坠，村落覆没，死亡876人，塌房372所。叠属上四塘，山岳崩下，塞断岷水，潴为渊薮，死亡457人，塌房238所。叠属下三塘，山峰崩裂，峻谷迁移，村落倒塌，后受水冲，基地不存，死亡367人，塌房268所。叠属四大寨及松坪沟内外五寨，各山峰均纵横崩裂，村落倒毁，死亡1337人，塌房372所。渭门关及石大关及山后各寨，山崩地陷，沿河各村又被水冲，死亡130人，塌房402所。小北区各寨，山峰崩溃，后被水冲，村舍无余，死亡257人，塌房281所。山谷十二寨，山石下坠，变为乱砾，死亡242人，塌房304所。（1934年四川大学《叠溪地震调查特刊》，录自《四川地震全记录》236页）

5月（四月），川南10余县遭雹；7月杪（六月初）松潘被霜；8月25日（七月初五日），茂县叠溪镇发生强烈地震，全镇及周围60余集镇村寨全部覆灭，近百里沦为泽国，并造成特大洪灾；汶川、黑水及富林亦分别发生地震：5月8日（四月十四日）《大公报》载："川南宜宾、富顺、纳溪、江安、古宋、兴文、合川、南溪、泸县、荣昌、隆昌一带，大受雹灾，打死男女二百余人，耕牛数十头。"綦江亦被雹，"全城屋瓦，多被摧毁"，"府内顿成泽国，文卷亦被漂没"，"附城遍地数十里，禾麦受损尤甚"。7月底，"岷江上游之松潘县，气候忽寒，降落黑霜，秋收绝望"。8月25日，川西茂县叠溪镇发生强烈地震。叠溪濒临岷江，处两河口迤北。此次地震，震级7.5级，烈度10度，比1923年发生于道孚、炉霍之大地震，后果更为惨烈。四川省主席刘湘于9月11日（七月二十二日）致南京电称："松茂屯区地震已经查明，叠溪全境陆沉，周围将近百里，惟校场三家尚存，其余如沙湾樟脑树厂等处，已沦为泽国。"9月25日（八月初六日）成都《新新新闻》称："倒塌房屋一千余所，土人伤亡五千以上，连客籍商人行旅及公务人员，共在六千之谱。"《民国社会大观》一书称，此次地震，"四川各县几乎全被波及，甚至陕西省的西安、云南省的昭通、彝良均有震感。地震中心的叠溪镇，山崩镇陷，震塌的岩石，数处堵塞岷江，积水深幽，形成几千小大湖泊。次月，阴雨绵绵，流量骤增，致使叠溪壅塞之水，冲破缺口，倾湖溃击，奔腾而下。当时洪水吼声震天，距水头十数里外，皆可闻见。乱石飞崩，尘雾障天，洪水所到之处，尽成泽国。灾区长达 2000 余里。冲毁房舍难计外，综计漂没男女老幼人数在 2 万以上。冲没农田不下 5 万亩。洪水灾害的漂流物，沿江直达武汉，为近代历史上罕见因地震造成的特大洪水灾害。"

在叠溪地震的同一日，茂县以南之汶川、黑水流域（岷江西岸）一带，亦发生 5 级地震。至 9 月 20 日（八月初一日），富林又发生 5 级地震，烈度 6 度。山崩，埋没民田千余顷，通水堰塞断，积成深滩，陷地数十里（一说十里）。死数百人。（《近代中国灾荒纪年续编》401—402 页）

1933 年 "8·25" 叠溪大地震，主震后余震经久不息。仅 8 月 26 日至 11 月 28 日就有 29 次（周盛甫记）；10 月 23 日至 11 月 24 日则为 22 次（常隆庆记）。此后，1933 年 12 月 5 日、12 月 9 日、12 月 31 日；1934 年 1 月 25 日、2 月 25 日至 27 日、4 月 1 日至 2 日、3 日，5 月 17 日、5 月下旬、6 月 9 日、7 月中旬、9 月 27 日、10 月 4 日，相继发生强弱不等的复震数十次。其中："1934 年 4 月 3 日午前，茂县叠溪地复大震，观音崖忽然崩溃，加之暴风大作，飞沙蔽天，岩石滚坠之声，如机枪大炮，凄厉不绝，天昏地暗约 2 小时之久"；"1934 年 5 月下旬某日，茂县叠溪又发生一次地震，松坪沟积水崩溃一半，在下游数里又积水一潭"；同年 6 月 9 日 "午间又震一次，大店鹦哥嘴一带岩崩，壅塞河水，道途折裂，阻断马路，湖内行船打翻，人财物有损失"。（《四川省志·地震志》77—79 页）

叠溪地震，堵塞岷江，堰塞湖溃决后洪水成灾：8 月 25 日，茂汶县叠溪发生 7.5 级地震，叠溪镇全部下陷，附近山岩崩塌，岩石横断岷江及支流，形成 10 个地震湖，其中岷江干流 4 个。10 月 9 日，岷江被堵 45 天后，干流小海子大坝溃决，积水一涌而下，造成下游特大洪灾。10 月 10 日，洪水进入都江堰，据紫坪铺洪痕推算，相应洪峰流量约 10200 立方米每秒。此次洪水冲毁都江堰渠首的韩家坝、安澜索桥、新工鱼嘴、金刚堤、平水槽、飞沙堰、人字堤等水利工程。灌县天乙街、塔子坝、农坛湾、安顺桥等处被淹，洪水毁桥 30 余座。灌县境内死亡人数达 5000 人以上。洪水退后，红十字会等单位沿途捞尸 717 具。10 月 21 日《国民公报》载："（灌县）10 月 11 日与汶川同被水灾，洪水位高十余丈，将安澜索桥、南岸街房居民百余户冲没无存。又将人字堤一带冲开，离堆公园成泽国，冲毁田地数万亩，溺毙人约五千名。"（《都江堰志》90 页）

8 月 25 日下午两点半，茂县叠溪发生 7.5 级大地震，山崩城陷，岷江断流，积水成 3 个堰塞湖，死亡 6800 余人。10 月 9 日，叠溪积水溃决，将灌县以上村落冲没大半，淹没了韩家坝、安澜桥、新工鱼嘴、金刚堤、飞沙堰等，死亡 2500 余人。（《中国地震历史资料汇编·4》432—444 页）

汶川：10 月 11 日大水灾，遍及县境 16 个场镇，死亡 3000—4000 人，冲去田亩 16000 亩，房屋财产不计其数。（1933 年 10 月 22 日《国民公报》）

茂汶、汶川、理县：10月9日夜叠溪积水溃决，奔腾而下，高过河床200尺，茂县冲房108家，死57人，至灌县境水位犹高达七八十尺，傍河居民漂没无存，造成巨大水灾。（《四川省近五百年旱涝史料》145页）

松潘：洪水由弓杠岭而下，冲决叠溪积水，奔流至灌县，上自松、理、茂、汶各县起，下至崇、郫、温、双、新各县止，长达2000里，宽约数百里，漂没人畜更不计其数。（民国《松潘县志·祥异》）

灌县：1933年10月9日（农历癸酉年八月二十日）下午6时，叠溪小海子溃决，洪水奔腾而下。10月10日（农历八月二十一日）凌晨1时，洪峰到灌县境内。据灌县紫坪铺水文站测算，水位上涨2丈2尺（合7.4米），相应洪峰流量约10200立方米/秒。紫坪铺、白沙沿岸堆存的上万件木料漂没无遗，白沙近岸居民数十家，田庐人畜悉被冲走。水至索桥，右岸民房皆被冲毁；左岸丁公祠及河街子亦被卷去其半。宝瓶口水位达21划，旋即堵塞，人字堤被冲开，公园开河（今荷花池即当时河道残迹）。往下，内外江水汇成一片，汪洋无际。水面漂物逐波奔流，毁桥30余座，农田民舍冲刷无数，浮尸络绎而下。次日水退，仅红十字会等三单位即沿途捞尸717具，其中腐烂难移就地掩埋者429具，尸亲领走206具，余有82具无人认领，在外北竹林寺侧，分别男女埋为两大冢。县府、驻军、水利知事府成立水灾赈济委员会处理善后。（《都江堰历年重大事故及其产生原因》《灌县志·自然灾害》）

农历八月二十日凌晨3时，叠溪洪水到达白沙场，利济索桥下首沿街水深1米多，张子英等百余人被冲走，张家湾内沙滩上死尸无数。泗兴公木号和其他木商约1万立方米木材和千多吨煤炭一扫而光。水势汹涌1小时渐退，但淤泥腥臭难闻，10斤以上的死鱼随处可见。（灌县《白沙乡志》）

据灌县塔子坝张国士等老人回忆：叠溪洪水淹到奎光塔台基第一层石阶处，整个塔子坝只有张家、梁家、孙家3个地势高的院子未进水，余处全被水淹。（灌县《幸福乡志》）

"不意八月二十日夜半，又遭旷世水灾，黑夜水头数丈，汹涌而来，漩口场扫去大半，经麻溪、猪脑坝、沙金坝一带，冲去沿河居民数百家，至白沙场冲去该场大半。附城之伏龙、奎光、清平、天乙、崇礼三乡两镇冲刷民房数百家，田地千余亩。玉堂场死亡二百余人，大兴场人畜房屋同归于尽，徐渡数百户，存者仅十之二。水经之地，农田淹没，桥梁冲圮，统计灌境死亡人数三千余人，冲毁农田一万五六千亩。"（民国二十二年《灌县水灾筹赈委员会快邮代电》）

"灌县水灾，涉及十六场镇"，"灾区浩大损失甚多，调查灌境死亡人数计有五千名以上。现流离失所无家可归的男女老幼，据收容所登记已有八千六百余人"。（1933年10月24日《新新新闻》）

10月，天降暴雨，茂县叠溪堰塞湖（俗称海子）溃决。9日（农历八月二十日）深夜，洪水进入灌县，宝瓶口水位升至21划，县境16个乡镇受灾，毁农田15000余亩，死亡5000余人。（注：另有资料说死亡人数为3000余人）。收容的无家可归者有8600余人。《灌县志·大事年表》）

灌县地震气象：（本报灌县8月26日特讯）今年（民国二十二年）此间奇然。最近已接连十八天无雨，且皆赤日丽天，长空无云，未有一小时之阴暗，人皆谓为多年未遇之天气。昨日（25日）忽起阴云，继以雷声，大有即将降雨之势。殊大风骤作，旋又云开日出矣。人们正苦热之际，忽然发生地震，地上一切物体俱自动荡，房瓦且磔磔有声，如是约二分钟许乃止。（注：此为叠溪7.5级地震波及。）（1933年9月2日《新川西北日报》）

郫县：1933年叠溪海子溃时，郫县江安河突然涨水，桥梁被毁，两岸俱淹，水退后田地为泥沙掩盖，漏沙堰河心水淹到房顶，房屋有的垮塌，有的被冲走。江安河的主要分支黄土堰、漏沙堰内的大小桥梁全被冲毁。其他地区因属内江水系又与灌县有一定的距离，而且本地没有下雨，故无严重的冲刷和淹没现象。据崇宁县水利会追述，柏条河、徐堰河沿岸没约1000亩；蒲阳河因河面宽，没有翻岸。（《郫县水利电力志》）

双流：10月9日，"叠溪大水，流量10200立方米/秒，毁石堤堰100余丈，杨柳河桥梁全毁，淹没农田万余亩，汪洋一片。"（《双流县志》）

温江：10月10日，叠溪地震引起岷江溃决，水势凶猛，无数漂木沿江而下，将玉石堤上段冲毁百数十丈，沿杨柳河流域淹没农舍无数，冲毁农田约1.3万亩。（《温江县志·大事记》）

乐山：叠溪积水溃决，洪水涨至大佛岩边，冲毁船筏数艘，溺死百数十人。（民国《乐山县志·祥异》）

眉山、彭山：10月叠溪崩陷、积水溃决，遭洪灾。（《眉山县志》《彭山县志》）

新津、崇庆：10月洪灾。（《新津县志·大事记》）

宜宾、泸县：10月叠溪崩陷，积水溃决。沿岷江各县均遭洪灾。（《宜宾市志》《泸县志》）

全川多灾并发，饥民求生无路：1933年四川历遭雹、蝗、水、旱各灾，其中以旱灾最重。入夏以后，川东南各县大部分受雹灾，计有仁寿、隆昌、綦江、古蔺、邻水、富顺、古宋、江安、宜宾、泸县、石砫、万县、大竹、高县14县，受灾面积甚大，损失惨重。璧山县螟蝗成灾，禾苗尽被毁损。安县大雨，山洪暴发。遭受旱灾的县有南充、岳池、广安、渠县、铜梁、江安、隆昌、资中、内江、綦江、南川、巴县、酆都、涪陵、开江、邻水、大竹、古蔺、开县、荣县、永川、泸县、酉阳、广安、忠县、石柱、蓬溪、什邡、璧山、江北、犍为、合川、万县、梁山、垫江、黔江、彭水、秀山等38县，灾情重者颗粒无收。灌县堰堤频遭战争破坏，致沿河10余县发生大水灾，灌县、崇庆、郫县、温江、双流、新津各县漂没人口达2万人，冲毁农田5万亩。松潘、理番、茂县、懋功、汶川5县境内，又发生地震。

各种灾害造成的后果非常严重，农村崩溃日益加速。岳池县有50多万人口，急需救济的贫民近20万人。长寿县计8万余户，急待救济的农民计4万余户。雷波、马边、峨边、屏山4县农民逃散者6万余人。农村人口逃亡，大批流入城市，1934年3—10月，重庆市区人口就增加了5168人。巴县、南川灾情严重，两县逃难的男女难民1万余人。南川县妇孺饿毙者随处可见。合川县全县60万人口中，生活无着者达40余万。古蔺县农民弃家远逃者达千余家，因饥饿而死者达3000人以上。酆都县仅同德镇23000农民中，就有15000人不能生活。綦江县40万农民中，无法维生者达15000余

人。其他各县如潼南、西充、武胜、铜梁等地，不能维生者到处可见。（《四川省志·大事纪述·中册》142页）

广安、叙永、岳池、石硅等27县： 自五月至七月底，数月不雨，作物损失在数千万石以上，平均收获十分之三四，尚有赤地千里颗粒无收者。（《巴蜀灾情实录》293页）

叙永： 夏大旱，斗米3元。（民国《叙永县志·杂记》）

名山： 春旱。（《名山县志·大事记》）

云阳： 夏秋，持续两月未下透雨，米价上涨1倍。（《云阳县志·大事记》）

酆都： 栽秧后两月不雨，重灾41个乡。水稻仅收一二成，蔬菜、高粱、苕苗枯死。（《酆都县志·灾害性天气》）秋，大旱，稻苗多枯死，灾民遍野，次年人口下降10余万。（《酆都县志·1933年大事记》）

岳池： 五至七月不雨，赤地千里，平均收获约十分之三，次年米价正涨，城内每天有人饿死，居民饮水，要到数里以外找水。（《嘉陵江志》150页）

蓬溪： 秋末亢旱，红苕收不及三分之一，已成凶岁。（民国《蓬溪近志·灾匪》）

涪陵： 全县大旱，损失稻谷40万市石、玉米30万市石、红苕36万市石，总计折合大洋800余万元。县赈务委员会以6％的利息向银行借款10万元，按同样的利率贷给灾民，同时清理积谷，放赈救灾。（《涪陵市志·灾害救济》）

资中： 夏大旱，稻谷收获不足五成，甘薯不到二成。（《资中县志·大事记》）

开江： 夏大旱，稻谷收获不足五成。（《开江县志·大事记》）

荣县： 先旱后洪。（《荣县志·大事记》）

泸县： 四月大风暴，毁房屋，压毙人民。（《泸县志·杂志》）春夏60余日未得大雨，南北两岸均成一片焦土，秋粮无收，灾情奇重。7月9日，长江、沱江暴涨，各码头皆被淹没，后河、小河各街进水，居民纷纷向城内迁移，以避水患。（1933年7月24日《新川西北日报》）

合川： 从5月15日至8月初大旱，全县减收七成。6—9月大旱80天，粮食歉收，饥民四起。县政府向驻军二十一军军部呈报灾情，并请求拨款赈救。军部拖延了一年，于民国二十三年10月28日，才指令县府："该县荒旱歉收情形，既据查明属实，仰候汇案转中央请赈，着仍照先今各令，先行就地筹赈，以资安辑。刻值剿匪期中，势难兼顾，所请由部拨款之处，着勿庸议。"（《合川县志·民政·救灾》）

万县： 8月，万县大旱，持续酷热，时疫蔓延，法院开释大批禁犯。8日，政府于天生城、鸡爪寨向空施放土炮百枚祈霖。（《万县志·灾害救济》）

江津： 全县旱灾严重，仅收四成。（《江津县志·大事记》）

大足： "大足旱灾奇重，饥民遍野，以谷草土块充食。"（民国二十三年二十一军编《政务月刊》第2卷9期）

绵阳： 9月23日，大旱，全县粮食减产60％—80％，吴家区农民不堪粮税重负，2000多人冲进区署，烧毁粮册，直奔县城请愿减粮（税），县政府闻讯撤断安昌河浮桥，并派员与受阻农民协商，答应减免3年粮税，区长撤职，农民抗粮斗争取得胜利。（《绵阳市志·灾害救济》）

川南、川东南大面积雹灾：四月，泸州、泸县凤仪乡、太平场、土主场一带大风雨雹，毁垣屋，压毙人民。川南宜宾、富顺、纳溪、江安、古宋、兴文、合川、南溪、泸县、乐（荣）昌、隆昌一带，大部分受雹灾；仁寿、隆昌、綦江、古蔺、邻水、富顺、古宋、江安、宜宾、泸县、石柱、万县、大竹、高县14县，打死男女200余人，耕牛数十头。受灾面积甚大，损失惨重。（《巴蜀灾情实录》374页）

春遭风雹灾，仁寿等14县小春全部毁坏，夏复遭旱、虫灾，秋遭旱涝，灾区扩大至56县，秋收大歉饥荒严重。（《四川省近五百年旱涝史料》48页）

仁寿：夏旱灾，田园龟裂，秋收大歉，生计无着。（《仁寿县志·自然环境·灾害性天气》）

宜宾：5月7日，今高场、安边、横江地区遭受雹灾，人畜均有死伤。（《宜宾县志·大事记》）

兴文：3月22日晚，兴文县共乐区遭受风雹袭击，雹粒鹅卵石大小，小春作物全毁，房屋损毁无数。（民国《兴文县志·自然灾害》）

冕宁：城关、四坪、回龙等地遭冰雹袭击，最大的重0.7公斤，瓦碎树破皮，庄稼乱如麻，飞禽伤亡不计其数。（《凉山州志·自然灾害》）

江安：五月一日起遇风雹，四面山冰雹大如鸡蛋，打伤人畜无数，豆麦禾苗概被击毁。入夏以来，雨泽极少，土则焦赤，田尽龟裂，南北乡只能收六成半。（《江安县志·自然灾害》）

奉节：5月3日江水暴涨，5日水位高达2丈余，国碛盐厂损失甚大。（《四川省近五百年旱涝史料》119页）10月6日，小东门外凉水井发生岩崩，死6人，伤1人。（《奉节县志·大事记》）

安县：夏有水灾，各区田舍，多被水淹坏。秋阴雨绵绵，山洪暴发，溪河流溢。11月奇寒。（民国《安县志·大事记》）

泸定：咱威场于5月12日黄昏时山洪暴发，淹没居民70余户，冲去田禾300余亩。（《甘孜州志·大事记》）

新都：6月16日起，龙泉山区暴雨，新都石板滩西江河水猛涨一丈五六尺，至19日始渐减退，洪水下入毗河，自姚家渡至赵镇，沿河冲没良田不下千亩。（《成都水旱灾害志》234页）

万县：6月，万县水涨40英尺。（1933年6月29日《大声日报》）

邛崃：6月22-24日，邛崃西山暴雨，火井河、盐井溪突发大水，沿溪农田、碾磨冲毁无遗，人畜有冲走淹毙者。（《成都水旱灾害志》234页）

重庆：6月28日昼夜大雨，洪水冲毁田土、道路、桥梁。（《川灾年表》）

武胜：七月淫雨50日，田禾大半生芽。（《武胜县志·自然灾害》）

茂县：洪灾，冲房108家，死亡57人、牲畜数百头。（《阿坝州志·大事纪述》）

小金：去岁各屯奇寒，四山积雪为数十年未见，入春烈日融化过速，各处山洪齐发，近山沟之田亩房屋、大金河沿岸耕地均遭冲刷，崇化屯之水田园圃尽成泽国。全屯除四、六甲而外，所有一、二、三、五甲均受灾。（1933年4月21日《国民公报》）

万县：1月县政府公布《万县取缔中医院所办法》。4月，万县大周溪发生"流感"，

因中医被官方取缔，患者无处求医而死亡180多人。（《万县志·卫生·疾病防治》）

广汉：去岁与今年"虎疫"（霍乱）流行，死亡甚众。（《四川两千年洪水史料汇编》）

资中：地震，县内部分房屋受损。（《资中县志·自然灾害》）

忠县：八月五日未刻，地震。（民国《忠县志·事纪志》）

10月8日，忠县莲花池、新田、海菱沟等处地陷，纵横10余里，损失租田七八百石，屋20余间，居民数十家。10月15日，茂县东区干沟、土门地震，房屋墙垣倒塌甚多。（《四川省志·地震志》78页）

成都：10月29日，青城山第一峰崩塌，峰巅（上清宫庙后）崩溜数丈，峰已不高。顷据是山天师洞道士来城言：前月地震（注：指叠溪地震）时，第一峰巅即现裂痕，近又因天雨兼旬，故而崩塌，幸未伤及一人，然全山景物不免稍形减色云云。（1933年11月1日《新新新闻》）

汉源：10月下旬，川南汉源富李庄、唐家坝等处地震，陷落数十里，民房坍塌30余所，死数百人。（《巴蜀灾情实录》356页）

汶川：汶川境内发生泥石流，最大流量约150立方米/秒，冲毁雪花坪村寨；随后又多次发生，冲毁核桃坪、牛圈房、窗竹等村寨。（《阿坝州志·自然灾害》）

汉源鸭口坡山崩：1933年癸酉九月初三日，治南35里之富村鸭口坡，陡然山崩，埋没粮田约产谷100石，民房5院，淹毙店民10余人，将通水堰河沟塞断，积成深滩，周围约4里许，深约30丈，远近来观络绎不绝者期年。1934年六月十二日山洪暴发，深滩溃决，将流沙河阻塞数小时，石板桥沟一带，不通行旅者二三日。（民国《汉源县志·杂志·祥异》）

[链接]　　　　　　　　　　**关于叠溪地震的文献资料汇录**

一、地震前兆现象

前兆现象：地震前1天，震区日多沃山垭口处放牧的200多头牦牛跑到下面平地来，成群惨叫不绝。……箭竹大片死亡。黑水县地下水位在震前几月大幅度下降，沙坝泉水干涸。震前干旱40多天。地震当天气候反常，异常闷热不适。震前两天，发现白色地光，老乡称之为"天开门"。

（《四川地震全记录·上卷》374页）

二、北平研究院地震记录简报

本年（民国二十二年）八月二十五日下午三时（中国沿海标准时，东经102°）世界地震仪忽收受强烈之地波动，一般推测即粗知灾害当在四川岷江流域，随得报告方知川北叠溪，全镇陷没，人畜伤亡无算。据新闻电讯，"……当时一股黑烟，天昏地暗，耳中只闻铁雷四响，如放连珠炮，约一小时天日稍霁，已不知叠溪归于何处……"查吾国西北部原为地震活动地带，叠溪附近地震则不甚多，史籍可稽最早者为西历八八七年五月，以后一四八□年十月、一五一□年八月、一六□七年九月、一六五七年四月，亦曾见地震，震源均约在汶川县属。自有地震仪以来，其发生最近于叠溪者，则仅一九二八年七月十九日值之震，震源地在小金，东经102.5°，北纬31.5°，然其为害情形总未有如此之烈者。顾此次地震所储能力未必比前此特别伟大，盖震动迨至重庆，已鲜有感觉者。第其震动发生于地下极浅处，又因叠溪等处之地势不良，遂尔酿成巨灾，诚不幸之至也。

Ⅰ. 震源地之所在

……（略计算过程）东经 103.7°，北纬 32.0°。

Ⅱ. 发震时刻及震源深度

发震时刻为：（北平标准时）15 时 50 分 26 秒。

震源深度为：61 公里±1 公里。此得数诚小矣，然于表一（略）观之颇为合理，盖其数几一致为正，且在距离五十弧度外，渐趋于一定数，是即此次地震发源于较十二公里为浅，盖 P 波之播速浅处小而深处大，故其走时多于以十二公里为震深者也。

Ⅲ. 震源运动之推测

此次地震成因，为岩块运动无疑，且其上下动位较水平动位为大。……（1）横向断裂处之岩块向地心下倾，故南方之建筑物向南倒，北方向北倒。（2）其南侧动位较大于北，盖南至理番犹觉震动自地下来，至青神、洪雅犹感震动强度为七，而北至西固感觉强度仅三。（3）其西南侧移位较大于东北，故陷裂以西南地面为甚也。

（《四川地震全记录·上卷》235—236 页）

三、邓锡侯9月6日电报叠溪地震

二十八军军长兼四川松理茂汶屯殖督办邓锡侯通电报告松茂大地震情形及损失状况

（1933 年 10 月 6 日①）

（衔略）钧鉴：窃国家多难，灾厄横行，苦我川西茂县，蕞尔弹丸，素称硗瘠，岁遭荒旱，人尽呼庚，四境饥馑流离，早已不堪回首也。乃今 8 月 25 日午后二钟四十分，突发生空前未有之大地震，历时约七八分钟之久。山川震撼，尘霾障天，砖石飞腾，墙垣倾折。县城并东南两路，固幸仅罹微灾，其最烈者，惟我北区叠溪镇（即古蚕陵县）暨其对岸松平沟上下，广袤百余里之崇山峻岭，并村落堡寨，同时倾陷。是日也，白昼晦冥，地吼如雷，石破天惊，山崩土裂。峰峦纷飞于空际，楼台变幻于须史，人畜伤亡，数以万计，兽禽沦没，噍类无遗，惨酷之情，原不仅陵谷迁移，河山倒置也。盖叠城系半山间一石坪，高越百丈，宽达千亩，复负大山，面临岷水，与松坪沟龙池隔江并峙，均属万仞巉岩，百千罗列，迤逦而西，直达黑水夷巢。今兹一震，叠城内外下陷千寻，附近村房，随而颠覆。至后面与左右高山，后相继崩裂，直压其上，层层掩被，几乎地覆天翻。叠上校场坝崩覆直射对岸龙池之侧，而龙池又复转射过河，压于叠上，计程约十里余，接成一片高原，遂将岷江塞断。故近日不特松茂路阻，商旅途穷，而河流水势倒奔，竟使沙湾大平一带沦为泽国，松潘亦将有水患之虞，田园庐舍，飘泊无余，居民泊毙千人，脱险者寥寥无几。最可虞者，岷水为都江水源，倘长此壅塞，各堰必涸无疑，农田将何以灌溉。又或一朝口口，泛滥奔腾，堵截既苦无方，后患犹不堪设想。他若松坪沟全部，深约七十里，直接茂之西区，远通黑水龙坝，其间万古飞空，青石下坠，四郊龟坼，黑气上腾，人民一有感触，遂昏倒无知。各堡寨亦房屋相击，土石横飞，而人民有全村覆没者，有死亡过半者，更有仅遗二三者，回环百里，灾况与叠相

---

① 按电文意，应为 9 月 6 日。

同，惟死人殆有甚焉。迄今已十日矣，遥望西北尚黑雾弥漫，每日犹动荡数十次不等。今死者无论，可惨者各地未死之灾民，均断肱折臂，露宿风餐，辘辘饥肠，绝食多日，不时复惨魂惊魄，若坐以待毙，洵古今未有之奇灾。茂民何辜，偏罹此厄，其苦情惨况，真令人目击心伤，大有见不忍言，言不忍听者。爰集官民组织震灾救济委员会，一面筹办急赈，收容难民，作临时之拯济，一面调查灾情，勘测水势，而谋所以安辑而利导之。其最可忧者，灾区广大，杯水难救车薪。而疏岷江开松道，其工程重大，殆非筹备十余万金不办，似又非区区一域所能胜任者。伏望政府诸公，任贤君子，悯此灾后孑黎，大解仁囊，或颁义粟，或助兼金，俾得共庆来苏，咸沾再造，则有生之日，罔非载德之年矣。迫切陈词，伏惟慈鉴。四川松理茂屯殖督办邓锡侯率茂县民同叩。鱼（6日）印。

（《四川省志·附录》195—196页）

四、四川省政府报告

震时　1933年8月25日（七月五日）15时50分30秒

震地　茂县叠溪、黑水、汶川、理县、松潘

中华民国廿二年八月望日急　南京国民政府行政院、军事委员会、内政部、财政部、赈务委员会钧鉴：顷准邓军长锡侯电称，茂县八月望日（按：此日期不准确）午后二时许地震，势极汹涌。据调查报称，茂县叠溪镇全部陷落，南北约卅余里，东西约五十里，松坪沟群山倒塌，岷江上游河流阻塞，松茂大道已无通路，松城情形尚不明了，人民伤亡财产损失为数极巨，全屯均受波及，房屋墙垣道路桥梁破坏甚多，实空前未有之奇祸，请转电恩发款赈济等由。查此次茂县发生剧烈地震，叠溪镇全部陷落，受灾奇重，松潘县城及其他各处因道路不通，轻重尚未查悉，除电复邓军长派员调查并由本府令饬松、茂两县详查具复外，特先电陈，恩速颁巨款，俾资急赈，无任迫切待命之至。四川省政府叩，阳（七日）印（译电员：姚韦庄译，九月八日午后十时五十分）。

（《四川地震全记录》227—228页）

五、邓锡侯电报国民政府请求赈济

中华民国廿二年八月望日　急　南京国民政府主席林钧鉴：敬呈者，前次川西屯区茂县属叠溪镇地方，因地震剧烈，山崩镇陷，岩石横江，积水深涵成大闸者一处，深一百余丈，地名沙湾。成深潭者四处，深浅不等，其地名大桥、小桥、松林（坪）沟、鱼儿寨。沿江居民，生命财产损失不可计数。毁损屯属公路值洋七八万元以上。灾情早经该地方官厅通呈有案，正在查勘，设法疏浚。突十月十二日，据灌县杨县长钧寿文电报称：佳（9日）夜大水，冲没灌属之韩家坝、安澜桥、新工鱼嘴、金刚堤、平水漕、飞沙堰、人字堤，与夫下游之天乙街、塔子坝、农坛湾、安顺桥一带，尽成泽国。迄蒸（10日）晨水退，勘得人民淹毙者数千人，逃出者五六千人，财产田庐漂没亦难胜计，大小堰堤破坏尤多，以上属内江流域灾情。其外江情况，尚在调查。同日又据中国红十字会灌县分会及各机关法团电称，佳夜一钟大水淹至，上起茂、理、汶川，下迄崇（宁）、郫、温、双、崇、新各县均受巨灾。其叙灌属灾况与杨县长文电所报，大致相同。以上两电并据该县长、该分会等声明，业经分呈钧府各院部，及四川省政府建设厅、四川善后督署有案。又据查水委员报称，茂县上游大水崩下，系佳日初更；茂县水

189

涨，是日二更，与灌县水涨是日五更，时刻相符，是叠溪积水为害成灾，业经证实。锡侯以此项巨变，洵地方亘古未有之奇灾，自不应稍存漠视，而详考实际。凡夫人民厄难，堰工毁损，概均由茂属叠溪下游堤崩水落所致。事本相为关联，即应从根本地方下手，当经派员分头驰查去后。十一月九日据水利专员周知事郁如，会同都江堰十四县用水县府报到通呈案内声称：修堰工程浩大，请拨棉麦借款五十万元，充作大修基金，命为治本之法；而另一呈请则采治标之法，本年暂照岁修定额增加一倍，暂维来春秋水。权其轻重缓急，分为两次工程，亦属斟酌至当。惟于疏导叠溪积水，尚未筹及。不知灌茂两地虽形势复绝，而灾异之因果连贯息息相通，势难枝节为之。缘灌县以下内外两江，大小堰堤均以松茂为泉源。茂属叠溪位在都江堰上游，该积水一日未消，则下游堰堤即不能一日无险。现所酿造之巨灾，仅属大小桥两处之崩溃，害已不可胜言。其他闸水、潭水完全深蓄，一旦溃堤决防，下游之损失，何堪设想。若出防于下而疏略于上，终觉费力而无济，势必至年年溃水，年年报灾，年年请款不止。愚见以为疏积与修堰应双管齐下。疏积方面，催速勘明，先报疏导工程，估计预算，克日兴工。修堰方面，今年权采治标之法，暂维春水，俟上游水患排除，再议大修。至两项经费，以四川正值"剿赤"期中，全川财赋供应尚苦拮据，实属无法可设。该知事县长等所请，就棉麦借款项下借拨五十万元，其数并不为多。而疏积所需多或二十万元或数万元，此时尚难估定究应需费若干，要俟各方勘水委员、技师等详报到达之后，乃能审查。至灌茂沿江一带居民生命财产巨大之损失，亦须挪拨巨款，分别赈救。盖因该受灾各人民，有兵灾、匪灾、震灾之重重难关，较诸他省灾民，痛苦迥不相同，而为此，请电复。查都江堰始于秦时李冰凿离堆以分外江之水，灌溉十四县农田，四川因此有天府陆海之称。考其建设工程之伟大，实为全国之冠。历今数千年乐利不匮，民无旱干之虞。立祠奉祀，馨香万禩。天地无万全之功，旧迹无不敝之理，凡有缺陷，端资后来弥缝。现逢圣明当国，食育万汇，一夫不得其所，若己推诸沟中。伏乞推己溺己饥之量，宏视民犹子之怀，饬下中央经济委员会、中央赈务委员会准暂就棉麦借款一百万元。另饬设立四川经济分会、赈务分会负责保存此项专款，储作疏积修堰赈灾之用，其数不足，望速核拨。如其有余，当然收回。且该知事等原呈曾称，将来仍可设法归还。即请饬经济、赈务两分会于监督收支而外，并负收还之责。如此办理，名虽请拨，而实与贷借何殊。况以指定将来建设之专款培修，已著成绩，旧有的伟大建设，核于性质、用途均无出入。在经济委员会不过一移缓就急，尽赈销赈之劳。而全川大灾大患，得兹巨款，把注一时，俾害本尽除，十四县人民永食有利无害之惠。钧座治水之功，不在禹冰之下。蜀民报功崇德，讴歌不忘，当与岷水峨山，流峙永久。除催促水利知事迅速估计疏导叠溪积水工程预算，呈候钧座鉴核，并饬十四县长今年催放堰款，完成治标方法及陆续筹募赈济外，所有综合灾后现情，筹划施工次第并案。恳祈核拨棉麦借款一百万元，储作疏积、修堰、赈灾三项之用。各缘由是否有当，伏乞钧核令遵，谨呈。国民革命军第二十八军军长邓锡侯叩。支（4日）印。师长马毓智代行。

（《四川地震全记录·上卷》228—230 页）

六、震后二日，媒体首报成都地震状

△［本报专访］昨日（二十五日）午后两点十分之时，本市（成都）发现大地

震，系由东北方波动而来，起初时微动，尚无惊觉。继而则大动，人觉昏晕，房屋振振有声，屋瓦片片坠落。室内悬空物件，均荡荡不休。箱柜之金属饰物，亦铿锵作响。经过两三分钟之久，始告平息。当震动最烈时，市民惊惶万状，有向空坝奔跑者，有跑至街心站立者，盖恐房屋倒塌。彼时春熙路口，靠锦华馆方面之砖墙，被震落墙头一角。暑袜街钟姓茶铺震倒烟囱。中莲池街墙边，某姓独立草房一间，同时亦被震倒云云。

（1933年8月26日《国民公报》）

△地震后之余闻。（西南社）此间昨廿五日午后三钟，天气亢热，忽然发生空前大地震，全市房墙有因之倒塌者。地震时间约有五分钟。

人民因墙倒房倾而被压死者及受伤百余人。公安局看守所之墙倒坍，压死犯人一名，受伤三名。西御河街一带土墙，亦均倾坍，诚空前大地震也。据老年人云，在近百年来均未有此大地震……

又讯：本市下莲池城墙边下，居住之市民王某，而住之房屋早已失修，今受此影响，当即倾倒崩溃。事后记者前往调查，压毙小孩一人，重伤二人云云。

又讯：昨廿五日午后，本市区内发生地震。后经记者调查，西门少城内有多街巷之墙垣，多被震动倾坍，以商业街为最甚，且该街屋脊多被震动倒塌。至东城根街，当地震时有一孕妇经过，亦因震动倒地，后竟致昏死约半小时后始苏醒，乘车而去。

（1933年8月27日《国民公报》）

七、地震后堰塞湖溃决的新闻报道

（本报特约十月十一日茂县专讯）屯区自八月二十五日地震，叠溪两山坍塌压断岷江以后，迄今为时已四十余日，水高数十丈，广顺三十余里。忽于前十月九日夜九钟突破冲下，沿江各城市均遭重大损失。顷据邮差由松到者称，叠溪以上沙湾、普安之蓄水已于日前溃下，旧道亦现出，将来交通不难恢复。惟暴流所经如长宁、沟口寨、大店、石大关、塔水墩等处，除塔水墩尚余聚盛源茶号巍然独存外，其余田舍畜物悉付东流，居民逃出者十不得一二。前由建设厅派来之技术主任全泽，同行十余人，是夜宿长宁下浅沟地方，亦以昏黑中，东西莫辨，仅全君一人得该地僧人引导，从捷径登山幸免于难，现尚住长宁某寺中。同行川大地质学生及测量员、夫役等十三人攀登不及，逐浪以下，中有川大学生诸有斌，同罹斯劫。又讯，原李岳嵩连长，因公只身返茂，亦于是夜宿威州，十二钟时始惊觉河水暴涨，理汶财务管理局及第一农场，首当其冲，两处职员仓惶奔避，月光中见房屋顷刻间即被扫荡无余，人民被冲去者尚不可统计。由威州以上，文镇羊毛坪、白水寨、石鼓等处悉成沙堆，沿途灾民就食无所，涕泣述哀，极尽人间之惨事。预料汶川（绵虒）较威州地势尤低，必难幸免。最困难者，沿江大小索桥道路，均无一存在。

（1933年10月21日《新新新闻》）

八、灌县代电急报洪水灾情

灌县水灾筹赈委员会快邮代电

（1933年9月）

吾灌不幸，祸患频乘，奇重灾情，数月两见。前次毗河对峙，屏蔽西陲，既困兵

191

争，尤苦馈运，加以二十四军敌踞两河时将百日，全境几沦，再战始退。匪地兵戎骚扰，实隐寸衷之痛，濒河黎庶盖藏，真是十室九空。当此兵燹之余，疮痍满目，灌人虽经呈准上峰设有兵灾善后委员会，正谋调查呼吁，赈济灾黎，讵料（阴历）八月二十日夜半，又遭旷世水灾。漂流之后，触目伤心。生者失其衣食住，死者尚待捞殓埋。若不将奇重灾情，约略陈词，诚恐远道传闻难知概况。查此次岷江暴涨，时为黑夜，水头数丈，汹涌而来，至合流之旋口场，扫去该场大半。经麻溪猪脑坝、沙金坝一带，冲去濒河居民数百家。至白沙场，冲去该场大半，连同紫坪铺、白沙场炭木商之木墩、木条、岚炭等物一扫而空，约值大银元百万元。又至都江堰上游之白马堰，水直东驰，扫卷索桥南岸及韩家坝一带之民舍田地不少。奔流至飞沙堰，一面排其堤堰之沙石以入沱；一面横决飞沙堰人字堤直穿离堆公园（即荷花池）。乱流入正南江、黑石河、沙沟河之间，于是附城之伏龙、奎光、清平、天乙、崇礼三乡两镇，冲刷民房数百户，田地约千余亩，合计银钱衣物又值百万以外。据善团红会所言，即第一区内发现死尸，大约有数百具。至五区之安顺桥河心，居民数百家，亦全被水淹。王家船河心，捞获死尸二百余具。六区之玉堂场死亡约二百余人。同区之大兴场，人畜房同归于尽，连同中兴场境内，死亡又约二千人。七区之徐家渡数百户，存者仅十分之二。十区之旋口场死亡又二三百人，同区之河心甲，居民百余户无一幸存。水经之地，农田淹没，桥梁冲塌，统计灌境死亡人数约三千人，冲毁农田一万五六千亩。刻间山洪稍退，官绅协同履勘，惨痛情况，目不忍睹。死尸横野，彼此相望，甚或体毁肢残。生者无家，大率哀妻泣母，唏嘘痛哭，恍如失路之婴；奔走仓皇，俨若丧家之犬。纵有分坛馈粥，炊爨之曲突难寻；虽欲补屋牵萝，舍宇无旧基可辨。甚有一家数口，共逐波臣。食粟千钟，尽捐河伯。霎时兴贫富之嗟，瞬息成聚散之戚。凡兹惨状，实胜兵灾，目所亲瞻，心滋巨痛。昨由军政绅耆，在县府集议，成立灌县水灾筹赈委员会，分头着手募捐赈济。除电请列峰派员查勘迅速急赈外，尤望川中军政绅商宏施大惠，赈我灾黎。种德造田，虽在今兹，结草衔环，必报他日矣。

（《四川地震全记录·上卷》255—256 页）

九、西部科学院调查叠溪震灾情形（于 1933 年 10 月 28 日达于叠溪）

高地房屋在岷江与黑水汇流之两河口以下，地震之后尚有大半存在。在两河口以上则十无一存，仅木材房屋尚未全倒。叠溪位于岷江东岸之一砾石台地上，厚度约及五百公尺。据岷江河床坡度现存残迹推算，当时叠溪台地应高出以前河面 266 公尺。与叠溪隔河对峙者为龙池山，其下之台地虽稍高于叠溪，然显系同一台地上下，为江水剖分者，该地村名即龙池，其间崖壁极陡，江面极窄。在八月廿五日下午二时半，大震骤然发生，叠溪与龙池二地皆整个向河心崩倒，同时发生地陷，崩入河心部分即向下垂直陷落，俨然成一小断层，垂直断距达百公尺之多。龙池、叠溪二村遂于数秒钟内全体消灭。唯叠溪东城之城隍庙尚存残迹，但亦随地皮之转移至城东南方矣。在叠溪附近之人，仅逃出一男一女，全城 517 人无一存者。叠溪台地共长约二公里，宽约 800 公尺，叠溪在其西端，其北有七珠寨及较场坝二村，当大震时七珠寨因近山地，完全为岩石埋没。较场坝则距山地较远，仅房屋倒塌死 52 人，计该地 22 家，震后仅余房屋 2 间。较场坝附近亦发生很多小断裂，将地层凌乱倾倒。岩石山地亦发两大断裂，可即称之为两小断层，一在较场坝之北蚕陵山下，系石英片岩及云母片岩组成，自山顶顺东西向向下裂开缝口，长约 600 公尺，宽约 70 公尺，南侧下降约 80 公尺，在四五里外即能看见，两崖对立宛如影之随身。其二，较场坝之南点将台，石质系为石英片岩，裂缝沿南偏西70 度，长约 200 公尺，宽约 20 公尺，深 10 公尺。南侧低下约 5 公尺。此外在砾石地层中，发生很多裂缝，其中最大之一在点将台之东南，沿南偏东 40 度伸向叠溪，俨然成一断层线，在此线之东北台地更未陷下，西南部分陷下，自数十尺以至数十公尺不等。至平地中之裂缝则自尺许至四五尺长，自数丈至里许者，不可胜计。大致作南北方向，盖该地石吞山脉皆为南北向，地震时土地多向河中崩裂，故裂缝与山向大致相同。近山部分土地皆断裂成阶梯状，每级高至尺许至一二丈不等，当地震时震口忽开忽合，在田中之农夫有五人葬身此缝中无法寻觅。（现今）惟见叠溪南十里小关子对面烧炭沟崩塌最烈，然几无时不在烟尘弥漫之中也。

叠溪水溃出时，即将沿岸山地冲坍，塌下之沙石即将河床填高，在叠溪附近其填高之沙土约计 96 公尺，恰与大桥及银屏岩二地水面同高，故叠溪溃决后，大桥与银屏岩二处之湖水，即不能溢出为害。

查岷江上游为一断层极多之区，属于一向东北至西南而延伸之地震带，自有史以来该区山崩水竭之事业有所闻，大约每五十年即有大震一次，其发生地点皆在此东北至西南一直线上，经复变耶。

（1934 年 4 月 20 日、22 日《国民公报》）

十、常隆庆《四川叠溪地震调查记》

民国二十二年八月廿五日下午二时半，大地震忽然发生，事前无微震、地鸣及任何预告。据叠溪北三里较场坝在田中逃出者之所述，地震前连日皆甚晴朗，是日尤热，大震发生时，居民多在家中用午膳，陡觉霹雳一声，天翻地覆，即时成为黑暗世界，地中发出仓仓然之极大吼声，与地上隆隆之声相混合，人身如被抛弄，倒在地上亦颠簸不定。觉飞沙走石滚滚而来，耳目口鼻皆为尘土所塞，满眼迷离不能远视，只见近处地皮到处发生大缝，忽开忽闭；或过度倾倒则地壳向下倾陷，排墙而倒，极似架上陈列之书籍一一倒去。人在地上一步不能移动，意志全失，如在梦中，不知究属何故，约一分钟久，地壳即未震动，地中仓仓之声亦停。但四周地上绝大隆隆之吼声仍继续不断，沙石仍继续飞扬，远景仍在朦胧中，三小时后尘雾始稍歇，可辨远近，则已日影沉西，河山改易，城郭无一存者。

在大地震之一分钟间，叠溪城即时毁灭。其西侧邻河之一部向河中崩倒，一部垂直向下陷落，其一部分为自东侧山上滚下之岩石所压覆。

叠溪西岸之龙池山，与叠溪隔河相望，其上有湖曰龙池，风景幽丽，其侧有龙池村，居民二十余家。大震时亦向岷江中倾倒，龙池村全村覆没，龙池亦涸。由龙池山及由叠溪崩下之砂石，即时将岷江堵塞，在河中横成一山脊，其高度在一百五十公尺以上。

叠溪陷落之部分系沿东北一直线上垂直陷落，在原位上成一断壁，高度一百公尺，俨然成一小断层。叠陷之部分，因崩坠及被其他岩石压积之关系，不复成为平地，而成一片丘陵地，皆为乱石堆成，或大如屋，或小如拳。此陷下之区域，约沿叠溪东侧山脉向西北延伸，其长约 1300 公尺之远，恰如向西北方延长之深谷。今所存之城郭仅东门城洞及其南侧之数丈城垣，而城洞被四围乱石压迫及卷缩成圆窦，城墙则半埋乱石中。城隍庙在大震后尚有一部分存在，为叠溪全城建筑中之唯一遗迹，但此庙已随地皮向南方转移十数公尺之多，此段地皮以前本向西倾斜，现则倾东。

是日城中死难人数之可考者，计五百七十人，而旅行客商及暂住者尚不在内。在叠溪城北一里近山之地，有村曰七珠寨，居民十余家，皆因山岩下崩全村被压。较场坝有居民二十二家，成一长街，大震后仅有屋二间未倒，其余全数倒坍，共死五十二人。

较场平地在大震时发生许多坼裂，当时忽开忽合，所有裂缝大都顺东侧山岭排列，作南北向，阔至数寸至四五尺，长至数丈至里许，惟此种裂缝皆发生于砾石台地中。较场坝平地中以前无泉水，及坼裂后，在东北角平地涌起一泉，水量足三十余家之取用。

点将台东南沿南偏东四十度，有一裂缝伸向叠溪，俨然成一断层线。在此线东北之地多未陷下，西南部分则多陷下。北部陷较浅，南部陷下达一百公尺之多。叠溪正是在此陷下地带的南端及西部。

在较场坝之北一里有蚕陵山，为叠溪台地之北沿。在大震之后在其山脊上发生一大断裂，自山顶沿北偏东八十五度方向向下裂开，裂口并不平整而呈犬牙交错，缝宽约七十公尺，长约六百公尺，西直到江边，裂缝之南侧下降约八十公尺。其两侧岩岸上均发生极多之小裂口，或顺走向或顺倾向，或作之字形，或大或小，或长或短，形状不一。点将台南侧石英片岩山地中亦有一裂缝，沿南偏西七十度延伸至干涸江边，长约二百公尺，宽约二十公尺，两侧皆为岩石；南侧下降五六公尺亦形成一小断层。在点将台东侧与砾石层内之大断层线相接。当地层坼裂时，附近地皮随之震动，故断层之发生实为此次地震之原因也。叠溪附近断裂之多，实足以证其为地震中心。

叠溪西路：岷江重要支流皆在江之西岸，盖西岸毗连青海高原，山深谷广，源远流长。各山谷中番寨林立，皆以片岩和黏土砌成平顶房屋，随山上下鳞次成村，又多叠石成碉楼，高十数丈，建筑精美坚固，多宋、元以来遗物。每十数家或数家即成一寨。在叠溪之上，大桥西侧，有松坪沟，山寨极多，有娃儿、义利、泥巴、上下木石坝、习公寨、雪泥、力子、格司湾、火鸡、八马、木梳、二八溪、麦食、搽泥、无溪、鸭刮、出瓦等寨，为小姓寨，及叠溪所属四大寨，松坪沟内外五寨分布之地，沟长约八十里。往西过山可通龙坝及芦花、黑水番地，为汉番交通要道。沟谷颇宽，耕种极盛。地震时万石飞空，青岩下坠，四郊龟裂，黑气上腾。各堡寨亦木石相击，土石横飞，每一碉楼倒下，则轰然一声，覆压数亩之内，木石全摧，人畜遇此，殊难幸免。松坪沟之山寨因大部为碎石所建，震后几全体覆灭，死亡人数据茂县政府调查在三千人左右。

松坪沟崩倒后，水磨沟村下之溪谷即为岩石堵塞，成一深堰，其高约五十公尺，水蓄其中，倒浸至四五里之远。在松坪沟与大桥之间亦有一小谷为鱼儿寨沟，大震后鱼儿寨覆没，其下亦成一小湖，自远望之，堰高约及二十公尺，而蓄水则不甚多。

自松坪沟往西过山可通黑水龙坝，其间山寨较多于松坪沟，大震之时山峰崩溃，覆压村落之上，平地或崩陷或坼裂成为荒地，路断沟寨，地形上之变迁甚大。事后据一般调查，死人在二千左右。闻在大震前二日，内外寨沟中曾降冰雹，伤及禾苗。

叠溪北路：叠溪以北至平羌沟一带，皆为山崩地裂震动剧烈之区，而东北至沙湾、普安一带，皆残破不全，群山如剥。但向北走则凡五十里之地皆为冷杉出产之地，所有房屋多以木建。故往北至距三十里之太平镇，所见之房屋震坏倾斜者虽多，而完全倒坍者仅贫苦家所住之平房，为数实寥寥无几。但四围山地，震坍崩倒者似缤纷罗列，到处可见。计太平大震后共死十人。平定关在叠溪北十里，城垣为碎石所砌，已震倒一部，其中房屋仅震后歪斜，屋瓦倾落，而附近之山仅稍有崩倒，未伤人畜。更北十里靖夷堡，街市房屋大部完整，仅屋瓦稍有震落，平房震倒，亦未伤人畜。至更北十里之镇番堡，则屋舍更为完整。至叠溪北七十里之镇平，则城垣被震倒一部，北门城楼倾倒，附郭民家，又多平房，故灾重，共死八人，其震烈约及八度。更北距叠溪八十里之金屏岩，则屋宇完整，四山微有震坏，仅有一旅客在途中被滚石击毙。在金屏岩以北即未闻有倒屋及压毙人畜之事。凡在叠溪以北所见之震坏房屋，皆系向北方倾斜，可见此一段途程中震动之力系自叠溪而北也。

　　叠溪南路：叠溪南至小关子一带，皆属剧烈震动之区，其由小关子到两河口道路断绝。黄草坪南约五里之老龙湾，当山崩时山上泥土随岩崩下，成一泥流斜挂半山上，向西南直流入河中，干后成一片黄土，宽及半里，长约二里。附近村落黄草坪、排山营、水沟子等皆完全震倒。排山营为明洪武十一年大军西征至此所建，至是完全毁灭。玛瑙顶在叠溪南廿里，有居民三十余家，震后仅余一庙及一木材房屋未倒，死五人。附近之诸小寨如麂子坪亦大部震倒，伤亡甚多。南至大定堡侧城垣震倒，至鹦哥嘴一带房屋亦大部震坍，山地亦崩极多，如猫儿山等是。至距叠溪三十五里之青墩，山崩时正值番商赶运大批驮马至此，约有百余头之多，亦大部压死。至叠溪南四十里石大关，在大震时房屋多毁，共死廿四人。至石大关东侧后沟山寨，其中平房全部倒坍，仅余石碉楼三座，因建筑坚固，尚巍然耸立于颓垣倒房之间，然亦破裂倾斜矣。后沟以南高山诸山寨，多系碎石平房，亦复大半倾倒。小牛寨海拔高二千四百公尺，建于斜坡之上，大部崩溃，压死四人。大震之后，寨后涌出一泉如碗巨。在桃花寨南侧之龙塘沟中，有小溪流水量本小，大震后增出数泉，水量增巨，但二月之后水仍混浊不清。计石大关以南山地各寨共压死三十四人。往南到穆肃堡以南，则仅平房之不坚者倒坍，其稍坚者仍存无恙。

　　两河口在叠溪南约五十五里，为黑水河与岷江合流处，该地房屋仅数家，皆倒坍不堪，自此以南及于茂县，则仅悬崖之上稍有崩坍，山上间有裂缝，然不如两河口以上之处山崩如剥皮矣。所有房屋亦仅碎石平房倾斜，其建筑较好平房及木材房屋，则仅小部受伤，多数完整无恙。

　　茂县在叠溪南一百二十里，当大震时地如波动，地中发出仑仑吼声，石砌平房及不坚固之墙壁虽未倒坍，而摇摆如挥扇，梁柱忽开忽合，屋瓦飞下，当时尘土飞扬，隐蔽天日，约半小时乃散。幸城中多木材房屋成灾不巨。计县城及附近各地，仅死六人，伤十七人，其震烈约系七度。

　　总之，受灾巨烈者除叠溪外，则当以岷江西岸黑水流域之范围为最。据当地人之报告，谓该区内之山，有许多塌下变为沙地。土房倒坍者约十之七八，因房屋倒坍压毙之人、畜则又不计其数矣。可见灾情重大，且当以该区为最，震央及震源所在必不出该区之范围。惜余等所组织之调查团既未入该区，又在震后三月以后，故对于地震考察已无从着手。

（民国二十三年常隆庆《四川叠溪地震调查记》，《地质评论》3卷3期）

叠溪大震时之直接损失，就茂县震灾救济委员会所调查，列表于后：

地名	死人	伤人	房屋倒塌	田地	粮食	牲畜死亡	难民	备考
叠溪	577	42	278	完全覆没	概行淹没	375	82	各宏观点均包括震后崩塌（陷落及蓄水淹没），但不包括10月6日溃堤之灾
松坪沟内外五寨	2337	343	372	保存少数	保存少数	1472	450	
芦花、黑水各寨	1345	568	2325	损毁半数	损毁半数	258	/	
内外五寨	69	41	203	损毁大半	完全毁坏	487	910	
小姓大寨	876	118	197	完全覆没	保存少数	482	170	
上四塘	457	52	238	淹没过半	淹没过半	618	430	
下三塘	367	148	268	损坏半数	存留少数	371	380	叠溪所属，后受水冲，基址不存
小北区各寨	318	203	281	损三分之二	概行淹没	1278	780	
渭门关、石大关等寨	84	116	283	略有倾毁	损失少数	671	670	共二十余处
三齐河东西廿四寨	75	49	230	略有损坏	损坏大半	281	510	沙坝附近
山后十二寨	342	145	304	损毁半数	损毁半数	127	570	一作山谷十二寨
里不罗寨	85	46	73	损毁小部	略有损毁	2570	42	
联坡及附城三乡	6	17	21	无损	无损	无	40	
大小东西各场	3	12	无	同上	同上	无	10	
大小南区各场	4	25	45	同上	同上	18	80	
总计	6865	1925	5180			9678	5124	调查村落共150余处

注：其"总计"数据多有错误，如累计死亡人数，应为6945人。

西部科学院地质研究所丛刊：常隆庆《四川叠溪地震调查记》，1933年版。

（《四川地震全记录·上卷》230—234页）

十一、四川大学调查

茂县西区内外五寨及山沟里各寨地震，山陵崩溃，地形变迁。沿河谷各村田土被冲，基址无存，死亡138人，塌房338所。茂县北区沙坝及三齐河东西24寨，山岩崩坠，村落覆没数处，后被水冲，基址无存，死亡83人，塌房260所。里不罗寨山崩地陷，满目荒丘，死亡85人，塌房73所。芦花、黑水各寨，山岳崩溃，地多沉陷，死亡1345人，塌房2325所。叠溪镇两山下崩，覆盖全镇，死亡577人，塌房238所。叠属下三塘，山峰崩裂，峻谷迁移，村落倒塌，后受水冲，基址不存，死亡367人，塌房268所。叠属四大寨及松坪沟内外五寨，各山峰均纵横崩裂，村落倒毁，死亡1337人，塌房372所。渭门关及石大关及山后各寨，山崩地陷，沿河各村又被水冲，死亡130人，塌房402所。小北区各寨，山峰崩溃，后被水冲，村舍无余，死亡257人，塌房281所。山谷十二寨山石下坠，变为乱粒，死亡242人，塌房304所。共死亡4661人。

1934 年四川大学《叠溪地质调查特刊》。

（《四川地震全记录·上卷》236 页）

十二、成都《新新新闻》灾损报道

震灾损失统计。［本报特约茂县十八日快讯］此次屯区发生空前未有之震灾后，官方当即派出专员分路查勘受灾实况及房屋人民损失总数，顷已先后返茂。据云，东南两路灾情较轻，西路黑水，因为"夷"人居住所在，实难精确调查，惟据一般口述，该地损失亦属奇重，碉房全遭倾圮，人民半数覆没，财产、牲畜之损失，为数更属不资。容缓调查明白，再予另函详告外，兹特将北路各村寨受灾实况及人民伤亡数目分志如下：

渭门关——因距叠溪较远，地无变迁，田土道路尚存，仅伤亡人民十余，倒塌房屋十余所。

沟口寨——伤亡数人，倒塌房屋十余所。

大岐山儿木若——山势略有崩溃，房屋卅余所全遭倒毁，人民伤亡共十三人。

踏花寨——山岩略有崩颓，倒塌房屋卅余所，人民伤亡三十余人，田土无损。

穆南堡——后山崩溃，田地一半被覆，坍塌房屋九所，人民伤亡四五人。

高皇之寨——四山崩裂，道路田土一部被淹没，房屋全倒，死伤三十余人。

石大关——四山倾颓，遍地乱石泥沙，房屋四十余所全遭山石遮没，人民伤亡二十余人。

大定关巴珠村——四围大石崩溃，遍地乱石堆积，河流塞断，房屋百二十余所无存，伤亡二百余人。

麂子坪——山崩途阻，房屋全遭倒塌，死亡二十余人，伤数人。马路〔玛瑙〕顶——山溃，地陷，伤亡十余人，房屋十三所现仅保存一所。

排山大寨——地面一部分崩陷，房屋四十余所无存，死七十余，伤五十余。

小关子——后山崩溃，将地压陷，现仅存一片泥沙乱石，田园庐舍俱无，死一百卅余，伤数人。

沙湾——两山崩颓，塞断岷江河流，下至沙湾，上达普安、观音山一带，约四十里，已成一片汪洋，水深五六十丈，交通断绝，死亡人民五百以上，行旅尤不可计。房屋丝毫无存，仅逃出负伤灾民五十余人。

叠溪镇——该处背负大山，面临岷江，地盘陷落，山峰倒压；其上龙池山倒射通河，层层掩被，变为乱石，岷江压断，水势倒流，河中突起两峰，房屋二百七十余所及农田全遭覆没。人民六百余人无一幸免，牲畜财产为数尤夥，现仅较场坝一隅尚存三户，将来恐难恢复。

松坪沟——大小山峰纵横崩溃，有全部掩没者，有一部分颓溃者。内五寨变迁甚大，地如翻覆。外五寨无大变化。大、小姓各寨，被山压没，沙石堆积成为一片荒坡，倒塌房屋四百六十余所，死三千二百余人，伤四百余人。查松坪沟拖延百余里，地均沿河，经此变迁后，人畜田房概遭覆没，将来恢复颇感不易。

统计此次震灾由渭门关至太平，旁及松坪沟，长凡一百卅余里，广八十余里，山崩地裂，农田损失无算，倒塌房屋一千余所，土人伤亡五千人以上，连客籍商人行旅及公务人员，共在六千之谱，诚空前未有之奇灾也。

成都《新新新闻》民国二十二年九月廿五号第六版。

(《四川地震全记录·上卷》240—241页)

十三、茂县县长张雪岩文：叠溪大地震亲历记

一九三三年八月二十六（五）日中午，茂县之叠溪地区发生强烈地震，造成损害极大。当时我亲历其境，见闻略可忆及，试为追述于次，以供研究参考。

（一）地震前之叠溪

叠溪居茂县之北，距城约三十公里，系一场镇，有居民百余家。国民党二十八军的松、理、茂、懋、汶屯垦督办公署（兼督办邓锡侯）以其地邻黑水入江之处，特在该镇设有公安局，处理一切纠纷事件。汉、藏边界如松坪沟内，由于历史上两族不睦，暗中各处于戒备状态，故督署常派兵驻守于此，借资震慑。

该地面临岷江，背枕高山，由江岸而上叠溪镇，坡行约五公里。镇以外地势平坦，广阔约里余，随处可见大小不等的深洞。背面高山壁立，无林木。据当地人云：半山上有一小穴，穴口约脸盆大，不知深浅。如投以石子，立时浓烟上冲，直凌霄汉，结成黑云，一瞬间，霾粒下坠，人避不及，常被打伤。我亲见一士兵遭遇此事，受到官长处罚。官绅们也常说，半夜人静，微闻地下有潮水声。但我数宿于此，终未感觉。回忆以上情况，可能其地被江水入浸，土石疏松，地质早已发生变化，一遇地震，即行坍陷。

（二）地震时的惊人变态

地震发生时，我正兼任该县县长，当天正午时刻，突闻由远渐近发出一种有如万马奔腾的吼叫声，又似大海里狂涛巨浪席卷而来的潮声，使我直觉地一跃而起，穿屋奔出空地，屯署、县府职员，也不到三秒钟都一齐奔来；不少人立足不稳，沿路倒下，又急遽爬行；或经人扶持而出。咸呆视无言，不知要发生什么事故。接着县府一长排横屋便哗啦一声而倒，幸未伤人。我们在府外的人都席地而坐。三株古槐，为明清时所植，可十人合抱，连干到枝四面摇晃，如指挥旗帜状。远见四山隆烟齐冒，尘雾迷空，天昏地暗，几不见人，而震声隆隆仍不绝于耳。有说是火山爆发，我辈末日已至，嘤嘤啜泣者大有其人。过了一刻，又稍稍平静，日光山色，略可清辨，即闻全城墙屋倒塌声，不断哀号呼救声，此时情景，任何人均感到肝肠俱裂，无可为计。又后一钟余，人可以立，可以行，报灾者麇集县府，皆面面相觑，垂头丧气。临时商议措施，苦乏善策。即用电话在上下路询问，但久无人接，知线路皆断。隔日，电话员分道出发抢修，南至威州、汶川已通，知此路灾情不重。北路刚行十余里，山与河齐，无路可通，知北道系主要震区。又约隔一星期，有难民翻山越岭而出，略悉叠溪一带损失较重，然亦不得其详。再后难民便络绎不绝来集县城，惨痛之情，真令人目不忍睹。同时，叠溪镇亦有幸逃出险者数人（俱忘其名），各道实况，兹就记忆录之如下：

甲谈：我系叠溪公安局工人，当时我抽暇往城隍庙去，道士留我歇凉吃午饭。正午，我睡在庙角一凉亭上，忽闻天崩地裂之声，叠溪全镇即整个一块下陷，背面的山亦奔倒下来。整个城隍庙，只余这个凉亭，悬在岩上未坠。现该地已与河面等高，已难识辨路径。

乙谈：叠溪地震那天，我因住在镇外里许的较场坝，恰恰离开陷区。我见此险状，慌忙挟二子跑出，地即崩裂为壕，刚刚跳过，前面又继续崩裂，又跳，又崩裂，如是继

续地跳崩约数十处，我算逃脱出来，但挟在手腕内的二子，则不知在何处壕坑坠毙了！

丙谈：我家一子同邻家数孩在坡上玩耍，地震时他们都昏迷了。地震将这几个小孩由河东岸山坡推抛到河西岸的山上，我四处寻觅才找着。

丁谈：我家距镇数里，家里几口人，在地震后被陷在河西岩腔里，仅容一头可以伸出呼救，但系悬岩，莫法援救，终致毙命。

又县文庙一学员谈：我当天感到震凶了，跑出教室，走到泮池台阶前，正欲举足而下，忽然下面石梯即自动来迎，我惊呼一声，猝倒在地。

由上受灾人谈述，看出那次震动之剧烈和地形之突变，使人亲见一幅沧海桑田，陵谷变迁之惊人画面。尤其在地质变化时的一种推移力（将人由这面山推向那面山），如非目击者口述，连我也不敢相信。往时，我常遇微震，但都无连续性。这次是每隔十分钟或半点钟继续震动，不过次数逐日减少，在两月以后，每昼夜尚有数次。震声初来时，地下轰轰吼鸣，愈近声愈大，最后即戛然一声而止，而屋宇登时动摇，人咸趋出以避。黑水区域内，寨落碉堡倒塌尤多，损失更重，后来始知系震源所在。

（三）地震后地形变化及措施

灾后叠溪，我曾亲往视察，原来约十里坡行之高地，已成与江面等齐之沙岸。全镇土地人口整个陷落深渊，几无一家幸免。原山脚下出现一条深沟，经坠绳测视，约数十丈深，这些可怜生命，俱皆长眠沟底。这段岷江，自两岸山崩后，约十余里长之江流已全被土石填阻，形成上下三个大小湖泊。上游之水续来，俱盛入上面大湖，月余后，此湖面延阔至数十方里；下面两小湖，各距里余，因上湖下浸，亦逐渐扩大加深，惟俱不能泄入江流，无不深以为虑。两月来岷江下游，仅有黑水河及几条小溪汇入正流，茂县一段几可涉足而渡。成都平原已感到水量不足，农田灌溉大受影响。同时更虑到上游三大湖泊之水，一旦一齐溃下，成都平原将会遭到灭顶之灾。于是对"凿湖通江"之工程，感到有迫切着手的必要。其次，茂县松潘间道路，自叠溪震后都塌坏，形成"商旅裹足"的萧条局面，致屯区政令税务均陷于停滞。于是屯督署提出"以工代赈"办法，灾民纷纷参加修筑道路，半月后略能通行。但叠溪上行至太平（松潘属）一段十余里，由于两岸陵谷变迁，石土松散，随时梭沙飞石，一遇午风，行人通过危险极大。因而又计划造船，载人和货由湖面上下运行。事实证明，这的确比较安全。岷江上游行舟，此系历史上的第一次。

再后一些时间，地质考察家进山来了。记得川大地质教授周晓和来过，据他研究判断，震源不是叠溪而是在黑水里面，但以不能深入观察为憾。叠溪属于"陷落地震"，不是一般传说的火山爆发。陷落是受震源影响所致。在周走后不久，又来了一位川大学生，对地震研究有兴趣，刚行至茂城以上石大关，是夜（10月9日），即遇最后一小湖决口，洪水暴发，不幸遇难。

（四）一湖决口酿成巨大水灾

地震后约三月（应为10月9日）之某夜，忽听江声怒号，咸疑天未下雨，何来此声。但因早已虑湖决口，咸有戒心。我与一公务兵执电筒自城上照视，辨不清晰。即出城门，缘石梯下岸将行一半，一巨浪汹涌袭来，惊吓上奔。甫入城数步，浪潮即席卷而至，城门和墙基砰然一声，便即崩垮，城楼半斜。急用电话叫威州，意欲其转电威、汶一带低地，赶速迁移。但无人应接（估计此时水还未至威州），别无其他办法，只有空自着急。后来才悉茂、威两地电话员，常爱夜深闲谈，威局厌之，因此是夜坚不来接。于是洪流踵至，将威州洗为平地，死亡、损失极大。再下去，汶属两岸居民住居低处者皆无幸免。汶川城较高，未遭此患。次日，灌县河水陡涨，上游冲来之房屋、用具、人畜尸体，已铺满离堆上面一大坝。

茂县城是夜在我离督署时，正传锣通告居民，火速上山。哪知人民更十分敏感，不两分钟，早是满山灯火，城内已空无一人了。城内算无损失，但城外河街居民俱罹浩劫，一洗而光。通河西之竹索桥亦被冲断。房屋有整个被抬至河心者，灯光仍亮，使居民误传为走蛟，说已见龙眼睛。惟时间很暂，涛浪即平，盖因决口之湖水已泄尽了。天明视之，江水仍是弥弥细流，与往日同。后来调查，仅溃一个小湖之水，于是人心仍惶惶不安。消息传至成都，不少人亦为未来事变感到惊惧。适我迂道转省，报灾请赈，才将所见实况及可靠推断在报上发表谈话，成都市民稍为镇静。

（五）善后办法

屯区遭受如上两次巨灾（地震、水灾），从各方面呼吁，虽说也领得一些零星赈款，终是杯水车薪，无济于事，而造灾册的工本和缮写费反而花得不少，要求较好地安排善后，根本无望。那时刘湘正谋统一四川军政，几经接洽，他好像关心民瘼，说要派员携款入山，并协助修治道路，凿通湖口。后见工程浩大，仍是敷衍了事。又隔一段时间，山东青岛红十字会派员来了，像是国际间的救济组织，曾亲到震、水两灾区调查。县府派员陪他们一行前往，也花了一些费用，但临行时说，转去一定开会决定，放赈时再转来。望之又久，仍是口惠而实不至。总计两次灾患，人口死伤约在万人左右，财产损失至少亦在二十万元以上（详细数字，年久，记不清），山区本来底子薄，这下就元气大伤，不易恢复。怎样办呢？结果仍是"就地设法，靠人民自救"，一面办理急赈，使衣食两项暂能维持，一面就原有场镇高处，建修聊避风雨的茅舍，使灾民不致流离失所。同时发放少数赈款，劝其自谋出路。后来了解，有部分灾民的生计逐步得到恢复，但亦有不少人于悠久岁月中，艰苦挣扎在饥寒线上度其可怜生活，国民党政府始终少为之助。

（《四川文史资料选辑》第 27 辑第 191-196 页）

十四、周郁如：叠溪海子溃决，调查组多人殉难

（一）叠溪地震的灾害

一九三三年八月二十五日午后二时许，叠溪地方晴天无云，阳光灿烂，地忽大震，山崩地裂，波及数百里，岷江两岸群山石块下坠，尘土向天上飞扬，遮天蔽日，叠溪城陷落深约二百公尺。毗邻山地土岩随之崩落压于陷穴。陷落时天乌地黑，声如雷鸣，震耳欲聋。以后震声不绝，时起时落，隆隆之声，延续不止。初时密，后渐疏，延续时间在一年以上。距城约十里为较场坝，有几户人住于木板屋内，屋内（墙）震倒，居民当时昏晕全都不省人事。行人于较场坝途中，坠入裂缝之中。有人挑菜油一担，人坠入地缝之中，而两只油篓还在地上。同时成都亦觉地震，门窗玻璃和衣柜上铜饰亦震动有声。叠溪城距灌县三百六十华里，位于岷江左岸，地当松潘、茂县之间。唐时名蚕陵县，清时称为叠溪营。有城墙为绿营驻防地。有驿路经过较场坝通松潘。坝内还有点将

台，系清绿营驻防练兵之地。民国时该城设有警察局，地震时局长正做结婚喜酒，未及逃避，与全城居民五百七十多人（其他伤亡还多，灾情详后）同被埋葬于陷穴之中。调查时该城已为废墟，已无人烟。较场坝距震源颇近，据劫后居民谈，在地震前夕较场坝山脚已见裂缝。地震前后曾闻有瓮雷声，一如西昌地震前夕，据传亦有声如牛鸣。

叠溪城与较场坝同在岷江河谷台地上，陷落后亦未淹水，只余东城一角。较场坝震后平坝微现倾斜，有裂缝层层折叠。城外还剩有城隍庙一座，庙前有小坝还有两株古树分列庙前。震时有两孩在庙前坝内玩耍，未被难；有一小孩被弹至右岸，其后均被行人带至茂县。

（以上情况是一九三三年十二月郁如参加第二次震灾考察所耳闻目睹，并据较场坝居民口述的。）

（二）震灾后继以积水暴溃又成水灾

震灾发生是八月二十五日，积水暴溃是十月九日，时间相距一月有半。震灾后快满一月，伪四川善后督办刘湘，始派人前往调查，调查人有全晴川（成都水利知事公署技术主任）、诸有斌（四川大学学生），还有十余人同行。初到茂县时找人带路（茂县到叠溪一百二十华里）。诸人冒险前往，时震区余震未止，崩石未停，尘土向天空飞扬有如烟雾。岷江河谷隆隆作响，昼夜不息，时断时续，行路易为坠石所伤。到震区查看，河里已积水成潭，大体可分为三大段。其情况是：（1）叠溪城陷落段为中心，其下为下段，长有数里，直到地名小桥为一段。由震源陷落深数十丈，毗邻山巅连带垮下，层层积压。河谷两岸相随崩坠，拥塞江中，压断岷江正流。层层泥埂，节节拦阻，将江流拦成多数小段，于小桥地方形成拦河大埂（土多石少），积水成潭，深十余丈，称为下段积水。（2）该城陷落段以上，毗邻较场坝，对岸有鱼儿寨山、擂鼓山、银屏岩等地与较场坝台地，围成一大海子，长宽约有数里称为中段。对岸的松坪沟（沟长仅次于黑水）、侧柏沟、鱼儿寨沟均汇流于此段内，深约六十丈。段内跨岷江有大桥，通右岸各山寨，桥址处有一小岛，孤立海中，故中段称为大桥海子。（3）较场坝以上，左岸有观音岩，右岸有银屏岩，对峙于岷江两岸，形成峡口。地震时两边山头各垮一半，岩壁如切。垮时有些像"定向爆破"，岩石崩下将岷江正流堵塞，形成天然的垒石坝（石多土少），长约五百公尺，宽约二百公尺。迎水面坡陡，背水面缓，颇像人工筑成的坝。堵水成一长潭，是为上段，称为沙湾海子。其水面淹没长达二十六华里，经过沙湾至太平（俗称一碗水），街房没于水中。水淹时有一队骡马从松潘来，在街上歇息，没于水中。以上潭水三段，当时情形，上段较为稳定，中下段岌岌可危。特别是下段，泥埂疏松，土多石少；中段积水多于下段，且有三大支流汇入，居高临下，逐日水量加多，压力加大，土埂显有节节崩溃的危险。调查人了解情况后，于十月九日动身将回茂县，将根据调查所得的危急情形报告伪政府，请调民工疏通积水。是日行三十华里，距茂县还有九十华里，投宿大店古庙内。晚饭后，行路疲劳的人们都已入寝，全晴川与老僧是故人，还在谈家常，耳闻河下忽来巨大吼声，二人急出门去看，水已上阶，全有手电筒，老僧拉全急奔庙旁山径逃避，当时吼声甚大，不及呼唤庙内已入寝的同伴，顷刻水已淹过屋顶。事后了解，是日松坪沟等支流，由于上游绵雨多日，雨水增加，地又震动，沟内潭水暴溃，使大桥海子汇集更多的水量，将土埂层层冲溃，随将下段节节截堵的障碍物扫通，壅塞于河道内的疏松土石，不能阻挡急流。估计是日水头高二十丈，吼声大震，壁立而下，濛濛大雾，如钱塘江潮一般，到大店后，瞬间即将古庙冲去，第一次去调查的人，除全晴川外无一人幸免于难，包括茂县去的向导在内，其中有川大学生诸有斌君殉难。最可怪的是：伪政府地方当局，震灾发生后，并未进行调查了解情况。迟后一月，伪省政府才派人去进行调查。茂县的人还不敢去。查看了情况之后，由于电讯不通，还来不及报告就发生了水灾，使人民生命财产，受到严重灾害。反动政府的麻痹大意，反动统治者的昏聩无能，不顾人民的生命财产，造成了重大的损失，确是罪无可贷的。

水灾后关于叠溪怪异传说甚多，伪督办刘湘，于一九三三年十二月派周郁如（即任成都水利知事）同伪督署参谋郭某带三十余人再去调查，随带无线电台、竹筏（涉水用）前往。于十二月上旬到较场坝，住该地约十天。据了解，水灾后上、中段海子积水已消去一部分，下段已无积水。江流已通，过去耸立江中若干孤石，经大水后都荡然无存。下段河床土石沉淀增高，中段大桥海子积水为增高的河床所堵住，仍然存在。上段沙湾海子积水，被天然垒石坝堵住，只有漏水，冬令枯水季节，坝顶无水漫过。察看河谷水浪最高水位与枯水面相差约二十丈。上、中两段海子水面高差约七丈。就水量估计，积水溃后，上段沙湾海子积水还有十四亿立方米；中段大桥海子积水还有七亿立方米。计算以每秒三千立方米的水量下泄，需八天的时间。还有支流松坪沟三十华里内有积水三潭，存水量约为三百六十万立方米；鱼儿寨沟有积水一潭，存水量约为八十万立方米。这些沟内积水，皆居高临下，蓄有潜力，倘一旦溃入下游，震区河床土质松浮，难免不被冲刷峻深，增大流量，酿成灾害。于一九三四年一月成立叠溪疏水工程处，给工程费一万元，由同去调查的郭守中参谋负责。去茂县调集民工五百人，历时数月，将各潭阻水的障碍物疏通，开出漕口，引水从漕口缓缓下泄，以减轻突然崩溃的压力，施工后获得稳定。

（三）震灾和水灾损失的不完全统计从十月九日水灾以后，据不完全统计，震灾和水灾死亡人口六千一百三十五人，其中叠溪城居民死亡五百七十多人，松坪沟、黑水河各死亡一千三百多人，死亡原因全属震灾。财产损失：冲毁农田七千七百多亩；房屋六千八百多处；粮食二百多万斤。灾民人数一万二千八百多人。松坪沟内羌民的石砌房全被震毁。黑水河碉楼大都震垮。其他物资损失如牲畜、衣物在外。灌县都江堰内、外江河口，冲成卵石一片，渠首工程扫荡无余，防洪堤埂荡然无存。各河桥梁、山内索桥、山外木桥、石桥全被洪水吞没。灌县一处仅木、炭两行商人，不完全统计损失货物在二百万元以上……

（周郁如《叠溪地震琐记和对地震的初步认识》，写于1958年，载于《四川地震全记录·上卷》245—247页）

十五、地震专家常兆宁谈地震50年周期

地质专家常兆宁谈叠溪地震原因。该地最大断层尚距地心千丈，每五十年左右即有一次大震。

本市某君得其友人昨由茂县来函（上略），此间地震刻尚未止。据西部科学院地质研究所主任常兆宁言：叠溪地震为（之）最大断层，成一带状，东北起自甘肃，西南至理番县属黑水。在未有生物以前，此断层即发生，当时距地心数千丈，历经下落，现尚

距地心千丈。此震带上，每五十年左右，即有一次大震（因五十年为一周期）。至震动情况为中外所未有。伊等将有详细报告，刊成专书分送，以作学术上之研究，明年三月当由南京实业部印行。至地之震动，明年今日或能停止。弟识此邦文献在明嘉靖时大震一次，清康熙中、咸丰中又各震一次。以此推计，此震带上五十年一周期之说当有几分依据，不过甘肃情况尚待调查耳。（下略）十二月廿二日由茂城寄。

（成都《新新新闻》民国二十二年十二月廿八号第八版，载于《四川地震全记录·上卷》360 页）

十六、叠溪地震后灾民生存困境：

[本社茂县 8 月 28 日特约快讯]"茂城市面，人心更为惶恐，每闻地动之声，则呼号涕泣者各处俱是，有似惊弓之鸟，几乎草木皆兵。此诚百余年来，松、茂从未有之最大天灾也。现天灾未曾告终，而一般嗷嗷灾黎，生活大感困难，尚望当局速善其后，俾灾民不致流离失所。"

（1933 年 9 月 3 日《新新新闻》）

[民智社茂县通讯]"8 月 25 日大震后，不时小动，共三十次之多。数日以来，人心惶惶，夜宿于外，未安于枕席，西北地区逃出难民甚多，嗷嗷遍野，宿露餐风，令人目不忍睹。26 日夜复降大雨。"

（1933 年 9 月 9 日《新新新闻》）

9 月 4 日，成都《新新新闻》记者，冒险至"茂北十里石榴沟"一带探访，沿途所见："人民在地动之后，多已逃至茂县，即有未曾出走者，见记者询问灾情，每涕泣不已，所答情形，未有不令人心酸者。""晚至大定，询彼处土人，据伊云：地动之时，各人皆求生不得，纵眼见他人为墙垣压毙，亦无法可设，自己唯有逃至空地，希冀于万一。彼时露宿于田野之中，餐风饮露，其状之可惨，实无足以言喻者。最后彼并言及，此十日以来生活无着，人将饿毙云云。当由记者略予饮食，并请明日代为作导……"

（据 1933 年 9 月 16 日《新新新闻》）

十七、《阿坝州志》所载叠溪地震：

1933 年 8 月 25 日 15 时 50 分 30 秒，茂县叠溪发生 7.5 级地震。有感范围北至西安、东至万县、西抵果洛克、南达昭通。

震中叠溪城及以西松坪沟，以北平羌沟、平定关、镇平，以南小关子、马脑顶、大店、百石大关等地震灾惨重，近邻震中的 21 个村寨全部覆没，另有 13 个村寨房屋垮塌。离震中数百里的茂县城一带，房屋摇摆，梁柱倾倒，屋瓦飞落，烈度达 7 度。四川省震灾委员会调查，震区死 6865 人，伤 1925 人，损失房屋 5108 间，牲畜 9678 头。岷江沿岸山崩地裂，田地损毁，4970 余人无家可归。叠溪、大桥、银屏岩，山岩崩塌堵塞成岷江的三大堰，积水 40 余日。10 月 9 日下午 7 时，叠溪堰崩溃，洪水冲没下游茂县、汶川、灌县沿江村镇，死 2500 余人，是中国历史上罕见的地震水灾。

据较场生还者述说，震前连日晴朗，是日尤热，居民多在家午饭，忽闻霹雳一声，顿时天昏地暗，地下仓仓声与地上隆隆声混杂发响，人被抛起倒地，飞沙走石，耳目口鼻皆为尘土所塞，地面裂缝，忽开忽闭，地层倾陷，街房排架墙壁似架上书籍接次而倒，人不能移步，意志全失，如入梦幻中。约 1 分钟后地下响声停，但四周隆隆声仍不断。3 小时后，尘雾稍歇，日已西沉，河山改易，城郭无存，叠溪城西侧邻河一部崩倒江中，一部陷落，一部为东侧山岩石压覆，仅存东城门及南线城垣。城中房屋 278 所，仅存城隍庙断柱额梁及断臂折腿的泥判官等。城中居民除城隍庙一塑像工匠及城北路途中一妇女幸免外，470 人葬身乱石之中。距城二三里在河西收割、交易鸦片的外乡人保全了性命，其中有伤者 42 人。因故在外乡者 82 人，震后难民返乡，齐聚城隍庙残址，揭幡招魂，哭声恸天，惨不忍睹。

叠溪城陷，西岸龙池村亦覆没，崩下沙石将岷江堵塞，在河谷中横成高 100 米的山脊，城北较场坝原与叠溪位于同一平台，震后，有 0.5 公里之地陷落，不相连接，所有裂缝均顺东侧山岭排列向南，阔 0.13~1.7 米，缝中土呈阶状，深数厘米至数米不等，最大断层裂缝在点将台南偏西 70 度，向西南延至岷江边，长约 200 米，宽约 20 米，现存深度 16 米；其南降至 5~6 米，大震使群山崩塌。南起猫儿山，北至平羌沟，沿江山体破坏，震后一二月中，每当狂风陡起，或微震续至，一石滚下，全岩崩塌。大震时形成的三大堰塞，使黑水河与岷江交汇处以上江水倒流。银瓶岩堰塞江水挟沙石倒涌，1 小时后淹至沙湾，将该村震后残迹荡涤罄尽。沙湾驿堡在叠溪以北 10 里，建于明洪武年间，有居民 80 余家，是日有驮马 200 运货至此息脚，适该地清真寺集会，震灾、水灾共死 300 余人，仅回族就有 103 人。当晚猴儿寨也没于水底。8 月 27 日，岷江水淹至普安残址；9 月 6 日湖水倒注至泉水岩，淹没观音庙、高山峡谷出现一片平湖，湖水随群山旋绕，逶迤达 12.5 公里，最宽处达 2 公里，今称之大海子；9 月 14 日，大海子水溢大桥堰，携泥砂碎石冲下，形成小海子，将大桥旁被震毁的新街及对岸观音庙、水磨房、油房全部淹没；9 月 30 日，小海子水注入叠溪堰（今沙子河坝北道班上约 1500 米处），堰高逾 260 米，堰顶超过银瓶岩和大桥堰顶，故倒淹两堰顶，使三海连成一片；10 月 7 日，叠溪堰水开始外溢，岷江复有细流。叠溪地震湖形成后，经过 45 天的蓄水，10 月 9 日下午 7 时许，因余震触发，松坪沟内公棚、白腊等海子水溃入，岷江上游松潘地带阴雨连绵，江水骤增，叠溪堰崩缺，积水倾湖涌出，怒涛汹涌，吼声震天，十里皆闻。较场大店以上水头高达 20 余丈，溃流迅猛，于晚 9 时达茂县城，11 时达汶川，次晨 3 时达灌县，沿江村镇、房屋、田地均遭荡涤。后统计，因水灾茂县全县共冲毁田地 2686 亩，房舍 729 所，死亡 340 人（行商客旅尚不在内），冲走粮食 2579 石，牲畜死亡 2170 头；汶川县冲毁田地 353 亩，房屋 346 间，淹死牲畜 2315 头，死亡 483 人；灌县毁坏良田 4000 余亩，死亡 1600 余人；都江堰玉垒关下的新鱼嘴及飞沙堰均遭破坏。叠溪地震水灾，引起了全社会关注。茂县旅蓉同乡会等社会团体纷纷向政府呼吁赈灾。

震后半月（9 月 8 日），四川省政府向南京国民政府行政院、军事委员会、内政部、财政部、赈务委员会电告震情求拨巨款，以资急赈。

震后近 1 月，四川善后督办刘湘始派成都水利知事公署技术主任全晴川等 10 余人前往叠溪调查。10 月 9 日，全等返茂县准备将调查结果报告政府，请调民工疏通积水。是夜投宿大店古庙。晚间全晴川与老僧谈天，时闻河水巨吼。二人出门，水已上阶，来不及呼唤已入寝同伴，只得急奔山路逃避。瞬间，古庙冲走，此次调查者除全晴川外无一人幸免。

10月，中国西部科学院地质科主任常兆宁（常隆庆）、罗西伊奉实业部地质调查所之命，前往叠溪调查。收集、拍摄了大量地震资料，对地震成因作了初步分析，写成《四川叠溪地震调查记》一书。12月7日，省督办刘湘派成都水利知事周郁如同督办署上校参谋郭雨中，率30余人再去叠溪进行历时5天的现场调查，中段海子积水部分已消，下段已无积水，而大海子、公棚、鱼儿寨海子蓄积之水，如溃入下游，必酿成灾害，在各界人士资助下，于次年1月成立叠溪疏水工程处，拨工程费1.2万元，由郭雨中负责调集县境民工500人，历时4个月，初将潭水疏通。至此，第一期工程结束，并在点将台旁刻"叠溪积水疏导纪念碑"。

（《阿坝州志》79—81页）

十八、叠溪地震民谣（流传于汶川）：

七月初五是地动，那天地动动得凶。茶壶振得叮叮咚，粪桶浪得响轰轰。叠溪山垮水不通，请来石匠打洞洞，又拿炮火打当中。一下打穿水猛涌，石匠淹死一百多。八月二十水才拢，半夜三更来得凶。有人说是起地风，婆娘娃儿把命送，一家老小死无踪。威、茂二州有二县，二十多里无人烟。

（《四川城市水灾史》51页）

［**备览**］**二刘大战兵燹千里，人民损失难以计数**：刘湘、刘文辉之战是四川军阀400多次战争中规模最大，时间最长，也是最后的一次混战。自1932年10月起，至1933年9月止，历经近1年时间，战地绵亘川西川北和川南的数十县，纵横千余里，动用兵力20余万，川内大小军阀几乎全部卷入，仅战争的前3个月，刘湘的第21军和刘文辉的第24军就死伤官兵60000左右，仅荣县境内就死伤达30000人。两军共耗资5000万元，人民生命财产的损失难以计数。在这场战争中，刘文辉损失部队逾3/4，丢失防地近4/5，势已不可复振。刘湘取得重大胜利，为全川归于统一奠定了根基。（据《四川通史·民国卷》和《四川省志·大事纪述·中册》有关史料）

1933年夏，刘文辉与邓锡侯两军展开毗河战役，隔河对垒。毗河是都江堰渠系中的一条灌溉渠。邓锡侯为阻止刘部渡河，下令将都江堰内江分水枢杩权砍断，放外江水大量泄入内江，使毗河水位猛涨。刘文辉则下令用水雷炸毁都江堰设施飞沙堰，使河水泄入外江，以降低毗河水位，以利渡河攻击邓部。由此造成内外江水失调，致使沿河（柏条河—毗河）数县旱涝成灾。（任昭坤、龚自德《四川战争史》）

《申报》1933年9月18日报道："刘文辉部队十七日占领崇宁，黄隐部队退而集中灌县，决堰而死守。因此沿河十余县泛滥成灾，稻田被淹没，荒村陷于全灭状态。"该报续载："刘军十九日二次下令总攻。……刘强渡河未逞，令将都江堰掘毁，以减少毗河水势，因此河水向外泛滥，沿河各县均蒙水灾。"

军阀毗河混战毁坏水利设施：民国二十二年（1933年），四川军阀刘文辉、邓锡侯争夺势力范围，爆发了毗河战事。

驻灌邓锡侯军于5月10日焚毁马家渡福星桥，拆毁城区太平桥、普济桥各一洞，以及沿毗河一带桥梁。同时在城内强征商号羊毛包子、茶叶包子、中药材包子构筑防御工事，还将都江堰调节内江水量的杩槎砍倒，提高毗河水位，防止刘文辉军涉渡。15日，两军激战于胥家场，民房多为炮火轰毁。城南离堆公园的刘军，不时用迫击炮向县城轰击，民房被毁，民众死伤颇多。22 日，刘军司令部移驻聚源场，成立灌县临时县政府，委谢世璠为县长。

5 月 24 日，刘军在飞沙堰企图爆破缺口，引内江水入外江，以便抢渡，未成。从此，两军呈僵持状态，枪声时起时停。

刘湘以安川军名义率领李家钰、罗泽洲部协助邓军，刘文辉部不得不撤出成都。灌县刘军于 5 月 30 日通过江安河。6 月 4 日夜又遁驻羊马河西岸，断绝沿河桥梁交通，这时邓军由防御变为进攻，用杉杆搭通普济桥，进驻天乙街一带。13 日邓军所派民夫在江安河上受阻。17 日复派民夫在唐家湾、观音堂、李家筏子等处搭桥，将附近几里农户的晒烟杆、木料、门板搜刮一空，18 日桥成。邓军越江安河扼羊马河东岸，与隔河刘军对峙。22 日深夜四更，沿河炮声大作，次日凌晨，炮声更为激烈。到 24 日，羊马河西岸的刘军崩溃，向西南方向撤走。26 日，驻灌邓军大张布告，宣称刘军败退雅安。至此，祸害人民的毗河混战才告结束。（《灌县志·政事纪要·毗河混战》）

5 月，24 军所部和 28 军某部因战事焚毁安澜索桥及沿河部分桥梁。（《灌县志·大事年表》）

灌县：国民革命军 24 军与 28 军争防，沿毗河开战，炮击县城，红十字会赈米 37 石、麦饼 36960 斤，存活 4700 余人，治伤 200 余人，掩埋尸体 48 具。（《灌县志·民政·社会救济》）

国民政府举行粮食会议，通过《仓储办法大纲》：10 月，蒋介石主持国民政府军事委员会在南昌行营举行粮食会议，将"办理积谷，恢复地方仓储制度"作为重要议案之一，并通过《仓储办法大纲》，仓储制度由衰而兴。（《中国灾害志·民国卷》）

24 军扩大预征，田赋负担沉重：1933 年 6 月，刘文辉 24 军在防区邛崃等县开征 1957、1958 年度的田赋。因各军扩军备战，军费增加主要以加征田赋预征款供给，预征年度无限延伸。8 月 1 日，24 军防区各县田赋已定为每季预征两年，即一年八征。其中，芦山已预征到 1959 年，8 个月内已预征 8 年田赋。9 月 20 日，罗江开征 1961 年度田粮，该县农民千余人向县府抗议，捣毁征收机关，要求县长停征。县府紧闭大堂，由公安局、商会出面收拾。（《四川省志·大事纪述·中册》142 页）

军费支出暴涨，牺牲抚恤救济经费：由于军阀混战割据造成军费开支暴涨，四川财政收入的大部分被用于军事开支，经济建设、文教卫生、抚恤救济支出则成为牺牲品。1913—1936 年，经济建设支出仅仅从 6 万元增加到 143 万元；文教卫生支出从 14 万元增加到 1178 万元，情况好于经济建设；抚恤、救济支出更为可怜，1913—1933 年为零，1934—1936 年从 1 万元增加到 101 万元。据此可以肯定，四川军阀战乱割据时期，财政开支实际上是牺牲国民福祉的战争财政，财政收开支主要用于地方军阀、官僚的私利。（据《四川通史·民国卷》464—465 页）

［附录］王良在渝建卡介苗实验室：民国二十二年，留法学生王良得到他的老师卡介苗发明者卡尔迈特允诺，携菌株两管回到重庆，随即筹建微生物实验所、卡介苗实验室，成为我国进行卡介苗研究的第一位专家。10 月，首次在国内给婴儿接种。民国三十三至三十六年，共种痘 295435 人，注射霍乱疫苗 184587 人，白喉类霉素 1847 人，伤寒副伤寒疫苗 71202 人。（《巴县志·卫生·疫病防治》）

1934 年

（民国二十三年）

刘蒋会晤，川局巨变：1934 年 11 月，因六路围攻红军遭受惨败，以致财竭兵溃、一筹莫展的刘湘，不得不去南京向蒋介石求援。此举正合蒋介石急欲图川之意。蒋介石图川的主要目的：一是继续执行他"攘外必先安内"的政策；二是借"追剿"红军之机，乘势统一西南；三是在日本加速侵略中国、民族危机不断加深的情况下，全国人民要求停止内战、一致对外的呼声日益高涨，蒋介石不得不顺应民意，从对日妥协转向对日抗战。他考虑到中日军事力量对比悬殊，确定了长期抗战，把四川作为抗日复兴基地的方针。因此，在刘湘向蒋介石求援时，双方很快谈妥了合作条件：蒋介石任命刘湘为四川省主席兼四川"剿匪"总司令，统一四川军政，打破防区；四川各军军费和武器弹药由南京国民政府发给；同意刘湘发行巨额公债，以解决财政困难。刘湘则开放四川门户，同意蒋介石派参谋团和中央军入川。（《四川通史·卷7》42 页）

川东旱，川西大雨涝：1934 年，四川东部春夏少雨干旱；西部大雨大水成灾。

入春以后，四川东部 42 个县连续少雨干旱，尤以江北、綦江、邻水、涪陵等 20 余县旱情严重，这些地区从春至夏连旱数十日，豆麦、禾稻多已枯死，平均收获仅足常年十之一二，饥荒甚重，民食草根、白泥，闭结而死者甚多。

夏秋，四川西部 80 余县大雨大水成灾。灌县、温江、什邡、郫县、崇庆、广汉、金堂、双流、新津等处，7 月淫雨数旬，山洪暴涨，沿河各地俱成泽国，索桥冲毁无遗。资阳全城几成泽国，淹没人畜数百，倒塌房屋甚多。8 月，荥经、泸定暴雨倾盆，山洪暴发，冲毁田地、房屋、漂没人畜、粮食甚多。巴县、南部、綦江等 13 县，春夏干旱，秋又遭大水，灾情甚重。（《四川省志·大事纪述·中册》150 页）

1934 年，绵远河特大洪水。（《四川省志·水利志》57 页）

夏秋，成都平原水灾损害惨烈：1934 年 7 月，灌县、崇庆、温江、双流、新津、彭县、金堂淫雨兼旬，山洪骤发，洪水泛滥，所至成灾。灌县岷江水溢，金马河堤溃毁多处，温江、双流农田受淹 13000 余亩，冲毁千余亩。彭县山区亦大雨，湔江关口水文站洪峰流量 2820 立方米/秒，关口索桥冲毁，洪水沿蒙阳、马牧河下泄，冲毁田地 17800 余亩，房屋 5000 余间，死亡 3500 余人。新都大雨连日，毗河同时上涨。金堂 8 月 2 日河街一带水深数尺，商民损失至巨。

成都 8 月 12 日大雨，府南河同时上涨，城区低洼处均成泽国。崇庆、大邑、邛崃、蒲江 8 月连续几次大雨洪水。崇庆文井江上源鞍子河暴雨山洪。冲毁沿河寨子 40 余处，大小桥梁全毁；苟家乡岩峰村几家大院连人带房被洪水卷入河心冲走，全河总计冲淹死亡百人以上。邛崃 8 月 3 日、8 日、19 日先后三次暴雨，县境各河猛涨，县城四面汪洋，全县粗计冲淹田、土 17 万余亩，其中冲毁 3.2 万亩，冲走粮食 10.3 万余石，漂没房屋 7720 间，死亡 456 人。（《成都水旱灾害志》235 页）

马边河舟坝洪水：民国二十三年六月初九日（1934年7月20日）马边河中下游发生大暴雨，舟坝以下产生特大洪水。在舟坝、黄丹访知，水淹到乡政府楼板，淹了万寿宫屋脊，"只差五尺水就把房子冲走"。坛罐窑访知杨泗庙的戏台被这次洪水冲走，"头天下大雨到四更才停。"推算洪峰流量：舟坝8320立方米每秒、黄丹8570立方米每秒、清水溪9180立方米每秒。（《岷江志》135页）

川东天旱：合川县60多万人中，40万饥民以树皮、豆叶为食。綦江县40万人中，有16.6万多饥民食草根树皮。大足县农民割豆、麦嫩苗和草充饥。据《四川农村经济崩溃实录》记载：潼南县"常有人引抱幼孩沿街求卖，其价值每一小孩至多不过五六元，少者二三元不等，晚间路上均有女孩遗弃，任人拾取"。江津县尤为严重，入夏以来60余日没有下雨，四乡几乎到无处可寻觅饮水的地步，收成不及往年的四成。（《重庆市志·大事记》）

汉源：四月黄家沟大冰雹，纵横数十里，受灾颇巨。六月二日，山洪暴发，宜东河水泛涨，水势浩大，为近百年所未有。六月，禹王宫被焚，仅留彩楼一座，延烧附近民房数家。冬月十七日，富林中街起火，延烧60余家。羊仁安捐谷300石，刘济南捐谷100石，永安公捐银500元，曹栋安、罗星五各捐银100元，陈县长悟凡在汉源募捐银200余元，先后赈济。（民国《汉源县志·杂志·祥异》）

内江：春夏旱，平均收获约十分之一二。（《内江县志·大事记》）

叙永：夏秋间受旱。入秋大雨，大水为灾，收成甚歉，人掘白泥代食。（《宜宾市志·大事记》）

铜梁：春夏旱。（《铜梁县志·大事记》）

青神：春夏旱。（《青神县志·大事记》）

綦江、巴县、江北：春夏遭旱，秋季遭水灾。（《巴县志·大事记》）

酉阳：夏旱，县境数百里，尽成焦土。（《酉阳县志·大事记》）

南部：1934年，大旱，"南部、苍溪、剑阁，绵延数十里，稻田龟裂不见滴水"。（《四川文史资料选辑·第3辑》）

苍溪：入夏雨量稀少，旱风为灾；旱后，大雨大水为灾。（1934年9月9日《国民公报》）

阆中、南部：春夏间大旱，数十里不见滴水；秋大雨大水为灾，癸卯（1903年）以后几十年所未有。（1934年7月26日《国民公报》）

三台、剑阁：入春不雨，旱，荒芜田土亦占该县面积半数以上，平均收获仅足常年十分之一二。夏秋间，大雨大水为灾。（1934年7月28日《国民公报》）

西充："春、夏遭旱灾，秋又遭水灾、风灾和雹灾，米价不断上涨。零升卖到十二千文，整斗卖至三元（银币）以上，饥民吃野草、树皮、树根、观音土，因食观音土肠胃闭结而死的人，时有所见。"（《西充县志·大事记》）

罗江：夏秋间大水，溃岸决堤。（1934年8月28日《国民公报》）

绵阳：八月三日水灾，淹毙农民，毁农田。（《绵阳市志·自然灾害》）

江油：春夏旱，收获不足三成。夏末秋初时降淫雨，河堤泛涨，田庐人畜被水冲没，难以计数。入秋山洪暴发。（《绵阳市志·自然灾害》）

彭山：夏涨水，将路淹没，行人断绝。（民国《彭山县志·大事记》）

夹江：6月连日洪水，坏城墙、桥梁、田地甚多，较1931年大水稍小，而汹涌过之。罗县长筹议培修水毁工程并呈报水灾情形。西郊德星桥冲刷三洞，已由县长倡捐修理完复，较前坚固。（民国《夹江县志·事纪》）8月5日风雷暴雨，河水突涨一丈，城外两大石桥冲折，城墙冲塌两处，城乡房、堤浪毁无数，禾苗受损约占全县半数。（1934年8月14日《国民公报》）

岳池：6月内降大雨10余次，7月又普降大雨，稻禾受涝严重，禾苗又多受蝗虫危害。（《岳池县志·大事记》）

北川：6月23日夜河水陡涨10余丈，房舍冲没，牲畜无存，道路崩塌，邮电不通近半月。入夏迄秋，大雨迭降，8月1日至3日，河水陡涨10丈余，沿江房屋、田土冲刷无存。8月中旬又大雨7昼夜。高田、山地尽被水冲。（1934年8月29日《国民公报》）

8月11日，北川县邓家上渡口渡船倾翻，船上50余人，仅2人幸免于难。（《绵阳市志·大事记》）

资阳：水灾。六月二十三、二十四两日，沱江突涨数丈，全城几成泽国，沿河一带淹没人畜数百，倒塌房屋无数，实为百年来所未有。（《内江地区水利电力志》）房屋倒塌千余家，死人数百。（1934年8月24日《国民公报》）

长宁：6月29日大雨，北门大水四尺有奇，盐厂一带，房屋被水冲刷。（《长宁县志·自然灾害》）

绵竹：秋，西山山洪暴发，沿山一带冲毁田地1万余亩。沿河一带花生损失净尽。玉蜀黍收成减半。受灾5000余人。仅富新乡统计，冲走房屋308间，冲走14人，毁耕地1200亩，冲走牛、猪、农具不计其数。（《绵竹县志·自然灾害》）7月中旬至8月初，大雨滂沱，山溪水溢涨，水头达十丈，淹没乡镇、街道、民房不可计数。淹没良田二十余里，受灾和死伤人民约在万人以上，损失达百万元以上。（1934年8月19日《国民公报》）

达县：连日大雨，7月3日河水泛涨，人民淹没千数以上，住户被灾4000余户，为30年所仅见。25日二次大水又作，沿城南岸之街进水，西门城壕一带民屋淹没殆尽。入冬连日阴雨，小春播种困难，米价腾涨。（《达县志·大事记》）

宣汉：7月3日河水暴涨，将全坝场淹没，为30余年所仅见。（1934年7月15日《国民公报》）

巴县：春、夏遭旱，秋水灾。7月15日，平地水深数尺，田禾房屋悉被冲毁。8月8日昼夜大雨，洪水泛滥，田土、桥梁冲毁。（《巴县志·自然灾害》）

屏山：夏淫雨为灾，7月20日大雨倾盆，河水陡涨，漂没田庐人畜无算。（《屏山县志·大事记》）

马边、犍为：7月21日夜间遭大雨，山洪暴发，崩山地数百处，冲毁桥梁百余座。（民国《犍为县志·杂志·事纪》）

自贡：7月27日三更大雨，平地水高盈尺，沟渠皆满，阁市街房无不进水，此次雷雨之大，连年罕见。（《自贡市志·灾异》）

彭县：7月30日以来洪水暴涨，冲刷田禾万余亩，旱地无收，诚百年未有之奇灾。

《彭县志·大事记》）7月，淫雨兼旬，山洪暴发，沿河成泽国，冲毁田地 17800 余亩，房舍 5000 多所，淹死人 3500 余名，公私财产损失甚巨，关口索桥被冲毁，各乡以蒙阳、马牧等受灾甚重。（1934 年 8 月 9 日《国民公报》）

芦山：7月，半月大雨，桥梁崩折，将近成熟之谷，冲去四五成。（民国《芦山县志·大事记》）夏秋间，水灾极重。8月以来，大雨半月，每夜滂沱，山溪大河的桥梁多崩折，田禾冲为沙坪，乡场庐舍，尽为丘墟，近熟之谷，冲去四五千担。（《青衣江志》135 页）

广安：7月大雨数日，河水陡涨 10 余丈，沿江稻田尽被淹没，人、畜冲走无算，为十余年未有水灾。（1934 年 7 月 12 日《国民公报》）

灌县：7月，淫雨连旬，山洪暴涨、沿河水漫，冲毁索桥。（《灌县志·大事年表》）

彭水、酉阳：7月乌江暴涨数丈，沿河房屋田土被冲洗。（《川灾年表》）

峨眉：近夏以来，雨水连夜，农作物收获仅半。九里场淹没 20 余家，全场逃生，留下老少数十人无家可归。近城大水自古未有。（1934 年 8 月 13 日《国民公报》）

眉山：入夏以来，淫雨时作，岷江水突涨八九尺，顺河场竟被山洪冲去。（《眉山县志·大事记》）

丹棱：入夏以来，大雨倾盆，山洪暴发，两岸禾谷损失颇巨。（民国《丹棱县志·大事记》）

长寿：入夏以后至 9 月末，骄阳肆虐，稻多白穗。秋收歉薄，民食维艰。冬干，田土龟裂，饮水缺乏，民生憔悴。（民国《长寿县志·灾异》）

新都：入夏以来大雨时降，八月大雨数日，南大河四日午后突涨数尺，沿河低处均成泽国。八月大雨，毗河水涨，沿岸居民纷纷迁逃。（1934 年 8 月 8 日《国民公报》）

灌县、什邡、郫县、崇庆、广汉、金堂、双流等处七月淫雨兼旬，山洪暴涨，沿河各地俱成泽国，索桥冲毁无遗。（《成都水旱灾害志》235 页）

广汉：夏秋大水，毁田万余亩，灾民 2000 余。（1934 年 8 月 15 日《国民公报》）

金堂：8 月 2 日河水暴涨，河街一带水深数尺，商民损失甚大。（1934 年 8 月 9 日《国民公报》）

新津："夏秋间，大雨旬余，四河暴涨，城乡房稼被淹，水灾苦重。"商隆场南河水位高程 462.84 米。（《新津县志·自然灾害》）

泸定：8 月 2 日，全县大雨，背城后河陡涨。泸水暴发，全城几被淹没，人声如潮，水声如雷，冒雨抢险。一日之间，改道数处，诚非人力所可防堵。山水暴下，穿墙倒壁，全城竟成泽国。人民攀楼登屋，幸免于难，而什物漂去，计 60 余家，牲畜淹死殆尽。又泛碛，兴隆至县城皆有重灾。（1934 年 8 月 24 日《国民公报》）

汶川：8 月 2 日午后急降大雨，山水暴发，冲去各处禾苗，4 日、6 日又大雨，复涨洪水 2 尺。（《阿坝州志·大事记》）

什邡：八月，磨刀石沟暴发泥石流，将直径 7 米、重达 300 多吨巨砾冲至磨刀河中，冲出物总方量约 30 万立方米。（《巴蜀灾情实录》326 页）

平昌：入秋大雨为灾。（《平昌县志·自然地理·特殊天气》）

雷波：8 月 18、19 日淫雨为灾，山洪暴涨，溪水横流，田土冲没，房全倒塌，牛

牲死亡未可胜计。(《凉山州志·自然灾害》)

新繁：八月，大雨，山洪暴发，江水涨 2 丈余。西门外五板桥及王家冲等地冲毁房屋几十家，淹死数十人。(1934 年 8 月 9 日《国民公报》)

崇宁：八月，蒲阳河沿河一带，桥梁冲断，两岸居民、田房全数冲没，损失很重。(1934 年 9 月 11 日《国民公报》)

万源：8 月连遭两次水灾。(《四川省近五百年旱涝史料》112 页)

重庆市：8 月，大河之水一日之间约涨两丈。冲来树木、牲畜甚多。又旱，到处卖妻鬻子，吃草根、树根和白泥土。(《巴县志·大事记》)

邛崃：8 月三次大水，沿河百数十里汪洋浩荡，全县冲淹田土 17 万亩（其中冲毁 3.2 万亩），冲走粮食 10.3 万石，淹没房屋 7720 间，死亡 456 人。(《成都水旱灾害志》235 页)

蒲江：今年两次水灾，8 月 19 日大雨倾盆，此次水头约高于前两次三四尺。(《蒲江县志·大事记》)

筠连：8 月大雨、大水为灾，风雹为害亦烈。(民国《筠连县志·纪要》)

大邑：8 月连日大雨山洪暴发，水头高约一丈七八，西门外大木桥冲坍两洞，交通断绝，新场全场淹没，禾苗、房屋、牲畜损失甚重。此次水灾为前所未见。(1934 年 8 月 13 日《国民公报》)

成都：8 月 12 日城区低下各街均涨水，为 10 余年来所未有。(《成都市志·大事记》)

温江：4 月 6 日至 9 日，气候突变，雨雪纷飞，继又遭受暴雨、大风、冰雹、霜冻袭击，暮春奇寒如严冬，所有小春作物均遭摧残。小麦平均损失 70%，油菜、胡豆、烟叶等所受损失达半数以上，田间生机衰败，满目荒凉，全境有 30 多万亩耕地受灾，物价节节上涨。(《温江县志·自然灾害》)

8 月淫雨兼旬，洪水泛滥，金马河、杨柳河沿岸 11 个乡镇 4007 户农家受灾，冲毁房舍 1089 间，田地 7631.7 亩，淤田 11537 亩。(《温江县志·大事记》)

民国二十三年水灾，损失甚巨，县赈灾委员会除给予救济外，并向省外呼吁。次年，上海华洋义赈会赠款 5000 元，被成都银行换成八折使用的重庆票券，实得款 3972 元，县赈委员会补赠 29 元，发给 4001 户灾民每户 1 元。(《温江县志·民政·社会救济》)

平武：8 月淫雨连绵，涪江水涨丈余，沿河街房多被冲毁，为 10 余年来所未见。(《绵阳市志·大事记》)

洪雅：8 月河水猛涨，湍流甚急，有康雅线邮件渡河，全船沉没。(1934 年 8 月 10 日《国民公报》)

德阳：8 月大水，淹毙 5000 余人，淹没田地 10 余万亩及牲畜、房屋、财物，乃空前未有之浩劫。(《德阳市志·大事记》)

南充：嘉陵江沿河一带 8 月连日大雨倾盆，山洪暴发，江水陡涨丈余。南充县城南门被水封闭，沿岸禾稼、房屋损失不计其数，县境各坝悉被淹没。数十年未见之水灾。(1934 年 8 月 6 日《国民公报》)

荥经：8 月 3 日倾盆大雨，河水骤增数丈，6、8 两日夜雨暴，水势加大，田地、房屋、人畜、粮食，漂没无数。(民国《荥经县志·大事记》)

梓潼：春夏旱，收获不足三成。9月，江水高10余丈，沿河房舍、人畜、杂粮、碾磨全被冲刷。（《绵阳市志·自然灾害》）

开江：夏秋之间，大旱60天。低地沃壤约收五成，高地作物多数枯死。（《开江县志·大事记》）

渠县、大竹：农田多被淹没。入秋阴雨绵绵，九、十月雨泽更多，冬种不及十分之七。（《绵阳市志·大事记》）

雅安：夏秋水灾甚重。（《川灾年表》）

名山：6月25日，老峨山芝麻浍山崩，26日洪水陡涨，泛滥山野，禾苗被淹5里有余。（《名山县志·大事记》）26日，大雨倾盆，洪水陡涨，田土被淹，禾稼受损。壮者四处逃散，老弱无可奈何，无家可归，生活艰难。（《青衣江志》136页）

天全：8月10日起豪雨三日，山洪暴涨，双沟场、忠孝村等处沿河一带冲毁田土6000亩以上，淹毙400余人，灾情甚为严重，为近百年罕见。（1934年9月6日《国民公报》）

乐山：8月19日，三河之水均大涨，船只可入城。（《青衣江志》135页）

安县：山洪暴发，房屋牲畜冲刷者不可胜计，坏田土万余亩。（《绵阳市志·自然灾害》）

简阳：淹没田亩达全县之半，农田被毁者千余亩。（《内江地区水利电力志》）

广元：洪。（《四川省近五百年旱涝史料》32页）

绵阳：大旱，全县受灾地方在80%以上。（《四川经济月刊》12卷1期）

资中：旱。（《四川省近五百年旱涝史料》76页）

荣县：先旱后水灾。（《荣县志·大事记》）

泸县：积水数尺，四乡农田多坍，损失颇重。（《四川省近五百年旱涝史料》92页）

合江：大水沟地方被大雨侵蚀，损失甚巨，岩崩山裂约二十里，上下曾家湾房屋、田禾全被水冲走。（《四川两千年洪水史料汇编》）

古蔺：旱，饿死3000余人。向外地逃荒者达千户以上。（《宜宾市志·大事记》）

江津：7月29日，桥林镇发生饥民数百人抢米风潮。9月2日，白沙镇发生大火灾，全镇2663户，被烧2500户。（《重庆市志·大事记》）

汶川：1934至1935年，连续干旱。1934年十月，因旱灾玉米无收，绵虒、映秀一带缺粮民众到县城买玉米活命。而自贡罗姓商人来汶川开烧酒作坊，抢购、囤积玉米作原料，遂使当地粮价更加暴涨。两地民众百余人买不到粮食，愤而结队捣毁酒厂，官府派兵镇压，逮捕为首3人。（《威州史话》）

兴文：旱。兴文县吃大户组织者发布"告白书"。兴文领省赈会赈款6000元，委福音堂蒋福田监视，党部书记长姚美称散票，赈分会主席萧焕文于艰险中躬往各乡散放，凡五次始收齐票据。（民国《兴文县志·慈善》）

南江：农田多被淹没。（《四川省近五百年旱涝史料》112页）

邻水：农田多被淹没。饥荒，几天内就饿死300多人。（《四川两千年洪水史料汇编》）

梁平：沿河各地，冲刷无余。（《梁平县志·大事记》）

茂汶：大雨，大水成巨灾。（《阿坝州志·大事记》）

南川：1933年至1934年，连续两年大天干。四乡农民背起怀胎草来县城请愿，衙门前面鼓楼坝堆满了怀胎草，灾民成千上万，从大堂一直站到西街、中和街一带。县政府对灾民只是空言安慰，承认上报请赈，对来请愿的仅每人发二百文铜圆一枚作为路费（实际吃凉水都不够）。地方政府及救济机关，照例报灾、请赈、阻关、平籴。1933年冬，省救济会曾拨发洋芋种，1934年春天，铁村坝士绅自动募捐贷发谷种，但杯水车薪，无济于事。部分地方绅士假装慈悲，募捐办赈，卖平价米，施稀饭，实际握谷不卖，高抬市价或搞高利盘剥。冷水关土豪杨绍轩以借谷放赈进行高利剥削，从而发家。还有人借办赈济，从中作弊贪污（如煮稀饭冲水，亏吞赈谷等），因而起家发财的。种种恶迹，难以列举。兼之灾荒之际，土匪蜂起，白天夜晚，打家劫舍，拦路抢夺，四乡广大群众，日夜惶惶不安。在此情况下，生活好点的吃点稀饭、麦羹或米菜汤度日，成千上万灾民，只有吃树皮、草根、观音土过日子。木凉伞、黄淦沟、石牛溪的大岩头等处，挖白粘泥挖成了几丈深广的洞穴，顶上的泥巴垮下来打死了好多人。有的穷户求乞逃生，饿死沟边道旁。冷水关严保安一家数口，打草鞋为生，日食难度，活活饿死。县人向小坡（教师）作有《枯禾入城行》、《报荒行》等诗篇，描述官府、保甲、地主在惨重的灾害之际对灾民冷酷无情的恶行，兹节录如次：

枯禾入城行

枯禾入城，枯禾入城，千束万束如云屯。

为问枯禾来何处，离城十里西北村。我闻四月雨泽乏，高田多半秧未插，只望低田薄有收，孰意苍天偏促狭。我见枯禾泪欲潸，枝枝含穗青叶干，簇簇县衙前，藉藉街市间，千百农民参差立，欲言不言心悄悄。

中有老农两鬓皤，手抚枯禾肩背驼，自云业耕有年所，未见天灾近岁多。前年旱，去年旱，今年更无一成半。如今苛敛频且繁，田租官税何由办？！

我闻县长贤且明，岂不见枯禾到处如云屯？又闻上峰重民生，岂不见各地灾情报纷纷？

禾既枯，民何望，将见十九无蓄藏。无蓄藏，小民生计益茫茫。何问捐与款，何问税与粮！足寒把心伤。吁嗟乎绘成流民图，古有郑介夫，我今作歌聊当哀鸿呼。

报荒行

老农妇，陇头哭，手扶枯禾梢，泪湿枯禾骨。可怜泪水不及江水多，难起枯禾色转绿。仰首呼天天不语，眼看枯禾成败絮。不言田租无所供，饔餐更自属□空。手拉枯禾结以褓，背负枯禾如负儿，踟蹰踉跄何所之，蓬头光颈行当赤日正高时。……行行来至田主宅，且去报灾说端的。

妇来不敢径入室，先向豪奴致腼肥。惊起主人语作骄："撩吾清梦殊唠叨。"含泪妇待诉农情，似解来意先斥嗔："不必多言我清楚，借旱赖租是来因，先说一句告知你，打错主意不得行。天干非我干，田租直须完，我纵汝躅留情面，政府捐税不我宽。"

老农妇，语嘿嘿，负将枯禾归，投报乡长宅。乡长回言"难作主，报灾自有县政府"。老农妇，负禾又入城。这回果蒙政府恩，传言"我知情，将来为尔报上厅"。

（《南川近百年来自然灾害录》，载《南川文史资料选辑·3》）

涪陵：三年连旱。是年入夏后 40 日滴雨未下，稻禾枯焦，当年收获不足一成。（《涪陵市志·大事记》）

石砫：频年旱灾，今岁尤甚，收获不过十分之三四。（《四川省近五百年旱涝史料》138 页）

秀山：禾稼杂粮枯死十之八九。（《秀山县志·大事记》）

酆都：6 至 8 月无雨，南岸各乡镇赤地百里，全县灾民 5500 人，日食难度。灾民 11560 人地方赈款仅 1800 元。（《四川文史资料集粹·第 6 辑》）9 月，江水高 10 余丈，沿河房舍、人畜、粮食、碾磨全被漂没，全县灾民 1100 余户，1500 余人，毁田地 8255 亩，瓦房 10 院又 30 余间，淹毙 8 人……漂没猪、牛 100 余头。（《四川省解放前洪水资料汇编》1966 年版）

宜宾地区：6 月，珙县暴雨，洛浦河涨大水，河水倒灌至今巡场火车站处，普济桥淹没。6 月 29 日，长宁县大雨，县城盐厂一带房屋被洪水冲毁；7 月中旬，屏山县、兴文县暴雨，毁禾苗数千亩。（《宜宾市志·自然灾害》）

丹巴：洪水为灾。（《甘孜州志·大事记》）

巴县烟害：各乡遍种鸦片烟苗，据县政府派员调查，共有 800 余万窝。（《重庆市志·大事记》）

潼南：4 月 16 日，县城一居民午炊失火，至次日午前扑灭，烧毁街房 1200 多间。（《潼南县志·大事记》）

彭县、屏山地震：1934 年 9 月 1 日，彭县发生地震。县属河坝场地震时沉没，彭县教会三层洋房一座亦沉没，仅屋顶一尺许露于水面。

9 月，屏山发生地震。县属两河兵家村，经地震后沉陷，损失稻、麦、玉米在 10 亩以上，溺陷房屋二椽，附近地区仍继续下陷。（《四川省志·大事纪述·中册》150—151 页）

六月初三日，汉源槽大口山崩 200 余丈。七月二十日，牌楼岗山崩 200 余丈。（民国《汉源县志·杂志·祥异》）

9 月 21 日夜半时，灌县地震，由西北而东南，剧烈非常，龙溪以上较为剧烈。（1934 年 9 月 23 日《新新新闻特刊》）

[附] **1934 年四川疫情**

1934 年，国民党军队占据苏区阆中，兵荒马乱，城乡痢疾流行，死亡惨重，阆、苍边境，十室九空。（《四川省志·医药卫生志》144 页）苍溪、宣汉、达县、万县、三台、广元等地痢疾流行。（《巴蜀灾情实录》245 页）

1934 年，苍溪县天花大流行，患者不下万人，死亡甚众。（《四川省志·医药卫生志》140 页）同年，盐源流行天花，15 岁以下儿童 95% 以上染病，死者甚多。（《巴蜀灾情实录》231 页）

富顺：天花、麻疹流行，小孩夭亡甚多。（《富顺县志·大事记》）

灌县：秋，新民、志城两镇白喉流行，医生欧阳颂平等应诊不暇。（《灌县志·大事记》）

松潘、茂县牛瘟疫势猖獗：牛瘟俗称烂肠瘟，藏语"果儿"，是牛急性、热性败血性传染病。民国六年、民国十三年春天，两次在茂县赤不苏区雅都乡木鱼寨发生，蔓延至黑水县瓦钵梁子，牛死亡数百头。民国二十年松潘草地、理县、茂县、汶川牛瘟普遍，牛死亡过半。民国二十二年夏，茂县发生牛瘟，汶川全境发生特大牛瘟，死亡达6000余头。民国二十三年夏，松潘、茂县等地疫势猖獗，蔓延至甘肃咸县。汶川7000余头牛，死亡6000头以上，茂县8000余头，死亡7000余头，松潘县第二区，南坪一带系真性牛瘟，死亡2000余头。阿坝一些区乡耕牛死绝，农民无法耕种。（牛瘟流行中，国家农矿部虽曾派技士带血清等药前往，但民众无钱治畜病，任牛成群死亡。）

（《阿坝州志·畜牧志·疫病防治》）

1935 年

（民国二十四年）

参谋团入川，川政统一：1月，蒋介石参谋团入川。参谋团是代表蒋介石发布命令、指挥监督川军的全权机关。

2月，刘湘就任四川省政府主席；带头交出防区，各军迅速响应，致电表示拥护省政府，交出其防区内的各县政权，打破防区制，实现全省行政、军政、财政统一。彻底结束了祸害四川近20年的军阀割据，有利于经济、社会发展，为此后的抗日复兴基地建设奠定了基础。（据《四川通史·民国卷》）

［链接］3月4日，蒋介石在四川公开演讲，题为"四川应作复兴民族之根据地"；10月8日在成都作题为"四川治乱为国家兴亡的关键"，基本确立了以四川为抗日根据地的思想。（《四川抗战历史文献·大事记卷》）

1935年，国民政府控制了四川局面。在政府的倡导下，兴修水利，复垦荒地，发放农贷，使粮食生产逐步发展，连续几年丰收。（《四川省志·粮食志》2页）

1935年4月28日（三月二十六日），及12月18日、19日（十一月廿三、廿四日），泸定、马边先后发生强烈地震，山崩地裂，房倒屋塌，伤亡百余人。部分地区有水灾、旱灾：据《中国地震目录》载，是年四川连续发生两次强烈地震。一次发生于4月28日，震级6级，烈度7至8度，极震地区位于泸定、石棉间，并波及富林、康定、小金等地。其中，"得托一带墙壁及少数房屋倒塌……山岩崩垮，山石滚落，平坝地裂缝，树木摇倒。压死2人及少数牲畜。石棉：碉房倒塌较多，并有垮岩及山石滚落。"另一次发生于12月18日，震级亦为6级，烈度8度，是日及次日又续震3次。震中在马边附近。此次地震较上次为重，"玛脑复兴场、司里沱及屏山县夏溪、雷波、西宁一带，庙宇倒塌，字库倒半。石碉楼大多数倒塌，民房倒塌20％－50％，竹笆墙倒，木竹房倾斜。山岩普遍震垮，新华镇西约3公里之石门坎处，风化沙岩沿层面崩塌，第四纪堆积物及节理发育之基岩陡壁亦多崩塌，阻塞河流及道路。山坡、河岸、田坎和街道均多裂缝，宽0.3—1.5米，有冒水者。伤亡100余人。……会泽：山有崩塌，金沙江断流，石鼓乡地裂宽1尺。会理：鲁车山崩，受灾数十家，金沙江载（截）断。"其他如绥江、宜宾、昭通、乐山等县及五通桥镇均有房屋倒塌，"成都、重庆、新都、广汉、双流、崇庆、新津、德阳、温江、自贡、大邑、郫县、灌县、泸县、富顺、内江、荣昌、隆昌、屏山以及云南之镇雄、盐津、大关均有感。最远记录达300公里"。

此外，部分地区有水、旱之灾。是年7月（六月），川东亢旱。据7月30日（六月三十日）《申报》消息，"川东万县、忠县、酆都、石砫、涪陵、长寿各县，自七月初起至今天雨，梁山、垫江、邻水、绵竹等县亦亢旱廿余日，田土龟裂，秧苗枯槁"。同时，"川省诸河水暴涨，金沙江、横江、嘉陵江、都江各流域均成巨灾"。（《近代中国灾荒纪年续编》473—474页）

四川春荒，出现人吃人惨象：1935年，四川春荒，出现人吃人惨状。入春以来，北川北乡连松茂片口一带，连月来发生盗食死尸案数起。松潘、万源、通江等地，自杀其女、孙吃肉充饥之事时有发生。更有甚者，人饿死道旁，活人即伏尸而食以充饥。还出现杀人卖肉的情况，有以卖人肉汤为生者。松潘平定关一带，灾情甚重，杀人而食，卖4200文一斤，冒称牛肉。北川死尸每斤500文，活肉卖1200文或几千文不等。

5月，川东农村发生春荒。合川四乡农民，生活无着者达十之六七。古蔺县遇荒弃家远逃者1000余家。大竹各乡饥民麕集，动辄数百乃至一二千人。饥民大多以豆叶菜根果腹，迨至草根树皮剥食干净，争挖白泥充饥，如南川、古蔺、遂宁、南充、武胜、合川、隆昌、内江、宜宾、江安等县，白泥竟成饥民主食。古蔺一县饿死者达3000余人。铜梁饥民数百人米市抢米，被团丁打死打伤数人。南川冷水乡饥民竟将死尸烹食充饥。此种惨象各地时有发生。（《四川省志·大事纪述·中册》162页）

1935夏，万源县、宣汉县、达县、开江县、大竹县、渠县大旱，收获三四成，饥民多以树皮草根为食。（《达州市志·自然地理·灾害》）

成都丘陵山区春旱，夏秋淫雨：龙泉、崇庆、大邑春旱，小春收成减半。温江夏秋淫雨，6月24日金马河水涨溢，玉石堤溃毁250丈。温江、双流冲淹农田1.6万余亩，其中冲毁700余亩，倒房40余间，死10人。崇庆西河大水，冲毁石头堰口，推算西河元通站洪峰流量3670立方米/秒。（《成都水旱灾害志》235页）

马边地震：12月18日15时10分36秒，马边发生6级地震，震中烈度8度；16时发生5.75级地震。第二天0点59分又发生6级地震；21时21分再次发生5.25级地震。四次地震造成城垣、房屋坍坏，压毙人民数百，死牲畜无算。新华乡全场房屋倒塌。雷波西宁，50余铺户全行震倒，压毙男女4人，重伤6人，轻伤30余人。川西南地区均有震感。（《四川省志·大事纪述·中册》170页）

灾赈法规陆续颁行：民国二十四年川政统一后，四川省政府公布行政院先后颁行的《勘灾报歉规程》《修正勘报灾歉条例》《灾赈查放办法》，并陆续制发了《实施救灾准备金暂行办法》《旱灾急救办法》《救济干旱紧急办法》等。（《四川省志·民政志》266—267页）

川省恢复备荒仓储，曾积谷200多万石，后被贪挪殆尽：民国二十四年，四川灾荒日益严重，省府决定恢复仓储，以一年为期，每户积谷一石为标准。翌年10月，内政部公布《全国各地建仓积谷办法大纲》；是月27日，省民政厅据138个县市区统计，共有仓粟2322933.47石。民国二十九年，据111个县市统计，原有积谷2373834.07石，新募300111.99石，开销1861723.61石，实存812222.45石。嗣后许多县市积谷都被官吏贪污、挪用殆尽，继以连年灾患，民不聊生，无法继续募集仓粟。（《四川省志·民政志》274页）

国民政府不认账，川民田赋负担苛重：本年，国民政府对四川防区制时期驻军预征的赋税概不承认，重新计征，田赋附加三倍临时军费，按田赋正税附加一倍保安费。渠县田赋已征至1965年，国民政府不认，重征当年田赋及当年附加，年征银41万余元。（《达州市志·大事记》）

荣昌、隆昌、泸县、富顺、内江：2月24、25日，连日大雨不息，河水大涨。（1935年3月8日《新新新闻》）

盆地东部涪陵、万源、南江、梁平、邻水、大足、达县等45县：四五月栽插无雨，秋田收获少者不足二成。（《巴蜀灾情实录》23—24页）

涪陵：民国二十四年春，因连年荒旱，饿殍载道，哀鸿遍野，省赈务委员会拨给5000元赈济。三至四月，插秧无雨。六至七月天气亢旱异常，田土龟裂，禾苗干枯，粮食收获仅三成。涪陵在全省45个灾县中属乙等县。7月，乌江洪水成灾。（《涪陵市志·民政篇·灾害救济》）

酉阳：4月28日，交通社通讯称：酉阳去岁旱魔为虐，收成仅十分之二三，今春县内米价飞涨，乡民多采蕨为食。（《酉阳县志·大事记》）7月大雨，乌江暴涨数丈，龚滩上下街被淹，沿江房屋秋谷被水淹没。（1935年7月27日《新新新闻》）夏秋之交长达3个月无雨，酉阳各乡镇受旱，稻禾枯槁。（《酉阳县志·大事记》）

巫溪：旱，春荒。（《巫溪县志·大事记》）

开县：旱，春雨失调，播种愆期，大旱50余日。（《开县志·大事记》）

彭水：春播愆期，夏旱尤甚，百日不雨。7月，乌江水暴涨数丈，沿岸房屋田地被水冲走不少。（《彭水县志·大事记》）

乐至：春干插种愆期，入夏百日不雨，收成五成。（《乐至县志·大事记》）

石砫：由春到夏雨水稀少，旱阳肆虐，禾枯。（《石砫县志·大事记》）

盐源：从三月起久旱不雨，插秧失时。（《四川省近五百年旱涝史料》141页）

越嶲：五月后大旱，禾苗枯死。（《凉山州志·自然灾害》）

汉源：春，大冲连日降雹如小豆，积二寸许，数日始化。五月十七日起至六月二十日数十日大雨，场市不通，致乡间半月无食盐。（民国《汉源县志·杂志·祥异》）五月，富林盐市街火灾，烧毁、拆毁40余家。（适中央军驻此，军长周浑元抚恤国币3000元修复铺面，师长萧治平抚恤国币300元。）是年九月，宜东刁房嘴火烧街房20余间，魁星楼亦毁。（民国《汉源县志·灾赈》）

富顺：5月12日，因酷热引起暴风雨，倒塌房屋千余间，压死数百人。（1935年5月23日《新新新闻》）

屏山：遭冰雹袭击。（《屏山县志·大事记》）

理县：五月，虫长寸许，食玉米幼芽，危害甚烈。(《四川省近五百年旱涝史料》145 页)

资阳：6 月亢旱 40 余日。8 月又遭洪水。(《资阳县志·大事记》)

名山：春旱。六月十三日，名山河区大雨雹，毁田禾、房屋。(《名山县志·大事记》)

泸县：六月风雹伤谷菽。(民国《泸县志·杂志·祥异》)

合川：5 月的一天中午，金沙乡龙游寺一带受大风袭击，高粱、玉米有 70% 被折断。(《合川县志·大事记》)

宝兴：陇东上游各沟特大洪水，沿河土地房屋被冲，数人被淹死。(《青衣江志》136 页)

巴县：6、7 月大雨，山洪暴发，茂桥乡因灾损失田禾十分之五。(《巴县志·大事记》)

成都：七月十四日大雨，大水。(《川灾年表》)

盐亭：8 月连日大雨，洪水暴涨，沿河庄稼被冲毁。(《绵阳市志·大事记》)

南充：大旱，春播延期，入夏后又弥月不雨。7 月 12 日嘉陵江水突涨，沿河街内各处巷子水涌，人畜淹没，房屋倒塌，为近十年来所未有。(《南充市志·历年自然灾害纪实》)

阆中：7 月旬日来大雨，水涨丈余，大水进城。(1935 年 7 月 25 日《新新新闻》)

西充：9 月 8 日竟日大雨，城内外皆成泽国。(1935 年 9 月 24 日《新新新闻》)

江北：洪水，城区被淹毙者 500 余人，灾民 2000 余。(1935 年 9 月 15 日《国民公报》)

南部：9 月连日大雨，嘉陵江大涨，南门大桥因之崩塌。(1935 年 9 月 21 日《新新新闻》)

岳池：西溪河洪水暴发，沿河两岸农作物被冲刷，损失严重，下游坪滩场被淹，坪滩大桥封洞，街道上可行船，持续三天始退，损失严重。(《岳池县志·大事记》)

宣汉：七月后大旱 40 余日，田禾枯萎，收获三成。(《四川省近五百年旱涝史料》112 页)

万源：七、八月亢旱数十日，又遭暴风，收获二成。(《四川省近五百年旱涝史料》112 页)

长寿：入夏以后，骄阳肆虐，稻多白穗，秋收歉薄，民食维艰。复患冬干，田土龟裂，饮水缺乏。(民国《长寿县志·灾异》)

安岳：入夏亢旱两月，田禾枯萎，收成五成。(《安岳县志·大事记》)

云阳：春旱连夏旱。春季始旱，入夏后又两月无雨。"流金铄石，草木枯死，山地平原，悉为焦土。"兼风、雹为害，全县灾民 8 万余人，饿死 300 余人。(《云阳县志·大事记》)9 月 12 日，从晨至午，大风袭击云龙镇，房倒树折不计其数。(《云阳县志·大事记》)

苍溪：夏旱，受灾重。(《苍溪县志·大事记》)

蓬安：夏，雹风、暴雨相继为灾。(《蓬安县志·大事记》)

江北：夏旱秋霖，收成不及一半。（《江北县志·大事记》）

大竹：夏旱 60 余日，收获四成。（《达州市志·灾害》）

梁平：夏旱两月，灾情极重。（《梁平县志·大事记》）

邻水：夏旱 50 余日，收获三成。（《四川省近五百年旱涝史料》112 页）

城口：夏旱，收成歉薄，民食恐慌。（《四川省近五百年旱涝史料》119 页）

1935 夏，万源县、宣汉县、达县、开江县、大竹县、渠县大旱，收获三四成，饥民多以树皮草根为食。（《达州市志·民政·灾害救济》）

奉节：民国二十四至二十六年（1935～1937）春夏数月不雨，奉节为全川重灾县之一。3 年计核准减粮 540 万市斤，民国二十四年（1935）核减田赋 6.6 万元。（《奉节县志·民政·救济》）

忠县：四月起大旱，至六月，天乃降雨，荒象奇重，赤地千里，颗粒无收。不特草头木根，难得一饱，即所需饮水有至十余里以外寻汲者。饿殍载道，时有所闻。10 月上旬大雨滂沱，沿河民居多被水淹没，人畜死亡甚多。（民国《忠县志·事纪志》）

巫山：夏旱。洪灾。（《重庆市志·大事记》）

夏末秋初旱月余，滴水未下，田裂禾死。（《万县志·大事记》）

双流：七、八两月，金马河跌涨，水势泛滥，宽五六里，窄亦二三里，冲打田成泽国，房舍漂没，被淹面积田 0.272 平方公里，地 0.58 平方公里，灾民 5064 人，死亡男 2 女 4。（《双流县志·自然灾害》）

温江：7 月 19 日洪水暴发，冲毁玉石堤 130 余丈，西北三区水灾奇重，沿江冲刷田亩约一万二三千亩，占全县总数二十七分之一。（《温江县志·自然灾害》）

金堂、郫县：八月风灾。（《郫县水利电力志》）

重庆：5 月 30 日，上游宜宾暴雨成灾，川江洪水淹没重庆珊瑚坝机场，致航行前来的飞机被迫折回。（《巴蜀灾情实录》55 页）8 月大河水涨，8 月 25 日涨至 2 丈余，沿江房屋冲毁，受灾民众达 5000 余户；两江码头完全封渡，上下轮船暂时停航。（《重庆市志·大事记》）9 月 9 日，嘉陵江水势陡涨六丈一尺，沿江低处房屋尽被淹没。（1935 年 9 月 11 日《新新新闻》）

绵阳：民国二十四至二十六年，因水旱等灾害，川内各灾区经核准减免田赋，其中绵阳县核减 9352 万元（法币）。（《绵阳市志·民政·灾害救济》）五月雹灾，农作物损失最著，房舍次之。（《四川经济月刊》12 卷 1 期）

内江：9 月 9 日，内江县长高汝镕报灾呈文称：大洲坝"飞机场"全部淹没。（1982 年《内江市洪灾志》）

简阳：十月初大雨两日夜，河水暴涨，县属江南铺淹没房屋三四十家，冲坏田土六七十亩。（1935 年 10 月 4 日《新新新闻》）

旺苍：秋播后 7 个月无雨，所种小麦、豌豆、胡豆等，至次年春未发芽，禾无收。（《旺苍县志·大事记》）

通江：入秋数旬不雨，田土龟裂，收获五成。（《四川省近五百年旱涝史料》112 页）

荣昌：入秋淫雨两月余，小麦难种。（《荣昌县志·大事记》）

潼南：春夏数月不雨，田裂禾焦。入秋大雨为灾，河水突涨二三丈，涪江两岸作物全被淹没，田土冲毁，淹死多人。（1935 年 10 月 4 日《新新新闻》）

灌县：水灾受害最巨者，仍以灌县等五县为著，农田不能灌溉。（《四川省近五百年旱涝史料》12 页）

［链接］**都江堰大修，改建鱼嘴**：1935 年冬至 1936 年春，都江堰大修，第一次采用水泥，改建堰首鱼嘴。

1933 年 10 月岷江叠溪洪水暴发，都江堰首全被冲毁。同年冬到次年春，四川善后督办刘湘拨款 1.2 万元恢复砌石鱼嘴，于 1934 年 4 月完成。因基础不牢，1934 年 7 月汛期复被冲毁。1935 年冬，四川省政府拨付工款 15 万元进行大修。大修由都江堰管理处处长张沅主持，将鱼嘴位置西移 20 余米，浇筑混凝土基础，水泥砂浆砌石筑成顺水流线型新型鱼嘴，同时加固百丈堤、内外金刚堤、飞沙堰和人字堤，内、外江亦同时大力淘修。工程于 1936 年 4 月 8 日告竣，由省府主持开水典礼。

都江堰自 1936 年改用水泥新材料砌筑后，直到 1973 年改建外江节制闸拆除，经 36 年，一直稳固完好。

这次大修都江堰是四川省水利工程第一次采用现代工程材料和现代施工方法。（《四川省志·大事纪述·中册》170 页）

广汉：8 月 24 日，外北清江河陡涨，沿江民房、农田、粮食、牲畜多被水冲没。（1935 年 8 月 26 日《新新新闻》）

仁寿：5 月，彰加、涂家、汪洋一带旱，一月不雨，禾苗枯萎，农民四处觅饮水。7 月 4 日，雹，富加乡水稻、棉苗、房屋受损。（《仁寿县志·自然环境·灾害性天气》）

广安：水稻收成很差。（《广安县志·大事记》）

峨边、夹江、眉山、井研：旱。（《四川省近五百年旱涝史料》49 页）

武胜：旱，入夏四野尽成焦土。（《嘉陵江志》151 页）

仪陇：旱，春播延期，入夏又旱两月。（《四川省近五百年旱涝史料》67 页）

铜梁：旱，播种无着，饥民结队抢米。（《四川省近五百年旱涝史料》103 页）6 月，安居镇大水，1000 余家民房被扫荡。（1935 年 6 月 23 日《新新新闻》）

大足：八月旱后又飓风为灾。（民国二十七年《四川经济参考资料·经济要闻》）

南江：旱两月，禾苗蔬菜枯萎而死，收获二成。（《四川省近五百年旱涝史料》112 页）

达县：种时淫雨，种后不雨，收获四成。（《四川省近五百年旱涝史料》112 页）夏秋大旱，粮食仅收二成，达县政府呈报省赈务会拨款救济 1 万元、重庆救济会拨款 2.10 万元，县政府未拿分文救灾，全部挪用，在一、四、五区修建作战碉堡 100 余座，备作防共反共之用。省赈务会给宣汉县拨法币 1 万元赈灾，县以工代赈，修筑西北乡村道路 720 里，购置耕牛 79 头、锄头 3820 把、铁耙 955 把，分给灾民。（《达州市志·民政·灾害救济》）

渠县：8 月 10 日夜，渠县白兔乡降冰雹，庄稼毁损。（《达州市志·灾害》）

江津：洪。璧南河涨水，洪水冲走油溪河街，淹死数人。7 月 16 日，长江涨大水，德感坝文昌庙淹倒。（《江津县志·自然灾害》）

奉节：5－7月，奉节及川东各县不雨，栽插失时，灾情严重，米价上涨一倍。（《奉节县志·大事记》）

酆都：栽秧后50多天无雨，全县45个乡镇受旱，重灾6.49万户，19.35万人。（《酆都县志·灾害性天气》）

巴中：入冬淫雨为灾。（《四川省近五百年旱涝史料》112页）

垫江：风雹。（《垫江县志·大事记》）

黔江：旱荒。（《黔江县志·大事记》）

开江：川军第五路总指挥部在本县大量收购军粮，加之旱灾严重，粮价猛涨，饥民多以草根树皮为食。（《开江县志·大事记》）

广元：筑路修碉征民工，至冬人相食。（《广元县志·大事记》）

潼南：秋雨为灾，河水猛涨3丈，涪江两岸作物尽被淹没。其后久旱，饥民打仓抢粮、挖食白泥者络绎于途。（《潼南县志·民政·灾害救济》）

汶川：夏，水毁桥梁，伤禾稼。（《阿坝州志·自然灾害》）

万县：12月18日午后3时和7时，万县城内先后发生两次有感地震。剧烈时，箱子纽环摆动约60度，花瓶等器皿或倾或倒，持续两分钟。（《万县志·自然灾害》）

资中：1935年田赋已预征至1973年。（《资中县志》）

青川：1935年好溪乡草溪沟，大雨洪水滑坡，骤然崩裂，冲走房屋2间，死亡2人，冲走猪3头，冲毁农田10亩左右。（《嘉陵江志》158页）

会理：十一月二十二日，会理沙坝沟滑坡4800万立方米，堵断金沙江3昼夜，该县和云南共死亡286人，毁地27公顷。（《巴蜀灾情实录》326页）

［附］1935年四川疫情：

阿坝：黑水发生流行性脑膜炎、痢疾，长征红军病逝2000多人，周恩来染病，乘担架过毛儿盖。（《阿坝州志·大事记述》）

茂县伤寒病大流行，缺医少药，死5000余人。赤不苏区患病人数约占总人口的40％，病死率35％。（《阿坝州志·疫病防治》）

甘孜：夏，丹巴县伤寒流行，死者无以数计，聂呷乡抛乌村全村计13户，户户均有病人及死亡，疫病死绝3户，全村剩下仅20余人。（《甘孜州志·疫病防治》）

绵阳：国民政府发布《普遍种痘办法》，绵阳辖区各县执行种痘预防天花。是年，三台县发天花病578例，死亡58例。7－9月，三台县流行"流脑"（流行性脑脊髓膜炎），发病331例，死亡131例。7月县境流行霍乱，患者776人，死亡92人。（《绵阳市志·卫生·疫病防治》）

宣汉：霍乱流行，七里乡至双河乡交通沿线随处可见死尸。（《达州市志·卫生·疾病防治》）

长寿：沙溪沿河岸一带麻疹病流行，沙溪湾30余户死亡小孩36人。但渡、邻封等乡流行疟疾，重患人户无人秋收，医不暇接，民间多用土法治疗。（《长寿县志》925页）

北川：夏秋间，霍乱、痢疾流行，陈家坝、桂溪一带死亡极重，县府出资造万人坑两处，掩埋弃尸300余具。8月18日通口河洪水，邓家义渡木船翻沉，淹死70余人。（《绵阳市志·卫生·疫病防治》）

1936 年

（民国二十五年）

四川丙（子）丁（丑）大天干：民国二十五年丙子、二十六年丁丑，四川省除成都平原外，普遍大旱，是近百年来四川发生过的最大旱灾，人称"丙（子）丁（丑）大天干"。

1935 年，四川川中、川东、川北已有不同程度干旱，特别是梁山（今梁平）、邻水、大竹、达县、南江、万源一带，夏旱两月无雨，秋田收获多者四成，少者不足二成。1936 年丙子，旱区更扩大到川西、川南一带。灾区先是春旱，继之以夏旱，迄秋冬直至 1937 年丁丑春夏，连月亢阳无雨，泉干井涸，田土龟裂，无法下种。丙子或有存粮，丁丑则无以为继，草皮树根食尽，采掘白泥，饥民络绎于途，死者填沟壑，生者四散逃荒。有记载的南江县饥民，两天饿死 2000 人；巴中县 2-5 月饿死饥民 800 余人；万源县全县人口，灾后骤减三分之一。据四川省政府统计：1937 年春，全省受灾 140 县（时川省共有 148 县），灾民 3000 万人，受灾区域及人口均占全省的五分之三。四川当年灾区各地，至今普遍仍有"丙子易过，丁丑难挨"的民谚。

更严重的是大旱之年不是无雨，而是暴雨导致的洪灾。1936 年万县遭逢数十年罕见大旱，8 月 6-7 日却洪水暴涨，沿江各镇均成泽国。重庆自 1937 年 8 月初起，连日大雨，江水骤涨，交通断绝。江津大旱之后，8 月江水大涨，河街一带尽成泽国。万源县 9 月 19-24 日大雨 6 昼夜，城内城外俱成泽国。（《四川省志·大事纪述·中册》174 页）

1936 年秋，四川 31 县水灾：1936 年秋季，旱灾严重，同时遭遇水灾。计第一区温江、新津、双流等县，第二区资中、内江等县，第三区江津等县，第四区眉山、蒲江等县，第五区乐山、犍为等县，第七区泸县、富顺等县，第十二区遂宁、中江等县，第十三区绵阳、德阳、罗江等县，共计 31 县。（四川省民政厅编述《川灾概况及其救济经过》、《民国赈灾史料三编》第 31 册）

1936 年，四川饥饿，死 700（万）余人，饥民争食树皮葛根充饥，不下 10 万人。四川旱，秋粮无着。（《中国救荒史》44 页）

［备览］ 　　　　　**1936 年四川灾情述要**
　　　　　　　　　　　　　甘典夔

一、灾区和受灾情况

据四川省赈委会发表：1936 年时，"四川省共有 148 县、3 屯、1 设治局，受灾者即有 104 县、3 屯、1 局，除成都盆地各县外，都是灾区；受灾区域占全省面积四分之三以上，受灾人数达 3700 余万人"。以后省赈委会又一次发表灾情统计：全川受灾县份共 125 县，灾区面积和受灾人数当更有增加。

省赈委会第一次发表的：旱灾——巫溪等 45 县；水灾——灌县等 5 县；水旱灾——酉阳及城口等 19 县；地震灾——茂县、马边等；风雹灾——蓬安等县；雹灾——仁寿等县；水旱风灾——资阳等3县。

省赈委会又一次统计的：旱灾——忠县等88县；水灾——资阳等13县；水旱灾——合江等18县；旱雹灾——理番；水旱雹灾——会理；虫灾——西昌；旱虫灾——盐源；匪灾——靖化（按："匪灾"非自然灾害，姑并存之）；匪旱灾——懋功。

二、灾民惨状和争取生存的斗争

根据上述，1936年各地受灾情况并不比1934年特别严重；但以灾区较广，灾民较多，各种自然灾害特别是人为的灾害几乎都在这一年内不同程度地相继增长；加以1935年春由于1934年大灾之后，许多地方没有播种，形成春荒，接着又遭干旱，收成短少，粮食更感缺乏。当时四川省政府对于救灾仍无具体有效的措施；因而灾民的困苦，比1934年更有过之，而且发生不少骇人听闻的悲惨事故。

1936年春，各地存粮吃尽，又值青黄不接，米价飞涨，平时最贵时，斗米（约合32斤）不过二元二三角（一般米价为斗米一元七八角），这时已涨到三元以上，且有超过四元的；而绥定等县，每斗竟涨到七元四五角；平武等县，斗米（约合60斤）竟售十元；重庆市米商，犹复囤积居奇，纵操民食。此外，还有官僚地主资本利用金融力量，囤积几十万石粮食以图厚利的，更促使粮价上涨。饥民无以为食，即以草根、树皮、芭蕉头、麻秆、葛藤等物果腹；挖白泥充饥的更为普遍。岳池漆家岩各处，每日挖白泥土的多至二三百人，且有远自百数十里来此求得一担白泥的；涪陵第三区因挖取白泥致将北岩华厂坡山脚挖空，岩石崩坍，压死饥民50余人；荣昌、岳池等县或因争夺白泥而发生死伤事故，或因食白泥不能消化排泄以致腹胀而死。凡此种种惨状，令人不忍卒睹。

还有更惨绝人寰的事，乃是饥民竟因觅食而发生吃人肉的现象。据1936年5月4日《天津日报》载成都通讯上说："今年树皮吃尽，草根也吃完，就想到死人的身上，听说死尸的肉每斤卖五百文，活人肉每斤卖一千二百文，省赈会特派员王匡础到六口场视察，在一肖姓的屋里发现女饥民张彭氏、何张氏等围食死尸。通江麻柳坪有一妇女杨张氏因生活艰难，携其六七岁及九岁的两个女儿向他处逃荒，不料走不远时该妇遂倒毙道旁，二女饥极，就在她娘身上啮面部及身上的肉充饥。万源县更厉害，饥民食死尸已司空见惯不惊，现在更有杀及活人及小孩的事。"是年4月10日《重庆快报》载邻水通讯上说："近有桐木洞贫妇邱氏因迫于饥饿，将其3岁小女杀而食之，以延旦夕之命。"同日《赈务旬刊》载："涪陵饥民、酆都饥民，烹子充饥，杀食胞弟。苍溪饥民、阆中饥民惨食子女，烧食小孩。"等等。至于因无法谋食而自杀的更时有所闻，如苍溪饥民因树皮草根吃尽，全家坠岩而死；甚至有以仅剩的一只无米为炊的破釜去换毒药而全家服毒自杀的；也有因二百文钱（当时四川大铜圆一枚当二百文，约合伪法币一分）而全家自杀的（见四川省赈委会乞赈函）。

饿死的人数：1936年全川因灾害而饿死的人数，没有精确的统计数字。据《申报》载：仁寿各地有全家饿死者；南江第二区饥民两月内即饿死二千余人。又1936年4月23日重庆《新蜀报》载宣汉通讯上说："本县饿殍遍野，据前20日统计，每场饥饿死者，日在10人以上，近复渐次增加，每场日达20人左右。"又同日绥定通讯上说："现在万源人口骤减三分之一（其中有一部分是逃荒）。即万源城中，亦仅稀稀千余人而已。如旅行长途，整日难见炊烟，沿途倒地饥民几无地无之。"又该报5月2日南江通讯称，

"计自废历二月份起，截至目下止，除巴中城厢每日饿死者在三四十人不计外，其余该县大小百余场，平均每一个场每日饿死饥民在十个人以上。"又称："总计城乡饿死者，每日达千余人。"又称："2月1日迄今（按：指5月2日通讯时），该县（巴中）饿死的饥民不下8万余人。"饿死人数之多，从此可以想见。

至于不甘坐以待毙的饥民，只有起来到处抢米夺食，或者成群结队相约吃大户，也有大伙乞食他乡的。例如："潼南、铜梁、岳池、广安等县边境饥民，恒在81万之多，沿乡挨户乞讨，逐处可见。"（见《新民报》）尤其甚者，当时所谓"教匪"，实即出于义愤的饥民（绵阳、剑阁等地），手无枪械，全靠一股勇气，吃所谓"刀砍不入，枪打不进"的符水，即聚集起来攻打县城，同军队肉搏作争取生存、不顾死活的斗争（摘自《西南评论》所载"饥饿压迫下之四川"一文的大意）。在这种肉搏斗争中，饥民遭受伤亡和镇压的人不在少数。凡此种种仅就显著者而言。

三、赈灾情况

当1936年灾情严重、险象环生的时候，仅由四川省政府向银行借入131.1万元，另由民政厅筹款10万元，共140余万元，作为赈款。如按灾区120余县平均分配，每县仅一万余元；如按受灾人口三千余万人平均分配，每人仅能得四分钱左右。政府对人民群众灾难的忽视，由此可以想见。省府除在省外购运食米入川外，赈灾事务概由四川赈务委员会负责办理。而此项在名义上为赈灾救济的米实际上又多为官僚奸商所套购，饥民并未沾得实惠。

四川省赈务委员会先后只收到省府拨款80万元，连同民政厅筹款10万元，共90万元。（按：省府借赈灾之名向银行界借入131.1万元，后来拨给赈委会的专款只有80万元，其余51.1万元移作别种用途去了。）这就是当年四川省政府对待如此严重灾害的"措施"，而办赈的人又良莠不齐，一沾着钱，就想"叨光"，如苍溪县公安局长陶子国竟吞食赈款一万多元，其他大小贪污事件，不可胜举。因此这90万元赈灾的款项，用在饥民身上的就更少了。

在如此惨痛的灾情之下，省政府复厉行催科，加紧压榨。1936年四川省政府预算各种税费收入共8200余万元，其中田赋一项，预算收入为2600万元，催征结果，税费只欠收700余万元。

在灾情严重期中，不仅省县各级政府催科严厉，且"灾区难民回籍，又被驻军拉夫，耽延行程，致误春耕，甚至估买民间粮食"（见《大公报》），真是落井下石，火上加油。

1936年省政府所拟发的赈灾公债，到1937年7月1日始正式发行，债额为600万元，用途为办理移垦、水利、工赈等事项。此项公债除抵付借款外，实际上并没有用在移垦、水利、工赈等方面，只用借赈灾为名另自干了一些军阀自己打算的活动。

至于国民党中央政府对四川省灾情更是漠不关心。1936年6月15日《西南评论》第三卷第一期载有这么一段消息："蒋介石来川，招待绅耆时，省赈委会主席尹仲锡将灾区拍下来的人吃人的照片交蒋，蒋阅后放在袋内。"蒋介石统治集团对四川省受苦受难的人民（对全国人民都是一样），态度就是这样。

（摘自甘典夔《1934年和1936年四川灾情述要》，载《四川文史资料集粹·第6辑》）

1936 年 10 月 4 日，四川省政府公布成都、新都等县旱灾查报情形：十成收者有新都等 2 县，九成收者有成都等 5 县，八成收者有广汉等 5 县，五成以下者有叙永等 33 县。威远等 6 县只有一成收获。11 月 2 日，川灾救济会成立，决定将国民政府公布之赈灾公债 600 万元分配用途：农贷 400 万元，水利 200 万元。（《抗日战争时期四川大事记》）

自春迄冬，各县相继亢旱成灾，收成至薄，民食告竭，哀鸿遍野，灾区达 125 县。夏间，川中各地水灾严重，交通中断，田庐淹没。部分州县有风、雹。马边地震：1936 年四川旱灾奇重。春间夏初，大部分地区即亢旱无雨。据统计，截至 5 月（闰三、四月），已有 67 县被旱，包括：芦山、汉源、金堂、江油、巴中、昭化、万源、古宋、通江、剑阁、苍溪、宣汉、阆中、仪陇、南江、城口、达县、盐源、洪雅、峨边、梁山、江北、邻水、越嶲、高县、涪陵、盐亭、彭水、珙县、长宁、雷波、大邑、开江、南川、垫江、长寿、兴文、乐至、潼南、庆符、云阳、合川、井研、纳溪、安岳、中江、夹江、忠县、江安、巴县、渠县、石砫、铜梁、蓬溪、巫溪、隆昌、大足、开县、武胜、酆都、奉节、酉阳、巫山、眉山、綦江、马边、屏山等。夏秋之后，旱情进一步发展。据四川省赈务会次年春的调查，"川省去年度各县旱灾，灾区已达一百二十五县"。其中，"重灾县份"共 10 个，具体灾情如下：

忠县——"去年（1936 年）以来，遭旱数季，全县受灾奇重，灾民曾流窜至鄂省乞食。"

岳池——"全年亢旱，粮尽食竭，遍野哀鸿。"

达县——"民食告绝，险象环生。"

仪陇——"又遭奇旱，饥民遍野，灾情特重。"

渠县——"全境亢旱，灾情异常严重。"

武胜——"灾情奇重，人民成群劫食，水源断绝。"

梁山、营山、广安——"去秋亢旱，粮食歉收，人民多以树皮草根为食，惨不堪言。"

靖化——地荒粮缺，十室九空，十人九死，饿殍载道，盗匪滋蔓。

旱灾之外，水、风、雹、震等灾亦踵至沓来，形成以旱为主、多种灾害并存交织的局面。本年 5 月（闰三月）之前，汶川、秀山、西充、灌县、黔江、遂宁、崇庆、温江、德阳、什邡、犍为、广汉及西阳、巫山、眉山、綦江、茂县等县均曾发生水患。至 8 月初旬（六月中下旬），川中各地复大雨成灾。据《申报》消息："近日川中各地大雨，山洪暴发，江水大涨，渝海关水码已达九丈余，水势犹继涨不已，沿江田庐悉被淹没，人畜尤被害不少，厥状甚惨。"《大公报》亦称，因"各地大雨，岷、沱江水均大涨"，"简阳、资中一带被水，成渝间交通中断，各地农田被淹"。马边一带继上年地震之后，本年 4 月 27 日（闰三月七日）又发生强烈地震。据《中国地震目录》载，该处是日共震动 4 次，震级在 5.5－6.75 级之间，此后至 5 月 16 日（闰三月二十六日）又续震 4 次，损失颇大："玛瑙、复兴场、屑（屏）山夏溪一带，石碉楼全倒，石桥倒塌。庙宇民房倾倒甚多，土石墙普遍坍塌，木架倒塌 50%。山岩普遍严重崩垮。团鱼北一带山石崩裂甚重，毁地死人。山脊、山坡、河岸、田地、街道、公路遍地裂缝，宽

0.3—1 米，长达数里、数丈不等，有冒水者。大树震倒，死数十人。"其它如雷波、绥江、宜宾、泸县、五通桥、内江、犍为、自贡等地的屋宇，也有不同程度的毁坏。另，松潘、理番及茂县亦发生地震；蓬安、合江及仁寿有风雹灾害。（《近代中国灾荒纪年续编》478—480 页）

成都平原山丘区旱，夏秋大雨，各县水灾：四川于民国二十五年（丙子）前一年，川中、川东、川北已有不同程度干旱，丙子年旱区扩大到川南、川西一带，全川除成都平原有都江堰水利灌溉外，普遍大旱，受灾人口占全省四分之三以上。民国二十六年丁丑继续天旱，许多地方吃水都感困难。

民国二十五年，龙泉驿东山地区春荒、夏旱、秋涝、冬干，灾害延续至次年，沿龙泉山一百余里，"泉干井涸，田土龟裂"，人称："丙子丁丑大天干。"大邑、邛崃、蒲江民堰灌区迟至农历五月半、阳历 7 月 10 日小暑前后始下种插秧。

灌县、郫县、成都 7 月下旬起大雨，实测 7 月 30 日至 8 月 1 日三日雨量 226.9 毫米，8 月 10 日雨量 152.5 毫米，平地起水，成灌公路急流成河，成都市内金河三桥封洞，低洼处都成泽国，金马河水溢，温江、双流冲淹农田上万亩，倒房 192 间。新津、蒲江亦报淫雨水灾，新津县城进水，汶江桥水位 459.54 米。（《成都水旱灾害志》236 页）

重庆：1 月 23 日夜起，降 20 年未有过的大雪。5 月 23 日连日大雨，两河水涨，海关码头水位三丈一尺。6 月 10 日大风。（《重庆市志·大事记》）8 月初连日江水暴涨，涨至九丈三四尺。仅重庆朝天门至牛角沱，被灾 18380 余户、灾民 73520 余人；再从朝天门至菜园坝，被灾人户与上相等。（1936 年 8 月 7 日《华西时报》、道光《江北厅志·杂类》）两江大水，江北、南岸重庆沿河居民受损极重，被水灾民共 11500 户、36914 人。（1936 年 8 月 15 日《华西日报》）

酆都：3 月 15 日，武平乡大雨，9 个保受灾，冲毁耕地百余亩。5 月 18 日暨龙、回龙等乡暴雨，冲坏耕地 480 亩，360 户受灾，10 余人被淹死。大旱，45 个乡镇灾旱，灾民 4.7 万人。（《酆都县志·灾害性天气》）

［链接］民国二十二年至二十五年，全县连年大旱，各联保办事处不断向县府呈文请求拨发救济款项，县府均批"发动募捐，设粥厂以赈灾黎"。仁沙乡联保主任募捐无门，到县衙跪哭请赈，县长孙醉白批借农行基金 2000 元放赈。接着各乡联保主任齐集县城，联名请拨赈款，县府急电省府请赈，省令自筹。一些乡（镇）强令富户出粮设粥厂，仅几天即停。灾民流离失所，死亡甚众。（《酆都县志·民政·救济》）

奉节：春至夏，全县两月不雨，田土龟裂，溪河断流，受灾面积 13.75 万亩；4 月雹灾；8 月洪灾，为数十年所罕见。（《奉节县志·大事记》）

达州：4 月 16 日夜，宣汉县东升、老君等乡风雹齐至，达 4 小时之久，田间作物尽毁；6 月 11 日夜，渠县贵福冰雹骤降，大如鸡蛋，密似筛米。（《达州市志·灾害》）

［链接］大旱，境内各乡贫民"吃大户"，掘草根、剥树皮，有的上街抢夺熟食。开江县县长郭其书一味派警镇压无效，才向省发电借军粮款法币 1 万元，筹富仓谷 800 石，分发各乡济贫。万源县县长肖廉武向省银行借款法币 1 万元，行营拨款法币 7 万元，实施农村救济。渠县赈务分会劝令富绅、商贾借粮或施赈。（《达州市志·民政·救济》）

民国二十五年、二十六年，达州境内各县连续大旱，大米每斗由一元七八角涨至七元四五角，且有市无粮、十室九空，饥民剥树皮、挖草根、取白泥充饥。省赈会拨赈济款法币4.8万元，中央赈济法币5万元。开江县筹富仓谷800石，平分到乡，重灾乡甘棠千户千元，户均1元，仅够买米1升，民怨沸腾，县长终以救灾不力，治民无方，被弹劾指控，撤职离县时群众愤怒，拦路痛骂。达县政府供应平价米，并以积谷在帝主宫、城隍庙、机仙庙、禹王宫等地施舍稀饭，每天上下午各一次。赈灾款发到灾民手中每人仅1角钱。饥殍横路，哀鸿遍野，饿死数万人。宣汉县赈务分会自赈法币2000元救济灾民。（《达州市志·民政·救济》）

涪陵：4月18日，涪陵各乡镇遭大风冰雹袭击，雹大者如卵，遍地成堆，沟壑充盈，田禾被毁。梓里、凤来、鸭江等地尤甚，纵横一二十里不见秧苗。春旱，5月份始下透雨，小春歉收，继又伏秋旱，自秋到冬，连月不雨，人畜饮水困难。灾情惨重，为近百年罕见。8月，大雨不止，山洪暴发，川湘公路涪陵段毁损严重，通车推迟3个多月。因连年荒旱，饿殍载道，哀鸿遍野，省赈务委员会拨给5000元赈济。（《涪陵市志·自然灾害》）

乐至：春干，播种延期，入夏百日不雨，收成五成。夏秋冬三季亢旱成灾，遍地饥民，掘白泥者数千人。（民国《乐至县志又续·杂志》）

宣汉：1936年春夏，连旱90余日。受灾农田43.33万公顷。（《达州市志》）

云阳：春旱、夏旱连秋旱。3-10月未下透雨。"有26联保重灾，饿死与自杀者数万人。"全县2.74万户灾民，外迁逃难1200余户。5月24日，泥溪镇暴雨，洪水陡发，发生特大泥石流。冲毁农田，沟壑变为石山。（《云阳县志·灾害》）

威远：由春至夏，炎热日甚，田裂龟纹，旱灾。（《威远县志》）

潼南：民国二十五年4月24至26日，疾风骤雨、雷电交加，街市成河，县内公路线大桥被冲毁，农作物损失严重。5月25日至29日，涪江水涨四五丈，街市成河，农作物悉被冲毁。后又旱，饥民打仓抢米，采挖白泥络绎于途。是年8月，县赈务会成立，减免当年半年粮税；重灾区减免两征全数计6.57万元（法币，下同）；次重灾区减免一征半数计3.94万元。（《潼南县志》）

温江：5月，久晴不雨，全县烟、麻、川芎也受旱而叶黄苗浅。7月至8月，两度发生严重洪灾，合江店荡然无存，第二、三两区受灾农民1957户、农田5217亩。（《温江县志·大事记》）同年秋、冬，至民国二十六年春、夏，由于亢阳不雨，不但水稻无法播种，而且饮水也成问题，灾情之重为百年仅见。（《温江县志》）

合川：五月二十五起，本县及上游各县大雨至五月终不绝，三江之水大涨，沿江一片汪洋。本年大水上涨，首次在春间，二、三次在五月及七月，灾重。灾民共达3420户，20900人；城郊东京沱每日打捞浮尸30余具。（《四川通史·民国卷》504页）6月28日水涨至三丈二尺，沿江五六百里一片汪洋，禾稼全没。（《四川省解放前洪水灾害资料汇编》）夏、秋、冬又大旱100天，是年灾情之重，全县粮食减收八成，受灾12.13万户，诚数百年来未有之奇祸也。饥民抢米，食草根、树皮、白泥，死近千人。夏天，金子乡受大风袭击，场内三官庙被风摧毁，死1人。（综合《四川省近五百年旱涝史料》《巴蜀灾情实录》《合川县志·大事记》）

民国二十五年，合川县5、6等月，迭次水灾。当此旱灾最烈之时以言水灾，人孰信之。窃合川治域，水汇三江，来源甚远。……旱灾情形业经呈报，水患深重，尤难壅闻。5月25、26两日，水灾虽已呈明，而6月24至27日之水较甚于前，汽船不能行驶。8月3、4、5日，鱼龙复鼓……自8月17日晚，起初仅涪江一隅洪波泛涨，继以嘉、涪、岩渠惊涛骇浪震塈而来。……小民既遭旱魃之虐，复受河伯之灾，诚千古未有之奇祸也。（《合川县文献特刊》）

城口：春旱，夏水成灾，嘉、渠、涪三江岸水灾。（1936年9月10日《华西日报》）

会理：天气炎热，春夏雨水绝少，田土无法栽种者不少，已种而枯槁者甚多。（《凉山州志·自然灾害》）

万县：5月4日，县城黄沙弥漫，不见人影。（《万县志·大事记》）

长寿：5月后，天旱80余天，稻抽白穗，人畜饮水困难，有的到5里外取水，回龙乡（今罗山）尤甚，全乡2100户，饿死242人，吃观音土1782人，食草根树皮2857人，讨饭821人，流亡他乡413人。（《民国长寿县志·灾异》）是年，长寿县特大旱灾，饥民成批"吃大户"，人畜死亡多，这近百年所罕见。（《长寿县志·大事记》）

德阳：5月后淫雨为灾，山洪暴发，平原各地水深数尺，灾区占全县十分之七，秋收成仅十分之四五，绵阳河、石亭江一带低地冲刷之惨为20年未有。（《德阳市志·大事记》）

北川：入夏以来淫雨绵绵，山洪暴发，河水大涨，房屋冲毁极多，新谷结实未熟被洗，秋收无望。（《绵阳市志·大事记》）

綦江：5月21日，山洪暴发，淹田庐，毙人畜。（1936年8月11日《新新新闻》）6月大旱。7月22日连朝大雨，河水暴涨，庐舍农作物受灾很重。灾民死亡3800多人。（《重庆市志·大事记》）

汉源：六月中旬淫雨，山洪暴发，漂毁田禾甚多。（民国《汉源县志·杂志·祥异》）

三台：6月27日嘉陵江水涨约二丈四尺，沿河街房被淹，死30人，黄豆、高粱被水冲刷，损失很大。（《四川省解放前洪水灾害资料汇编》）

南充：6月27日江水陡涨二三丈，农作物被淹很多。（1936年8月29日《华西日报》）

达县：六月洪水为灾，沿河两岸顿成泽国。（1936年7月4日《华西日报》）

巫山："7月19日，大雨倾盆，山洪暴发，将邮局冲毁。""8月初江水陡涨十数丈，已超过十年来平均高度，田庐多被淹没。本县精华之冯、朱（来）二坝，为洪流吞没，仅现竹叶树梢。"（1936年7月30日、8月14日《新新新闻》）

剑阁：7月26日暴雨大作，27、28连日大雨倾盆，山沟皆盈，久旱土松，田崩土裂，沿河土地房屋半数漂没，损失在数万元以上。（民国《剑阁续志·事纪》）

蒲江：7月连日大雨，全县一片汪洋，田庐人畜洗刷一空，以北区为重，为近十年所未有。8月初大水为灾。（1936年8月12日《新新新闻》）

广汉：7月连日大雨，山洪暴发，金雁桥鸭子河水陡涨丈余，民居、农田均被冲

刷，上游漂来人、畜不计其数。(《四川省解放前洪水灾害资料汇编》)

双流：7 月至 8 月，擦耳三次大水，冲毁田地 4400 余亩，房 192 间，灾民 3800 余人。(《双流县志·大事记》)

富顺：夏，连日大雨，岷江、嘉陵江、长江均水涨，田禾牲畜农作物被灾，不计其数。上季水旱连灾，秋收仅及十分之三。8 月 1 日江水暴涨，连日不止，江水泛溢甚重，南、北、西三门均已入水，街市民房水深没膝。沿城新河一带，漂去民房过半。南岸东西两乡，农作、田土悉成泽国。两岸被灾户数达 1000 有余，被灾丁口共计 5000 以上。(1936 年 8 月 11 日《华西日报》)大旱，吃"仙米"(白粘土)，痢疾流行，死亡甚众。(《富顺县志·大事记》)

荣县：7 月大雨连朝，河水猛涨，淹毙人畜无数。8 月起大旱，持续到翌年夏，田土龟裂，塘堰干枯，山林原野土壤焦结，粮食大减产，饥荒严重。受灾面积 1237 平方公里，灾民 43.4 万人。(《荣县志·大事记》)

宜宾地区：7 月 22 日起，宜宾城区三江口连降大雨，江水猛涨，至 8 月 2 日，合江门水位 280.55 米，沿岸房舍被淹；8 月 1 日，长江水涨，南溪县沿江 12 个乡镇 2848 户受灾，冲毁民房 233 间，死亡 6 人。江安县城沿河街 260 余户被冲去四分之一。(《宜宾市志·大事记》)

郫县：入夏后川西久晴不雨，禾苗枯萎。7 月忽大雨，接连旬日加以暴风，山洪暴发，河水陡涨五尺，滨河田地悉被水淹。(《郫县水利电力志》)继而淫雨五六十天，田地、公路一片汪洋，成(都)灌(县)公路淹没大半。(1936 年 8 月 21 日《华西日报》)

安县：7 月，县属湔江与绵阳河均大涨，安北道路均被冲刷，沿岸房屋、禾稼均遭重灾。(《绵阳市志·大事记》)

内江地区：简阳七月连日大雨，溪洪暴发，外北大桥冲毁，成渝公路交通中断，被灾 3140 余家。资阳 7 月 31 日大雨如注，山洪暴发，沱江水位陡增 2 丈余，县东南西门水溢进城，房舍皆淹没，沿江乡镇受灾极巨，外西段公路桥梁亦被冲没。资中 7 月底大雨连日，山洪暴发，成渝公路资中至简阳一段，路基被水淹没。8 月 2 日，成都下行车只能达简阳，资中上行车只能达球溪河，被灾 3840 余家。内江水涨 2 丈余，北门外、大小东门及小南门外之顺城街、上下河街、十字口街、王爷庙街、成衣街、梅葛庙街、马胡隆巷各街完全进水。(《内江地区水利电力志》)

内江："7 月 22 日夜，大雨连朝，沱江水涨，淹毙人、畜无数，田滨水者悉被冲坏。旱后又洪，人人叫苦。""洪水时间为 8 月 3 日至 4 日。内江县政府报灾称：洪峰水位较平常水位增高'5 丈有奇'，'东、西、北门及东兴场及沿河乡镇一带冲没。'有住户、商店共约 9000 余家受灾。'此次山洪暴发，自椑木镇至内江一段公路，多被冲坏，交通阻隔。'""8 月初，大水，全县淹没万余家，灾民达 3000 余口，农作物被淹没。"(《内江市洪灾志》)

资阳：7 月 31 日大雨如注，山洪暴发，至 8 月 2 日渐停。沱江流域水量陡增 2 丈余，县东、南两门水溢进城，泛溢横流，房舍尽遭淹没、冲刷。沿沱江乡镇受灾甚巨，外西段公路桥梁亦被冲没。(《内江市志·自然灾害》)

资中：8月初大洪水，江水陡涨数丈，民房多被冲去，淹死人不少，为戊戌年以后第一次大水灾。受灾贫民4305户，衣食无着。（《资中县志·大事记》）7月底，大雨连日，山洪冲坏成渝公路资中到简阳段路基。8月初，大雨数日，县被淹房屋1795间，田土8440石，货物损失8.5万元，蔗糖损失1.5万斤。秋末天旱，冬粮难播，种子不育。次年，反复干旱，田土龟裂，小春收获无几。（《资中县志·自然灾害》）

［链接］民国前期，县自然灾害频繁，特别是水旱灾害，造成粮食减产、人畜伤亡。政府救济未见记载。仅靠少数民间慈善团体略施水粥，根本无法解决广大灾民流离失所、饥寒交迫的困境。民国二十五年，县赈务分会成立，为政府首建的救灾救济机构。民国二十八年，该分会与难民救济支会合为赈济会，并在各乡镇设支会。（《资中县志·民政·灾害救济》）

沱江沿岸："8月，山洪暴发，沱江水涨很大，沿岸人、畜、财物漂没过半。"（1936年8月13日《新新新闻》）

绵竹：七月初旬，绵雨数日，至十二日夜，绵远河陡发洪水，汉旺场冲毁房屋、人畜数十家。沿河一带房屋均被淹没冲扫。（《绵竹县志·大事记》）7月30日以来，连日大雨，河水大涨，县城各街均成泽国，居民房屋内水深没膝，河中冲来物资甚多，贫民争径淘取，造成危险事件多起。（1936年8月4日《华西日报》）

彭县：七月，白水河猛涨，冲毁大堤，水灾甚重。（《四川省解放前洪水灾害资料汇编》）

汶川：7月下旬直至8月4日淫雨不绝，山洪大发。威州一带灾情严重。（《阿坝州志·气象灾害》）

［链接］旱灾严重。《川边季刊》1936年2期报道：（汶川）粮价飞涨，斗米值钱八九十串，黎民囊空如洗，常见扶老携幼匍匐山间采草根树皮借以充饥。目前草根树皮已采掘一空，人民生计完全断绝。汶灌道上随时可见饿死道旁之尸。有母女二人无术挣扎，竟双双拥抱坠岩而死。县城居民黄道辉，一家数口无以为生，妇哭儿啼，黄思出路全绝，投岷江自尽，殊因水浅未死，乃取怀中小刀自割其喉，一戳再戳始行死去。类此情形层出不穷。县长陈明甄目击伤心，特电呈省府请予救济，文中有言："人民匍匐饥饿线上，草根树皮掘剥殆尽。近来城乡居民因生活断绝而自戕者一日数起，或举家仰药，或闭户投环，或操刀自刎。"（《威州史话》）

合江：7月淫雨为患，长江、岷江及嘉陵江各江河水均极大涨，沿河居民牲畜和田地农作物淹没者不计其数。（《重庆市志·大事记》）

灌县：夏。粮荒，县境一些乡发生农民结队拦车夺粮等事。（《灌县志·大事记》）7月下旬，岷江洪水暴涨，受灾15县，灌县灾情奇重，堰堤、农田多被冲毁。7月31日，宝瓶口水位达24划，淹过鱼嘴五六尺，水高至2丈，为67年所未有，比1933年叠溪水大数倍，经三四日水退，沿河桥梁、船舶毁折无数。（1936年8月4日《华西日报》）。比戊戌年（1898）灾情为重，冲毁农田4000余亩。（1936年8月19日《新新新闻》）

乐山：7月20日起，连降滂沱，迄数日才停止。8月1日，三江之水突然暴涨，沿河各门无不进水者，如铁央门、合江、平江……进水甚深，竟有将城门完全淹没者。孤儿院受灾甚巨，水深约 5 尺，冲去房屋数间，被浪卷去六七人，只救活 2 人。大码头沉船 2 只，淹毙船夫 1 名，冲毁桥梁。上下河街均进水，有尺余深，以至 2 尺者。邮局亦被水淹。上游冲下之牲畜、人物、竹树、房舍，时有所见。（1936 年 8 月 9 日《华西日报》）

宝兴：东河涨水，两河口铁索桥被冲，沿河土地被毁。（《青衣江志》136 页）

芦山：八月初，骤雨连宵，山洪陡发，护城河水陡涨丈余，房舍人畜多被漂没，田地损失更无法计算。（《青衣江志》136 页）

绵阳地区：春夏大旱，秋雨，冬又大旱至次年春，田地荒芜甚多，江油、彰明待赈灾民占总人口 70%以上。北川大饥，人食草根树皮，片口竟发生吃人尸事件。平武连续大旱两年，庄稼无收，摸鱼沟亦有食死人之惨事。（《绵阳市志·大事记》）

绵阳：8 月 16 日大水，附城成泽国，淹死老弱甚众，房舍田禾损失甚重。灾民求食不得，曾攻打县城，被枪杀者甚多。（《四川省解放前洪水灾害资料汇编》）秋季旱，损失在 50%以上。（《四川经济月刊》12 卷 1 期）

仁寿：7 月，甘泉乡城家堰、北斗乡龙风，水稻损失一半以上。……夏水灾，受灾区有一、二、三、四、五区，受灾户 2612 户，冲毁田土 1.59 万亩。旱灾。（《仁寿县志·自然环境·灾害性天气》）

名山：夏大旱，栽插一半左右，田则干枯，叶卷缩。（《名山县志》）

江津：7 月，洪水成灾，城内外居民房屋多被淹损，后募捐 1510 元救济。8 月 12 日，长江涨水，城中稍低街道，均积水五六尺，河中漂流房屋人畜不可胜计，龙门场水淹王爷庙三步石阶，白沙镇朝天嘴一排房子被冲走。城乡居民受灾者七八百家。（《江津县志·大事纪》）

理县：夏，近城各乡发生虫害。7 月下旬至 8 月 4 日淫雨不绝，山洪大发，灾情严重。（《阿坝州志·自然灾害》）

平昌：夏秋无雨，冬粮断绝，举家逃荒，草根树皮剥食殆尽。（《平昌县志·自然地理·特殊天气》）

成都：8 月 1 日起连日大雨，市内低处及东门一带成泽国。8 月 30 日城墙被淹塌十五六丈。（《成都市志·大事记》）

新津：8 月初大水，河水泛滥，街成泽国，汶江桥水位 459.54 米。（《成都水旱灾害志》236 页）

青神：8 月 1 日大雨倾盆，洪水决堤横溢，危及县城。灾区长五六十里，受灾人民四五千家，损失约百万元。（《四川省解放前洪水灾害资料汇编》）

犍为：8 月，"江水暴涨，犍城进水，北至天主堂，南至考棚，几成泽国。西门外之水淹至濠山坝，县看守所墙倒塌，沿河百里内外，禾苗牲畜损失甚巨。"（1936 年 8 月 12 日《华西日报》）沿岸 140 余里淹没，灾况仅次于 1917 年。（《四川省解放前洪水灾害资料汇编》）

江安：8 月 1 日至 5 日江水暴涨，沿江田土成泽国，淹城内外房屋，城垣冲坏。8 月 14 日又涨水，沿河场镇粮食被淹，两江口、城北外河街、城西外柴家渡、小西城门内等处被冲去、淹坏房屋 320 多家。（1936 年 8 月 17 日《华西日报》）

古蔺：8月2日大雨，日夜不止，山洪暴发，桥梁房屋田园多冲坏。(《四川省近五百年旱涝史料》92页)

泸州、泸县：岁大旱，六至九月未见大雨。八月三日，岷沱两江大水入城，至三牌坊街，涨七丈四尺，沿江灾民达几万人。(《四川两千年洪水史料汇编》)

万县：数十年罕见之旱灾，饿殍不少。8月6、7两日水位突然暴涨，竟达十一丈九尺，沿江各街皆成泽国。(1936年8月8日《华西日报》)

江油：1936年"8月上旬大雨三日，涪江水涨七八尺，田土冲刷，禾黍漂流，沿江纵五十余里、横十余里，均无收获；中旬又大雨三日，涪江泛滥丈余，灾情较上旬为烈，冲刷田土较增三分之一；下旬又大雨五次，合计二十三小时，可耕土壤亦多被水冲洗去"。(南京《中国公议》1937年第1卷第7期：《江油县灾况》)

罗江：8月15、16日暴雨，河水陡涨丈余，附城一片汪洋，沿河禾苗、田地冲毁大半。(1936年8月21日《华西日报》)

遂宁：8月16至18日江水骤涨四五尺，沿河人畜被灾不少。四季无雨，受旱。(《遂宁市志·大事记》)

平武：8月松潘、平武一带大雨持续一周，涪江大涨，沿河田禾被淹没，桥梁公路多被冲毁。(《绵阳市志·自然灾害》)

青川：灾荒严重，农民流离失所，逃荒。(《嘉陵江志》129页)

彭山：8月初淫雨为患，酿成空前大水灾，沿河田土成为泽国，禾苗尽被淹没；大水浸入东门内，河心住户70余家、500人被水围困。(1936年8月12日《新新新闻》)

云阳：8月6日，黄石镇遭雹灾。冰雹大如鸡蛋、小如豆粒，打坏房屋10余间，粮食颗粒无收。双土、南溪等乡亦遭大雨、冰雹袭击。(《云阳县志·大事记》)

峨眉：旱。8月各场镇遭受严重水灾，以齐河坝为最。(《峨眉县志·大事记》)

芦山：八月，附城河水陡涨丈余，房舍人畜多被漂没，田地损失更无法计。(1936年8月4日《华西日报》)

万源、宣汉、巴中、南江：8月均被水灾。(《达州市志·大事记》)

南部、西充、蓬安：8月均受水灾，损失至巨。(《四川省近五百年旱涝史料》67页)

荣昌：8月山洪暴发，沱江水涨10余丈。苦旱之后复遭严重水灾，人、畜、财产漂没过半，损失之大为数十年所未有。(《四川省近五百年旱涝史料》103页)

盐亭：入秋淫雨为灾，红苕多腐烂。(《四川省解放前洪水灾害资料汇编》)

纳溪：淫雨大水涨，长江、岷江、嘉陵江均暴涨造成水灾，人民受患至深。(《四川省近五百年旱涝史料》92页)

秀山：水灾。(《秀山县志·大事记》)

酉阳：秋大水。(《川灾年表》)

巴中：去秋以来久旱，粮食乏绝，盗食死尸。8月大水，受灾甚巨。(《巴中县志·大事记》)

旺苍：大旱，溪河断流，所种小麦、胡豆，至第二年尚未萌芽，禾无收，岁大饥。(《旺苍县志·大事记》)

丙子大旱，战后荒年，饿殍盈野，尸横道路。慈善团体挖"万人坑"于詹家拐沙包上，掩埋尸骨。大饥荒从正月开始，到闰三月小春作物成熟才稍有好转，直到大春新谷出始稳定下来。据有关资料统计，当时旺苍地区饿死人数，大约8000人。（石懋修《丙子年旺苍饥荒纪实》，见《四川文史资料集粹·第6辑》）

秋，旺苍南阳沟乡民奉友德率饥民400余人，到苍溪、阆中、南部等地"吃大户"，赖此活者数百人。（《旺苍县志·大事记》）

剑阁：秋大旱，小春作物未种。（《嘉陵江志》132页）

仪陇、南部：两年接连大旱，粮尽食绝，饥民打仓抢米，采挖白泥络绎于途。（《南充市志·历年自然灾害纪实》）

武胜：夏秋无雨，未开秧门，持续干旱180天，溪沟断流。（《嘉陵江志》151页）

安岳：久晴不雨，田土燥裂，小春收获锐减，稻田栽插困难。（《安岳县志·大事记》）

苍溪：丙子年，夏秋无雨，未开秧门，持续干旱180天，溪沟断流，夏粮无收，草根树皮剥食殆尽，竞相争食白泥巴，饿殍载道。（《嘉陵江志》136页）

[**链接**]小学教师赵子容题诗抒愤：大旱饥。苍溪小学教师赵子容，目睹饿死人惨状，到乡公所报告，被骂"多管闲事"。赵返校后，愤然于粉壁上题诗："民廿五年，凶荒凄惨。野无青草，民生何安！政府不管，听其自然。告知地方，反说讨厌。早死迟死，终入深渊。题壁于此，后人知焉。"（《苍溪文史资料选辑》第一辑）

璧山：旱，灾民赖以树根芭蕉头为食，有吞食观音米者。（《璧山县志·大事记》）

彭水：水灾，旱灾。（《彭水县志·大事记》）

[**链接**]民国二十五年，县政府始将救灾事业经费纳入岁出预算，当年列支1200元。此后，民国二十六年和民国二十九年亦各列支1200元。民国三十年列支法币2400元，民国三十四年列支1.07万元，民国三十六年列支5.36万元，民国三十七、三十八年列支金圆券6384元。各年列支数目，都不到县财政总支出的0.5％。加之层层克扣、挪用，灾民受济者为数甚少。（《彭水县志·民政·灾害救济》）

垫江：旱。（《垫江县志·大事记》）

大足：夏秋大旱，入冬仍旱，田地龟裂，春粮种子多未下土。民国二十五年12月大足县府《呈报本县秋旱情况并恳赈济由》："饮源枯竭，粮禾几尽，斗米三元，哀鸿遍野"，饥民"拦路夺食"。刘湘训令，给"撒旱谷资料一份，据此遵行"，仅此而已。腊月二十八至三十日连下三昼夜大雪。至次年元旦（春节）仍雪花纷飞。（《大足县志·大事记》）

兴文：旱。省赈会发赈款4500元，经委员赵灼监视发票，赈分会主席萧焕文前往发款、收票两次，灾民均沾实惠。焕文得省府省赈会传谕嘉奖。（民国《兴文县志·慈善》）

越嶲：旱灾。（《凉山州志·大事记》）

南溪：大涝之后，继以旱灾，土地龟裂，无法耕种。（《南溪县志·大事记》）

西昌、冕宁：春夏旱。（《四川省近五百年旱涝史料》141页）

筠连：六月大水。七月旱。十月大旱至明年五月始雨。（民国《筠连县志·纪要》）

松潘：连遭水旱，春无种子，人无口粮。（民国《松潘县志·祥异》）本年五月，曾

由四川赈委会配发赈银1.2万元。(据民国二十五年《四川省政府档卷》,民国二十九年铅印本《松潘概况资料辑要·储恤》)

宣汉:旱灾奇重,田土龟裂,十室九空,饿殍载道。(《宣汉县志·大事记》)

开江:夏秋,大旱,谷物歉收,十室九空,饥民吃草根树皮,路见饿殍。5月6日,县救灾游艺会在普安义演3日,募集赈灾款大洋600元。(《开江县志·大事记》)

万源:旱,人口骤减三分之一。(《四川省近五百年旱涝史料》112页)八月大水,受灾甚巨。(《四川两千年洪水史料汇编》)

南江:旱两月,禾苗蔬菜枯萎而死,收获二成。县属二区,先春旱后夏旱,饥饿2000余人,人口骤减1/3。(《渠江志》72页)

自贡:本年8月至次年夏之间,发生严重干旱,河、塘、田干涸,上年小春收获无几,次年又无收成。饥民掘食芭蕉头、白善泥延命。(《自贡市志·自然灾害》)

叙永:旱饥。(《宜宾市志·大事记》)

达州地区:1936年夏秋,万源县、宣汉县、开江县、达县、渠县、大竹县连旱,插秧较早者,仅收一二成。渠县饿死1500余人。(《达州市志·自然地理·灾害》)

眉山:沿河被水冲刷,田土房屋受灾极重。(《眉山县志·大事记》)

夹江:水灾。(《四川省近五百年旱涝史料》)

丹棱:水。旱。入夏以来,6、7两月淫雨为灾,7月26日西南门外大桥上涨至水深3尺有余,各乡田禾淹没甚多。(1936年8月2日《华西日报》)

泸县:岁大旱,6月至9月未见大雨。8月3日岷沱两江大水入城至三牌坊街。(民国《泸县志·杂志·祥异》)

巫溪、开县、云阳、忠县:大旱。(《四川省近五百年旱涝史料》119页)

忠县:四月,插秧以后久不见雨,田裂禾槁,秋收歉薄;兼以土匪猖獗,县人咸有戒心。九月六日,天大雷电以风,试院之石狮,东门柳姓、关姓之榕树、青皮树,孔庙之杂树,均被雷劈。大旱请赈。次年免粮7.5元,又中央发来赈灾款4.4元,省府先后发来赈款1.6万元。派员来县监放。(民国《忠县志·事纪志》)

汉源:九月十一日,宜东乡民数十人奉命在后山背砍伐电杆木料,是日天晴,因路远在山露宿,入夜气候陡变,风雪交侵,冻死12人。(民国《汉源县志·杂志·祥异》)

华阳:冰雹从龙泉山进入华阳县,使太平、平安、兴隆等地受灾。(《华阳县志·大事记》)

洪雅:春夏无雨,大旱大饥,全县无粮户达10141户,逃荒114户、456人。(《青衣江志》148页)

巴县:仁流、丰盛、太和等22个乡连续数年干旱,无法下种,灾民吃草根、树皮、白泥度日,不少饥民因吃白泥致腹胀而死,或因挖取白泥引起岩崩而遭压死。电告省赈务会,请求赈济,回复却是:"此类偏灾,随处皆是,本会款绌区多,实难为继,故不得不有望于良有司之负责自谋也。"

全县春荒,县长罗国钧呈文:"乡间草根、芭蕉头、蕨萁、树皮、枇杷树、桐麻树、棕树心均已掘食殆尽。其中文峰、青木、歇马、西水、凤凰、陈家、石岗、太平、含谷、白市、跳蹬等乡闻产白泥,每日掘食者络绎不绝,饿殍在道,遍及全县80余乡

镇。"但四川省仅排列巴县为次灾，结果只拨赈款 3 万元法币。(《巴县志·民政·灾害救济》)

阆中：自春插秧时至夏秋无雨，各粮断绝，洪山一带举家逃走，草根树皮剥食殆尽。(《阆中县志·大事记》)

西充：又逢丙子、丁丑年，连续两年大旱，树皮、树根、观音土刮挖殆尽，饿死甚多。夏、秋无雨，旱及全县，持续 180 多天，溪沟断流，多数地方未开秧门，播种不生，栽下禾苗枯焦，一片赤土，满目荒凉。大批百姓逃荒，据华光场一保记载："该保在丙子、丁丑年有 90 户 250 人外出乞讨，县政府呈请省政府赈济，省府将西充核为三等灾情，发赈济款 1.9 万元，核减田赋 70 万元，秋后灾情更重时，仅拨贷款 8000 元，散发部分贫民购买种子。(《嘉陵江志》148 页)

梁平：民国二十五年，大旱奇重，一直旱至次年 5 月 3 日，田畴竟成赤地。收获稻谷不及十分之二三，贫民无以为食，掘草木、割死尸、挖观音土等以充饥。饥民倒毙路上，枕藉街途日增，无人掩埋，甚有全家碰死者。柳荫乡十四保仅 10 天内饿死 580 人，内有全亡之家 7 户，其惨况实数十年所仅见。全县 48 个乡镇，有 28 个乡镇的秋粮颗粒无收或收获仅及一成，20 个乡镇只收获一成以上或仅及二成。(《梁平县志·自然灾害》)

阿坝赈灾：民国二十五年，旱、洪、风、雹、虫灾害席卷汶、理、茂、懋、靖、松。十六区专署于 5 月 19 日布告放赈："重灾：极贫，每大户八角，小户四角；次贫，每大户六角，小户三角。轻灾：极贫，每大户五角，小户三角。老弱妇孺，鳏寡孤独，素无办法者为极贫，余为次贫，能自谋生活者不赈。"四川省赈务会拨给汶川县种子款千元；茂县赈济款 2.4 万元。懋功全县两次发放赈济款共 5.97 万元，9748 户、4.8 万人受济；崇化、抚边屯两次发放赈济款共 1.46 万元，3320 户、1.34 万人受济；松潘县放款 1.5 万元，大户 3.3 万人、小户 2.4 万人受济。(《阿坝州志·民政志·赈灾》)

合川、江津、璧山：秧田发现乳白色虫茧，害禾苗，蝗虫沿路有 20 多里。(《重庆市志·大事记》)

江北：秧田发现乳白色虫茧及蝗虫。(《重庆市志·大事记》)

［备览］**四川省始建第一批现代化江河水文测站**：1936 年 8 月，四川省水文测量第一站在县城西二王庙建立。(《灌县志·大事年表》)

1936 年 8-12 月四川省水利部门先后在岷江、嘉陵江布设四川省第一批水文测站。

四川省现代水文观测始于 1892 年 5 月，重庆海关设立狮子山（玄坛庙）水位站，1917 年 2 月万县沱口、1922 年 4 月宜宾中城镇由航运部门设立水位站。

1934 年 4 月 28 日至 6 月 15 日，中国工程师学会应四川省善后督办刘湘邀请组团来川考察水利、水电资源及工程建设，提出培育人才，加强勘测，建立水文测站，积累基本资料等建议。

1935 年 11 月四川省政府建设厅在灌县成立厅属四川省水利局。1936 年 1 月奉国民政府资源委员会要求在四川岷江、青衣江、大渡河、嘉陵江、乌江等布设水文测站，观测水位、流量、雨量、蒸发量、含沙量等。至 1936 年底，四川省水利局分 3 区设置了第一批岷江紫坪铺、大渡河铜街子、青衣江黄河、嘉陵江私盐沱、龙溪河袁家坪等流量

站（水文站）7 处，水标站（水位站）13 处。（《四川省志·大事纪述·中册》176 页）

四川省水利局延聘全国水利建设人才：1936 年冬，青神邵从燊应四川省建设厅厅长卢作孚邀请回川，接替张沅任四川省水利局局长，将局机关由灌县迁到成都，延聘全国水利人才。1937 年 7 月，全民族抗日战争爆发，全国水利技术专家，学者来川者日多，邵更多方罗致，先后应聘来四川省水利局工作的有曹瑞芝、李赋都、黄万里、张有龄、顾兆勋、李镇南等留学德、英、美、日、法等国的专家和国内培养的吴际春、魏振华、朱墉庄、刘石卜等水利专家，为四川采用现代水利技术作出贡献。

四川省水利局在邵从燊任职的 1936—1949 年期间，除对涪江、岷江、青衣江等河段以及都江堰灌区进行现代测绘，作出全面水利开发规划外，先后完成涪江天星堰、龙西渠、大围堰、四联堰、大渡河楠木堰、青衣江花溪渠、巴县梁滩河等一大批现代引水渠堰工程。四川高地灌溉所用水轮泵，首先为刘石卜工程师制造，并被四川省建设厅命名为刘石卜式抽水机。（《四川省志·大事纪述·中册》177—178 页）

1936 年省家畜保育所成立：1936 年夏秋，该所专家杨兴业、陈志平等赴成都、绵阳、江津、宣汉等十余县，采集患有俗称"打火印"病猪血液，进行病原分离、鉴定，确证"打火印"即猪丹毒，为国内首次报道。继又筛选出第 30 号弱毒菌液，与血清同时注射，实施猪丹毒免疫。1938 年，在成华试验区免疫注射 40 头猪，均极安全。（《四川省志·农业志》59 页）

农作物病虫害防治研究机构成立：1936 年，四川大学农学院植物病虫害系成立，开展对小麦锈病、小麦黑穗病、柑橘病虫害防治和水稻螟虫生活史的研究。次年 7 月，四川省农林植物病虫害防治所成立。（《四川省志·农业志》321 页）

重庆北碚试行"科学祈雨"：7 月 23 日，北碚嘉陵江三峡乡村建设实验区旱灾严重，试行人工降雨。该区署电呈："职署以旱灾过甚，联络人民，试行科学祈雨方法，于本月十一、十二两日，在缙云山顶，纵放罐子炮，幸于十三日微得雨泽。嗣于二十日遵示试行全区烧火熏烟之法，又于二十一日午后三时，全区得半小时倾盆大雨。……谨此电呈。"（《重庆市志·大事记》）

康定设气象观测所：1936 年，中央研究院在康定设立气象观测所。（《甘孜州志》）

大足县备荒粮仓原有积谷颗粒无存：（1936 年）省视察员王化云视察日记云："大足县民，关于备荒事业原本注意，在清时，除常平仓、监仓、济仓外，并有社仓，共藏京斗谷 14587 石。分贮城内及四乡各庙，有社首经管。及至民国，迭经滥军及社首之征发侵蚀，至今不特颗粒无存，即仓板楼瓦亦已拆毁无余。"（《大足县志·民政·社会救济》728 页）

[备览] **丙子年旺苍饥荒纪实**

石懋修

民国二十五年，是夏历的丙子年。旺苍境内饿死人的惨状，眼见耳闻，是骇人听闻的。

我家住石家沟（今属旺苍县木门镇双山村六组），当时属南江县青龙乡第十六保，在仅二华里范围内的 20 户 91 人中，有 8 户饿死 16 人，占这里总人数的 17.81%，饿死最惨的有4户，自耕农石太秀，全家5人，饿死4人；石彩秀全家3人，饿死2人；石玉保全家5人，饿死4人；石丰山全家2人，都被饿死。据旺苍远景乡五星村二组郭永德老人说："我们这里在丙子年属普岭乡第四保第八甲，小地名叫四房坪，在那时我当甲长，所管51户，有10户人家中，就饿死了18人，王家云家5人，王家华2人，两家人都被饿死。何孝德是个单身汉，帮人为生，也被饿死；王家福的儿子上坡拣柴，因饥饿体弱，被大风刮倒在地，当即死亡。"竟成乡桃红村赵金相老人说："分水岭廖英才、何树能、何四伦、赵宗应、赵克让等5户18人，饿死14人，其中赵宗应、赵克让两家各5口人，都被饿死。"尚武乡榆钱村九组陈光明老人说，这里原有52人，饿死了10人，占总人数的19.23%，张天福全家5人，饿死3人；苟立朝、孔庆祥、何兴保、邱老汉4户15人，饿死7人。之溪河李家沟（今支溪乡古柏村），当时12户47人，饿死了7人，占这里总人数的14.83%。鹿停溪余家漕（今鹿渡乡温泉村四组）9户36人中，饿死23人，占这里总人数的63.9%。其中赵登周、雷万周两家饿死12人，王贵兴、王清顺、杨天成三家饿死11人。黄洋乡乡志办赵文体在店子村七个组调查，当年160户587人，饿死71人，占总人数的14.83%。

从农村到场镇乞食，饿死在街头巷尾的亦惨不忍睹。据洪江镇72岁老人谌洪发说，丙子年有天在王子珍锅厂（今王庙街雪村旅店）的空房子外，亲眼看到饿死48人。当时本街熊大德驶船从南部县歇溪运回两缸烧酒，由力行张德有、任老四等8人，4人抬一缸，从河边抬到王家锅厂门口歇气，有缸酒缸底被触破，酒流出满地，有人吼了一声："酒倒了呀！"王家锅厂的饥民闻声而至，躺在地下就喝，连泥带酒喝得一干二净，身体稍好点的饥民酒醒后，慢慢又回到锅厂的空屋子里，气息奄奄的饥民喝了酒以后，醉死在地，横顺的摆了一坪。有位吃斋念佛的杨素客，见了不忍心，从三街化了（逗的意思）一些钱，雇人把死尸抬到灵溪寺万人坑中。又据西河乡灯塔村张克政说，丙子年3月初，有天上街走到文昌宫（今嘉川镇第二小学），看到庙里有几堆火，饥民饿死的有10多个，还有饥民在烤死人肉吃，有人叫李大廷正在把庙里的死人用绳子向外拖。河边石灰窑周围也死了一些人，河坝里的沙包上已埋了20多个。木门镇下街老棕匠石显其说，丙子年二、三月间，上街要饭吃的饥民多得很，在文昌宫、万寿宫、关帝庙三个会馆里，每天饿死的达10多人。街上的客长上街何柱奇、下街王云龙从街道各行业逗钱，雇请了唐新一、黄老汉、赵□成等三人负责抬死人。死在上街的就抬到上街万人坑，死在下街的就抬到沿店街塔子嘴关山里埋，每天给抬死人的取点鸦片烟钱外，每月给米2升（每升12斤）作生活用。

……

民国时期广元县志记载："经红军之役，丙子丁丑旱荒，修筑公路共损失94992人。"当时，旺苍属广元所辖，我县究其饥荒产生的原因，有以下三点：

（一）连续三年战争，历年库存粮食空虚。民国二十一年（公元1932年）十二月份起到民国二十四年三月止，田颂尧、邓锡侯、刘湘等先后发动对中国工农红军第四方面军进行"三路围攻"和"六路围剿"，三进三退，往返经过旺苍，所需军粮全由地方派支。田颂尧部队败退旺苍时，见到农民家中的米、面、鸡、肉、咸菜等，见啥吃啥，我家后面的官亭子梁上驻了一个团，败军到我家找吃的，每天四五次。当时流传有个顺口溜："这劫才算劫，五月垮田缺，田垮民遭难，杨孙邓鸡蛋。"指败军到境，人民遇劫。红军在反"三路围攻"和"六路围剿"取得胜利后，三次占领旺苍建立苏区，开展打土豪、分田地，把地主家存的粮食全部分给了贫苦工农，红军前后方所需粮食亦由地方供给。民国二十四年三月，红军离开旺苍，北上抗日，攻打红军的范绍增部队，到达哪里吃哪里，我家几窖红苕，除了军队睡在窖上的得幸存外，其余全被吃尽。在反复三年的战争中，地方存粮告罄。

（二）大量抽调民工，部分土地荒芜。民国时期广元县志记："民国二十四年四月，国民党军队为了堵截红军，迫令急筑碉堡，规定广昭线38里，筑碉34座；广宁线185里，筑碉71座，唐式遵视察后，续增38座；广元境内筑147座。当时流亡未复，财物皆窘，资产取诸寺庙，农民以工代赈。建成母碉21座，子碉126座。调用了大量民工和资财。民国二十四年九月十六日，川陕公路广元段开工，广、旺征调义务民工5万名，工具、粮食自备，伤病自理，死亡无抚恤，征用土地不减丁粮。路程长210华里，限期通车。死者千计。洪江镇百丈村六组高林英说，杨毛山那年去修朝天马路，弄得没饭吃，有人给他编了个顺口溜："杨毛山，上朝天，修马路，没盘缠（口粮），回头来，化园园（要饭吃）。"调去筑路修碉堡的民工，有的饿死或病死在工地。民国二十三年九月，军阀部队败退时，强迫民众逃走，秋粮成熟，霉烂在地，红军进入旺苍后，虽组织人力抢收，但仅收回部分。当年小春播种有的未种上，红军渡江后，外逃户返家，耕牛、农具、种子、肥料，样样缺乏，回家较早的，设法种下了大春，回家较迟的，农时季节已过，仅种了一些旱粮，水田未栽。国民党中央军、地方还乡团、"清共"委员会和侦缉队等反动组织，在旺苍地区大肆搜捕，残害苏干、游击队员、红军家属及革命群众。有些苏干和游击队员，整天东躲西藏，无力顾及耕耘，使土地大量荒芜。

（三）丙子丁丑旱荒，农业普遍歉收。民国时期的《旺苍大事记》：民国二十五年（公元1936年），丙子大旱，战后荒年。饥民吃树皮、草根、"神仙面"（又名观音土），饿殍盈野，尸横道路。旺苍慈善团体挖"万人坑"于詹家拐沙包上，掩埋尸骨。民谓"丙子丁丑遭年岁"。《百丈乡志》记："民国二十五年（1936年），农历丙子，大旱。七月未雨，乙亥九月所种小麦，到丙子三月尚未发芽。田地龟裂，沟渠干涸，河水断流，百丈南门外漕田所栽水稻，被野火焚烧一空。安坪、农林、五峰、红垭、四新、白马等村丘陵之上，所种玉米，远望一片枯黄，可点火烧。秋禾无收，百姓家无存粮，处于绝境。百丈境内，日死数十人，甚有全家饿死者。溪边、道旁、桥下，举目可见饿殍死尸。盛传人相食。"

在丙子年前的腊月间，一些民众开始缺粮，吃小菜稀饭度日，有的留了几碗粮食过个年。洪江镇百丈村六组高朝万说，他家4口人，那年三十夜，只有一碗包谷面和一筲箕青菜，就过了个年。过年后，把家里一对银圈子拿到山里去换了两升包谷，两床麻布帐子和一件衣服，换了三斤荞子，有的一个大柜子换两升粮食，一张大桌子换一升粮食，一口大锅卖一吊钱。从正月起，农村生活日益紧张，到处找野生食物充饥。我看见吃到的野生食物达20多种：榆树、枇杷树的树皮剥得一干二净，挖梧桐根的把树都挖倒，棕榈树先砍嫩头吃，后劈树心磨面，芭蕉树先吃芭蕉笋，后把老干都吃了。还有苎麻根、黄花根、野百合、老虎姜、黄姜子、毛洋芋、安安苕、土茯苓、兰草根、猪鼻孔等，凡是有野生食物生长的田埂山坡到处挖得像炸弹爆炸了的深坑，我们反复寻找，几乎挖断种。有的挖回磨面吃，有的挖回煮熟吃，有的肚子饿慌了随挖随吃。马尾松树上的松花，有的还是嫩苞苞就摘下打松花面，核桃树的花絮刚抽出就被摘，菟丝子、地耳子、青杠子，地下都找尽，黄荆叶做凉粉，成了美味。路旁的豌豆苗、胡豆苗、油菜苗，饥民扯来就吃，有的只剩下根根了。野生食物吃尽后，找不到可吃的食物，到处挖神仙面（即白粘土），有的挖回拌些野生植物磨面吃，有的无其他食物可拌的，就吃白泥巴。这种粘土吃进肚子，吸收肠胃黏液，使肚子干燥屙不出去，胀得喊爹叫娘而死，有人编的顺口溜："吃了神仙面，胀得光叫唤，屙又屙不出，只有上西天。"

饥民开始出现时，还有人做好事周济。据洪江镇街道老人郭义鹏、李宗明、张友坤说，丙子年正二月间，十全会郭裕堂、袁汉宗、王芪臣、尹信成等，曾经将会产收的租粮煮稀饭赏贫。一处在财神庙（今五峰区署），一处在灵溪寺门口（通东溪大道），每次煮一黄桶稀饭，由张从位经管，对乞食的饥民每人舀一碗。木门场也曾经凑过300元钱赏贫，由于饥民越来越多，粮钱无几，杯水车薪，不久就停止了。

在农历二至三月，是生死关头，饥民成群上街乞食，有的饥民在饥饿难忍的时候，见了食物就抢食。凡是卖熟食的，手里拿根棒，防止饥民抢他的东西。有的买个饼子刚拿到手，就被饥民抢去了。有的饥民抢食物挨打，也有好心的人，饥民抢了他的食物就算了。当时市场上的食品，生熟都有人卖，但价钱高，饥民无钱买。市场上的米，每斗（15斤）由大吊（5个200文铜圆为1吊）涨到50吊，钱少的人买碗碗米、两两米，每碗米卖5吊。每碗面条600文。从南江元潭来的两夫妇，将一个女子引在李阳生家换了2斗包谷，在大河坝一家逃荒的，将一个男娃儿引给何家换了两斗荞子，龙王沟（今南江乔坝乡）简滕友乞食到南郑，将他的孩子卖给柳家，直到1965年，其子才回家乡认亲。

……

《四川文史资料集粹·第6辑》

1937 年

（民国二十六年）

[本年大事]

1937 年春夏，四川连续第 4 年大旱，酿成空前大饥荒，至 4 月中旬，据省民政厅调查，计受灾 126 县，占全省面积 4/5，受灾人数共 3500 多万，占全省人口的 1/2[①]。遍地哀鸿，饿殍塞途。自 6 月中旬起接连 7、8 月，全省又普遭暴雨、淫雨，水患成灾。

1937 年 7 月 7 日，卢沟桥事变爆发，8 月 13 日淞沪战争爆发，中华民族进入全面抗日战争时期。12 月，南京失守，国民政府移驻武汉。

---

① 1937 年 4 月 17—18 日重庆《大江日报》公布："全川受旱灾县份及被灾人民，经省政府民政厅调查竣事，计受灾县份 126 县，灾民 3508 万 7348 人。"（《四川旱荒特辑》59 页）

1937 年 6 月 25 日，川康"绥靖"主任刘湘致电蒋介石，表示接受川康整军方案。7 月 6 日至 9 日，国民政府军事委员会在重庆召开川康军整大会，根据会议精神，8 月 10 日以前，川康各军整编完毕，实现了"川康军之彻底国军化"。由于大会期中"七七事变"爆发，抗日形势突变，会后四川军队迅速形成一致抗日蓄势待发的局面。（据《南京国民政府纪实》558、561 页）

1937 年 8 月 7 日，四川省主席刘湘发表谈话："今日之局势，除抗战外，别无他途。四川为国家后防要地，今后长期抗战，四川即应负长期支持之巨责，所有人力、物力，无一不可贡献国家。"并在当晚国防会议上慷慨表态，代表四川人民坚决支持抗战：四川可出兵 30 万，供给壮丁 500 万和粮食若干万石，以备抗战之需。

1937 年 9 月，首批川军 15 个师出川抗日。四川省主席刘湘出川，赴南京就任第七战区司令长官（翌年 1 月病逝于武汉）。川军出自"饿乡"，装备最差，而士气高昂，杀敌报国，战绩辉煌。

[链接] **大饥荒中出征的川军壮士**：川军出川抗战是在 1936 年到 1937 年大饥荒刚刚缓过气来，在极其严峻悲惨的形势下共赴国难的。省政府财政拮据，向中央、中国银行共借 200 万元，重庆金融界及绅商借垫 280 万元，才勉强筹集了出川经费。所以川军装备极差，所有步枪，十分之八为川造，十分之二为汉造。年代已久，质量太差，不堪使用，每师轻机枪多则十余挺，少则数挺。每师除数门迫击炮外，山、野炮一门都没有。"士兵们没有水壶，每人背一个竹筒筒，没有背包，每人背一个竹背夹。"[1] 邓锡侯率领的第二十二集团军，西出剑门北上抗日，时值秋风萧瑟，士兵仅有粗布单衣短裤二套，绑腿一双，单被一条，小草席一张，草鞋两双，军斗笠一顶。步行翻山越岭，经过 30 天才到达宝鸡，改乘火车到西安。到西安后，装备得不到补充，就被蒋介石命令全部火速驰援山西，改受第二战区司令长官阎锡山指挥。川军将士着草衣、穿草鞋、冒霜雪、越潼关、渡黄河，一心杀敌报国，服从调动毫无怨言，无一退缩，无一逃亡。每晚在茫茫雪地宿营，打开自己背上那块又薄又烂的被单，蜷曲而躺，不进民房扰民，顶风冒雪行军千里，途中饿死、冻死、病死不少，连老百姓见了也伤心流泪。（《四川通史·民国卷》186 页）

1937 年 11 月 16 日，蒋介石在南京宣布迁都重庆的决定。当晚，中华民国元首、国民政府主席林森率随从离南京赴渝，于 26 日到达重庆，受到四川当局和 10 万民众热烈欢迎。11 月 20 日，公开发布《国民政府移驻重庆办公宣言令》。

空前天灾与空前国难交集，人民负担空前沉重：1937 年，四川各县遭受严重天灾，149 个县中，受灾县达到 125 个。省政府决定实施田赋缓征，临时军费减征至田赋两倍附加。但旋以全民族抗日战争爆发，急需筹措军费为由，又随田赋加征国难费，每征加三成，全年共加九成，重灾县酌情减免。1941 年 1 月，四川省政府决定加收田赋 3 倍的临时国难费；3 月，该费又提高为田赋的 5 倍。在其后的战争岁月，政府又实施一系列措施，以确保田赋增收征实。（《四川通史·民国卷》465 页）

全省受重灾，饿死百万人，多处人相食：1937 年 6 月 1 日，《中国农村》报道：四

---

[1] 郭汝瑰：《郭汝瑰回忆录》，成都：四川人民出版社，1987 年 9 月，第 122 页。

川本年 141 县受灾。在 26 个重灾县中，灾民以树皮、草根、观音土（白泥）充饥，通江、巴中、北川等地，有人吃人者。阆中、松潘、北川每公斤人肉价格：死尸 1200 文，活肉 2400 文。涪陵、苍溪、通江、南江一带，每天每县死亡五六百人。成渝路上，每天死亡五六十人。四川省政府主席刘湘承认，忠县已埋饥民尸体 1.8 万多具。（《四川省志·大事纪述·中册》184 页）

"这一年的大旱，又数四川最为惨烈。灾民总数多达 3500 余万人，饥饿而死的估计在 100 万人以上。"（《20 世纪中国灾变图史》271 页）

蜀旱，灾民食树皮、榆叶，灾民 3000 万人。虫灾亦烈，被灾区域占全省 4/5，灾民 2000 万人。（《中国救荒史》45 页）

灾后百姓传唱悲歌："最伤心，遇丙丁，虫蚁尽，草不生。"（《四川水旱灾害》178 页）

四川继上年旱灾后，本年春旱仍极严重，且瘟疫流行，被灾 141 县，灾民达 3500 万，死亡人数日以百计，损失惨重。至夏秋间，又久雨不停，数十县被水成灾：据 1937 年 5 月 19 日（四月初十）《申报》载："豫蜀黔甘诸省，自去春迄于今春，经年亢旱，地不生毛，渠无水量，哀号待赈之民，日益众多，日益惨苦。"其中四川自上年入夏后，持续干旱，本年入春迄 5 月底（四月下旬）以前，旱情愈演愈烈。1937 年 4 月 27 日《申报》（上海版）据 4 月 26 日重庆专电："四川自罹旱灾以来，一般贫民，无法维生，群掘白泥草根以果腹，因而发生不能排泄脚肿等症而毙命者甚多，兼之春瘟流行，无法医治而毙命者，更复不计其数，凡此惨象，以川东川北为最甚。……据调查所得，重灾县份，每日死亡二百人左右，轻灾县份亦日死百余人，即以重庆市而论，每日死亡在三十人左右，灾象奇重，可谓历年所未有。"5 月 1 日《申报》报道：国民政府对四川"各县受灾情形""分定等第"，称："（一）重灾二十六县，计为綦江、南溪、江安、合江、纳溪、奉节、忠县、岳池、南部、武胜、仪陇、潼南、盐亭、剑阁、苍溪、广元、阆中、昭化、北川、平武、达县、巴中、宣汉、通江、南江、靖化。（按：原文只列 25 县）（二）次重灾四十六县，计为西充、射洪、梓潼、犍为、珙县、庆符、筠连、兴文、古蔺、叙永、南川、石砫、梁山、渠县、郫县、南充、蓬安、安岳、营山、荣县、仁寿、威远、江津、江北、合川、长宁、隆昌、酆都、万县、云阳、大竹、邻水、垫江、长寿、蓬溪、乐至、安县、茂县、理番、懋功、松潘、井研、内江、高县、涪陵、古宋①（按：原文只列 43 县）。（三）其余列为轻灾计共六十九县。按全川共一百五十县，已被灾者达一百四十一县，灾情之普遍有如此。"至 5 月底，四川各地得雨，旱象渐趋减轻，农民栽播正忙，深冀复苏有望，不意气候变化异常，夏秋之际，又复淫雨成灾。7 月 24 日（六月十七日）《申报》载 23 日（十六日）重庆专电云："此次大小江水泛滥，全川呈报水灾者已达数十县之多，损失甚重。"10 月 4 日（九月初一日）该报又载："川东北各县近因久雨成灾，秋收受损，以致米价陡涨，影响颇巨。"（《近代中国灾荒纪年续编》494－495 页；并据《巴蜀灾情实录》《四川旱荒特辑》核补）

---

① 重灾、次重灾县名单，据省政府秘书长邓汉祥 5 月 2 日在成都各界联合救灾运动大会上的报告。（《四川旱荒特辑》171－172 页）

　　成都山丘地区连旱，灌县、成都秋暴雨：龙泉驿、新都、双流、大邑、邛崃、蒲江山丘及小河灌区，丙子（1936）丁丑（1937）大天干。自 1936 年 10 月至 1937 年 5 月旱期长达 8 个多月，邛崃天台山下历来少旱的太和乡，也有 40％稻田无水栽秧，玉米禾秆着火即燃，饮用水也要到几里外泉井取。山区及小河灌区连旱三年，旱情更趋严重，溪河渠堰断流。大旱之年，疫病流行，灾民离乡逃荒，各县县城设坛祈雨。四川省政府于当年秋发布缓征田赋令，"灾区所有新旧田赋，一律暂缓征收"。

　　彭县、新繁、新都 7 月淫雨连旬，禾稻受损。崇庆、新津 8 月初暴雨，街市受淹，大邑斜江河水涨高一丈二尺，毁房 174 间、冲田 497 亩。灌县 8 月中旬大雨连日，金马河水涨，冲毁沿岸农田 2000 余亩。郫县、成都 8 月 31 日及 9 月 1 日暴雨大水，成都西部成灌、成渝、成雅公路中断，锦江水溢，城内街道淹没百余条，下莲池一带水深三尺，春熙路、东大街一片汪洋。（《成都水旱灾害志》236 页）

　　1937 年四川旱虫灾惨烈：全川 1936 年遭天灾，先之以春荒，续之以夏旱，自秋冬至 1937 年春夏连月不雨亢阳，无法播种，竟至饮水亦成问题，饥殍载道，灾情之惨、灾区之广为近百年所仅见。虫灾亦烈。被灾区域 141 县，占全省 4/5。（《四川省近五百年旱涝史料》13 页）1937 年，四川天旱，水稻迟栽，螟害甚烈，年平均螟害率达 22.32％，损失颇巨。（《巴蜀灾情实录》188 页）据成都、眉山、温江、筠连、资中等 23 县统计，1937 年因水稻螟害损失产量 641.57 万市石（每市石 160 市斤）。（《巴蜀灾情实录》189 页）

[附] 　　　**1937 年四川 23 县水稻螟害损失统计表**　　　　单位：市石

县名	平均损失（％）	常年产量	损失产量	备注
成都	11.00	1383488	152184	
华阳	11.00	1733157	196647	
灌县	4.30	1187158	51048	
新津	15.00	1063384	159808	
郫县	28.50	1506120	429244	
彭县	6.15	3157502	194186	
新繁	10.50	1246344	130866	
资中	35.00	312818	109486	
资阳	10.00	456104	45610	
巴县	10.28	1909468	206640	
合川	5.18	705266	36532	蝽象为害烈
金堂	16.80	4078192	685126	
眉山	39.30	3000000	1176000	白穗严重者在 80％以上
大邑	28.30	2080920	588900	
彭山	33.85	1013483	343064	重灾区有颗粒无收，或全未插秧者
乐山	13.41	270000	36270	
犍为	41.04	500712	205092	

县名	平均损失（％）	常年产量	损失产量	备注
宜宾	21.38	3840000	819840	
庆符	27.85	599012	166825	
高县	32.84	543000	177336	
筠连	41.53	105442	43790	
温江	38.06	750000	285450	
双流	23.83	748840	178449	
合计		32189410	6415704	

（《巴蜀灾情实录》188—189页）

1937年渠江流域大旱综述：南江县："重灾。"巴中县："旱灾奇重，饥民甚多，无以为食。5月26日，千余人向县政府索食，将县府全部捣毁，秋收不及三成。"万源县："久晴重灾，全县发生大饥，百姓吃树皮草根，流离他乡，城乡市场上出现卖人肉汤锅。县长肖廉武发出布告：'禁止吃人肉。'"通江县："大旱。"宣汉县："小春生长久旱枯萎，县民即种鸦片维生，然所种鸦片亦枯萎过半。全县62个乡镇中有27个乡镇不能举火，日食树皮草根者，有11万多人，自救能力亦无，饥民三五成群夜间抢劫粮食之风最炽，认为在家坐以待毙，不如入狱可得一饱，结果狱中人满为患，镇乡无宁日。"大竹县："饥民10万人。"渠县：春夏旱，县长肖杰三报告称："去年夏秋冬三季及本年春遭受旱灾。至6月15日才得第一次较大雨，农人遍插旱秧，而烈日随之，所栽旱秧多就枯萎。最重灾区23个、受灾面积30万亩，受灾九分以上；次重灾区15镇，受灾面积23万亩。去秋收获不过十分之二三，举家无防饥存储，十室九空，饥声载道，民无乞食之所，更有食泥、餐鞭者。受灾11万户，受灾人口73万。"广安县："民国二十五、二十六年大旱。二十五年6月晴24天，阴3天，雨3天，降雨144.4毫米。7月晴23天，阴4天，雨4天，降雨114.5毫米。8月天久不雨，各乡田禾枯萎，饮水困难。白市、石笋等7乡，颗粒无收。入冬雨水更少，沟田龟裂，水田不到万分之一。人畜饮水四处寻找，所种小春未萌芽。"旱灾延至次年（1937年）。2月至5月旱95天。泰山乡报："去秋不雨，今春少雨，旱情奇重。全县粮食奇歉，野菜、蕨根、麻头、干苔叶食尽，继而吃白泥，百姓流离乞食，饿死万人。"仪陇县："民国二十五、二十六年，严重伏旱，大饥，道殣枕藉，掘万人坑掩之。"营山县："民国二十五年6月至二十六年7月，全县大旱，水田开裂三至四寸宽，粮食收成不过十分之一，民不聊生，多食草根树皮。"（《渠江志》73页）

岳池：连续两年大旱，饥民剥树皮挖白泥巴充饥。城乡饥民到处可见，有的饥民集队抢劫豪绅地主粮食充饥，有的饥民一起向富户乞讨求救，有的逃往外地乞讨。灾民饿死于道旁荒郊者，各处可见，特别是老、幼、妇孺，饿病交加，死于道旁荒郊，无人掩尸。灾民死亡惨重，目不忍睹。（《嘉陵江志》150页）7月下旬，暴雨骤降，城中街道半成泽国，部分小街水深2尺，四乡田畴亦汪洋一片。（1937年7月25日《新蜀报》）

南部：1936—1937年，南部大旱（称丙子丁丑年大旱），"两年无雨，田野荒芜，粮价高涨三倍，民食树皮、草根，死者无数……南城郊掘万人坑十，东坝掘万人坑六。"

接连至于"丁丑年五月，无大雨"。据县农水科调查，本县1936—1937年春夏连旱118天，受灾面积78.60万亩，成灾63万亩，减产粮食19520万斤，受灾人口423370人。（《嘉陵江志》141页）

合川：2-4月春旱60余天。旱，胡豆、豌豆不能收回种子，人吃树皮、草根、白泥。蝗。（《四川省近五百年旱涝史料》104页）

继上年大旱之后，当年又遭春旱，灾情严重，地方士绅发起向社会募捐，筹集了数万元（法币）赈济经费，除在南津街设立临时收容所，收容沿街乞食的难民外，又在城区设立平粜所，办理平粜；设立粥厂，向灾民施粥。以后省政府拨来赈济款3万多元，由县政府在城区设置多处粥厂，从6月中旬至8月中旬，向灾民施粥。（《合川县志》179页）

7月，三峡实验区河水暴涨。洪水入城。推算水位214米，洪水高度28米。（《合川县志·大事记》）东南西北四镇受水灾3420余户、灾民20900余人；离城5里之东津沱，一度每日捞浮尸30余具。沙坪、南津、车渡等乡镇之水稻、杂粮、蔬菜等被水冲毁。（1937年7月24日《新蜀报》）

渠县：干旱，重灾23个乡镇、20万公顷。（《达州市志·灾害》）

小金、茂汶：春大旱。大小金川遍境饥荒，迭出食人惨象。（《阿坝州志·大事纪述》）

忠县：民国二十六年春夏久旱，江水涸甚，秤杆石现，妇女多于石浣衣（按：此石仅于嘉庆年间发现一次）。万县红十字会会长赵润风、刘俸地率领队员10人，亲赴三区挨户放赈，共洋2万余元。盖恐保甲经手中饱也。……亢旱日久，田地枯裂，月来虽降雨泽，但多虫害，蝗灾异常。（民国《忠县志·事纪志》）

酆都：春荒，田园荒芜，县长张瑞徽下令筹赈款。全县共募捐4.65万元，截留4万作农行基金，只发赈款6000多元。（《酆都县志·灾害救济》）

涪陵：清明节后，水稻无水播种。入夏后赤日肆虐，农作物枯萎，引火可燃，玉米无收，红苕不能栽种。（《涪陵市志·自然灾害》）

春，上年大旱之后，全县灾民达80余万人，省赈务会涪陵分会从各机关抽调赈员30名赴区乡放赈。（《涪陵市志·民政·救济》）

3月，新妙、李渡、珍溪等地大雨雹，大者如鸡蛋，打死雀鸟，损毁房屋，重者小春无收，水稻、玉米重播。（《涪陵市志·大事记》）

资阳、安岳、资中、乐至：旱。入春以来，半年不雨，赤野连阡，田土龟裂，民食维艰。（《内江市志·大事记》）

南江：旱。26个重灾县之一。曾两天中饿死灾民2000人。（《四川水旱灾害》178页）7月16日，河水暴涨，冲毁玉米田甚多。（1937年8月23日《新新新闻》）

达县：旱，草根树皮为食。（《达州市志·大事记》）

大邑：1936年冬至1937春夏，连月不雨，饿殍载道，灾区之广为近百年所仅见。（《岷江志》150页）

仁寿：6至8月不雨，饮水几绝，饥荒严重。（《仁寿县志·自然环境·灾害性天气》）

剑阁：连续大旱，去秋豌、麦未种，今又无水栽秧，两季无收。金仙居民下西河背水作炊。各地灾民为抢水而殴打者尤甚。……杨村一带遭雹灾。（民国《剑阁续志·事纪》）

南部、阆中、营山、广安：旱灾，名列 46 个次重灾县。（《四川省近五百年旱涝史料》67 页）

大足：继上年大旱后复又春旱，两月余未下透雨，赤地满目，溪河断流，百年未见。除沿濑溪河岸及西山边缘少数乡村为次重灾区外，均为重灾区。（《大足县志》引《汪茂修笔记》）旱，灾民多达 32 万人。（《重庆市志·大事记》）

巴县：1937 年为重旱年，继前四年干旱后，"县属 80 余乡镇，重灾区域前后已达十之八九，田土收获平均仅及十分之一二。塘堰尽枯，赤地千里，十室十空"，"草根树皮，早已掘食殆尽"，"因争掘白泥以致倾伤者，亦有数次"，"劫案频报，日必数闻"，"被劫者多系三五升半杂粮，为匪者又十之八九皆系土著"。（民国《巴县志·自然灾害》）

蒲江：大旱。"千余民众涌入县府要求设坛祈雨、关闭南门，县府迫于众愿，只得顺乎民情。"民间认为，按风水传，北方主水，南方主火，所以遇旱要关南门。（《蒲江水利电力志》）

邻水：旱，小春生长欠佳。（《邻水县志·大事记》）

旺苍：继上年，又大旱，岁大饥，发生人吃人现象，饿病死亡者众。民谣："丙子丁丑人吃人，一斗粮食一斗银。"7 月淫雨 40 余日。（《旺苍县志·大事记》）

平昌：连上年旱，春夏再旱，田龟裂，井泉干涸，掘白泥为食。（《平昌县志·自然地理·特殊天气》）

苍溪：春大饥，人相食。（《嘉陵江志》136 页）

武胜：1－5 月春夏旱 142 天，灾民 305346 人，饥民剥树皮、觅草根麻根、挖白泥为食。（《嘉陵江志》151 页）

旱灾后复遭虫灾，为历年所未有。四月十三日狂风大作。秋水续发，涨 3 丈许，沿岸农作物淹没甚多。（《南充市志·大事记》）

9 月 4 日，各小河忽发沙水，6 日河坝完全淹没。（1937 年 9 月 7 日《华西日报》）

［链接］1937 年 7 月 23 日《新蜀报》关于武胜水灾的报道："武胜地近靠嘉陵江畔，前因积雪融化，高流入江，以致河水暴涨。近复连日大雨，山水亦皆流下，今日较昨涨立水五尺许，县属沿江各地（清平、沿口、石盘、龙安、烈面、复兴等乡镇）河土杂粮，悉被淹没。民房亦多冲去。而且县城（今中兴镇）东关外草子街同归于尽，一物无存，损失颇巨。并多无房住宿，哀声震耳。"（《四川城市水灾史》222 页）

双流：双流县上年秋，平坝收十分之八，山区收十分之七。当年小春平坝收十分之八，山区收十分之三。7 月 19 日大雨，双流天星渡、魏家坎等处，沿途马路低处被水淹没达两天。8 月洪灾，金马河、杨柳河水势猛涨，巨浪滔天，将沿河已熟禾稼冲毁 2000 余亩，旱地药材、粮食等 100 余亩。（《双流县志》引双流县档案资料）

筠连：4 月大旱，定川溪断流 3 日。5 月大饥，救济院以玉米、小麦平粜。7 月 27－29 日大雨，山洪暴发，玉壶公园水深 8 尺，水灾之巨为本县数十年来所未有。9 月中旬又洪水，县城五门被水侵入，沿河街巷尽成泽国，大河坝一带水深丈余，冲去器物甚多，受水灾民甚众。秋收大歉，全县平均收获得二成。（民国《筠连县志·纪要》）

梁平：大雨，水涨数丈，淹没田禾房屋什物。从 8 月间干，直到 1938 年五月初三日。（《梁平县志·大事记》）春旱，8 月水灾，四川省赈务会拨给梁山急赈款 1.70 万元。9 月初，驻万县世界红十字会兑来赈款 8000 元，派来查赈队员 10 余人，前往重灾乡镇查户给票，并派放赈员会同县赈务会委员赴乡发放。县长杨晴舫向部分绅士募捐 2000 元。慈善团体在城厢成立第一施粥厂，领粥饥民日益增多，有一天竟达到 8300 余人。民国二十七年 2 月 24 日，四川省赈务会拨给春荒赈款 4000 元。（《梁平县志·灾害救济》）

松潘、理县、茂县、汶川：自端午节前日起，即淫雨五六日，松、理、茂、汶各县同时大雨，因之岷江水涨丈余，酿成水患，沿岸道路多被冲毁。（1937 年 6 月 22 日《华西日报》）

高县：六月二十日连宵大雨，河水暴发，沿江农作物多被淹没，损失甚大。（《宜宾市志·大事记》）

灌县：6 月 15、16 连日淫雨，都江堰水位已由 14 划涨至 18 划，飞沙堰末段冲毁，内江水大半注入外江；河水入城。（1937 年 6 月 20 日《华西日报》）

金川：6 月 15 日山水暴发，田土多被冲刷。（1937 年 8 月 23 日《新新新闻》）

铜梁：旱。6 月以来连续大雨，作物淹没无算。7 月中复遭水灾，损失之大为百年所未见。（1937 年 8 月 23 日《新新新闻》）

邛崃：6 月中旬雨水过重，7 月 11、12 日淋漓倾泻，农作物或失生机，或生虫害，或被淹没，或田陷土崩。（《邛崃县志·大事记》）

新繁：大水，冲坏田地、房屋甚多。（1937 年 7 月 28 日《新新新闻》）

宣汉：春旱，饥。7 月 1、2 日大雨，山洪暴发，低地尽成泽国，禾稼人畜损失甚巨。（1937 年 8 月 23 日《新新新闻》）

春荒，待赈灾民有 10 万余人，疫病流行，县府布告，提倡主佃接济、家族照顾、亲友提携、邻里扶持、自由捐助等互助救济办法，25 个乡镇灾民互济洋芋种 1.11 万斤，稻谷种 100 石，政府发施粥赈款法币 1579 元，省赈务会拨法币 4000 元。县政府规定，公务员月薪在 20 元以上者，以 20 元助赈，有存米 10 石者，抽 10% 作赈、10% 作借，限制煮酒熬糖，节约粮食。在发赈救济中，乡保人员克扣贪占，灾民难得实惠。（《达州市志·灾害救济》）

渠县：旱。七月二日大雨，州、巴两河水涨，田庐禾稼淹没无算。（《达州市志·大事记》）

广元：旱。春荒，中央派员踏勘赈济一次，共 29600 元；地方游艺募捐资遣两次；省赈会准就赈余收容一次；慈幼会拨款 1000 元收容灾童一次。（民国《重修广元县志稿·救济》）7 月 8 日至 20 日，嘉陵江水位飞涨 17 公尺，小西门外至玉带堤悉被淹没，南门外小河水亦涨 12 尺以上，附近农田尽成汪洋，交通断绝，米价飞涨，自涨水以来每日河水浮尸二三十具。（《四川省近五百年旱涝史料》33 页）

眉山：去冬至今，旱灾奇重。7 月 11 日起，又连日大雨滂沱，水势高达丈余，沿岸堤埂被淹，成嘉公路桥梁多被冲毁。（《眉山县志·大事记》）

射洪：7 月 14 日夜江水泛滥，两岸坝地水深 2 丈余。（1937 年 7 月 25 日《新新新闻》）

威远：7 月 14 日急降大雨，河水位猛涨数丈，沿河桥梁 30 余处、房屋数十处被冲毁，所停炭船 1400 余只、煤炭 7000 包被冲走，两岸禾稼荡毁无遗，淹毙 500 人以上。（1937 年 8 月 23 日《新新新闻》）

内江地区：内江六月中旬倾盆大雨，平地水深尺余。资中七月十六、十九日又遭水患，沿江各地禾稼均被淹没。七月，简阳连日大雨，沱江水位猛增2丈余，成熟作物一冲而尽。威远七月十四日和八月二十八日，连遭两次水灾，第一次洪水至永乐乡，河水涨两丈余高，沿河房屋被毁，桥梁断裂，农作物被毁，铺子湾停泊炭船1000只，被冲卷沉没；第二次河水涨3丈余高，城墙被淹，东北两门被水封，下南街成泽国，城下居民房屋概遭淹没。两次水灾计损失：田禾201石，山粮113石，房屋631间，船1271只，煤炭14240包，桥梁9道，死251人，失业3075人。（《内江地区水利电力志》）

内江：7月成简路连日大雨，沱江水猛涨2丈余，将成熟作物一冲而尽。桷木镇、白马庙、尤门镇等处均淹没，居民受灾者四五百家。旱。（1937年7月21日《新新新闻》）

罗江：7月大雨一周，16、17日为甚，外南农村河坝、房屋、人畜多被漂没。（1937年9月17日《新新新闻》）

遂宁：大旱，从二十五年起，始以春荒，继以夏旱，自秋冬至是年春夏，连月亢阳不雨，致使饮水极为困难，饥民吃梧桐树皮、棕树芭、芭蕉头，甚至吃白善泥，饿殍载道。虫灾亦烈。斯时，人心惶惶，官府束手无策。城郊乡区农妇数十人，进城祈雨，官府干涉，激怒城乡群众，酿成千人掀倒专员公署门前旗杆、砖墙、掷砖打专员的事件。（《新编遂宁县志》44页）7月14日夜倾盆大雨，通宵达旦，15日晨东门外望鹤楼河堤进水淹没盐市等街2000余家，南北两坝亦成泽国，县城街市被淹大半。涪江洪水直冲太和镇城墙脚，刷成大濠，淹毙河街居民七八百人，财产损失达数百万元。全县棉花减产。（《涪江志》79页）

［链接］遂宁"求雨打专员事件"：民国二十六年遂宁春旱极为严重，真正成了田土龟裂、赤地千里的"赤日炎炎似火烧"景象。全县人民人心惶惶，饥民遍野，城乡已出现"吃大户"的可怕情况。饥民有剥食树皮、挖掘草根充饥者。笔者亲见部分饥民拥至灵泉寺后山的"阴阳坟"挖掘"白泥"充饥，每天往来如织。那时有人以天干不雨乃每天升空的"青天白日满地红"的国旗所征兆，而旗杆不是"齐干"吗？要天下雨应将旗杆拔倒才是。于是在农历三月二十八日百余群众齐到大堂坝请求专员兼县长罗玺出来求雨并把旗杆拔掉，罗不允，群众越集越多，遂用刀砍断旗杆，齐力摧毁砖墙，用砖块打专员，酿成"求雨打专员事件"，全川震动。但是四川省政府安抚得法，事件迅速救平。（胡光翰、李国梁：《求雨》，见《四川文史资料集粹·第6辑》）

［链接］《新蜀报》关于遂宁7月水灾冲淹人口的报道：1937年7月25日《新蜀报》报道：此次涪江洪水泛滥，遂宁县境受灾独重。昨日合川所属渭沱场来信称，该场组织之救护队与捞尸会，日前在沱内救获男女千余名，捞得尸首无数，其中被救之男女属遂宁籍者，竟有三四百人之多，已没法收容。（《四川城市水灾史》184页）

合江：7月15日起大雨三天，江水陡涨，淹没房屋牲畜粮食无算。（《合江县志·大事记》）

璧山：7月15日大风大雨，城外河道水忽涨至一丈六尺左右，大桥淹没，屋倾圮，农作物被冲者不计其数。（《璧山县志·大事记》）

潼南：春、夏大旱，全县田土龟裂，稻田播种面积不足30%，民食草根、树皮、白善泥，病饿而死者近万人。7月15日大水淹至城区，全城顿成泽国，沿河两岸田土、

房屋、牲畜、稻粱尽被冲走。(《潼南县志·自然灾害》)

春、夏大旱，田土荒芜，稻谷无收，民食树皮、芭蕉、野菜、白泥，或结队索食，饥饿而死者甚众。当年3月，县赈务会令促各联保在沿河组织公共秧田，并派人往江北催制汲水筒汲水灌田。6月停征各项税收，在各区署和檬子坝设老弱灾民收容所，收容50岁以上病残人和5-12岁孩童500余人，每人每日发食粮2.5合。当年7月15日，大雨，涪江河水猛涨，沿岸农作物多半失收，全县24个乡、镇受灾。报经省府核定：太和、王家、斑竹、五桂、复兴、古溪、太平、三汇为重灾区；田家、观桂、双江、安心、花岩、塘坝、富农、宝龙、玉溪、米心、仁和为次重灾区；城区、大佛、太安、柏梓、崇龛为轻灾区。由县拨发救济款4.6万元，发放农贷款2.3万元。(《潼南县志·民政救济》)

巫山：自7月17日起，江水狂涨上岸，沿江田土房屋淹没殆尽，损失甚巨。(《重庆市志·大事记》)

荣昌：春夏旱。7月中旬大雨如注，东南门外淹过桥数尺，民房冲去几十家，农作物损失甚大。(1937年7月31日《新新新闻》)

万县：春荒严重，县赈务分会决定在全县各乡镇设粥厂，施粥30天。7月江水大涨，18日竟涨至1丈2尺余，水码已达6丈6尺以上，受灾民众极多。旱。(《万县志·大事记》)

川东特大旱灾(1936年夏初至次年春末不雨)，万县59个乡、73%农田受灾。《万州日报》有"灾民吃树皮、草根、麻头"和"三八乡、三九镇、三十乡等处百分之五十农民吃观音米(白善泥)"的记载。成千上万人逃荒讨饭饿死街头，甚至易子而食。时称"丙子丁丑年大天干"。万县赈务会呼吁省政府拨急赈款4万元，县发赈粮4500石，救活灾民7.3万余人，并由合作金库拨款2万元办理救济贷款，发洋芋种2.5万公斤，以救春耕。(《万县志·灾害救济》)

7月19-21日，长江水涨至万安桥，1286户6331人受灾，死4人，财产损失1.32万元。(《万县志·大事记》)

9月7日午后5时20分，县乌云满天，狂风大作，顿时倾盆大雨，长江边沙坝茅屋多数被吹毁，一只木船52人被吹翻在江心，无一生还。(《万县志·大事记》)

民国二十五年，发生大火灾7次，烧毁3000余户，中央赈济委员会、四川省赈会、重庆行营等拨款3万元，赈大米70多石、玉米170石。县政府募发赈款1.038万元，赈粮244石，赈济灾民3670户、1.46万人。(《万县志·救济》)

富顺、自贡：7月19日大雨，自井釜河立水涨2丈余，盐船多覆，船民死几十人，损失颇大。(《自贡市志·大事记》)

郫县：7月川西晴少雨多，几至无日不滂沱倾注，洪水冲刷遍成泽国，成郫道上全被淹没。(《郫县水利电力志》)

新都：7月大雨滂沱，绵连10余天，河水暴涨，房屋树木被风雨拔倒。(民国《新都县志·祥异》)

彭县：7月以来通宵滂沱大雨，关口大堰以及上游汶茂诸山洪水暴发，冲毁大堰。(1937年7月19日《新新新闻》)

成都：7月大雨，低洼处尽成泽国，为近十年来未有之大水灾。7月9日至18日，

8月31日至9月1日，两次大水，锦江水涨，淹没望江楼马路，城内淹没街道百余条，中、下莲花池水深3尺。府河水涨高至2丈余，沿途田土、房屋、禾稼冲毁无算。（1937年9月2日《新新新闻》）

江油：7月突降暴雨，山洪暴发，河水猛涨，稻禾、旱粮多被淹没，秋收无望。（《绵阳市志·大事记》）

[链接] **江油丁丑旱饥纪实**：1937年春，国民政府四川省主席刘湘电令各县报灾的电文中惊呼："入春以来，仍少雨泽，灾情严重，本府至深焦灼。"

然而，灾情仍在蔓延，有增无减。及至终了，省府民政厅颁布：全省受灾县份126个，灾民达35087348人，占全省总人口五分之三以上。

今择江油作记。该县当年人口192420人，灾民达134694人，占70%。在不属灾民的30%人口中，多为富户与盗匪。

"各年堰塘无水可蓄"，"全赖雨赐"，是酿成"哀鸿遍野"的原因之一；之二则是"富户奸商，囤积居奇，米价飞涨"，以致"黄谷每担达钢洋十元"，于是，除以草根、树皮、白泥果腹者外，"掘食死尸或自相残食者亦有之；鸠形鹄面，殍死于道路，倒毙于沟壑者亦比比皆是"。甚至还有煮食外孙女的外祖母，虽苟延一时，乃大饥中之大恶矣！

民于倒悬之中，亦结队逃荒，"碰上谁家有粮，就闯入家中吃光才走"，而"夜间抢劫粮食之风最炽，凡提捉县府者，皆自认不讳；查其数量，不过一升半升。自云，在家坐以待毙，入狱即可一饱。致狱中有人满之患，乡镇皆无宁日"。但"像这样奇重的天灾，连续至几年之久……几乎遍布全川，灾民即欲流离，也寻不出一块干净的地方，无处不是疮痍满目。由饥而毙者，简直是无可逃避的去路……"。

于是，"丙子好过，丁丑难挨"的民谣从此流传于世。每逢大旱，皆与丁丑相比。

（本篇主要参考《江油县水利电力志》，录自《涪江志》）

彰明：7月山洪暴发，县城墙垮塌，平地水深4尺。（《绵阳市志·大事记》）

绵阳：7月连日大雨，河水暴涨，14日由北门泛入，为光绪十六年（1890）以来最高水位；城外灾民数百家，川陕公路桥梁多被河水冲毁。（《绵阳市志·大事记》）

夏季之淫雨，秋季之亢旱，大有害于作物之收成。据四川稻麦改进所调查，民国二十六年（1937）绵阳作物面积之灾害损失估计：稻37.10%，高粱17.10%，玉蜀黍44.30%，大豆42.80%，甘薯28.00%，绿豆60.00%，花生36.00%。水利不兴，以致灾害频年。（《四川经济季刊》12卷1期）

盐亭：先大旱后洪灾。7月16日山洪暴发，河水位涨16—20尺。农作物损失甚大。人以糠菜度日，乞讨者千计。（《绵阳市志·大事记》）

安岳：7月收谷后涨大水。旱。（《遂宁市志·大事记》）

永川：旱。7月连日大雨，山洪暴发，沿河街巷顿成泽国。（《重庆市志·大事记》）

[链接] **1937年7月21日《新蜀报》报道永川水灾情形**：1937年7月，永川城遭受洪水浩劫。"7月（15日）大雨，沿城江流水势大涨，午刻县城大小南、东、西各门进水约二三尺。南外中河坝一带，几成大江。河坝住有范旅特务连，均临时率众避登纪念亭内，高望俨然数里河流。幸有人驾舟施渡人畜，未出惨祸。四门城垣淹没过半，城内文庙放生池平地进水三四尺，冲出蓄养龟鳖极多。直至今晨雨始停注，水消一半。永

属大洞口太平桥被毁三洞，成渝交通受阻。城厢顺城近郊之房屋被淹毁，漂没家具牲畜无算。计被水灾重者不下五六百户，居民不能举火竟日，次者不下一千余户。田畴农作物被淹没竟日者，亦占三分之一，损失约计四五万。沿江而下，各场淹没农作物尤多，诚十年来未有之水灾也。"（《四川城市水灾史》283—284页）

三台：7月连日大雨，又因中绵等地大雨，以致外东凯、涪两江之水暴涨2丈许，沿河居民粮食损失甚大，绕城边一带房屋悉数被冲。（《四川省近五百年旱涝史料》34页）

云阳：春旱、夏旱连秋旱。全省旱灾波及140余县，云阳旱情特重，10个月未下透雨。"河干井枯，饮水难得。"收成仅十分之三。灾民达412690人，占全县总人口的80%。饥民25000人，结队采食观音土。省政府李贤堃来云阳调查，目睹野有饿殍，弃孩不少。（《云阳县志·自然灾害》）7月下旬，暴雨连发。汤镇、澎溪河洪水泛滥，是30年内最大的一次。长江至县城大东门、小东门、南门一带，城外铺户全部淹没，居民露宿户外半月之久。（民国《云阳县志·事纪》）

阆中：大旱。为全省重灾县之一。（《嘉陵江志》138页）

广安：民国元年至三十八年，见诸文字记载的干旱计12年，其中二十五、二十六年连续干旱，一些地方谷收仅一二成。全县野菜、蕨根、麻头、干苔叶食尽，百姓流离乞食，饿死万人，民称丙子、丁丑大灾年。（《广安县志·自然灾害》）

春荒，县府发放春荒赈款1194元，办理平粜60市石（每石75公斤）。7月渠江水暴涨3丈余，沿河一带淹没房屋不计其数。（《广安县志·大事记》）

德阳：7月连日大雨，山洪暴发致河水猛涨，田禾房屋多被冲刷，人畜亦多被淹毙，黄许镇陷入水泽中。（1937年7月25日《新新新闻》）

名山：弥江淫雨，田禾漂没，桥梁倾毁。（《青衣江志》136页）

乐山：7月连日大雨，铜、雅、岷三江之水连涨两次，东南各门皆进水。（1937年7月22日《新新新闻》）

夹江：7月大水，粮食收获极歉。（《青衣江志》136页）

彭山：7月连宵大雨，水势猛涨，既遭荒旱，复罹洪灾。时疫流行，死亡极重。（民国《重修彭山县志·通纪》）7、8、9月大水，决外东河堤，沿江作物损失甚大。（1937年9月13日《新新新闻》）

宜宾地区：民国二十六年6月20日，高县、庆符县大雨，河水暴涨，县城王爷庙上天井水深数尺。屏山县中都区暴雨，河水猛涨，会龙场、中都场全被淹没。（《宜宾市志·大事记》）

旱。7月岷江水涨，全区淹没田土2800余亩。秋大旱，栽插失时，全省性水稻螟灾，遭虫害，白穗居多，当年收成仅十分之一。南溪县大旱，数千饥民上船抢米；珙县东楼乡也出现抢粮事件。（《宜宾市志·自然灾害》）

宜宾：自1936年7月大旱，经秋至冬，延至1937年4月无雨，正冲田裂缝宽数寸，大小春作物基本无收，灾民达35万余人。其中有14万人以蕨根、芭蕉头、白泥等充饥，死亡2000余人。（《宜宾县志·自然灾害》）

泸县：7月连日大雨，岷沱两江均陡涨，水势之大为近数年未有。（《泸县志·大事记》）

奉节：7月长江水暴涨，骤增至10余丈，沿岸禾稼淹没殆尽。旱。(《四川省近五百年旱涝史料》119页)

夏，大旱，饮水困难，为近百年所罕见。(《奉节县志·大事记述》)

资阳：8月连日大雨，县城积水尺许，一片汪洋；成渝公路电杆冲倒很多。(1937年9月2日《新新新闻》)

重庆：自上年6月底至本年5月，连续300多日无大雨，全市旱灾严重；至7月上中旬连日大雨，江水骤涨，沿江各处多被水淹，渝梁间电报、交通断绝。川东几十县受灾。(《重庆市志·大事记》)7月17日夜9时，重庆海关码头报告，水位已涨至9丈2尺1寸。洪水初发时，临江门柴湾码头原停泊的数十只炭船，其中李子民、王海明、赖胡子三船立刻沉没，其他各船均不能自持，顺流漂走。(1937年7月18日《新蜀报》)

重庆火灾：3月5日，市区发生3次火警，以观音岩地区火势最大，起于上中一路，止于下中二路杨森公馆，延烧1000余家。(《重庆市志·大事记》)

[链接] 川东灾民流入重庆　小巷路边饿殍横卧：年初，因去年大旱，川东灾民大批流入重庆市。"渝市各小巷饿殍横卧。"据警察局统计，1、2月重庆街头冻饿死灾民达2870人。3月，大批灾民继续流入重庆，结队索食，上旬饿死在路边的就有700余人。据市警察局统计，2月和3月仅由当局掩埋饿倒之路尸即达3800余具。3月20日，北碚嘉陵江三峡乡村建设实验区半数以上人口缺粮，2万多灾民以树皮、草根、白泥(观音土)充饥。饿死、自尽、弃婴或抱子投江者甚多，月初至是日，饿死的有1402人。(《重庆市志·大事记》)

北碚：7月17日早晨7钟，水涨至85尺，到午前9点达86尺，迄午后2钟，水位稳定。……不料夜间，18日午前2钟，水势回涨5寸，迄18日午后2钟，更起5寸，合计水位为87尺。(1937年7月21日《嘉陵江日报》)

开江：春旱严重，田土龟裂，溪井干涸。后厢成片柏树枯死。收获不到三成，前厢不到四成。6月5日始降透雨。饥民成群"吃大户"，进城抓抢熟食，有的出县乞食。饿死、病死、逃亡者达万余人。(《开江县志·自然灾害》)

1月，春旱开始，延至6月5日始降透雨，粮食收获三四成，不少饥民前往富绅家"吃大户"。流传民谣："饼子(丙子)好吃钉(丁丑)难过。"8月17日，成立开江县赈务分会。因先旱后霆，灾害严重，饿死9042人。省拨急赈款6000元。(《开江县志·灾害救济》)

春夏，干旱，收获仅三四成；7月、8月，3次暴雨，太和、永兴、普安、宝塔一线20余公里3次被水淹，水稻大部绝收。(《达州市志·灾害》)

春夏旱，饥。8月2日、16日两次水灾特甚，田庐牲畜禾稼损失颇巨。(《达州市志·灾害》)

民国二十五年秋至二十六年夏境内没下透雨，井河干涸，谷价猛涨。四乡贫民吃大户、捶稻草、掘草根、剥树皮，有的上街抢夺熟食，纷纷要求政府发证出境行乞。县长郭其书一味派警镇压，同时禁酿、禁屠，继之"请僧道设坛求雨"，最后向省电借军粮银圆一万，筹富仓谷800市石，平分到乡，重灾乡甘棠千户千元，户均一元，买米一升一碗(4.5市斤)，民怨沸腾。郭终以救灾不力，治民无方，被弹劾指控，撤职离县时

群情愤怒，拦路痛骂。（《开江县志·民政·救灾》）

长寿：自春徂夏，田中多栽齐，讵知雨多晴少，获稻未过半。八月初六日起至十三日止大雨连绵，谷稻生芽。（民国《长寿县志·大事记》）

1937年秋，淫雨成灾，全县稻谷霉烂十之八九，每石碾米仅得二斗以至四五斗不等，价值低落，尚无人过问。（《四川经济季刊》9卷5期）

荥经：8月10日大风、大雨、大水。（1937年8月26日《新新新闻》）

简阳：入春后，旱情更加严重，田土龟裂，无法播种，日需饮水亦感困难。8月河水陡涨，30日晚暴雨竟夕，成渝客车停驶。7、9两月，大水涨，立水2丈2尺，魏家坝被冲去房数十间，县城万家桥冲毁。旱。（1937年9月2日《新新新闻》）

大竹：旱。8月大雨3天，山洪暴发，冲毁田土人畜甚众。（1937年8月23日《新新新闻》）

万源：9月下旬大雨6昼夜，城内外成泽国。（1937年10月5日《华西日报》）

炉霍：8月大雨雹。山洪所到之处，苗穗倒地，沙石乱窜。（《甘孜州志·大事记》）

蓬溪：8月14、15日，山洪暴发，涪江两岸房舍被淹没。（1937年8月23日《新新新闻》）

綦江：旱，为26个重灾县之一。8月倾盆大雨，山洪暴发，平地水深数尺，水位之高为40年所未有。（1937年8月23日《新新新闻》）灾后全县人口从50万减为37万。（《四川水旱灾害》177—178页）

中江：8月河水暴涨，漂没沿岸民房50余家，人畜顺流而下，冲毁粮食无算。（1937年8月23日《新新新闻》）

蓬安：8月连日洪水暴涨，秋收绝望。（《四川省近五百年旱涝史料》67页）

江津：连续3年受旱，十室九空。至次年3月，尚无透雨，田土龟裂，葫麦枯萎，乡间饮水常在数里之外寻觅，得一草根树皮或白善泥块以为天赐，灾情严重超过上年。（《江津县志·自然灾害》）

8月江水大涨，河街一带已成泽国，水深数丈，居民房屋被水淹者不计其数，损失甚大。（1937年8月20日《新新新闻》）

峨眉：9月初大风，谷未收者多吹落。9月6日，倾盆大雨，沿河各场损失颇巨，红英寺学谷冲去1000石，龙池电厂几全损，为30余年来之空前大水。（1937年9月13日《新新新闻》）

万源：9月19日至24日大雨6昼夜，洪水泛滥，城内外已成泽国，灾情严重为20年来所未有。（《达州市志·大事记》）全县人口经灾骤减三分之一。（《四川水旱灾害》178页）

丹巴：9月猛雨兼狂风，终夜不止。第一、二区冲毁田禾民房无数，淹毙10余人，失粮300余石；第五区被灾40余户，淹毙70余人，冲毁农田200余亩。（1937年9月13日《新新新闻》）

南充：民国二十五年、二十六年，连续干旱成灾，灾民达743243人，占南充县总人口89%。百姓多以野菜、草根、树皮、白黏土（俗称"神仙米""观音土"）充饥。流入县城乞讨的饥民超过万人。县政府拨救灾款1200元（法币）。按当年物价，这笔款可买耕牛24头。城中富商、绅士集资在各城门口设粥棚施舍救济。终因粥少饥民多，街旁路边倒毙饥民比比皆是，城内饿死街旁的尸体有2000多具，慈善团体出资在大西门外挖大坑（群众称为"万人坑"）以掩埋。(《南充市志·灾害救济》)春夏连旱40多天，稻谷仅获二成，玉米颗粒无收，红苕约得三成。7月9日、7月20日又连遭两次洪峰扫荡，损失至巨。(《南充市志·自然灾害》)

[链接]《新蜀报》关于南充7月洪水灾情的报道：《新蜀报》1937年7月14日报道："嘉陵江水涨丈余，南充大堤全部被淹——南充通信：此间嘉陵江水自九日黄昏时分，渐次上涨，旋即浊水奔来，顿将大堤外之沙滩淹没。入夜，洪涛汹涌，有如万马千军，奔腾不已。及十日清晨，大堤已全部淹没，入晚水位已高达丈余，犹有继续上涨之势。此诚今年第一次之大水也。"该报7月23日又继续报道："南充通信：前日（21日）夜至今，连朝大雨下降，山洪暴发，昨晚江水陡然高涨三丈余。四更时上游冲来房料与农作物，浮满河中，呼救声不绝于耳，情极惨然。今天曙时，记者特步行遍观全城四周，顺河街、后河街……及靖江楼以下一带内堤，并栅子口西东拐、兴顺街、北津街、各地后面驳低房舍，悉被淹没。所有南城孔迩街下水门和上游各街汲水石门，于晨后九钟，均为洪水涌上封闭。至西、南、北各门外之莲花池，与大小西门坝、瓦窑，并建设局下面桑围坝土，及土门寺操场，并腹岸内外坝等处，亦均淹没无余。即高达四丈余之西桥，水位竟超标桥洞数尺。其东南门外河门上下大中坝，共计居民四五百户，刻正隔岸疾呼船户，积极载运家具迁徙。而附廓周围原野旷地，成为一片汪洋泽国。在东北沿江各街市民，均已准备搬迁。午间据一般悉旱干水溢人士评论，此次嘉陵江洪水暴涨，不但水位突破近十年来新纪录，且嘉陵江流域上自阆、苍、南，下抵顺、武、合一带，长凡四百余里，沿江两岸各地……被水噬去者，所遭损失，最低限度估计达二百余万元。"该报7月25日又继续报道说："此间嘉陵江水，自九日暴涨后，沿岸各坝，悉被淹没。因正值农产物盛长时，损失颇巨。除距城稍远之地无法考察外，其附城者，共有上中坝土地约六百余万蕾（玉米株），此次被淹有十分之九以上，损失包谷六七十万石左右……下中坝土地约八九百余万窝（玉米株），遭水冲洗者约三分之二……至西、南两门外各坝，面积最广，而被淹之地，亦约占全面积之二三……据记者统计，仅就南充附近一带而言，（损失）均在二十万以上。"(《四川城市水灾史》219-220页)

资中：春夏亢旱，半年不雨，粮食无收。5月22日，金带乡发生抢粮，防护团弹压，当场打死2人。7月3日，县商会和各业公会因天旱无收，多次呈请缓征粮税未准，全城罢市一天。(《资中县志·大事记》)

民国二十六年，县遭受历史上罕见旱灾，灾害面积达四分之三以上，许多灾民啃树根、吃白泥，卖儿卖女仍无以为生，全家服毒而死者，时有所闻。县第五次赈务会议议决：糖清每万斤募捐4元，红糖每桶募捐0.3元，两项共集资9万元；又提成渝同乡会公债款5000元，债券1.5万元（折币7500元），各赈务支会募得1万余元，均作紧急赈救之用。随后四川省政府拨赈款1万元，并派辛自雄为查赈长。(《资中县志·灾害救济》)

兴文：两年连旱。省赈会发赈款4500元，经委员赵灼监视发票，赈分会主席萧焕文前往放款，收票两次，灾民均沾实惠。焕文得省府、省赈会传谕嘉奖。(民国《兴文县志·赈灾》)

荣县：民国二十六年大旱，全县受灾面积 1237 平方公里，灾民 43.4 万多人。饿殍满途，草根、树皮剥食无遗，甚至有盗食死尸，杀人卖肉者。仅城区就收容被遗弃的婴儿 253 名，衰老 61 名，残废儿童 54 名。群众募捐法币 7333 元，铜圆 2443 吊，米 73.8 石，黄谷 377.1 石，工赈米 27.2 石。政府工赈法币 71 元，粜米 604.9 石，赈款法币 2746 元，铜圆 7500 吊，赈谷 1945.8 石。（《荣县志•灾害救济》）

阿坝：民国二十六年，十六区各县普遍受旱、雹灾害，松潘放赈灾大洋 2638 元；理番发赈济款：梭磨 0.31 万元，党坝 400 元，黑水 0.31 万元；靖化放春荒赈济款 0.86 万元，粮 0.83 万市斤，受济大户 3.8 万人、小户 3.2 万人。懋功发放省赈务会款 0.49 万元，大洋 1.44 万元，受济大户 0.64 万人、小户 0.43 万人。四川省赈务会特赈十六专区喇嘛僧人大洋 2 万元；急赈梭磨 0.2 万元，各部 0.4 万元；向松潘加赈 0.3 万元。（《阿坝州志•民政•赈灾》）

石渠：民国二十六年 5 月，石渠遭特大雪灾，西康建省委员会上报："平地积雪数尺；牛羊断绝养料，饿死冻死，牛马损失殆尽；死亡千余人。五区保长、村长、民众等恳请放赈。"而国民政府不理不答，灾民痛不欲生。（《甘孜州志•民政篇•严重自然灾害赈济》）

温江：5 月 15 日，县城龙潭巷夜失火，392 户受灾，毁房数百间，死 3 人，重伤 4 人。（《温江县志•大事记》）

酆都：霍乱流行，仅城内一天死人 30 多。（《酆都县志•卫生防疫》）1937 年春，牛瘟由石砫传入酆都一、三、四区，死牛 4860 头，占当年总牛数 10％以上。四川省农业改进所督导团来酆督导，历时 5 个月基本控制牛瘟。（《酆都县志•畜牧•疫病防治》）

梁平：民国二十六至二十九年，七星乡红花、仁安两村天花流行，死亡小孩 200 人。（《梁平县志•疾病防治》）

威远：秋，流行红白痢、噤口痢，人多死亡。（《威远县志•大事记》）

四川钩体病流行：初见于《邛崃县志》，书载：1937 年夏末秋初，临济乡，有百余人患马虚寒（"马虚寒"为中医病名，即钩体病），死 20 余人。（《四川省志•医药卫生志》151 页）

宜宾：回归热流行，发病 1190 人。（《巴蜀灾情实录》381 页）

简阳：红白痢、噤口痢，传染甚烈。（《简阳县志•疾病防治》）

大竹、梁山：流行天花。（《四川省志•医药卫生志》140 页）

大竹：观音乡沙石坝 740 余人中，因天花而死 200 余人。（《达州市志•卫生防疫》）

江津：全县流行天花，死者甚众，石门乡 67 岁杨滕氏也未幸免。（《江津县志•疾病防治》）

广元、剑阁及川北各地：牛瘟流行，耕牛病死者甚夥。（《四川经济月刊》9 卷 5 期 1938 年 5 月出刊）

成都：1937 年 7 月，熊大仕在成都首次发现日本血吸虫病。（《四川省志•农业志•下册》63 页）

资阳：1937 年四川省政府抽查资阳等 7 县情况，天花死亡占当年各种致死疾病中的第四位。（沈卫志《解放前四川疫情》引 1939 年版《四川省概况》）

8—9 月，猪丹毒在涪江流域各县流行，当年死猪约 15 万头。(《绵阳市志·畜牧·疫病防治》)

灾民 3000 万，人均 1 角赈济款：民国二十五年、二十六年，全省大旱，赤地千里，哀鸿遍野。四川省政府先拨出救灾准备金 14 万元，分配给岳池、忠县、武胜等 42 县（最高者 6000 元，最低者 2000 元），对老弱灾民进行急赈。随后，国民政府拨赈款 100 万元，加上省政府向金融界借款 100 万元，共 200 万元分配给 26 个重灾县 85 万元，46 个次重灾县 80 万元，68 个轻灾县 35 万元。其时急待赈济的有 2980 万灾民，人均所得尚不到 0.1 元。国民党中央社于民国二十六年 5 月 4 日发稿中有如下记述："川省灾区之广，灾民之众，区区二百万元之急赈，无异杯水车薪，无济于事。"且经报灾、查灾、筹赈、拨款等时日迁延，又在赈款发放上历经周折，先是由行政院派查赈专员曹仲植来川核查，再是省政府委派无数查赈长分赴各县灾区核查，然后才分配赈票，至发放赈款时，非赈不生者多已濒临死亡或早已死亡。"

民国二十六年，四川省政府亦颁令各县，责成区、乡公所督饬少壮灾民建筑塘堰和公路，由当地酌给口粮，实行以工代赈。与此同时，拨出法币 420 万元，作为工赈专款，整理川滇公路隆泸段、川鄂公路简渠段。修路灾民按保甲编组，保长任队长，每日上午八时到指定地点劳动，午后五时半验工后发给工资 0.20 元（当时仅可买一升米）。由于当事官员和乡保长阳奉命令，阴图私利，借端苛求，使灾民不堪其剥削压迫，怨声载道，不断逃亡。

是年，省政府筹集 300 万元作合作金库基金，举办合作农贷。年内提取 100 万元分配给忠县等 10 县各 3 万元，荣县等 35 县各 2 万元，办理农村金融紧急贷款，指定贷与受灾农民购买耕牛、种子、农具之用，以利恢复生产。灾民有所受益。唯面不广。(《四川省志·民政志》286—287 页)

省建设厅设立四川省会测候所：1937 年夏，省建设厅于成都外北凤凰山设省会测候所；1940 年，该所扩建为四川气象测候所，迁建于外东下沙河堡塔子山；1947 年 12 月，该所改名四川省气象所，负责全省气象工作。(《成都市志·地理志·旱涝变化规律》)

成都官绅祈雨活动：因四川大旱，4 月 24 日，专程来川视察灾情的全国赈务委员会委员长朱庆澜，会同省主席刘湘，率领官绅至成都省佛教会祈雨坛焚香祈雨。28 日，省政府通令各县：全省官民一律斋戒，禁止屠宰。30 日，成都玉参慈善会举办祈雨法筵，省民政厅厅长嵇祖佑代表省政府前往参加，拈香礼拜，并在"疏文"中"吁恳天恩，早沛甘霖，以恤民命"。(《四川省志·民政志》275—276 页)

苍溪祈雨闹剧：民国二十六年春夏干旱，广元大地主罗国玉纠集阆、苍、南、广、昭、剑、南（江）、巴、仪、西（充）等十县紫霞坛首领，在东溪小龙岗庙内请雨，又名"挽劫大会"，参加焚香跪拜者的每天上千人。坛主李化群按九宫八卦摆设，用石灰划成纵横交错的走道，由 16 个童儿穿卦，反复 64 周，所谓用坎中之水填离中之火，以挽天灾。每穿一周，会众即同声大喊："苍天啊！"号泣之声，山鸣谷应。时过半月，将所募集的钱粮耗尽，依然是白天大太阳，晚上星星亮，未下一点雨。(张子波《民国时苍溪的祈雨习俗》载《四川文史资料集粹·6》)

省政府对双流县旱灾请赈的敷衍态度：民国二十六年，牧马山之双华、维新发生旱灾。自上年 7、8 月后，该地域雨量绝少，是年插秧时节，又骄阳肆虐，塘田干枯，致未栽之田不能再栽，已栽之田秧苗垂槁，且连年歉收，农民生活异常艰窘。5 月下旬和 6 月中旬分别经县长、科长、技士和省勘灾委员实地勘察，具报灾情如下：受灾区域为一区小部和二区大部之山田，灾区约 5 万亩；受灾农民 3280 户，其中非赈不能自存者 205 户、615 人。省政府在接到灾情报告后，于 7 月 3 日批示："查该县牧马山双华场、维新场一带未受都江堰水灌溉区域，当兹连日大雨之后，究竟情形如何，应由该县会同征（收）局切实查勘，斟酌缓急，分别督催，以资兼顾。所请援案缓征之处，应毋庸议！至农贷款，限于年度经费预算，无从拨借，应俟下年度再行酌办。"（《成都水旱灾害志》143 页）

[附一]　　　　靖化县府为报灾情请求赈济代电等档案文献三件

靖化县府为报灾情请求赈济，给四川省第十六行政督察专员公署的代电

茂县行政督察专员谢钧鉴：

天厌靖化，"匪祸"逾年，颗粒无收，人类相食。去冬播种不及十一，今则连受虫灾冰雹，一切惨状均经县长先后呈明有案。只以僻在边远，声气隔绝，又无中央及省内士大夫冒险往来，故虽陈明，几仅视为报灾惯伎。今查赈长、监察员深入民间，躬亲目见斤米五角，饿殍载道，始知所呈并无虚妄，且有非文字所能形容者。盖靖化灾情之重大，不在于旱，乃在于无粮食，无籽种，无耕牛农具，而尤在于遍地哀鸿，无一比较富有之家可以互通缓急。虽曰人口较少，无如尽为赤贫。此诚其他各县所绝无，而靖化所独有者也。查六月三日《华西日报》载武胜、奉节等十三县经曾专员暨省赈会核得灾重赈少，为之增加赈款一二千元或七八千元。假使目击此间灾情，想仁人君子悲悯为怀，必不忍置靖化于武胜、奉节诸县下，用敢援例陈请钧座，转达曾专员暨省赈会，增加赈款以惠灾黎而解倒悬。职等谨先代灾民九顿首以谢。

查赈长邵一阳、监察员梅甫生、靖化县长於竹君同叩（有印）

中华民国二十六年七月十一日

（资料来源：阿坝州档案馆所藏民国档案，全宗号 8，目录号 1，案卷号 786）

四川省第十六行政督察专员公署
为靖化灾情严重请加赈款给省赈会的代电
（总伍字第 120、1311 号）
（一）

成都四川省赈务会邵主席勋鉴：

案据靖化县查赈长邵一阳、监察员梅甫生、县长於竹君等六月有日代电称"天厌靖化，'匪祸'逾年云云。职等谨先代灾民九顿首以谢"等情。据此查该县灾荒惨重，粮食奇缺，不仅以草根树皮代食，且有盗食新尸、诱杀幼孩充饥情事。饿殍道殣相望，其情之惨，莫能罄述。前送据呈报均经分别转陈在案，兹据复报哀鸿遍地，住户均为赤

贫，无力自救，似非加拨赈款不足以资赈济。用特电请援照武胜各县成例酌予加拨，活此灾黎。可否，切盼核覆。

四川省第十六区行政督察专员谢□叩

秘书：杨□（代）

（二）

靖化县邵查赈长、梅监察员、於县长钧鉴：

六月有日代电接悉。靖化"匪祸"最久，受祸最深，灾情之重，为本区各县冠。前选据函电报告灾况，均经分别特陈，并于备报各县灾况时列为最重灾，请从优给赈在案。兹复据称哀鸿遍地，住户均为赤贫，灾重款轻无力自救，自非加拨赈款不足以资拯济。已为特电请省赈会酌予增加，活此灾黎，除俟得覆另达外，特覆。

专员：谢培筠

秘书：杨□代行（印）

中华民国二十六年七月十四日

（资料来源：阿坝州档案馆所藏民国档案，全宗号8，目录号1，案卷号786）

靖化县府关于领赈花名清册等及拟将散余尾款拟办收容救济给四川省第十六行政督察专员公署的呈

事由：为赍呈领赈花名清册暨分配数目表粘据册请予核转，并拟将散余尾数拟办收容救济祈核示由

案查前奉钧署总五字第73号函代电转饬将本县去年散余赈款购买耕牛农具一案，当以耕牛购有成数，早经陆续分放，惟籽种缺乏，拟次剩余部分，购发籽种，经呈奉钧署总五字二十六年四月十六日发第636号指令照准以资兼顾在案。职赓即派员向邻县采购，陆续散发，现已竣事。理合将已放耕牛籽种数目造具清册暨分配表粘据册，备文呈请，核转示遵。再此次尚有散余尾数三百零七元四角七仙七星正。拟交由赈务分会办理收容救济，事竣后再行报请核销以昭核实，是否之处，乞并核示。

谨呈四川省第十六区行政督察专员公署

附呈领赈花名清册一份、赈尾分配数目表三份　粘据册一份（略）

代理靖化县县长：於竹君

秘书：徐子高（代行）

中华民国二十六年七月九日

（资料来源：阿坝州档案馆所藏民国档案，全宗号8，目录号1，案卷号786，见《四川抗战历史文献·少数民族卷》294—295页）

［附二］　　　　　　丙丁旱灾记

刘豫章（资中）

乙亥（1935）冬，日暖风和，桃李反花，渊溪鱼跃，宿鸟夜鸣，人不需夹纩。耆老有识者，预占旱象疫疠之征。

即丙子（1936），自春徂秋无甘霖。阴云布而狂飙骤起，烈日照而草木枯焦，垄田

跑马，溪涸泉竭，豆麦空穗，稻禾难播。里中蔡久珍翁卒，座上吊唁客勺水弗盈。三江口源远流长，二百余年滔滔东去，至此河中晒衣。

丙子，米贵如珠。迫丁丑（1937），市场断五谷，原野无瓜果，哀鸿遍野，嗷嗷待哺者不可胜数。资中官吏充耳，豪绅闭门。饥民摘桑叶，采柏实，挖丝茅草根、灰苋菜根、面根藤、枸叶树、水苋菜、鱼鳅串、蛇莓果、狗尾巴草籽切碎捣绒，杂合糠秕饔餐。更有掘仙米磨细作饼啖者，腹胀便秘，辗转求通不可得，滚地哀号，医谢不敏。

林家嘴曾二娃家三口，弄仙米粑，母子啖饱，腹满坚闭，暮夜登圊数十次，终致相继不起。其妻何氏，状同前，请邻妇用银簪从谷道中抠之，并饮桐绿树汁，燥红粪下，得除死。按仙米，系岩坎中红陇谷子石，质绵软，性黏滞，入胃肠积结莫化。医不晓滑可去着之方，以致死亡者累累。

吾乡（孟塘）慈善团体首倡募捐拯灾。设施粥处于孟塘柴市坝。每天中午，煮极清稀粥两大炉缸，一人一木瓢（约一斗碗）。人稠拥挤，司事懵懂，不列序分配，手长得食，弱小者环立而泣。且粥清难耐饥。不平者出贴前清俞樾冷泉亭楹联半阕以讽之曰："饱肚不知饥肚事"，闻者发指，咒骂声鼎沸，司拯诸伪君子腰囊实，厚颜默受，形消迹匿。紫金山麓（孟塘皇庙坡）贫户刘九成（号九九），室若悬磬，五日不举火，沿街匍匐呼叫，鬻子尚娃儿，得身价大二百铜元四吊，用延残生。孟塘南华宫高小校长萧文淑，征男女教师吴简能（此人尚在，年七十九岁）等执教，有伙食，无薪资。该校教育经费来源于教育局、财委会，协同接收渡船会、城隍会、天主堂、报恩寺、玉皇观、六合园等产业之租佃钱；然田不育苗，佃客流异乡，报酬画饼，而朱门弦歌未绝。

斯时，余馆于内江插箭山孙氏家。蒲节（端午）归省，经龙山寨、太平、黄家、蔡家、孟塘，由骑龙舒家弃陆登舟。沿途灾民蓬首垢面，鸠形鹄面，目珠直射视人，悲哀乞讨，惨不忍睹。赤焰下逼，田园荒芜，四野萧条。抵家，釜高悬，椿萱（父母）清癯，不禁潸然。

时官府御旱之法：布告禁屠。读其内容，略曰"旱魃肆虐，灾区辽阔。据各乡士绅禀请禁屠、建醮、祈雨前来。上天有好生之德，不杀牲害命，即可格天。倘有故违，屠宰牲畜，本府决不姑宽，定予严惩不贷"云云。

乡中仰其旨，士绅出面承头，组织耍水龙。其法：用稻草扎龙，龙身九节，有头尾，每节支以竹杖。操之者一人持一节，皆光头、裸衣、赤足，在酷热炎暑中，敲锣，击鼓，飞舞游行。挨户投帖，引灯朝祝，每户出铜元一百文或二百文，名曰"龙募捐"，连同"结善缘"两捐，悉归雨醮用。孟塘城隍庙、川主庙、大佛坝、三江口佛顶庙，纷纷搭坛。坛上扬幡插旗，旗上书"风伯、雨师、雷公、电母"；方位按八卦形式，周围布二十八宿。佛教求西天，念弥陀，望慈悲。皇坛拜关圣，跪桓侯，竖忠义。道教祷老君，祈雨部，请龙王。拜佛婆手捻珠，项挂珠，腰系黄飘带，口念"南海观岸上救苦救难观世音菩萨"。同时，选集十二岁以下儿童数十名，裸衣赤足，头戴柏桠帽，手执一根香，结成长列行街市间里中，一齐反复高呼："苍天苍天，百姓可怜，快落大雨，好救农田！"主坛者披头散发，手执法剑，踏罡布斗，仰天念咒。道士张之云，习五雷掌、避火诀，神通震遐迩。此次斋戒沐浴，跣足散辫，着黄色道袍，夜阑斗转，焚符四十九道，摇师刀，拍令牌，放五雷掌三百六十回，顿足七十二次，挽诀九九八十一遍。整整五旬，风不动，云不起，一轮红日当空，亢阳益甚。法不灵，道士垂头，状似落汤鸡；众失望，啧有烦言。

雨坛罢，乡中议者又主持召梨园弟子，渲搬东岳二十四本，从"岳飞出世遇水灾"至"风波亭"止，意在借岳飞之忠孝节义以感天。在孟塘米市坝粉墨登场，鼓乐喧阗，曲终幕闭，依然万里晴天。壮者散之四方，老弱坐以待毙。

人咸以天道远不可恃，自是各各想法：种旱谷，阪湿栽水芋，低洼植荸荠，赖存活者多。

佥以忧愁望天云。丁丑仲秋，霈然下雨，清浍盈，农田关热冬。戊寅（1938）夏，虎列拉（霍乱）流行，资中县城日出丧数十架。火神庙、铧头、舒家棺木火匣为之一空。城关户户，门口焚柏桠。城门洞置油预防，往来行人，强以清油搭鼻。传染迅速，闻风生畏，商旅裹足，庆吊不通。饥馑后有凶煞，疫疠之气未泯。旱灾，亘古未有也。

诛灭帝制后，川蜀军阀割据，内讧不息，形成二十一年分裂局面。莅任吾县（资中）执政者，前后数十人，存五日京兆心，搜刮是务，脑后民疾，无一虑及凿池塘、兴水利、造福斯民者。知事吴公鸿仁，以清廉闻，有政声，拟在资北孟塘河堰淘池蓄水，分疏支渠。孟塘、蔡家全可受益。吴旋右迁，事遂寝。

味灾情，忆民歌："最伤心，遇丙丁，虫蚁尽，草不生。"即可想象其严重。

戊寅冬，虽盛行挑堰、打井，非官府督促，系少数自耕农自为之。主佃协同筑防，乃传闻失实。孟塘头号地主幺霸王吴用章、雌雄眼吴伯齐，有佃户六十余家，不挑堰，以"天干彼此不要，丰收颗粒必追"为旨，崇迷信以望天公，弄虚无不与旱灾抗衡。其愚不可及，聊作传闻失实之佐证。

当时，惜无西门豹凭吊丘墟，录此真情实景，以俟后来采风者览观，为悉此土之政治得失，习俗风尚，灾情变异之一小助云尔。是记。

戊寅冬上浣齐日（8日）资中县刘豫章记于舍。

（录自四川省水利电力厅编《沱江志》）

［附三］　　　　　　　　　　川灾勘察记（摘录）

《大公报》记者　范长江

1. 记者此次奉命入川勘灾，心意中虽有赤地千里之预想，而自三千公尺上空突破云层而下，所见成都平原，仍是清溪绿野，不显灾情。

2. 灾情可以从另一方面看出：成都街上的公共厕所，常常门上贴有"内有产妇"。这是各地灾民孕妇，因为生活无着，虽身怀六甲已到临盆，而仍不能不乞食城中，无家可归，往往在街中突感腹痛，只好避入厕中，以厕所为产房。街坊邻里，有发现之者，乃贴条嘱他人勿再入内，或略送饭食，以供其生活。记者在某一条街上，同一日中，曾发现三处之多。

社会上的人，由于立场不同，往往做法不一。灾情虽重，而利用灾情以致富者，仍不乏其人。某下野军人，去年囤米，曾赚三十余万元，特别从上海用飞机接去一著名妓女，到成都享受，费去数万金。

一部分军人，在成都仍大肆欢乐。仿上海开设华贵奢侈之沙利文饭店，每日赌博动辄十数万元之出入。上海某著名舞女亦曾被由空中迎去，热闹一番，数万法币，因彼而消费！

这样两个极端的生活，说明了一部分川灾的原因。

3. 真正的灾情在成都外面。四月二十九日，离成都赴川北灾区视察。

4. "野有饿莩"，在我生活经历中，只见之于文字。这回在龙泉山顶，却第一次看见实例。一位衣服褴褛的苦力，直挺挺地倒仆在路旁了。他没有说明他是如何被饥饿所征服，而看他清瘦的容颜，与如柴的肢体，必定是最后力量都使尽还不能支持时，他才放弃了挣扎的。

5. 沱江上游水陆大码头，要算石桥，紧接龙泉山的南麓。沱江大道之入成都者，水陆皆必以此为过道，且为水陆两道之接换点。午尖于此，满街皆灾民乞丐，苍蝇扑面，不敢畅口饱餐。有一四十岁左右之老农，携一四五龄之幼童，至桌前求助，希望给以饱餐。问其来历，则为嘉陵江上游南部县人，逃灾至此。其妻已死，幼孩之足亦已走破，缠以粗布，勉强随行。问其去向，则除临时求施舍延命外，乃无任何去向可言。

6. 四川省政府对于川灾所举办之工赈，以川鄂路的规模较大，沱江以东，沿途有修路灾民。监工者大半为军人及乡长保长之类，此辈面团团者，手提竹鞭，出入于黄皮瘦脸群众之间。

沱江东行数十里，灾情即现了。龟裂的田，枯黄的麦，是两大主要现象。四川的田大半须冬天蓄水，春天耕作，夏初插秧。如今已是春末。因去冬无水，春不能耕，田底碎裂如龟背，自然无从插秧。麦之播种，本来在十月是相宜的，大麦和燕麦迟到一月播种也可以，只是因为缺水，已播的没有长成，已把青春耽误了。短小的茎秆，就结了无心之实，纵有雨来也无济于事，因为成长期已过了。至于播迟了的，有些没有出苗，有些刚出土就硬化了，也生长不起来。

一位老农在路上和我们攀谈，他说："去年秋季后就没有下雨！"说着望天发愁，似乎追问天公为何不下雨的意思。

二十八日下过一点小雨，仅仅湿润了地面，河底积了一点水，两岸的农民都争着用水车抢水，其实这样的"杯水"，也于事无补。

另一位饿得无力张眼的老农勉强跪在路旁，很吃力地摇头，希望得到路人的照顾。这个白发苍苍、牙齿尽脱的人，本来已不能活很长的年月，但他还挣扎求片时片刻之生存，这可以说明生存之本能。

7. 乐至县城跨山而立，虽在荒年，外景还是比西北各省上等县要富厚些。只是县境里好些秧子，都干死了。秧子要靠人力担水来灌溉的，全县总占百分之七十。平日饮水，每担值二百文（不及银一分），而现在高至每担八百，即四倍于平日。因为各地水井多枯，一担水常须翻过十数里的山丘。

8. "救灾不忘收税！"这也是若干地方政治上的格言。乐至县这时正征收二十四年度中的"六十七"、"六十八"两年欠粮。民国才二十六年，而在二十四年时，已收到民国六十八年。钱粮岁数大过实际民国岁数约三倍之多，这是四川政治奇迹之一。而尤奇的，是此种预征钱粮，二十四年已明令豁免，到二十六年灾荒如此严重期中，反而强收旧欠。民间无力，往往因三五元之欠数，动辄被关押，押后不给伙食，要自备食费，勒索至每日五角至一元之多，这比入监狱还低一等，因为在监狱中还有人给饭吃。

9. 乐至以后的田，完全龟裂了，作图案画的人，可以把它自然形成的各种不同形状，细加参考。而农夫看到龟化的裂痕，心中却有无限酸楚。

小河边上，常有农夫用筒车和龙骨车从小溪里抽上一点水，救了一块小田。在一望无际的干旱田中，只见一二块水地，正如破布衣上补上一块锦缎，反而不甚美观。

10. 叫做东禅寺的地方，马路两旁数十里，平均百分之八十至九十的民众，每日只能吃一顿甘薯和野菜暂维残命。一位熟悉当地情形的朋友说："普遍的逃亡，已渐开始！"

同样，这里也在逼粮，农民对于他们只是报之以微弱的答复："我家里有什么，请你拿什么！"

这样大的旱灾，老农夫说，在前清光绪二十八年也有过，距今已是四十年的光景。不过，那时社会富厚，不像现在这样的困苦，今年的收获已经被去年预支去了，而今年的生活，又是建立在明年的希望上面。一旦天干，则前不能补偿，后不能支借，一点通融能力也没有。

再无足雨，农民有主张改种甘薯的，但是好些饥民连种子全吃光了。有些农民有一点种子也被旁人偷得差不多了，将来很难有办法。

拿东禅寺来说，二三百人家的市镇，搜不到二百元资金，被过去军阀刮光了。

11. 川鄂路工赈，似乎有相当弊病。有一段工人每天得一角五分，有一段却得一角八分五，除供本人吃外，没有什么余剩。

工赈名义下的农民，情况是可哀的。做工得报酬，本是世界常理，然而自义务征工法实行到四川后，许许多多的农民被征调到远方修公路，自己的口粮，自己的劳力，自己的工具，自己的路费，一切都是自己办妥，远去他乡。大多数贫农备不起口粮，只好枵腹从公，既无住所，又无医药，只好一批一批地告别人间了。今次所谓工赈，仍然和过去义务征工大体一样，工中无口粮，工中无住处，只是做工期中，每人每日可得一角余工资。川省旱后米价之贵，自身一日不得一饱，家人更难望沾余润。

工人沿路借人家寄宿，无被无草，疾病传播甚速，故工人多带药罐做工。甚至有若干工人，每日除单纯吃稀饭外，白盐亦无缘入口。所以参加工赈的工人，十天八天之后，得病的很多。有些监工的人常常吃空名额，到上面查考起来，又把工人互相顶替。

如果说"民有菜色"在古时曾经有过，则今天的四川农民，确乎已经追古人而上之。所谓"农夫身手"，是表示健康的意思，今天四川的农夫身手很难看出多少健康意味。

一条小小山溪，内里装着不多一点积水，两岸不知有多少水车在争这一点甘露。即使全争到手，又能灌多少田呢？

12. 蓬溪附近山岩内，躺着一位十二三岁的女孩，她的服装表示她是中等农家女，旁边的牧童告诉我，她是刚才死去的。她本是嘉陵江东岸仪陇人氏，因为灾荒，随乃兄乞食他乡，终以不胜风露，遂致病不能起，乃兄亦无力救治，乃弃之，独乞为生。她孤处岩中，辗转呻吟以逝。死后，她眼睛虽闭着，而尚裂口怒齿，右手作拳状，似对于社会所给予之待遇，表示相当之愤慨！

13. 南充城里的公路，梧桐很多，在灾情紧急时，灾民蜂拥入城内，争剥梧桐树皮。公园里的先被剥尽，然后直入民家，有人阻挡，灾民等则大呼我们只剥树皮，并不希望在你们树皮之外想其他东西。

地方当局恐怕酿成事变，乃召集灾民施行工赈。掘塘一方丈宽，一尺深，代价一元，第一日五六百人，第二日一千五六百人，第三天三千余人，第四天五六千人，灾民愈来愈多，直到无法安插，当局乃宣布川陕路南充段将兴工以为"望梅"，暂安人心，灾民乃渐遣散。

乡下人以为城里人有饭吃，父母养不起的子女，都带到城中，弃之街上。故灾童满街，衣食起居皆无人照料，任其匍匐，饥渴则号哭，有仅一二岁之幼童，知识还待启蒙，而灾荒的环境，已逼他们走上不幸之路了。一个被弃的女孩，在洋槐树下啜泣，问她的妈妈，她说："妈妈没有吃，嫁人了！"有些一二尺高的灾童，在街上东立立，西立立，不知呼唤，不知求怜。有些灾童饿困在商店门口，现出欲动无力，不动又无人理的苦境。有一天在靠河的街上，发现一个新弃的不幸男孩，他最多不到一岁，他用他的小手在马路上抓地灰，又在身上擦擦，用奇异的眼光看着商店，看着行人，风吹来的纸片和树叶，只要在他四周掠过，他总要用小手去追捕。他还不知道他已经被弃，他更不知道什么叫天灾……

这县的收容所，收集了近五百灾童，而各乡弃之城中的灾童，仍如旺源之水，收之不尽。收来以后，有三分之一是衣不蔽体，有些根本无裤，传染病流行，害重砂眼及火眼者，至少有一百二三十人。院中经费不够，食住和卫生设备，均待改善。内中也有教育，只是教的《孟子》，这些灾童哪听得进这些东西。

14. 因为小春略收，灾情算部分地过去了。在最紧急的时期，饥民是饥不择食，我亲见两株被剥了皮的枇杷树，至于梧桐树和芭蕉树已经早吃光了。吃过苎麻头的老头对我说："心里有些发慌！"

潆溪河也有灾民参加过筑路工赈，最初他们听说有钱，由地方保甲长等向乡民凑垫口粮，外出做工，做完工回来，有些已经一二十天，还不知道应得的工资在哪里！

15. 返城后，见某商店门前，坐着一位狂呼腹痛，急剧摆动身躯的孩子。他穿着乡间清洁的粗蓝布棉袄，健康而幼嫩的手足，清秀的面目，他说已经五日未得食了。他眼看着就要牺牲了，他究竟有什么罪过呢？

灾情是让人发现天良的。某地方政府人员喟然对我说："灾情这样大，不知政府干些什么。一切只重形式，毫无内容。每天公文来往几百件，公文到处旅行，谁也没有看过！如果说到禁烟，官家办理吸户管理所，即官办鸦片烟馆，官烟远比私烟贵，逼着人私贩私吸，于是百分之四十的奖励，鼓舞着鸦片缉私人员，揭人屋顶，掘人地皮，往往一桩私烟嫌疑犯，弄得倾家荡产。在这样的社会破产情形下，我还看到仍有公文来催收粮款！"

等死的人不见得很多，就川北各地情况说，好些人已吃到平时猪吃的草料。买柴的会在柴里发现一个小孩，他的父母不能养他，把他送人又没有人要，才出了这样的主意。到了如此的绝地，要叫农民不铤而走险，是不可能的。川北一带农民之匪化，形势相当普遍，通江、南江、巴中、广安、岳池、武胜、潼南这些县份，几乎无地无匪。岳池的匪公然围城，农民的耕牛必须夜间牵进城去。

诚然这些匪有真匪在内，而匪的基本群众，是那样坦白而动人。有一处匪抢旅客，共搜二十元，只取十六元而去，并向他说，全为政府逼款太急，不得已而出此，后告之于官，捕得之，则出十六元之税票见示，是全为政府而抢人。

可惜许多本地小绅士，还不知道这种严重的天灾是带有极大不可轻视的社会性质，他们只轻淡地认为是"叫花子"。南充街上的灾民太多，某店主踢了灾妇一脚，男女大小灾民皆为之不平，立刻集结向他示威说："如果我们是一二个穷人，听你打死丢到河里也没有人管。现在我们这样多的人，你愿意打死，就请你都打死好了！"这是群众反抗与革命心理的萌芽，所以列宁对于帝俄时代的灾荒，他不主张救济，认为是革命的最好条件。

农民离村的实例，我也曾遇到。一位三十左右的健康农民，扶着他九十二岁的祖父，背着一岁的儿子，新来到城里。他因为家中无食，小麦又无收，只好把"青苗"用极少的钱卖出去，抛了病妻，自己弃家来城了。城里房屋虽多，米谷也囤聚有相当数量，可是哪里是他的住处，谁能供给他的食粮呢？

16. 有人统计，仪陇南部一带，灾民所吃杂草，多至七十余种，和神农尝百草，相差无几了！重灾区域卖麦饼等食物的小贩，必须用铁丝网罩上，否则会被饥民一抢而光。甚至在街上吃饼不留神，常会有人在后面把未吃完部分抢去！

17. 据船夫说，从前防区制时代，沿江各乡镇都有关卡，陆路尤为稠密，处处留难，故一日之程，往往一周仍在途中，二十四年，川政统一，此等关卡始行取消。

18. 城里小食店老板喟然叹息："这年头吃得起小食的人，少得多了。生意也不好做了！"而街上流离的灾民，触目皆有。隔着一层纸币，饥肠和食物却无法结合起来。

夜间仍宿舟中，城外各处传来妇女哭声，真所谓"哀鸿遍野""满目疮痍""地狱人间"，何川民之不幸也！

19. 雨后入城，消息令人不快。中等以上地主，本多有私人堡寨，私人家丁，今则因为无粮欲遣散家丁，而又无资可遣。且往往有世代相承关系甚久之家丁，今逼而遣散，往往令其全家守寨痛哭。有中小地主欲将其土地强让予佃户，自求脱身，而佃户亦无力承受。某家，则因世代书香，自重名门，但家中断食已久，其女乃私盗邻人食物供家，被其父发觉，立杀之于庭。此事闻之于官，而官亦无法。某佃农夜偷其主人稻草，被发觉，询之，乃以作食物对。主人不信，乃示以剩余食品，主人心恻动，乃借以二斗玉蜀黍，一家八口食数日亦且尽，乃以其所余数升，命子卖之于市，易少许白米及猪肉而归，煮粥命家人大餐，暗放毒药，除其少女早睡外，全家皆于当晚毒发而死。又一农妇有幼子困不能生，乃以甘薯三条将其子交一乞丐，命其携之他方，以求活命。丐数日后自身亦无法自活，乃杀孩煮之而食。事为过客发现，丐惧，遗孩子之头足而逃。

武胜县政府内有几棵芭蕉，曾招来三四千的灾民，占领了大堂，声言非要芭蕉充饥不可。平日政府所有之一切压力，到此都失效，还是自动把芭蕉挖出送去，才算了事。

从嘉陵江上游运下来之萝卜，曾在武胜遭受灾民的抢劫。运萝卜的船只，知道沿路灾民太多，不敢靠岸过宿，把船停在河心。然而灾民竟不管河水的深浅，男女老幼都一齐蜂拥向船而去，因而溺死者不少。治安当局出而镇压，也没有人肯如平时那样听任指挥，有抢得萝卜之饥民，警察强其退还，乃将所持萝卜每个皆猛咬一口，意在即令退回，物主亦无法再卖，或可因而惠赐以供一饱。

乡村破产，聚集镇市，镇市无食，乃集县城。他们平日看到县城里有各种各样的食品，以为总可以多少沾些余润，大家都如此想，所以县城集聚的灾民多得可怕。地方当局和地方绅士也有人筹款施粥。我曾经看过一次施粥情形：源源而来的灾民，鸠形鹄面，扶老携幼，呼娘唤女，挤满了城边一大广场。一位中年妇女，手里抱着一个小孩，背上还背了一个，她自己已经饿得东歪西倒，为了她心爱的孩子，也得挣扎到集合场。八九十岁的老翁，眼睛已看不大清了，还由他的孙女扶着来领粥票。许多无父母的灾童，在饥饿与疫病交相攻击下，到了粥场已经倒卧不能起了。

这样奔忙一次，所得的代价有多少呢？是价值一分二厘五毫的粥票一张，可以换粥一碗。而且十天半月才能放粥一次，一碗粥要管十天半月，真乃太难了。

灾民仰赖他人救济，如杯水车薪。日常的生活，还得自己设法维持。当然他们不会有什么好的生活方法，普通的方法是吃观音土和树皮。为此，我们特到乡间去看看真相。

20. 清平乡有好几千亩的良田，一齐都干了。普通的地主收不了租，如果一定要租，佃农只好把耕牛农具交给保甲办公所。每天这类的纠纷，不知有多少。

到鳅鱼塘地方看过观音土。所谓观音土，完全是岩石等风化成的粘土。不过，土质较普通石质为细，又比普通泥土为纯。色赤者，乡人谓之"观音高粱"，色白者，谓之"观音米"。他们以为这是观音菩萨点化成的粮食，故于饥肠辘辘时，群争掘食。鳅鱼塘附近，每日有几十百人在掘土。其食法，系磨粉做饼，甚至随掘随吃。此种观音土绝无养分，可以填满胃囊，消减饥饿感觉，而绝对不能消化，发生营养作用。人食后日见消瘦，大便闭塞。坠肠烂肛门者甚众。这里因掘土过深，石岩崩落，曾压死四十余人，内以儿童为多。有人破脑，有人折肢，而未死之同伴，与续来之掘观音土者，因饥饿所逼，仍在新死者之旁继续其"寻食"工作！

灾民提供我们看的食料，初时我不大敢相信。苎麻头、棕树心、地瓜藤、梧桐树皮、枇杷树皮……我真有几分怀疑这些东西如何可以下咽，然而灾民很迅速的从家里拿出制好了的树皮来了。罐子里、坛子里、篾兜里，尽装的这些"食料"。一位农妇还很快地从河边扯了七八种野草来，并为我说明每种野草的吃法！

一桩至今还难忘的事情，即是刚生产了婴儿的母亲，出来向人家求救济。她走出二三十里去，没有得到结果，她所希望的目的只是川币一百文，计合洋不到五厘！另有一个正出天花的女孩子，向她母亲讨"米汤"吃，她母亲把心爱而重病的女儿紧紧抱了一下，再望望她可爱而可怜的面孔说："儿啦！你看周围几十里内，哪家还吃得起米汤呢？"

21. 我看到一口长了草的土井，不由地出神。回想我童年时在四川乡间，哪里不是土井？山水总是潺潺地下降，缺水的观念，我们当时是没有的。老农插过来，举起锄头，把井边草铲了两下，漫不经心地说："这口井干了两年了。"因此这里也似乎成了沙漠，饮水也要取之于十数里之外。嘉陵江边的农民，为了灌溉秧田和家庭饮水之用，必须从高峻的岸上下到河边，半里以上的陡坡，不是容易上下的。

鳅鱼塘对河就是土匪集中的"小梁山"。一溪之隔，为饥寒而为盗贼，心中必有无穷苦闷。据我们已经知道的事情来说，现在的土匪抢的对象，大半限于食物，即谷米菜蔬之类。显然他们的性质，不是和普通情形相同了。

22. 由此往西，灾情更烈，那面的朋友希望我们去看看。朋友们实查的结果，农民在一切方法都想尽了之后，把房子也拆了，木料、竹竿、瓦、草，都卖光后，然后和他祖宗坟墓所在的故乡告别了！清平乡老街上有一半的房子空了，其中有些人是死了，有些人是逃了，而逃出去的恐怕也大半死了。

农村如此，地方经费来源遂断，民间全失纳税能力，故教育、保安、司法等皆无法进行。如乡村小学本学期开学已经三个月，而每校连教师薪水在内，共只领到七元！试问如何生活？各机关皆借债度日，更谈不到什么薪水。地方匪起，照理应办保安队，而养活保安队之伙食与子弹费，就根本没有办法。

如此灾情下，武胜和全川一样，两件大事还逼在头上：一是强派鸦片，一是强验地契。

四川的鸦片，现在是公卖。公卖之善意解释，是走上逐步禁绝鸦片的一种过程。既然目的在"禁"，当然应该听各地烟民自由消费，而事实不然。第一，鸦片系由禁烟机关按月派到县政府，县政府派区公所，区公所派联保主任办公室，联保主任再派之于人民。所有地方政府均成为派烟机关，失掉地方政府应有之尊严。第二，各县派烟之多寡，闻系根据瘾民登记，姑不论瘾民登记是否精确。而推销鸦片，亦只能设立公共烟馆，供其吸用，其不愿吸者，当应加以奖励。断无由地方按名发放，而令其吸烟之理。第三，瘾民登记大体不确。中国人口统计，尚不易办。在不精确之人口统计上，欲登记瘾民，纵令认真办理，亦难恰当，何况在各种力量奖掖之下，为了多报邀功，故登记结果，只有超过实际。故各县所派鸦片，数量可惊，如重庆市每月销售额为十四万两，每年销售额为一百六十八万两，每两以批价二元二角计算，即重庆市区，每年在鸦片一项，应负担三百六十九万六千元！武胜如此小县，每月亦派一万五千两，即每月应纳鸦片款三万三千元，每年应交三十九万六千元。全省合计每月销五百余万两，全年六千五百余万两，每两仍以批价二元二角计，如全部都换回现款，每年可得一万万四千四百万元。以上收入，即打对折，亦年可收入七千二百万元以上。由于四川强有力者之私烟尚多，因而实际销掉之官烟，据调查尚远不及一半之数额，然实收亦有二千万元左右。此种巨大负担，实际上在地方政府的权力下，烟款之收取，仍不能不出之于大多数善良而不吸鸦片之中间层人民。第四，收缴烟款之多少，为地方官吏成绩好坏之考勤标准，逼使地方官吏为自身计，便不顾人民死活。其销烟不力者，则记过等处分随之而来，在急如星火之催款令下，各级地方机关皆为此而奔忙。

验换契纸，本为整理田赋之方法。然在此灾情严重期中，收此验契费，病民实甚。照验契办法，百元以上之地契，每张收工本及验换费各一元五角，即共计三元，百元以下之地契单，收工本费一元五角。此等数目从富有阶级视之，当不足道。而对于此时之川民，却非同小可。因"百元以上"代表四川极大多数土地所有权单位，而"百元以下"之土地所有权单位。主要为中下层农民，彼等已食树皮泥土，试问有何力量可以纳此重捐？政府催逼验契，农民有将地契奉送催款人者，更有趁此机会故意犯法者，他们希望被拘入狱，以求得囚粮一饱。

23. 相当长的石滩上，水手们惊奇的神色，引起我的注意，原来一具女尸被滞留在滩中小石岛上了。从服饰上看去，她是农村中年穷苦妇人，她是溺死了。是自己投河？还是失足落水呢？照常情讲，如果她是为饥饿所困，望河心伤，而出此最后之策，她当时的心境，是有无限凄凉的！

接着又发现河中浮起一初生婴儿，肌肉已开始腐败。如果是私生，则是死于封建道德，如果为饥饿之父母所抛弃，他太无罪了。

24. 合川停了一夜。登岸第一个印象即遇到路死的幼童，从他侧卧的尸体上，看到肛门溃烂了，可能他生前是吃了泥土，或者吃了有毒的树皮。

25. 在油烟缭绕的后统舱里，有几个士兵同坐着，他们说，已经欠饷十六个月了。现在每月发五元多钱，还不够吃伙食。他们也知道川政统一以后，规定军饷不只五元，但毛病出在什么地方？他们说："都是因为老板暗藏队伍几十团！"这一点是我们希望刘湘先生觉察的地方。

26. 几位押送囚犯的差役，更是无精打采。他们从重庆押送旧政治犯向川北原籍。因为重庆监狱供不起如此多囚犯的伙食，而遣送回籍的路费也太少。他们走到合川南面一个小镇，囚犯的伙食完了。没有法子，就把囚犯所带的铁链当了，这样勉强吃到合川。法律在最基本的生活之前失效了。

27. 最下游的西岸，苍崖翠壁间罗布着无数的琼楼玉宇。熟悉的人可以指出哪一座是某将军的住宅，哪一座是某要人的娇窝。每座宅第动辄花费几万几十万的建筑费。这些钱是怎样来的，与现在吃树皮草根泥土的灾民有绝对的关联。热心筹（赈）款的人二角三角的募捐，不如拍卖一座别墅来得有力量！

重庆上岸，即遇到妇人面前摆着死孩，要求路人施舍。

重庆的苦力阶级，本来不少，已是天灾下准备牺牲的基本群众。各地逃来重庆的灾民，又是不绝于途。同时成渝路有开工的消息，许多招摇撞骗的工人贩子，到处招来些饥饿与半饥饿之人，故一时重庆人满。地方上虽曾多方收容、大力救济，但因救济组织之力量有限，因此城区各街上路死之灾民，每日多者至几百之多，平时亦在数十近百之谱。故每月统计，至为可惊，以致埋不胜埋，葬不胜葬。从前曾用木船运至下游乡间聚而坑之，近乃在重庆对岸江北县郊外修火葬炉，采用火化方法，以求省便。我们曾至火葬场参观，并为火葬炉摄影。该场执事人等很得意的显露在镜头下。他们不知道，今天重庆提倡火葬，不同于普通火葬具有卫生观点，而实代表死亡太多之惨痛的意义！观众也只知道是烧"叫花子"，不知每日死数十数百的叫花子，不是普通现象。大家如看看火葬场上对付尸体之铁钩铁叉，设身处地，当对不幸而死之灾民洒一掬同情之热泪也！

我还看过装尸体的木船，好些尸体堆在上面，运往火葬地方，有的脚向上，有的扭着头，有的污浊的腿上已被铁钩钩了一个洞，有的耳鼻等已开始腐败流水……臭气令人欲呕！说不定这其中还有不可一世的天才，他们不但没有享受平等的教育机会，连生命都不能保障。人类历史中不知有多少生命被不合理的环境所牺牲！

28. 令人啼笑皆非的事，尚不在少。某军失业书记官，生活无着，乃将其所着哔叽裤当得一元余，尽买麦饼，欲卖饼以为生，乃甫将麦饼买好，即被饥民蜂拥而上，抢去大半！同是饥寒人，互解心中苦，警察捕去几个抢饼的饥民，他们已把饼放进胃囊里，大家只好叹气，不了了之。

在河边洗衣服的一位中年妇人，因为饥饿太久，支持无力，头昏目眩，遂致跌入水中。旁边人赶紧把她救了起来，放在岸上，她躺了很久，神志清醒之后，看看自己一身的湿衣，苍白的皮色，叹息说："把我救起来后，又怎样办呢？"

29. 内江是我的故乡，然而这故乡是没落了。天灾不用说，社会经济性质大大地改变了。从前是地主与商人阶级占第一位，交通便利之后，银行资本到了内江，银行资本以雄厚的力量，很快地控制了这农业和商业城市。旧式的地主和商人在银行资本面前发颤了。因为银行不仅是调剂农村金融的机关，它跟着利润追求，逐渐直接经营了一些获利的事业。在有天灾的年景中，米价飞涨，囤米是最赚钱的买卖，于是内江许多银行都大量囤米，任何一个地主也无力和银行竞争。从前地方上人认为最有面子的人，是军官和政府中的人物，什么师长、旅长、县长、局长之类。而现在最引人注意的是经理、主任等经济界的头衔。

30. 邻里和族人也衰微了。据乡人说，某某已经死去，某某已堕落到开鸦片烟馆，某某无事可做，某某鬼混终年。大家也知道旧路不通，但不知新路在哪里。有人也知道："社会变了，环境不同了，时代不同了。"这些农村人物被卷入变动之中，而日渐黯淡了。

银行运米的船只，被饥民抢过几次，押米的武装卫士曾开枪打死几人，然而饥民并不因有饥饿的同伴被人打死，而吓得不饥饿。因此他们抢米的事件，随时发生。我到内江那晚，有人来说："河街子饥民又来兜米。"口气很平淡，即此事在此地已见惯不惊。

天灾干掉了一切，而内江每日（月）仍额销鸦片三万两，即每月应交六万余元。每年七十余万元。"验契"一事，则各乡镇上拘押起百数十人，被押的多属欠一元二元之数。一押之后，每日尚须自认伙食，于是越押越交不清。

大的灾荒常影响社会的发展。四川年来社会变动，已经表现一个重大的特点，即过去用封建的政治剥削与军事掠夺积蓄起来的资本，现在都转而投资于工商业。成都和重庆的新兴企业，各县新开的旅馆、电影院、电灯公司等，他们的股东十有九是军政人物。川政统一，阻止了政治剥削继续的可能。而四川经济因封建政治桎梏之渐次解除，开放了工商业发展之途径，于是政治资本普遍地转为经济性之资本。四川为中国的内地，四川社会经济之如此鲜明的转变，说明中国封建性社会经济的被摧毁的行程。

救济川灾，尚无根本办法。一方面应谋政治之刷新，军队之整理。另一方面应从大规模的工赈农贷下手。对老弱应设法办收容所，普通的急赈，已没有多少用处。

（全文连载于 1937 年 5 月上海《大公报》）

[附四] 诗五首

查勘四川旱灾有感

朱庆澜

卅载蓉城感旧游，盈眸焦土使人愁。

欲回东逝长流水，溉润四川百五州。

登长松山睹旱象将成慨然作歌

释果航

黄尘滚滚天无云，赤飙烈日穷朝昏。

炎燠火灼炙且热，地裂龟文呼癸庚。

天公独靳一滴雨，降之沟浍纳之瀛。

我挥慧剑咒龙子，割汝之耳酬吾民。

饥民歌

刘豫波

饥民何以日渐多，饥民何以使之少，此中治乱图之早。

已饥之民未尽死，将饥之民乱而起。试问此事伊胡底？

哀鸿满地带血飞，朱门绣户将安归。

此时我为饥民哭，他时我为全川危。

岂能听其不可收，饥魂馁魄风雨愁。

贤者无策束两手，仁人有心生百忧。吁嗟乎！

血化为水水尽血，何止穷檐破屋东西头，流遍蜀中流民流！

饥民食人肉

刘豫波

饥民食人肉，闻之伤心不忍说。

告尔饥民勿再食，食尔之人在尔侧。

食尔之人又将死，同此死生争顷刻。

如此残魂将安归，如此奇灾曷有极！

吁嗟乎！

风号雨泣踵相连，谁使万灶无炊烟；

抱此空怀救不得，翘首望天天黯然，

我愿仁人之泽遍如雨，仁人之权大如天，

惨切谁复切于此，起而大力为转旋。

（作者为地方绅士、省赈会委员）

流民状况竹枝词

烟波

天灾人祸两相仍，扰到桑麻岁不登。

吃罢树皮还吃土，流亡人儿被人憎。

丰年谁料有凶荒，既到荒年始作忙，

欲卖田园无处卖，夫抛妻子子离娘。

……

东倒西偏骨似柴，逢人乞饭语堪哀，

可怜瘦影春风里，恰似行尸死未埋。

谁家抛弃小婴孩，倒卧长街遍两阶，

夜已三更无宿处，哭声凄咽动人怀。

（全十三首，选五，均见《四川旱荒特辑》）

1938 年

（民国二十七年）

国民政府正式迁都重庆：1938 年 10 月，武汉失守，国民政府正式迁都重庆，于 12 月 1 日正式办公。中共中央代表团、八路军驻渝办事处迁至重庆。（1939 年 5 月，国民政府改重庆为直辖市；1940 年 9 月，又将重庆定为陪都。）四川成为抗日复兴中心基地。日军长达 7 年的地面进攻，始终不能侵占四川一寸土地。

1938 年四川粮食增产：9 月 11 日，四川粮食管理委员会负责人谈道：川省今年增产粮食 3000 多万市石，其中稻谷 1700 余万市石，小麦和杂粮 2000 余万市石。（《抗日战争时期四川大事记》39 页）

重庆暴雨，川中特大雹灾：1938 年 4 月 24 日，重庆暴雨。全市房屋被毁数百间，两江木船损失 70 余只，珊瑚坝机场飞机受损 7 架，全市各项损失合计约法币数百万元。同时以隆昌、荣昌为中心的川中地区纵横二三百里遭受特大雹灾（雹块有重达 5 斤 6 两者），死 43 人，重伤 120 人。庄稼、房屋、牲畜损失价值在 1500 万元以上。（《四川省志·大事纪述·中册》208 页）綦江河中 63 艘盐船被洪水冲沉。（《巴蜀灾情实录》56 页）

重庆大火：1938 年 5 月 8 日晨，重庆临江门大火，烧毁江岸民房 7000 余家，为时 7 小时，死伤在 100 人以上，无家可归者 3 万余人，估计经济损失 200 余万元。（《四川省志·大事纪述·中册》208 页）

省内急性传染病流行：1938 年夏秋，合川、安县、荣县、威远、荣昌、资中、内江、隆昌、富顺、泸县等地城乡流行白喉、猩红热、脑膜炎、伤寒等急性传染病。其中合川县尤为严重，患者占人口十分之八。传染病流行区死亡人口不少。（《四川省志·大事纪述·中册》211 页）奉节流行天花。（《四川省志·医药卫生志》140 页）

1 月（丁丑年十二月）及 3 月（二月），四川邓柯、松潘发生地震。5 月初（四月），**重庆大火成灾，难民达五六万人。部分地区又遭水灾**：1 月 4 日（十二月初三），四川邓柯一带地震。3 月 14 日（二月十三日），松潘南地震。除地震外，5 月初的一场大火，使重庆市蒙受重大损失。据 5 月 9 日（四月初十）《大公报》载："渝市临江门一带 8 日晨二时半发生两年来空前大火，被灾难民五六万人，伤者无算，全部损失四五百万元。"此外，"嘉陵江、长江干流部分河段洪水，南部、南充、武胜、重庆、长寿、万县、巫山等城受灾"。（《近代中国灾荒纪年续编》507 页）

成都山丘地区连旱，灌县、彭县、金堂、崇庆、邛崃雨水：龙泉、双流、大邑连续春旱，新都伏旱。双流县 1937 年秋平坝农作收八成，山田收七成；1938 年春旱，小春坝田收十分之八，山田仅收十分之三。新都 7 月下旬稀雨伏旱，青白江、锦水河尾堰严重缺水。

7 月，灌县大雨，金马河涨溢，江安河口淤塞，温江一带农田缺水受旱；洪水入杨柳河，双流、新津灌区受淹。7 月 11—13 日彭县大雨，湔江大水，湔堰各堰口均有不同程度冲损，沿河房屋禾稼间有冲损者。金堂沱江上涨，赵镇被淹，船入正街。崇庆、邛崃 7 月 25 日夜大雨，西、南两河水涨 2 丈许，田园多所淹浸。（《成都水旱灾害志》237 页）

洪灾、旱灾：民国《灌县志》："灌县六月连日大雨，都江堰洪水暴涨。七月，雷电交作，滂沱倾盆，大地汪洋，成灌路被淹。"《温江县档案资料》："7 月 11 日，金马河在灌县境冲溃中滩缺，水入江安河，复泄入金马河，造成江安河淤积，进水困难，影响全流域缺水，黄土堰、漏沙堰几万亩稻田龟裂，禾苗枯萎，造成旱灾。"（《都江堰志》43 页）

七月连日大雨，川西各县沿河各地多成泽国，成都四面乡路汽车停驶，广汉至绵阳、梓潼、广元途间桥梁冲毁甚多，码头封渡。（《四川省近五百年旱涝史料》14 页）

棉、桑虫灾：1938 年，因棉红铃虫和金刚钻为害，损失皮棉约 284 万公斤；同年，川北 16 个县桑木虱大发生，损失春叶 5300 万公斤，占总产量的 46.5%。（《四川省志·农业志》）

双流：三月，都江堰水奇缺，有农民数百，手持白旗到双流县政府示威请愿。（《双流县志》引县档案资料）

涪陵：4 月，白涛、山窝等地大雪，压断苞谷，小麦无收。7 月 24 日 15 时至次日，大暴雨，涪陵城雨量站 25 日 9 时测得雨量为 360.5 毫米。崩山裂岩，毁损田房、桥梁等甚多。（《涪陵市志·自然灾害》）

江津：4 月 21 日，江津雷雨交加，山洪横流，溪水暴涨，河岸冲崩，房屋倒塌，死伤数十人。是日，十全镇（今稿子场）一带大风、大雨、冰雹，民房树木毁坏无数，四乡农作物损失颇巨。（《江津县志·自然灾害》）

彭水：4 月 22 日，下岩西乡暴雨，山洪冲刷田土 760 方丈。5 月 18 日，鹿鸣乡暴雨成灾，田土尽没。采芹乡冰雹，禾苗半损。（《彭水县志·自然灾害》）

合川：4 月连日大雨，涪江上涨，立水涨 5 尺以上。6 月 1 日涪江暴涨丈余。7 月 21 日渠涪两江水涨 20 余丈。9 月 1 日涪江突涨数丈，午夜雷雨大作，狂风巨浪，袭击市区，死伤极多，2 日涪江、渠江、嘉陵江水势陡涨 20 余丈，江水入城，尽成泽国，此次大水为数十年所未有。（《合川县志·自然灾害》）

新津：五月六日至九日大雨，新津、彭山间河水上涨丈许。（1938 年 6 月 14 日《华西日报》）

重庆：5 月 26 日夜大雨如注，下城各街巷水深约 2 尺。7 月大小河水突涨，17 日达 7 丈以上。（《重庆市志·大事记》）

北碚：8 月嘉陵江水位涨高 80 余尺。本年患水灾已达 3 次。（《北碚志稿》）（《四川两千年洪水史料汇编》）

德昌：五月水，毁旧堤，泛滥成灾。工料昂贵，修堤款项不敷，首事束手无策。（民国《西昌县志·政制志·东西河工》）

会理、西昌：5月26日夜，会理天降滂沱，所种谷物无收。西昌连日山洪暴发，东西河、邛海及安宁河沿岸，淹没田地甚多，冲毁房屋无数。（《凉山州志·自然灾害》）

宜宾、泸县：5月30日狂风骤雨，沿江房屋及木船损失甚大，航行中之飞机亦被迫折回。（1938年6月1日《华西日报》）

长寿：夏历六月二十三日午后3时大雨，入夜尤甚，至次日7时方止，山洪暴发，云台乡樊氏祠（今食品站）两边10余间街房被淹。县城西岩观下至公桥、宋公桥被冲垮。渡舟场街房被淹，深处达1丈多，冲毁街房及沿河房屋多间，县政府抬小木船3只前往救援。回龙乡淹死26人，淹死猪521头，倒塌房屋65间。（民国《长寿县志·灾异》）

渠县：渠江自五月初涨至4丈余，月底始消退，犹有2丈余。至七月六日大雨，山洪复发，水位又涨2丈余。沿岸损失难以计数。（1938年10月28日《新新新闻》、《达州市志》）

雅安：雅河、青衣江大雨，6月3、4日河水上涨八九尺。（1938年6月14日《华西日报》）8月3日、4日大雨，两河上涨八九尺，沿河农作物遭灾。（《青衣江志》136页）

灌县：6月，川西连降大雨，"都江堰水暴涨，20日宝瓶口水则淹至19划，陶家湾石笼工程打毁三四十丈，离堆象鼻冲落一段。川西平原大地汪洋，都江流域之内外江水溢堤岸，屋坍梁圮"。（1938年6月27日《新新新闻》）

遂宁：6月连日大雨，山洪暴发，涪江水涨，沿岸洪泛，农作物损失不小。8月29日夜雨势尤剧，城厢四周均成泽国，南北坝之田土悉被淹没，作物损失极大。开山寺段之川鄂公路及大石桥公路被淹，交通断绝。9月连日淫雨，为灾甚重。（《四川省近五百年旱涝史料》34页）9月山洪暴发，古祥乡涪江小河猛涨20余丈，漂没人畜。（1938年9月14日《新新新闻》）

夏，气候异常，入仲夏尚觉寒冷，老年人多着棉衣。东市附近区域，发生一种传染病，类似痢疾，患者吐泻不已，每日吐泻五六次，稍沾食物又泻，易传染，村镇发病极多，如江对岸上下两坝等地，每家平均5人中有3人患此病，医生亦不知为何病。有人称为水肿病。（《巴蜀灾情实录》380页）

南充：继去年旱之后，今春又连旱50多天，故小春作物无收成，大春作物又无水栽种。米价倍涨，奸商囤积居奇，富室大放高利贷。民食草根、树皮、白泥，幸存者四处逃荒。饿病死者越来越多，城周边多处挖大坑埋尸，人称"万人坑"。据不完全统计，1937、1938两年，县城及近郊饥病死者约2000人。（张恢先、林干成《南充癸卯大水与丙子、丁丑旱灾纪实》）7月6日，山洪暴发，江水上涨二丈三四尺。9月初，嘉陵江水猛涨，超过原有水位40余尺。（1938年9月20日《华西日报》）

垫江：7月上旬连日大雨，山洪暴发，全城均为洪水包围，城内水深数尺。（1938年7月9日《华西日报》）

西充：1938年，"七月七日大水，西充县城洪水位涨至黄海高程332.952米（吴淞高程为331.25米），比正常水位高9.625米。西南半城，皆成泽国。县文庙内住的人爬上房顶，布正街和学街居民被水围困，民房倒塌无数，川上楼被洪水冲走。农作物损失

很大。"属近百年最大之洪水。(《川灾年表》)

金堂：7月10日风雨交作，作物被吹折。11日大雨倾盆，洪水滔天，船只可由烟市街驶往正街。(1938年7月20日《新新新闻》)

隆昌：七月十一、十二晚大雨倾盆，洪水暴涨，沿河民居完全冲毁，田禾损害无数，西门水深数尺，成渝公路交通中断，30年未有之灾。七月，沱江涨水，椑木镇白浪滔天，公路交通中断。(《泸县志·自然灾害》)

什邡：7月11日至13日大雨滂沱3日，山洪暴发，什汉路及什锦路车均停驶。(1938年7月16日《新新新闻》)

巫山：大宁河水，淹大昌镇街店。当地民谣："民国二十七，水淹李永七（店名）；不是退得快，要淹朱元泰（店号）。"(《四川城市水灾史》)

德格：8月近二旬来连日大雨，冲毁桥梁无数，此次雨灾为近十余年来所未有。(《四川省近五百年旱涝史料》142页)

开县：水灾严重。7月19、20日大雨倾盆，南河水进李爷庙，东河侵入横河街。(1938年7月26日《华西日报》)

开江：9月1日洪水暴发，水位超过宝塔坝万年桩，城内街道水淹3尺，淙桥超过6尺，前后厢平坝地区一片汪洋，稻谷生芽霉烂，沙积石垒的田土多年未恢复。9月2日，大雨倾盆，山洪暴发，城区附近西北沿河一带房屋被冲毁数十间，遇难居民20余人。(《开江县志·自然灾害》)

雅江：7月前大雨频降，山洪暴发，雅砻江水位暴涨，船封渡，雅理交通断绝旬余。(《四川省近五百年旱涝史料》143页)

德阳：7月中天雨连绵，山洪暴发，河水陡涨，交通断绝。(1938年7月28日《新新新闻》)

崇宁：7月中，蒲阳河水势尤猛；7月12日，跨河的长虹大桥冲断，沿河农作物毁坏。(1938年7月16日《新新新闻》)

乐山：7月两夜风雨特大，铜、雅、岷三江之水大涨，一片汪洋。北门外住房数间被冲倒。(1938年7月18日《新新新闻》)

资中：7月连日淫雨，山洪暴发，沱江水位高涨丈余，河坝街尽被漂没，沿江一带农作物受损尤重。(1938年7月17日《新新新闻》)9月1日因连日大雨，骝马、舒家、蔡家、马鞍、狮子、金李等乡受灾严重。(《资中县志·大事记》)

广汉：7月中连日大雨，涧水暴涨，成都周围各县多系盆地，水涨被淹，田野一片汪洋，农作物全遭灭顶，为数年所未有。成都共16路汽车一度断绝，广汉至绵阳、至广元途间，桥梁冲毁甚多。(1938年7月16日《新新新闻》)

梓潼：7月连日大雨，沿河各乡被淹。(1938年7月17日《新新新闻》)

广元：7月中旬连日大雨，川西各县沿河各地多成泽国，成都四面公路汽车停驶直至广元途间，桥梁冲毁甚多，码头封渡。(1938年7月22日《新新新闻》)

夹江：8月5-7日，风雷暴雨，城外小河骤涨1丈，冲折大石桥，西南城墙冲崩两处，城乡墙屋沟堤浪毁无数，禾稼受损约占全县半数。(1938年8月14日《国民公报》)

平武：8月中旬大雨，涪江水陡涨 18.55 公尺，房屋人畜田土损失无数，为百年来的一次大水灾。（《绵阳市志·大事记》）

温江：7月淫雨后连日骄阳，昼夜平均气温在 38 摄氏度以上，酷热难当。8月 17 日，江安河口淤塞，黄土、流沙两堰断流，数万亩稻田龟裂。（《温江县志·大事记》）

江油：8月入秋以来淫雨为灾，从 15 至 24 日狂风暴雨山洪暴发，平原田亩悉被大水淹没，黄谷多落水中，大小桥梁交通线多被冲毁。（《绵阳市志·大事记》）

南部：8月嘉陵江上游连日大雨，江水暴涨数丈，8月 30 日夜复风雨大作，城西南东三门全为水淹，城内行舟，船行树梢。（1938 年 9 月 13 日《新新新闻》）

武胜：嘉陵江水涨，县城水位净涨 18.18 米。（《嘉陵江志》118 页）

内江：8月大雨，河坝街已成泽国，两岸人、畜、房屋，卷去街房 500 余家。（1938 年 7 月 13 日《新新新闻》）

大足："五月二十一日午后邮亭、双路大雨、风雹历时两小时余，纵横三十余里俱受重灾。麦豆菜子茎叶粉碎，收成全无。绝食绝居者千二三百家。"（县长张遂能《为据情转请核发赈济以恤灾黎案恳予鉴核示遵由》）。七月十六夜倾盆大雨，彻夜达旦。17 日山洪暴发，河水大涨，县城南门、西门进水齐腰，入夜始退，为近 60 年未见之大水。（《大足县志·灾异》）

酉阳：8月 31 日水灾，全县被淹乡镇 21 个，受灾 5599 亩，毁房 53 间，受灾 2452 户、6008 人，死 23 人，伤 48 人，死牲畜 193 头。（《酉阳县志·大事记》）

万县：6-7月，县暴雨后洪水泛滥。至 9 月 5 日，长江水淹没上下南津街，交通中断。9月 5 日江水上涨，沿江一带成泽国，来往木船在屋顶上划来划去，上下南津街交通断绝。（《万县志·大事记》）

潼南：5月，潼南农民逃亡。（《四川经济月刊》9 卷 5 期）9 月淫雨为灾，河水暴涨，水位之高为数十年所未见。（《潼南县志·大事记》）

盐亭：9月连日淫雨为灾，弥、梓两江水高涨数丈，东南两街人畜、屋宇漂没无算。东关外新桥溃坏，两江沿岸街市沦为泽国。（1938 年 9 月 12 日《新新新闻》）

南江：9月淫雨，沿河桥梁冲坏五分之一。（1938 年 10 月 30 日《华西日报》）

三台：入秋淫雨连绵，农作物多损，棉花大减产。9月间，三台因涪江上游洪水涌到，境内涪江亦高涨数尺；水为墨水，系老山雪崩。三台县猪瘟大流行，全县死亡大小猪 28433 头。（1938 年 9 月 16 日《新四川日报》）

宣汉：7月 19、20 日，前河水涨，南镇全场淹没，冲去房屋六七百间，淹死千人以上。（1938 年 8 月 3 日《新新新闻》）7月 19 日，宣汉县暴雨，双河口发生巨大山崩，该乡二保、九保等山坡崩溃，绵亘 15 余千米，死 200 余人；7月 20 日起，连日暴雨，宣汉县鸡唱坪山坡崩塌堵住前河，后溃决，漫江洪水奔腾而下，南坝、下八庙等沿河街镇被淹没，毁房 10916 间，死 1392 人。（《宣汉县志》）

仁寿：富加乡 4 个保冰雹，水稻、玉米、棉花损失严重。（《仁寿县志·自然环境·灾害性天气》）

大竹：民国二十七年至三十二年，大竹县唐玉峰等人常年筹募大米，在腊月二十九日、三十日，向贫困之家发年关救济米，一次发完所募大米。（《大竹县志·社会救济》）

渠县：渠县冬令救济委员会向各界募集赈款，于每年的冬、腊月救济贫困户。（《达州市志·社会救济》）

酉阳：霍乱在龙潭大流行，农历六月中某日，一天竟埋尸105具。蔓延三月之久，路断人稀。（《酉阳县志·医药卫生·传染病防治》）

宁南：7个乡流行天花，发病者几乎全部死亡。（《凉山州志·卫生·疾病防治》）

新都：据新都天花死亡人数调查，1至3月份天花死亡占法定传染病中之第二位。（《解放前四川疫情》引1939年版《四川省概况》）

云阳：民国二十七年，云阳脑膜炎流行，患者多为小孩，患病20余例，且有患病后3小时死亡者。白岩乡流行麻疹时，该乡乡长于静侯组织全乡医务人员30人，分赴各处划片包干治疗，减少了死亡。（《云阳县志·卫生·传染病防治》）

7月降雨不止，河水大涨，舟楫难行，农作物亦受损失。（《云阳县志·大事记》）

合川、安县、荣县、威远、荣昌、资中、内江、隆昌、富顺、泸县等地：流行白喉、猩红热、脑膜炎、伤寒等症。合川患者十分之八。各县死亡者为数极多。（《巴蜀灾情实录》380页）

康定：康区牛瘟流行，死牛10万头以上。（《甘孜州志·畜牧篇·兽疫防治》）

南坪：流行牛瘟，死牛3000多头。（《阿坝州志·大事记述》）

酆都：高家镇、社坛等地猪瘟大流行，死亡率高。（《酆都县志·畜牧·疫病防治》）

秀山：龙池镇至溪口镇一带稻田遭蝗虫啮食，重者损失九成，轻者亦四成。（《秀山县志·农业·病虫害防治》）

奉节：8月13日，草堂河发生泥石流，两岸良田顷刻之间被毁。（《奉节县志·大事记述》）

［附一］**四川粮食产量创纪录**：1938—1939年四川粮食生产因风调雨顺、播种面积增加，出现了少有的好收成。1938年粮食总产量达到创纪录的1322.24万吨，1939年连续高产，保持稍低于上年产量的1181.23万吨。1940年粮食产量下降为776.1万吨，1941年上升为949.6万吨，1942年又上升为974.2万吨，但未能恢复1938年的水平。出现起伏的原因是：棉花、甘蔗及油菜籽等经济作物价格上升幅度快，与粮食的价格差距拉大，因而粮食作物种植面积减少，经济作物种植面积增加。但是，1942年以后，因战区扩大，军需民食需求量剧增，粮市价格上涨，粮食作物种植面积又不断增加，产量也再次上升，形成新的高产局面。（《四川省志·大事纪述·中册》219页）

［附二］**全川五谷丰登"救济谷贱伤农"**：1938、1939两年四川稻谷丰收，受供求关系影响米价下跌。四川省政府根据行政院"救济谷贱伤农"的指示，大量购囤粮食，1939年度共购储稻谷800多万石（4.24亿公斤），各县购储200多万石（1.06亿公斤）。1940年，全国粮食管理局、川康军粮局、农本局、地方银行及港沪游资等，均在产区争购囤积粮食，造成粮价上涨。（《四川省志·粮食志》138页）

从1940年开始，随着通货膨胀，粮价年年成倍上升，至1945年，成渝两市米价，按法币计算，比1937年分别高出975倍和746倍。（《四川省志·粮食志》138页）

民国前期，军阀割据，天灾人祸不断，四川由余粮省变缺粮省。据国民政府重庆海关统计，1929年从湖南运米入川，当年14担，次年26担，再次年达10万余担。直到

1938 年，"全川五谷丰登，米粮转有剩余"。（中国农民银行国民经济研究所《四川食米调查报告》、《四川省志·粮食志》）

[附三]部分期刊资料摘录

董时进：抗战以来四川之农业：

"（民国）廿七年及廿八年雨水适宜，（水稻）栽插顺利，生产情形甚佳，两年连续丰收，一时粮价低落，为抗战以来仅有的现象。直至廿八年秋，政府尚有救济谷贱的通令。"

"至廿九年春夏天气亢旱，籼稻种植面积比廿八年减少三分之一，米价接连上涨，廿九年夏粮价已较平日高涨五倍，造成严重的粮食恐慌。至民卅一年，籼稻面积增加200 万亩，产量增加 500 万担，然仍比廿七廿八年逊色。"

抗战期间，各种农业生产受天时与价格的支配，时有增减，但统观历年趋势，则多数农产皆倾向于减少。主要原因除天旱外，似以人工缺乏的关系最大。前方需壮丁，后方工厂、事业又需人工，吸引农民甚多，使乡间工资高涨，觅工不易，虽未抛荒，然耕种潦草，杂草丛生，害虫繁殖，水利失修，田易干涸，影响产量。（载《四川经济季刊》1 卷 1 期）

陈启华：五年来之四川粮食生产（1940—1944 年）：

"1937~1938 年川省各县丰收，粮食消费尚不虞匮乏。"

"1939 年川省若干县份，遭罹秋干，继以冬旱，冬作大都枯槁；1940 年春，仍亢旱不雨，以致缺水播种。"

"1938 年春，璧山县市场商店闭门歇业者，几达半数。盖因本县前数年迭罹旱灾特重，中产以下者悉濒崩溃破产，民众购买力锐减；而商家负担过重，折本者多。"（载《四川经济月刊》9 卷 5 期）

内江、隆昌春荒饿殍载道："内江一带，现届春荒，粮价高涨，两县之土产麻布及糖业，均为一落千丈，人民失业者夥，城镇各商纷纷停歇。由内江城以至隆昌车站，沿途抛弃孩子者，日来不下二百余名，但因公私交困之际，无人收养，饿死冷死者，日必数见，厥状至惨，令人堕泪云。"

"隆昌因连年遭罹旱灾，以致收成锐减，谷价高涨，贫民处此，咸以杂粮维生，迩来更有以白泥充饥者。如普润场高庙乡、倒座乡等处，日必数起，率皆面黄肌瘦，其状厥惨。又，日来各乡均有被弃之幼童与夫饿殍载道，而县府当局，更以无款赈济，亦只有听之而已。"（《四川经济月刊》9 卷 5 期）

各地农村一瞥（1938 年春）：一、上东小春可望丰收。上东之荣县、威远、简阳、资中、荣昌等县，自入春以来，天候和暖，雨旸时若，所有小春之豆麦，山粮等农产物，均已欣欣向荣，发育蓬勃，将来可望完全丰收。各县人民，莫不额手称庆；以为此后食用接济有着，不感恐慌。故此刻虽值春来青黄不接之际，各县谷米，一切杂粮价格，咸均平稳并无上涨趋势云。

二、潼南农民逃亡。潼南县境旱灾水潦，已历七载，尤以前岁秋收仅及十分之三，去岁得不足百分之五，一般农民咸恃少数山根红苕充饥，甚至以草根树皮及白泥果腹，而人心并能维系，秩序未致乱者，以本季豆麦苗秀，转瞬即可获作食料，而稻田水足，下季必可丰收。殊税收机关不察民情，每保每场三日内勒收足洋四十元，无钱完清者，并锁押跟拘，未被捕获者，即相率逃亡他方，求乞度日，迨来春耕已届，田园荒芜，比比皆是，尤以旬来，激增无已，倘不蒙上峰设法救济，影响后方生产，不知伊于胡底也。

三、璧山等县春寒为灾。1. 璧山——该县山多田少，地瘠民贫，数年以还迭遭天旱，而近十日来，忽又细雨连朝，阵阵寒风，气候温度由（华氏）八十五六度骤降至三十六七度上下，一般贫苦人民与乞儿，受冻而死道旁街头者，比比皆是。据四乡农人来城谈，入春一月后，有如此寒冷的天气，为近三四年来所未有。本年小春如麦、胡豆等，照前十日看来，日后收获，定为丰年，惟际此花开穗出之时遭此次冷冻后，则将秀而不实，恐日后仅有四五成收获矣。一般米商，为饱私囊计，竟乘此机会，高抬市价，每斗米价由三元五六涨至四元左右云。

2. 郫县——雨水节后，连日气候转燥，俨如初夏，至惊蛰日，晴空突变，一时阴霾密布，狂风大作，气候寒洌，较冬尤厉，入夜大雪纷纷，更阑竟降雨雹，一切农作物，方萌新芽，遽遭剧创，顿呈枯萎之状，影响日后收率甚巨，一般农民咸叫苦连天，日来粮食价格，因之上涨云。

3. 开江——该县于本月十日前忽暴雷飓风，冰雹大作，历十分钟之久，大如桃核，小者亦如胡豆，农产受害匪浅。查本县过去两载，饱受水旱天灾，富者生计渐趋艰窘，贫者更苦不堪言，上年虽经政府拨洋六千元放赈，但杯水车薪，仍于事无济，均望本年小春丰收，可资救济，讵又降此奇灾，前途殊难悬揣云。

4. 长寿——长寿县一周来，气候突然奇寒，大雨时降，较隆冬犹过之，春耕因而停顿。十日以后更春雪大降，高山峻岭，厚雪积尺盈寸不等，一片白色。山农所种胡麦、菜蔬，半为雪压毁损，叫苦不绝。冻死老牛畜亦多。本月十三日虽大部融化，但入夜仍极酷冷云。（《四川经济月刊》9 卷 5 期）

1939 年

（民国二十八年）

1 月，西康省政府成立，省会康定。

5 月 3、4 日，大批日机轰炸重庆，造成震惊全国的"重庆大轰炸惨案"。

全省霍乱流行：1939 年 5 月，重庆地区难民中发生霍乱。6 月，传自贡。7 月，成都、郫县、德阳、崇庆及川北各县疫情骤增。8 月，乐山、洪雅、雅安等县疫情出现。全川流行 50 余市县。自贡发病率最高，盐工尤盛，死亡 5000 余人。成都霍乱传遍全城。

省政府在此次霍乱大流行中，共发给各市、县疫苗 4865 瓶，仅能注射 1 万余人。四川省卫生实验处曾在成都租赁民房，成立"隔离病院"，从 8 月 3 日起到 9 月 10 日止，历时 40 余天，共收病人 89 名。（《四川省志·大事纪述·中册》231—232 页）

9 月 16 日，省卫生实验处处长陈志潜报告：入夏以来，全川已有 40 余县霍乱流

行。自 7 月上旬至 9 月上旬，仅成都市区内即已死亡 2125 人。（《抗日战争时期四川大事记》）

此次霍乱暴发，流行区域计巫山、奉节、万县、彭水、秀山、梁山、垫江、宣汉、涪陵、綦江、巴县、江北、合川、武胜、璧山、合江、大邑、安岳、泸县、新都、什邡、新津、大足、眉山、夹江、荣昌、富顺、内江等共 50 余县市。自贡最为严重，患者多是贫苦盐工，半边街、五星街、大坟堡、凉高山、抓抓井一带成片生病，死亡最多（仅贡井、长土、艾叶三地，死亡即达 5000 余人），棺木工匠及巫师道士日夜忙碌。从鹅儿沟到田坝头，路不上半里，户不满 30，门上挂"望山钱"的即 17 户；半边街后面山坡上，灯笼火把，彻夜埋人。成都霍乱开始发生于东外沿江居民及船夫中，继而传遍全城。根据警察局发出的"埋葬证"，全市死于霍乱的共 2337 人。（沈卫志《解放前四川疫情》，载《四川文史资料集粹·6》）

6 月 15 日，重庆化龙桥地区发生霍乱病，至 30 日，死亡 200 多人。（《重庆市志·大事记》）

长寿县称沱乡流行霍乱，场上 138 户 412 人，3 天死亡 132 人。（《长寿县志》925页）

三台县三合、黄连两地霍乱流行，死亡 1200 余人。（《绵阳市志》）

7 月（六月），西部大雨为患：8 月 1 日（六月十六日）《申报》载："川西在已往一周内，大雨如注，现有发生洪水之虞，闻岷江上游在泛滥中。"（《近代中国灾荒纪年续编》530 页）

川省流行猪丹毒病：1939 年《川农所简报》报道，四川每年因丹毒病死猪约 150 万头，死亡率为存栏猪的 10％左右，疫情较重的达 100 余县。（《四川省志·农业志》59 页）

达州：境内猪丹毒流行面大，仅达县死猪 1.8 万余头。（《达州市志·畜病防治》）

开江：春大旱，贻误农时，秋收大减产。（《开江县志·大事记》）

万县：4 月 7 日，培文乡下冰雹，"大者如砖石、茶碗，次者如鸡蛋、汤圆"。瓦屋、豆麦损失严重。四川省赈济会拨款 500 石以示救济。（《万县志·灾害救济》）

安岳：4 月遭亢旱，又复淫雨兼旬，豆类油菜秧种多腐坏，损失颇重。（《内江地区水利电力志》）

城口：4 月 25 日报载：城口春荒严重，大米每斗已由 3 元左右涨至 5 元，且几无上市者。民间多以树皮、草根为食。饥民遍全县。抢劫案日必数起。（《抗日战争时期四川大事记》62 页）

内江、隆昌、荣昌：四月淫雨兼旬，大水。（1939 年 4 月 28 日《新新新闻》）

名山：冬干、夏旱、大风雨，歉收三成。（《名山县志·大事记》）

合川：5 月 31 日涪江陡涨 10 余丈，淹没舟船 50 余只，淹死 200 余人。9 月 1 日沙水暴涨数丈，淹没 2000 余户；2 日，三江陡涨 20 余丈，市区成泽国。为历来所未有之浩劫。（民国《新修合川县志·余编·祥异》，1939 年 6 月 7 日至 9 月 8 日《新新新闻》）

崇庆：入夏大雨，泊江河、文井江同时暴涨，泊江河口有百年历史的水利大石桥被

冲毁，水入西河，元通场镇街上进水，下游龚河心冲成孤岛，毁田 5000 余亩。（《成都水旱灾害志》237 页）

广汉：7 月 9 日至 14 日，大雨倾盆，城内米市街、花市街等全被淹，水深 2 尺许；西南门城墙崩溃数丈，打伤人畜亦多，毁损房屋数千余间；全县电杆冲毁三分之二，以至交通停止。（1939 年 7 月 19 日《新新新闻》）

西充：立秋之后，数月无雨，田多龟裂，难以下种。（《嘉陵江志》146 页）

南充：1—3 月和 6—7 月无雨，冬季作物又受旱灾，面积达 27.8 万亩，损失粮食 15.31 万石。（《嘉陵江志》149 页）

汉源：六月中旬，淫雨三日不辍，大小干沟，水势陡涨，东岸枣子林、白刁与西岸大木戌一带，庐舍田禾，横被冲刷，毁田谷 400 石，田房碾磨漂没尤多，灾害之惨，为数十年所未有。白岩河大水，两岸田房几被冲没殆尽。（民国《汉源县志·杂志·祥异》）

射洪：6 月 28 至 29 两日大雨成灾，淹没农田禾苗房舍甚多。（1939 年 7 月 15 日《新新新闻》）

资中：7 月淫雨连绵，山洪暴发，沱江水位陡涨 2 丈，沿河一带农作物受损尤重。（《内江地区水利电力志》）

重庆：7 月长江激涨，24 小时涨 30 尺，南北岸渡河极感困难。（《重庆市志·大事记》）

奉节：7 月 28 日狂风暴雨。经省府批准动用救济金 20 万元办急赈。（《奉节县志·灾害救济》）

德阳：7 月数日天雨绵绵，山洪暴发，河水猛涨，石亭江、绵远河两岸交通断绝。（1939 年 7 月 30 日《新新新闻》）

彰明：8 月 20 日，冰雹之后继以大雨，草帽梁至莲花、福田坝农稼损失甚多。（1939 年 8 月 29 日《华西日报》）

华阳：8 月 22 日，华阳县大面乡 11 保遭受冰雹袭击，损失较重。（《华阳县志·大事记》）

灌县：1939 年 3 月 16 日，县城紫东街发生大火，延烧 621 户，烧死 8 人，烧伤 14 人。18 日，县城曾家巷发生大火，延烧 300 余户。（《灌县志·大事记》）7 月大雨连下七八日，墙垣冲塌，农作物多被水淹。8 月 17 日一夜暴雨，白沙河陡涨，虹口乡深溪沟碉桥冲毁，淹死农民杨俊红一家 7 口。（《虹口乡志》）

仁寿：2 月至次年 2 月，雨水极少，田园龟裂，地成焦土，小春无收，棉花、玉米、红苕和仅栽插的万余亩水稻均死于烈日。（《仁寿县志·自然环境·灾害性天气》）6 月 21 日，鹤鸣场周围 10 里飓风成灾，刮翻草房，吹倒房廊梁柱、砖墙、高粱、玉米、棉花倒伏。（《仁寿县志·自然环境·灾害性天气》）

大邑：九月风灾。（民国《大邑县志·大事记》）

乐山：7 月下旬数日大雨，铜河涨水 1 丈。沿河民房粮田、桥梁船筏被冲毁者，难以胜计。此类水灾为居民仅见之第二次（前次为民国六年）。（1939 年 7 月 27 日《新新新闻》）

泸定：8月上旬淫雨为灾，县属兴隆堡市场全被冲毁。（1939年8月7日《新新新闻》）

峨边：7月18、19日大雨如注，山洪暴发，铜江一带，房舍荡然。（《凉山州志·大事记》）

筠连：九月，大有。（民国《筠连县志·纪要》）

长寿：雨阳时若，五谷丰收。（民国《长寿县志·灾异》）

北川：6个乡镇流行牛瘟，死牛1236头，占北川县当年总牛数的36.7％。（《绵阳市志·畜牧·防疫》）

资中：苏家湾发生火灾，受灾20户，县政府转令该乡就自存赈款余存项拨支，大小口不分，每人发银洋5角。（《资中县志·民政·火灾救济》）

绵竹：麻疹大流行，四季不息，遍及城乡，千余幼儿死亡。（《绵竹县志》）

彭水：6月25日，马岩垮塌，岩下陈中全一家7人被埋，后江河水被土石阻断16天，蔡家坝至郁山镇河道干涸，乐地坝木船只能航行到马岩，须起载转船再运。（《彭水县志·自然灾害》）

［附］1939**年粮食增产**：籼稻、糯稻、玉米都比1938年增产，全省总计，比上年增产混合粮500余万市担。（《四川省志·卷首》377页）

乙型脑炎（大脑炎）在四川的发现与流行：1939—1940年，中央、齐鲁、华西三所大学联合医院在成都发现病例，证实四川有乙脑流行。1949年，重庆大学医学院在自贡和泸州，发现有乙脑流行。1951—1952年，重庆、成都、自贡、遂宁等39市、县乙脑报病712例，死亡181例。（《四川省志·医药卫生志》148页）

四川省赈济会成立：4月1日，省赈务会与非常时期难民救济委员会合并，成立四川省赈济会，办理灾赈、难民救济以及社会救济，先后由省主席、财政厅长兼任主任委员。（《四川省志·民政志》262页）

省政府颁布《四川省奖励农民治螟大纲》：各治螟示范县都成立治螟督导队，县长兼总队长，乡、保分别成立大队、分队，乡保长为队长。（《四川省志·民政志》423页）

三农业机关合作防治螟患 岷江流域为实施区：川省产稻甚丰，惟历年螟患为灾，损失不资，省府有鉴于此，特令四川省农业改进所与行政院农产促进委员会及中央农业实验所合作，作大规模之防治，以图减少损失增加生产。兹悉已由省府颁发民国二十八年四川省治螟办法大纲，规定岷江流域，如华阳、双流、眉山等八县螟患最烈之县为治螟实施区域，并规定种种方法奖励农民，彻底依法扑除。查该治螟大纲之规定，本年工作分为三期，第一期为推行治螟教育。查螟虫之为患，潜伏于水稻基内，吸食滋养，致生空壳白穗，农民习于迷信目为天灾，不知防治，故根本工作在教育农民明了螟灾之原由，然后教以扑除之方法，业由行政院农产促进委员会等机关，将治螟方法编成《治螟教材》二册，分发各校，并派遣技术人员，至治螟各县乡村学校指导各校员生，每一校组织学校治螟团，授以治螟知识与实验，各校员生兴致极佳，各县当局，亦异常热心。现据报告，华阳、仁寿、双流三县之学校已受治螟教育者达545所，已受治螟教育之学生达67600人。目下螟虫正在盛发，学生积极下田工作，已捕得螟虫5万余枚矣。至第二期工作，为动员全体农民下田采卵，当由各县组织县治螟督导队，以县长为队长，农业推广所主任为副队长，凡治螟各县已纷纷组织成立，据华阳、双流、仁寿等县报告，田间螟虫已发生甚盛，大有猖獗之势，中央省县各工作人员，推行治螟工作异常紧张。至第三期工作，为低劈稻桩，现正在筹备之中云云。（《四川经济月刊》10 卷 6 期）

对长江、嘉陵江、乌江等河流进行大规模整治：1939 年开始，为解决抗日战争时期四川交通的困难，国民政府调遣扬子江水利委员会、华北水利委员会、导淮委员会、江汉工程局等水利机构，对四川的长江、嘉陵江、乌江、岷江、金沙江、綦江、滏溪河等开展大规模的整治和渠化工程，使水运通航条件显著改观。并以重庆为中心，开辟了轮船航线 20 条和川湘、川陕水陆联运路线 2 条，大大便利了战时的运输。（《四川省志·大事纪述·中册》227 页）

成都市发生抢米事件，当局"借人头平米潮"：民国二十八年，成都市军阀、地主、富商勾结，囤粮居奇，哄抬粮价，造成春荒期中粮食市场无市，粮店关门不卖米。近郊饥民迫于生计，起而拦阻粮车，划破米口袋，进城吃大户，省、市政府对此人为的饥荒问题不及时制止，反而趁 3 月 13 日（1940 年）老南门发生抢米之机，派出军警弹压，将路经该地之《时事新刊》记者、中共党员朱亚凡逮捕，采取所谓"借人头平米潮"手段，将朱杀害。接着又将中共四川省委书记罗世文、军委负责人车耀先等数十人逮捕，实施国民党早已策划的反共阴谋。（据《四川省志·民政志》287—288 页）

［备览］**救济被日机轰炸受难灾民**：民国二十八年冬至民国二十九年，中央赈济委员会、四川省政府、万县防空指挥部先后拨款 8.6 万元，募款 3 万元，救济城区被日机轰炸的灾民。（《万县志·民政·社会救济》）

［德碑］
中华抗战第一堰——三台郑泽堰
郑碧贤

2006 年，我得到了由我大嫂从美国带回来的父亲的日记，我翻阅这本藏匿了五十多年的日记，又从三台县档案馆里复印出一百五十页有关父亲郑献徵的档案材料。终于，父亲和父亲修筑三台县郑泽堰的历史清晰起来。

1937 年 10 月 16 日，郑献徵受命主政三台县，他带着何乃仁等四位同事上任。

当年百日无雨，春旱，收成不足两成；夏旱，土地干裂、庄稼枯死、井水皆涸、滴水难求，人食糟糠、观音土等。

父亲进入三台县境，沿途到处可见农民们在向老天爷祈雨盼水，百姓没有吃的，一个个骨瘦如柴，肚大如鼓。

一、为官一任　造福一方

上任第一天夜晚。父亲在办公室，一页页查看这些布满尘土的历史卷宗。关于水，历史记载着三台县修渠的历史。

乾隆二十六年（1761）县民陈所沧创修，灌溉数年，废。

嘉庆十五年（1810）邑令沈昭兴议复修，历时十年，1820 年春竣工，灌三年，复废。

光绪二十九年（1903）天旱办赈，慈禧太后看见奏折后，动了恻隐之心，当即脱下手上的金镯说，没钱拿去卖了修堰吧！故取名"金镯堰"。前后耗时三年。终因山峦起伏，地势复杂，农民负担太重，无法偿还皇款，而再度作废。

尚存一息的上游永成堰仅有点滴涓流。而下游，沿涪江有坝地两万余亩，土地平坦肥沃，历因无水灌溉，种植仅以旱粮玉米、红苕、花生、棉花、麦类、油菜等。

农民为争夺水源而血战，打得头破血流，亲戚、朋友为此反目成仇，祖祖辈辈打了上百年！

这就是历史，近两百年间三度修渠无果。

到任的第二天，天刚亮父亲便带领部下首先去查看这残存的永成堰。县政府为他备好轿，但他选择了骑马。

这时，衙门外面来了一位绅士模样四十多岁的大汉，说：我有急事找新任县长。父亲下马，请他进来。来人急匆匆地从皮包里掏出一摞材料，双手呈给县长，说：郑县长，我就是为兴修水利来的。我叫霍新吾，是原二十九军测量局局长。

父亲小心地打开霍新吾的图纸，铺在地上仔细看起来。大家都围了过去，屏气凝神，空气突然凝结了。图纸画得具体翔实，从如何引水到穿越的路线，清清楚楚。

父亲抬头一扫心中的阴霾，挥舞着手中的图纸，哈哈大笑："老兄，你来得太及时了，三台人民将因你获救。"

一条生命之堰，从霍新吾拦马开始。

霍新吾原名霍维璋，三台争胜乡人，生于清光绪十七年（1891），宣统二年（1910）入叙府中学，受革命思想影响改维璋为新吾。后入四川陆军测绘学校，实习一年后任南川县矿务局局长。民国十七年（1928），三十七岁的霍新吾回到三台，被聘为二十九军田颂尧部队测绘局局长，他带队深入到三台的每个角落，历经八个多月翻山越岭的实地考察绘制出第一张"三台县地图"。1930年大旱，他亲眼看见百姓为水求神拜佛，耍龙求雨，吃草根，吃树叶，吃观音土，每天都在死人。凄凉景象对他触动很大，他产生了依靠科学拯救人民的想法：兴修水利，把涪江这条巨龙引进来与天老爷斗。

1937年在乡亲的支持下，霍新吾连夜将三台的修堰治水报告写出，并交给郑献微县长，郑县长看后迅速呈送到成都的建设厅厅长何北衡手上。

信中反映的情况令何厅长震惊！三台的旱情他是知道的，但没想到这么严重。信中郑献微表达了三台县急切要求兴修水利来尽快解决农民用水的问题，并附有二十九军原测量局局长霍新吾的详细地理测绘图及报告。

何北衡当即决定召开会议，研究三台修堰方案。

抗战时期，全国水利专家、学者，随着黄河、扬子江、导淮委员会水利机构相继迁入川，云集四川。

何厅长向他们如实地介绍了川北一带的旱情。然后，拿出霍新吾绘制的图纸，请大家共同来研究，同时申明，这也许是我们抗战以来第一个农村水利工程计划。

1937年10月30日，四川省水利局局长邵从桑奉何北衡之命率队从葫芦溪至刘家营，沿涪江两岸三十余里，勘探渠线。

这样，在郑献微县长接任后一个月，三台县迎来了自清乾隆以来第一批真正的水利技术专家：留美博士曹瑞芝、工程师万树芬、总监王鸿遇。他们是来负责实地勘测考察、确认方案及工程前期的筹备工作。

于是前期工作启动，郑献徵自己亲自兼任渠堰管理处处长，霍新吾为副处长。郑县长对部下要求很严格，对自己也不例外，他制订了一套修身治事的规则，并以身作则；乐观、自信、挺起胸膛勇往迈进，要有抗战精神。

二、大敌当前　同仇敌忾

渠道要经过三乡，需要三地协商。

协商会议在三台名刹争胜寺召开，郑献徵县长亲自主持会议。永成堰和桃、李、太三坝各派代表参加，其他农民也可以自由列席发表意见。

会上，我国著名的水利桥梁学家黄万里充分阐述了他的解决办法和见解。他认为，抗战时期民生维艰，要充分发挥技术的效能，以提高工速、降低成本，取得尽可能高的工程效益。重新开口，这既耗费资金又费时，不如从永成堰引水合沟，扩大进水口流量，改造渠系建筑物。上游下游一齐抓，连接成一条完整的堰渠。

修新堰对桃、李、太三坝绝对有利，代表们举双手赞成，毫无异议。

然而，老堰永成堰水利协会坚决反对：永成堰历史久远，堰基还算巩固，水源虽不丰富，总比没有强。

父亲从抗战形势大局对大家进行教育，再从先辈修堰的艰苦历史，到连年不断的天灾，从为争夺水源血溅田地的严重后果，再谈到以先进的科学技术修堰的可能。他说："修堰，就是要你们从此不为水愁，让大家吃上白米饭，就是要生产更多的粮食支持前线，彻底打败日本鬼子！难道我们愿意当亡国奴吗？国难当头匹夫有责啊！"

父亲说，决不要永成堰出一分钱。明年春耕前完工，保证不误农时。我以乌纱帽担保。

最后经过协商，达成协议：永成堰同意桃、李、太三坝合沟引水。与会者饮血酒盟誓。

1937年，除夕夜。父亲身着长棉袄，在书桌前秉烛书写。

他在这天的日记中写道：对小日本践踏我大好山河恨不能食其肉。大局险恶至此，殊令人杞忧不置，至万不得已时，除杀家告庙，只身参加游击战与丑类肉搏为快外，殆无他道足以痛快泄此胸中恶气也！

他是三台县的父母官，需要他做的是改变三台穷困的现状，减轻三台县人民的痛苦，振奋他们的精神，多产粮食，贡献前方。

他决定在新一年的第一天，颁发文告，作为建设新三台的起点。

新年文告第一条明文规定：堰，新年元旦动工，当于今明两年春季以前次第完成涪江流域之堰工。

新年文告第二条明文规定：县府须时时有可供紧急调遣之游击队一百五十名至三百名，时时有应付非常事变之准备，时时有非常事变之戒备侦查，务使县境内无一匪奸回窝主之潜伏。县境以外纵有三百人之股匪，亦不能长驱直入为害地方。

经过几个月的筹备，修堰工程于民国二十七年（1938）1月1日早上七点准时动工。

经过工程部门的仔细计划，动员了一万五千名民工，两千五百名石匠，由各户摊派，以谷子和现金作为工钱，每天完工即行发放，绝不拖欠一粒粮、一分钱；工钱按天计算，每天有专人用箩筐抬着铜钱和纸币发给每个人。钱，不一定要交到具体人手上，只需放在他指定的地点，上面再压上一块石头，就完事——不是怕偷而是怕被风吹走。

工人每天分三班干活，人歇工不歇。

永成堰二十二公里的渠系整治工程，历时仅七十天。1月1日动工，3月10日试放水。正值春灌，农民看见清澈的渠水一路欢歌穿越支渠，再流进他们的田地，流进他们祖祖辈辈耕种的田地。水，增强了大家的信心。永成堰灌区又有两千多人投入到桃、李、太灌区的修建。自此，已增加到两万多工人的庞大队伍了。

开工，不等于万事大吉，困难的事在后面。

三、克服困难打通障碍

左家岩有个左大爷，他有钱、有地、有枪，还有护院的家丁，没有人敢惹。

根据测量的路线，水渠必须从他家门外过，这条路线几经修改，已做到最大限度的照顾，否则，走直线肯定会穿院而过。事实上，水渠距他家有好几米远，对他进出毫无妨碍。

左大爷不干，他说这是他祖宗留下的风水宝地，挖渠堰破坏了他家风水，让他的财运顺水流走，谁敢动他的地，就让他走着来趴着回去。左大爷财大气粗，省里有他认识的人，靠山也硬。霍新吾、刘度、吕福堂轮流去晓之以理、动之以情。他软硬不吃，全然不把这些人看在眼里，就是县长来了又能把他怎么样？就是不让挖。护院家丁在他唆使下也都端起枪来，时不时放上一两枪显威风。

父亲决定亲自出马。

此时，一封县长亲笔书写的请柬，送到左大爷手上。左大爷看后暗自得意，便耀武扬威坐轿启程去县政府赴宴。

左大爷前脚走，父亲就带着一排荷枪实弹的正规军，骑着马一阵风似的赶到现场。家丁们看到来了真的机枪手，立即狼狈逃回院，紧关大门。

父亲命令一个班，持枪密切注意院内动静，其余的全体参加修渠劳动。

那边左大爷当夜被县办主任留下来吃了中饭，吃晚饭。好吃好喝好招待，吃了晚饭又安排休息。

第二天，左大爷匆匆赶回来，看到外面毛渠堰沟凿开修完，这才恍然大悟，被别人施了调虎离山计。进得门来，正想发火，只见父亲一身戎装端坐在他家的堂屋里，眼里透着不怒而威的神情。时年三十七岁的县太爷，巧施调虎离山计，震慑了左大爷。

工程最艰巨处，为老马镇境内长约两百米的输水隧道，这条道绕不过去，必须穿山。霍新吾精心测定其走向和水平坡度，督导两端同时开挖。当时民工们对此举存疑，后来霍先生当场立军令状：我霍新吾，愿以身家性命担保，若隧洞不能按设计标准打通，请报上峰枪毙我，以谢乡人！

两端同时发出的叮叮当当凿石声，这条约两百米长、高宽两米多，呈半圆形的"通天钻地"隧道被打通！穿山洞里的石匠们悬着的心落地了！

当那清澈的涪江水，一路欢歌湍流而来时。民工们称了一斤白糖，提上一罐子渠水，真诚地向霍先生谢罪。真是鱼水情，人天意啊。

现在这条位于争胜乡青皮嘴的"穿山甲隧洞"和两侧十二里长的劈岩渠，还是那么神气活现满载着清澈的流水，昼夜静静流淌，把水送到农民田地里、送到家门口，老婆婆、小媳妇端个脸盆就能洗衣服、洗菜。大渠、中渠、细渠，如网状覆盖着这片土地。

郑泽堰按老规矩一年十一个月的长流水，只有冬季一个月断水岁修。穿山隧道工程，再难也才两百米；但有的地段，既不能凿洞穿山，又不能架桥；只有在半山腰劈山开渠，修一条傍山渠道，又称劈岩渠。石匠们得一个个身上捆着绳子，从山上吊下来挥锤凿山，脚下几十米是波浪滔滔的涪江水，"张着嘴"随时等你掉下去。这样的高空浮悬作业，没点胆量、体力、技术，连想都别想。

四、高家桥渡槽

高家桥渡槽是渠上的又一处难点，它是由黄万里设计的。

黄万里在全面抗战爆发时，任四川水利局工程师。任职的第一天，接待他的就是时任四川省建设厅秘书长郑献徵。不久，黄万里被任命为涪江航道工程处处长。

1937年底，何北衡任命黄万里为修堰的总工程师，黄万里带着家人来三台，他选择离工地最近的地方修了一栋茅草房，供他的家眷和员工住宿。在茅草房里他一住就是三年！在这间茅屋里，指挥修堰，设计石质渡槽，培养工程技术人员，管理涪江航运工程，还生了可爱的女儿。

他来三台之前仔细研究过霍新吾的测量图和计划，也查过三台的地质地貌。但他要亲自再进行实地考察，几天时间纵横行程一百五十多公里，亲自指导该水利工程建设。

在争胜乡南七里到新德乡之间，需要在两峰之间架一座渡槽，把两山连接起来，水由争胜上山通过渡槽引向新德山。

高家沟是架桥的必经之路，沟底全是烂泥巴、流沙，根本无法施工，一个民工下去探底，立即就陷进去，只好用抬绳拉上来。霍新吾他脱光衣服，用四根绳子捆住自己亲自探底，没想到只要一动就陷得更深，泥没到脖子还没踩到底。

霍新吾忧心如焚，终日冥思苦想。这天，伙夫送饭来。把筷子插在饭上，出去了。伙夫走后，霍新吾看着干饭上插的那双筷子，像发现了新大陆。他从床上跳起来顾不得穿好鞋就往高家沟跑，工人们看他疯疯癫癫地不知发生了什么事，也跟着他跑。他说："我们可以用木材打桩作基础，而且就用我们当地的青冈木。"

郑县长听了汇报，高兴地用双手抱着霍新吾，高家桥肯定能如期完工。马上送报告给黄万里。于是，两岸滑坡台地，逐台梯次打桩，编栅护坡，垫桥桩就用了三万多根青冈树棒。

桥身用坚硬的花岗岩条石，以石灰、砂子、糯米、碎麻混合而成的四合土砌筑；一座由东向西，桥高五十米，长一百五十米，桥面宽四米；中间水槽宽两米，深两米，左右各一米宽可供人行。六孔桥下，宽阔的河水由南向北穿流而过，上下两层互相呼应。

以乡人的情意，为它取名"万里桥"。但黄万里的父亲黄炎培先生不同意，以当地的村名叫"高家桥"。

五、毁家纾难　全渠通水

从1937年10月18日，郑献徵到三台上任，向省建设厅提出申请修堰。工程师们实地勘测设计，落实贷款资金，到1938年元旦开工，总共两个多月！

从 1938 年 1 月 1 日到 1939 年 3 月 26 日全部完工，耗时仅十四个月！

这条位于三台县城北面，通过涪江左岸三绵交界处取水的中型自流灌溉渠堰。主渠长四十六点五公里，灌溉千亩以上的支渠十二条，长六十八点四公里。自流灌溉开渠面积四万五千二百亩，浇河边地一万五千余亩。主干渠系建筑物一百六十四座。据统计，这条堰，一共挖了八十一万立方米的土石方，每一寸都出自二千五百名石匠辛勤的巧手。

工程用款甚多，除贷款资金外，亏欠部分由郑县长变卖自家田产填补。为了歌颂郑县长的功德，三坝堰代表开会决定，将堰取名"郑泽堰"。

"桃李太三坝水利协会"命名为"三台县郑泽堰水利协会"。

郑泽堰竣工后，其灌区内农作物顿然改观；旱地改水田，粮食增产甚多。三台人民生活开始改观，也有更多的粮食支援前线。三台后来成了抗战粮仓，成了抗战模范县，郑泽堰被誉为"中华抗战第一堰"。三台人的腰板挺起来了，三台人长了志气。

2014 年，台湾国民党前主席连战为郑泽堰题字：中华抗战第一渠。

（本文写于 2016 年，原题《父亲郑献徵和三台郑泽堰》，作者郑碧贤，为献徵之女。原载《四川抗战历史文献·亲历、亲见、亲闻资料卷·第二辑》372—377 页）

1940 年

（民国二十九年）

川北等地暴发霍乱：1940 年夏，大旱连旬，霍乱肆虐，川北尤甚。7 月，剑阁、南部首先发现疫情，迅速蔓延到阆中、梓潼、苍溪、三台、广元及乐山等地。其中，剑阁最为严重。7 月 26 日，四川省卫生实验处始派出 3 名医务人员，携带 800 瓶霍乱疫苗赴剑阁防治，但杯水车薪，无济于事，且贻误防治，死亡人数众多。（《四川省志·大事纪述·中册》246 页）

1940 年，夏旱、川北尤甚，沟塘干涸，群众无奈，只能以脏水饮用，疫病因而暴发。7 月，剑阁、南部交界之升钟乡、思衣场、金仙场发生霍乱，迅速蔓延到三台、蓬溪、昭化、阆中、盐亭、梓潼、广元以至整个川北，剑阁疫情最重，初时每日死二三百人，7 至 8 月，死亡即达 7000 余人，疫区广达金仙场、罐儿铺、店子口、大环寺、坤垭、白龙场、开封场、仁和场、大兴场、武连镇、柳沟、江口、汉阳铺、剑门关、张王庙、江石垭、木马寺、元山场、王家河、马近寺、四方坝、普安镇、田家庙，纵横 300 余里，约占全县面积三分之二。剑阁、江油、阆中等地纷纷用电报公文急呼求救，中央卫生署（在重庆）及四川卫生实验处获悉后，仍然听而不闻。为着自身安全，防避病疫传来，乃于重庆、成都两城市设站检疫。直到 7 月 23 日，不知道已经死了好多人，中央卫生署始命令绵阳公路卫生站主任到剑阁进行所谓"考查"；7 月 26 日，四川卫生实验处也才派出 3 名医士携带 800 瓶疫苗去剑阁开展注射。当时政府掩耳盗铃，装点门面，防不经心，治又未治，造成川北 35020 人死亡，占流行总人口百分之五。（《解放前四川疫情》，载《四川文史资料集粹·6》）

剑阁：虎疫（霍乱）流行，每日死亡二三百人以上，蔓延区域三四百里，发现以来死亡达 4000 人左右。据江津等 7 县报告，霍乱共发病 367 人，死亡 148 人。其中江津县发病 230 人，死亡 104 人；宜宾 76 人，死亡 15 人；乐山 32 人，死亡 13 人；梓潼 15 人，死亡 10 人；万源 11 人，死亡 3 人；三台 2 人，死亡 2 人；岳池 1 人，死亡 1 人。（《巴蜀灾情实录》381 页）

江津：秋，仁沱、油溪先后发生霍乱。仁沱乡长袁树熙向县府紧急报告："近来我乡发现霍乱险症，蔓延市镇乡村"，"本乡医生束手无策，乡村缺医少药，以至无法救治，死亡之多，骇人听闻"，"几乎门接户连，无日无之。"县政府令卫生院组成防疫队奔赴防治后，病势方减，此次仁沱乡发病 400 余人，死亡 200 余人。（《江津县志·卫生·疾病防治》）

万县：县城内霍乱流行。（《万县志·大事记》）

盐亭：霍乱流行，死亡 5863 人。（《绵阳市志·大事记》）

绵阳：在汽车站附近设检疫站，历时 32 天，检查过往行人 6236 人，注射霍乱菌苗 4986 人（次）。（《绵阳市志·疫病防治》）

温江：5 月大风冰雹袭毗卢、寿安、永安等地，房屋、竹木及小春作物损失严重。7 月，饥民聚集城东马路，阻截粮车抢粮。是年，霍乱流行，县城关门闭户，街巷行人稀疏。（《温江县志·大事记》）

黔江等地伤寒流行：1940 年，黔江、秀山、巫山、开县、奉节流行伤寒，尤以黔江之西河、石家、濯水、金溪等地猖獗。据调查，谢家坝 93 户共 334 人中，患病 268 人，占 78%，死亡 132 人，病死率达 49%，全家死绝者 27 户，占总户数的 29%。（《四川省志·医药卫生志》146 页）

11 月 7 日（十月初八），马边附近地震，云南昭通有感：马边 5.5 级地震，乐山、资中、泸县、成都、郫县、崇庆、南充、康定及云南昭通亦有震感。（《四川省志·地震志》82—83 页）

灌县、新都、龙泉、大邑、邛崃春夏旱：从 4 月 5 日至 6 月 17 日，灌县一直少雨大旱，6 月 17 日龙溪乡龙溪河流量小到 0.2 立方米/秒，乡人谈是近百年少遇的大旱；虹口乡坡地干裂无收，塔子坪农户下山到几里外河边挑水吃。大邑山区大旱，邮江乡一乡受灾田地有 6300 余亩。邛崃 4 月栽秧后洗手旱，48 天无雨，稻田干裂，秧苗干死，玉麦枯黄，吃水困难，县府下令关南门禁屠祈雨。龙泉镇纵横 10 里，自春迄夏，未沾雨泽，6 月中米价飞涨。（《成都水旱灾害志》237 页）

江津：5 月，下冰雹，华盖槽上最大的 1 公斤重，一般的大小如鸡蛋，房檐下冰雹堆积 70 厘米厚。（《江津县志》）

双流：牧马山大旱，小麦、豌豆受害。（《双流县志》引双流县档案资料）

［链接］**省政府对双流县旱灾请赈的漠视**：民国二十九年牧马山一带再次遭受旱灾，截至 6 月 23 日，已栽之田仅占 10% 强，苗枯土裂，收获难期。其余未栽之田更无希望，纵欲改种苕芋，也因土壤过干而无法下种。旱情之重，即觅取饮水亦复困难。无井之家，觅水数里之外，有出一二千文或三四千文买一挑水者。濯面之水浣衣，浣衣之后饲豕。睹此情形，县政府呈请蠲免粮税，速拨赈款，以资救济。省政府于 8 月下达指

令："查该县旱象，已饬防旱督导团前往查明督导补救在案。现在附省县份多获透雨，仰遵前颁防旱办法，及时改种各项耐旱作物，俟督导团到达，督导补救，目前自尚无拨款赈济之必要。至蠲免赋税一节，应依勘报灾歉规程暨修正土地赋税减免规程规定手续程序办理，所请暂毋庸议。"（《成都水旱灾害志》143—144 页）

南充：开春以后，就未见雨，到夏旱象日蒸严重，农田荒芜，民不聊生，许多人卖儿卖女，背井离乡，南充城内街头巷尾，每日都有农民尸体数十具，县政府在靠近西河边挖一大土坑，掩尸体于坑内，人称"万人坑"。（《嘉陵江志》149 页）

冕宁：四五月大旱，山田荒芜。五月二十三日冰雹，禾苗被打光。（《凉山州志·自然灾害》）

安县：7 月初旬连日大雨如注，尤以 9 日夜雨更大，安昌河水突涨丈余，冲坏田亩甚多，低洼房屋均被冲去，损失甚大，为数年来未有之水灾。（1940 年 7 月 17 日《新新新闻》）

绵阳：七月十一至十二日两日大雨，涪江及安昌河水位陡涨，上游两岸民房多被冲毁。（《四川省近五百年旱涝史料》34—35 页）

江油：立夏前后两月无雨。（《绵阳市志·大事记》）

灌县：7 月 15 日夜都江堰洪水暴涨，堤堰冲毁一部分，冲走木条木料不计其数。（1940 年 7 月 19 日《新新新闻》）米价继续上涨，县长杨晴舫平抑米价不力，被省政府给予记过一次处分。（《灌县志·大事记》）

仁寿：8 月 7 日夜 10 时许，忽电闪雷鸣，大雨倾盆，历 3 小时即山洪暴涨，全城尽成泽国，倒塌房屋多间，人民被水淹没者数十人，附城禾稼被水冲毁一部，物货损失巨大。（1940 年 8 月 12 日《新新新闻》）

西充：春旱，未栽之田约 30％，已改种旱作物。（《嘉陵江志》146 页）

云阳：夏旱连伏旱，从 6 月起开始，全年收成不及五成。（《云阳县志·大事记》）

南部：1940 年，春、夏大旱，直至六月（农历）三十始降雨，全县栽插仅十分之一，收获三成。（《南部县志·大事记》）

新繁：8 月成都平原各县大雨，毗河暴涨，新繁县属沿河田亩受损很多。（1940 年 8 月 24 日《新新新闻》）

南江：8 月 6、7、8 三日大雨，县城雨量达 775 公厘，9 日晨河水陡涨，冲毁民房 200 余家，沿河乡镇亦遭水灾。（1940 年 8 月 13 日《新新新闻》）

威远：从头年秋收后至春，细雨未至，小春收获寥寥。（《巴蜀灾情实录》293 页）

苍溪：旱灾奇重，县参议会要求县府呈报上峰派员重勘救济。（《嘉陵江志》136 页）

安岳：久旱不雨。（《内江地区水利电力志》）

资中：入春以来，又复亢旱，龟裂成形。8 月中旬，淫雨连绵，山洪暴发，沱江水位陡涨 2 丈余，沿江一带农作物受灾尤重。（《内江地区水利电力志》）夏旱，省定为次重灾县。8 月，山洪暴发，沱江水位陡涨 2 丈有余，沿江农作物受损尤重。县 45 个乡镇受灾 62640 户，冲坏田土 20737 亩。（《资中县志·自然灾害》）县城西郊失火，受灾 116 户，县政府议决：采用灾民急赈募捐办法，极贫赈款大口 5 元，小口 3 元；次贫大口 3 元，小口 2 元，捐款盈余移交建设贫民宅；灾民无归宿者，准在救济院暂住半月，到期则自行觅地居住。（《资中县志·民政·火灾救济》）

资阳：久旱成荒，禾稼枯萎，多成空穗，旧量斗米超过 30 元。（《内江地区水利电力志》）

成都：8 月川西连日大雨倾盆，成都附近各县洪水大涨，滨江一带禾苗遭损甚多，家屋墙垣倒塌尤多，桥梁冲断，道路泥泞不堪，南北各路交通均感困难。（1940 年 8 月 29 日《新新新闻》）

涪陵：8 月，李渡一带大风，吹断竹木，揭走屋瓦及草房房盖。夏旱，无水栽秧，稻苗在秧田出谷。（《涪陵市志·大事记》）

新都：8 月大雨降临，毗河水位暴涨，河边田亩多被冲毁。（《新都县志·大事记》）

平昌：八月下旬连日大雨，河水陡涨。（《平昌县志·自然地理·特殊天气》）

宜宾：县赈济会筹拨水灾平粜米 12096 公斤，救济灾民。（《宜宾县志·灾害救济》）

名山：冬、夏作物旱。（《名山县志·大事记》）

荣县：6 月 28 日，因久旱不雨，粮价暴涨，奸商囤积居奇，几百名饥民聚集县政府抗议。次日，县政府不得不在县城四门设棚济粥，开仓售米。（《荣县·大事记》）

郫县：入秋以来，川西各县连日大雨，倾盆如注，田畴已溢，沟渠亦盈，滨江一带之地及岸堤多被冲毁，郫县新建之平民新生村成泽国。（《郫县水利电力志》）

西昌地区：7 月水灾，雷波受赈人口 331 人，发赈款 581 元；盐源发赈款 1500 元；西昌县龙窝子发赈款 500 元。（《凉山州志·民政·救济》）

彭县、崇庆：秋雨连绵，收成均难，米价迭涨。（《四川省近五百年旱涝史料》14 页）

旺苍：夏旱，人畜饮水困难，疫病流行，死亡者多。秋洪，普通寺被冲毁。（《旺苍县志·自然灾害》）

长寿：春干栽插不齐，收成欠佳，入秋后淫雨为灾，晚稻糜烂过半。（民国《长寿县志·灾异》）入夏后无雨，骄阳肆虐，全县稻田仅栽十分之四五，已栽的秧苗，多数干枯成柴，仅收一二成。（《长寿县志·自然灾害》）

岳池：去冬旱连今春旱，无水插秧。（《嘉陵江志》150 页）

大足：春旱，小春歉收，栽种不及十分之四。继伏旱，收成不及十分之三。（《汪茂修笔记》）夏风雹。（《大足县志·灾异》）

会理：旱灾，发放赈济款 2500 元。（《凉山州志·自然灾害救济》）

美姑：牛牛坝流行麻疹，发病 300～400 人，死亡 37 人。（《凉山州志·卫生·疾病防治》）

宜宾：回归热流行，发病 1190 人。（《巴蜀灾情实录》381 页）

合川：4 月某日，合川邻封场附近降落冰雹，最大的 500 克，最小的 250 克。打坏不少房屋，有人、畜伤亡。玉米苗全部打死重播，在土麦粒基本打落。（《合川县志·自然灾害》）

泸定：2 月驮运修筑川康公路炸药的马帮，住宿泸定河西李家马店，不慎失火，燃爆炸药，紧挨的泸定铁索桥西桥亭全毁，13 根铁索烧断坠入大渡河。经数月修复。（《甘孜州志·大事记》）

开江：1940 年 6 月，省政府在本县标卖军粮万余市石（碛米 1 市石折合 150 市斤），每石法币 5 元（市价十一二元），县长燕德炎伙同地方豪绅以开江县粮食调节委员会的名义认购，牟利 3 万多元。（《开江县志·大事记》）

茂县、理县：民国二十九年，四川省赈务会拨给茂县赈灾麦种大洋 0.2 万元，耕牛赈购大洋 0.3 万元。拨给理番县春荒急赈大洋 0.35 万元，使重灾 373 户（大户 585 人，小户 698 人）和轻灾 20 户（大户 29 人，小户 45 人）受济。（《阿坝州志·民政志·赈灾》）

蚕茧大丰收：本年，全川蚕茧大丰收，丝业公司以巨资 2000 万元收购。新茧价格最高者每斤 4.5 元。（《抗日战争时期四川大事记》）

地震：8 月 10 日，富顺地震，沱江起波七八尺。10 月 21 日～22 日，康定地震。12 月 17 日，盐源地大震。是年，汶川涂禹山瓦寺土司家庙藏经楼被地震摧残，壁画经籍俱已无存。（《四川省志·地震志》82—83 页）

四川土地兼并十分严重：四川省土地兼并和地权集中的情况十分严重，全省 79.07％的土地集中在占人口 8.60％的地主手中。土地比较肥沃的川西、川南地区，占人口 7.20％的地主，占有 85％以上的土地。土地最肥沃的成都县，90％以上的土地属于占人口 1.10％的地主所有。（《四川抗战历史文献·大事记卷》111 页）

钩虫病抽点调查：1940 年，四川省卫生实验处同齐鲁大学进行钩虫病抽点调查，营山、阆中、内江等 7 县 3253 人受检，其中营山感染率达 95.78％。全省钩虫病流行严重而得到治疗者极少，政府卫生部门从未提及钩虫病防治，任其流行，任其死人。（沈卫志《解放前四川疫情》）

大官僚大地主操纵粮市：民国时期，有少数粮食经营大户。主要是两种人：一种是大官僚与大地主。如国民政府军事委员会委员长行营成都行辕主任兼四川省政府秘书长贺国光，1940 年时，一方面利用其侄儿控制"成都市平价米销售处"，掺沙使潮，贪污中饱，另一方面又在新都等地囤积大米四五千石，待价而沽，民怨四起，当年 3 月成都南门外即发生民众"抢米事件"。大地主刘文彩年收租谷上万石，贱储贵粜，是一个从不注册登记的大囤户。四川粮食市场主要受他们操纵。（据《四川省志·粮食志》）

四川省气象测候所成立：1940 年 11 月，四川省气象测候所在成都凤凰山成立。这是四川省政府建立的第一个全省气象专管机关。

1940 年 10 月，省政府委员会第 419 次省务会议通过，将成都测候所改组为四川省气象测候所，掌管全省气象测候及研究事宜。11 月任命易明晖为第一任所长。12 月中旬，省气象测候所由外北凤凰山机场迁至外东下沙河堡塔子山新址办公，并于 1941 年 1 月 1 日开始在新址观测。（《四川省志·大事纪述·中册》251 页）

川康兴建水利工程：1940 年 2 月 12 日，川康农田水利贷款委员会主任委员何北衡谈川康水利工作。①已完成的水利工程有三台郑泽堰、绵阳天星堰。②正在进行的工程有绵阳陇西堰、洪雅花溪渠、青神洪化堰。③正在整理者有眉山醴泉堰、峨眉余公堰。④正在测量者有西昌邛海、安宁河、雅安青衣江等处。俟两处测毕，即赴古蔺、古宋、酉阳、秀山等县测量，兴办新水利溉田工程，或整理旧有堰工。⑤通济渠灌田达 30 万亩，受益面积之广，仅次于都江堰，遍及新津、彭山、眉山三县。决定于本年 2 月底施测量，计划整理，并扩大灌溉面积为 40 万亩。3 月 26 日，中、中、交、农四行投资 1 亿元，发展四川农田水利。（《四川省志·大事纪述·中册》240 页）

四川成抗战兵源粮源重地：1937 年抗日战争爆发后，国民政府移驻重庆，四川成为兵源和粮源的重地。除供应境内驻军和训练大量新兵的军粮外，还负担支援前线的任务。幸好这几年连续丰收，1938 年前后粮食产量创历史纪录。1940 年以后虽然生产下降，但当局及时实行田赋征实政策，仍掌握了足够的粮食。1941 年 11 月 26 日，蒋介石在国民参政会上声称："吾国决无缺乏粮食之虑。"

1940 年军政部就设立了军粮总局，负责全国军粮统筹分配。从 1941 年起，每年配拨四川的军粮都在 700 万石稻谷左右，并规定所配军粮，由粮政机关加工后运交兵站，转拨部队使用。由于四川粮食主产地在西，需粮地在东，运输极其困难。1940 年 10 月 5 日，全国粮食管理局长卢作孚，为运送 6 万石军米专电四川省政府，要求封雇岷江木船，以保军粮运输。华阳、成都、新津等县发运的 1 万石军米，由保安队护送，粮食总局派大员督察，历时数月，几经周折，才出岷江转运至重庆。（《四川省志·粮食志》193 页）

仓储积谷损失殆尽：清朝鼎盛时期，全省两类仓库（常平仓、济仓）存粮共有 200 余万石，按 1 石 70 公斤计算，约 1.4 亿多公斤。民国前期，由于军阀混战，不仅未建新仓，残存的少许仓库多已毁败。四川省政府民政厅 1940 年的报告称：本省仓库创始虽久，但管理不善，积谷损失殆尽，仓廒倒塌无存，徒有仓储之名，而无备荒之实。（《四川省志·粮食志》161 页）

日寇轰炸南充祸害惨烈：二十九年 9 月 30 日、三十年 7 月 27 日，日本侵略军两次共出动飞机 63 架轰炸南充。祸害最为惨烈的是第一次，城内正南街、药王街、府街、大东街、鸡市口、四桂坊等街道、集市被炸成一片废墟；老百姓被炸死伤者甚多，南充县国民政府上报死亡数 453 名，房屋财产损失惨重。四川省政府仅拨救济款 2000 元、省赈济会拨救济款 1000 元。灾民多，救济少，难民露宿街头，衣食无着，许多人只得四乡乞讨度日。（《南充市志·社会救济》）

1941 年

（民国三十年）

9 月，国民政府决定，田赋改征实物，还要征购、征借粮食。本年度四川征实、征购总额实收达到 1330 余万市石稻谷，超过原计划（1200 万石）的 11%，为全国第一。

[链接] **四川 1941 年粮食征购超收**：1942 年 6 月 3 日，川康粮政局长康宝志在全国粮政会议上报告：四川 1941 年粮食征购超收 140 余万石，其中超额者 11 县，十成者 14 县，八成五者 45 县，不足八成者 6 县。他强调："征购虽已逾额，但农民极为痛苦。"（《四川抗战历史文献·大事记卷》149 页）

田赋改征实物，四川农民踊跃送交爱国粮：鉴于抗战形势，为确保军粮民食供应，国民政府于 1941 年 3 月颁布《田赋改征实物暂行办法通则》，四川省于当年 9 月 16 日正式开征。因田赋征实加重了农民负担，开征之前，官方均怀担忧心理，指派专人收听电话。"意料以外，喜报频传，各县农民踊跃输粮，肩挑背负着晒干风净、颗粒圆实灼灼黄谷，络绎不绝，路为之塞。各地经征经收人员，终日忙于收粮，夜以继日，无暇用膳，每以干粮充饥，且食且作，官民均表现了爱国的热情。灌县、温江、新都、合江、铜梁、南川、安岳、荣县、江北等县，开征一两个月即行扫解。截至1942年2月底，全川共收起1330余万石，超过原定配额1200万石的11％以上，军粮民食有济，人心大定。以后数年征实，亦进行顺利，数年中除中央额定数额外，四川都加摊了两百多万石，以保中央需要的定额，和抵补流滥及解决灾款问题。从1941年起到1945年，五年中四川人民交纳的粮食共为8443万另748市石，占全国总额的三分之一。"（张惠昌《抗战期中四川的田赋征实》，载《四川抗战历史文献·亲历、亲见、亲闻资料集·第二辑》388－390页）

勒紧腰带献征粮，四川超额完成征实、征购任务，全国第一：1941年8月1日，四川省成立田赋管理处，开始征实。"1941年度，川省征实征购于9月16日开征起至是年12月底止，全川征购总数已达1100余万市石，完成规定川省征购总额的90％以上。"截至1942年2月底止，"就川省是年度实收总额而言，为1330余万市石"，超过原计划（1200万市石）的11％，为全国第一。"全国21省，征实、征购共计得粮食5430余万市石，四川征实、征购收入各为678万余市石。占全国总收入1/4。"随后几年四川贡献的粮食还有增加。据张群在《胜利日感言》一文中统计，自1941年至1945年，四川征实、征购、征借的粮食总数共约7100万市石。而当时全国的粮食部长徐堪则谓："四川出粮最多，计自30年度（指民国三十年，即1941年）起，至34年度（即1945年）止，5年之间共征获稻谷82285990市石，占全国征起稻谷总量38.5％，即就全国征起谷麦总量比较，亦占31.63％。"（《四川通史·卷7》202页）

［链接］**川省1939～1941年粮食收成**：1941年9月10日，国民政府粮食部粮食增产委员会公告：四川省1940年秋收为五成五，较1939年减产5000余万市石；1941年收获可达八成，估计能比1940年增产4600余万市石。（《四川抗战历史文献·大事记卷》127页）

康定等地地震：1941年6月12日7时13分，康定、金汤发生6级地震。金汤房屋倒塌甚多，牲畜多罹其灾。岩石崩溃，声如巨雷。庄房沟地面坼裂。宝兴正街一碉楼震倒。康定城内倒墙数处，岩石有崩裂。中江城东5里许之何家碾倒塌房屋数楹，压毙一人；泸定沙坝一农民被震坠崖跌死；安乐坝一倾斜房屋倒覆，全家打伤；县立民众教育馆当门之御碑（清康熙时所建）震倒，飞石打坏民教馆门墙。

地震波及天全、泸定、什邡、成都、大邑、乐山、荣县、资中等地。（《四川省志·大事纪述·中册》263页）

黑水地震：1941年10月8日23时24分20秒，黑水石碉楼、维古一带6级地震，震中烈度8度。县城附近及黑不寨、大小瓜子等地土石房屋全部倒塌，山崩3处，压死人畜甚众，财产损失数十万元。茂县、汶川、成都、眉山、乐至、江油、彰明等地亦感地震。（《四川省志·大事纪述·中册》265页）

黑水石碉楼发生6级地震，房毁死10人。（《阿坝州志·大事记述》）

8 月初旬（闰六月中旬），重庆暴风大雨成灾；1941 年 6 月至 10 月（五月至八月），**四川发生 3 次地震**：8 月 11 日（闰六月十九日）《申报》据 10 日（十八日）合众社重庆电："此间昨晚遭遇空前之大风雨，历时三十分钟，死伤二百余人。风雨之来，约在下午 6 时左右，城中区之房屋本已为炸弹所震而动摇，至是乃有许多倾塌，和平路（译音）一带之旧木屋倾塌者约有四十余间，死伤最少九十人，西间一段有五层之旅馆一所，及酒肆一间，亦告倾塌，死伤百余人。"此外，四川还发生地震 3 次，为：6 月 12 日（五月十八日），泸定、天全地震；8 月 2 日（闰六月初二），理塘、巴塘一带地震；10 月 8 日（八月十八日），黑水石碉楼、维古一带 6 级地震，造成"石碉楼 33 所藏式房屋全部倒平。维古房屋倒塌 34 所，约占总数的 40%，其中 5 间倒平。赤不苏老朽房屋震垮，倒塌者 3~4 所，占总数 20% 左右。山崩 3 处，山上石头滚落。死 15 人，伤 10 人。牲畜亦有伤亡。通化（今杂古脑），个别老朽房震垮，檐瓦脱落。彭家店子牛厩倒塌，压死牛。刷经寺近黑水处有少数房屋倒塌。"（《近代中国灾荒纪年续编》549—550 页）

灌区旱灾："自春往夏，雨泽愆期，小春收获既歉，大春又未下种，即有种者已被烈日狂风晒吹枯焦。"新都县档案："去冬今春大河岁修，经费缩减，工程缩小，修竣未能彻底，初夏雨泽愆期，河水低枯，各河下游缺水灌溉受旱。"6 月 14 日，四川省水利局制定《加紧救济都江堰内外江各河缺水办法》，进行抗旱。（《都江堰志》44 页）

流行病疫情：涪陵等 39 县发现霍乱 28 人，死亡 4 人；鼠疫 1 人；天花 440 人，死亡 64 人；白喉 184 人，死亡 8 人；斑疹伤寒 286 人，死亡 62 人；回归热 233 人，死亡 5 人；痢疾 4298 人，死亡 252 人；伤寒及副伤寒 753 人，死亡 83 人；猩红热 26 人，死亡 2 人；脑膜炎 139 人，死亡 31 人；疟疾 8643 人，死亡 156 人。达县发现霍乱 18 人，死亡 4 人；奉节发现 5 人，富顺、涪陵、隆昌、简阳等地亦有发生。垫江天花发病 209 人，死亡 23 人；剑阁 70 人，死亡 3 人；酆都 37 人，死亡 23 人；綦江、广元等 15 县也都有发生。斑疹伤寒及回归热发病较多的地区是宜宾、奉节、剑阁、酆都、涪陵、新都等，发病人数都在四五十人以上。（《巴蜀灾情实录》381 页）

开江：清末，西医开始引进牛痘苗，接种的少，一般仍习惯于吹苗、划痕种痘。民国三十年霍乱流行，县卫生院、国医支馆在城里开展种痘，注射伤寒、霍乱疫苗，价格昂贵。（《开江县志·卫生·疫病防治》）5 月 30 日晚，开江县骤降暴雨，淹没前厢沿河大部田土，冲毁小春粮食数十亩。（《开江县志·大事记》）

潼南：春，田水尽涸，酷似伏暑，田多龟裂，斗米由 16 元涨至 29 元（法币）。（《潼南县志·大事记》）

华阳：4 月 23 日午后，华阳县乡遭冰雹危害。（《华阳县志·大事记》）

三台：自春徂夏雨泽愆期，小春收获既歉，大春又未下种，既有种者已被烈日狂风晒吹枯焦，饥民四起，觅食菜根或纠集抢食。5 月 21 日夜，金石镇、八洞、建林、西坪镇、黎曙等乡遭雹灾。（《三台县志·自然灾害》）

绵竹：从春到夏，久旱不雨，泉井枯竭，河堰断流。人畜饮水困难。旱魃肆虐，赤日为灾，稻田无水灌溉，土为龟裂，旱粮无不枯糜，小麦十有八九干死，大春作物无法栽插，上等禾苗收获减半，甚有无收者达十分之三。米价暴涨，1 月每斗法币 15 元，5

月 100 元。商贸停滞，饿殍载道。7 月，部分地区出现饥民白昼开仓抢粮事件。（《绵竹县志·自然灾害》）

邛崃：山丘银杏、回龙等乡久旱稀雨，稻田大都改种旱作。（《成都水旱灾害志》238 页）

平武：五、六月连月两次大雨，河水陡涨，县城东门进水，房屋人畜庄稼淹没甚多，六月尤重。（《绵阳市志·自然灾害》）

汶川：升庆桥复毁于水。（《阿坝州志·气象灾害》）

西昌、德昌：六月十六日倾盆大雨，其势甚猛，十七日宁连河山洪暴涨，水位高出河床，毁街房数十间，漂毙百余人。西河呷五山崩，形成泥石流，毁房 80 余间，上游死亡 70 余人，下游死亡 120 多人，掩埋农田 2000 余亩。中央、省府、士绅均有捐款抚恤，由县府办理救济。（《凉山州志·自然灾害》）

［链接］**西昌设立水文站**：1941 年 5 月，设立西昌水文站。6 月，西昌站在安宁河设立老鹰沟、马道子水文站。（《凉山州志·大事记》）

江油：7 月 10 日倾盆大雨，平地积水盈尺，山田已水满，城北涪江暴涨，水入城。（《绵阳市志·大事记》）

大邑：七月大雨，斜江水溢，苏家、安仁两乡冲毁农田 500 余亩，赣镇乡大风雨，吹倒房屋树木，两河涨溢，千工堰灌区被淹。（《成都水旱灾害志》238 页）

绵阳：绵阳市境严重春旱，以梓潼最重，田土干涸，饿殍载道，全县 9000 多人背井离乡，乞讨流浪。（《绵阳市志·自然灾害》）7 月 11、12 日，大雨，涪江及安昌河水位陡涨，两岸民房被冲毁。（1941 年 7 月 18 日《新新新闻》）

巴县、长寿：入夏骄阳肆虐，玉米杂粮几至绝种，低田秋获尚有六成。（《长寿县志·自然灾害》）

珙县：7 月 14 日、15 日大雨，山洪暴发，田坝竟成泽国，灾情之重，空前未有。（《珙县志·大事记》）

汉源：7 月 22 日大雨如注，直至 29 日始止，山洪暴涨。流沙河沿岸水田冲没，宣东镇、长沙坝一带冲房十余座，伤人、畜众多。害虫大如指甲，蚕食豆苗及红苕叶等类作物，受害颇深。（1941 年 8 月 16 日《新新新闻》）

安岳：夏大旱。8 月 15 日，县城附近之岳阳溪突然水涨，毁桥 3 座，淹死 5 人，形成空前水灾。（1941 年 9 月 3 日《新新新闻》）

［附］**安岳县"祈雨运动周"**：县政会议决定全县自 6 月 4 日起 10 日止为祈雨运动周，官绅士庶一律斋戒祈祷。同时，6 月 3 日至 10 日，每天雇工 55 人，由县长杨世荣主持车龙潭，祭龙神。祭文祈求龙神垂佑："灵枢默运，立奋雷霆之威；恺恻宏施，早慰云霓之望。"此祭文并为民国三十三年、三十五年继任县长方劲益、杨子寿祭龙神时沿用。（《四川省志·民政志》276 页）

大足：旱灾。"小满微雨之后，连月亢旱，几若三伏天气，热度如焚。"受灾田土 14 万亩，灾民 12841 户，83848 口。市无米售，"咸仰运于安、荣、铜邑界连各地"。（大足县赈济会《三十年调查旱灾统计表》、西北区农民代表《为旱甚焦枯民生日绝恳派员履勘设法赈救一案由》）大足档案记：民国二十九年、三十年全县大旱，极贫、次贫灾民 32 万余人，有以树根树皮和"观音米"（白善泥）充饥，流离死亡者无计。灾民成群"吃大户"。三十年 5 月县府议决：由合作金库拨款 3 万元，县拨救灾储备金 2 万元，贷给季家、双河、高升、香山等重灾乡民。同时饬各乡贷放积谷，募捐平粜，但未能一一实施，灾民得实惠甚微。（《大足县志·灾害救济》）

南部：1941 年，夏旱，"南部县政府电呈田土干涸等情"，省府训令："由省水利局派员赴灾区，拟具计划，尽量贷款兴办水利，用收以工代赈之效。"（县档案馆资料、《南部县志·灾害救济》）

犍为：8 月 1 日，五通桥江水陡涨数丈，沿河房屋倾塌，并冲去大盐船 3 只。（1941 年 8 月 16 日《新新新闻》）

内江：8 月连日大雨，山洪暴发，成渝公路若干地段路面为水淹没。（《内江地区水利电力志》）

乐山：8 月，连日大雨倾盆，河水暴涨，几与岸平，五通桥沿河房屋倒塌。（民国《乐山县志·自然灾害》）

资阳：8 月，连日大雨，山洪暴发，桥梁冲毁 3 座。（《内江地区水利电力志》）

资中：6 月 3 日，风灾，受灾 5 个乡 8000 余户、5 万余亩。7 至 9 月水灾，9 个乡镇被淹没 5258 户，房屋 5000 余间，田土 2 万余亩。26 个乡镇受旱灾 16 万余亩。天旱，县城设坛祈雨，县府发布公告禁止屠宰。（《资中县志·大事记》）

隆昌：8 月初，连日大雨，河水暴涨达丈余，小南门进水 9 尺许，沿河两岸一片汪洋，民房冲毁甚多，为 20 年未有之水灾。（1941 年 8 月 16 日《新新新闻》）

江安：8 月，久雨不晴，河水暴涨，沿河农作物尽被淹没。（《四川省近五百年旱涝史料》93 页）

重庆：8 月初旬（闰六月中旬），重庆遭空前大风雨，历时 30 分钟，死伤 200 余人。9 月连日大雨，山洪暴发，青木关发生惨重水灾，临江门畔崩裂，压倒房屋百余间，死伤颇多。（《重庆市志·大事记》）

新津：9 月 3 日，新津公路大桥被洪水冲坏。（《四川两千年洪水史料汇编》）

云阳：春旱连夏旱。栖霞、龙洞、普安、回龙、农坝、太平、光市、云安、盘石、竹溪、九龙、双江、水磨、沙沱、院庄、龙角等乡镇奇重，"几有饿殍载道，流离失所之惨状"。县政府组织保社救济，全县增募"积谷"25616 市石，增设难民收容所。（《云阳县志·自然灾害》）

南充：1~5 月旱，小麦受灾 66.6 万亩，损失粮食 98.5 万石。（《嘉陵江志》149 页）

剑阁：去年又遭旱灾，春雨愆期，春收告欠，迟时不雨，秋粮播种困难，民食野草、树皮者甚多。（《剑阁县近六十年旱灾分年概述》）

达县、渠县：1941 年春夏，大旱，小麦收获仅六成，水稻栽六成收二成，渠县 40 余万人断炊，饿死千余人。（《达州市志·大事记》）

松潘：民国三十年，日本飞机空袭松潘城，四川省赈务会拨大洋 2.44 万元，抚恤死亡每人 60 元；重伤受济每人 40 元，药费每人 300 元；轻伤受济每人 15 元，医药费每人 100 元。（《阿坝州志·社会救济》）

温江：5 月 11 日，永安乡数百饥民抢走公粮 26.38 石。同月，毗卢乡数百饥民哄抢保安队押运的军粮，有 6 人被捕。寿安乡上千人抢走军粮 30 余石，死 1 人、伤 4 人，捕 7 人。甲长赵洪兴被处死刑。（《温江县志·大事记》）

巴县：9 月，连日大雨，9 日降雨 161.4 毫米，"山洪暴发，青木关发生惨重水灾"。（《巴县志·自然灾害》）

峨眉、仁寿、洪雅、夹江、眉山、丹棱：夏秋螟虫为患。（《四川省近五百年旱涝史料》50 页）

乐至：夏秋，螟虫为害。（《四川省近五百年旱涝史料》77 页）

新津、崇庆、蒲江、双流、郫县：夏秋间虫灾。（《四川省近五百年旱涝史料》14 页）

炉霍：秋两月前遭受螟虫灾害，为患甚巨。（《四川省近五百年旱涝史料》143 页）

南充：螟虫为灾。（《四川省近五百年旱涝史料》67 页）

江北：十月，小麦黑穗病。（《重庆市志·大事记》）

璧山、铜梁：小麦黑穗病严重。（《璧山县志·自然灾害》）

〔链接〕**农作物病虫害**：四川省农业改进所《民国三十年度施政简要报告》：川省各地稻作，因螟害之损失，年达 2000 万市石左右；大小麦黑穗病之损失，达 100 万市石以上。近年经指导除卵，集中防治螟害，用冷渍温汤浸种，防治黑穗病，以减少生产中病虫害之损失。（《四川经济季刊》）

富顺：霍乱大流行，时达半月，死亡 2000 余人。（《富顺县志·卫生·疾病防治》）

达州：大竹县赈济会拨谷 200 石救济灾民。宣汉县旱、洪灾害严重，受灾乡 25 个，粮食收获仅二成。县政府发赈谷，甲级大口赈谷 8 升、小口 4 升，乙级大口 6 升、小口 3 升，救赈 4.65 万人，放赈谷 837.33 石。（《达州市志·灾害救济》）

旺苍：4 月 10 日，水磨坝场失火。街房全毁，烧毙小孩 2 人，毛猪 50 头。（《旺苍县志·大事记》）

会理：腊月，县城内北街火灾延烧数十家，向和成银行贷款 3 万元散发赈济。（《凉山州志·大事记》）

康定：南门火灾，延烧 70 余户，受灾 300 余人。当即由募赈会在政府职员、军警、民间慈善团体和群众中募捐法币 10 余万元，县政府从自治税捐中拨法币 1 万元赈济。次年 6 月紫气街烧毁，又募集 65710 元和政府拨款 6000 元，"于 7 月 17 日召集东门受灾民众，在商会堂凭各机关代表督率实发"。（《甘孜州志·民政篇·严重自然灾害赈济》）

灌县：5 月，新民、志城两镇和中兴、麻溪两乡火灾。受灾 1128 户，发赈款 29670 元。（《灌县志·民政·赈灾》）

筠连：3 月，捐献军粮。9 月，大歉。设田赋管理处，田赋征实。（民国《筠连县志·纪要》）

〔备览〕**饿得半死，吃观音土，也要先交公粮**：1941 年秋，四川省钱粮管理处处长甘绩镛从南充到三台督粮，途中在一家鸡毛店休息，和一个老年农民摆谈，得知他每天吃杂粮加苕藤，还交了公粮。便问他，你们自己口粮都有困难，哪来多余粮食交给公家？老人很质朴地说："军队在前方打仗，吃不饱，有命也不能拼。只要打胜仗，赶走日本鬼子，老百姓能过太平日子，我们暂时吃点苕叶也有想头，比起日本人来抢好得多！"

某县有一妇女，儿子在前方抗战，她该纳粮，但没有粮、钱，又无可变卖的东西，便把自己养的一只心爱的猫儿卖了，再买几升谷子背到征收处交纳公粮。有人问她为什么要这样做，她说："儿子在前方打日本，他爱国，我也要爱国；他在前方抗战，我们在后方才能过点清静日子，所以我要上粮。"

原籍四川渠县的台湾同胞杨义富老先生在其晚年所著《四川轿夫》一书中，回忆他家交纳公粮时写道："忆及儿时约1941年间，正值抗日战争打得难分难解之时，东南半壁山河已先后沦陷日军之手，故乡又连续苦旱三年。真是天灾人祸纷至沓来，辛辛苦苦一年眼巴巴的收成，刚好只能够缴'公粮'。可是我们没有半句怨言，如数缴给了公家，一家人只是望着空空的箩筐大哭一场。可怜的母亲拖着一双'三寸金莲'一跛一颤地跟着父亲身后，隔二天去'佛显圣'大庙后面，排队挖回白色的'观音土'，掺和着少许玉米粉，先让孩子们果腹，剩余的才是他们两位老人家吃。其他左邻右舍，家家户户莫不如此。宁愿自家饿得半死，也从不欠缴公家的一分一厘'公粮'！"（引自郑光路《川人大抗战》）正是四川人民"饿得半死，吃观音土，也要先缴公粮"的爱国行动，有力地保障了前方战士和国统区的粮食供应，才支撑了长期抗战，取得抗战的最后胜利。（《四川通史·卷7》202—203页）

贷款救灾：民国三十年，川东北20余县遭受干旱，四川省政府以受旱较重的三台、梓潼、罗江、西充、南充、南部、潼南、遂宁、盐亭、德阳、乐至等12县为重点救灾县，指令各县自筹款项，进行救济和试办合作社，由省合作金库向社员贷款；另由省政府拨出480万元，平均每县40万元，以贷种或贷款方式贷与未加入合作社的受灾农民，按年息8厘计算，由贷者在期满6个月时偿付本息。（《四川省志·民政志》288页）

十万民夫协运军粮，归途竟至乞食：1941年10月，军事委员会颁布《战时民众协助运输军粮办法》，11月5日，粮食部发出代电，规定具体执行办法和严格的纪律，而一些粮官和乡保人员，趁机榨取农民血汗以谋私利。第15行政督察区专员曾德威透露：区属各县动员协运军粮的民夫不下10万人，归途颇多乞食者。南江运至江口，全长450华里，往返9天，每人仅发口食费27元。由于交通不便，运输困难，配拨的军粮计划并未全部完成，如1943年配拨驻川部队军粮511万石，实际完成381万石，占75%；配拨前线部队军粮185万石，实际完成117万石，占63%。地方官员有"筹兵不如筹饷难，筹饷不如筹粮难"的感慨。（《四川省志·粮食志》193—194页）

1942 年

（民国三十一年）

霍乱、天花及鼠疫等病流行：资中、郫县、简阳、岳池、云阳、宜宾、隆昌、乐山等21县霍乱、天花流行，其中最严重的是江津、涪陵，有500多人发病，死亡甚多，郫都、宜宾、奉节发病均在100例以上。发生天花的地区有34个县，共5116人，死亡

93 人，其中发病多的地区有温江 79 例，死亡 25 例，宜宾 65 例，死亡 9 例；隆昌 53 例，死亡 17 例。另外，泸县鼠疫流行，死亡很多。（《巴蜀灾情实录》）乐山、营山、宜宾等 51 县市流行伤寒。（沈卫志《解放前四川疫情》）广汉麻疹大流行，仅城关三天即死亡 700 余人。（《巴蜀灾情实录》234 页）梓潼县张家湾霍乱流行，名医郭学智对重病人采用热水温手脚和内服"鸡白散""六和汤"治愈患者。（《绵阳市志·疾病防治》）宣汉县城乡流行霍乱，白马、南坪等乡死亡甚多。（《达州市志》）四川省卫生处统计，忠县、绵阳、璧山、乐山等 65 县市疟疾流行，经医院诊治的病人 16523 人。（沈卫志《解放前四川疫情》）1942 年，巫溪县天花流行，城区一日出丧数十起。（《四川省志·医药卫生志》140 页）4 月，广汉城内白喉流行，罹患众多，死亡百人以上。（《四川省志·医药卫生志》157 页）

[链接] 奉节名医李重人在《往县南察病灾途中杂咏》中吟道："菜色灾黎剧可悲，不良营养病之基。囊中纵有回春药，独愧葛洪难疗饥。"（《奉节县志·艺文》）

成都东山地区干旱：据《都江堰东风渠志》记载，1942 年"东山地区成都、华阳等县 20 余乡，因去秋以来，雨水短少，全山堰塘，未获储蓄水量，今春亦少大雨渗灌，塘多龟裂，以致全境山田十之八九未能插秧。早栽者亦遭旱，迟栽者违时"。

《龙泉驿区水利志》记云："民国三十一年，龙泉驿区坝丘地区连旱。当年 3 月 7 日龙泉镇及长松、山泉、平安等乡乡长联名向上呈文称：'连年荒歉，旱象频仍。今年入春以来，天久不雨，禾苗枯萎，预测收获不及丰年十分之二三，且塘堰多已接近干枯，人畜饮水也感困难。'又西河、大面等乡呈文也称：'连年亢旱，蓄水堰塘尽行龟裂，不特栽种无望，饮水也需去几里外汲取井水。今春亢旱尤甚，水田无法栽插者十居其九，能改种旱粮者不及半数。统计水田稻谷收成，不及七分之一。旱粮损失也在二分之一以上。灾情之惨重，实近数十年来所未有。'"（《成都水旱志》84—85 页）

邛崃：西山旱，火井河断流，秧苗枯死，收成大歉。（《成都水旱灾害志》238 页）

涪陵：2 月 15 日，沿江地区大雪，长江边积雪数寸厚，压断竹木。栽秧后两月无雨。（《涪陵市志·大事记》）

南川：1942 年，三月初一、初二大雪，初三大霜大凌，接着又是好几天火辣辣的大太阳。小麦（正在出吊）、豌、胡豆、洋芋等作物，尽被霜雪凌死，完全无收，连小菜都凌死了。接着又是天干，愈形饥馑。无食饥民结伙去公路上堵截运米出境的汽车。花坟山灾民到县政府请愿，整天不散。杨柳坝、风门的饥民去打地主的粮仓，县城附近亦闻风继起，龙现章集众打韦在商的仓，李介吉打傅季庸的仓等。城内市民到乌龟石、卷洞门去买米，县政府派兵去阻止，诬其"抢购抬价，扰乱市场"，将买卖双方的钱米都加以没收，北城外力夫韦海堂被拉去坐班房。（《南川近百年来自然灾害录》，载《南川文史资料选辑·3》）

长寿：除夕大雪积 3 尺，为百年所未见。入夏后骄阳肆虐 40 余日，禾苗枯槁，低田龟裂，半出白穗，秋收较歉。据经验者，春后大雪主旱，信然。6 月 29 日至 8 月 23 日，连晴高温 56 天。坡田颗粒无收，低田龟裂多出白穗，全县水稻收获平均不过五成，杂粮不到四成半。尤以海棠、黄葛、云台、石堰、葛兰、付何、三合、万顺、称沱、永顺、梓潼、八颗、晏家、沙溪 14 乡为重，特别是黄葛、海棠、三合、永顺、称沱 5 乡

更为严重，稻谷、玉米等主要作物几乎全部无收。（《长寿县志·自然地理·灾异》）

理县：一、二、三月干，五、六、七、八月旱，赤土皆裂，禾苗枯死，盖为60年所未见。

[链接]民国三十一年，理番县（1946年改称理县）发生60年未遇大旱，威州至杂谷脑17万亩农田，7000农户、3.5万人口受重灾，发放农贷200万元法币。同年懋功遇旱灾，四川省赈务会救济法币30万元。（《凉山州志·民政志·赈灾》）

大竹：春，青黄不接时，大竹县赈济会动支存谷1500石，赈济灾民。（《达州市志·灾害救济》）

南充：夏旱，受灾1197亩，损失粮食3319石。（《南充市志》引《四川省农情报告》）

剑阁：连续干旱，旱灾太甚，田中干成焦土，谷种全无，地内虽有苗，化为柴薪，人民无水吃。自春至夏无获一犁透雨，炎日如火，田龟裂，禾苗枯萎，饮水困难。（《剑阁县志》据《民国县政府档案》）

江津：夏伏、秋、冬均干。栽秧后70%～80%无水，扬花又遇40天骄阳，田土龟裂，庄稼着火即燃，螟虫甚多，枯苗遍野。

8月，江津白沙暴发霍乱，迅速传至县城，商继咸一家4口，数日内死亡3人。县政府在公园内设临时隔离院，置病床20张，并在城区设饮水消毒站、检疫站，注射防疫针药。疫病流行一月，全县死亡152人。（《江津县志》）

旺苍：大旱，河溪断流，人畜饮水困难。五权、嘉川等地雹灾。（《旺苍县志·大事记》）

筠连：七月炎旱40余日，低田龟裂，秋收歉。田赋加重征实。（民国《筠连县志·纪要》）

璧山：伏旱40余天，全县收成仅为30%，有的颗粒无收。米价飞涨，一斗为法币180元左右。（《重庆市志·大事记》）

万县：县旱30多天不雨，田土龟裂，减产谷物六七成、杂粮八成。（《万县志·大事记》）

理县、茂县、小金：大旱。（《阿坝州志·大事记》）

宜宾地区：宜宾县、高县、庆符县、江安县大旱。宜宾县春旱、夏旱、伏旱紧连，禾苗枯死，加以虫灾，粮食大减产。饥民有弃其子女者，有持枯苗到县府请愿者。（《宜宾市志·大事记》）

西昌：6月16日夜暴雨，西昌外西杨家碾、马水河一带发生水灾，县府拨法币3000元办理急赈，召集县属机关社团士绅开紧急会议，组织临时办事处，负责向城厢富户，劝捐赈款。行政院赈务委员会拨款1万元赈济，省府从省救灾准备费中拨款1万元救济。小庙、大兴等地亦遭水灾，发灾款2000元。（《凉山彝族自治州志·民政·自然灾害救济》）

开江：5月25日，风雨大作，簸子三坝水淹3天，粮食作物损失甚重。（《开江县志·大事记》）

长寿：6月18日暴雨成灾，龙溪河水陡涨，回龙乡皮家渡口渡船被水旋沉，死亡

28 人。(民国《长寿县志·灾异》)

汉源：大树堡一带，7 月 7 日雷雨大作，并降冰雹，田禾多被摧毁。冰雹停，山洪又来，灾情为历来所未有。(《四川省近五百年旱涝史料》58 页)

仁寿：7 月 23 日，北斗、玉龙、鸭池、谢安等乡受雹灾，面积达 1.75 万亩。(《仁寿县志·自然环境·灾害性天气》)

乐山：8 月 13 日滂沱大雨，沿河淹没农田，冲毁房屋甚多，水势之大为近年所未有。(《四川省近五百年旱涝史料》56 页)

彭县、大邑：8 月暴雨大水。彭县湔江洪水冲毁阳平观田园数里；大邑斜江水涨数尺，河坎间有冲刷。(《成都水旱灾害志》238 页)

彭县：秋大雨，洪水暴涨，土地冲毁，损失甚重。(《彭县志·大事记》)

广汉：春夏间虫灾。8 月大雨，各河涨大水，沿河农作物及公路码头均被淹没。(1942 年 8 月 26 日《新新新闻》)

云阳：太平乡山洪暴发，冲毁房屋、牲畜甚多。(《云阳县志·大事记》)全县水稻螟虫害严重，稻谷歉收，米价上扬。(《云阳县志·自然灾害》)

[链接] 向县外拨"积谷"1 万市石，赈济湖北省巴东、秭归二县灾民。民国三十二年，全县募款 4400 元，赈济河南省灾民。(《云阳县志·灾害救济》)

平武：8 月连日天雨，涪江屡泛，平武小河山洪暴涨，将平通桥冲毁，死人畜，损货物及沿岸农产、树木、房屋甚多。(1942 年 8 月 24 日《新新新闻》)

江油：8 月涪江水泛，殷家渡 8 月 7 日渡船沉没，死 20 余人，13 日中坝大河坝渡船翻沉，死 60 余人。(《绵阳市志·大事记》)

雅安：8 月初多绵雨，青衣江陡涨，数日未退，8 月 3 日下午 3 时许有一船失事，共死 8 人，生还 5 人。城外宋村渡又翻一船，死 13 人。(《青衣江志》136 页)

芦山：秋，山洪暴发，冲毁罗么铁索桥桥基。(民国《芦山县志·祥异》)

大竹县、渠县：入夏至六月，无雨，收获不及三成。(《达州市志·自然灾害》)

大足：经久不雨，河水断流，坡田多枯死，坝田多白穗，被灾 24 乡镇，面积 13 万亩，平均收成六成六。(《大足县志·灾异》)

仁寿、眉山、彭山：春夏螟虫为患。(《四川省近五百年旱涝史料》50 页)

双流、新津：春夏间虫灾。(《四川省近五百年旱涝史料》14 页)

合川：入秋萝卜白菜遭虫害甚重。(《四川省近五百年旱涝史料》104 页)

重庆、江北：入秋以来成渝一带萝卜白菜等叶虫甚盛。(《重庆市志·大事记》)

彭水：上级对彭水县严重自然灾害的急赈，民国时期仅有两次。其一为民国三十一年，全省水灾，省赈救济会核定彭水县为一等受灾县，拨发救灾款 60 万元，救济 2516人。(《彭水县志·灾害救济》)

郫都：春荒，县府将省拨赈款 34.12 万元作兴修塘堰用，导致灾民生活无着，人口大量外流或死亡。(《郫都县志·灾害救济》)

广安：天旱，全县稻谷收获不足二成，县府让金库借垫 2.1 万元(法币)赈灾，广安平均每一受灾户不足 1 元。(《广安县志·灾害救济》)

黔江：入秋以来，萝卜白菜虫害甚重。(《四川省近五百年旱涝史料》138 页)

乐至：螟虫为害。(《四川省近五百年旱涝史料》77 页)

成都、温江、郫县、双流、新都：入秋以来萝卜白菜均遭虫害甚重。双流、华阳县均遭雹灾。(《四川省近五百年旱涝史料》14 页)

越嶲：雹灾，拨补赈款 5000 元，泸宁特区青狮塘一带遭受雹灾，民国三十二年 3 月由省发给赈款 2000 元，分别灾情轻重散发。(《凉山州志·灾害救济》)

康北地区：发生严重牛瘟，疫势猛烈，蔓延千余公里，25 万头牛染病，死亡率高达 95%，持续近一年，仅德格即死亡牲畜 7 万多头(只)。牧民畜死家破，外出逃生者络绎不绝。省府与农林部各拨百万元，建(治牛瘟的)血清制造厂，并加强兽医巡回防治队的技术指导。(《甘孜州志·畜牧篇·兽疫防治》)

平武：6 月，徐塘、大印等 4 乡牛瘟病流行，死牛 2970 头。(《绵阳市志·大事记》)

九龙：年初，踏卡乡纵火驱兽，引起森林火灾，火势时猛时弱，延烧 4 个月之久，烧毁森林 9 万亩。(《甘孜州志·大事记》)

汶川：漩口火灾，烧毁街房 100 余户。(《阿坝州志·大事纪述》)

喜德：七月，喜德呷五村山崩，形成泥石流，毁房 40 户，死亡 70 人，堵河溃坝，下游成灾。(《巴蜀灾情实录》326 页)

[附] 四川田赋征购实物增额，农民负担沉重：1942 年田赋征购实物于 9 月开征，由原定 1600 万市石增为 1760 万市石；摊派数较 1941 年增加 300 余万市石。购粮价格增加为每市石 150 元，七成付粮食库券，三成付现金。全川稻田每市亩平均收获 4 市石，所担负的征实、征购、县级公粮附加、地方积谷和收粮时规定溢收的 15% 之折耗等项，每市亩共负担 2.38 市石，占每亩收获总量的 59.50%。成都米价为每石 900 元，是 1941 年的三倍。(《四川抗战历史文献·大事记卷》154—164 页)

省政府社会处接管灾赈事务：3 月，四川省政府社会处成立，裁撤省赈济会，其会务由社会处接办，赈济专款交财政厅兼办。(《四川省志·民政志》10 页)

兴修水利见成效：全川兴办 17 个重点水利工程，约 20 万亩农田得到灌溉，免除干旱威胁。(《四川省志·民政志》271 页)

西充举办冬令救济：1942 年县成立"冬令救济委员会"，举办发赈、小本贷款，施放谷米，举办民众食堂，出售平价衣被，救济老弱残难民、灾民。但限于每年十一月十六日(或十二月一日)成立，翌年二月结束，无法彻底解决老弱残的社会救济问题。1944 年解决的 2963 人，仅发放救济款 653.8 元。1948 年向社会募捐 420 元，慈善会募集 846 元，士绅捐谷 1350 公斤，实行"以工代赈"，整修乡村道路，当年救济贫民 8868 人，老、弱、残群众的家人劳动所得也只是杯水车薪，无济于事。(《西充县志·老弱残救济》)

四川人口近 4600 万：据省民政厅《民政统计》，1942 年四川省户为 7806925 户，总人口 45922844 人，平均每户 5.88 人。人口密度每平方公里 151.22 人。据何应钦《八年抗日之经过》一书附表，1942 年内四川共征送壮丁 366625 人。(《四川抗战历史文献·大事记卷》162 页)

1943 年

（民国三十二年）

四川有 59 县旱和大旱，其中，达县、渠县、宣汉、开江、邻水、大竹等县尤烈。
（《巴蜀灾情实录》294 页）

1943 年自春徂夏，西康部分地区旱情颇重，7 月（六月）间，四川岷江流域两岸洪水泛滥成灾，兼有地震：7 月 9 日（六月初八），当时西康省政府发给有关方面的一封公函称："本省全境多山，甚少有平原沃壤，农作物除宁、雅两属有少数稻田外，余均以荞麦、玉蜀黍、洋芋、高粱为大宗。康属各县则仅产青稞，故各地民众率以杂粮为至要食物，惟因水利未兴，每年须得雨始能播种，而播种以后复需雨晹平匀，始可望其收获。本年自春徂夏，霖雨不降，播种者已仅居少数，复以骄阳肆虐，多就枯菱，现在节令已届，小暑补种无及，近月迭据雅安、西昌、会理、汉源、荥经、康定、丹巴、越嶲、冕宁、芦山等县……先后纷报灾况。"（第二历史档案馆藏 1943 年 7 月 9 日西康省政府公函）

水利机关贪污成风，工程肇事匿灾不报：正当川康地区旱情持续之际，7 月（六月）间，川西忽降大雨，岷江水涨，都江堰堰堤"竟大部毁溃，造成 42 县先后电报圩堤多被溃决，稻田亦遭淹没，胚胎之禾不能承严重水灾，整个岷江流域两岸之田房庐舍多被冲毁，人民所蒙损失，仅灌县一隅即达六千万元以上"。然而，在此巨灾当前，该地"水利机关平日贪污成风，只知聚敛民财，对于水利工程，则漠不关心，一旦肇事，坐视不理，甚至灾情严重，上级反而禁止下级报灾，因此大多数县份均将灾情隐匿不报，对人民死活不闻不问"，官场之贪赃枉法，跃然纸上，令人愤慨。（据 1943 年 9 月 4 日《解放日报》、《巴蜀灾情实录》102 页）

岷江洪水：7 月 3 日至 9 日，灌县连续降雨，其中 5 至 6 日暴雨持续 40 小时。7 月 7 日，岷江洪峰流量 4910 立方米每秒，持续过程 12 小时。内江宝瓶口水位 18.4 划。飞沙堰溃决 176 米，人字堤溃决 40 米，内外金刚堤被冲毁 100 米，小罗堰、漏沙堰、中湃缺全部被冲毁，沙沟河、黑石河导水工程和分水竹笼工程全毁，江安河进水工程被冲毁，河口淤塞。7 月 14 日，都江堰工程处组织抢修被毁工程；8 月 15 日完成人字堤工程。9 月洪水又将恢复工程冲毁。都江堰工程处处长李玉鑫被撤职。（据《都江堰工程档案》、1943 年 7、8、9 月成都《新新新闻》）

7 月初川西阴雨连绵至 7 日，岷江上游山洪暴发，漂没木材及沿江房屋不少，水势既大且久，实属三十年未见之大水。（《四川省近五百年旱涝史料》14 页）

都江堰洪灾与抢救工程：7 月 7 日，灌县连日大雨，都江堰宝瓶口水位突升至 18.5 划。正午，金刚坡被淹没，飞沙堰、人字堤溃决，流速每秒高达 5500 立方米，随水冲下之巨石，有重达 1 吨以上者，水势之大且猛，为数十年所仅见。都江堰堤堰工程多遭摧毁，内外江水量失调，各县均因之遭受水旱灾。新都 9.5 万亩稻田，因受旱约有 5％ 农田减产。省水利局于灾前疏于职守，事后又未积极抢救，致使灾期延达 10 余日。8

月2日，省临时参议会召开临时会议追究该局失职之责。8月5日，省水利局发表"七七"都江堰洪水及抢救经过。都江堰抢修工程已全部完竣，省政府令饬各县自行修复河堰。（《四川省志·大事纪述·中册》287页）

85市县疫情报告：据成都、温江等85个市县报告，成都、温江、自贡、邻水、泸县、宣汉、巴中、宜宾等本年发生霍乱130人；鼠疫4人；天花951人，死亡153人；白喉286人，死亡19人；斑疹伤寒473人，死亡8人；回归热447人，死亡3人；痢疾6029人，死亡162人；伤寒1516人，死亡101人；猩红热146人，死亡5人；脑膜炎168人，死亡17人；麻疹522人；疟疾17041人，死亡45人。1943年，有学者在大渡口钢铁厂区小学生中调查疟疾，脾肿率高达56.3%，原虫率17.5%。南溪县麻疹大流行，患者约万人，死亡约40%。广元县麻疹大流行，城关四门出丧，警察局统计死380余人。发生霍乱有自贡市、崇庆、简阳、泸县、邻水、彰明、宣汉等地。其中以泸县、邻水发病最多，均在60人以上。伤寒发生的地区有63个县，发病多的地区如下：巴中343例，死亡5例；营山150例，死亡25例；邻水127例；宜宾151例，死亡36例。（《巴蜀灾情实录》）

忠县：民国三十二年，四月十八日午后十二时，风雨大作，继作冰雹。县属天堑、磨子、新生、复兴、乌杨、两河、庙垭等乡受灾颇重。（民国《忠县志·事纪志》）

长寿：2月4日普降大雪，5日（春节）平地积1尺、高地积3尺许，为百年来所未见。（《重庆市志·大事记》）

2月4日遭雪灾。4月西山一带遭雹灾。4月7日凌晨1时左右，云台、云集、但渡等乡大风成灾。吹坏西山一带瓦房43户、草房13户，在土小春作物2公顷多无收。云集乡湘子山一带房屋、树竹损失不少，死亡1人。但渡乡约40公顷小春作物减产约七成。7月～9月全县大旱40余天，收成不过半，县临时参议会呈文省政府核准，减免田赋，施粥赈民。6月25日暴雨，午后8时倾盆如注，渡舟乡中坝一带被淹，场上街道水深1米。桃花溪冉师桥头两岸崩溃，左岸冲毁房屋13间，淹死2人。（《长寿县志·灾异》）

灌县：2月14日，县城下东街居民失火，120余户受灾。泰安场失火，大半街房被焚。（《灌县志·大事记》）农历三月初三（清明），突降大雪，积深尺许，从半夜降到天明，竹木腰折，小春只有三四成收，为罕见大灾。（《石羊乡志》《两河乡志》）

三台：3月，三合、广化、石安、新生等12个乡，狂风一昼夜。（《绵阳市志·大事记》）

云阳：3月17日夜，大风、暴雨兼夹。云阳—万县的电话线在小江河口处被吹断。5月，龙潭、红狮、路阳、双土乡绵雨，作物损失严重。（《云阳县志·大事记》）

温江：4月6日风狂雨暴。次日雨雪交加，骤降霜冻，酷似严冬。9日转晴。全县185241亩小麦、油菜、烟、麻受灾严重。7月7日，连日大雨，河流沿岸尽成泽国，玉石堤等多处堤埂出现裂口或决口。7月24日，农田缺水灌溉，农民聚众进城请愿，专员王思忠诬为"奸人煽动闹事"，严令守城卫兵挡于城外。（《温江县志·大事记》）

松潘：四月六日午后大风。（《松潘县志·大事记》）

永川：4月6日至7日大风大雪，房瓦被揭，一夜积雪七八寸。（《重庆市志·大事记》）

仁寿：1至6月雨水极少，禾苗枯萎，旱象严重。（《仁寿县志·自然环境·灾害性天气》）

双流：东山一带所有小麦遭受干旱。（《双流县水利电力志》）

名山：大旱。自春至夏，无大雨。岗田、坪田播者十分之二三。（《名山县志·大事记》）

大邑：大旱，受灾乡镇有凤凰、银屏、邮江、普陀、蔡镇、鹤鸣、韩镇、唐镇、十里场、上安等地。田地龟裂，禾苗枯萎，人民呼天号地，几无生路。（《岷江志》150页）

大邑、邛崃：春夏亢阳，山丘田土龟裂，禾苗枯萎，收成仅及十分之三，米价上涨。（《成都水旱灾害志》238页）

龙泉驿：春夏连旱，14万余亩农田歉收，占总农田面积三分之二以上。（《成都水旱灾害志》238页）

大足：旱。4月霜雪，麦多空壳。（《大足县志·灾异》）

大竹：4~6月无雨，禾苗枯死。（《达州市志·灾害》）

理县：春夏旱。（《凉山州志·大事记》）

宜宾：全县春旱，以二区（今白花、永兴区境）最严重，水田龟裂，秧苗萎死。灾民争掘葛根、芭蕉头充饥。（《宜宾县志·大事记》）

合川：4月7日夜，云集、华中、灵山、石堰、但渡等乡遭雹灾，尤以但渡乡第十一、十二、十三保为最，冰雹大如石榴，房瓦被打得稀烂，禾苗打成麻绒，田土受灾89.13公顷。（《合川县志·自然灾害》）

巴县：双河口乡降雹，打毁秧田；元明乡胡豆、小麦被冰雹打后，颗粒无收。（《巴县志·自然灾害》）

筠连：五月大旱。七月再旱。九月歉收。改田赋征购为田赋征借，加1倍余。（民国《筠连县志·纪要》）

南溪县、珙县：大旱。南溪县上半年连旱，至5月25日，五分之四的田不能栽秧。（《宜宾市志·大事记》）

乐至：6月，遭受螟灾极为严重。（《四川省近五百年旱涝史料》77页）

江津：夏旱，6月始下大雨，田龟裂，红日蒸晒，谷成硬壳，农作物减产七八成。（《江津县志·大事记》）

眉山：7月5日，大雨，洪水浸至县城东门城角，沿岷江25个乡镇遭灾。（《眉山县志·大事记》）

渠县：6~7月，40余天无雨，农业受灾七成。（《达州市志·大事记》）

潼南：夏大旱。全县受灾43557户，受灾稻田18.60万亩，土44.02万亩。（《潼南县志·大事记》）

涪陵：入夏后40日未下雨，含苞之禾不能吐穗，红苕、高粱等枯焦，触火即焚。（《涪陵市志·大事记》）秋，荔枝园遭大风袭击，损民舍，兴华炼油厂房顶亦被揭走。（《涪陵市志·自然灾害》）

安岳：七月四日12时至翌晨8时，暴雨成灾，平地起水3尺，洪水冲倒房屋、田

坎，道路被阻。（《内江地区水利电力志》）

青神：7月大雨连日，河水大涨，烟叶、玉米、甘蔗、房屋多被淹没。（《四川省近五百年旱涝史料》50页）

剑阁：7月29日水突涨，城内水深数尺，尽成泽国，淹没桥头旅店，淹死人约500人。白河水势秋复暴涨，水位突增数丈，川陕交通断绝，历时7日水势始退。（《抗日战争时期四川大事记》）

旺苍：4月7日、8日，治城、真武宫、嘉川、白水、正源等地，大风折木，房屋倒塌，庄稼损失严重。（《旺苍县志·自然灾害》）

开江：5月25日，风雨交加，洪水泛滥，河堤倾圮，低洼地淹没3天，小春洗荡一空。7月，大旱，田土龟裂，作物枯焦，十穗九白，历年罕见。（《开江县志·大事记》）

达州：旱灾，粮食减产三成以上，达县临时参议会报省政府核减田赋，反比民国三十一年增加2003石。大竹县赈济会拨谷3000石，动支法币8万元，分配各乡救济灾民。各慈善团体或私人亦出面募捐救济。宣汉县旱、雹灾，省政府拨款法币40万元赈灾、县冬令救济委员会捐款法币180万元，赈济三墩、河口、黄金、东南、庆云、清溪等乡。（《达州市志·灾害救济》）

灌县：7月5日、6日滂沱大雨40小时，南门外一片汪洋；7日，宝瓶口水位突涨至18.5划，金刚堤被淹没，飞沙堰、人字堤同时溃决，流量达5500立方米每秒，随水冲下之巨石有达一吨以上者。堤堰工程多遭摧毁，影响农田收获至巨。9月水位再度上涨，抢修工程大部溃决。（1943年7月30日《新新新闻》）

奉节：秋，县政府临时办公处档案被水冲毁，损失文档甚巨。（《奉节县志·大事记述》）

洪雅：春旱严重，全县受灾田土达16.1万亩（耕地总面积为60万亩）。（《青衣江志》148页）

康定：西康今年各地旱灾与宁属之水灾均甚惨重。（《甘孜州志·大事记》）

茂县：干旱128天；牛瘟严重。（《阿坝州志·大事记》）

永川、璧山：旱。（《璧山县志·大事记》）

中江：大旱。（《中山县志·大事记》）

自贡：连续出现夏旱、伏旱和冬干，釜溪河断流，井泉干涸，田龟裂。（《自贡市志·灾异》）

岳池：七至八月天旱，并虫灾，民恐。（《岳池县志·大事记》）

简阳、安岳、资中、威远、荣县：大旱。（《四川省近五百年旱涝史料》77页）

资中：民国三十二年，旱灾严重，县政府召集各机关法团绅士议决：设坛求雨，禁屠3日。4月，县政府清粮人员查报：全县16个田粮征收处中，有14个欠粮谷共22340石。县田粮管理处袒护包庇，竟电复专署：无盗卖亏挪吞没粮谷事。（《资中县志》）

西充：春大旱，省政府以少交粮税1～2万实行"扣账"。但又征收"救灾税"超过"扣账"3～4倍，巧立名目又发旱灾财。（《西充县志·灾害救济》）

峨眉：6月8日县城大火，全城除80余家外，悉化灰烬，焚毙9人。(《抗日战争时期四川大事记》)

青城山：后山泰安场失火，烧毁半条街。《青城山志》

广安：狂犬伤人，疫苗奇贵：民国时期，县境常有狂犬伤人。据民国三十二年8月1日《广安民报》载："7月31日晚，县城北门口一黑疯狗伤10余人。"三十五至三十八年，全县只有县城蜀北药房从汉口生物制品所邮购少许狂犬疫苗出售，每盒售价折黄谷5州石（1080公斤），贫苦农民群众即使被狂犬咬伤也无钱购买，仍赖中草药治疗。(《广安县志·卫生·疾病防治》)

荣县：县内猪瘟蔓延，猪的死亡率达60%以上，省农业改进所派人专程来县防治，为1000余头猪预防注射。(《荣县志·畜牧·疫病防治》)

本年地震：6月21日1时，成都地震，全城动荡，市民惊醒，华西坝钟楼停行。(《四川省志·地震志》63页)

川省一带以成都为中心，五月十九日、二十一日上午1时许，先后发生两次强烈地震，房屋及人畜均蒙受相当损失。(《巴蜀灾情实录》357页)

7月1日，富顺地震。(《四川省志·地震志》63页)

［附］**北碚地震台成立**：1943年6月，中央地质调查所迁重庆北碚后，成立地球物理研究室，李善邦等人以记录川、滇地震为目的，设计制作结构简单、以机械杠杆放大的地震仪，创建北碚地震台。至1946年，该台（已迁南京）共记录地震109次。记录的第一次地震在成都附近，记录最远的是土耳其地震。该台共出观测报告4期，其观测资料与法国斯特拉斯堡国际地震资料中心和英、美等国重要地震研究机构交换。这是四川历史上第一个地震台，也是抗日战争期间中国大陆上唯一的地震台。(《四川省志·大事纪述·中册》286—287页)

全省实收征购谷超额：省主席张群在临时参议会作施政报告中宣布：截至5月28日，实收征谷9301364市石，超收301000余市石；实收购谷7100839市石。并谓四川人口，一般常称为7000万，实只4600余万，如按近年人口增长率5%计算，全省人口当在5000万左右。(《四川抗战历史文献·大事记卷》174页)

川北棉花丰收：是年引进美国良棉种，棉田扩大1倍，亩产皮棉百斤。(《抗日战争时期四川大事记》)

全川粮价统计：5月22日，大米简阳售价最高，每石1020元；通江最低，每石195元。(《抗日战争时期四川大事记》)重庆物价，1942年比1937年上涨82.5倍。(《四川抗战历史文献·大事记卷》173页)

全川水利农田450万亩：7月15日，四川水利局长何北衡称，全省利用水利灌溉之农田已有450万亩。(《四川抗战历史文献·大事记卷》177页)

重修女儿堰　首创堰务改进：1943年，江油县女儿堰水利协会会长郭子诚、王信之，为解决灌区渠系易淤、全堰咸感枯竭、农人田间候水、数夜不得眠且易发生争水械斗等积久难题，"起而谋改革"：利用银行低息水利贷款，请省水利局勘测水位，提高进水口，取建瓴之势；博采西法（现代水利科技），增筑水门；重建防洪堤、挑水坝；别辟支渠，扩灌旱地；收购悬疑地段，以息纷争。"阅十月，全堰告竣，举行放水典礼，合县人士，相为称羡，盖此堰实开全县之新纪元，欲此为改进全县堰务之首创也。"（据姚以炯《重修女儿堰碑记》，载《四川历代水利名著汇释》）

行政院拨款救济：4月30日，国民政府行政院核准拨款2000万元，救济四川省受灾各县。（《四川抗战历史文献·大事记卷》172页）

积谷摊募：7月25日省政府决定：1943年度积谷320万市石摊募办法：一户一石，一次募集，公学田产也不得缓免。（《四川抗战历史文献·大事记卷》177页）

田赋征实八大弊病：1943年9月25日，国民政府粮食部负责人发表谈话，承认田赋征实中有八大弊病：征购混淆；实物转移；量器差异；衡器紊乱；标色虚伪；包商狡诈；运商昧骗；上下其手，同流合污。（《四川抗战历史文献·大事记卷》182页）

1944 年

（民国三十三年）

四川北部26县，春夏荒旱，秋后淫雨，收成无望，2000万灾民嗷嗷待哺；个别地区发生地震：据1945年3月31日（二月十八日）《新华日报》载："川北26县旅蓉同乡会，于17日（初四）招待新闻界，报告川北各县灾害实况。据谈：去年春夏两季，普遍荒旱，秋收无望，平均不及往年十分之二三成，其中乐都一县，多数田地颗粒无收。而入秋以后，则又淫雨为灾，连绵至冬，天气寒冷，以至川北人民之主要食粮红苕，完全腐坏，小春受冻，又未能生长，2000万以上人民皆陷于濒死之境。"另，10月14日（八月二十八日），道孚附近发生地震。（《近代中国灾荒纪年续编》592页）

1944年，川西夏秋阴雨连绵，晚稻收成受损。（《成都水旱灾害志》238页）

西康西昌县山洪暴发，损失甚重：西康省政府主席刘文辉于7月29日（六月初十）致赈济委员会电："据西昌县政府电报，该县土坊、礼南、大石板、附郭地等处，于午元（7月13日，农历五月二十三日）因山洪暴发，田地被僵，损失甚重，请予赈恤。"（《近代中国灾荒纪年续编》599页）

［**链接**］民国三十三年，西昌宁远河水灾。委员长西昌行辕捐款2500元，二十四军行营2300元，县政府2000元，救济金2.8万元，新康报3200元，宁远报1700元及部分物资。经县府召集各机关代表赴灾区依据受灾情形分别赈济。（《凉山彝族自治州志》1094页）

83市县疫情报告：成都、新津等83个市县本年发生霍乱10人，死亡3人；鼠疫1人；天花404人，死亡65人；白喉138人，死亡14人；斑疹伤寒150人，死亡28人；回归热664人，死亡6人；痢疾4851人，死亡135人；伤寒及副伤寒839人，死亡56人；猩红热87人；脑膜炎192人，死亡27人；麻疹1384人，死亡102人；疟疾14219人，死亡111人；黑热病17人，死亡1人。（《巴蜀灾情实录》382页）

据四川省卫生处统计，巴县、南溪、古宋、新津等80县市流行疟疾，经医院诊治的病人数15059人。其中自贡长土1万多人口中，患疟者即达7000人以上。（沈卫志《解放前四川疫情》，载《四川文史资料集粹·6》）

1944 年，自贡市长土乡暴发疟疾，全乡 70％的人口染病，病人多达 7000 余人，尤以盐工、农民居多，病死率达 20％；同年，重庆市有 100 多个工厂流行疟疾，患者达 2 万，占全部职工人数的一半。(《巴蜀灾情实录》241 页)

长寿：先遭春旱，秧田多戽水播种。入夏仍未下透雨，全县约 60％的田未插秧。乞讨者比比皆是，以草根树皮充饥者，不计其数。继而伏旱，全县水稻栽插十分之三四，歉收十分之六七，粮食部汇发赈款 100 万元济灾民，但无济于事。(《长寿县志·灾害救济》)

西充：春旱，小春仅收三四成，大春也减产。省政府仍以"扣赈"进行救灾，却又追征"救济粮"，超过"扣赈"数的 4 倍以上。(《西充县志·灾害救济》)

潼南：3 月至 6 月大旱，田土龟裂，禾稻枯萎，损失十之八九。(《潼南县志·自然灾害》)

温江：3 月突降冰雹，小麦基本无收。(《温江县志·大事记》)

江津：4 月 22 日，午后 7 时，县城遭风雹，机关、学校及居民房屋损坏甚多。(《江津县志·大事记》)

合川：5～6 月夏旱 60 天。(《合川县志·大事记》)

宜宾：大旱，各乡选出代表，手抱枯禾到县政府请愿，要求减免税赋。(《宜宾县志·大事记》)9 月 2 日，宜宾越溪乡境越溪河右岸的磕落滩处，白垩系砂岩陡壁崩塌，塞断河水，仙马、隆兴等乡沿河低处农田被淹没。(《宜宾县志·自然灾害》)

剑阁：六月久旱不雨，田龟裂，无法栽秧，禾苗枯槁，九死一生，农民请求政府祈神求雨。(《民国县政府档案》《剑阁县志·大事记》)

南部：1944 年，夏旱，旺家乡呈报灾情："近月雨量过少，沟田虽栽半数，而坝田尚不及十分之一，旱地棉、豆苗枯死殆尽，田土龟裂，念经祈雨到处可见。"(《县档案馆资料》《南部县志·大事记》)

黔江：5 月 13 日大雨，沿河一带皆成泽国。(1944 年 5 月 29 日《新新新闻》)

绵竹：夏大雨三日，城区对子街被淹，桌椅漂浮。(《绵竹县志·大事记》)

宝兴：全县各地(主要在盐井、邓池沟)，发特大洪水，冲毁沿河土地甚多，淹死数人。(《青衣江志》137 页)

天全：六月山洪暴发，冲毁沙坪桥，交通断绝。(《青衣江志》137 页)

古蔺：山洪暴发，冲毁胜利桥，淹田禾。(《四川两千年洪水史料汇编》)

重庆：7 月 31 日下午暴风雨袭击市境，市区多处房屋倒塌，致 16 人死亡，39 人受伤。8 月 19 日夜，重庆黄沙溪至菜园坝沿江发生大火，延烧 5 小时，烧毁房屋近 1000 栋。(《重庆市志·大事记》)

万县：春荒，县政府发放救济款 25 万元，并令各大粮户出售余粮，会同慈善人士筹办平粜，以资救济；发动各大粮户挑塘筑堰，以工代赈；商同大粮户借贷春耕种子。(《万县志·灾害救济》)8 月 3 日，龙宝、清泉、余家、三元、上复兴、回龙、孙家、铁峰等乡受飓风、冰雹灾。(《万县志·自然灾害》)

涪陵：8 月 3 日 18 时，突发暴风，涪陵城西荔枝园码头盐船损坏、沉没数艘，民生公司涪陵码头煤驳全损，办事处宿舍损瓦六七千块。蔺市坪兴隆乡一带 7 至 8 月滴雨

未下，9 月初周围乡皆雨，而兴隆一带不雨，以致田土龟裂，禾苗枯焦，泉水断流，秋收无望。（《涪陵市志》）

宣汉：夏干旱 50 余日，收获仅一二成。（《达州市志·大事记》）

武胜：五六月夏旱 40 日。（《嘉陵江志》151 页）

大竹：9 月，持续秋雨，冬耕下种未到七成。（《达州市志·大事记》）

北川：夏秋之际淫雨绵延甚久，山洪暴发，河水泛滥，冲毁苞谷田、房屋、牲畜甚多。（《重庆市志·大事记》）

云阳：夏旱连伏旱。双江、龙洞、红狮、龙潭、桑坪、太平、白岩、盛堡、凤鸣、水磨、盘石等乡镇"人夏以来，历经二月无雨，骄阳肆虐，禾稼枯萎"，粮食减产七成。（《云阳县志》）

8 月 3 日，双江、盘石、南溪、龙洞等乡和沙沱乡五、六保降冰雹，大如鸡蛋。双江持续 15 分钟。稼禾尽损。9 月 19 日，盛堡乡猛降冰雹，兼以狂风骤雨，房屋、农作物受损严重。云阳列为全省重灾区，省政府拨赈济款 30 万元，本县募"积谷"2.2 万市石赈济灾民。（《云阳县志·大事记》）

灌县：秋，发生螟灾，重灾区稻谷、玉米无收，农业损失甚巨。（《灌县志·大事记》）

开江：3 月，春荒，米价上涨，饥民成群结队剥食树皮草根，有的上街抢夺食物，社会秩序混乱。（《开江县志·大事记》）

达州：夏旱连伏旱，两月不雨，宣汉县 40 余乡受灾，收获仅一二成。县政府呈请粮食部在本年征实内拨谷 8000 石平粜未准，只得由县发赈谷 1000 石，县冬令救济委员会筹款 60 万元、大米 300 石赈灾。万源县竹峪乡大水灾，省府准将该乡积谷 800 石拨作救灾之用。（《达州市志·灾害救济》）

广安：春旱至立夏节无大雨，小春收获不足七成。农历六月至七月底又月余不雨，全县水稻、苞谷三成收，64 个乡的 39.28 万亩水稻田歉收三至九成。广福乡受灾严重的地方颗粒无收，白市、慧龙乡饿死 120 多人。（《渠江志》74 页）

民国三十一至三十四年，共发放春荒赈款 32048 元，赈谷 7612 石（每石 54 公斤），以工代赈谷 4368 石。（《广安县志·灾害救济》）

渠县：渠江、土溪、龙凤、宋家等 11 个乡镇，旱灾奇重。经省核实，从征额内扣减赈谷 1.2 万石。（《渠江志》74 页）

忠县：民国三十三年，本县迭遭旱涝风雹，收获欠丰。县府报请中央赈恤，至民国三十四年 3 月始奉拨国币 100 万元。随派员分赴各乡镇发放，每保发 9 户，每户 150 元，共发 989550 元。余作救济院孤儿制被之用。（是月，谷价老量每石约国币 24000 元。）（民国《忠县志·事纪志》）

酉阳：受雹，虫灾更甚。（《四川省近五百年旱涝史料》139 页）

入秋，县东北一带十数个乡，蝗虫遍地，殃及稻禾，粮食减产十之七八，断炊者众，饿死 5000 余人。（《酉阳县志·大事记》）

牛瘟蔓延：1944 年春，青海玉树牛瘟传入石渠、康定，蔓延千余公里，死牛 2 万余头。（《四川省志·农业志·下册》59 页）

地震：2月16日3时，成都地震。3月2日，大邑县发生地震，金阙山崩塌，沉陷地区长3里、宽1里。（《抗日战争时期四川大事记》）6月，叠溪海子发啸震动。6月20日，昭觉发生5.25级地震。7月29日，乐山地震。7月31日，雅安地震。8月3日，九龙南发生5.75级地震。10月14日，道孚发生5级地震。（《四川省志·地震志》84页）

〔附〕省府规定地方积谷使用办法：1944年6月30日，川省府规定地方积谷使用办法。①灾情较轻请求贷放，经专署查核，准就该县市局所存备荒部分积谷酌遵贷放，秋后照十分归还，但最多不得超过所存备荒积谷的1/2；②灾情严重请办理平粜散放者，由省府派员查勘，确有办理平粜或散放之必要时，再予核准，但使用数量，仍以不超过各县所存备荒积谷25％为限；③呈请以积谷办理辅助农村生产事业发展，向金融机构抵押借款者，一律暂缓办理。

本年度川省积谷数额，粮食部核定为30万石，仍与本年度田赋征实一并征收，另仓存储，以备救荒及优待之用。（《四川省志·大事纪述·中册》296页）

地租重苛，农民破产，无力抗灾：1944年，四川地主不断增加地租，平均已达收获量的80％。农民濒于破产，无力抗衡灾荒。灾民达2000万。重庆每日饿死街头、无人收尸者，平均在15人以上。许多妇女为生活所迫沦为妓女。（《四川抗战历史文献·大事记卷》219页）

旱象原因：林业不振，水利失修。"民国以来，林业不振，水利失修，牛山之木滥伐殆尽，濯濯童山，触目皆是，气候不能调和，水源无由涵养，雨阳失若，即呈旱象。"（1944年遂宁县政府报告，见《遂宁县志》）

全省90余县报灾：10月13日，川南北报灾者达90余县（其中37县为重灾），省府核定重灾及次重灾县份，分别准予拨赈。10月25日，乐山因受旱灾，省府准减免征额13977石，借粮10455石。（《四川经济季刊》1卷2期）

6年新建水利工程，可灌田52万余亩：10月24日，川省水利贷款，自民国二十六年开始贷放，迄今已达2.7亿元，受益农田有70余万亩。

10月29日，四川6年来之水利建设，已完成者有：大型灌溉工程15处，灌田30万亩；堵水坝227座，灌田95895亩；凿塘2826口，灌田125849亩。各工程共计灌田522744亩。（《四川经济季刊》1卷2期）

农业丰收，粮油日用品价格下跌：1944年8月31日，农业丰收、粮油日用品价格下跌。据川省农业改进所本年4月份63县农情电报：估计全省小春丰收，平均在七成左右，为1938～1943年小春收成之最高纪录，其中尤以小麦收成为最佳。粮油日用品价格渐趋低落。据全川各县市场调查，9月28日米价以三台为最高，每市石4800元，达县最低，每市石2850元。麦价以广安最高，每市石3914元；达县最低，每市石1900元。（《四川省志·大事纪述·中册》297页）

1945 年

（民国三十四年）

[本年大事]

8月15日，日本宣布无条件投降，抗日战争胜利结束。

1946年5月5日，国民政府还都南京。

2至6月（一至五月），四川久晴无雨，被旱31县。7月（六月）后，连降大雨，江河暴涨，全省北、中、西部水灾严重，被水39县；间杂冰雹。盛暑兼以霍乱猖獗，蔓延31县，染疾而死者甚众：四川灾情先旱后涝。据该省赈委会8月（七月）初致中央赈委会函称："查本会最近迭据永川、大邑、丹棱、马边、犍为、江安、兴文、筠连、长宁、古宋、酉阳、涪陵、酆都、彭水、忠县、巫山、巫溪、邻水、长寿、芦山、南部、三台、射洪、盐亭、苍溪、阆中、南江、旺苍、武隆、沐川、綦江等三十一县局先后呈报，自春徂夏，天久不雨，田土龟裂，已种禾苗枯萎，未植者无法栽插，旱象已成，情势严重。"

事实上，上文所述灾情，系上半年的情况。进入7月（六月）以后，却转以水灾为主。据当时担任四川民政厅长之胡次威在9月19日（八月十四日）的一次谈话中称："川省本年水灾严重，为同治以来所未有，截至18日（十三日）止，报灾者已达39县。"前引四川赈委会公函随后亦称："查本会近据各县呈报，遭受水灾计有：奉节、邻水、开县、威远、荣县等县，均系山洪暴涨，冲毁农作，洗刷田土，人畜、财货漂没，损失甚巨，灾情惨重等语。又各县具报遭受冰雹灾计有：仁寿、三台、酉阳、懋功等县，均称冰雹成灾，其大如碗，房舍树木倒塌，农作损失殆尽，灾情奇重。"从遭罹水患地区看，则以川北、中、西部为主。先看川北灾情，据9月17日（八月十二日）《大公报》载："近一月来，川省境内江水暴涨，损失奇重，实为数十年仅见之水灾。尤以川北涪江流域各县灾情特惨，潼南、三台、绵阳、广汉、绵竹、安县、江油、金堂等县，均已发出紧急呼吁。据悉：潼南县本月初曾一度被洪涛淹没，所辖玉溪、米心溪、桂林等十个乡镇，农田村舍及牲畜扫荡一空，损失逾四千余万元。三台县城被水淹没，水深三四尺。绵竹城水深六尺，全县二十一乡已有十八乡遭受水灾。"射洪县"8月26日（七月十九日）涪江曾一度泛滥，沿江损失尚未调查，距（讵）8月31日（七月二十四日）午忽又狂风大作，一时沿江水流逐渐高涨……午夜竟超出二丈以上，县境濒江，一百二十余里尽成泽国。此次先后两次水灾，该县沿江财产损失约在五六千亿元，被水冲没而死者达千人以上。"绵阳县城全部淹没，遂宁大水淹至城口，损失惨重。川中情况也很严重：据7月19日（六月十一日）《大公报》载："川中连日阴雨，尤以荣县一带为最。荣县城内水深数尺，附郭已成泽国，南门外水位最高，居民淹毙者达七八百人，死尸冲至自流井一带，厥状奇惨。物产损失无数，据估计财产损失达五亿元。"9月20日《解放日报》载：8月上旬（七月初），"沱江上游简阳、内江、资中一带大雨不停，位于沱江中游左岸不远之富顺县城，河水增高二尺以上，县城……皆成泽国。沿沱江两岸自资阳下抵泸县……农作物被水淹没，损失甚巨。沱江上，顺流而下的猪羊犬鸡鸭及男女尸身极多"。至于川西，则"自本年8月起不断的大雨，相继有数十日之久，8月的全月内，只晴过两天，风雨之大，为数年来所未有"。9月6日《大公报》载：省会"成都迩来淫雨成灾，低洼街道，尽成泽国。……川西平原沟渠皆盈，田禾没顶，灾情普遍，损失尚难估计。……此次水灾，对于秋收将起严重影响"。在严重灾害面前，国民党政府积习不改，禁止各报刊载灾情，粮食部长徐堪竟大动肝火，指责川北灾情报道为"造谣"，有人讥讽当局对灾荒问题的宣传口径是"灾皆谎报，谷必丰登"。

伴随着水灾而来的是霍乱迅速蔓延。重庆市从6月3日（四月二十三日）起开始发现霍乱，随后迅速蔓延全市。7月19日《解放日报》报道：到6月中旬（五月初），"霍乱流行之区域日趋扩大，闹市上死人扛抬而过者日必数十起。然而重庆市卫生局长王祖祥却在霍乱发现十天之后硬说那是'急性肠胃炎，不致传染'。到6月20日（五月十一日）止，《大公晚报》说死者估计已达四五百人，而重庆市长贺耀祖却说只死了113人。许多医疗机关拒绝为市民打防疫针，说是疫苗已尽，但据某医药界人士谈，专治霍乱之疫苗，本市存量甚丰。"7月26日《解放日报》又报道：成都市"自6月22日（五月十三日）发现霍乱以来，截至7月21日（六月十三日）止，经查明者共死257人，连日蔓延益烈，且已发现干霍乱，患者欲吐不吐，欲泻不泻，手足麻木"。7月25日（六月十七日）《新华日报》载："据卫生处陈处长谈：川省发现霍乱的地方，已有遂宁、叙永、大竹、广安等三十一县，并且还在逐渐向北蔓延中。"疫情之重，可以想见。（《近代中国灾荒纪年续编》609—611页）

1945年，全省流行性脑脊髓膜炎报告病例1215例，死亡143例。（《四川省志·医药卫生志》142页）

四川水患人疫：1945年9月初，岷、沱、涪江和嘉陵江大水。

涪江流域夏秋之际大雨遍及全区，9月5日，干支各流水势齐发，致酿成清道光元年（1821）以来特大洪水，遭受空前水灾，田土荡然，庐舍为墟，哀鸿遍野。遂宁以上水患最甚，水位之高，水势之猛，皆为年老土著记忆之所不及，沿岸受灾惨重。这次水灾，岷江、沱江、涪江等流域受灾33县，全省成灾区为历年所罕见。绵阳、潼南两城被淹，交通断绝，射洪太和镇淹毙数百人，江油中坝淹毙2000余人；三台东北大学水灾损失数千万元。沿江房屋、稻田、中药材冲荡无存，损失数以亿计。阆中、苍溪等地8月大雨，嘉陵江水暴涨，蓬安洪水决堤，江水通城下，两岸人畜禾苗悉被没；重庆北碚河街一带尽成泽国。9月3日，两江上涨1丈余，朝天门一带水已上岸，房屋多被冲毁，居民被淹死者无数，轮渡停航。9月4日，重庆再度大水，太平门、朝天门一带，数万栋住房倒毁，人畜死亡无算。

同年7至8月，成都发生水灾。由于雨水连绵不断，时有暴雨倾盆，雨量高达605毫米，城中到处是汪洋一片。许多街道可往来舟楫，千余户人家无处栖身。交通阻滞，工商停业，市区内被水淹者达115条街巷，淹没水深达3英尺以上。

8、9月，金堂两次遭受暴雨洪水的破坏。8月连日骤雨不息，29日大水，附城河地带尽成汪洋，城内公园街、北街、公安街、余家湾等地被大水淹没，房屋墙垣、大树等冲毁甚多。9月1日再度大水，水位之高为数十年所罕见。玉虹桥水电厂被淹，城墙大段大段浸坍，房屋墙垣倒毁许多，财产损失无算。（《四川省志·大事纪述·中册》311—312页）

3月17日，川北26县旅蓉同乡会招待新闻界，报告各县灾情：去年旱雪，红苕烂光，今年小春受冻，未能长成，2200万人陷于濒死之境，吁请政府急赈。（《抗日战争时期四川大事记》）

涪江洪水吞没人命：1945年涪江洪水，绵阳死亡275人，三台死亡3000余人，射洪沿江一带淹死1000余人。（《四川水旱灾害》85页）

川北13县被灾，省府提出救济办法：1945年4月9日，川省去年因气候反常，雨雪过多，红苕在未收掘以前，即受影响。川北各县先后报灾请赈者，计达13县。川省府主席张群本日召集被灾县份县长等举行座谈会，听取春荒报告，并有所指示。①兴办水利，发展交通，利用民国三十、三十一年粮食券到期本息谷之半数，实行以工代赈。②酌拨一部分粮谷，平粜出售，平抑粮价，稳定市场。③增加农贷数额，以便购耕牛种子。④加拨急赈款项，酌予救济。⑤酌贷备荒积谷，于本年秋收后再行归还。⑥受灾较重县份，对于三十一及三十二年旧欠田赋，准其折征贷金。⑦三十三年尾欠田赋，准其折缴小麦。（《四川省志·大事纪述·中册》305页）

4月10日，粮食部长徐堪，本日在行政院例会上报告川北灾情，称：已向该部和川省府正式申报受灾者，共达19县之多。（《抗日战争时期四川大事记》）

1945年，霍乱再度暴发，酿成全省性最大的一次流行。6月1日，内江首先发生霍乱，迅速延及资中、泸县，又经富顺传至自贡，再由乐山向西康扩展。数日之后，重庆发生霍乱，继而传遍江津、涪陵、璧山、合川等整个川东。6月24日，成都受染，四向蔓延至金堂、华阳、郫县……并沿川陕公路直上广元。疫区之广，计达北碚、叙永、遂宁、巴县、内江、铜梁、泸县、重庆、乐至、资中、自贡、荣昌、长寿、江津、涪陵、璧山、成都、宜宾、合川、忠县、威远、南溪、酆都、彭山、岳池、奉节、酉阳、中江、金堂、梓潼、达县、华阳、广元、剑阁、简阳、渠县、青神、郫县、双流、崇宁、大竹、綦江、垫江、井研、新津、云阳、开江、崇庆、宣汉、广汉、开县、隆昌、乐山、邛崃、三台、彭县、眉山、江安、什邡、安岳、射洪、绵竹、德阳、新繁、资阳、犍为、西充、南川、石砫、巫山、巫溪、邻水、蓬安、南部、武胜、盐亭、阆中、彰明、旺苍、茂县、理县、合川、长宁、高县、珙县、名山、夹江、洪雅、大邑、蒲江、大足、温江、仁寿等93县市（西康尚未调查）。患病及死亡人数，在国民党时期自然无人统计，公布者仅20316例，死亡3381人。是年疫情，自贡、重庆、成都最重。6月5日，自贡发现霍乱，6月22日至25日进入高潮，据当时官方统计，单是各医院收容住院的病人即700余名、门诊病人400余例，死亡90余人。但当时农村农民和城市贫民，就不可能到医院治疗。实际死亡人数，就还不知多少。重庆霍乱最初发现于市郊白市驿，很快传入市区，6月5日到14日，市传染病医院已收病人137名。6月24日，重庆仁济医院、仁爱堂医院已收病人751名，呻吟街头不能入院者比比皆是。临江门丁字口码头300多名搬运工人，死者100余人。市区内，纸幡飘飘，哭声盖道。直到11月疫情才基本停止，前后5个月，各医院收容病人2922人，死于医院的468人，重庆市政府秘书长宣布，仅 6 月份即死亡 582 人，7 月份则每日平均死亡 78 人。可见仅六七两月死亡人数即在 3000 人以上。成都死亡亦重，6 月 24 日省立传染病院开始收霍乱病人，26 日外东成城中学一教师亦因霍乱死亡，至此成都警报频传，人人惶恐，椒子街、紫东街、内姜街……天天死人。至 7 月 14 日，霍乱已蔓延到 114 条街道，牛市口、牛王庙、向家巷、香巷子、三多巷、椒子街、均隆巷、天祥寺、王化街、伴仙桥、双槐树街、太平下街等处，家家生病，户户闭门，皇城坝贫民区死亡尤剧。仅据市政府户政室表面公布的，6 月 1 日到 7 月 20 日全市即死亡 663 人。8 月大雨，成都街道水深及膝，疫势更烈，8 月 14 日，病倒者 5000 余人，街道上一队队"孝子"挽柩而行。到 10 月中旬止，市内医院统计共门诊病人 3773 名，住院病人 9165 名，死亡 939 名，不经过医院的（也是人数更多的）数字不在内。

霍乱这样猖獗流行，四川省政府仅于重庆、成都、自贡等城市设站检疫，成立临时霍乱医院，并限定在部分团体机关人员及街道部分居民中打防疫针，名为"免费注射"，但实际仍借此剥削。如成都市仍向人力车公会、旅馆业公会强索苗浆费；自贡医院则规定每针收费 1000 元。一些所谓"霍乱医院"，缺衣少被，病人多躺在地上，鲜有照料，注射盐水奇缺，反而促成病人死亡。成都各医院，病死率即在百分之十以上，甚至有病人还未断气即被拖入停尸房撒上石灰者，凄惨情况，目不忍睹！（沈卫志《解放前四川疫情》，载《四川文史资料集粹·6》）

眉山：霍乱流行，行政无防治措施，医药无充分准备，用白痧药、雷击散、时症药、避瘟丹或皮内输液治疗，疗效不大。有的用藿香塞鼻、饮雄黄酒、食大蒜等方式防治，效果甚微。城东西两镇，虽筹款购置了少量疫苗，注射的只是权势之家。多数百姓烧柏枝驱病邪。……农历七月十八日，小北街发现霍乱患者，随即在驻军十七师教导营中流行，疫势凶猛，很快波及全城，有的全家死亡。到八月十三日前后，疫势达到最高峰，城内每日死亡 30 至 70 人。城厢各棺材铺存棺 350 余具一销而空。若干私家寿木亦让售无存，仍有不少死者暴尸城墙外。四乡民众害怕传染不敢进城，住户关门不出，市无交易，路断人稀，俨如一座死城。但疫势仍向农村扩散，死亡甚众。士绅向省政府呈文称："据精确统计，除十七师官兵死亡二百余人，各乡镇死亡三五十人不予统计外，只以城区而论，至少在四百人以上。"（《眉山县志·疾病防治》）

梁平：民国三十四年，修建飞机场，征调民工 3.5 万人，县城人口骤增，给住宿、饮水、解便造成一定困难，加之医疗、防疫条件差，由此导致一场严重的霍乱流行。7 月 9 日，民工中有 1093 人发病，死亡 23 人。因缺乏药品，至 17 日民工死亡 200 人，至 7 月底死亡达 3000 余人。部分民工带病回家，致使霍乱传至乡村，金带乡仅有 16756 人，患霍乱者 1140 余人，占总人口的 6.8%，死亡 57 人，占患者的 5%。后经卫生署、军医署、航委会连续派遣医生 4 批、共 30 余人赴梁，带来大批药物进行治疗和预防，并通过设立饮水站，改善隔离治疗条件，加之大量民工返家投入秋收，城区人口密度降低，霍乱流行才被控制。（《梁平县志·疫病防治》）

开江：民国三十四年，梁平机场建修中，霍乱大流行，开江调去的 4000 名民工多数感染，当局对病患者采取窒息、活埋等残酷手段，迫使轻病号潜逃回县，引起传播，

蔓延全县，患者上万，死亡 600 余人。民工病员回家死亡 296 名，导致县境霍乱蔓延。（《开江县志·卫生防疫》）

万县：民国三十四年，5 月 31 日，万县奉调民工 6000 人参加修筑梁山机场，因吃不饱、缺医及霍乱流行等原因，死亡甚多。（《万县志·大事记》）

6 月 10 日，县大雨后暴发山洪，受灾数万户，石马乡第十五堡大地包山地滑陷，长 3 公里、宽 2 公里，毁陷耕地 769.25 亩，倒塌房屋 237 间。同日，后山乡石关村穿眼碑方向至成垭口、梅坪一带滑坡，一处下滑长 180 米、宽 50 米、厚 10 米，滑体 9 万立方米，倒塌房屋 15 间；另一处（偏岩洞）下滑长 100 米、宽 50 米、厚 10 米，毁农田 20 亩、房屋数间。8 月，长江水位猛涨至 139.51 米，淹没胜利路、三马路、民主路及西较场等地。省赈济会拨赈款 300 万元（法币），救济万县灾民。（《万县志·自然灾害》）

达州：夏，达县、大竹、开江、宣汉 4 县征调民工 2 万名赴梁山扩建飞机场，霍乱流行，病 2000 余人，死 1100 余人。8 月 17 日，达城流行霍乱，病死 300 余人。（《达州市志·大事记》）7～9 月，开江县、大竹县、达县霍乱流行。开江县发病 30 人，死 17 人；大竹县发病 1207 人，死亡 500 人。达县驻军一六三师副官长谢可澄向社会募捐，组织医务人员义诊，并派人给饮用河水消毒。（《达州市志·疾病防治》）

江津：民国三十四年，江津县发生霍乱大流行，《江津日报》载："近来虎疫流行，城区患者 30% 以上，日死 80 余人，死者数以千计，仅隔离病院就死亡数百人，白沙亦死 300 余人。"县城 1 万多人口中，死亡高峰期一天达 130 余人，若逢出枢之期，通往宫山各城门出丧二三十具，全县医生四处奔走，棺木供不应求，道士超亡忙碌，香烛纸钱涨价，嚎泣哀哭之声日夜不绝。县府采取了饮水消毒、检疫、预防注射，在民众教育馆设立隔离医院。（《江津县志·疾病防治》）

春旱、伏旱。栽秧仅 50%～60%，7 月起连续 60 天亢阳，田土皆裂，稻谷 40% 抽白穗。二溪乡年初至 8 月末下雨，多数田土颗粒无收。（《江津县志·自然灾害》）

金堂：8 月下旬至 9 月下旬，连雨不止，河水泛滥，县府浸水深尺余，赵镇淹及屋檐，沿河淹毙 500 余人，冲毁稻田 2 万余亩。（1945 年 10 月 13 日《新新新闻》）

[链接] 金堂水灾赈济措施：1946 年 5 月 1 日，金堂县长朱彦林向县参议会第一届一次大会的报告称：去秋淫雨为灾，山洪暴发，沿河区域之田房粮食、人畜、货物被水冲没，极为惨重。本府除随时报告层峰恳予急赈外，召集党团、参议会、地方机关、士绅成立水灾救济委员会，分总务、调查、劝募、发放四组，复由调查分处赴各乡、村复勘、摄制灾区照片，一面组织请愿团，呈请层峰拨款救济。复承旅蓉同乡会之协助，经省府专员下县会同复勘结果，拨发赈款，减征田赋，核定价购代金，卒能勉渡难关。办理情形分别如次：

（1）省府拨赈款 450 万元。领讫后，赓即同水灾救济委员会决定，按特重灾、重灾两等合计 23 乡镇，以一与二之比分配，并由各监放委员携款持往各乡，会同当地参议员、乡民代表，按册点放，竣事汇报备查。

（2）省府核定三十四年应征田赋项下减征粮谷 11000 余石，因灾代购谷 57800 石，每石 2600 元。复经机关法团会议决定：减征粮谷一成普遍摊配于受灾乡镇；代购谷按特重灾与重灾两级一与一五之比照数分配。

（3）因灾冲没之田地永久不能垦覆者，会同田管处派员实施勘丈，报请核免。（《成都水旱灾害志》145 页）

遂宁：8 月，涪江水涨，受灾 11 乡镇，冲毁棉花地半数以上。（1945 年 9 月 7 日《新新新闻》）县境内沿河 30 个沙洲，除 287 户未淹外，其余 3569 户全部淹没；淹没城区主要街道 21 条，5446 户、18404 人受灾（两岸淹没未计在内）。（新编《遂宁县志》）

云阳：4 月 17 日，云龙乡大雨兼冰雹，"平地起水数尺，冰雹堆积如山，泥土卷刮殆尽，屋瓦锤击皆穿，田非崩圮即被淤坏"。农历六月初九日，沙沱特大暴雨，上场头发生岩崩，打死林进敏全家老小 4 口；下场泥石流，卷走农房 20 余家。六月二十一日，高阳乡暴雨。山洪泛滥，将高阳镇下街房屋冲塌 10 余间。八月十五日午后 5 时许，桑坪乡暴雨，山洪冲毁农田 40 余公顷。（《云阳县志·大事记》）

长寿：4 月 17 日午后 12 时，云台、海棠乡遭大风袭击，房瓦横飞，树木折断，小春作物损失五至九成。春旱、夏旱、伏旱，计五时段 135 天，坡田、榜田大多荒芜。稻田裂缝盈寸，土中禾苗大多枯死，收获仅三四成。（《长寿县志·灾异》）。

奉节：4 月 18 日大雨，长江涨丈余，洪水成灾。7 月 28 日狂风暴雨，房屋墙垣多毁，人口、牲畜、财物均有损失。（《四川省近五百年旱涝史料》120 页）

合川：5 月 21 日，佛盐、永兴等乡降雹，秧田多数被毁，成熟小春作物损失惨重。6 月上旬，新建乡遭风灾，3000 余亩农作物受灾，房屋倒塌 109 间。8 月 28 日，洪水入城淹至县政府大堂外。推算水位 216 米，洪水高度 30 米。（《合川县志》）秋，川北遭空前水灾，涪江下游合川所属渭沱，捞获尸体 2 万余具。（1945 年 9 月 20 日《新中国日报》）三江洪水暴涨，被淹达 3000 户以上，人口 1 万多，冲走河下粮船及大小木船 200 多只。（《嘉陵江志》123 页）

宝兴：五月半起至七月霖雨，大春受害严重。（《四川省近五百年旱涝史料》58 页）

南充：8 月 26～28 日，嘉陵江暴发洪水。南充县受灾民众 69992 人，损失折款 2000 万元。省府拨急赈款 15 万元，稻谷 6700 石。县政府提取当年救济准备金、预备金、冬令救济金等共计 39.8 万元。按当年物价折算，省县两级政府下拨救灾款 55.8 万元，可购大米 6200 公斤，或购土白布 111.6 匹（约 10379 米）。（《南充市志·民政·灾害救济》）

西充：去冬苕烂，饥民载道。今春不雨，小春作物收成无望。（《嘉陵江志》146 页）六月大水，城内街市水深 1 尺，冲毁民房、禾稼不少。（《川灾年表》）"八月大水，县城 1/3 的街道，水深齐人高，冲走楼房家具不少，冲走耕牛 27 头。"（《西充县志·大事记》）

内江地区：资中 5 月 19 日夜遭受大风、大雨，兼下冰雹，24 个乡镇受灾，龙结、发轮淫雨一月。资阳 7 月 10 日大雨，沱江暴涨。8 月，资阳、资中、内江河水暴涨，成渝公路桥多被冲毁，沿江稻蔗田悉被淹坏。简阳 8 月淫雨为灾，农作物损失甚重。隆昌 9 月江水泛滥，沿河一带被淹。简阳 9 月 4 日大雨，山洪暴发，河水激涨，渡口轮渡被冲走，抢救渡船人员亦被冲去。威远 5 月 19 日夜，暴雨如注，天宝厂等 5 个煤槽被水淹死 24 人，煤炭被水冲跑两千余包，山王乡被淹煤厂 20 余个；7 月 10 日大水，新场成为泽国，全县两次洪水受灾 2297 户，农作物受损 10 万余亩，房屋冲毁 65 座，冲毁 279 间，田土冲毁 5000 余亩。安岳 8 月、9 月淫雨成灾，受灾水稻 18 万余亩，减收稻谷 12 万石。(《内江地区水利电力志》)

南川：上年就天干，1945 年又春干，阳历六月下旬才下透雨，延至夏至节栽插始毕，米价节节上涨，每升卖到法币 1800 元。秋收时又苦淫雨为灾，连续落雨十多天后又阴雨绵延，收回的稻谷、玉米多数霉烂。在此灾岁荒年，政府不但不予救济，反而苛征杂派、贪污勒索有加无已。驻军征派蔬菜，估索麦麸、胡豆、黄豆、鲜菜，动辄打骂。保甲从而勾结舞弊，侵吞勒索，人民痛苦不堪言状。田赋管理处又将征粮改为征实（把原来收钱改为征收稻谷）。对农民送谷上粮，除冒斗浮收等弊外，动辄借口成色不好，责令运回另换好谷米，多劳往返，浪费人力，实际是用此手段勒索贿赂。兼以连年匪风严重，到处抢劫，四方居民，日夜不安，真有水深火热景象。(《南川近百年来自然灾害录》，载《南川文史资料选辑·3》)

涪陵：春旱无雨，栽秧甚难，栽完秧后，又 40 余日无雨。7 月上旬，江水大涨。8 月，麻柳嘴猴子洞进水（海拔 168.65 米）。9 月 2 日夜至次日，江水暴涨数丈，涪陵城长江、乌江沿岸棚户、堆栈损失严重。(《涪陵市志·自然灾害》)

开县：5 月～6 月上旬普遍遭旱灾。6 月 20、21 日连日大雨，山洪暴发，死亡四五百人，农作物损失不可胜计。9 月 29 日又遭洪灾，水涨数丈，沿河屋舍、人畜、货物、田地淹没冲毁不可胜计。(《开江县志·大事记》)

筠连：二月征兵，每保 5 人。六月大旱，各方筹备赈灾。七月献金献粮，用于改善士兵生活，共献 985 市石。九月扩大举行抗战胜利庆祝大会。(民国《筠连县志·纪要》)

灌县：6 月 17 日晚，河水泛涨，宝瓶口一度达 18 划，枴槎冲走 18 栋。7 月，县境连雨 7 天，宝瓶口水位到 18.4 划，人字堤被冲毁。31 日，金刚堤被淹没，一片汪洋。(《灌县志·大事年表·都江堰防洪》)

邻水：6 月 20 日大雨，平地水深数尺，县城被淹，沿河各乡街房均淹没，农田冲毁，灾情惨重。(1945 年 7 月 4 日《新新新闻》)

名山：大旱。正月起，骄阳不断，小河枯竭，夏至仍无甘霖，田土龟裂。(《名山县志·大事记》)

江安：6 月，大旱。两月无雨。(《宜宾市志·大事记》)

筠连、古蔺、隆昌等 5 州县：六月大旱，为数十年所未有。(《巴蜀灾情实录》294 页)

渠县：6 月 21 日夜，渠县丰乐等地大风，玉米、高粱尽皆偃折，房屋、树木多被卷拔；6 月 27 日 18 时，渠县李渡乡等地飓风陡起，屋宇坍塌，竹木断毁无数。(《渠县志·特殊天气》)七月，渠江暴涨，沿江人畜及农作物损失甚重。(《川灾年表》)

重庆：6 月中旬流行霍乱，住院者达 700 余人，至月底死亡逾 200 人。(《重庆市志·大事记》)

自贡：7 月 10 日大雨，河水泛滥，冲没房屋牲畜田禾无数，为近十年来之大水灾。民国三十四年 10 月至次年 2 月未下雨，32 个保受灾 1 万多亩。(《自贡市志·灾异》)

7 月 20 日，大水，死 35 人，财物损失在亿元以上。(《抗日战争时期四川大事记》)

荣县：7 月 9 日至 11 日大雨，城区日降雨 158.8 毫米，山洪暴涨，江水入城深达丈余，冲走南门坝房屋及沿河人畜，农田禾稻冲没殆尽。7月19日，大水，城内水深5市尺，东西南三区房屋财产人畜多被漂没，寻获尸体达千余具。（《抗日战争时期四川大事记》）

荣县名儒赵熙"作书乞赈于自贡盐商，并捐款救济"。（《荣县志·民政救灾》）

资阳：7月10日大雨，沱江暴涨。8月河水暴涨，成渝公路桥梁全被冲毁，沿江稻蔗田悉被淹坏。秋，螟虫危害严重。（《内江地区水利电力志》）

彭水：7月10日，平安乡大雨，持续48小时。（《彭水县志·大事记》）

潼南：7月15日，涪江洪水暴涨，水位高达18.15米，持续两天一夜，县城大半被洪水淹没。8月31日，大雨，涪江水猛涨，县城被淹，县署水深丈余。沿岸房屋、农作物损失甚多，有400多人无家可归。县府召集各机关、绅耆紧急会议决定：将民国三十至三十二年的旧欠粮谷和当年9月的加收数折款76.67万元，拨出赈灾。次年，发放赈谷4794石。（《潼南县志·民政救济》）

8月31日江水暴涨，至9月1日县城被淹，洪水高程约为248.55米，四天四夜水才退归河槽，今秋无收，房屋牲畜扫荡无余。（《四川城市水灾史》190页）

安县：7月22~24日大雨，全县19乡镇有10个受水灾，冲毁良田4.7万亩，为近50年未有之巨灾。（《绵阳市志·大事记》）

广安：7月渠河大水，县城淹没，河沿损失极大，冲毁民房100余栋，稻田数千亩，县政府饬令自行救济。（《广安县志·灾害救济》）

大足：七月一日夜半，三驱、化龙、东关狂风、冰雹、暴雨兼作，农作物受损5.9万亩。（县长郭鸿厚《为遭受雹灾损失甚巨电请鉴核由》，载《大足县志·灾异》）

八月二十六日，大雨倾泻，县内3条溪河两岸20多个乡镇成灾，大春减产60%~70%。数月后，省上始拨救灾款法币50万元，拟发给重灾户每户1800元，轻灾户每户1300元。由于法币贬值，每户所得嫌少，无人领取。后被双河、香山、化龙、三驱、东关等乡镇造册领去，实未发到灾民之手。（《大足县志·民政·洪灾救济》）

犍为：8月21日夜，雷雨交加，大小河同时暴涨，沿江田土房屋被冲没，损失不可胜计。（民国《犍为县志·杂志·事纪》）

松潘：8月24日午后，猛降冰雹大雨，城后东西各山山洪暴发，冲毁城垣3处、民房数十户，死伤10余人。（《阿坝州志·气象灾害》）

靖化、懋功（小金）：两县80%以上耕地连遭旱、洪、雹灾，两县呈请省府减税，未准。（《阿坝州志·大事记述》）

南坪：八月，出现早霜冻灾害，高山地区之农作物基本无收。又加天花流行，灾荒严重。（《阿坝州志·大事记述》）

重庆、北碚：7月12日午夜，大雷雨，江水大涨，珊瑚坝全被淹没，全市民房多被摧毁。8月27日大雨，嘉陵江暴涨，达3丈余，河街一带尽成泽国，损失惨重。9月3日玄坛庙长江水位190.38米，沿江河坝民房多被淹，受灾市民19739户、76485人。（《重庆市志·大事记》）

江北：8月，嘉陵江水涨3丈余，棚户区尽成泽国，灾民困居屋顶。（1945年9月20日《新新新闻》）

武胜：嘉陵江水涨，县城水位净涨 17.92 米。(《嘉陵江志》118 页)

德阳：8 月 30 日起大雨 3 昼夜，田禾被淹，收成不及半数。(《德阳市志·大事记》)

射洪：8 月 31 日，晚涪江水暴涨 3 丈，灌入城中，淹毙数千人，毁房千栋，沿江十余里棉苗稻谷全被淹没。(《射洪县志》、1945 年 9 月 11 日《新新新闻》)

昭化：8 月淫雨 20 余日，农田冲刷，民房财物多被洗尽。(1945 年 12 月 7 日《新新新闻》)

绵竹：8 月淫雨绵延数日，31 日山洪暴发，城内水深 7 尺，沿河毁民房千余家，全县 16 乡受灾，农田损失奇重。(《绵竹县志·大事记》)

盐亭：8 月 6 日、7 日大雨两日。洪水暴涨，沿河农作物悉被冲没，尤以玉米损失最重。(1945 年 10 月 2 日《中央日报》)

罗江：8 月大雨，大水成灾。(1945 年 9 月 7 日《新新新闻》)

酆都：大旱，重灾 35 个乡镇，全县农作物无收面积 13.64 万亩。9 月 2 日长江洪水，县城郊洪痕水位 153.13 米。沿江房、田被冲淹。县政府拨款 35 万元，社会募捐救济灾民。(《酆都县志·灾害性天气》)

中江：8 月暴雨，洪水为灾，漂没稻谷房屋甚多，受灾十余乡镇，沿江乡镇均成泽国，为百年来所未见。(1945 年 9 月 14 日《新新新闻》)

梓潼：秋洪。县长呈文："立秋前后，淫雨绵延，半月不止，待至八月三十一日山洪暴发，不可遏止，水位暴涨数丈，沿江一带水势奔腾，横流汹涌，经过乡镇尽成泽国，计受重灾田亩共 22716 亩，被灾人民大小口共 7 万余人，其它物产、牲畜等损失价值 500 余万元，农作物受灾普遍约八成。"(《涪江志》79 页)

三台：8 月，大雨 26 天未止，涪江高出江面丈余，县城东南西三面进水，冲毁农田 4000 余亩，民房 2000 余户，死亡 3000 余人；35 乡镇被淹，农田受灾 45 万亩，谷稻全无收成，为数十年所未有。(《绵阳市志·自然灾害》)

蓬溪：8 月，涪江暴涨，天福、康家、回马等乡冲没棉花、红苕、谷粮等无数，人畜什物损失亦重。(1945 年 9 月 14 日《新新新闻》)

江油：8 月底，连日大雨，山洪暴发，河堤溃，三分之二以上的场镇遭灾。淹没农田 2.3 万亩，冲毁耕地 3411 亩，倒房 2361 间，死亡 268 人。(《江油县志》)江油县属中坝（城关镇）、阳亭、武都、永中等乡镇，三十四年八月三十一日遭受大水灾，田土悉被淹浸，损失极重。经联名一再请求，自三十八年度起，免征历年田赋。(1947 年 7 月 18 日《新中国日报》)

绵阳地区：8 月下旬，川西北连降暴雨，江河猛涨，沿河两岸变成泽国，为数十年所罕见。绵阳城内进水过半，33 个乡镇、18900 户受灾，死亡 275 人，冲毁农田 2.24 万亩；江油县中坝镇进水，全县冲毁农田 2.34 万亩，死亡 468 人，房屋倒塌 236 间；三台县城东、南、西三面进水，全县被淹乡镇 35 个，受灾农田 45 万余亩，冲毁民房 2000 余间，死亡 3000 余人。(《绵阳市志·自然灾害》)

绵阳：8 月，淫雨，河水泛涨，原彰明县境被淹 8 乡，冲毁房屋千余栋，农作物漂没 3000 余亩，灾情为百年来所未有。绵阳县属受灾 33 乡镇，沿江田土、房屋、牲畜被

冲毁漂没，死亡 275 人。水至县城西门、北门城根。（1945 年 9 月 11 日《新新新闻》）
9 月初，外北涪江山洪暴发，县城成孤岛，毁民房百余家，淹死居民 275 人，城中可以
行舟，稻谷被淹，为近数十年来所罕见者。（《绵阳市志·大事记》）

内江：8 月，河水暴涨，成渝公路桥多被冲毁，沿江稻蔗田悉被淹坏。（《内江地区
水利电力志》）

简阳：8 月，淫雨为灾，山洪暴发，农作物损失甚重，房屋漂没十之七八。9 月 4
日大雨不止，山洪暴发，全城水淹，渡口轮渡均被冲走，简阳至三台石桥冲断，交通断
绝。（1945 年 9 月 5 日《新中国日报》）9 月大水，三岔坝成泽国，淹死十余人；草地乡
农作物损失甚巨。（1945 年 9 月 14 日《新新新闻》）

双流：8 月，大雨，各乡镇多被涝灾。（《双流县志·大事记》）

广汉：8 月，淫雨连绵，山洪暴发，沿江农田多被冲刷，收成大减。（《四川省近五
百年旱涝史料》15 页）

温江：秋，正值收获之际，连朝风雨，山水暴涨，各河沿岸低田被淹，高田也受影
响，谷物大多霉烂生芽。（《温江县志·自然灾害》）

新都：8 月，河水暴涨，田禾房屋多被冲毁，东南城垣塌十余丈，清水河桥梁被冲
断。（《四川省近五百年旱涝史料》15 页）

冕宁：水稻出穗时绵雨逾月，收成仅常年的三分之一。（《凉山州志·自然灾害》）

蓬安：8 月底，大雨，洪水决堤，江水逼城下，两岸人畜禾苗悉被冲没，损失极
巨。（1945 年 9 月 20 日《新新新闻》）

旺苍：大风冰雹，麻英、鹿渡、汶水等地尤重。（《旺苍县志·大事记》）

资中：春，雨雪成灾，烂苔 3.26 亿斤，达全县产量三分之二。秋，螟虫为害严重。
8 月江水暴涨，成渝公路桥梁全被冲毁，沿江稻蔗田悉被淹坏。（《资中县志·自然灾
害》）5 月 19 日夜，罗泉镇狂风暴雨，冰雹交加，大者如鸡卵，小者如豌豆，溪流岩
瀑，禾苗淹没无数。（《资中县志·自然灾害》）

仁寿：7 月 5 日，鸭池、北斗、龙凤等场镇雹大如鸡蛋，稻谷、棉花损失过半。沿
府河、清水河、通江两岸 33 个乡水灾，稻谷、玉米被冲走。（《仁寿县志·自然环境·
灾害性天气》）

苍溪：8 至 9 月，水涨成灾，损失严重。（1945 年 10 月 2 日《中央日报》）次年，
苍溪参议会提请商会代配售赈谷 1300 市石。（《嘉陵江志》105 页）

大邑：春夏旱灾奇重，入秋各地稻谷白穗过半，8 至 9 月又淫雨，山洪暴发，沿河
田土被冲，全县收获不及二成。

［链接］大邑灾后"议减议免"：先是大邑县水利委员会向县政府呈报灾情，再由县
政府报省政府请求"议减议免"。随后，又推举周甲（60 岁）以上的康汝材、傅复安、
萧福阶三位老先生兼程赴省呼吁，结果应征的 19 万石公粮，减免 4000 石，复又推举戴
氏船、杨翰丹再次上省请愿，结果再获减免 3900 石。两次共减 7900 石，约减免
4.2%。（《成都水旱灾害志》148—149 页）

青神：9 月 1 日发生空前大水灾，淹没田地房屋甚多。受灾 500 余家，漂没黄谷
400 余石。（1945 年 9 月 14 日《新新新闻》）

　　阆中：夏，山洪暴发，锦屏山倒塌房屋甚多。（《川灾年表》）保宁镇水位 359.63 米。（《嘉陵江志》111 页）

　　川省水利建设：自抗战以来，四川进行了一系列的水利建设。水利贷款自 1937 年开始贷放，至 1943 年 10 月已达 2.7 亿余元。受益农田有 70 余万亩。1944 年四川农田水利贷款经核定为 3000 万元。水利建设，到 1943 年 10 月，已完成者有大型灌溉工程 15 处，灌田 30 万亩；堵水坝 227 座，灌田 95895 亩；凿塘 2826 口，灌田 125849 亩；各工程共计灌田 522744 亩。到 1945 年 8 月 6 日，据四川省建设厅厅长何北衡报告说：全省水田 4000 万亩，现能灌溉者已达 400 余万亩。（《四川省志·大事纪述·中册》309 页）

　　[链接] 抗战期间，沦陷区的水利技术人员纷纷来川工作，修建了许多新式的灌溉工程。如洪雅县的花溪渠、三台县的可亭堰和郑泽堰、绵阳的龙西渠、遂宁的四联堰等，成效均显著，对军粮民食的增产起到了一定的作用。（熊达成《四川水利工程界学会活动纪实》，载《四川抗战历史文献·亲历、亲见、亲闻资料卷·第二辑》368 页）

　　川北水毁工程修复计划：10 月 22 日，川北本年水灾，涪江流域之彰明、射洪、南充、遂宁等县水利工程损失惨重，其中尤以彰明为甚，计被冲毁堰堤 20 余座。省府现拟具修复计划，定下月 1 日开工，预计明年 4 月完工，以应农时。（《四川经济季刊》3 卷 1 期）

　　[附] **四川人民支援抗战贡献巨大**：8 年全面抗战期间，四川人民出钱出力出粮为全国之冠。

　　四川除组织 6 个集团军、1 个师、1 个军及 1 个旅，计 40 万兵力参加抗日外，还大力补充兵源。于各专员公署处设立师管区，专门负责征兵，包干补充川军。在抗战期间，四川先后应征赴前线抗日的壮丁达 302.5 万余人之多，占全国应征入伍的 1/5。征用民工近 500 万人次。

　　四川人民在全民族抗战期间，除募捐、献金和购买公债外，还负担国家财政支出的 50%。四川由于日机狂轰滥炸，不少城市、乡村房屋被毁，造成工厂停工停产，商店停业，农田荒芜，给四川财政带来极大困难。但四川人民不屈不挠，千方百计加紧生产，支援抗战。据国民政府不确切的统计，全民族抗战期间，国家总支出的金额为 14640 亿元法币，而四川人民负担了 4400 亿元左右，几占 1/3。

　　全民族抗战期间，四川每年调运大批粮食到省外供给前方将士。从 1941 年到 1945 年的 5 年间，四川人民以征、借和捐献诸种方式付给国家的粮食为 8443 万市石，占全国征、捐、借粮食总数的 1/3。（《四川省志·卷首》375 页）

　　9 月 3 日，川省主席张群发表《胜利日感言》，谓：八年抗战中，四川应征赴敌之壮丁达 300 万人以上，征购捐献粮食约 7100 万石（未包括 1945 年度征购粮），建设空军基地 33 处，征工 90 万人。（《抗日战争时期四川大事记》）

　　据当时的粮食部长徐堪统计，1941～1945 年，四川征收、征购、征借和民众自发捐献的粮食累计达 8228 万石，占全国 38.5%。1945 年 10 月 8 日，《新华日报》曾就此发表了《感谢四川人民》的社论。（《四川省志·粮食志》2 页）

　　1945 年 8 月，日本无条件投降，抗日战争胜利结束。国民政府以川省多年承挑重担，对国家贡献至多至大，允诺免除田赋征实一年。时隔不久，即食言改为分年减免，并将四川历年积余仓米 200 万石抢运湘鄂，而这一年粮食收成锐减，总产量仅为 1938 年的六成，粮价飞涨，民怨沸腾。蒋介石亲自出面，于 1946 年 6 月 24 日致函省政府与省参议会，略谓："抗战 8 年，经济支持，川省为其砥柱。……而当前最艰困一段复员时期，掌握实物挽救经济危难，完成整军工作，尤为当前万不得已必须采取之方针……决定继续征实、征借并带征公粮，对于原定免赋省份亦改为分年减免。"（《四川省志·粮食志》194 页）

1937 年至 1945 年，四川风调雨顺，粮食增产，供应全国军粮民食，支援抗战胜利：1935 年冬至 1937 年春，四川全省曾发生除成都平原之外的"丙子丁丑大天干"，为迄今（20 世纪 90 年代）百年不遇的大旱。但自 1935 年春川政统一，结束民国初年以来的长期军阀混战，于 1935 年冬成立四川省水利局，逐步维修和兴办各项水利工程。1937 年 7 月抗日战争全面爆发后，全国水利机关和水利技术人才云集四川，更促进了四川现代水利技术、工程的日益发展。虽有局部水旱灾害，总的还算是风调雨顺，农业生产连年增产，供应全国军粮民食，四川及成都市属更是成为抗日战争稳定的大后方，为抗日战争最后胜利作出了突出贡献。（《成都水旱灾害志》238—239 页）

［备览］**本年四川积谷居全国第一**：1945 年，四川省仓储积谷总数增至 9639403 石，位居全国第一。（《中国灾害志·民国卷》339 页）

1946 年

（民国三十五年）

全川 123 县受灾：1946 年，全川 123 县受灾。重灾区古蔺、三台等 26 个县，农作物减产 50%～70%。灾情次重的有什邡等 44 个县，春季农作物减产亦达 40% 以上。（《四川省志·大事纪述·中册》329 页）

2 至 6 月（一至五月）间，亢旱严重；6 月下旬（五月下旬）后，又遭水灾，兼有蝗害、冰雹。灾区遍及全省，或则赤地千里，禾苗枯槁，或则波涛汹涌，一片汪洋。经济凋零，哀鸿遍野，为状至惨：本年四川先旱后涝，灾情奇重，为近年所罕见。5 月 16 日（四月十六日）《解放日报》载：四川"旱象已成，尤以川北为重。各县向川省赈会报灾的电文很多，今已达 20 余县。仁寿报灾电文说，万里无云，赤地千里。小春中大麦损失十分之九，小麦十分之六，葫豆十分之十，油菜十分之八。现谷秧无法下种，春耕无望，夏耘也极可虑"。春荒严重之区，"川东有巫山、奉节、开县；川北有广元、营山、剑阁、梓潼；川南有高县、庆符、犍为、夹江；川西有绵竹、彭县、蒲江等县"。6 月 16 日（五月十七日）《解放日报》报道称："四川 140 几县，遭受春旱的就有 116 县之多，灾重的颗粒无收，轻的也只收到十之二三。"

不料自 6 月下旬（五月下旬）后，气候发生突变，从久旱不雨转而成淫雨连绵，江河暴涨，洪水泛滥，大旱继之以大水，使人民没有一点喘息的机会。7 月 17 日（六月十九日）《申报》载："月前淫雨连绵，水灾为患，全川各县多遭损害。"7 月 9 日（六月十一日)《新华日报》刊载《洪水中的万户灾民》一文，其中写道："川江暴涨，川西、川北各地都遭水灾，大河扬子江，小河嘉陵江，从几千里远的上游，载着泛滥的洪水在大重庆汇合起来了，重庆便进入了一年一度的'涨水天'。7月7日（六月初九）上午，水位已高达八丈六七，逼近九丈，八大码头，被水淹没，有一万多户市民遭受水灾。重庆市，本是一个靠江吃水的都市，市区从南到北，金紫、南纪、望龙、东水、朝天、千厮、临江各大码头，分布在大小河沿岸。平常每个码头，轮船气划，大小木船一字儿排开，商贩云集。每个码头，总有一两万人靠它吃饭，可是在涨水天一片汪洋，吞灭了整个码头。码头淹了，棚口拆了，生意半停了，将近十万的穷苦市民，没有地方住，没有饭吃，造成了严重的灾情。"当时川北、川中一带的水灾情况，据7月5日（六月初七）《新华日报》载："剑阁，月来大雨，6月23日（五月二十四日），河水高涨达十几丈高，靠河房屋几十间被冲走，人畜死亡颇多。城内东南街、顺城街、烟街及较场坝等地，水深丈许，房屋半数倒塌，家具什物多被漂走，居民则流徙无家可归，情景至为凄惨。又城外川陕公路，大桥两边的码头，已全被冲毁，交通暂告断绝。"

贡井，6月25日（五月二十六日），此间大雨，平地积水，酿成灾害。有富裕灶商，所存价值数万元的盐大半被水溶化。

乐至，先前久晴不雨，酿成旱灾。最近又久雨，几天不曾歇过，致成水灾。

遂宁，日来遂宁大雨，涪江水涨一丈四五尺高，沿河篷户纷纷搬家，渡船已经停渡。

资中，沱江水涨，水位增高七八尺，西门外的大堤，已全被水淹没。江中洪涛汹涌，时有家具牲畜浮没于波浪间。

绵阳，川陕公路各渡口为水冲毁，停在此间的旅客有三千人，汽车百多辆。

简阳，山洪暴发，县属施家坝的方桥被冲毁，成遂公路的车辆，将被阻滞。

又据9月10日（八月十五日）《新华日报》载："现在闹水灾的地方，川东已有四十余县向省府报请赈救，现又有遍及全川的江北、酆都、南部、蓬安、平武、广元、阆中、松潘、筠连、奉节、安岳、武胜、资阳、高县、射洪等十五县。"其他如灌县、内江、威远、隆昌、宜宾、泸县、新津、自贡等县市所受灾情亦极重。

除上述旱水灾之外，秋间，部分地方还有蝗、雹之灾。据9月10日（八月十五日）《新华日报》载："闹蝗灾的有开县、璧山、铜梁、永川等县份。以璧山为例，蝗之为灾，就是斑竹也枯死，像火烧过一样，慈竹没叶，只余赤裸裸的枝干。闹雹灾的地方，还有华阳等县。"（《近代中国灾荒纪年续编》619-621页）

多种疫病遍及全省：重庆、泸县、彭水、沐川等128个市县本年发生霍乱193人，死亡16人；天花1849人，死亡238人；白喉252人，死亡14人；斑疹伤寒1474人，死亡63人；回归热1136人，死亡1人；痢疾12189人，死亡116人；伤寒及副伤寒2700人，死亡107人；猩红热91人，死亡5人；脑膜炎247人，死亡41人；麻疹3841人；疟疾30766人，死亡4人。霍乱以重庆市发生最多，据不完全统计有115人，死亡6人。天花发病遍及全省，沐川发生最多，发病422人，死亡122人。伤寒在泸县、彭水等地发生流行，发病均在500人以上。（《巴蜀灾情实录》382页）

岷江洪水：6月27日，岷江流量2350立方米每秒，宝瓶口水位18划。洪水将中湃缺、福星坝等处工程冲决，沙黑河口淤塞。马家渡两岸堤埂及刘家濠拦水笼埂被冲毁大部分。飞沙堰、人字堤的竹笼坝、黄金堤、莲花堤也被冲毁一部分。（1946 年 7 月 6 日成都《新新新闻》）鹅项颈、刘家濠、布袋口相继被洪水冲开，大兴场老场（今曹家桥附近）全毁，共毁田约两千亩，房数百间，死 6 人。（灌县《民兴乡志》）

新都、龙泉、崇庆、大邑、蒲江旱，灌县、双流大雨水：

新都春旱。龙泉驿区春夏连旱，小春歉收，大春等雨插秧，栽种推迟，收成大歉。崇庆春旱，道明、东关等 14 乡镇小春受灾 4.8 万余亩，减产三成以上。大邑春旱，韩镇、蔡镇、安仁、沙渠等乡收获四五成至七八成不等。蒲江春旱秋涝。

6 月，灌县大雨，都江堰涨溢、内江灌区冲毁崇宁黄璟堰、莲花堰；外江冲决鹅项颈、刘家濠、布袋口，水入黑石河，冲毁右岸大兴场房数百间，死 6 人，冲毁沿岸田土约 2000 亩。7 月 1 日，双流大雨，杨柳河溢，淹没田禾数百亩。（《成都水旱灾害志》239 页）

江津：4 月 5 日，油溪镇降雪，秧子冻死重播两次，正在扬花的小麦受冻害无收。（《江津县志·自然灾害》）

松潘：8 月 5 日，遭冰雹袭击达 1 小时之久，禾苗尽被摧折。（《阿坝州志·自然灾害》）

渠县：4 月，清溪乡降雹约 20 分钟，小麦、胡豆全被击毁。（《达州市志·灾害》）

仁寿：4 月 23 日，龙马、凤梧、观音、向家等乡冰雹，黄熟麦穗被打落，稻、苔、菜苗被打坏。（《仁寿县志·自然环境·灾害性天气》）

苍溪：7 月 22 至 26 日，嘉陵江水高达 4 丈余，山洪暴涨，沟堰田禾多被冲刷。（1946 年 7 月 30 日《新新新闻》）

黔江：5 月 13 日，天降滂沱，历夜不止，沿河一带尽成泽国，农产房屋洗刷一空。（《黔江县志·大事记》）

重庆：5 月 16 日，江水继续高涨，上游一带大雨不止。7 月大雨，山洪暴发，两江水位 7 日达 8 丈。8 月 16 日起嘉陵江暴涨，沿江淹没船只人畜不计其数。（《重庆市志·大事记》）

古蔺：5 月大水灾，古蔺河一带房屋禾苗冲毁一空。6 月 24 日山洪暴发，赤水河水陡涨，高达 20 余尺，沿河田地多被冲毁，为 20 年来未有之奇灾。（1946 年 7 月 7 日《新新新闻》）

平武：五月前久晴不雨，五月忽滂沱，山洪暴发，平通乡三分之二居民，平安镇一带整村均被冲洗，房屋多倒毁，山土冲刷殆尽，相继断炊。（《绵阳市志·自然灾害》）

永川：6 月 6 日至 7 日大雨滂沱，大小南门均为水淹。（《四川省近五百年旱涝史料》104 页）

庆符：6 月 27 日大雨，城内河街淹没，冲毁农田万亩以上。（1946 年 7 月 11 日《新新新闻》）

高县：6 月间，两日大雨成灾。（《四川省近五百年旱涝史料》93 页）

璧山：6 月洪，损失惨重。7 月连日大雨，4 日山洪暴发，除较高山地外悉成泽国。县城东、南、北三门房屋俱罹灭顶，安川桥倒塌，淹毙男女居民以千计。距县城 20 里

之狮子墩，房屋冲毁三分之二。此次水灾为数十年所罕见。(《璧山县志·自然灾害》)

珙县：6月26、27两日大雨倾盆不止，演成空前未有之大水灾。7月雨水过多。(《四川省近五百年旱涝史料》93页)

天全：6月山洪暴发，冲毁沙坪桥，交通断绝。(《四川省近五百年旱涝史料》58页)

自贡：6月连日大雨，山洪暴发，江水陡涨，受损甚巨。7月4日又涨，三圣桥街、林森路均淹，深2丈可行舟。(《自贡市志·灾异》)

剑阁：6月20日至24日大雨，河水陡涨，将双剑公园所建房屋及汽车7辆完全冲毁，城外川陕公路大桥被冲垮。(1946年7月2日《新新新闻》)

阆中：1946年6月21日至7月初，滂沱10余日，山洪暴涨，1935人受灾，冲毁田土478亩，歉收163921亩。(《阆中县志·自然灾害》)

南充：6月江水陡涨，冲毁农作物很多。7月嘉陵江水涨，全境受灾。(《四川省近五百年旱涝史料》67页)

宜宾：6月水，双流乡平地水深3尺以上，乡人从梦中惊醒，扶老携幼至高地避难。是岁全县收成均坏。(《四川两千年洪水史料汇编》)

名山：旱涝交替，大饥。立秋后洪水日兴，风雨连绵，谷花受水，谷熟不实。(《名山县志·大事记》)

洪雅：又遭春、夏旱，全县受灾面积12万余亩，减产五成多。省府急拨赈款200万元，但豪绅巧取，层层拖压，灾民受赈极少，致物价飞涨，民不聊生。(《青衣江志》148页)

绵阳：6月涪江水涨，冲坏龙西堰堤，沿岸农田房屋损失甚巨。7月21日、30日，玉河乡两次遭大风、冰雹袭击。(《绵阳县志·自然灾害》)

西昌：6月山洪暴发，冲毁宋家大户堤坎，冲坏田地万余石。(原编者按：四川民间常以产二石之地为一亩)(1946年7月8日《新新新闻》)

北川：6、7两月连遭水灾两次，灾区达8乡镇之多。9月上旬突又暴雨数日，山洪泛溢，高地悉被冲毁，低地积水数尺，禾苗粮食牲畜损害殆尽，被灾共12乡镇。公路被水冲毁甚多，交通断绝数日，为数十年所仅见。(《四川省近五百年旱涝史料》36页)

新津：7月洪水为灾。(《四川省近五百年旱涝史料》15页)

遂宁：6月25日涪江水位高涨，冲溃四联堰堤。7月淫雨兼旬，青白街、高升街一带有如塘堰，农作物颇受损失。(《遂宁县志·自然灾害》)

叙永：6月底，连日大雨，河水陡涨1丈5尺余，超近十年水位。(1946年7月2日《华西日报》)

广元：7月下旬淫雨，河水暴涨，苞谷受重灾。8月绵雨山洪，8个乡镇受水灾。(1946年9月20日《新新新闻》)

昭化：7月下旬淫雨，河水暴涨，沿河苞谷冲刷无算。(1946年8月11日《新新新闻》)

射洪：7月来淫雨为灾，各地损失甚重，以涪江一带为甚，田土被冲刷一空。(《四川省近五百年旱涝史料》36页)

蓬安：入夏雨水愆期。7月嘉陵江水涨，两岸住户于梦中惊醒，只觉狂风骤起，白

浪滔天，沿河庐舍农作悉被淹没，本地又大雨，居民栖身无地。（1946 年 7 月 4 日《新新新闻》）

安岳：7 月连日大雨，山洪暴发，平地水深数丈，粮食损失甚巨。今夏旱灾之后又发生十余年所未有之大水灾。（《川灾年表》）

隆昌：7 月淫雨为灾，田内秧禾损失颇巨。旱。（《四川省近五百年旱涝史料》93 页）

甘孜：7 月雹灾，继山洪暴发，冲毁农作物，损失十之八九。（《甘孜州志·大事记》）

温江：8 月 2 日，金马河天王堰溃堤 80 丈，全县洪水为害，受灾面积约计万亩，财物损失达数亿元（法币）之多。（《温江县志·大事记》）

云阳：6 月 13 日午夜，双土乡暴雨，河水陡涨数丈，沿河两岸道路崩塌，房屋荡然无存。（《云阳县志·大事记》）

云阳春旱夏涝，灾情严重，省拨赈济款 50 万元，县政府于次年才收到此款，已成亡羊补牢，灾民全靠征募的"积谷"渡灾。（《云阳县志·灾害救济》）

内江地区：资阳六月中旬淫雨连绵，十八日山洪暴发，沿河土地房屋桥梁多被冲毁。资中六月二十七、二十八两日，大雨滂沱，沱江沿岸山洪暴发，西门外大堤全被水淹没。简阳入秋大雨为灾，灾民沿途求乞。资中七月阴雨连绵半月，八月连日大雨，河水高涨，为历年所未见。威远七月二日至四日，大雨如注，山洪暴发，新场及沿河两岸田土被灾 4600 余亩。安岳七月连日大雨，山洪暴发，粮食损失甚巨。隆昌七月淫雨为灾，农作物损失甚巨，城厢桥驿，大渡头山洪水暴涨 5 尺余。（《内江地区水利电力志》）

资阳：七月，大水，资阳、简阳、赤水河等地，公路桥梁均被冲毁，交通断绝。（1946 年 7 月 10 日《华西日报》）

资中：4 月 23 日，黄家乡狂风骤起，冰雹随来，大者如拳，小者如豆，山粮禾苗俱损。（《资中县志·自然灾害》）

蔡家乡阴雨连绵，山洪暴发，平地水深丈余，近河农作物全被淹坏，损失甚巨。（1946 年 7 月 21 日《新新新闻》）

4 月，县政府奉发三十四年水灾款 50 万元，后以"分配困难，难昭公允"为由，不予分发，遂决定"分配各乡作农民福利金或救灾准备金"。（《资中县志·灾害救济》）

威远：春，河水断流。入秋，水灾为患，人民再度损失。（1946 年 7 月 10 日《新新新闻》）

富顺：6 月，大雨，自流井釜溪江水暴涨，中正桥及林森路、三圣桥街等处均被淹没，损失甚巨。（1946 年 7 月 7 日《新新新闻》）

岷、沱、涪、嘉陵江各流域，因连绵降雨，山洪暴发，水位骤增，水利工程被冲毁多处。自贡市新街、八店街、兴隆街等均被淹。（《华西日报》1946 年 7 月 9 日）

自贡：自贡市 7 月 3 日至 4 日大雨，河水猛涨，市内水深 2 丈，街面可以行舟。（1946 年 7 月 7 日《华西日报》）

隆昌：七月，淫雨为灾，农作物损失甚巨。城厢隆桥驿大渡头，山洪暴涨 5 尺余。（1946 年 9 月 16 日《新新新闻》）

乐山：入秋多雨，山洪暴发，田地被冲毁者极多。7 月大风吹落稻谷。（《乐山县志·大事记》）

旺苍：阴雨50余日，8月29日暴雨，农田、房舍损失严重，人畜死亡甚多。（《旺苍县志·自然灾害》）

蒲江：自9月10日一连三天三夜雨，平地起水2尺左右，淹没田亩冲毁桥梁无数。（1946年9月17日《新新新闻》）

中江：9月大雨，山洪暴发，河渠堰塘皆盈，晚稻未收者悉被水冲刷淹没。凯江水泛，南岸田皆没，柴草牲畜自上流飘下，损失之巨真不可统计。（《中江县志·大事记》）

威远：入秋水灾为患。（《四川省近五百年旱涝史料》78页）

双流：7月1日水灾，杨柳河柑梓树一带，发生水灾。其支流张村堰、三义桥、徐家桥、徐家碾亦有数百亩禾苗被水冲淤。（《双流县志》引双流县档案资料）

松潘、汶川、理县、茂汶：春旱。（《阿坝州志·大事记》）

彭水：春旱严重，数月滴水未下，小春失收，无法春种。（《彭水县志·大事记》）

西充：入春后数月无雨，夏仍不雨，禾黍焦灼，豆麦收成全无，情况严重。（《嘉陵江志》146页）

綦江：4月12日，万兴乡农民因天旱"请水"，县城军警开枪弹压，死1人，伤14人。县城罢市3天。（《重庆市志·大事记》）

南部：1946年，夏旱，五月四日南部县政府《遵办防旱情形》称："窃查本县亢旱已久，灾情严重。"（《南部县志》引县档案馆资料）

大足：入春无雨，夏收不及十分之三，继而夏旱。因民国以来发生竹蝗灾害六次，1935年大足被划为竹蝗区。（《大足县志·灾异》）夏，县城霍乱流行，每天出丧几十架，四段居民邓九成1家5口死4人，人心惊恐，白日闭户不出，以防传染。（《大足县志·疫病防治》）

7月，西山竹蝗成灾，县被划为竹蝗区。明年（1947），四县联合治蝗，西山地带7乡动员7200多人上山，捕蝗450公斤，烧杀蝗蛹无数。（《大足县志·大事记》）

梁平：上年冬至本年春无雨，4月、5月间春旱，减产21.7%。（《梁平县志·大事记》）

绵阳、江油、梓潼：严重冬干春旱，小春减产五到七成。（《绵阳县志·大事记》）

双流：牧马山邹泽民等9人呈报：牧马山自秋遭受洪水后，冬转春，小雨未下一滴，田成龟裂、春苗多枯。（《双流县志》引双流县档案资料）

涪陵：春起百里少雨，旱情严重。（《涪陵县志·自然灾害》）

酆都：夏，百日无雨，稻、苕苗焦枯。（《酆都县志·灾害性天气》）

南充：入春以来，3月不雨，小春杂粮尽皆枯萎，水田龟裂，稻谷歉收，粮价高涨，人心恐慌。（《嘉陵江志》149页）

江安、南溪：大旱。江安县空前亢旱，近万户收成不足一成，5000户颗粒无收。（《宜宾市志》）

宜宾、彭水：旱灾，行政院拨发救灾款200万元，仅可购稻谷14石。（《彭水县志·民政·救济》）

西昌地区：5月，宁南、越西旱灾，分别发放赈款55万元、72万元；6月德昌、会理旱灾，分别发放赈款250万元、500万元。（《凉山州志·民政·自然灾害救济》）

什邡：旱。(《德阳市志·大事记》)

内江：旱。(《内江市志·大事记》)

荣昌：旱。将到秋熟水、蝗为灾，以至收成不及五成。(《重庆市志·大事记》)

巴县、长寿：旱。(《重庆市志大事记》)

酉阳、垫江、秀山：旱。(《四川省近五百年旱涝史料》139 页)

阿坝：流行伤寒，死人甚众，仅格尔登寺院 1000 余僧人中就有 100 余人丧生。(《阿坝州志·大事记述》)

康区流行马鼻疽(俗称"吊鼻")：1946 年至 1948 年间，西康地区因马鼻疽死亡马 4000 余匹。该病能传染于人，群众深以为忧。(《甘孜州志·畜牧篇·兽疫防治》)

江安地震：9 月 25 日，江安发生 5.5 级地震。9 月 24 日夜地动 2 分钟，25 日夜 1 钟时地动约 3 分钟。其声甚大，屋壁震动，紫云街龚姓房屋土墙倒塌 1 丈许。(《四川省志·地震志》)

[附]《四川经济季刊》关于 1946 年部分地区雨情、旱象的报道：

5 月 15 日，川南各地喜雨，自 13 日起至 14 日夜始霁。春耕雨水已足，粮价顿行下挫：内江、纳溪、江安从 16000 元跌至 12500 元，泸县、自流井从 17000 元以上跌至 16000 元以下（米/石）。(《四川经济季刊》3 卷 3 期)

1945 年 7 月 2 日，夏，全川大水，江油南中坝附近的江（油）彰（明）涪江分堤被洪水冲毁 300 余米，造成巨灾。省水利局筹划抢修，自 1946 年 1 月 15 日动工，至 7 月修复，堤身延长 6 公里，增高 1 米，实为全川第一长堤。(《四川经济季刊》3 卷 4 期)

8 月 12 日，犍为 1946 年旱灾严重，为 60 年所未有。据该专署派员下乡实地调查，全县收获仅一二成，民情惶恐，向省府请求减免田赋及县级公粮，拨发大批米面，供给水利贷款，以工代赈。(《四川经济季刊》3 卷 4 期)

8 月 23 日，川省各地农产，今年普遍丰收。据省府督导员赴川北各县了解，仅川北一带曾经水旱两灾，秋收甚佳。唯各县新谷上市，每石仅售四五千元，已造成谷贱伤农之严重问题。(《四川经济季刊》3 卷 4 期)

四联总处贷款抢修川北被灾水利工程：1946 年四联总处贷款抢修川北被灾水利工程。去年 9 月，涪江流域山洪暴发，绵阳、罗江、广汉、安县、绵竹、金堂、中坝、赵家渡、三台、射洪等地，均罹水灾，房屋淹没，人畜死亡，禾田损坏。四川水利局为抢修水灾中受损失的水利工程，经国民政府提出，向四联总处贷款 9 亿元，目前已分 6 区开工。4 月 30 日多已整修竣事。(《四川省志·大事纪述·中册》321—322 页)

1947 年

（民国三十六年）

川西特大水灾：1947 年 7 月 4 日川西平原大雨，成都发生 60 年所未有的大水灾。据统计，沿江民房被冲毁 802 间，灾区 40 余处，无家可归者万人，损失在百亿元以上，木材冲失 10 余万根，菜油损失百余大桶。据川省府 17 日初步勘报，蓉市受灾者共

27000 户，灾民 82000 人，因水灾而伤亡者近 300 人。国民政府一次拨发急赈款 10 亿元电汇川省。9 月 6 日，行政院决定救济方法三项：（1）加拨赈款 20 亿元发放急赈。（2）四联总处拨贷款 100 亿元办理农贷。（3）田赋减免问题由财政部酌情办理。

9 月 16 日，省府统计公布，本年遭灾地区计岷江、沱江、涪江流域 33 县，受灾禾田 656789 亩，房屋 5373 幢，被灾人口 442921 人。全部财产损失约在千亿以上。（《四川省志·大事纪述·中册》321－326 页）

1947 年洪灾以成都平原损失最为严重。灌县、彭县、大邑、什邡、金堂、蒲江、广汉、双流、邛崃、绵阳、三台、郫县、崇庆、安县、德阳、广元、江油、遂宁、平武、北川、绵竹、射洪、乐山、马边、洪雅、仁寿、眉山、夹江、峨边、犍为、沐川、丹棱、青神、彭山、雅安、芦山、天全、荥经、名山、南充、岳池、武胜、广安、阆中、苍溪、内江、自贡、简阳、资阳、资中、古蔺、纳溪、南溪、富顺、筠连、荣昌、合川、潼南、开江、巫溪、綦江、彭水、酉阳、西昌、小金、汶川等 68 个县文献中皆有记载。洪水并带来次生灾害，出现瘟疫流行，使灾害加剧。（《巴蜀灾情实录》79 页）

夏季，西部大雨滂沱，成都平原 16 县遭受水患，成都市区一片汪洋，庐舍荡然，桥梁倾毁，人畜漂流，灭顶者达 1000 余人，10 万灾民哭声动天，财产损失极巨：7 月初（五月中旬），成都及附近各县，大雨如注，数日不止，山洪暴发，酿成数十年未有之大水灾。据 7 月 20 日（六月初三）《申报》载："成都平原是全国最富庶区域，因为岷江上游有世界著名的都江堰水利工程，构成'民无饥馑，不知水旱'的天府之国。静静的锦江，环绕蜿蜒在锦城四周，回旋如带，平时只供游赏，百年以来，从无成灾之怖，养成成都人民毫无防洪的印象与经验。7 月来，川西淫雨不止，山洪暴涨，岷、沱、涪诸江上游随之溃泛，都江堰的飞沙堰人字堤均告冲毁，内江水位激涨。4 日（五月十七日）零时起，成都滂沱骤降，豪雨如注，天地晦暗，连绵一昼夜，平地水深三尺，锦江泛滥，怒涛倒灌市区，低洼处水齐屋檐，全市洪水滔滔，一片泽国，沿江房屋、人畜、物料为巨波冲散，随波逐流，惨声动天。建筑百年的安顺桥和六十余年之万福桥，俱为洪水淹没冲毁，其余大小桥梁冲毁六十余座，不及走避的沿江居民，千余人随洪水作波臣，一切财产尽为巨浪席卷一空，造成六十余年空前第一次大水灾。豪雨迄 5 日（五月十七日）始告戢止。……根据市政府调查，这次受灾住户逾三万户，灾民数达十万，公私财产损失逾六百亿元，这是成都近百年来从未遭受到的空前浩劫。……据水利局调查，酿成这次巨灾异象，第一，是川西近日淫雨，山洪暴涨，岷、涪、沱诸江上游洪水泛滥，都江堰阻水的飞沙堰人字堤均为洪水冲塌，内江水位已达最高顶点二十三划一（平时在七八划上下），川西诸流域水势浩大，情势岌岌可危。第二，4 日各地豪雨，成都附近雨量逾三百公厘（毫米），超过往年同月之和，府河无法容纳，遂泛滥横流，适都江上游洪水骤至，于是汇流成灾。而同时不仅成都一地，附蓉十余县均成一片汪洋，如金（堂）、彭（县）、崇（庆）、新（都）、灌（县）、温（江）、郫（县），都成空前巨灾。成渝、成灌、川陕、川康诸公路，田地淹没，公路冲毁，桥梁断塌，交通中断，人民财产损失不可胜计。据父老说，内江流域所遭如此巨灾，实百年来所仅见。"（《近代中国灾荒纪年续编》650－652 页）

岷江洪水，灌区涝灾：6 月 30 日至 7 月 4 日，成都平原普降暴雨，灌县共降雨 551

毫米，成都共降雨 358 毫米。7 月 7 日，宝瓶口水位 19 划，飞沙堰被冲毁 170 米，人字提被冲毁一角。8 月 14 日，岷江洪峰流量 3790 立方米每秒，宝瓶口水位为 19.5 划，飞沙堰抢修工程被冲走顺水竹笼 70 余条。9 月 14 日，岷江再发洪水，黑石河上下游 30 千米内决堤 10 余处。因飞沙堰等工程被毁，都江堰流域堰务管理处处长张沅被调离，另由四川省政府建设厅第四科科长周郁如接任。（据薛孝伯《三十六年 7 月 4 日府河成灾说明书》、熊达成《视察府河及新津至江口段河道报告书》、成都《新新新闻》民国三十六年 7、8、9 月报道）

都江堰灌区及各县也因雨遭受涝灾。彭县淫雨成灾。大邑夏大雨成灾，受害 23 乡。什邡 7 月数日淫雨。金堂 7 月大水，沿河两岸损失巨大，河水泛滥，为百年来所未有。新都青白江泛滥，冲毁田禾，7 月 3 日一昼夜大雨，两岸农田均被冲毁。广汉沿河两岸农作物全冲毁，7 月 2 日和 8 月 13 日连遭两次。温江沿河乡镇人畜、房屋、农作物、器具多被漂没。邛崃 5 月中旬连遭 6 昼夜大雨，山洪入城，城墙倒塌 5 处，禾稼被冲。郫县冲毁田禾 8000 多亩。崇庆城内一片汪洋。（《都江堰志》46 页）

1947 年 7 月暴雨，江河上涨，80 余县受重灾，仅德阳一县冲毁农田 17 万多亩，华阳县 11 万亩，损失甚重。（《四川省志·农业志·上册》33 页）

夏秋，成都平原暴雨大水，成都府河望江楼水文站实测洪峰流量 1200 立方米/秒，为成都城区近百年来最大洪水：灌县春夏旱，谷雨时节犹缺水插秧。6 月底至 7 月初连降暴雨，实测 6 月 30 日至 7 月 4 日雨量：灌县 551 毫米，成都 358 毫米，岷江水涨，飞沙堰决。郫县一线大雨，汇入府河，7 月 4 日望江楼水文站实测最高水位 489.46 米，洪峰流量 1200 立方米/秒，为 19 世纪末至今近百年大洪水，全城街道，几全淹没，低处流水盈尺成河，城外房屋冲塌不计其数。郫县城内水深过膝，四乡冲毁稻田 8000 余亩。双流冲毁稻田 2 万余亩，中兴场（今华阳镇）府河水位高出地面 1～3 米。龙泉驿柏合寺鹿溪河桥面翻水水深 2 米。8 月 12 日灌县又大暴雨，岷江大涨，8 月 14 日都江堰首岷江洪峰流量 3790 立方米/秒，宝瓶口水划升达 19.5 划。灌县城墙倒七八丈，压毁房屋 5 间，死 10 人。

146 个县市疫情报告：泸县、昭化等 146 个市县，本年发生霍乱 15 人，死亡 3 人；鼠疫 2 人；天花 592 人，死亡 67 人；白喉 386 人，死亡 28 人；斑疹伤寒 735 人，死亡 12 人；回归热 1218 人，死亡 11 人；痢疾 11351 人，死亡 101 人；伤寒 3589 人，死亡 176 人；猩红热 281 人，死亡 8 人；脑膜炎 319 人，死亡 39 人；疟疾 42710 人，死亡 114 人；黑热病 271 人，死亡 31 人。本年伤寒在泸县、昭化等地发生严重流行，泸县发病 664 人，死亡 89 人。（《巴蜀灾情实录》382 页）

大邑：7 月 4 日暴雨，全县有 23 个乡受灾，以安仁、龙凤、蔡镇、韩镇乡为重。崇庆 7 月 1 日至 5 日及 9 月 12 日两次大雨，全县江河泛滥，受灾农田 20 万以上，冲毁房屋 1518 间。（《成都水旱灾害志》239－240 页）

邛崃：7 月连遭大雨 6 昼夜，山洪暴发，水从地涌，西南两河同时陡涨，淹漫近城，复东向接流于新津，泛滥 200 余里，被灾人民毁家绝食，流散四野。（1947 年 7 月 15 日《新新新闻》）

眉山：5 月 12 日至 15 日，全县连降大雨，重点在沿岷江，山洪暴发，岷江流量

12100 立方米/秒。8月11日至13日再次出现水患，已熟黄谷悉被大水冲淹无遗。两次洪水共死138人，毁农田13万亩，毁房不计其数。（《眉山县志·自然灾害》）

新津：五月十二日至十七日止，昼夜大雨不停，西南两河水位上涨丈余，沿岸房屋田亩农作物多被冲毁淹损。（《四川省近五百年旱涝史料》15页）

7月，暴雨一昼夜，沿河田亩、农作物及房屋多被洪水冲去，受灾18乡镇，被损田禾34000多亩，被灾8000多人，无家可归者4000多人。（1947年7月13日《新新新闻》）

邛崃：自五月中旬连遭6昼夜大雨，山洪暴发漫淹进城，又8月13、14日天降滂沱，城墙倒塌5处，禾稼被冲。（《四川省近五百年旱涝史料》16页）

华阳：6月30日至7月4日，各地普降大雨。华阳县中兴场最高水位超出地面1到3米。县属得胜、胜利、中和、中兴、永丰、石羊、桂溪、华兴、白家、协和等乡有受灾户12100户。其中有600余户无家可归，共淹死48人。

仁寿："6月30日至7月4日水灾，县属古佛、嘉禾、苏秦、府河、籍田、煎茶等乡，濒临府河，沿岸遭水灾，损失惨重。经调查，古佛乡受灾面积8000亩，损失粮食1800余石，冲毁房屋200余间，灾民六七千人。嘉禾乡受灾面积4900余亩，街房全部冲毁，损失粮食4000余石，灾民三四千人。苏秦乡受灾面积2500亩，冲毁房屋400余院，损失粮食2500余石，灾民二三千人。府河乡受灾区域共6保，灾民五六百人。籍田乡浸害土地20000余亩，煎茶乡浸害12000亩，全县淹死百余人，损失房屋二三千院，粮田四五万亩，灾黎4万余人无家可归。"（1947年7月20日《新中国日报》）夏，府河水泛滥，苏秦乡、藉田乡、府河乡、古佛乡、煎茶乡等6乡镇被水灾，受灾44000多人，冲毁田禾24000余亩，房屋约3000幢，淹没100余人。（1947年7月17日《新新新闻》）

双流：6月30日至7月4日，各河流洪水成灾，柑梓、彭镇、杨公、黄水、簸桥、通江等乡有灾民2000余户，无家可归者万余人，淹毙10余人，冲毁稻田3万余亩。（《双流县志·大事记》）

郫县：7月4日，郫河水暴涨，县城进水。西外凤尾桥至半边街水深及颈，15保第10甲、11甲数百户居民处于洪水之中，房屋动摇，淹没人畜，危险异常。县长徐中晟、郫筒镇长朱虎候亲临现场，督促警察队用木筏抢救数百人民，使多数始克免难。（1947年7月5日《新新新闻》）被灾7000余人，田禾被冲刷一万数千亩。（1947年8月8日《新民日报》）

彭山：6月30日至7月5日大雨滂沱不息，岷江水位陡涨2丈余。沿岸场镇均被淹，田禾受损1.5万余亩，灾民2万多人，30年来所仅见。（1947年7月8日《新新新闻》）

［链接］《新中国日报》1947年7月10日报道：彭山"几日大雨不止，岷江为之大涨。昨日午，原水位陡增三尺，河水满溢河床，漫流四野。不到五小时，除城内只稍有进水外，郊外全成泽国。因此系骤然暴涨，故郊外居民都无准备，被困者极众。入夜呼救之声，惨不忍闻。今晨水位最高，城内亦有二尺余，为三十年来之空前大水灾。幸此次即迅速消去，但郊外房屋大多被毁，灾区极为广泛，损失无法统计。目下亟盼当局火速赈济。"

崇庆：7月1日至5日大雨，城内一片汪洋，冲毁房屋40余家，稻田多被冲刷，

受灾 9000 余人。(1947 年 7 月 9 日《新新新闻》)

古蔺、纳溪、南溪：夏大水，田禾人畜均遭损失。(《宜宾市志·自然灾害》)

新都：7 月阴雨连绵，青白江流域洪水泛滥，冲毁田禾。7 月 3 日大雨一昼夜，大水漫溢，两岸农田房屋均被冲毁，造成 70 年未有之水灾。(《成都市志·大事记》)

大邑：夏大雨成灾，受灾 23 乡。(《四川省近五百年旱涝史料》16 页)

璧山：7 月 4 日山洪暴发，沿河农田陡遭冲刷，城外棚户荡然无存，房屋倒毁甚多，人畜伤亡更重。(1947 年 7 月 17 日《新新新闻》)

资中：6 月阴雨连绵 20 昼夜，7 月又连日大雨，山洪暴发，河水高涨，波浪滔天，为历年所未见。沱江及大小支流两岸，房屋、田禾、玉米、高粱、甘蔗被冲洗，受灾田禾 8400 亩、人口 4200 人。(1947 年 7 月 11 日《新新新闻》)

民国三十六年，22 个乡镇遭水灾 4.7 万亩，被灾 9.9 万人，财产损失 200 亿元（法币）以上，冲毁房屋 3600 余间。(《资中县志·大事记》)

民国三十六年水灾，龙山镇被淹贫民 1300 余户，镇用熟米 10 石、碛米 4 石，施粥 3 日。县受灾 24 乡镇，奉发赈谷 2125 石，按受灾田亩平均分摊，制发抵粮证交受灾粮民抵免赋税。(《资中县志·灾害救济》)

绵竹：7 月，山洪暴发，沿河田土、农作物多被淹没。(1947 年 7 月 26 日《新新新闻》)

什邡：7 月，山洪暴发，受灾多处，尤以石亭江泛滥为害最烈，计受灾 9 乡。(1947 年 7 月 12 日《新新新闻》)

8 月，又大水，河水涨数尺，灾比 7 月还严重，县属乡镇受灾 6/10，人口死亡 500 以上，损坏房屋 10000 余家，田土冲毁 100000 余亩，财产损失不可计数。(1947 年 8 月 29 日《新新新闻》)

彭县：7 月，淫雨，水泛滥，被灾 15 乡镇。8 月，湔江泛滥，打去房屋甚多。(1947 年 8 月《新新新闻》)

崇宁：8 月 16 日，大雨，河水泛涨，两江堤岸打垮多处，秧田被冲刷 10000 亩以上、人、畜损失亦重。(1947 年 8 月 20 日《新新新闻》)

新繁：7 月，青白江流域洪水泛滥，田禾被冲 16600 多亩，死亡 5000 人。(1947 年 7 月 12 日《新新新闻》)

德阳：8 月，大水，冲毁农田 175235 亩，良田变沙洲，农民受灾极惨。(1947 年 9 月 12 日《新新新闻》)

广汉：7 月 2 日起，连日大雨，河水猛涨，三水镇沿河受灾严重。据省府统计，该县受灾 18 乡，被灾人口 150000 人，地损坏 28000 亩。(1947 年 7 月 9 日《新新新闻》)

7 月上旬，河水骤涨，川、陕路金鱼桥冲断，水镇田土 60000 余亩农作物全被冲没，至 8 月 13 日又遭二次水灾。(1947 年 9 月 28 日《新民报》)

金堂：7 月，大水，沿河 26 乡镇受灾，冲没房屋 500 多间，淹毙 40 余人，冲刷田禾 7000 多亩。(1947 年 8 月 24 日《新新新闻》)

8 月，沱江上游大雨，金堂水文站 8 月 3 日晨六时，洪水涨至 437.63 公尺。(1947 年 8 月 9 日《新民报》)

［链接］当时报纸关于金堂洪灾的报道：《新中国日报》1947年7月9日在《沱江流域灾情严重，沿河农田房屋多被淹没冲毁，损失之大为七十年来所未有》的标题下介绍说："昨日据金堂二皇庙水文站称：沱江上游连日大雨，自七月一日午后起至五日九时止，水位由432.80公尺涨至443.16公尺（吴淞零点），实涨10.36公尺（约合三丈余），流量由300秒立方公尺增至7300秒立方公尺。因此，沿江农田房屋被水淹没……沱江上游历年最高洪水位为443.47公尺，与之相较，仅差3公寸，实为最大洪水位之年度发现。"

《新中国日报》1947年7月21日以《金堂水灾，损失惨重》的标题报道说："本县多数乡滨临沱江，此次水灾损失惨重。现经县府查勘结果，业将灾情统计如次：重灾区域为赵渡镇（属今城区）、栖贤、菜坎（今城南）、绣水（属老城区）、玉虹、祥福、姚渡、日新、荣丰、清江、官仓、城厢（老城）、大同、龙王、云绣、淮州、同兴、五凤、平安、竹高、太平、人和、云合、白果等沿河乡镇，此次洪流泛滥，所有人畜、财产、房屋、货物俱多被洪流漂没，计房舍大小约五百余间，牲畜四千余头，货物家具约值六十亿元。其他农田粮食损失尚未列入。"

成都：7月3日到5日大雨，总雨量达500公厘，低洼街道水深盈尺，城外沿河一带房屋淹没倒塌，牲畜什物尽付东流，为60年来所未有。华西坝一片泽国，四川大学淹没及二楼，坐望江楼可洗脚，祠堂街上撑船，城外沿河一带淹房倒屋，财物尽付东流。洪水又造成瘟疫流行，死亡严重。（《成都水旱灾害志》72页）7月4日望江楼水位高达489.44米（吴淞高程），岸上水深0.8米以上，市内许多街道被淹。（1981年《成都文史资料选辑》）

［链接］当时报纸关于1947年秋成都大水灾的报道：

《新新新闻》1947年7月6日报道："前日，成都淫雨为灾，江水暴涨，为近百年所未有。沿河居民、房屋、财产冲洗者不计其数。"

7月7日接着报道："连日大雨，洪水泛滥，外西百花潭等河道，于前日午后水位骤增丈六尺左右，沿河房屋被水冲者不下百幢，正街、横街水深数尺，十二桥、晋康桥、宝云桥、小桥子等处桥梁均已全部冲毁，附近树木、园墙不断倒塌。"

7月9日又报道："川西平原空前水灾，系暴雨所致。此次降雨量为233公厘，乃数十年所罕见。川西十余县皆降暴雨。而都江水位不高，仅753.05公尺（吴淞高程），流量2900秒立方公尺。（7月5日为最高水位）"

各县云：灌、崇宁、新繁、郫、温、新都、金堂、成都、华阳、双流、新津、彭山、眉、仁、青、夹、乐、崇庆等县。……近日山洪暴涨，成都市多成泽国。

《新中国日报》1947年7月4日在题为《蓉民又遭水灾，半城皆泽国，百业多停顿，市民皆陷水牢，一片叹灾声》的报道中，对被水淹没严重的街道有一个统计："被淹之街道，据市府统计，有春熙路南段、总府街、南沙帽街、东马棚街、东城根街、西糠市街、盐道街、东桂街、乾槐树街、布后街、祠堂街、庆云南街、蜡宇宫南街、贵州馆、三槐树街、羊市街、青龙街等廿余条。""由于整日倾盆大雨，本市各影院及大部商店均告停业。""东较场被淹没，自城墙上视之，与大劫无异。"

《申报》1947年7月12日的一篇专题报道，对成都的这次大水灾作了生动的具体描述："由于月来的天灾人祸，患害频来，使幽娴安定的成都社会，变成了一幅哀鸿遍野的悲惨流民图。""建筑百年的安顺桥和六十余年的万福桥，俱为洪水淹没冲毁，其余大小桥梁冲毁六十余座。不及走避的沿江居民千余人随洪水作波臣，一切财产尽为巨浪卷席一空，造成六十余年空前第一次大水灾。""豪雨迄五日始告戢止，但市区仍成一片泽国。记者登城楼鸟瞰灾情，但见四野茫茫，洪浪滔滔，被冲毁的房舍、家具什物，尸骨、牲畜，以及沿江仓库中储藏的盐、煤、木柴、货物，滚滚逐波而下。灾民扶老携幼，栖栖惶惶，争登高处避水，刻画出洪水的恐怖惨景。七日洪水雨退，记者再到灾区查勘，昔日繁盛游乐之区，仅剩荒烟乱草，一片瓦砾……倾家荡产的灾民呼天抢地，痛哭流涕，惨绝人寰。"

《新新新闻》8月15日报道："12日、13日大雨，直至14日，全市低洼街道又第三次成泽国。洗马池积水上岸，北门马王庙街全部被淹，住家户全淹在水中达二日之久。西玉龙街、戚家巷大水通流成河。春熙路北段15日才消去。少城东城根街自青龙街至东马棚街一段水深数尺。各街均受三度水灾。"

西昌：7月5日大雨，东河水势汹涌，将西昌电厂渠坎毁数十丈，街市墙垣亦倒毁甚多。川兴乡被淤田3000余亩。大兴乡被淤毁不能耕之田约900亩。（《四川城市水灾史》15页）

江津：6月27日米价猛涨，发生抢米风波，县城32家米店被抢空。军警开枪镇压，打死1人，打伤多人。7月11日，全县大雨，两岔场淹没，龙门场王爷庙大门进水。（《江津县志·自然灾害》）

青神：7月13至15日接连大雨，8月14至15日复遭大雨，山洪暴发，11乡镇全被水淹，为近30年所未见。（《四川省近五百年旱涝史料》50页）

云阳：7月20日，暴雨。县城水位陡涨至海拔135.2米。8月5日，故陵、红狮乡平地起水1.3米。故陵联保倒塌房屋17间，死亡17人。（《云阳县志·自然灾害》）

筠连：7月27日至29日倾盆大雨，山洪暴发，平地水深丈余，田禾人畜财产损失不计其数。（《宜宾市志·大事记》）

马边：7月28日夜，大雨倾盆，平地水深丈余，沿河之安富、永善、复兴3乡田禾新谷全被冲毁，街市、房屋、牲畜、物资亦大损失，为近20年所未有。（1847年8月4日《新新新闻》）

峨边：8月，淫雨不止，洪水暴发，沿大渡河沙坪、归化、万璇各场冲毁民房300余家，大堡镇、江花乡、永安乡、毛坪场等被水冲刷一空。（1947年8月16日《新新新闻》）

江油：自夏入秋，大雨太多，山洪暴发。河水猛涨，沿江田地房屋禾苗堤埝被水冲者不计其数，尤以大康乡特重。（《江油县志·大事记》）

8月14、19两日洪水，被灾乡镇占全县半数以上，冲毁田土80000余亩，灾民20000余人。（1947年8月27日、9月30日《新新新闻》）

彰明：原彰明县境，8月14、19两日洪水，受灾8乡镇，冲毁坝田28800多亩，坝地10000余亩，近水人、畜多被冲没，灾民沿江哭泣。（1947年8月26日《新新新闻》）

绵阳、遂宁、三台、安县、德阳、广元、江油：夏秋之际，涪江流域大雨遍及全区，干支各流水势齐发，为道光以来所仅见之洪水。遂宁以上水患最甚，水位之高、水势之猛，皆为年老土著记忆之所不及，沿岸田土冲刷无存，街市被冲成濠，庐舍漂没殆尽。（《涪江志》81页）

　　绵竹：7月，大雨绵延，西山洪水暴发，农作物全被淹没，叶烟五分之三泡烂，禾苗萎黄生虫，灾情严重。（《绵竹县志·大事记》）

　　温江：7月，连日大雨滂沱，金马河沿岸60%的农户受灾。8月14日，淫雨，山洪暴发，岷江总流量达3790立方米/秒，毁赵家渡堤100余丈。县城被淹，躲避不及，淹死多人，受灾田禾6100多亩、5200余人，灾区之大，空前未有。（1947年7月25日《新新新闻》）

　　8月14日，淫雨连朝，山洪暴发，沿河乡镇人畜房屋及农作物器具等多被漂没，损失极为惨重。因水灾报省请赈，省政府拨赈谷883.97石，赈款法币3000万元进行救济。（《温江县志·灾害救济》）

　　射洪：7月，洪水泛滥，受灾颇重。（《遂宁县志·灾害救济》）

　　富顺：7月，连日淫雨，江水猛涨，两岸禾稻悉被淹没，死亡千余人。（《自贡市志·灾异》）

　　荣昌：7月，大水，受灾五乡。（《荣县县志·大事记》）

　　合川：7月，大水，农田、房屋均遭损失。（《合川县志·大事记》）

　　潼南：7月，大水，冲毁田禾万亩，灾民达750人。（《潼南县志·自然灾害》）

　　犍为：7月，大雨成灾，竹根滩、石板溪等沿河乡镇，受灾最重，毁田禾5000亩，灾民6000余人。（1947年7月24日《新中国日报》）

　　理县：7月，岷江上游杂谷脑河山洪暴发，冲毁田禾1100亩，灾民1200余人，牲畜财物损失甚巨。（1947年7月12日《新新新闻》）

　　巫溪：7月，大水，农田房屋均遭损失。（《重庆市志·大事记》）

　　綦江：7月，洪水，冲毁田禾约2万亩。受灾约2万人。（1947年7月31日《新新新闻》）

　　彭水、酉阳：7月大水，部分田房遭损失。（《酉阳县志·大事记》）

　　夹江：7月大水。毁田禾5200亩，受灾4200余人。（1947年10月24日《新中国日报》）

　　乐山：7月洪水为灾，乐山水位高至12划，灾区12乡镇，损田禾约5万亩，被灾1.6万多人，公路桥梁多冲毁，淹死人畜百数以上，为50年来所未有。（1949年7月4日《新新新闻》）

　　雅安：7月近一周淫雨，山洪暴发，房屋牲畜冲毁，农作物大受其害，各处交通断绝。（《四川省近五百年旱涝史料》58页）

　　自贡：7月大雨，河水泛涨成灾。（《自贡市志·灾异》）

　　南充、岳池、武胜、广安：7月嘉陵江水泛滥为灾，房屋田禾多被冲刷，受灾颇重。（《四川省近五百年旱涝史料》68页）

　　岳池：酉溪河水猛涨，下游的西板桥场民房被淹没，损失严重，并冲走几人。（《岳池县志》）

遂宁：7月大雨，沿江水位高涨3公尺多，石溪濠山洪横流，水坝子防水堤冲毁缺口数处。（1947年7月12日《新新新闻》）

平武：7月大雨，大水冲毁田禾1400亩，被灾1400人。（1947年7月24日《新中国日报》）

三台：7月天雨过多，山洪暴发，两江水涨丈余，漂没多家。（1947年8月26日《新新新闻》）8月，涪、凯两江沿岸20余乡镇两次遭水灾。（1947年9月18日《新民报》）

灌县：春荒，无粮上市，饿死者随时可见，饥民挖观音土、剥树皮充饥。石羊、中兴等乡的饥民"吃大富（户）"、夺粮仓。6月26日，紫东街和城郊塔子坝等地，有三四百人围攻粮富（户），开仓抢粮。县长肖天石将米粮公会理事长杨岷山扣押，命令米粮行业每天以20石粮食上市销售，缓解粮荒。（《灌县志·大事记》）7月天雨过久，江水暴涨，将公路及大桥冲毁，又于8月10日大雨滂沱，城墙崩垮七八丈。旱，谷雨时节栽不下秧子。（《灌县志·自然灾害》）

6月30日至7月2日，大雨，成、灌公路冲毁多处，秧田淹没，一片汪洋。8月12日又大雨，将索桥冲去1座。9月5日秋汛又至，冲毁田禾20000亩，受灾11000余人，以河西之玉堂、中兴、大兴、顺江、徐渡等乡受灾最重。（1947年7月－9月《新中国日报》）

7月1日，二王庙大雨，急涨至732.50公尺（吴淞零点，下同），流量2100秒立方公尺，宝瓶口大18划，2日涨至733.25公尺，流量增至3400秒立方公尺。宝瓶口推算到21划以上，较三十二年洪水只差9公寸。（1947年7月3日《成都新民日报》）

8月川西连日大雨，灌县二王庙水位于8月14日涨至733.70公尺（吴淞零点），成都望江楼8月14日涨至487.80公尺。（1947年8月15日《成都新民日报》）

9月14日，连降大雨，洪水暴发，黑石河被水冲决河堤10余处，冲毁桥梁10座。洪水冲决黄家河心河堤，进入黑石、羊马诸河，冲刷田土约2.3万亩。毁140户民房、42座桥梁。（《灌县志·自然灾害》）

绵阳：8月11日至13日大雨，涪江、安昌两河水位暴涨，县城内一片汪洋，水深2米，沿河一带冲毁农田50571亩。人畜受灾甚重。（《绵阳市志·自然灾害》）8月12日，绵阳水位站水位涨至436.61公尺；8月13日，水位涨至473.41公尺。（1947年8月5日至8月15日《成都新民报》）

宜宾：8月6日岷江水涨，沿江月波至安阜受灾7500户，冲毁耕地1460亩。（《宜宾县志·大事记》）

安县：8月12日至14日连日淫雨，河水陡涨七八公尺，近河人畜田舍悉被冲洗。（《绵阳市志·自然灾害》）

长寿：8月27日，长江洪水陡涨70米左右，河街临江94户296人受灾，被淹房屋68幢136间，2.7公顷庄稼无收。（《长寿县志·灾异》）

蒲江：8月淫雨为灾，沿河禾苗损失至巨，受灾面积近万亩，被灾竟达五六成。（《四川省近五百年旱涝史料》16页）

阆中：8月4日，嘉陵江水涨，沿江房屋田禾多被冲毁。（1947年9月8日《新新新闻》）保宁镇水位359.17米，洪水变幅为10.4米。（《嘉陵江志》111页）

北川：8月淫雨为灾，饥荒严重，后山沟各地已成泽国，开水、施平两乡街房冲走百余户，人、畜损失亦多。冲毁粮食200石以上。（1947年9月13日《新新新闻》）

天全：8月，淫雨十余日，沿河一带居舍冲毁，禾苗尽淹，财物损失无算。蝗虫成群结队蚕食秧苗，灾情惨重。（1947年8月26日《新新新闻》）

芦山：淫雨十数日，沿河一带禾苗尽淹，财物损失无算。（《四川省近五百年旱涝史料》58页）

荥经：8月淫雨十余日，沿河一带禾苗尽淹，灾情奇重。（《四川省近五百年旱涝史料》58页）

宝兴：陇东上游各沟特大洪水，西河沿岸大部分房屋被冲毁。（《青衣江志》137页）

汉源：水灾甚重，粮田淹没颇多。（1947年9月13日《西康日报》）

峨边：8月淫雨不休，江水泛溢，沿大渡河一带农作物被水洗刷一光，灾情为百年所未有。（《四川省近五百年旱涝史料》78页）

洪雅：9月连日阴雨，府、雅二河水位骤涨，沿河居民一切物品不及搬运，多被淹没，且有若干全家老幼同作波臣者。（1947年9月25日《新新新闻》）

苍溪：秋，嘉陵江洪泛，沿江田禾房屋冲刷无遗。（1947年9月8日《新新新闻》）

夹江：七月大水，毁田禾5200亩，受灾4200人。（《青衣江志》137页）

武胜：春夏，东南一带先后遭受暴风袭击。（《四川省近五百年旱涝史料》68页）

安岳：冰雹，大如鸡蛋。（《四川省近五百年旱涝史料》78页）

西充：入夏后，近50日未下雨，下季粮食无法播种。（《嘉陵江志》146页）

旺苍：大旱，自春至夏无雨，河渠断流，农业歉收。（《旺苍县志·大事记》）

平昌：夏秋骄阳似火，田龟裂，禾苗枯萎，小河干涸，受灾面积十之七八。（《平昌县志·自然地理·特殊天气》）

万源：四区各乡5、6月久旱，禾苗枯槁，收成仅十分之三，而征粮、乡警食米、学校补助等，又将三成所收悉数上交公粮，家无留粮，人民挖根采草，无以生存。（《渠江志》74页）

小金：5、6月旱情严重，4万余亩农作物仅收十分之三。7月山洪暴发，巴郎山岭被水冲垮一部分。（1947年7月19日《成都新民报》）

仪陇：自春至夏，天气亢阳，颗雨皆无，小春苗稼受旱得病之禾占40%，贫民有食大户者。（《渠江志》74页）

永川、大足、璧山、铜梁：竹蝗吞食春季农作物和竹叶，受灾颇重。（《重庆市志·大事记》）

旺苍：北部山区，松毛虫危害，致松树80%以上死亡。（《旺苍县志·林业虫害防治》）

巴县：螟虫为害，损失颇大。（《巴县志·大事记》）

盐源：2月8日，梅雨镇新街失火，烧毁铺户数十家，烧死小孩1人、妇女2人，灾民扶老携幼，向各方募捐赈济，美国马德英捐法币12万元，法籍传教士周司铎捐1万元购买粮食，梅雨镇在河西购买救荒米30箩发补灾民，并将催缴的民国三十三年、

三十四年的谷物拨回贷与灾民春耕之用。(《凉山州志·灾害救济》)

简阳:《新中国日报》1947年7月9日在一篇题为《简阳洪水为灾,农作物被淹没损失严重,哀鸿遍野,亟盼当局救济》的报道中披露:"昨(五日)沱江水位陡涨二丈,沿沱江绛溪一带之甘蔗、美烟、玉蜀黍、花生、红苕等农作物与房屋牲畜全被洪水冲去,达十万亩以上,人民淹死约三十人,估计损失在二十亿左右。人民遭此空前巨灾,哀鸿遍野,怨声载道,厥状至惨!"

7月,水灾,被灾5乡,冲毁田禾13000多亩,人口死亡16000多人。(1947年7月18日《新新新闻》)

资阳:7月4日资、内一带倾盆大雨,河水上涨,沿江农作物、蔗田蒙受巨大损失,尤以美烟遭水淹后,已委顿不堪,本年恐收成无望。蔗苗全被冲翻,下年蔗种将成一大问题。房屋畜牧被水洗者无数,损失重大。(1947年7月15日《新中国日报》)

7月4日,滂沱大雨,河水陡涨3丈余,封锁南关,冲毁桥梁数座,被灾田禾10000亩、房屋300幢,受灾5800人,牲畜冲走多。(1947年7月18日《新新新闻》)

[附] 国民政府主计局长关于1947年四川水灾情形的讲话:《申报》1947年9月2日以《川省三次洗劫,徐勘报告灾情》的标题,披露国民政府主计局长徐勘关于四川1947年水灾情况的讲话。徐说:"川省自六月下旬东南西北遭受淫雨,自七月一日至五日,大雨滂沱,山洪暴发,平地水深涨至一二丈不等,演成岷江、沱江流域及长江上游流域沿江各县房屋、牲畜、田禾、财物均被冲毁,居民死伤甚众。其中以成都市介于岷、沱二江之间,城内有十分之八(计有六十余街道)被水淹没。低者水齐屋檐,高者水深亦有四五尺,城外一片汪洋……此为本年之第一次浩劫。自七月三十日起至八月三日止,又大雨成灾,如马边、沐川等县遭灾甚巨,此第二次浩劫。又八月十二日至十四日,暴雨飘倒,致涪、沱、岷三江流域洪水泛滥。灌县、成都、华阳、绵阳、新津、峨边等数十县复遭第三次浩劫。以现有财产损失而言,以成都市为最,其它被灾五十余县,以农作物损失最大。……据四川省政府勘灾报告,被灾者共四十六县市,损失田禾七十余万亩,房屋六千三百余幢,被灾居民四十八万九千四百余人,财产损失约值二万亿以上,死亡六千余人,尚有被灾地区在勘察中。……现被灾居民最低在六十万人……"

全川饥民抢米风潮:货币贬值,粮价疯涨,贫民走投无路,全川抢米事件迭起。成都市不完全统计,1940~1947年期间,发生聚众抢米事件15次。1947年5月5日上午,贫民成群结队到米市抢米,参加的人越来越多,被抢地点越来越广,先后波及牛市口、川主庙、新东门、府城隍庙、浆洗街、新南门、火神庙7个市场以及附近的米厂、米店。政府实行戒严,军警抓人,当日下午以"奸党"名义枪杀2人于新南门外。6月22~30日,城区四门内外,又相继发生饥民数十人或数百人集伙抢夺食物和米粮的事件多起。被抢者有小天竺街、挡扒街、北东街、小南街、羊市街、簸箕街、青果街、庆云西街、桂王桥西街、长顺上街、大田坎街、抚琴台、童子街、双栅子街、西华门、横陕西街、东城根中街等22条街的49家米厂及米店,川康绥靖公署派兵弹压。1948年6月16日重庆市中一支路嘉涪米店,食米售价上午每市斗60万元,下午涨为90万元,买卖双方争执,围观人越来越多,气愤之下群众将该店食米抢光,并迅速蔓延至枣子岚垭、南区路、两浮支路、石板坡、菜园坝、上清寺、牛角沱、大溪沟、和平路、仓坝子、林森路等15处，被抢米店76家。军警进行镇压，逮捕309人，以"奸党"名义枪毙1人、判无期徒刑1人。县、乡饥民抢米、结伙"吃大户"者更多。民不聊生，官逼民反，加速了国民政府的垮台。（《四川省志·粮食志》139—140页）

成都爆发抢米风潮，当局滥杀无辜：民国三十六年，因上年川西再次发生水灾，成都近郊再次春荒。由于官商勾结，囤米抬价，市中无米，饥民乃进城吃大户。5月5日大批灾民涌进成都，政府出动军警、特务加以弹压，大肆进行驱赶、抓捕和毒打。于是更激起广大灾民的愤怒，爆发了大规模抢米风潮，尤以新南门一带，灾民聚集愈来愈多。成都警备司令部、省会警察局将两个无辜青年袁树德、宋玉书抓到川康绥靖公署，该署参谋长万里（名克仁）于请示重庆行辕后，再次采取"借人头平米潮"的手段，当天下午便将袁、宋二人杀害于新南门外。（《四川省志·民政志》288页）

成都物价，1947年12月比1937年6月上涨7.3万倍，其中粮价5.8万倍。（《成都市志·物价》）

《大公报》刊文《川灾痛言》：《大公报》1947年7月28日发表《川灾痛言》的文章，披露了水灾发生时的社会背景。"川省水灾传来，特别警人者，是恰在米荒尚正严重的时候，距钞票短缺、市面骚动后亦不太久。真是一波未平，一波又起，何其多难！我们试一检讨，川人该享受这样的劫难吗？号称天府之国，说是天灾人祸无法挽回，已难理解；而钞荒米荒，岂也能怪天？……四川的老百姓何负于国家？为抗战出了无计数的汗与血，又出了无计数的汗血来支持政府、供养官吏，国家加惠了我们些什么？胜利给了我们些什么？政府为我们解除了些什么痛苦？官吏为我们做了些什么事情？真堪为多灾多难的川人一哭！"

[备览]

我所遇到过的两回涨大水
成都天祥寺街妇女萧顺清口述　龙必锟记

我在（成都）新东门河边住家几十年了。这一带地势很低。解放前，府河又有多少年没有疏淘过，河床积满了泥沙。一遇涨水，沿河两岸的住家户就要遭殃，大家就要"坐水牢"。我记得淹得最伤心的一回，要算1947年。河边好多房子被冲走了。天祥寺、东安街大街上撑船。我住的地方淹了一人多深。

那回水涨得并不大，本来就不该淹得那样凶。可是当时不少官僚、资本家做木材生意，在北一带府河边上到处堆起木料，冲下来把新东门大桥的桥洞塞起了。水本来就走不赢，这一下就涨得更凶。记得那天点灯的时候，我屋里还没有进水，哪晓得十点过，水就淹上来了。当时左邻右舍差不多都跑光了，天漆黑，大雨下个不停。我一个人在家，年纪又大，又是个小脚。水那样深，不敢出去。只有缩在床上喊救命。这时，幸好我的女儿从纱帽街赶来，才把我背出来。那时东门大桥已被冲断了。

我女儿把我背到天祥寺小学，两娘母淋得像水秧鸡。她又赶忙回去，抢了床铺盖和一笼帐子出来。再想去抢东西就走不过去了。天祥寺小学挤满了躲水的人，哭的哭，喊的喊，闹了一夜。我在天祥寺住了好几天，睡没睡处，吃没吃的。附近的粮铺、饭馆、面馆都关了门，只有黑市。为了活命，好多人把抢出来的一点东西都卖光了。

水退了。我回家一看，四面壁头已被冲成光框框，灶垮了。锅盆碗盏、桌椅板凳都冲走了，只剩了一张床。一个穷家，被洗得干干净净。那时我当家的在外拉板车，涨水前几天，就拉车子到外地去了，水落后好几天才回来。他们在回成都的路上，遇到涨大水。过桥桥断，过渡封渡，走不动。挣来的几个钱都用光了，衣服也卖来吃了，回家来简直像个叫花子。我们又着急，又恼气，又挨饿。两个人都遭了湿气。打摆子，没有钱医，手脚都肿了。

我们淹得这样惨，伪保长反而发了洋财。吴保长的兄弟，伏在新东门大桥边，打捞到的木料、家具、箱子，不晓得有好多。退了水不几天，好多人连草棚都找不到一个，他家就动工修起新房子。后来好多地方听说成都遭了水淹，捐钱来救济。保长、甲家挨家挨户做了灾情登记，还叫我们画了押。谁知那些救济款都被他们侵吞了，落到我们手里的，一个人只有二两灰面，一酒杯儿米。街坊上的人气不过，没有要这点救济，还邀集三十多个人到伪市政府去喊冤。大家推我和傅大嫂承头。国民党的衙门不让我们进，叫我们写呈子递进去。国民党的官，和保长都是一伙的，头天交给伪市长的呈子，第二天就落到保长手里。保长马上传我和傅大嫂，吓唬我们说：哪个再聚众生事，先关七天七夜，然后再定罪。那个世道，穷人哪个抬得起头，说得起话？只好忍气吞声了事。

解放了。那年冲断的桥修好了，又淘挖了河道，两岸的堤坎也陆陆续续地修起来，这一带少有被水淹了。1959年那样大的水，受的损失也很小。这一回，水刚刚过警戒线，沿河两岸就安了岗哨，白日夜晚巡防。我家住的地方，刚有被水淹的危险，干部就把我领到安全的地方，暂时住下来，"防洪"帮我搬东西，政府还专门指定一些公共食堂、饭馆，给我们做吃的。巧得很，这次桥洞也是被上游冲下来的木料和冲垮的桥栏杆给堆住了，五个桥洞被塞了两个。市里的防洪指挥部马上派来抢险队，市长、区长还亲自来指挥；过后解放军也来了，还开来了起重机。当天晚上，他们冒着大雨，把堵住大桥的木料起走了，保住了大桥。要在解放前，这回非把大桥冲断不可，我们又不晓得要遭好大的殃。

水退了。过了十多天，等房子里的潮气干了，我们才搬回家。房子坏了的，政府帮助修。得了病，政府派医生来看。……处处都照顾得极周到。这两年，新东门大桥一带两河两岸的堤埂又修过了，住在这里的居民更放心了。

（抄自1963年2月1日《成都晚报》第2版，转录自《岷江志·文存》）

1948 年

（民国三十七年）

理化地震：1948年5月25日15时11分21秒，西康省理化县（理塘）7.3级地震，震中烈度10度。藏坝、德巫、汶洼一带山河崩裂、房屋倒塌，共伤亡军民千余人，鸡、犬、牛、羊死亡无数。全县灾民食宿无所，人心惶恐万状。康定葛坝与九龙县交界处倒塌房屋30余家，压死16人，伤二三十人（含九龙4人），损失牲畜、财物至巨。波及康定、越西、西昌等地。

此次地震余震一直延续到 8 月 21 日,前后共发生余震 180 余次。其中以 7 月 19 日、21 日两次最为强烈,仅次于 5 月 25 日强震。此次地震中,先后伤亡 1200 余人。（《四川省志·大事纪述·中册》344 页）

川西、川南地区遭受风灾、水灾：1948 年 7、8、9 月,富顺、青神、西昌、沐川等县遭受严重风灾、水灾,损失惨重。

当年 8、9 月,富顺遭受两次水灾。8 月,富顺由于暴风雨袭击,沱江洪水上涨,沿江房屋多被冲溃,受灾地区以黄角、牛佛、琵杜等乡为重,横溪、溪临两乡全场覆没。9 月,沱江洪水继续上涨,滨江住户开始第三次搬迁。小南门沙堆冲去大半,一片汪洋。富顺两月内连遭水灾 3 次,受灾区域几遍全县,成千灾民无家可归。

同年,青神遭受大水灾,损失极为惨重。先是连日淫雨不断,导致山洪暴发,沿思濛河流入县内。莲花场首当其冲,全场被冲去;汉阳、罗波、瑞峰、南附等乡亦遭大水冲击,人畜损失无数。据统计,此次水灾被淹面积达 120 余保,田土 13 万亩,占全县耕地十分之六强,被毁场镇有六七个之多,牲畜家禽随洪水漂没的不计其数。

7 月,西昌遭受严重水灾。由于连日淫雨,安宁河水暴涨,德昌、米易等地居民房屋被水淹没,财产损失甚多。

8 月,沐川县暴雨成灾。因岷江支流沐川河由南至北穿城而过,夏秋市区常因雨水成灾。8 月 31 日,暴雨连续不断,市区的面食店、杂货店被淹,西街、南街、北街水深尺许,一片汪洋。南街冲毁房屋 40 余间,城外良田 400 余亩,土壤全被冲尽,剩下一片沙砾。死亡人口无法统计。（《四川省志·大事纪述·中册》346－347 页）

5、6 月（三月下旬至五月上旬）,四川连续 6 次地震。秋,川西大雨,成都陷于巨浸之中,被灾地区计 22 市县：据《中国地震目录》记载:1948 年 5 月 1 日（三月二十三日）,马边一带发生地震。

5 月 25 日（四月十七日）,理塘南发生地震,震级为 7.25,使雄坝、藏坝（濯桑）、磨拉（木拉）、得窝拉波一带,呷多寺、西摄寺、答依寺全部倒平,西多寺部分倒塌,民居倒毁 92％～93％,村寨多全部覆灭,共坍塌陷落房屋 600 余幢,损坏 1000 余幢。雁行排列之地裂,北起理塘西北热水塘向东南继续伸延至德巫南,长约 70 公里,理塘、藏坝、雄坝及德巫盆地中沿地裂大量冒水涌沙。德巫东南斜巫附近无量河岸崩塌,阻河 5 日。温泉干涸普遍。压死埋没 800 余人,伤数百人。牲畜 800 余头。

理塘民房倒塌甚重,寺庙局部倒塌。城附近有山崩地裂。震前,温泉干涸,老鼠大量出洞,聚居屋外空地、田地上打洞,在山坡上乱跑。稻城房屋坍塌 31 户,破坏 46 户,山崩 13 丈,地裂涌出泉水,人畜少数伤亡。雅江个别老墙倒塌或裂缝,西俄罗房屋局部倒塌,山上悬岩崩塌。冕宁县府头门砖牌坊拱门裂开,上部发生裂痕,砖墙裂缝。石龙屋瓦掉落。

巴塘、新龙、康定、道孚亦有感。

自 5 月 25 日至 8 月 20 日（四月十七至七月十六日）计震 180 余次,其中 7 月 19、21 日（六月十三、十五日）及 8 月 11 日（七月初七）震动激烈,乡下房屋续有坍塌。

5 月 26 日（四月十八日）又在理塘附近连续 3 次地震。

6 月 18 日（五月十二日）复震于木里麦地龙附近，造成"麦地龙全村 35 户，7 户房屋部分倒塌，其余大部分房屋墙裂缝，裂缝宽达 2 至 5 寸。木板顶房屋木板震落。村附近山坡震裂一处，裂缝长 100 公尺以上，宽 1 公尺以上。村附近山坡有较大规模之崩塌和滑坡。木里县城及所属之博洼、白碉、冕宁县之洼里、罗波及盐源县城等地，均感地震较强烈。罗波、博洼等地房屋且有轻微破坏"。（《中国地震目录》320－322 页）

四川在连续 6 次地震之后，9 月份，川西又大雨成灾，水浸成都。9 月 15 日（八月十三日）《申报》据成都 14 日（十二日）电："蓉（成都）豪雨三昼夜不止，又酿成去年七月四日后第一次水灾，市区大部被淹，城郊一片汪洋，沿江泛滥，房屋塌毁，物资损失惨重，居民幸少死伤，唯均断炊待哺，景况凄惨。川西灾情尤重，公路堤堰过半被毁，交通全部停顿，都江堰又溃，一切损失犹待统计。"另据《四川城市水灾史》记：是年，"岷江、沱江、嘉陵江又发大水。汶川、成都、新津、夹江、乐山、犍为、简阳、资阳、资中、内江、富顺、广汉、绵竹、德阳、仁寿、荣昌、荣县、大足、遂宁、潼南、苍溪等城又受雨洪灾害"。（《近代中国灾荒纪年续编》666－667 页）

水灾：1948 年，全省水灾共 90 县，其中重灾 56 县。成都市 7 月中，大雨如注，市内各街多成泽国，水深数尺，作物被淹，交通梗阻。新津 7 月 23 日大雨不息，南河水突涨丈余，8 月 17 日又暴雨一昼夜，西、南两河突涨丈余，为百年未见。灌县 7 月连日淫雨，都江堰流域之内、外护堤冲垮不少。彭县、新津 7 月连日淫雨，河水陡涨。金堂 7 月淫雨不止，禾苗受损，沱江暴涨，历年所筑防洪大堤大都遭水冲毁。（《都江堰志》47 页）

水灾 90 县，其中重灾 56 县，人民生命财产损失极大。（《四川省近五百年旱涝史料》16 页）

疫情：江津、理化、富顺、茂县、汉源、靖化等 149 个市县本年发生霍乱 14 人，死亡 1 人；天花 718 人，死亡 68 人；白喉 310 人，死亡 29 人；斑疹伤寒 508 人，死亡 16 人；回归热 139 人；痢疾 6520 人，死亡 67 人；伤寒及副伤寒 2147 人，死亡 230 人；猩红热 89 人，死亡 5 人；脑膜炎 183 人，死亡 21 人；疟疾 1513 人。

发病多的地区：天花是江津（94 例）、理化（105 例）、富顺（56 例）等地。斑疹伤寒是彭县（110 例）、简阳（84 例）、茂县（88 例）、宣汉（63 例）等地。伤寒是宣汉、汉源、靖化、成都市等地，发病均在 100 人以上。（《巴蜀灾情实录》382－383 页）

什邡：3～5 月阴雨连绵，禾苗全损，8 月 12 日狂风大作，倾盆大雨，山洪暴发。9 月中复罹二次水灾，为空前浩劫，其灾惨重不亚于 1934 年，所有沿河农田禾稼尽被冲毁，秋收绝望。（《四川省近五百年旱涝史料》17 页）

荣县：6 月 26 日晚河水泛滥，西门大桥被冲陷一角。（1948 年 7 月 9 日《西方日报》）

隆昌：五月久雨，二十九日大水，淹没房屋，沿河两岸农作物淹没殆尽。（1948 年 7 月 6 日《西方日报》）

洪雅：春夏以来，连日苦雨，小麦玉米发育不良，6 月中禾苗又遭水淹，全县受灾田亩占 46％。（《青衣江志》137 页）

1948 年 9 月 9 日《新中国日报》刊载对全省是年受灾县损失的调查统计，其中洪

雅县受灾农田为 212500 亩。(《四川城市水灾史》106 页)

威远：入夏以来，淫雨成灾，且各乡镇农田发现螟虫。(《四川省近五百年旱涝史料》78 页)

康定：6 月连日大雨，河水陡涨数尺，傍山房屋多被打毁，上涨速度和高度均超过往年记录。(《甘孜州志·大事记》)

[链接] **康区牛瘟猖獗**：1946~1948 年间，阿坝各县牛瘟持续流行，先后共死亡牛 20 余万头，不少牧民倾家荡产。据记载，甘孜麻书土司家 1943 年辖牛场 73 家，共有牲畜 2.58 万头，因疫病流行，死亡惨重，至 1948 年，仅存 8300 头。(《甘孜州志·畜牧篇·兽疫防治》)

犍为：入夏以来，时遭淫雨侵袭，每月难得十日晴天。青虫伤害稻叶，灾荒遍及各地。(《四川省近五百年旱涝史料》51 页)

金川：夏遭水灾甚重，为省统计受灾 35 县市之一。(《阿坝州志·大事记》)

阆中：7 月 16 日大雨，山洪暴发，沱江骤涨 15 公尺以上，沿河粮田有种无收。复于 8 月 18 日、9 月 16 日两次大雨，全县受灾达八成以上。(《嘉陵江志》112 页)

成都：夏秋三次暴雨成灾。7 月中旬连日大雨如注，府河水位涨至 469 米（吴淞高程），流量达 8607 立方米/秒，市内各街多成泽国。8 月 12 日降雨量达 169.5 毫米，13 日河水猛涨 2 丈余，新南门一带河水泛滥上岸。9 月 12 至 15 日，一连四日三夜暴雨，蓉城街道被淹没 100 余条，城外居民受灾更甚，器物多被漂流，沿河一带同受巨灾，相当于 1947 年 7 月 4 日水灾之浩劫。因洪水交通梗阻，对省会粮食供应影响甚大。(《四川城市水灾史》36—37 页、《四川省近五百年旱涝史料》16 页)

资中：7 月 16 日大雨倾盆，沱江水骤涨 15 公尺以上，河堤崩塌，河水入城；复于 8、9 月两次大雨，沿河田土大半无收，全县受灾达八成以上，省统计受灾 35 县中以资中、阆中损失为大。(1948 年 9 月 5 日《西方日报》)

8 月 17 日，全县狂风暴雨，山洪陡涨，县城小东街一片汪洋，35 个乡镇田土被毁 31.3 万亩。(《资中县志·大事记》)

民国三十七年，水灾严重，龙山、凤岭两镇施粥 3 日，县募捐救灾款 110 亿元（法币），大口灾民每人 20 万元，小口灾民每人 10 万元。全县随粮扣减田赋 4000 石。(《资中县志·民政·灾害救济》)

南溪、江安：7 月 18 日、8 月 19 日、9 月 1 日，南溪县 3 次普降暴雨，长江水涨，全县 19 个乡镇受灾。同年，江安县江水暴涨，沿河低处房屋冲毁淹没。(《宜宾市志·自然灾害》)

简阳：7 月 16 日大雨倾盆，山洪暴发，成渝公路桥梁毁损甚多。继于 8 月，淫雨为灾，损失重大。(《四川省近五百年旱涝史料》78 页)

万县：7 月 21 日水位曾达 12 丈。(《万县志·大事记》)

青神：7 月初连雨十余日，河水大涨，后又受飓风之灾，玉米、小麦收成不及二成。8 月 17 日山洪暴发，岷江水位骤增一丈五六，三日始退，所有禾稼悉被冲刷。(《四川省近五百年旱涝史料》51 页)

[链接]《新中国日报》1948 年 9 月 4 日在题为《青神县水灾严重，县人正发起赈

济》的报道中说："本县淫雨，自（8月）二十日左右连日不开，至山洪暴发，沿眉属思濛河流入县内。县属莲花场首当其冲，全场被冲去。他如汉阳、罗波、瑞峰、南附等乡亦遭大水冲击，人物牲畜损失无数。水消日晒，腐气四溢。据老人谈，此次水患实空前未有，岷江水位亦较去岁为高。"该报同年9月9日又继续作专题报道，大标题《青神水灾惨重，农田十余万亩被冲毁》："此次青神大水灾，损失极为惨重，全县被淹面积达一百二十余保，田土约十三万亩，占全县可耕地十分之六强，被毁场镇六七处，人民淹毙一千一百左右，房屋全部被冲者在四千户以上。其它耕牛、猪、鸭，随洪涛漂没不计其数，黄谷亦已腐烂。……哀鸿遍野，惨重万分。"

江津：7月6日连降暴雨，全县大小溪河沿岸水灾严重，房屋倒塌无数。（民国《江津县志·祥异》）

三台：7月初淫雨不止，禾苗大损，粮价上涨不已。（《德阳县志·大事记》）

9月13日至15日秋洪暴涨，沿河老马、芦溪、灵兴、尊胜、花园、永明等乡坝田被冲，房屋漂没，黎民流离。（《涪江志》81页）

德阳：9月连日豪雨，河水陡涨，沿河两岸损坏田地18.7万亩，稻粱损失甚重，德阳至罗江公路冲断数百公尺，交通已阻塞。（《德阳县志·大事记》）

邛崃：7月25日夜大雨倾盆，山洪暴发，西南河两岸水高2丈余，河边庐舍田园尽遭淹没，损失之巨为数十年所仅见。（《四川省近五百年旱涝史料》16页）

新津：7月25日大雨不息，南岸河水突涨丈余。继于8月17日起又暴雨倾盆一昼夜，西南两河水位突涨丈余，此次大水为历年所未见。（《四川省近五百年旱涝史料》16页）

资阳：7月连日暴雨，河水泛滥，16日晚遭受惨重水灾，城郊及东、西、南三门附近被淹，全县受灾总数不少，在千户以上，财产损失不可估计。（1948年7月23日《西方日报》）

潼南：7月涪江水涨。十余乡镇被淹没。（《潼南县志·大事记》）

泸县：7月连日大雨不停，各地山洪暴发，17日起江水大涨5丈余，县城一片汪洋，小市、兰田坝宛在水中央，人物漂浮，无敢抢救，沿河水田冲毁。为省统计遭受水灾县之一。（《宜宾市志·大事记》）

灌县：7月连日淫雨，河水陡涨，都江堰流域之内外护堤冲垮不少，大春收成锐减。秋后又淫雨连绵山洪暴发。（《四川省近五百年旱涝史料》16页）

金堂：7月来淫雨不止，禾苗受损，沱江流域河水暴涨，历年所筑防洪堤大都遭水冲毁。9月中复淫雨连绵，山洪暴发，三皇庙水文站实测9月15日洪峰流量6320立方米/秒，惨状为百年来所未有。（《成都水旱灾害志》240页）

彭县、新都：7月连日淫雨，河水陡涨。新都9月中又大雨数日，此次水灾确为数十年所未有。（《成都水旱灾害志》240页）

新都：自9月13日起，大雨四昼夜，河水泛滥，岸上水深丈余，天缘桥、泥巴沱、毗河（腰店）居民冲走100余人，损失房屋、牲畜甚多。（1948年9月18日《新新新闻》）

西昌：7月德昌区连日淫雨，河水暴涨，米易乡部分居民房屋被淹没，财物荡尽。

8 月德昌区复遭水灾，灾情十分严重。（《四川省近五百年旱涝史料》141 页）

　　盐源：7 月连日淫雨，河水暴涨，冲塌房屋百余栋，田地数千亩。（《四川省近五百年旱涝史料》141 页）

　　宜宾：入夏后，淫雨不休，影响收获，已属严重。7 月 16、17 日连日大雨，山洪暴发，冲刷禾苗。实为历年所未有。为省统计受灾县之一。（《四川省近五百年旱涝史料》93 页）

　　万源：7 月连日大雨倾盆，山洪暴发，万渝公路被冲毁四十余处，为省统计水灾县之一。（《四川省近五百年旱涝史料》113 页）

　　渠县：7 月上旬连日大雨，渠河大涨，田禾冲毁，庐舍荡然，淹死者甚众。（《四川省近五百年旱涝史料》113 页）

　　自贡：7 月山洪暴发，川江水位激增，市区被淹。为省受灾 35 县市之一。继 8 月 17、18 日又连续豪雨成灾。（《自贡市志·灾异》）

　　眉山：8 月 17 至 19 日倾盆大雨，各乡山洪暴发，受灾之重，较去年为甚。9 月又遭洪水，损失亦巨。10 月 21 日又遭大雨，河水突涨。（《四川省近五百年旱涝史料》51 页）

　　1948 年有 25 个乡镇遭水灾，冲毁庄稼 144885 亩，灾民 20792 户，89449 人，毁房 17653 间，死 65 人，伤 145 人，死牲畜 122 只，伤 1744 只。省、县拨救济款 23052 万元，人均 2577 元（米每公斤价 34.74 万元，能买大米 0.007 公斤）。（《眉山县志·自然灾害·民政救济》）

　　郫县：7 月雨水过多，城郊内外一片汪洋，外东一里桥至八里桥水就道路奔流一泻千里，交通断绝，灾情极为严重。9 月又一度涨水，外东大桥水涨九划三，沿桥两岸已成熟稻谷被水冲刷者甚多。（《郫县水利电力志》、《四川省近五百年旱涝史料》17 页）

　　绵阳：7 月涪江暴涨，水灾甚重。9 月 10 日，因连降大雨，城内街巷成河，涪江和安昌河河水猛涨，绵阳县境沿河有 500 多户 3000 余人受灾。（《绵阳市志·大事记》）

　　北川：7 月以来淫雨，山洪暴发，禾苗多被淹死，秋收失望，粮荒严重。9 月 10 日夜起又连日大雨，四昼夜未停，沿途道路桥梁多被冲毁。物价一日数变。（《绵阳市志·大事记》）

　　乐山：7 月淫雨为灾，禾苗受损，复遭山洪暴发，江水激增。（《四川省近五百年旱涝史料》50 页）《新中国日报》1948 年 9 月 22 日报道："本县遭受'818'洪水洗劫后，至 8 月 31 日夜，又滂沱大雨，竟夜未停，至翌日乃止。沿河一带乡镇如五渡、葫芦、复兴、映碧、太平等乡镇均被淹没。农产、牲畜及一切农作物均损失殆尽。"所幸的是，这次水灾乐山城区损失不大。

　　名山：全县五、六、七月遭受连月淫雨，洪水为灾，八月十六日晚，又突降滂沱大雨，数日不止，造成大灾。名山县政府向省政府报告称："平地水深数尺，洪水为害，人民房舍、牲畜、禾苗等，所损失较前尤甚。"当年全县受灾面积 105140 亩，冲毁房屋 254 间，冲走碾坊 13 座、牲畜 55 头，死亡 5 人，损失财产约 8 亿元（旧币）。（《青衣江志》137 页）

　　合江、古蔺、叙永：7 月山洪暴发水位激增，为省统计受灾县之一。（《四川省近五百年旱涝史料》94 页）

绵竹：七月二十八日大雨整日，山洪暴发，二十九日马尾河等水位陡涨 2 丈余，沿河数百民房淹没，损失之重为数十年来所未有。（《绵竹市志·自然灾害》）

彭水：秋，暴雨成灾，冲毁民房 348 间，1.5 万亩田土失收，灾民 1700 余户。（《彭水县志·大事记》）

富顺：7 月淫雨为灾，并时常大雨，水患堪虞。沱江水陡增，沿岸房屋、禾苗尽被淹没。省统计为受灾县之一。（《自贡市志·灾异》）

[链接]《新中国日报》1948 年 9 月 10 日题为《洪水劫后的富顺，灾民多无家可归》的报道："日前本县遭受二次水灾，沿江房屋多被冲溃，受灾地区以黄角、牛佛、琵杜等乡为重，横溪、溪临两乡，全场覆没。灾黎多搭竹棚为屋，所需竹料缺乏，供不应求，房主遂乘势勒索，抬高价目，现已超过米价。"9 月 23 日又报道："富顺沱江洪水，昨（16 日）仍继续上涨，各城门码头船已停渡。滨江住户，又纷纷开始第三次搬迁。"该报 9 月 28 日接着报道说："富顺于两月内连遭水灾三次，受灾区域几遍全县，成千灾民无家可归，嗷嗷待哺，状至凄惨。"

江安：7 月，连月淫雨，四乡田禾腐烂，秋收无望。后复江洪暴涨，沿河田地房屋悉被冲毁淹没，为历年来未有之巨灾。为省统计受灾县市之一。（《四川省近五百年旱涝史料》94 页）

屏山：7 月山洪暴发，水位激增，为省统计受灾县之一。（《四川省近五百年旱涝史料》94 页）

夹江：七月淫雨为灾，全城低洼之地变成泽国，尤以新市场一带积水最深。距城 5 里之千佛岩，忽然崩塌。青衣江暴涨 1 丈余，淹没下游沿岸田禾，冲毁桥梁堰口。（《青衣江志》137 页）

峨边：7 月山洪暴发，为受灾县之一。（《四川省近五百年旱涝史料》51 页）

内江地区：内江七月十六日晚大雨倾盆。沱江水位猛涨 6 丈，冲毁道路，淹没民族路；八月十七日至二十日，第二次大水，东渡口水位 312.27 米（吴淞高程），为 50 年所未见；九月十三日至十五日第三次洪水。这年洪水为患，25 个乡镇受灾，四乡田土 23.7 万亩农作物收成锐减。资中七月十六日大雨倾盆，沱江水骤涨 15 公尺以上，八月十七日夜又暴雨整夜，城内充满腥臭赤水，小东街、西城门口、北大街、中街一片汪洋，这次水灾，全县农作物受损八成以上，为全省受灾最重县之一。简阳七月十六日大雨倾盆，山洪暴发，成渝公路桥梁毁损甚多，八月又淫雨为灾，损失严重。威远入夏以来淫雨为灾。乐至山洪暴发，损失严重。隆昌五月久雨，二十九日大水，淹没房屋，沿河两岸农作物淹没殆尽。（《内江地区水利电力志》）

大足：七月十六日午后三时大雨至次日二十二时，水淹十字口，县府门前可行船，龙水镇较低街房水淹檐口，人文桥冲断，鱼箭堤溃，与光绪十三年相仿。灾及中敖以下沿河 16 个乡镇，受灾 4.17 万亩，房屋冲毁 534 间，死 62 人。（民国三十七年 9 月《大足县三十七年度水灾状况表》，载《大足县志·灾异》）

县成立以县长王天庐为主任委员的"水灾善后委员会"，募得赈济谷仅 14 石。至十月，省才批拨赈济谷 3085 石，但需先抵扣积谷，灾民所得无几。（《大足县志·民政·救济》）

仁寿：8月15、16日大雨倾盆，山溪暴发，低洼之地成泽国。已熟稻谷冲刷殆尽，未熟者收成锐减。（《四川省近五百年旱涝史料》51页）受灾乡镇52个，受灾面积7.35万亩，受灾户18188户，死亡42人，损坏房屋405间，损失存粮黄谷24810斤、大米2273斤、杂粮7084斤。（《仁寿县志·自然环境·灾害性天气》）

蒲江：8月17、18两日大雨，以致山洪暴发，立起水头一丈三四尺，沿河农作物冲刷殆尽，房舍倒塌无算，损失实属严重。（《四川省近五百年旱涝史料》17页）

华阳：华阳县境8月中旬大雨数日，积水盈尺，道途成河，农作物正值成熟收获之际，被冲毁淹没、生芽、腐烂比比皆是。（《双流县志》引双流县档案资料）

会理：8月18日大雨倾盆，平地水深数尺，沿城河及安宁河两岸田地多被冲毁，水灾严重。（《四川省近五百年旱涝史料》141页）

马边：8月31日大雨风雷交加，全城进水，损失奇重。（1948年9月13日《新新新闻》）

沐川：8月31日大雨倾盆，河水暴涨，各街进水深达丈许，一片汪洋。此次水灾极为严重，南街店房40余间被冲毁，市区面食店、杂货店被淹，城外菜园河坝土壤全被冲尽，剩下一片砂砾。（1948年9月13日《新新新闻》）

高县：8月淫雨为灾，山洪暴发，灾荒严重，本年不足之粮达七成以上。（《宜宾市志·大事记》）

温江：9月连降秋雨，15日至16日大雨倾盆，城南城墙和建筑在上面的奎星楼全倾，城北城墙亦同时倒塌。金马河水泛滥，沿岸60％的农户受灾，水稻平均损失四成，其他作物损失二到八成。受灾农田800余亩，毁房52间，死3人，伤7人。江安河水上涨亦高出往年，因水量过大，水位提高，致使水碾车盘停滞，无法开碾。（《温江县志·自然灾害》）

广汉：9月连两日豪雨，河水陡涨，冲毁金雁桥。（1948年9月14日《西方日报》）

安县：今秋遭受百年未见之大水灾，田地、房屋、家畜皆有惨痛损失。9月9日至13日连绵五日夜倾盆大雨，县城黄土、花街、界牌三乡镇平地水深5尺，尤以花街乡受祸最烈，沿河良田数百亩皆冲成石河坝，黄土乡交界处大防洪堤安东堤被冲毁20余丈，田中熟谷均冲刷罄尽。（《涪江志》81页）

新繁：9月大雨，河水暴涨，城内低处成泽国，城墙倒塌多处。（1948年9月19日《新新新闻》）

遂宁：秋，涪江水涨，长乐街进水，沿河住宅均遭水患，各堤坝亦多被冲毁，损失至巨。（《遂宁县志·自然灾害》）

广安：山洪暴发，遭受严重水灾，为省统计受灾35县市之一。（《四川省近五百年旱涝史料》68页）

乐至：山洪暴发，遭受严重水灾，为省统计受灾县市之一。（《四川省近五百年旱涝史料》78页）

巫山：水灾。（《重庆市志·大事记》）

酉阳：连遭洪灾，省拨5000万元（法币），作为小本贷款以贷灾民，但多被乡绅侵吞，灾民所得无几。（《酉阳县志·民政·灾害救济》）

涪陵：4月15日夜，新妙、珍溪等地风雨雹，水稻、玉米重播。（《涪陵市志·自然灾害》）

冕宁：3月18日午后4时，冕宁县河边镇降雹，大者如鸡蛋，小者如梅，地上顷刻积雹尺许；20日更甚于前，物亦同归于尽。5月份，城厢、回龙、惠安、复兴、河边、泸沽等10余乡镇先后遭受雹灾，情形严重，纷纷请救赈济。（《凉山州志·自然灾害》）

筠连：巡司南部冰雹。（《宜宾市志·自然灾害》）

小金：老营大水清地方，端午节夜，雷电交加狂风大作，雨雹倾盆，平地水深丈余，禾稼冲洗甚宽，为本县十年来所罕见的天灾。（《阿坝州志·大事记》）

南充：10月20日，三丰街失火，烧毁街房90余幢、500余间，受灾200余户，800余人。除民间慈善机构及富户自发施粥、捐衣之外，政府未予赈济。受灾商号、店铺倒闭，贫民则乞讨度日四处流浪。（《南充市志·社会救济》）

汶川：三江口火灾，全街50余户中烧毁48户。（《阿坝州志·大事记述》）

重庆洪崖洞岩石崩塌：5月9日，洪崖洞堆店巷岩石崩塌，毁房19幢，死亡11人，伤20人。6月2日晨4时，又岩石崩塌，灾及临江路香水顺城街，毁房69间，死亡61人，伤51人。（《重庆市志·大事记》）

物价疯涨：1948年8月19日发行金圆券后，物价上涨更烈，重庆市米价，由发行金圆券时每市石7元，至1949年6月23日，疯涨到41亿元，10个月时间涨了5亿多倍。（《四川省志·粮食志》139页）

成都"四九"血案：抗日战争胜利后，蒋介石集团发动内战，国民政府疲于筹办军粮，民食安排顾此失彼，抢米风潮席卷全川。民国三十六年春夏间，成都47家、自贡10家、内江4家粮店先后发生饥民抢米事件。民国三十七年4月9日，四川大学、华西大学等校学生数千人，为买不到平价米上街游行，并到省政府请愿。省主席王陵基命令军警镇压，逮捕132人，打伤200多人，造成震惊全国的"四九"血案。6月16日，重庆市大米售价一日数涨，有76家粮店被抢，政府出动军警镇压，逮捕309人，送警备司令部究办32人，判处死刑1人，无期徒刑1人。10月1日，四川省政府决定全面管制粮食，制定登记、调查、督售办法，并派要员督办。民国三十八年初，粮价继续上涨。成都、重庆等地罢工、罢课、罢教迭起，抢案一天比一天增多。6月18日，四川省政府决定对粮食等物资进行突击检查，取缔非法交易及囤积，还是无力解决民食供应，致使粮价疯涨，反动统治濒临崩溃。（《四川省志·粮食志》63页）

1949 年

（民国三十八年）

抗战胜利后，蒋介石集团发动内战，继续在川大量征兵征粮，人民不堪重负，造成水利失修，耕稼失时，农村经济濒于破产。1949年，65县春旱，77县秋涝，成都37条街道被淹，四川粮食产量仅为1938年的80%。通货膨胀，物价飞腾，社会动荡，人

民处于水深火热之中。（《四川省志·粮食志》2 页）

水旱灾袭击全川，2000 万人面临饥馑：1949 年，水旱灾袭击四川 108 县，2000 万人面临饥馑。据成都报纸记载：1949 年四川遭春旱的县份，占全省十之六七，达 65 县以上。川北、川南、川中各地，大部稻田龟裂，无法栽秧，广大农民无以维生。乐山等县的饥民，挖泥土、掘菜根、剥树皮充饥，大批饥民四出求食。屏山等地既遭春旱，5 月 20 日又受空前雹灾，历时 20 分钟，所降雹弹，长若砖块，巨若碗碟，房屋倒塌，树木摧折，人畜死亡，无数禾苗被打死埋没。旱灾未了，水患又至。5～7 月，长江、岷江、沱江、涪江相继暴涨，致使全川 77 县市局遭受洪水之灾，灾情仅次于 1947 年（当年被灾 89 县市）。重庆市 5、6 月两次遭受洪水袭击，塌房垮屋不断发生，人畜房舍冲毁不少。成都 7 月降雨量 669 毫米，不仅比近 10 年的 7 月份平均降雨量 260.7 毫米多 408.3 毫米，而且为最近 10 年的年平均降雨量 1001.8 毫米的 60% 以上；春熙路等 37 条街道均被水淹，交通梗阻，商店关门；洪水将新东门大桥冲毁；许多街道水深数尺，可以行舟。本年全川报灾的，计 142 县市局，其中 34 县市既遭春旱，又受水灾，受灾地区超过全省的 70%，灾民亦几占总人口的 1/3。（《四川省志·大事纪述·中册》365 页）

1949 年，春旱袭击了四川 65 个县，川北、川南、川中各地，稻田龟裂，禾苗枯死，农民无以维生，挖白泥、掏菜根、剥树皮充饥。饥民成群结队外出找食，出现威逼粮户开仓放粮、"吃大户"的现象。黄昏时，许多城市的老人、儿童烧香跪拜，高声呼喊："玉皇大天尊，下雨救众生；今日下大雨，明日变黄金。""苍天苍天，百姓可怜；求天落雨，救活秧田。"但是，旱灾刚去，洪灾又到。从 5 月到 7 月，长江、岷江、沱江、涪江相继暴涨，四川沿江 77 个县、市遭受特大洪灾。全省生命财产损失难以计数。长江上游植被大量破坏，水土无法保持，加剧了这种恶性循环的严重后果。（《四川通史·卷 7》507 页）

重庆市"九二"大火灾：1949 年 9 月 2 日下午 5 时，重庆市下半城赣江街李清发油蜡铺用火不慎引起火灾。由于市政当局平时忽视消防建设，加之气候炎热，风助火势，火起后无力扑救，火灾迅速蔓延，水东门至朝天门、陕西街至千厮门一带燃成火海。大火持续 18 小时，次日早晨才熄灭，酿成巨灾。据重庆市警察局事后调查，烧毁街巷 39 条、学校 7 所、机关 10 处、银行钱庄 33 家、仓库 22 座及粮食、棉花、布匹、食糖、汽油等大量物资，受灾 9600 多户，灾民 4 万多人，死伤近 7000 人，其中死亡 2874 人。损失极为惨重。（《四川省志·大事纪述·中册》365 页）

［**链接**］9 月 7 日，万县组织打捞重庆"九二"大火灾烧死和淹死的浮尸，一天捞起 70 多具。（《万县志·大事记》）

灌县等 14 市县水患：1949 年，"岷江、沱江、嘉陵江和长江干流部分区域发生水灾，灌县、成都、乐山、金堂、简阳、资阳、自贡、绵阳、广元、南充、南溪、江安、泸州、合江等城受损。"（《四川城市水灾史》345 页）

岷江洪水：7 月 14 日，灌县连续降雨 6 天。7 月 17 日，岷江洪峰流量 4430 立方米每秒，宝瓶口水位 18.8 划，洪水将都江堰分水鱼嘴前的护笼全部冲毁，鱼嘴后堤埂也被冲垮，百丈堤毁 100 多米。外金刚堤冲刷成一新河，外江河口右岸石埂被冲毁，沙黑总河至小罗堰一带淤塞，沙黑河进水困难。二王庙顺水埂被冲毁，飞沙堰、人字堤溃决，青城桥上下石埂仅存60余尺。外江黄家河心、秦家渡、陶家湾堤岸溃决，洪水冲入黑石河、江安河。灌区农田受灾14万亩。（《都江堰工程档案》）

万县：流行天花，龙驹场305户、1256人中，染病515人，死亡215人。（《万县志·疾病防治》）

酉阳：3月，饥情严重，民食野菜度荒月，举家逃荒者比比皆是。（《酉阳县志·大事记》）1949年春，连受旱、洪、雹灾，损失惨重，县政府向上报灾，省政府批驳："多属春灾，照例不予查勘。"7月复遭淫雨。（《酉阳县志·民政·灾害救济》）

眉山：3月多悦乡雨雹，打坏麦苗，打烂秧田。（《眉山县志·自然灾害》）5至7月淫雨，估计水稻减产50%以上。（《四川省近五百年旱涝史料》51页）

乐山：5月中旬起淫雨连绵月余，禾苗萎缩，虫病滋生，收获无望。7月中旬岷江流域洪水三次暴发，乐山城四面被水封锁，沿河一带漂没人畜房屋甚多，农民多以树皮草根充饥。（《四川省近五百年旱涝史料》51页）

雅安：七月，雅河水位陡涨，文辉桥被冲毁，雅蓉交通顿生阻碍。八月四日夜一时起，至五日下午二时止，大雨倾盆，雅河再度泛滥，两岸居民又遭水灾。（《青衣江志》138页）

洪雅：春季连日淫雨，小春发育不良，六、七月庄稼被水淹，受灾田土12.5万亩，占总田土面积的57%。（《青衣江志》138页）

夹江：七月淫雨成灾，农田淹没，秧苗枯萎，玉米、蔬菜同受损失。（《青衣江志》138页）

安岳：入春未下透雨。5月中旬起至6月10日止，无日不雨，山洪暴发，禾苗淹没者甚多，玉麦、黄豆完全枯黄，其死者达三分之一以上。（《内江地区水利电力志》）

松潘：五月淫雨，山洪暴发，12乡、1079户受水灾，死12人，毁房123间。（《阿坝州志·气象灾害》）

温江：6月2日、7月4日、7月17日，洪水三度暴发，县城低凹处骤成泽国，白龙池（今灯光球场）附近，温江女子中学（今城关东风二小）等处被淹，公园操场（今南外体育场一带）水深在二三尺以上，金马河、杨柳河、江安河流域各段防洪工程被冲毁殆尽，受灾农田达14万亩，毁田地300余亩，水利工程14处，桥梁5座，死亡29人。（《温江县志·自然灾害》）秋季淫雨，河水暴涨成灾，秋收仅一半。（《四川省近五百年旱涝史料》17页）

名山：洪涝。6月21日、7月28日、8月15日三次暴雨，大水为历年所罕见，全县无一乡镇不受灾，蒙顶山区山崩，房陷地中；秋雨绵绵，稻谷萎烂，灾区甚广，各乡均遭灾害。（《名山县志·自然灾害》）

荣县：6月，淫雨为灾，时值水稻含苞，造成大量空壳。8月大雨，山洪暴发，平地水深丈余，冲毁桥梁房屋、人畜无数，淹没田土甚多，成为罕见奇灾。（《荣县志·灾异》）

合川：大水入城淹至塔耳门，推算水位213米，洪水高度27米。（《合川县志·自然灾害》）

丹棱：自 7 月 1 日起淫雨成灾，山洪暴发，沿河稻谷人畜房屋多被冲毁，受灾极为严重。(1949 年 7 月 24 日《新新新闻》)

康定：7 月初连日淫雨，江水暴涨，冲毁河堤。(1949 年 7 月 6 日《工商导报》)

绵阳：7 月连续大雨，涪江水位骤涨丈余，公路阻塞。(《绵阳市志·大事记》)

绵竹：7 月 3 日至 5 日，大雨三昼夜，沿河田土、农作物悉被淹没，水灾不亚于 1947 年。(1949 年 7 月 7 日《新新新闻》)

江油：7 月连日大雨，稻谷多被淹没，本季秋收久雨成涝灾，糜烂田中稻谷十之六七，灾情颇重。(《绵阳市志·自然灾害》)

德阳：7 月连日大雨，山洪暴发，外东绵阳河大涨，田地淹没，农作物被冲刷不少，秋收大减。(《德阳市志·大事记》)

蓬溪：旱。7 月淫雨成涝。稻、苕收成不到十之二三。(《四川省近五百年旱涝史料》37 页)

崇宁：山洪暴发，禾苗多被冲洗。(1949 年 7 月 28 日《新新新闻》)

新繁：连日大雨，农田、堤堰冲毁甚多。(1949 年 7 月 12 日《工商导报》)

自贡：7 月连日淫雨，斧溪河骤涨 2 丈余，市区平地水深五尺，多成泽国，沿岸农作物损失尤重。(1949 年 8 月 15 日《工商导报》)

富顺：夏季，因沱江中上游淫雨，本县遭受两次大水灾，水位高达 3 丈，沿江淹没地区泛滥达 150 里以上，农作物损失惨重。(1949 年 7 月 12 日《新新新闻》)

资中：春旱过后，又遭 3 次大雨，沿江两岸及滨小河各乡镇山洪暴发，河水骤涨，高达七八丈。仅龙山、凤岭、归德 3 乡镇，被灾 20 余保，2680 余户，淹没房屋 940 余间，田土 5830 余亩，财物损失约值银圆 16 万元。8 月 30 日大雨，河水陡涨 20 余米，沿河田土、房屋、物资被冲毁无数。(《资中县志·自然灾害》)

7 月间雨水过多，沱江水涨 2 丈余，附城棚户均搬进城内寄居屋檐下，流离失所数千人，受灾农田达 10 余万亩。(1949 年 7 月 13 日《工商导报》)

渠县：7 月淫雨为灾，稻谷淹没，河水高涨 4 丈余，农作物损失甚大，公路、桥梁、电杆多被冲毁。(《达州市志·灾异》)

西昌：7 月东河洪水泛滥，沿河一带禾苗受损，至西昌之公路桥梁涵洞多被冲毁。(《四川省近五百年旱涝史料》141 页)

犍为：7 月洪水为灾，沿河一带稻田被冲刷。(《四川省近五百年旱涝史料》51 页)

彭山：7 月山洪暴发，沿江农作物被洪水一扫而空。(《四川省近五百年旱涝史料》51 页)

汉源：7 月连日淫雨，流河、大渡河水位 3 丈余，损失颇重。(《四川省近五百年旱涝史料》58 页)

宜宾：7 月上旬，金沙江、岷江、长江同时陡涨，中旬又复暴涨，沿江低地尽成泽国，城内荒凉，日用食物飞涨。(1949 年 7 月 20 日《工商导报》)7 月淫雨成涝，田多淹没，禾苗多生虫，红苕、花生多淹死。(《四川两千年洪水史料汇编》)

泸县：7 月 11 日江水猛涨，沿江城边均被淹没，灾民 5000 余家，房屋器具冲刷一空。(1949 年 7 月 13 日《新新新闻》)

隆昌：7月间连日大雨，14万亩田土被淹。（《四川省近五百年旱涝史料》94页）

荣昌：7月淫雨成灾，沿濑溪两岸全淹没，生命财产之损失无法估计，农作物损失惨重。（1949年7月27日《新新新闻》）

崇庆：6月、7月两次洪水，冲淹农田1.4万余亩，冲毁而不能复垦的良田3900余亩，毁房1725间。（《成都水旱灾害志》240页）

新津：7月暴雨，河水大涨，沿河农作物被水冲光，顺河房屋亦多冲去，男女尸首浮沉江中。（1949年7月10日《工商导报》）

灌县：春耕时旱灾严重，无法下种。7月14至19日，灌县连续6天大雨，宝瓶口水位18.8划，洪峰流量达每秒4430立方米，外江索桥至飞沙堰一段河床改道、人字堤被冲毁，中正桥上下右岸、陶家湾溃决，洪水进入黑石河、江安河，使农田14万余亩严重受灾。秋收期间阴雨连绵，倒伏稻谷生芽。

1949年洪水，灌县黄家河心又冲开，冲刷田土18000余亩，毁84户民房，毁桥32座。（《灌县志·自然灾害》）

彭县：7月大水，淫雨成灾，蒙阳镇一带田禾均被淹没。（1949年7月7日《新新新闻》）

邛崃：春播后连天淫雨，小麦大多腐烂。7月连日猛雨，山洪暴发，附城西南河水两度骤增，乡村多成泽国，损失严重。（《四川省近五百年旱涝史料》17页）

什邡：7月洪水两次为灾，石亭江、白鱼河、鸭子河沿岸田土被淹，含苞早稻和刚插水稻均被冲倒或没于沙泥，尤以烟叶损失惨重。秋雨绵绵，小春作物出土即烂。（《德阳市志·自然灾害》）

金堂：7月上中旬赵镇连日大雨，江水暴涨，农作物及沿江房屋多被冲毁，县城一片汪洋，灾情严重。（1949年7月23日《建设日报》）

潼南：大雨如注。山洪暴发，全县受灾5189户，损失房屋51幢，农作物受灾2.92万亩。秋，久雨成涝，田中稻谷霉烂十分之六七。（《潼南县志·自然灾害》）

双流：7月水灾，10月新开河受灌县堤溃影响，水位大增，冲毁河堤，淹没沿河稻田2000余亩。8月洪水，府河下游河岸冲毁940丈。（《双流县志》引双流县档案资料）

新都：7月上中旬大雨，天回镇一带竟成泽国，桂湖公园成为水乡，农作物全被淹坏。此次水灾不亚于1947年。（1949年7月17日《新新新闻》）

蒲江：7月中旬连日豪雨，山洪暴发，西南两河陡涨，洪水直扫人畜、庐舍、禾苗。（1949年7月22日《工商导报》）

广汉：7月上中旬大雨时断时续，山洪暴发，各小河泛涨，人畜、田禾损失奇重。（《沱江志》132页）

郫县：7月来豪雨两昼夜，河水激增，淹没农田冲毁河堤甚多。（《郫县水利电力志》）

遂宁：7月以后连日大雨，涪江水位增高，北外老堤堰一带全遭淹没，四联堰亦被冲毁。9月19日涪江水位再度猛涨丈余，沿江农作物损失甚巨。（《遂宁市志·自然灾害》）

达州：7月中旬，宣汉县、达县连日大雨，河水陡涨，农作物损失甚重；7月，渠县淫雨，稻谷被淹没。（《达州市志·灾害》）

广元：夏淫雨连绵，河水大涨成灾。(《四川省近五百年旱涝史料》37 页)

射洪：夏遭旱灾，秋季又遭洪灾，主要农作物收成不及十分之二。(《四川省近五百年旱涝史料》37 页)

绵竹：夏秋遭受水灾，损失不亚于 1947 年。遵道乡受灾面积 939 亩。绵远乡受灾面积 2257 亩，收成不到三分之一。(《绵竹县志·自然灾害》)

盐亭：8 月，弥、梓两江水涨，县城东门外翻渡船一艘，淹死 40 余人。(《绵阳市志·大事记》)

成都：8 月 14 日暴雨，雨量 92.4 毫米，市郊磨底河、市区金御河溢，淹民房数百家。(《成都市志·大事记》)

大邑：8 月中，南平坝区大雨，斜江水涨，淹苏家场，倒房百余间，浸地 600 余亩。千功堰、泉水堰涨水，蔡镇乡万石桥全街被淹。(《成都水旱灾害志》240 页)

南充：春夏未雨，田土龟裂，井水枯竭，不少地方秧门未开，红薯栽下无收，受灾 32552 亩。(《县政府灾情报告》见《南充县志·自然灾害》) 半月来淫雨已成涝灾，9 月 13 日嘉陵江上游水暴涨，全城淹没。滚滚江面宽至 5 里，沿江一带数十里田地均被淹没，人命财产损失无计。(1949 年 9 月 16 日《新中国日报》)

南江：闰七月十九日夜，"强盗水"骤然发作。

〔附〕"强盗水"淹南江：《新中国日报》1949 年 9 月 29 日以"强盗水淹南江"的标题报道："本县自古历七月二十二日起到二十九日止，晴雨各半，及至闰七月初一日起到二十日止，每日淫雨为灾。殊至十九日夜半，南江所谓'强盗水'骤然发作，西门外麻柳湾到东玄帝观以上，东门水码头到南河口，俱成一片汪洋。沿街行船，人丁什物损失无算，即高楼大厦亦难免于倒塌，灾情严重。"(《四川城市水灾史》244 页)

旺苍：9 月，已连绵阴雨 40 余日，5 日深夜，干河场附近山体滑坡，10 多亩坝地被泥石流掩埋，变成一座小山丘。正在这里赶烟会的 130 余位烟客，是夜住场后罗家大院里，除一人幸免外，其余全被埋葬。11 日夜半，县城河水漫街。(《旺苍县志·自然灾害》)

蓬安：9 月 13、14 日嘉陵江水涨 3 丈余，沿江田房财物冲没无算。(《四川省近五百年旱涝史料》68 页)

南部：9 月淫雨成灾，22 日午东南西三河汇水，至晚全城淹没，房屋墙垣倒塌不能居住者千余户。(《四川省近五百年旱涝史料》68 页)

巴县：9 月嘉陵江暴涨，沿河煤矿均遭淹没。(《巴县志·大事记》)

重庆：夏秋沿河波涛汹涌，冲毁人畜房屋不少。(《重庆市志·大事记》)

北碚：嘉陵江空前水灾，天府、宝元两煤矿被淹。(1949 年 9 月 29 日《工商导报》)

简阳：七月上旬连日大雨，山洪暴发成灾，石桥镇淹没，田禾大损，收成无望。(1949 年 7 月 8 日《工商导报》)

广安：伏旱，7 月初至 8 月 13 日未下雨，田多龟裂，禾难抽穗，十之六受灾，平均难收四成。(《渠江志》74 页) 9 月渠江大水，全县 8000 余户受灾。(《广安县志·大事记》)

青神：大雨最巨，致山洪暴发，沿江田土农作被水冲没。（《四川省近五百年旱涝史料》51页）

资阳：资、简一带大雨，沱江水位大涨，沿河农作物、民房等悉被冲洗，秋收无望。除宋徽宗三年、清光绪二十四年、民国二十五年外，以此次水灾为最大。（《四川省近五百年旱涝史料》79页）

威远：自去冬至春，久晴不雨，小春枯萎，栽插不到四成。7月以后又遇暴雨成灾。（《四川省近五百年旱涝史料》79页）

万源：全县栽插仅十分之二，各乡请求减免田赋。（《渠江志》74页）

巴中：入夏连旬亢旱，日甚一日，泉水绝流，田土开裂，禾苗枯萎。（《渠江志》74页）

营山：春歉收，入夏又遭严重旱灾，田土龟裂，秋收绝望，灾情惨重，全县30乡镇被灾者半，重灾者收获不到一成。（《渠江志》74页）夏山洪暴发，低洼处农作物被淹。（《四川省近五百年旱涝史料》68页）

三台：夏旱秋洪，收成大减。（《涪江志》81页）

苍溪：大旱，夏秋150天持续无雨。约20万亩田土受重灾，减收粮食3600多万斤。（《嘉陵江志》136页）

内江：春久不雨，豆麦枯萎。（《内江市志》）7月3日至5日，18日至21日，两次大水，沱江水位上升一二十尺，沿河农作物受严重损害。（《内江市洪灾志》）

酆都：伏旱50天，47个乡镇受灾，面积13.23万亩，灾民近30万，全县农作物能收者仅及三成。（《酆都县志·灾害性天气》）

长寿：7月8日至9月5日，连晴高温60天，溪河断流，池塘干涸，人畜饮水困难。云台、海棠、黄葛、葛兰、天台、付何、新市、梓潼、八颗等18乡，大春收获不及五成。古佛乡受灾197.4公顷，其中收一成的7.2公顷、二成的67.33公顷、三成的32.67公顷、四成的50.2公顷。但渡、扇沱、千佛等3乡受灾面积70%，收成只有三四成。（《长寿县志·灾异》）

龙泉驿：入夏亢阳少雨，农作物受旱减产，受灾2.5万余人，人民政府拨粮救济。（《成都水旱灾害志》240页）

乐至：旱。（《内江市志》）入夏以来，淫雨为灾，山洪暴发。（《川灾年表》）

通江：旱灾。七月连日大雨，河水陡涨，农作物受损最大。（1949年8月10日《新新新闻》）

仁寿：7月，连日暴雨，府河、龙水河、通江、清水河、越溪河等沿河24个乡遭水灾，受灾1.3万户，淹没稻田7.56万亩，倒塌房屋907间，伤亡30人。（《仁寿县志·自然环境·灾害性天气》）

马边：旱，禾苗枯槁，沟河枯竭，无法播种，饥民觅食草根树皮充饥。（《四川省近五百年旱涝史料》51页）

冕宁：4月30日午后6时10分开始，冕宁县回龙遭雹击1小时之久，大如鸡卵，积雪5～6寸，翌日尚未融尽，作物茎叶尽折，为数十年未有之灾。（《凉山州志·自然灾害》）

懋功：久旱未雨，6月3日又突遭冰雹袭击，高半山仅存之禾苗多被损毁。（《阿坝州志·自然灾害》）

雷波：冰雹灾，受灾3700亩，发赈款800元。（《凉山州志·大事记》）

大足：竹蝗猖獗，西山林区虫口密度每平方丈达1万余个，林木一片焦黄。玉龙三村10亩楠竹林全被啃光，农民李仁举30亩水稻因蝗害仅收谷7斗。（《大足县志·灾异》）

理化：麻疹大流行，死者千余人，儿童死亡占80％。（《甘孜州志·疫病防治》）

阿坝牛疫：1949年1月至1950年4月，牛病从青海斑玛、久治和甘肃甘南州等地的牦牛传入州内，波及阿坝、若尔盖、红原、松潘、壤塘、马尔康、马良、理县8县58乡、103个疫点，病牛59816头，死亡2091头。（《阿坝州志·畜牧志·疫病防治》）

绵阳、三台、江油、平武：4县54个乡发生牛出血性败血病，病牛1522头，死亡1056头。1949年底，绵阳市境有牛19.3万头，每个农户平均不到半头，耕牛严重短缺。（《绵阳市志·畜禽防疫》）

［附］**成都平原17县查知有血吸虫病流行**：新中国成立前已查知成都平原西南17个县流行血吸虫病，当时民国政府对此病未进行防治，许多村庄受血吸虫病摧残而人死烟灭，境况凄凉。罗江（属德阳）文星乡康家林，康姓10余家中，8家死绝，6家逃散；文星乡冉家湾，冉姓4房120余口，先后死者70余口。许多寡妇因患晚期血吸虫病，被逼嫁、夺产、投河或自缢。（《巴蜀灾情实录》248页）

参考书目

（一）

［嘉靖］《马湖府志》 ［明］余承勋纂修，嘉靖三十四年（1555）刻本。

［嘉靖］《潼川志》 ［明］陈讲纂修，嘉靖二十九年（1550）原刻本之传抄本。

［万历］《四川总志》 ［明］吴之皞修，杜应芳等纂，万历四十七年（1619）刻本。

［万历］《嘉定州志》 ［明］李采修，范醇敬纂，万历三十九年（1611）传抄本。

［康熙］《四川总志》 ［清］蔡毓荣等修，钱受祺等纂，康熙十二年（1673）刻本。

［康熙］《顺庆府志》 ［清］李成林修，罗承顺等纂，康熙二十五年（1686）刻本。

［康熙］《峨眉县志》 ［清］房星著修，杨维孝等纂，康熙二十四年（1685）刻本。

［乾隆］《九姓司志》 ［清］任启烈纂修，任履肃续修，乾隆四十五年（1780）抄本。

［乾隆］《茂州志》 ［清］丁映奎纂修，乾隆五十九年（1794）抄本。

［乾隆］《直隶达州志》 ［清］陈庆门纂修，宋名立续编，乾隆七年（1742）刻本。

［乾隆］《直隶泸州志》 ［清］夏诏新纂修，乾隆二十四年（1759）刻本。

［乾隆］《荣县志》 ［清］黄大本纂修，乾隆二十八年（1763）补刻本。

［乾隆］《荥经县志》 ［清］劳世沅纂修，乾隆十年（1745）刻本。

［乾隆］《威远县志》 ［清］李南晖修，张翼儒纂，乾隆四十年（1775）刻本。

［乾隆］《昭化县志》 ［清］李元纂修，乾隆五十年（1785）刻本。

［乾隆］《屏山县志》 ［清］张曾敏修，陈琦纂，乾隆四十三年（1778）刻本。

［乾隆］《盐亭县志》 ［清］张松孙修，雷梦德、胡光琦纂，乾隆五十一年（1786）刻本。

［乾隆］《雅州府志》 ［清］曹抡彬等修，曹抡翰等纂，光绪十三年（1887）再补刻本。

［乾隆］《遂宁县志》 ［清］张松孙修，寇质言、李培峘纂，乾隆五十二年（1787）刻本。

［乾隆］《富顺县志》 ［清］熊葵向修，周章熠纂，乾隆二十五年（1760）刻本。

［乾隆］《蒲江县志》 ［清］纪曾荫修，黎攀桂、马道亨纂，乾隆四十九年（1784）刻本。

［乾隆］《潼川府志》 ［清］张松孙修，李芳谷等纂，乾隆五十一年（1786）增刻本。

［嘉庆］《马边厅志略》 ［清］周斯才纂修，嘉庆十二年（1807）刻本。

〔嘉庆〕《中江县志》　〔清〕陈此和修，戴文奎等纂，嘉庆十七年（1812）抄本。

〔嘉庆〕《长宁县志》　〔清〕曹秉让修，杨庚纂，嘉庆十三年（1808）刻本。

〔嘉庆〕《什邡县志》　〔清〕纪大奎修，林时春等纂，嘉庆十八年（1813）刻本。

〔嘉庆〕《双流县志》　〔清〕汪士侃纂修，嘉庆十九年（1814）刻本。

〔嘉庆〕《邛州直隶州志》　〔清〕吴巩修、王来遴等纂，嘉庆二十三年（1818）刻本。

〔嘉庆〕《东乡县志》　〔清〕徐陈谟纂修，嘉庆二十年（1815）刻本。

〔嘉庆〕《四川通志》　〔清〕常明等修，杨芳灿、谭光祜纂，嘉庆二十一年（1816）刻本。

〔嘉庆〕《乐山县志》　〔清〕龚传黻修，涂嵩等纂，嘉庆十七年（1812）刻本。

〔嘉庆〕《达县志》　〔清〕鲁凤辉等修，王廷伟等纂，嘉庆二十年（1815）刻本。

〔嘉庆〕《华阳县志》　〔清〕吴巩、董淳修，潘时彤等纂，嘉庆二十一年（1816）刻本

〔嘉庆〕《江安县志》　〔清〕赵模修，郑存仁纂，嘉庆十七年（1812）刻本。

〔嘉庆〕《纳溪县志》　〔清〕赵炳然、陈廷钰纂修，嘉庆十八年（1813）刻本。

〔嘉庆〕《青神县志》　〔清〕颜谨修，谢智涵纂，嘉庆二十年（1815）刻本。

〔嘉庆〕《直隶泸州志》　〔清〕沈昭兴等修，余观和、王元本纂，嘉庆二十五年（1820）刻本。

〔嘉庆〕《金堂县志》　〔清〕谢惟杰修，陈一津、黄烈纂，嘉庆十六年（1811）刻本。

〔嘉庆〕《宜宾县志》　〔清〕刘元熙修，李世芳纂，嘉庆十七年（1812）刻本。

〔嘉庆〕《洪雅县志》　〔清〕王好音修，张柱等纂，嘉庆十八年（1813）刻本。

〔嘉庆〕《清溪县志》　〔清〕刘传经修，陈一泗纂，嘉庆五年（1800）刻本。

〔嘉庆〕《绵竹县志》　〔清〕沈瓖等纂修，嘉庆十八年（1813）刻本。

〔嘉庆〕《彭县志》　〔清〕王钟钫等修，彭以懋等纂，嘉庆十八年（1813）刻本。

〔嘉庆〕《新都县志》　〔清〕孙真儒等修，李觉楹等纂，嘉庆二十一年（1816）刻本。

〔嘉庆〕《嘉定府志》　〔清〕宋鸣琦修，陈一泗纂，嘉庆十七年（1812）增补重印本。

〔道光〕《大竹县志》　〔清〕翟瑑修，王怀孟等纂，蔡以修续修，刘汉昭等续纂，道光二年（1822）刻本。

〔道光〕《中江县新志》　〔清〕杨霈修，李福源、范泰衡纂，道光十九年（1839）刻本。

〔道光〕《石泉县志》　〔清〕赵德林修，张沆纂，道光十四年（1834）刻本。

〔道光〕《龙安府志》　〔清〕邓存咏等纂，咸丰八年（1858）补刻本。

〔道光〕《乐至县志》　〔清〕裴显忠修，刘硕辅纂，道光二十年（1840）刻本。

〔道光〕《安岳县志》　〔清〕濮瑗修，周国颐纂，道光十六年（1836）刻本。

〔道光〕《邻水县志》　〔清〕廖寅、王尚锦等修，蒋梦兰等纂，道光元年（1821）刻本。

［道光］《茂州志》　［清］杨迦怿、刘辅廷修，道光十一年（1831）刻本。

［道光］《南部县志》　［清］王瑞庆等修，徐畅达、李咸若纂，道光二十九年（1849）刻本。

［道光］《重修昭化县志》　［清］张绍龄修，马玉瓛等纂，道光二十五年（1845）刻本。

［道光］《保宁府志》　［清］黎学锦、徐双桂等修，史观等纂，道光元年（1821）刻本。

［道光］《通江县志》　［清］锡檀修，陈石麟等纂，道光二十八年（1848）刻本。

［道光］《绵竹县志》　［清］刘庆远修，易全斐等纂，道光二十九年（1849）刻本。

［道光］《蓬州志略》　［清］洪运开修，王玑纂，道光十年（1830）刻本。

［道光］《蓬溪县志》　［清］吴章祁修，顾士英等纂，道光二十五年（1845）刻本。

［道光］《新津县志》　［清］王梦庚原修，童宗沛等原纂，陈霁学修，叶芳模等纂，道光十九年（1839）增刻本。

［道光］《綦江县志》　［清］宋灏修，罗星纂，道光六年（1826）刻本。

［咸丰］《开县志》　［清］李肇奎等修，陈昆等纂，咸丰三年（1853）刻本。

［咸丰］《天全州志》　［清］陈松龄纂修，咸丰八年（1858）刻本。

［咸丰］《重修梓潼县志》　［清］张香海修，杨曦等纂，咸丰八年（1858）刻本。

［咸丰］《重修简州志》　［清］濮瑗修，陈治安、黄朴纂，咸丰三年（1853）刻本。

［咸丰］《资阳县志》　［清］范涞清修，何华元纂，咸丰十年（1860）刻本。

［咸丰］《冕宁县志》　［清］李英粲修，李昭纂，咸丰七年（1857）刻本。

［同治］《仁寿县志》　［清］罗廷权等修，马凡若纂，同治五年（1866）刻本。

［同治］《仪陇县志》　曹绍樾等修，胡辑瑞等纂，光绪三十三年（1907）补刻本。

［同治］《会理州志》　［清］邓仁垣等修，吴钟仑等纂，同治十三年（1874）刻本。

［同治］《直隶绵州志》　［清］文棨、董贻清修，伍肇龄、何天祥纂，同治十二年（1873）刻本

［同治］《重修成都县志》　［清］罗廷权等修，衷兴鉴等纂，同治十二年（1873）刻本。

［同治］《重修涪州志》　［清］吕绍衣等修，王应元、傅炳墀纂，同治九年（1870）刻本。

［同治］《重修酆都县志》　［清］田秀栗、徐浚镛修，徐其岱、徐昌绪纂，同治八年（1869）刻本。

［同治］《剑州志》　［清］李溶等修纂，同治十二年（1873）刻本。

［同治］《高县志》　［清］敖立榜修，曾毓佐纂，同治五年（1866）刻本。

［同治］《营山县志》　［清］翁道均修，熊毓藩等纂，同治九年（1870）刻本。

［同治］《隆昌县志》　［清］魏元燮、花映均修，耿光祜等纂，同治元年（1862）刻本，同治十三年（1874）增刻本。

［同治］《续汉州志》　［清］张超等修，曾履中、张敏行纂，同治八年（1869）刻本。

〔同治〕《续增什邡县志》 〔清〕傅华桂修，王玺尊等纂，同治四年（1856）刻本。

〔同治〕《新宁县志》 〔清〕复成修，周绍銮、胡元翔纂，同治八年（1869）刻本。

〔同治〕《新繁县志》 〔清〕张文珍、李应观修，杨益豫等纂，同治十二年（1873）刻本。

〔同治〕《彰明县志》 〔清〕牛树梅原修，何庆恩等增修，李朝栋等纂，同治十三年（1874）刻本。

〔同治〕《增修万县志》 〔清〕王玉鲸、张琴等修，范泰衡等纂，同治五年（1866）刻本。

〔同治〕《德阳县志》 〔清〕何庆恩等修，刘宸枫、田正训纂，同治十三年（1874）刻本。

〔同治〕《璧山县志》 〔清〕寇用平等修，陈锦堂、卢有徽纂，同治四年（1865）刻本。

〔光绪〕《大宁县志》 〔清〕高维岳修，魏远猷等纂，光绪十一年（1885）刻本。

〔光绪〕《广安州志》 〔清〕顾怀壬等修，周克堃等纂，光绪十三年（1887）刻本。

〔光绪〕《井研志》 〔清〕高承瀛等修，吴嘉谟、龚煦春纂，光绪二十六年（1900）刻本。

〔光绪〕《太平县志》 〔清〕杨汝偕纂修，光绪十九年（1893）刻本。

〔光绪〕《内江县志》 〔清〕陆为棻等修，熊玉华等纂，光绪九年（1883）刻本。

〔光绪〕《丹棱县志》 〔清〕顾汝萼等修，朱文翰等纂，光绪三十一年（1905）补刻本。

〔光绪〕《双流县志》 〔清〕彭琬等纂修，光绪三年（1877）刻本。

〔光绪〕《永川县志》 〔清〕许曾荫等修，马慎修纂，光绪二十年（1894）刻本。

〔光绪〕《西充县志》 〔清〕高培谷修，刘藻纂，光绪二年（1876）刻本。

〔光绪〕《会理州续志》 〔清〕蒋金生修，徐昱纂，光绪三十一年（1905）刻本。

〔光绪〕《名山县志》 〔清〕赵懿、赵怡纂修，光绪十八年（1892）刻本。

〔光绪〕《庆符县志》 〔清〕孙定扬修，胡锡祜等纂，光绪二年（1876）刻本。

〔光绪〕《兴文县志》 〔清〕江亦显等修，黄相尧等纂，光绪十三年（1887）刻本。

〔光绪〕《江油县志》 〔清〕武丕文等修，欧培槐等纂，光绪二十九年（1903）刻本。

〔光绪〕《巫山县志》 〔清〕连山等修，李友梁等纂，光绪十九年（1893）刻本。

〔光绪〕《秀山县志》 〔清〕王寿松修，李稽勋纂，光绪十七年（1891）刻本。

〔光绪〕《奉节县志》 〔清〕曾秀翘修，杨德坤等纂，光绪十九年（1893）刻本。

〔光绪〕《青神县志》 〔清〕郭世棻修，文笔超等纂，光绪三年（1877）刻本。

〔光绪〕《直隶泸州志》 田秀栗、邓林修，华国清、施泽久纂，光绪八年（1882）刻本。

〔光绪〕《岳池县志》 〔清〕何其泰等修，吴新德纂，光绪元年（1875）刻本。

〔光绪〕《定远县志》 〔清〕姜由范等修，王镛等纂，光绪元年（1875）刻本。

〔光绪〕《荣昌县志》 〔清〕施学煌等修，敖册贤纂，光绪十年（1884）刻本。

〔光绪〕《垫江县志》 〔清〕谢必铿等修，李炳灵纂，光绪二十六年（1900）刻本。

〔光绪〕《重修东乡县志》 〔清〕如柏纂修，光绪二十八年（1902）刻本。

〔光绪〕《重修彭县志》 〔清〕张龙甲修，吕调阳等纂，光绪四年（1878）刻本。

〔光绪〕《叙州府志》 〔清〕王麟祥修，邱晋成等纂，光绪二十二年（1896）刻本。

〔光绪〕《洪雅县志》 〔清〕郭世棻修，邓敏修等纂，光绪十年（1884）刻本。

〔光绪〕《屏山县续志》 〔清〕张九章总纂，陈藩垣等分辑，光绪二十四年（1898）刻本。

〔光绪〕《珙县志》 〔清〕姚廷章修，邓桂林纂，光绪九年（1883）增刻本。

〔光绪〕《盐亭县续志》 〔清〕邢锡晋修，赵崇藩等纂，光绪八年（1882）刻本。

〔光绪〕《盐源县志》 〔清〕辜培源等修，曹永贤、欧阳衔等纂，光绪二十年（1894）刻本。

〔光绪〕《射洪县志》 〔清〕谢廷钧等修，罗锦城等纂，光绪十年（1884）刻本。

〔光绪〕《资州直隶州志》 〔清〕刘炯原本，罗廷权、何衮等续纂修，光绪二年（1876）增刻本。

〔光绪〕《铜梁县志》 〔清〕韩清桂、邵坤修，陈昌等纂，光绪元年（1875）刻本。

〔光绪〕《梁山县志》 〔清〕朱言诗等纂修，光绪二十年（1894）刻本。

〔光绪〕《续修安岳县志》 〔清〕陈其宽修，邹宗垣纂，光绪二十四年（1898）刻本。

〔光绪〕《续增乐至县志》 〔清〕胡书云等修，邓瑛等纂，光绪九年（1883）刻本。

〔光绪〕《绵竹县乡土志》 〔清〕田明理等修，黄尚毅纂，光绪三十四年（1908）刻本。

〔光绪〕《越嶲厅全志》 〔清〕马忠良修，马湘等纂，光绪三十二年（1906）铅印本。

〔光绪〕《彭水县志》 〔清〕庄定域修，支承祜等纂，光绪元年（1875）刻本。

〔光绪〕《遂宁县志》 〔清〕孙海等修，李星根纂，光绪五年（1879）刻本。

〔光绪〕《蓬州志》 〔清〕方旭修，张礼杰等纂，光绪二十三年（1897）刻本。

〔光绪〕《蓬溪县续志》 〔清〕周学铭修，熊祥谦等纂，光绪二十五年（1899）刻本。

〔光绪〕《蒲江县志》 〔清〕孙清士等修，解璜、徐元善等纂，光绪四年（1878）刻本。

〔光绪〕《雷波厅志》 〔清〕秦云龙修，万科进纂，光绪十九年（1893）刻本。

〔光绪〕《简州续志》 〔清〕易家霖修，傅为霖纂，光绪二十三年（1897）刻本。

〔光绪〕《新修潼川府志》 〔清〕阿麟修，王龙勋等纂，光绪二十三年（1897）刻本。

〔光绪〕《增修灌县志》 〔清〕庄思恒等修，郑珶山纂，光绪十二年（1886）刻本。

〔光绪〕《德阳县志续编》 〔清〕钮传善修，李炳灵、杨藻纂，光绪三十一年（1905）刻本。

［光绪］《黔江县志》　［清］张九章修，陈藩垣等纂，光绪二十年（1894）刻本。

［宣统］《广安州新志》　［清］周克堃等编纂，宣统二年（1910）刻本。

［宣统］《峨眉县续志》　［清］李锦成修，朱荣邦纂，宣统三年（1911）刻本。

［民国］《三台县志》　林志茂等修，张树勋等纂，民国二十年（1931）铅印本。

［民国］《大竹县志》　郑国翰、曾瀛藻修，陈步武、江三乘纂，民国十七年（1928）铅印本。

［民国］《大邑县志》　王铭新、解汝襄等修，钟毓灵、龚维锜等纂，民国十九年（1930）铅印本。

［民国］《万源县志》　刘子敬修，贺维翰纂，民国二十一年（1932）铅印本。

［民国］《云阳县志》　朱世镛等修，刘贞安等纂，民国二十四年（1935）石印本。

［民国］《中江县志》　谭毅武等修，陈品全等纂，民国十九年（1930）铅印本。

［民国］《内江县志》　曾庆昌原本，易元明修，朱寿朋、伍应奎纂，民国三十四年（1945）刻本。

［民国］《长寿县志》　陈毅夫等修，刘君锡等纂，民国三十三年（1944）铅印本。

［民国］《丹棱县志》　刘良模等修，罗春霖纂，民国十二年（1923）石印本。

［民国］《巴中县志》　张仲孝等修，马文灿等纂，民国十六年（1927）石印本。

［民国］《巴县志》　朱之洪等修，向楚等纂，民国二十八年（1939）刻本。

［民国］《双流县志》　刘佶等修，刘咸荣纂，民国十年（1921）铅印本。

［民国］《邛崃县志》　刘奭等修，宁缃等纂，民国十一年（1922）铅印本。

［民国］《北川县志》　杨均衡等修，黄尚毅等纂，民国二十一年（1932）石印本。

［民国］《乐山县志》　唐受潘等修，黄镕等纂，民国二十三年（1934）铅印本。

［民国］《乐至县志又续》　杨祖唐等修，蒋德勋等纂，民国十八年（1929）刻本。

［民国］《汉源县志》　刘裕常修，王琢等纂，民国三十年（1941）铅印本。

［民国］《西昌县志》　郑少成等修，杨肇基等纂，民国三十一年（1942）铅印本。

［民国］《达县志》　蓝楷、张仲孝修，王文熙、吴德准、朱炳灵纂，民国二十七年（1938）增补铅印本。

［民国］《夹江县志》　罗国钧等修，薛志清等纂，民国二十四年（1935）铅印本。

［民国］《华阳县志》　陈法驾、叶大锵等修，曾鉴、林思进等纂，民国二十三年（1934）刻本。

［民国］《合江县志》　王玉璋修，刘天锡、张开文纂，民国十八年（1929）铅印本。

［民国］《名山县新志》　胡存琼、赵正和纂修，民国十九年（1930）刻本。

［民国］《兴文县志》　李仲阳修，何鸿亮纂，民国三十二年（1943）铅印本。

［民国］《江安县志》　严希慎修，陈天锡纂，民国十二年（1923）石印本。

［民国］《江津县志》　聂述文等修，刘嘉泽等纂，民国十三年（1924）刻本。

［民国］《苍溪县志》　熊道琛、钟俊等修，李灵椿等纂，民国十七年（1928）铅印本。

［民国］《芦山县志》　宋琅、张宗翔修，刘天倪等纂，民国三十二年（1943）铅印本。

［民国］《汶川县志》　祝世德纂修，民国三十三年（1944）铅印本。

〔民国〕《松潘县志》 张典等修,徐湘等纂,民国十三年（1924）刻本。

〔民国〕《金堂县续志》 王暨英等修,曾茂林等纂,民国十年（1921）刻本。

〔民国〕《泸县志》 王禄昌、裴纲修,高觊光、温翰桢纂,民国二十七年（1938）铅印本。

〔民国〕《荣县志》 廖世英等修,赵熙、虞兆清等纂,民国十八年（1929）刻本。

〔民国〕《荥经县志》 贺泽等修,张赵才等纂,民国四年（1915）刻本。

〔民国〕《南江县志》 董珩修,岳永武等纂,民国十一年（1922）铅印本。

〔民国〕《南溪县志》 李凌霄等修,钟朝煦纂,民国二十六年（1937）铅印本。

〔民国〕《重修大足县志》 郭鸿厚修,陈习删纂,民国三十五年（1946）铅印本。

〔民国〕《重修广元县志稿》 谢开来等修,王克礼、罗映湘纂,民国二十九年（1940）铅印本。

〔民国〕《重修什邡县志》 王文照修,曾庆奎、吴江纂,民国十八年（1929）铅印本。

〔民国〕《重修南川县志》 柳琅声修,韦麟书纂,民国二十年（1931）铅印本。

〔民国〕《重修彭山县志》 刘锡纯纂修,民国三十三年（1944）铅印本。

〔民国〕《重修酆都县志》 黄光辉等修,郎承诜、余树棠等纂,民国十六年（1927）铅印本。

〔民国〕《叙永县志》 赖佐唐等修,宋曙等纂,民国二十四年（1935）铅印本。

〔民国〕《剑阁县续志》 王昌蔚、张政等纂修,民国十六年（1927）铅印本。

〔民国〕《宣汉县志》 汪承烈修,邓方达等纂,民国二十年（1931）石印本。

〔民国〕《眉山县志》 王铭新等修,郭庆琳等纂,民国十二年（1923）石印本。

〔民国〕《峨边县志》 李宗煌等修,贾希曾、李仙根纂,民国四年（1915）铅印本。

〔民国〕《郫县志》 李之青等修,戴朝纪等纂,民国三十七年（1948）铅印本。

〔民国〕《阆中县志》 岳永武修,郑钟灵等纂,民国十五年（1926）石印本。

〔民国〕《资中县续修资州志》 吴鸿仁等修,黄清亮等纂,民国十八年（1929）铅印本。

〔民国〕《崇宁县志》 陈邦倬修,易象乾、田树勋等纂,民国十四年（1925）刻本。

〔民国〕《崇庆县志》 谢汝霖等修,罗元黼等纂,民国十五年（1926）铅印本。

〔民国〕《渠县志》 杨维中等修,钟正懋纂,郭奎铨续纂,民国二十一年（1932）铅印本。

〔民国〕《涪陵县续修涪州志》 王鉴清等修,施纪云等纂,民国十七年（1928）刻本。

〔民国〕《续修筠连县志》 祝世德纂修,民国三十七年（1948）铅印本。

〔民国〕《绵竹县志》 王佐、文显谟等修,黄尚毅等纂,民国九年（1920）刻本。

〔民国〕《绵阳县志》 蒲殿钦等修,崔映棠纂,民国二十一年（1932）刻本。

〔民国〕《雅安县志》 胡荣湛修,余良选等纂,民国十七年（1928）石印本。

〔民国〕《犍为县志》 陈谦、陈世虞等修,罗绶香、印焕门等纂,民国二十六年（1937）铅印本。

〔民国〕《遂宁县志》 甘焘等修,王懋昭纂,民国十八年（1929）刻本。

〔民国〕《温江县志》 张骥等修,曾学传纂,民国十年（1921）刻本。

〔民国〕《富顺县志》 彭文治、李永成修,宋育仁监修,卢庆家、高光照纂,民国二十年（1931）刻本。

〔民国〕《蓬溪近志》 伍彝章等修,曾世礼、纪大经等纂,民国二十四年（1935）刻本。

〔民国〕《简阳县续志》 李青廷等修,汪金相、胡忠阀纂,民国二十年（1931）铅印本。

〔民国〕《新修合川县志》 郑贤书等修,张森楷纂,民国十年（1921）刻本。

〔民国〕《新修南充县志》 李良俊监修,王荃善等纂,民国十八年（1929）刻本。

〔民国〕《新都县志》 陈习删等修,闵昌术等纂,民国十八年（1929）铅印本。

〔民国〕《新繁县志》 侯俊德、吕崧云等修,刘复等纂,民国三十五年（1946）铅印本。

〔民国〕《潼南县志》 王安镇等修,夏璜纂,民国四年（1915）刻本。

〔民国〕《灌县志》 叶大锵等修,罗骏声纂,民国二十二年（1933）铅印本。

（二）

《20世纪中国灾变图史》 夏明方、康沛竹主编,福建教育出版社,2001年。

《大足县志》 大足县县志编修委员会编纂,方志出版社,1996年。

《万县志》 万县志编纂委员会编,张元龙总编,周克勤监修,四川辞书出版社,1995年。

《川人大抗战》 郑光路著,四川人民出版社,2005年。

《广安县志》 四川省广安县志编纂委员会编纂,四川人民出版社,1994年。

《郫都县志》 四川省郫都县地方志编纂委员会编纂,四川科学技术出版社,1991年。

《开江县志》 四川省开江县志编纂委员会编纂,四川人民出版社,1989年。

《云阳县志》 云阳县志编纂委员会编纂,四川人民出版社,1999年。

《历代四川各地灾异提要索引》 重庆图书馆编印,1956年。

《中国历史大事编年》 张习孔、田钰主编,北京出版社,1987年。

《中国历代自然灾害及历代盛世农业政策资料》 中国社会科学院历史研究所资料编纂组,农业出版社,1988年。

《中国古代灾害史研究》 赫治清主编,中国社会科学出版社,2007年。

《中国古代重大自然灾害和异常年表总集》 宋正海总主编,广东教育出版社,1992年。

《中国农业自然灾害史料集》 张波、冯凤、张纶等编,陕西科学技术出版社,1994年。

《中国近代十大灾荒》 李文海、程啸、刘仰东、夏明方著,人民出版社,2020年。

《中国灾害志》　高建国、夏明方断代卷主编,中国社会出版社,2019年。

《中国灾害通史》　袁祖亮主编,郑州大学出版社,2008年。

《中国救灾制度研究》　孙绍骋著,商务印书馆,2004年。

《中国救荒史》　邓拓著,武汉大学出版社,2012年。

《内江市洪灾志》　内江市编史修志委员会编纂,1982年。

《内江地区水利电力志》　四川省内江市水利电力局编纂,巴蜀书社,1990年。

《内江县志》　四川省内江市东兴区志编纂委员会编纂,巴蜀书社,1994年。

《长寿县志》　四川省长寿县地方志编纂委员会编纂,四川人民出版社,1997年。

《仁寿县志》　四川省仁寿县志编纂委员会编纂,四川人民出版社,1990年。

《文明的"双相"——灾害与历史的缠绕》　夏明方著,广西师范大学出版社,2020年。

《巴蜀灾情实录》　李仕根主编,中国档案出版社,2005年。

《双流县志》　四川省双流县志编纂委员会编纂,四川人民出版社,1992年。

《水经注校证》　[北魏]郦道元著,陈桥驿校证,中华书局,2013年。

《甘孜州志》　甘孜州志编纂委员会编纂,四川人民出版社,1998年。

《平昌县志》　四川省平昌县地方志编纂委员会编纂,四川科学技术出版社,1990年。

《四川历代水利名著汇释》　四川省水利电力厅编著,四川科学技术出版社,1989年。

《四川水旱灾害》　四川省水利电力厅编著,科学出版社,1996年。

《四川旧事》　郑光路著,四川人民出版社,2018年。

《四川地震全记录》　孙成民主编,四川人民出版社,2010年。

《四川州县建置沿革图说》　任乃强、任新建著,巴蜀书社,2002年。

《四川两千年洪灾史料汇编》　水利部长江水利委员会、重庆市文化局、重庆市博物馆编,文物出版社,1993年。

《四川抗战历史文献·大事记卷》　四川省地方志工作办公室主编,四川大学出版社,2020年。

《四川抗战历史文献·少数民族卷》　四川省地方志工作办公室主编,四川大学出版社,2020年。

《四川抗战历史文献·亲历、亲见、亲闻资料卷（第二辑）》　四川省地方志工作办公室主编,四川大学出版社,2021年。

《四川城市水灾史》　郭涛著,巴蜀书社,1989年。

《四川战争史》　任昭坤、龚自德著,四川人民出版社,2009年。

《四川省志·大事记述》　四川省地方志编纂委员会编,四川科学技术出版社,1999年。

《四川省志·气象志》　四川省地方志编纂委员会编纂,四川辞书出版社,1995年。

《四川省志·水利志》　四川省地方志编纂委员会编纂,四川科学技术出版社,1996年。

《四川省志·民政志》 四川省地方志编纂委员会编纂,四川人民出版社,1996 年。

《四川省志·地理志》 四川省地方志编纂委员会编纂,成都地图出版社,1996 年。

《四川省志·地震志》 四川省地方志编纂委员会编纂,四川科学技术出版社,1998 年。

《四川省志·农业志》 四川省地方志编纂委员会编纂,四川辞书出版社,1996 年。

《四川省志·医药卫生志》 四川省地方志编纂委员会编纂,四川辞书出版社,1996 年。

《四川省志·粮食志》 四川省地方志编纂委员会编纂,四川科学技术出版社,1995 年。

《四川省近五百年旱涝史料》 四川省气象局资料室编印,1978 年。

《四川通史》 贾大泉、陈世松主编,四川人民出版社,2010 年。

《民国赈灾史料三编》(第 31 册) 夏明方选编,国家图书馆出版社,2017 年。

《地下成都》 肖平著,天地出版社,2013 年。

《西充县志》 四川省西充县志编纂委员会编纂,重庆出版社,1993 年。

《达州市志》 《达州市志》编纂委员会编纂,方志出版社,2009 年。

《达县市志》 达县市地方志工作委员会编纂,四川人民出版社,1994 年。

《成都水旱灾害志》 《成都水旱灾害志》编写组编纂,成都科技大学出版社,1995 年。

《成都市志·地理志》 成都市地方志编纂委员会编,郑霖主编,成都出版社,1993 年。

《华阳国志校补图注》 〔晋〕常璩著,任乃强校注,上海古籍出版社,1987 年。

《自贡市志》 自贡市地方志编纂委员会编纂,方志出版社,1997 年。

《合川县志》 四川省合川县地方志编纂委员会编纂,四川人民出版社,1995 年。

《江津县志》 江津县地方志编纂委员会编纂,四川科学技术出版社,1995 年。

《酉阳杂俎》 〔唐〕段成式撰,曹中孚校点,上海古籍出版社,2012 年。

《酉阳县志》 《酉阳县志》编纂委员会编纂,重庆出版社,2002 年。

《抗日战争时期四川大事记》 四川省人民政府参事室、四川省文史研究馆编,华夏出版社,1987 年。

《近代中国灾荒纪年》 李文海、林敦奎、周源、宫明著,湖南教育出版社,1990 年。

《近代中国灾荒纪年续编(1919—1949)》 李文海、林敦奎、程啸、宫明等著,湖南教育出版社,1993 年。

《阿坝州志》 阿坝藏族羌族自治州地方志编纂委员会编纂,民族出版社,1994 年。

《奉节县志》 四川省奉节县志编纂委员会编纂,方志出版社,1995 年。

《武隆县志》 四川省武隆县志编纂委员会编纂,四川人民出版社,1994 年。

《青衣江志》 阮基康主编,四川省水利电力厅编印,1989 年。

《青城山志》 《青城山志》编修委员会编纂,巴蜀书社,2004 年。

《茂汶羌族自治县志》 四川省阿坝藏族羌族自治州茂汶羌族自治县地方志编纂委员会编,四川辞书出版社,1997 年。

《范长江新闻文集》　范长江著,新华出版社,2001年。

《旺苍县志》　四川省旺苍县志编纂委员会编纂,四川人民出版社,1996年。

《岷江志》　冯广宏主编,四川省水利电力厅编印,1990年。

《沱江志》　四川省水利电力厅编印,1991年。

《宜宾市志》　宜宾市地方志办公室编纂,新华出版社,1992年。

《宜宾县志》　四川省宜宾县志编纂委员会编纂,巴蜀书社,1991年。

《政训实录》　元周主编,中国戏剧出版社,2001年。

《赵藩纪念文集》　张勇主编,云南美术出版社,2004年。

《荒书》　〔清〕费密著,浙江古籍出版社,1985年。

《荣县志》　四川省荣县志编纂委员会编纂,四川大学出版社,1993年。

《南充市志》　四川省南充市地方志编纂委员会编纂,四川科学技术出版社,1994年。

《威州史话》　罗进勇、董畅著,中国文史出版社,2017年。

《重庆市志(第一卷)》　重庆市地方志编纂委员会总编辑室编,四川大学出版社,1992年。

《眉山县志》　四川省眉山县志编纂委员会编纂,四川人民出版社,1992年。

《峨眉山志》　《峨眉山志》编纂委员会编纂,四川省科学技术出版社,1996年。

《铁泪图——19世纪中国对于饥馑的文化反应》　〔美〕艾志端著,曹曦译,江苏人民出版社,2011年。

《郫县水利电力志》　四川省郫县水电局编,1983年。

《资中县志》　四川省资中县志编纂委员会编纂,巴蜀书社,1997年。

《凉山彝族自治州志》　凉山彝族自治州地方志编纂委员会编纂,方志出版社,2002年。

《渠江志》　段泽民主编,四川省水利电力厅编印,1990年。

《涪江志》　冯广宏主编,四川省水利电力厅编印,1991年。

《涪陵市志》　四川省涪陵市志编纂委员会编纂,四川人民出版社,1995年。

《梁平县志》　梁平县地方志编纂委员会编纂,方志出版社,1995年。

《绵竹县志》　四川绵竹县志编纂委员会编纂,四川科学技术出版社,1992年。

《绵阳市志(1840—2000)》　《绵阳市志》编纂委员会编纂,四川人民出版社,2007年。

《道·金牛》　成都市金牛区地方志办公室编著,四川人民出版社,2019年。

《遂宁市志》　遂宁市地方志办公室,《遂宁市志》编纂委员会编纂,方志出版社,2006年。

《遂宁县志》　四川省遂宁市地方志编纂委员会编纂,巴蜀书社,1992年。

《温江县志》　四川省温江县志编纂委员会编纂,四川人民出版社,1990年。

《蜀难叙略》　〔清〕沈荀蔚述,商务印书馆,1959年。

《蜀梼杌校笺》　〔宋〕张唐英撰,王文才、王炎校笺,巴蜀书社,1999年。

《蜀碧》　〔清〕彭遵泗等著,北京古籍出版社,2002年。

《蜀震问道》　四川省地震局、中国地震局离退休干部办公室编，地震出版社，2018 年。

《锦里耆旧传》　〔宋〕勾延庆纂，中华书局，1985 年。

《嘉陵江志》　汪荣春主编，四川省水利电力厅编印，1991 年。

《德阳市志》　德阳市地方志编纂委员会编纂，四川人民出版社，2003 年。

《潼南县志》　潼南县地方志编纂委员会编纂，四川人民出版社，1993 年。

《璧山县志》　四川省璧山县志编纂委员会编纂，四川人民出版社，1996 年。

《灌县志》　四川省灌县志编纂委员会办公室编纂，四川人民出版社，1991 年。

卷尾

编后记

2018年7月初，四川省防灾减灾教育馆决定编写《四川灾害史纪年》，聘请本人为主编，并从馆内工作人员中选出两名年轻人做我的兼职助手（中途因人事变动另换两位），主要是打字（承担其本职工作）。我们都是历史学科尤其是灾害史专业的门外汉，但是我们知道这项工作的意义，都愿意努力学习、探索，试着干。

我们从网上搜购得邓拓著《中国救荒史》、赫治清主编《中国古代灾害史研究》、李文海等著《近代中国灾荒纪年》和《近代中国灾荒纪年续编》。这几本书，就是引导我们进入灾害史圈子的入门书。

我们立即全身心投入工作，但是由于自身缺乏学术素养，缺乏经费，缺乏人手，缺乏资料，又逢新冠疫情肆虐，图书馆、档案馆关闭，中断了我们搜寻、征集资料之路，可谓困难重重。然而，我们自启动之后，就没有停止过前进的步伐，并一直保持着较快的编纂进度。缘由何在？作为主编，回顾四年来的艰辛历程，我认为我们很幸运。所到之处都能得人之助，众多素不相识的人士诚心相助，促我振作奋进，破了难关，驱了疲惫。

我们编辑组拜访的第一个单位是四川省地方志工作办公室（以下简称"省志办"），得到省志办领导的热忱鼓励和鼎力支持，除收到《四川省志》分册20多部赠书外，省志办两位领导，还在我们的介绍信上联名签署：请各市（州）县（区、市）志办，对灾害史资料征集工作，给予支持。这可说是编写组的"通行证"。得到了权威部门的认可和首批资料支持，等于吃了定心丸，进了第一份"家底"。2019年初，省志办帮助我们联系重庆地方志办公室，介绍我们前往征集资料。2021年秋冬，我们在第五稿基础上进行"充实、调整、规范、提高"，再次得到省志办的深切关注和倾力支持：其一，当我足疾突发，剧痛不能行走，难以前往省志办查核资料时，省志办领导特准将资料室所藏《四川历代方志集成》全套108册出运至我寓所，让我借用十天，进行重点校核和采录；其二，省志办刘忠安调研员前后三次带我们到设于双流的省志办大书库，查找我们进一步校核所需的资料，并经领导批准再次赠送省志分册50部。在我们编纂书稿的最后阶段，省志办给予我们资料查核所需的所有权限，并破例提供方便，使书稿内容进一步完善，质量进一步提高。我对省志办的感激之情无以言表。

在阅读资料、采撷史料并初步排列的过程中，我逐渐有一些思考和感想，涉及灾害史编纂的指导思想、基本理念、框架结构和史料挖掘组合的方法等方面。但当时我既缺乏灾害史方面的理论准备，又未觅到一部他省灾害史书籍可以作借鉴，更无缘认识一位史学界人士以求指教，内心不免犹豫纠结。正在此时，我从教育馆获悉，中国灾害防御协会灾害史专业委员会第十六届年会暨"中国灾害研究七十年"国际学术研讨会（海口会议）即将召开。这对我来说正是天赐的学习良机，就赶忙写了一篇简短的工作汇报，题为"《四川灾害史纪年》形成第三稿——尝试创新体例，注入人文关怀"，呈给大会筹备处。2019 年 11 月 16 日，我应邀赶到海口参会，不料想，那篇意在请教的仅 1700 字的汇报竟已被收在大会编印的论文集中，而且会务组还安排我这个首次参会的"新生"为分会场发言人之一。在十分钟的发言中，我就灾害史研究中的人文定位问题求教于专家学者。海口会议让我聆听到了中国灾害史研究领域众多专家和几位国外学者的最新学术成果报告，会议印发的论文集让我大致了解了中国灾害研究七十年的历程，感受到灾害研究与当代中国防灾减灾大业乃至民族命运的紧密联系，以及灾害史研究者应负的使命与责任、应有的学术态度与历史担当，让我上了灾害史专业的第一堂大课。

2020 年 10 月，灾害史专业委员会第十七届年会暨"历史视野下的灾害文化与灾害治理"国际学术研讨会，因疫情举行线上会议。我提交的论文《灾害史就是人类应对灾害的历史——〈四川灾害史纪年〉编纂的实践探索》，由会务组安排在分会场第一个发言，这是我再次向全国灾害史学界汇报本书编纂的进程和粗浅心得。

2021 年 12 月，灾害史专业委员会第十八届年会暨"全球史视野下的灾害、生命与日常生活"学术研讨会，因疫情仍在线上举行。我提交了论文《四川大灾荒中的饥民生活和生命体验》，同时向会议报告："《四川灾害史纪年》近已形成送审稿。"

我应邀连续参加了灾害史专业委员会三届年会，虽没有与会议主持者独自交流请教的机会，但受到学术团体明显关照，为《四川灾害史纪年》的编纂拓展了视野，确立了较为明晰的方向。在全国抗击新冠疫情期间，我们不能外出查找资料，但工作也未停顿。通过网上寻购，编辑组陆续获得部分资料书（因条件所限，不少应备之书未能得到，深以为憾），随收随读，摘编，录入，校对。同时，我撰写了六篇与四川灾害史有关且有现实意义的文章，都在省级以上刊物发表。2020 年 7 月，灾害史专业委员会编的《灾害史研究简讯》同期专发了其中两篇：《四川近现代几次疫病大流行与应对状况》和《巴蜀历代治水功臣谱》。

我们很幸运，所之处可说是有求必应。2018 年秋，我们曾连续走访了省气象局、地震局、水利厅、农业厅、统计局等单位，都得到诚挚的关切和积极的支持。省气象局工作人员翻寻出仅存 1 册的《四川省近五百年旱涝史料》（1978 年印），并允许我们翻拍复制。水利厅领导慨然同意将厅内仅存的一套编印于 30 年前的《江河志》（五册）借给我们阅读并部分复印。省地震局办公室主任等科室负责人，不但给我们赠送《四川地震全记录》（上下册），而且主动同我们探讨灾害史编纂的部门协调问题。

随后，我们先后到绵竹、达州、温江、茂县、自贡、德阳、潼南等市县史志办访求资料，同样得到大力支持。达州市史志办冉炬主任，除赠送 2009 年版的《达州市志》（复制本）三巨册外，还特意从书库中找出一部乾隆《直隶达州志》相赠（我们从中找到了珍贵的史料）。我们到访温江史志办，主任欣然答应赠送资料，但那天适值书库管钥员外出，我们有些怅然，不料回馆后第三天收到了快递来的民国《温江县志》（整理复制本）两函，让我们极为感动。还有达州市图书馆的师智勇馆长，不但让我们查阅馆藏的嘉庆《四川通志》并翻拍有关部分，还专门为我们补拍了数页我们漏拍的内容，让我们非常感动。

2019 年春节后，我们赴重庆市地方志办公室拜访。董宁波处长向我们介绍了重庆各区县地方志信息化建设情况，对我们的资料征集工作给予大力支持，让我们浏览了室内书架上陈列的各县区志书并允许拍摄其内容，还特别选出 1992 年版《重庆市志》第一卷、《重庆大事记（1949~2009）》和民国《新修合川县志》三巨册及其他几部县志，赠送给我们，帮我们充实了重庆方面的内容。

我们访问、接触到的所有人士，几乎都会发自内心地说一句：祝愿（希望）四川省灾害史编纂早日成功！省直机关、巴蜀方志界的鼓励和支持给了我们信心与力量。我们采编录入的史料，也都是以省直各涉灾部门组织编写的单项资料汇编和方志界编纂的大量市县志为基础的。在此我们表示深深的感谢！

古来有言："得道多助。"众多人士对我们的"助"说明灾害史编纂符合时代需要、社会需要和人们期盼之"道"，这种鞭策和勉励，在整个编纂进程中始终起着作用。为此之"道"倾注心血、汗水是值得的。我们编辑组明白自身所承担的历史重任，因此我们逐渐确立奋斗目标，运用当代中国史学界新的理念，新发掘、整理的材料，新的体例方法，力求做出一部大背景清晰、小细节丰满的有"人气"、扬"正气"的区域灾害史料集。我们也确实付出了很大的努力，三年多来，主编每日工作至少八小时，没有双休日和节假日（仅春节休闲数日），助编、庶务人员都为完成自身任务而满负荷工作，有时需加班加点，也愉快接受。编辑组人虽少，但目标一致，密切配合、不辞辛劳，结下了深厚友谊。

《四川灾害史纪年》作为省域综合性灾害史料集，由于特定条件所限，未能按常例组建专门的编纂机构和相应的编辑班子，又缺乏可资借鉴的同类范本，编纂全程中未举行过编务会或研讨会，因而从指导思想和编纂理念的确定、框架结构的设计，到资料搜集整理、文字校对，皆由主编个人担负，未能融入集体智慧，而个人又学识浅薄，书中必有偏颇不成熟之处或不妥当乃至错误之处，责任无疑应由我承担。我满怀感激之情，欢迎各方批评指教。

四川省防灾减灾教育馆以其非常有限的财力、人力，策划、主持此书的编纂工作，堪称有远见、有勇气之举；四川大学出版社为出版此书付出了很大努力。在此，特表示衷心的感谢！

吴厚荣　谨记
2022 年 8 月 13 日于江西贵溪

主办单位　四川省防灾减灾教育馆

主　　编　吴厚荣

助理编辑　吴晓辉　王　艺　胡祖会　于　洋

工作人员　何　瑛